Useful Data

M_e	Mass of the earth	5.98×10^{24} kg	
R_e	Radius of the earth	6.37×10^{6} m	
g	Free-fall acceleration on earth	9.80 m/s^2	
G	Gravitational constant	6.67×10^{-11} N m^2/kg^2	
k_B	Boltzmann's constant	1.38×10^{-23} J/K	
R	Gas constant	8.31 J/mol K	
N_A	Avogadro's number	6.02×10^{23} particles/mol	
T_0	Absolute zero	-273°C	
σ	Stefan-Boltzmann constant	5.67×10^{-8} W/m^2 K^4	
p_{atm}	Standard atmosphere	101,300 Pa	
v_{sound}	Speed of sound in air at 20°C	343 m/s	
m_p	Mass of the proton (and the neutron)	1.67×10^{-27} kg	
m_e	Mass of the electron	9.11×10^{-31} kg	
K	Coulomb's law constant ($1/4\pi\epsilon_0$)	8.99×10^{9} N m^2/C^2	
ϵ_0	Permittivity constant	8.85×10^{-12} C^2/N m^2	
μ_0	Permeability constant	1.26×10^{-6} T m/A	
e	Fundamental unit of charge	1.60×10^{-19} C	
c	Speed of light in vacuum	3.00×10^{8} m/s	
h	Planck's constant	6.63×10^{-34} J s	4.14×10^{-15} eV s
$\hbar$	Planck's constant	1.05×10^{-34} J s	6.58×10^{-16} eV s
a_B	Bohr radius	5.29×10^{-11} m	

Common Prefixes

Prefix	Meaning
femto-	10^{-15}
pico-	10^{-12}
nano-	10^{-9}
micro-	10^{-6}
milli-	10^{-3}
centi-	10^{-2}
kilo-	10^{3}
mega-	10^{6}
giga-	10^{9}
terra-	10^{12}

Conversion Factors

Length

1 in = 2.54 cm
1 mi = 1.609 km
1 m = 39.37 in
1 km = 0.621 mi

Velocity

1 mph = 0.447 m/s
1 m/s = 2.24 mph = 3.28 ft/s

Mass and energy

1 u = 1.661×10^{-27} kg
1 cal = 4.19 J
1 eV = 1.60×10^{-19} J

Time

1 day = 86,400 s
1 year = 3.16×10^{7} s

Pressure

1 atm = 101.3 kPa = 760 mm of Hg
1 atm = 14.7 lb/in^2

Rotation

1 rad = $180°/\pi = 57.3°$
1 rev = $360° = 2\pi$ rad
1 rev/s = 60 rpm

Mathematical Approximations

Binominal approximation: $(1 + x)^n \approx 1 + nx$ if $x \ll 1$

Small-angle approximation: $\sin\theta \approx \tan\theta \approx \theta$ and $\cos\theta \approx 1$ if $\theta \ll 1$ radian

Greek Letters Used in Physics

Alpha		α	Mu		μ
Beta		β	Pi		π
Gamma	Γ	γ	Rho		ρ
Delta	Δ	δ	Sigma	Σ	σ
Epsilon		ϵ	Tau		τ
Eta		η	Phi	Φ	ϕ
Theta	Θ	θ	Psi		ψ
Lambda		λ	Omega	Ω	ω

문제 풀이 전략과 모형

Physics for Scientists and Engineers

A Strategic Approach with Modern Physics 4/e

4판

대학물리학

– 현대물리학편 –

Randall D. Knight 지음

심경무 외 옮김

Pearson

교문사

청문각이 교문사로 새롭게 태어납니다.

역자 머리말

본 교재《대학물리학》은 랜들 나이트 교수가 30년이 넘는 풍부한 물리학 교육 경험과 물리 교육의 연구 성과를 기반으로 다양한 배경의 학생들이 물리학을 쉽게 배울 수 있도록 저술한《*Physics for Scientists and Engineers: A Strategic Approach with Modern Physics*, 2017》4판을 번역한 것이다.

물리학의 방대한 분야를 소개하다보면 백과사전적인 교재가 되기 십상이지만 본 교재는 핵심 개념에 초점을 맞추고 일관성 있게 여러 분야를 아우르고 있다. 특히 운동량보다 일과 에너지를 먼저 배우고, 광학은 전기와 자기 다음에 배우도록 구성되어 있으며, 로켓 추진, 파동 방정식, 기체에서의 음속과 같은 심화 주제들을 추가하여 강의 목적에 따라 선택적인 심화 학습을 할 수 있도록 했다. 그리고 미적분을 사용하여 수학적 개념들을 간결하게 표현하고 있지만, 실제로는 미적분학의 기초적인 지식 외에는 더 필요한 것이 없도록 아주 쉽고 명확한 상황에서 개념을 도입하고 설명한 후 미적분을 사용하는 표현으로 확장한다. 모든 수학적 전개 과정은 건너뜀 없이 세심하게 제시되어 있으므로 학생들이 어려움 없이 스스로 공부할 수 있도록 되어 있다.

또한 학생들이 핵심적인 사고 기술을 배양할 수 있도록 다양한 전략을 적절하고 짜임새 있게 구축하고 있으며, 정량적인 추론과 개념의 이해 사이에 적절한 균형을 맞추고 있다. 그리고 학생들이 어려움을 느끼는 개념에는 특별한 주의를 기울여 세심하고 명료한 설명을 제공하고 있다. 더불어 장, 원자, 양자화와 같은 과학적 개념은 과학적 맥락을 곁들어 설명함으로써 개념의 중요성과 의의를 잘 알게 해준다. 또한 그림과 그래프에 의한 추론, 정성적 추론, 비유적 추론을 활용하여 주제의 핵심을 잘 파악할 수 있게 한다. '모형' 상자는 실제 세계의 복잡한 상황을 간단하고 합리적으로 이상화한 모형화를 강조하여 보여준다. '풀이 전략'은 자유 물체 도형, 광선 추적법과 같은 구체적인 문제 풀이 기술을 개발하기 위한 단계별 과정을 제공한다. '문제 풀이 전략'은 여러 장들에 관련된 문제를 해결할 수 있는 종합적인 전략을 제공한다. 예제들은 이러한 전략을 체계적으로 익히고 활용할 수 있도록 구성되어 있다. 특히 예제에 제공되는 '핵심'과 '시각화'는 문제의 핵심적인 요소와 암묵적인 가정들을 명시하고 물리적 상황을 그림 또는 그래프로 잘 요약하여 학생들이 문제의 핵심을 쉽게 파악할 수 있도록 돕는다. 또한 각 장의 끝에는 다양한 난이도의 전통적인 문제 유형뿐만 아니라 개념을 묻는 서술형 문제와 생물 관련 문제, 미적분 기반 문제들이 다수 포함되어 있다.

일반물리학은 물리학을 전공하는 학생뿐만 아니라 대다수 이공계 학과의 학생들에게도 필수적이다. 많은 학과에서 일반물리학을 전공 기초 과목 또는 교양 필수 과

목으로 지정하고 있다. 일반물리학의 방대한 내용을 모두 다루기에는 두 학기도 부족하다. 더구나 고등학교에서 물리학을 이수하지 않고 대학에 진학하는 학생들이 많은 우리 교육 현실에서 일반물리학의 핵심적인 개념을 소개하기에 앞서 기초적인 개념을 충실히 하지 않을 수 없다. 기본 개념을 세심하고 명료하게 설명하고 핵심 개념들 사이의 관계를 잘 아우르고 있는 본 교재가 우리 교육의 현 실정에 가장 적합한 책이라고 생각한다.

역자 대표 심경무

저자 소개

랜들 나이트(Randall Knight) 교수는 오하이오 주립 대학교와 캘리포니아 폴리테크닉 주립 대학교에서 32년간 일반물리학을 가르쳤고, 현재는 명예 교수이다. 나이트 교수는 버클리 대학교에서 물리학 박사 학위를 받았고, 하버드-스미소니언 천체 물리학 센터에서 박사 후 연구원으로 일한 뒤에 오하이오 주립 대학교의 교수가 되었다. 그는 오하이오 주립 대학교에 재직하면서 물리 교육에 관한 연구에 관심을 기울였고 수년이 지난 후에 브라이언 존스(Brian Jones), 스튜어트 필드(Stuart Field)와 함께 저술한 《*College Physics: A Strategic Approach*》뿐만 아니라 《*Five Easy Lessons: Strategies for Successful Physics Teaching*》과 본서를 내놓게 되었다. 나이트 교수의 연구 분야는 레이저 분광학과 환경과학이다. 컴퓨터 앞에 앉아 있지 않을 때는 하이킹, 바다 카약 타기, 피아노 연주를 즐기거나 아내 샐리(Sally), 고양이 다섯 마리와 함께 시간을 보낸다.

저자 머리말

여러분에게

우주에 대해 가장 이해하기 어려운 것은 우주를 이해할 수 있다는 것이다.

—알버트 아인슈타인(Albert Einstein)

물리학 수업에 들어간 날은 정말 죽음이었다.

—실비아 플라스(Sylvia Plath), 《벨자》(*The Bell Jar*)

시작하기 전에 잠깐 대화를 하지요. 여러분이 대응할 수 없기 때문에 오히려 일방적인 채팅이라고 생각하지만, 그래도 괜찮습니다. 저는 수년 동안 많은 학생들과 이야기를 나누었으므로 여러분 마음이 어떤지 잘 알고 있습니다.

물리학에 대해 여러분은 어떻게 반응합니까? 공포와 혐오? 불안정? 흥분? 또는 이 모든 것인가요? 알다시피 캠퍼스에서 물리학의 이미지는 좋지 않습니다. 물리학은 어렵고, 아마 여러분이 아인슈타인이 아니라면 불가능할지도 모른다는 말을 들었을 것입니다. 여러분이 들었던 것들, 다른 과학 강좌에서의 경험, 그리고 다른 많은 요소들은 모두 여러분이 이 강좌에 **기대하는** 것에 영향을 줍니다.

물리학에는 배워야 하는 새로운 개념들이 많이 있고, 일반적으로 대학 과정의 강좌는 고등학교의 과학 과정보다 훨씬 빠른 속도로 진행될 것입니다. 그래서 여러분은 이 **집중적인** 강좌를 따라가기 힘듭니다. 그러나 초기에 이 과정이 어떠한지, 그리고 여러분과 나에게 기대되는 것이 무엇인지 확립할 수 있다면 많은 잠재적인 문제와 어려움을 피할 수 있습니다!

어쨌든 물리학은 어떤 것일까요? 물리학은 자연의 물리적 측면에 대해 생각하는 방법입니다. 물리학은 마찬가지로 자연을 생각하는 방법인 예술이나 생물학, 시, 종교보다 우수하지 않습니다. 그것은 단지 다른 것입니다. 이 강좌에서 강조하게 될 것들 중 하나는 물리학이 인간의 노력이라는 것입니다. 이 책에 제시되는 개념은 동굴에서 발견되지도 않았고 외계인이 우리에게 전달해준 것도 아닙니다. 실제적인 문제를 해결하기 위해 애쓰는 실제 사람들이 그 개념들을 발견하고 개발했습니다. 물리학이 '사실'에 관한 것이 아니라고 하면 여러분은 놀랄 것입니다. 물론, 사실이 중요하지 않다는 것은 아닙니다. 물리학은 사실 그 자체를 배우는 것보다는 **관계**와 **패턴**을 발견하는 데 훨씬 더 중점을 둡니다.

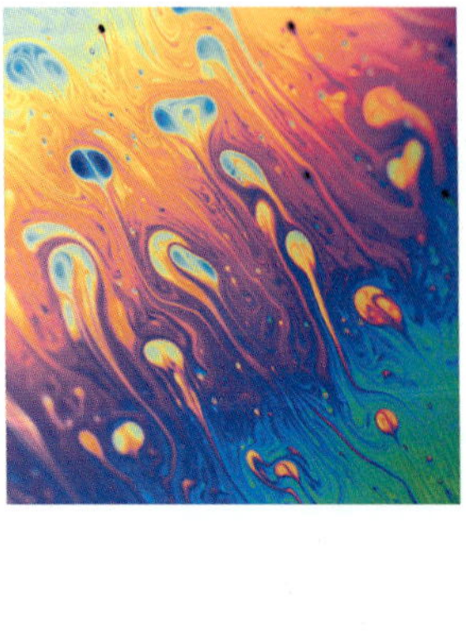

예를 들어, 흰색 빛이 프리즘을 통과할 때, 그리고 사진에서와 같이 흰색 빛이 물 위의 얇은 기름 막에서 반사할 때 무지개의 색상이 모두 나타납니다. 이 점은 빛의 본질에 대해 무엇을 말해 줍니까?

관계와 패턴에 대한 강조는 여러분이 물리학을 공부할 때 암기할 것이 많지 않다는 것을 의미합니다. 그래도 배워야 하는 정의와 방정식이 약간 있지만 다른 여러 강좌보다 적습니다. 우리는 사고와 추론을 더 강조합니다. 이 점은 강좌에 대한 기대를 고려할 때 중요한 요소입니다.

아마도 무엇보다 가장 중요한 점은 **물리학은 수학이 아니라는** 것입니다! 물리학은 훨씬 광범위합니다. 본질적으로 패턴과 관계를 찾고, 다른 개념과 관련된 논리를 개발하고, 현상이 그런 식으로 발생하는 **이유**를 찾아야 합니다. 그 과정에서 정성적 추론, 그림 및 그래프를 활용한 추론, 비유에 의한 추론을 강조할 것입니다. 그리고 당연히 수학을 사용하겠지만, 수학은 다양한 도구 중의 하나일 뿐입니다.

처음부터 물리학과 수학의 구분을 잘 알고 있다면 좌절감이 줄어들 것입니다. 많은 학생들이 공식을 찾아서 숫자를 대입하려고 합니다. 그것은 그저 수학 문제를 푸는 것입니다. 어쩌면 그것은 고등학교에서는 통했을지도 모르지만 이 강좌에서 여러분에게 기대하는 바는 **아닙니다**. 확실히 계산을 많이 하겠지만, 구체적인 수치는 대개 분석의 마지막 단계이고 중요도도 가장 낮습니다.

공부하다 보면 때로는 당황스럽고 혼란스러울 것입니다. 그것은 완전히 정상적이며 예상된 바이기도 합니다. 경험을 통해 배우고자 한다면 실수를 하는 것도 괜찮습니다. 누구도 피아노를 연주하거나 농구를 하는 법을 알고 태어나지 않는 것처럼 물리학을 하는 법을 알고 태어나지 않습니다. 물리학을 하는 능력은 개념을 '체득'하고 스스로 새로운 상황에 적용할 수 있을 때까지 연습하고, 반복하고 고민하는 것에서 옵니다. 배울만한 가치가 있는 것은 노력 없이 배울 수 없으므로 어려운 순간을 미리 예상하십시오. 그렇지만 발견의 즐거움에 흥분하는 순간도 기대하십시오. 조각들이 갑자기 제자리에 맞아 들어가고 강력한 개념을 이해하게 되었다는 것을 **아는** 순간이 있을 것입니다. 풀 수 없다고 생각했던 어려운 문제를 성공적으로 해결함으로써 스스로 놀라게 될 때가 있을 것입니다. 저자로서 저는 여러분의 흥분과 모험심이 어려움과 좌절감을 훨씬 능가할 것을 희망합니다.

강좌를 최대한 활용하기

여러분 중 많은 사람들이 이 강좌를 공부하는 '최고의' 방법을 알고 싶어 합니다. 최고의 방법은 없습니다. 사람들은 서로 다르며, 한 학생에게 효과적인 방법이 다른 학생에게는 효과가 적기도 합니다. 그러나 **교재를 읽는** 것이 정말로 아주 중요하다는 것을 강조하고 싶습니다. 이 강좌의 기본 지식은 교재에 잘 쓰여 있으므로 그런 지식을 찾아 배우기 위해 교재를 신중하게 읽어야 합니다.

최고의 공부 방법은 없지만 많은 학생들에게 성공적인 방법을 알려드리겠습니다.

1. **수업에 앞서 학습할 장을 읽으십시오.** 이 과정은 정말로 아주 중요합니다. 준비가 되면 수업은 훨씬 효과적입니다. 각 장을 처음 읽을 때 새로운 어휘, 정의, 표기

법에 주의하십시오. 용어와 기호가 무엇을 의미하는지 모르는 경우에는 논의되는 내용이나 개념이 사용되는 방식을 이해하지 못합니다.

2. **수업에 적극적으로 참여하십시오.** 메모를 하고, 질문과 대답을 하며 토론에 참여하십시오. 적극적인 참여가 수동적인 학습보다 과학 학습에 훨씬 더 효과적이라는 과학적 증거가 아주 많습니다.
3. **수업이 끝나면 학습한 장을 주의 깊게 다시 읽으십시오.** 이번에는 세부 사항과 예제를 자세히 살펴보십시오. 단순히 각 예제에 사용된 공식을 찾지 말고 그 배후에 있는 논리를 찾아보십시오(이 점을 명확히 하기 위해 강조 표시를 했습니다). 그리고 문제 풀이 전략과 같이 학습을 돕기 위해 고안된 도구를 사용하십시오.
4. **마지막으로, 배운 내용을 각 장 끝에 있는 연습문제에 적용하십시오.** 두세 명으로 이루어진 학습 동아리를 구성하는 것이 아주 좋습니다. 여럿이 함께 정기적으로 공부하는 학생들이 홀로 공부하는 개인주의자보다 더 나은 성과를 냅니다.

여러분 중 많은 사람들이 곧장 과제에 달려들어서 교재를 훑어보면서 그 문제에 적용할 공식을 찾고 싶은 유혹을 느낄 것입니다. 이러한 접근 방식은 이 강좌에서는 성공하지 못할 것이며, 여러분은 분명 좌절감을 느끼고 낙담할 것입니다. 그저 공식에 숫자를 넣는 '단순 대입식'의 연습문제는 거의 없습니다. 과제를 성공적으로 해결하려면 더 나은 학습 전략이 필요합니다. 개념과 그들 사이의 관계를 배우는 데 도움을 줄 수 있는 여러분 자신의 방법이나 앞서 설명한 방법을 택하십시오.

교과서를 최대한 활용하기

교재에는 물리학의 개념을 배우고 문제를 더 효과적으로 해결하는 데 도움이 되는 많은 기능이 있습니다.

- 풀이 전략은 그래프 해석 또는 도형 그리기와 같은 특정 기술에 대한 단계별 절차를 제공합니다. 풀이 전략 단계는 이후의 예제에 명확히 예시되어 있으며, 종종 전체 문제 풀이 전략의 출발점이 됩니다.
- 문제 풀이 전략은 각 장이나 여러 장들에 관련된 문제의 범주별로 제공됩니다. 이 전략은 자신감과 숙련된 문제 풀이 능력을 개발하는 데 도움이 되도록 일관된 접근 방식을 따르고 있습니다. 그것은 **핵심**, **시각화**, **풀이**, **검토**의 4단계입니다.
- **예제**는 4단계 문제 풀이 방식을 일관되게 사용하여 문제를 해결하는 좋은 방법을 보여줍니다. 예제는 보통 매우 자세하며 여러분을 수치 계산뿐만 아니라 풀이 배후의 논리로 주의 깊게 이끌어갑니다.
- 그림의 파란색 주석 때문에 그림이 무엇을 나타내고 있는지 더 잘 이해할 수 있습니다. 주석은 그래프를 해석하고, 그래프 및 수식과 도형 사이의 관계를 파악하는 데 도움을 줄 것입니다. 그리고 시각적 비유를 통해 어려운 개념을 파악하고 다른 많은 중요한 기술을 개발하는 데 도움을 줍니다.

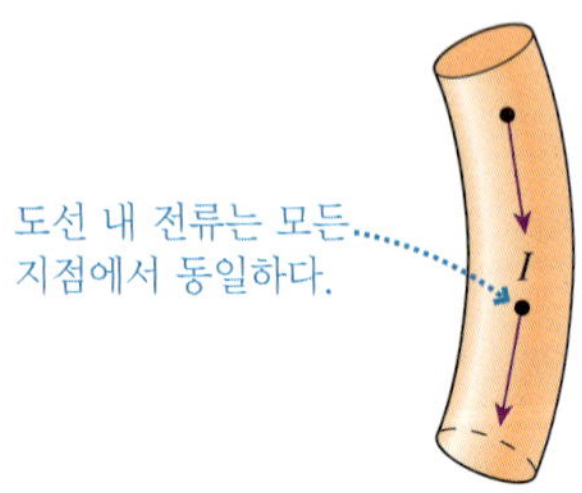

I = 일정

이제 여러분에게 기대하는 것을 잘 알게 되었으니, 여러분은 저에게 무엇을 기대할 수 있을까요? 불행하게도 책은 이미 쓰였습니다! 그렇지만 제가 수년 동안 학생들을 가르치면서 학생들이 물리학 교과서에서 기대하고 원했던 것을 반영하여 이 교재를 만들었습니다. 또한 저는 이 교재의 이전 판들을 사용한 여러분과 같은 수천 명의 학생들과 강사들이 보내준 광범위한 의견에 귀를 기울였습니다.

저는 학생들이 물리학을 배우는 방법과 그들이 직면하는 어려움에 관한 광범위한 연구를 기반으로 이 교재를 만들었습니다. 여러분에게 호소력이 있고 읽기 쉽도록 허물없는 스타일로 이 책을 썼습니다. 마지막으로, 물리학이 지식의 기술적인 부분으로서 여러분의 직업과 관련이 있을 뿐만 아니라 물리학이 인간의 마음을 자극하는 흥미진진한 모험임을 분명히 하기 위해 노력했습니다.

함께 보낼 시간을 즐기시기 바랍니다.

차례

|고전물리학편|

VIII부 상대성 이론과 양자물리
Relativity and Quantum Physics

훑어보기

현대의 물리

약 350년 전 뉴턴의 운동 법칙의 발견으로 시작한 물리 속으로의 여행이 그 끝을 향해가고 있다. VI부와 VII부는 딱 100년 전인 19세기 말로 이끌었다. 그 길을 따라서 입자들의 운동, 에너지 보존, 파동 물리, 그리고 원자들을 묶게 하고 광파를 발생시키는 전자기 상호작용에 관하여 배웠다. 여행의 마지막 장을 이제 자신 있게 시작한다.

뉴턴 역학과 맥스웰 전자기학은 19세기 말 과학의 쌍둥이 기둥이었고, 21세기에 많은 공학과 응용과학의 바탕으로 남았다. 이런 이론들의 성공에도 불구하고 1900년경에 시작되어 20세기 초 수십 년간 지속된 일련의 발견은 우주에 대한 인간의 이해를 가장 기초적인 수준에서 뿌리 깊게 바꾸었다.

- 아인슈타인의 상대성 이론은 과학자들로 하여금 그들의 공간과 시간에 대한 개념을 송두리째 바꾸게 만들었다. 이런 환상적인 발상에 대한 우리들의 탐험은 아마도 물리학에서 가장 유명한 방정식인 아인슈타인의 $E = mc^2$으로 끝날 것이다.
- 실험들은 원자 수준에서 **입자**와 **파동** 사이의 고전적인 구분이 깨진다는 것을 발견하였다. 빛은 때로는 입자처럼 행동하고, 반면에 전자들과 심지어 전체 원자들이 때때로 파동처럼 행동한다. 이런 현상을 설명하려면 양자물리라는 새로운 빛과 물질에 대한 이론이 필요하다.

이러한 두 이론들이 물리학의 기본이며, 오늘날 실제적인 적용이 급격히 많아진 공학 분야에서도 기본이 되고 있다.

1920년대에 완성된 양자물리의 완전한 이론은 원자 수준의 입자들을 **파동 함수**라는 완전히 새로운 개념으로 기술한다. VIII부에서 배워야 할 가장 중요한 내용은 파동 함수는 무엇인지, 어떤 법칙이 파동 함수를 지배하는지, 파동 함수를 어떻게 실험적 측정과 연계시키는지 등이다. 여기서는 1차원 모형들에 집중할 것인데, 이들 1차원 모형들은 완벽하지는 않지만 주사 터널링 현미경(STM, scanning tunneling microscopes)과 다양한 반도체 장치, 방사능 붕괴, 다른 응용들의 핵심적인 특징을 이해하는 데 적절할 것이다.

양자물리에 대한 공부는 원자와 핵물리에 대한 소개로 끝날 것이다. 화학의 전자 껍질 모형이 어디에서 왔고, 원자들이 어떻게 빛을 방출하고 흡수하며, 핵의 안에는 무엇이 있고, 왜 어떤 핵자들이 방사능 붕괴를 하는지를 배우게 될 것이다.

파동 함수와 확률로 이루어진 양자 세계는 이상하고 의문스러울 수 있으나 그럼에도 양자물리는 지금까지의 그 어떤 물리 이론 중에서 가장 분명하고 정확한 예측을 준다. 양자물리의 현대 관점이 여행의 유종의 미를 장식할 것이다.

이 도표는 집중된 레이저빔의 순간 세기를 보여준다.

36 상대성 이론
Relativity

양성자가 광속의 99.999999%로 가속되는 대형 강입자 충돌기에 있는 소형 뮤온 솔레노이드 검출기

이 장에서는 상대성 이론이 공간과 시간의 개념을 어떻게 바꾸는지 배운다.

관성계란 무엇인가?

관성계는 서로가 상대적으로 등속도로 움직이는 기준계이다.

- 여기서 사건들의 위치와 시간으로 작업하는 것을 배운다.
- 관성계에서 모든 시계는 동조화된다.

« 되돌아보기: 4.3절 상대 운동

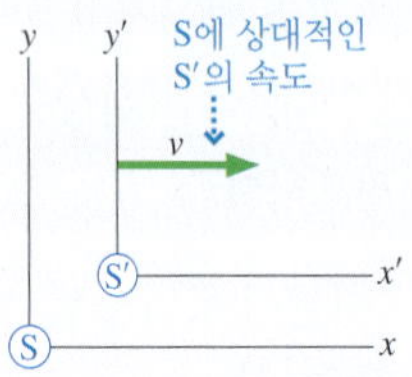

상대성 이론은 무엇인가?

아인슈타인의 상대성 이론은 물리 법칙들은 모든 관성계에서 똑같다는 단순한 이론을 기반으로 한다. 이것으로 인한 결론은 다음과 같다.

- 빛은 모든 관성계에서 c라고 하는 똑같은 속력으로 운동한다.
- 어떠한 물질이나 정보도 빛의 속력보다 더 빠르게 운동할 수 없다.

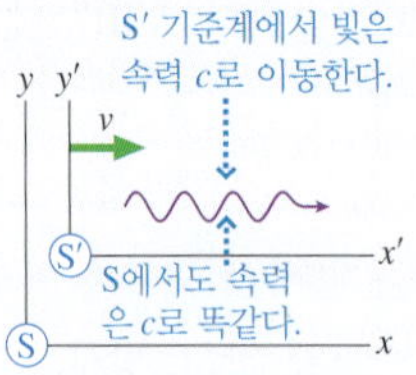

상대성 이론이 시간에 어떤 영향을 끼치는가?

시간은 상대적이다. 서로에게 상대적으로 운동하는 두 기준계는 두 사건 사이의 시간 간격을 다르게 측정한다.

- 시간 지연은 움직이는 시계가 정지 상태의 시계보다 더 느리게 간다는 개념이다.
- 유명한 쌍둥이 역설을 조사할 것이다.

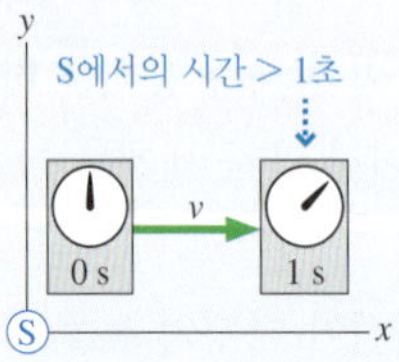

상대성 이론이 공간에 어떤 영향을 끼치는가?

거리도 또한 상대적이다. 서로에게 상대적으로 운동하는 두 기준계는 두 사건 사이의 거리를 다르게 측정한다.

- 길이 수축은 움직이는 물체의 길이가 정지해 있는 물체의 길이보다 짧다는 개념이다.

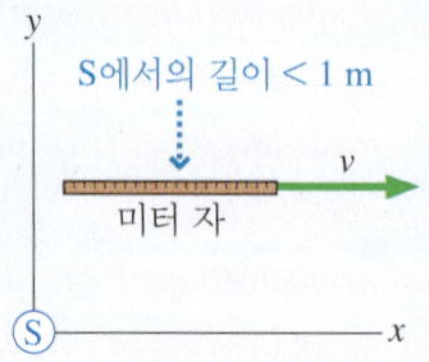

상대성 이론이 질량과 에너지에 어떤 영향을 끼치는가?

아인슈타인의 가장 유명한 방정식인 $E = mc^2$은 총에너지가 보존된다면 질량은 에너지로 변환될 수 있고, 에너지도 질량으로 변화될 수 있다는 것을 말한다.

- 핵분열은 질량을 에너지로 전환시킨다.
- 고속 입자들의 충돌은 에너지로부터 새로운 입자를 만들어낸다.

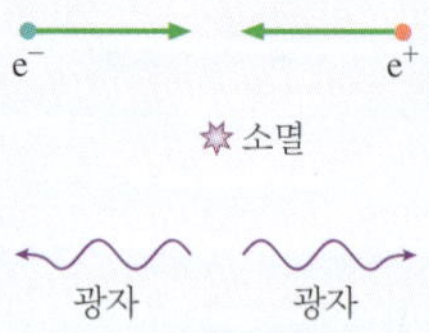

상대성 이론은 응용성을 갖는가?

상대성은 추상적으로 보일지도 모르지만 의료용 PET 주사기(양전자 방출 단층 X선 촬영기)와 핵에너지와 같은 기술에서 중요하다. 우리들이 매일 사용하고 있는 기술인 GPS 시스템은 궤도 운동 중인 인공위성의 정확한 시계에서 온 신호들의 상대적인 시간 지연이 보정될 때에만 작동한다.

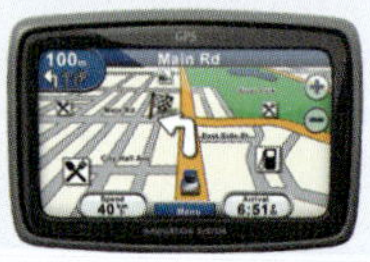

36.1 상대성 이론: 상대성 이론의 모든 것

'상대성 이론'이란 말을 들었을 때 사람들은 무엇을 생각할까? 흰머리 희끗 휘날리는 아인슈타인? $E=mc^2$? 블랙홀? 시간 여행? 아마도 사람들이 들은 것은 상대성 이론은 매우 복잡하고 추상적이어서 전 세계에서 오직 소수의 사람들만이 그것을 이해할 수 있다는 것일 것이다.

거기에는 의심의 여지없이 상대성 이론과 관계된 어떤 신비스럽고, 낯설고 이국적인 분위기가 있기는 하다. 다행히도 인간의 이해력으로 상대성 이론을 이해하는 것이 충분히 가능하다. 앞으로 배우게 될 상대성의 일부분인 아인슈타인의 **특수 상대성 이론**은 수학적으로 전혀 어렵지 않다. 단지 개념적인 것이 어려운데, 그 이유는 상대성 이론의 질문들이 공간과 시간의 본질에 대한 가정이 깊게 자리하기 때문이다. 사실 공간과 시간이 상대성의 전부이다.

아인슈타인(1879~1955)은 역사에서 가장 영향력이 큰 사상가 중 한 명이다.

특수 상대성 이론에서 무엇이 특별한가?

1905년 아인슈타인의 상대성에 대한 첫 번째 논문은 서로가 상대방에게 상대적으로 등속도로 움직이는 기준계인 관성계에 대해 광범위하게 다루었다. 10년 후 아인슈타인은 가속도 운동과 그것의 중력과의 관계를 다룬 좀 더 확장된 상대성 이론을 발표하였다. 그 두 번째 이론은 범위가 좀 더 일반적이어서 **일반 상대성 이론**이라 한다. 일반 상대성 이론은 블랙홀, 휘어진 시공간, 우주의 진화를 이야기하는 이론이다. 이것은 매우 환상적이기는 하지만 또한 매우 수학적이어서 이 책의 범주를 벗어난다.

등속도 운동은 주로 가속도가 0인 운동과 같이 '특별한 경우'의 운동이다. 그러한 이유로 아인슈타인의 첫 번째 상대성 이론은 **특수 상대성 이론**(special relativity)으로 알려지게 되었다. 이것은 아인슈타인의 좀 더 일반적인 상대성 이론의 제한되고 특수한 경우라는 의미에서 특별한 것일 뿐, 구별되고 예외적이라는 일상적인 의미의 특수성은 아니다. 시간 지연과 길이 수축의 결론으로 이루어진 특수 상대성 이론이 여기서 배우게 될 내용이다.

36.2 갈릴레이의 상대성 이론

상대성은 한 기준계에서의 측정을 그 기준계와 **상대적으로** 움직이는 다른 기준계에서의 측정과 연결하는 과정이다. 아인슈타인의 이론에서 무엇이 새로운 것인지를 올바르게 평가하고 이해하기 위하여 뉴턴 역학에 내재된 상대성 이론에 대한 확고한 파악이 필요하다. 따라서 **갈릴레이의 상대성 이론**부터 시작한다.

기준계

A와 B 두 사람이 각각 다른 차로 고속도로 위에서 같은 방향으로 운전하고 있는데

A가 B를 지나쳤다고 가정해보자. B의 속력계는 55 mph를 가리키고 있는 반면 A의 속력계는 60 mph를 가리키고 있다. 60 mph가 A의 '진짜' 속력인가? 그것은 도로가에 서 있는 C를 기준으로 한 A의 상대적인 속력이다. B에 대해 A의 상대적인 속력은 단지 5 mph에 불과하다. 반대 방향에서 A에 대해 60 mph로 접근하는 D에 대해 A의 속력은 상대적으로 120 mph이다.

어떤 물체라도 '진짜' 속력이나 속도를 가질 수 없다. 속도의 직접적인 정의인 $v = \Delta x/\Delta t$는 시간 간격 Δt 동안 변위 Δx가 측정되는 어떤 좌표계의 존재를 가정한다. 우리가 다룰 수 있는 최선은 물체의 속도를 그것이 측정되는 좌표계에 대해 명확히 하는 것이다.

기준계(reference frame)를 좌표계로 정의한다. 좌표계 안에서 미터 자, 측정 시계, 다른 필요한 도구들을 이용한 실험이 움직이는 물체에 대해 위치와 시간을 측정한다. 기준계 정의에 세 가지 개념이 함유되어 있다.

- 기준계는 모든 방향으로 무한대로 확장한다.
- 실험은 기준계에서 정지한 상태에서 한다.
- 실험의 횟수와 장비의 품질은 위치와 속도를 측정하는 데 요구되는 수준의 정밀도가 충분하다.

처음 두 개념은 특별히 중요하다. 흔히 '실험실 기준계' 또는 '로켓의 기준계'라고 말하는 것이 편리하다. 이것들은 "실험실(또는 로켓)과 실험장치가 정지해 있는, 모든 방향으로 무한대인 기준계"에 대한 요약적인 표현이다.

그림 36.1 표준 기준계 S와 S′

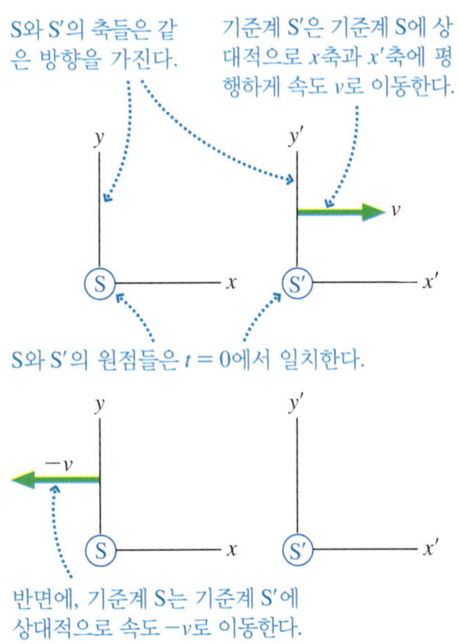

그림 36.1은 S와 S′이라 하는 2개의 기준계를 보여준다. S의 좌표축은 x, y, z이고 S′의 좌표축은 x', y', z'이다. 기준계 S′은 S에 대해 상대적으로 속도 v로 운동하고, 동등하게 S는 S′에 대해 속도 $-v$로 운동한다. 어떤 기준계도 '정지해 있다'고 전제하지 않는다. 실험이 시작되는 순간은 시간이 0인 때이며, S와 S′의 원점이 일치하는 순간이다.

이 책에서는 논점을 상대 속도 v가 일정한 것을 의미하는 **관성계**에 국한시킬 것이다. 5장으로부터 **관성계**(inertial reference frame)란 뉴턴의 제1법칙인 관성의 법칙이 적용되는 기준계임을 기억할 수 있을 것이다. 특히 관성계란 그 안에서 외력을 받지 않는 고립된 입자는 정지해 있거나 직선 위에서 등속력으로 움직이는 것을 말한다.

관성계에 대하여 등속도로 운동하는 어떤 기준계라도 그 자체가 관성계이다. 역으로 한 관성계에 대해 가속운동 하는 기준계는 관성계가 아니다. 가속운동이 아니라 등속도로 상대적으로 운동하는 관성계에 대한 우리의 제한은 특수 상대성 이론의 '특수한' 부분이다.

갈릴레이 변환

어떤 폭죽이 시간 t에 폭발한다고 가정하자. 기준계 S에서 폭발은 위치 x에서 발생했다고 측정되었다. 유사하게 S′에는 폭죽이 위치 x'에서 일어났다고 측정되었다. 위치

x와 x' 사이의 관계는 무엇인가?

그림 36.2는 폭발과 두 기준계를 보여준다. 여러분은 그 그림으로부터 $x = x' + vt$임을 알 수 있을 것이다. 따라서 다음과 같다.

$$\begin{aligned} x &= x' + vt & \qquad & x' = x - vt \\ y &= y' & \text{또는} \qquad & y' = y \\ z &= z' & & z' = z \end{aligned} \tag{36.1}$$

이것이 **갈릴레이 위치 변환**이다. 만일 여러분이 한 관성계에서 실험에 의해 측정된 어떤 위치를 안다면 여러분은 다른 관성계에서 실험에 의해 측정될 그 위치를 계산할 수 있다.

이제 **그림 36.3**과 같이 양 기준계에서 일정 시간 내에서 매 순간 위치를 측정하는 방법으로 물체의 운동을 추적하는 실험을 가정해보자. S에서 측정된 물체의 속도는 $\vec{u}$이었다. 같은 시간 간격 Δt 동안 S′에서 물체의 속도는 $\vec{u}'$으로 측정되었다.

$\vec{u}$와 $\vec{u}'$ 사이의 관계는 식 (36.1)을 시간에 대해 미분하고 $u_x = dx/dt$로 정의하면 다음과 같이 구할 수 있다.

$$u_x = \frac{dx}{dt} = \frac{dx'}{dt} + v = u'_x + v$$

$$u_y = \frac{dy}{dt} = \frac{dy'}{dt} = u'_y$$

u_z에 대한 식도 유사하게 구한다. 결과를 정리하면 다음과 같다.

$$\begin{aligned} u_x &= u_x' + v & \qquad & u_x' = u_x - v \\ u_y &= u_y' & \text{또는} \qquad & u_y' = u_y \\ u_z &= u_z' & & u_z' = u_z \end{aligned} \tag{36.2}$$

식 (36.2)는 **갈릴레이 속도 변환**이다. 만일 한 관성계에서 어떤 입자의 속도를 알고 있다면 다른 관성계에서 실험으로 측정된 속도를 구할 수 있다.

그림 36.2 폭발하는 폭죽의 위치는 기준계 S와 S′에서 측정된다.

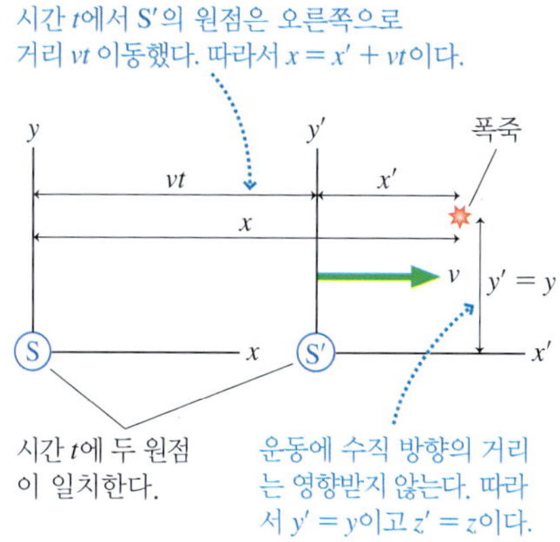

그림 36.3 운동하는 물체의 속도는 기준계 S와 S′에서 측정된다.

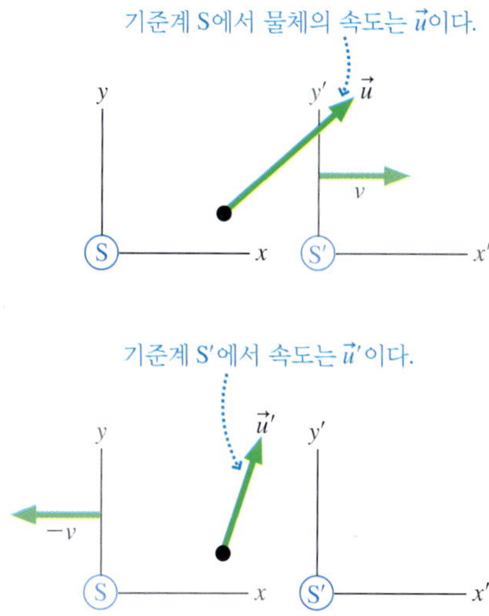

예제 36.1 소리의 속력

어떤 비행기가 지면에 대해 200 m/s의 속력으로 비행 중이다. 음파 1이 정면으로부터 비행기에 접근하고 있고, 음파 2는 비행기 뒤로부터 따라오고 있다. 두 음파는 지면에 대해 340 m/s 속력으로 이동한다. 비행기에 대한 두 음파의 속력은 얼마인가?

핵심 지구(기준계 S)와 비행기(기준계 S′)가 관성계라고 가정한다. 비행기는 기준계 S′ 안에서는 정지해 있으나 기준계 S에 대해서는 상대적으로 $v = 200$ m/s로 이동한다.

시각화 **그림 36.4**는 비행기와 음파를 보여준다.

풀이 음파나 현의 파와 같은 기계적인 파동의 속력은 그 속력이 매

그림 36.4 비행기 안에서 측정된 음파의 속력은 지면에서 측정된 음파의 속력과는 다르다.

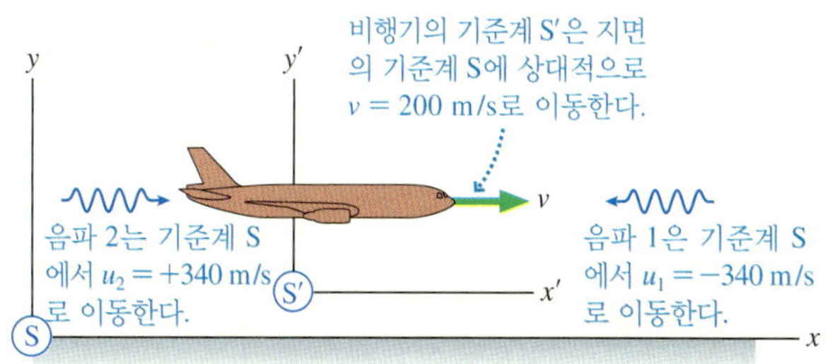

(계속)

질에 대해 상대적이다. 따라서 소리의 속력은 공기가 정지해 있는 기준계를 통과하는 음파의 속력이다. 이것이 기준계 S이고, 여기서 음파 1은 속도 $u_1 = -340$ m/s, 음파 2는 속도 $u_2 = +340$ m/s로 이동한다. 갈릴레이 변환은 속력이 아닌 **속도**를 적절한 표시로 사용하는 것에 주의하라.

비행기는 기준계 S′을 가지고 오른쪽으로 속도 v로 이동한다. 갈릴레이 속도 변환을 이용하여 기준계 S′에서 두 음파의 속도를 구할 수 있다.

$$u_1' = u_1 - v = -340 \text{ m/s} - 200 \text{ m/s} = -540 \text{ m/s}$$

$$u_2' = u_2 - v = 340 \text{ m/s} - 200 \text{ m/s} = 140 \text{ m/s}$$

검토 이것은 놀랍지 않다. 만일 A가 50 mph의 속력으로 운전하고 있는데 반대 방향에서 A에게 55 mph로 오고 있는 차는 A에게 105 mph로 접근하고 있는 것이다. A의 뒤에서 55 mph로 접근하고 있는 차는 단지 5 mph의 차이로 쫓아오고 있는 것이다. 파동 속력도 똑같이 행동한다. 어떤 역학적인 파동 속력과 같은 속력으로 이동하는 사람에게 그 파동은 정지해 있는 것처럼 보인다는 것을 기억하자. 서핑하는 사람에게 바다 파도의 물마루는 그들의 발 아래에서 정지해 있다.

갈릴레이의 상대성 원리

그림 36.5 두 기준계에서 한 입자에 대해 가해진 힘과 입자의 가속도를 측정하여 뉴턴의 제2법칙을 검증한다.

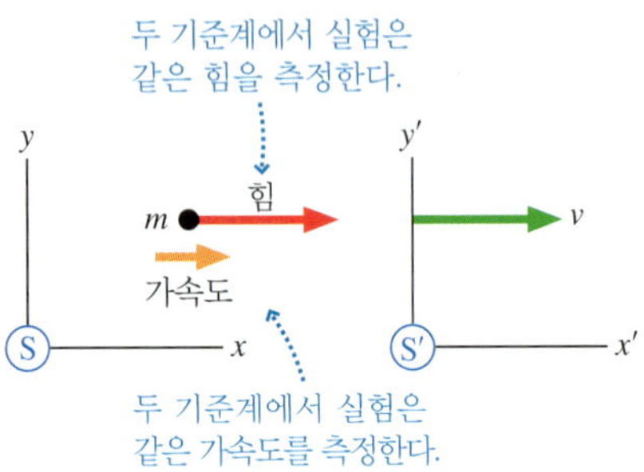

기준계 S와 S′에서 측정한 위치와 속도의 값은 다르다. **그림 36.5**에서 입자에 가해진 힘과 입자의 가속도는 어떠한가? 힘의 크기는 용수철 저울로 측정할 수 있다. 기준계 S와 S′에서 관측자들 모두 저울의 **눈금이 같다**는 것을 알게 된다(저울에 관측자들이 잘 볼 수 있도록 밝게 빛나는 디지털 눈금이 있다고 가정한다). 따라서 두 기준계에 있는 관측자들은 힘이 같다는 결론을 내리게 된다. 즉, $F = F'$이다.

속도 변환 공식 $u' = u - v$를 시간에 대해 미분하여 두 기준계에서 측정된 가속도를 비교할 수 있다. (편의상 속도와 가속도가 모두 x방향에 있다고 가정한다.) 두 기준계 사이의 상대 속도 v는 **일정하다**. 따라서 $dv/dt = 0$이므로

$$a' = \frac{du'}{dt} = \frac{du}{dt} = a \tag{36.3}$$

이다. 기준계 S와 S′에 있는 관측자들은 물체의 위치와 속도에 대해서는 다른 값을 측정하지만 가속도 값은 같다.

만일 기준계 S에서 $F = ma$이면 기준계 S′에서는 $F' = ma'$이다. 다른 방법으로 표현하면 만일 뉴턴의 제2법칙이 한 관성계에서 유효하면 그것은 다른 모든 관성계에서 유효하다. 보존 법칙과 같은 다른 역학 법칙들이 뉴턴의 운동 법칙으로부터 파생되었기 때문에 이러한 결론을 **갈릴레이의 상대성 원리**라고 할 수 있다.

갈릴레이의 상대성 원리 역학 법칙들은 모든 관성계에서 똑같다.

그림 36.6 두 기준계에서 측정된 총운동량

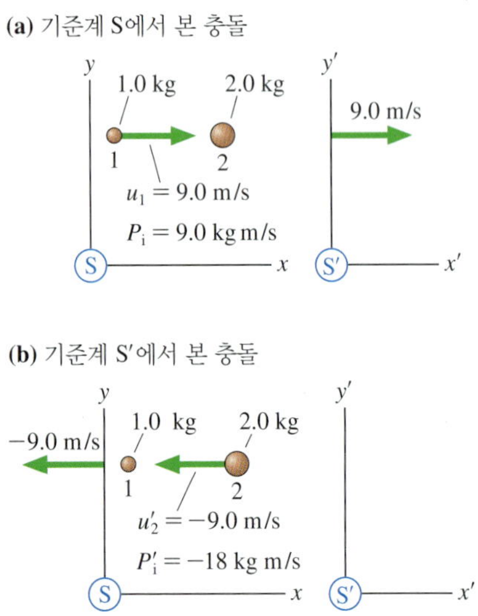

갈릴레이의 상대성 원리는 쓰기는 쉬우나 그것을 이해하기 위해서는 무엇이 똑같은 것이고 무엇이 똑같지 않은 것인지 이해해야 한다. 특정한 사례를 제시하기 위해 운동량 보존 법칙을 생각해보자. **그림 36.6a**는 충돌 직전의 두 입자를 보여준다. 그들의 총운동량은 입자 2가 정지해 있는 기준계 S에서는 $P_i = 9.0$ kg m/s이다. 이것은 고립계이다. 따라서 운동량 보존 법칙에 의하면 충돌 후 운동량은 $P_f = 9.0$ kg m/s일 것이다.

그림 36.6b는 똑같은 입자를 입자 1이 정지해 있는 기준계 S′에서 보기 위해 속도 변환을 이용하였다. S′에서 초기 운동량은 $P'_i = -18$ kg m/s이다. 그러므로 모든 관성계에서 똑같은 것은 운동량의 값이 아니다. 대신에 갈릴레이의 상대성 원리가 말하고자 하는 것은 운동량 보존 법칙이 모든 관성계에서 똑같다는 것이다. 만일 기준계 S에서 $P_f = P_i$이면, 기준계 S′에서는 반드시 $P'_f = P'_i$임이 맞는다는 것이다. 따라서 기준계 S′에서 충돌 후 운동량은 $P'_f = -18$ kg m/s로 결론지을 수 있다.

36.3 아인슈타인의 상대성 원리

19세기는 광학과 전자기학의 시대였다. 영(Thomas Young)은 1801년에 빛이 파동임을 입증하였고 19세기 중반 이전에 과학자들은 빛의 속력을 측정할 수 있는 기술을 고안했다. 패러데이는 1831년에 전자기 유도 현상을 발견하였고, 이것을 기반으로 연속적인 발견이 이어져서 마침내 1864년에 맥스웰은 빛이 속력

$$c = \frac{1}{\sqrt{\epsilon_0 \mu_0}} = 3.00 \times 10^8 \text{ m/s}$$

로 이동한다고 예측하였다.

이것은 해석의 여지가 없는 매우 단정적인 예견이었다. 그러나 과연 어떤 기준계에서 빛이 이런 속력을 가지는가? 그리고 만일 빛이 어떤 관성계 S에서 속력 c로 이동한다면 그림 36.7에서 보이듯이 분명히 S에 대하여 상대적으로 이동하는 기준계 S′에서 빛의 속력은 반드시 c보다 더 크거나 더 작아야 한다. 심지어 빛이 꼼짝 못하고 전혀 움직일 수 없는 기준계가 존재할 수 있을 것이다.

그림 36.7 상대적으로 이동하는 기준계에서 빛의 속력은 c가 아닌 것처럼 보인다.

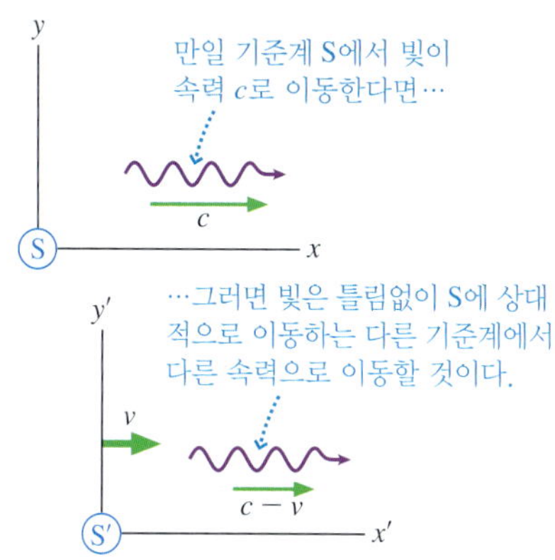

젊은 아인슈타인이 세계에 강한 인상을 남긴 것은 문제들이 이렇게 뒤죽박죽 상태였을 때다. 십대 시절에 소년 아인슈타인은 빛과 같은 속력으로 빛의 파동을 따라 이동하며 파도타기 하는 사람에게 빛의 파동이 어떻게 보일까 의문스러웠다. 수면 파동 또는 음파를 가지고 파도타기를 할 수 있으나 빛을 파도타기에는 논리적으로 매우 어려워 보인다. 전자기 파동은 변화하는 자기장이 전기장을 유도하고 변화하는 전기장이 자기장을 유도한다는 사실에 근거하여 볼 때 스스로를 유지시킨다. 그러나 파동과 함께 이동하는 사람에게 **장은 변하지 않을** 것이다. 이러한 환경 아래에서 어떻게 전자기파가 있을 수 있겠는가?

전자기학과 기준계 사이의 관계에 대한 수년간의 고민 끝에 아인슈타인이 도달한 결론은 단순히 역학 법칙만이 아니라 **모든** 물리 법칙들이 상대성 원리를 따라야 한다는 것이다. 다른 말로 하면 상대성 원리는 물리적인 우주의 본질에 대한 기본 명제이다. 따라서 갈릴레이의 상대성 원리의 제한 사항을 제거하여 훨씬 더 일반적인 원리를 다음과 같이 서술할 수 있다.

상대성 원리 모든 물리 법칙은 모든 관성계에서 똑같다.

아인슈타인의 상대성 이론의 모든 결과들은 이렇듯이 하나의 단순한 명제로부터 나온 것이다.

광속의 불변성

만일 맥스웰의 전자기 방정식들이 물리 법칙들이라면 상대성 원리에 따라 맥스웰 방정식들은 모든 관성계에서 맞아야 하는 충분한 이유가 있다. 표면적으로 이것은 운동량 보존 법칙은 모든 관성계에서 맞아야 한다고 말하는 것과 동등한 재미없는 문장처럼 보인다. 그러나 이 논리를 따라

1. 맥스웰 방정식들은 모든 관성계에서 맞다.
2. 맥스웰 방정식들은 빛을 포함한 전자기파가 속력 $c = 3.00 \times 10^8$ m/s로 이동한다는 것을 예측한다.
3. 그러므로 **빛은 모든 관성계에서 속력 c로 이동한다.**

그림 36.8 빛은 모든 관성계에서 기준계가 광원에 대해 어떻게 움직이든지 상관없이 속력 c로 이동한다.

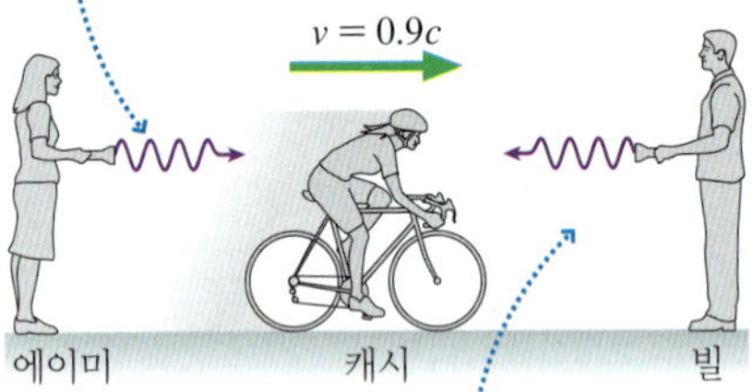

그림 36.8은 이러한 결론이 함축하는 것들을 보여준다. 모든 관측자들은 그들이 서로에게 어떻게 움직이든지 상관없이 모든 광파가 그 원천에 상관없이 그들의 기준계에서 똑같은 속력 c로 이동한다. 만일 빌에게 다가가고 에이미에게서 멀어지는 방향으로 캐시의 속도가 $v = 0.9c$라면, 캐시는 그녀의 기준계에서 측정에 의해 빌로부터 오는 빛의 속력이 $c + v = 1.9c$가 아닌 c임을 발견할 것이다. 그리고 에이미로부터 오는 빛은 여러분이 예측하듯이 에이미로부터 속력 c로 출발하여 캐시에게 상대적으로 속력 $c - v = 0.1c$가 아닌 속력 c로 뒤에서 따라 붙을 것이다.

비록 이러한 예측은 모든 단편적인 상식에 반하는 것이지만 그것에 대한 실험적 증거는 확실하다. 실험실 실험이 어려운데, 그 이유는 실험실의 속력을 아무리 높여도 속력 c에는 비교조차 할 수 없을 정도로 미미하기 때문이다. 그러나 1930년대에 물리학자 케네디(R. J. Kennedy)와 손다이크(E. M. Thorndike)는 지구 자체를 실험실로 이용할 수 있다는 것을 깨달았다. 지구의 속력은 태양 주위를 돌 때 약 30,000 m/s이다. 1월의 지구의 상대 속도는 지구가 반대 방향으로 움직이는 7월의 속도에 비해 60,000 m/s만큼 차이가 난다. 케네디와 손다이크는 매우 민감하고 안정적인 간섭계를 이용하여 1월과 7월의 빛의 속력의 수치값이 2 m/s보다 작음을 보여줄 수 있었다.

그림 36.9 실험은 광자가 실험실 속에서 여러분이 예측한 것과 같은 속력 $1.99975c$가 아닌 속력 c로 이동한다는 것을 발견하였다.

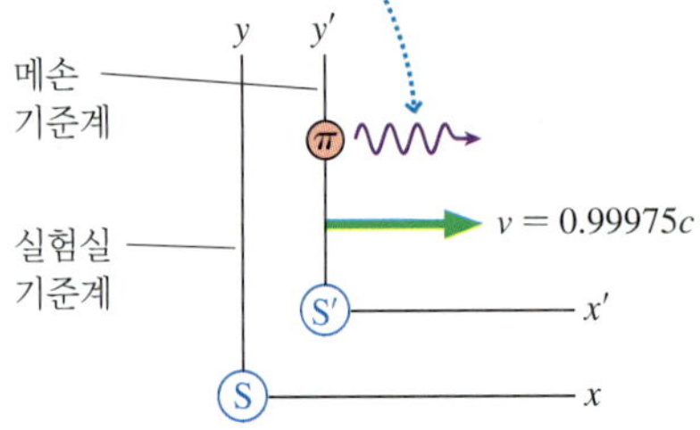

좀 더 최근 실험에는 고에너지의 광자로 붕괴하는 파이 메손(π mesons)이라 하는 불안정한 기본 입자들이 이용되었다. 입자 가속기에서 생성되는 파이 메손은 실험실 속에서 빛의 속력의 99.975% 또는 $v = 0.99975c$로 이동하면서 그들의 기준계에서 속력 c인 광자들을 방출한다. **그림 36.9**에서 보듯이 광자들이 실험실 속에서 속력 $c + v = 1.99975c$로 이동할 것으로 예측될 것이다. 대신에 실험실에서 측정된 광자들의 속력은 실험적인 오차 내에서 3.00×10^8 m/s였다.

요약하면 서로 다른 기준계에서 빛의 속력을 비교하도록 설계된 모든 실험은 모든 관성계에서 기준계가 서로에게 어떻게 이동하든지 관계없이 빛은 항상 3.00×10^8 m/s로 이동하는 것을 확인하였다.

어떻게 이런 것이 가능한가?

만일 여러분이 이런 것이 믿기 어렵다면 그것은 지극히 당연한 것이다. 어떤 사람이 서 있는 사람의 곁을 30 m/s로 운전하며 지나가면서 앞으로 50 m/s로 공을 힘껏 던졌다고 가정해보자. 서 있는 사람은 그 공이 그 자신과 지면에 대해 상대적으로 80 m/s로 이동하는 것을 확실히 볼 것이다. 빛의 경우에 대해 말하자면 차가 지면에 대해 30 m/s로 달리는 것과 상관없이 그 공이 차와 **동시에** 지면에 대하여 상대적으로 50 m/s로 이동한다고 얘기하는 것과 같다. 이것은 논리적으로 불가능해 보인다.

이것은 단지 의미상의 문제라고 생각할 수도 있다. 만일 정확한 정의와 직설적인 용어가 사용될 수 있다면 의문점과 혼란함은 사라질 것이다. 또는 아마도 의견의 불일치는 우리가 '본' 것과 '실제로 일어난' 것 사이의 혼동일 것이다. 다시 말해서 실제 일어난 것에 초점을 맞춰서 분석을 잘하면 빛이 다른 기준계에서 다른 속력으로 이동한다는 것을 발견할 수도 있을 것이다.

슬프게도 '실제로 일어난' 것은 빛이 모든 관성계에서 기준계들이 서로 어떻게 이동하는지와 무관하게 3.00×10^8 m/s로 이동한다는 것이다. 이것은 속임수가 아니다. 이제 오직 논리적인 모순에서 벗어나는 데는 한 가지 방법만 남았다.

속도의 정의는 이동이 발생한 곳에서 시간에 대한 이동거리의 비율인 $u = \Delta x/\Delta t$이다. 서로에게 상대적으로 이동하고 있는 두 사람이 움직이기 시작하는 한 물체를 측정한다고 가정하자. 예를 들면 한 사람은 모서리에 서 있고 다른 사람은 차를 타고 지나가면서 두 사람은 어떤 자전거의 속도를 측정하려고 한다. 추가적으로 두 사람은 **그림 36.10**에서와 같이 처음에 자전거가 나무를 지나칠 때 그 위치를 측정하고 나중에 가로등을 지나칠 때 다시 자전거의 위치를 측정하기로 사전에 약속했다고 가정하자. 차에 탄 사람이 측정한 자전거의 이동거리 $\Delta x'$은 서 있는 사람이 측정한 이

그림 36.10 기본 정의 $u = \Delta x/\Delta t$를 적용하여 한 물체의 속도 측정하기

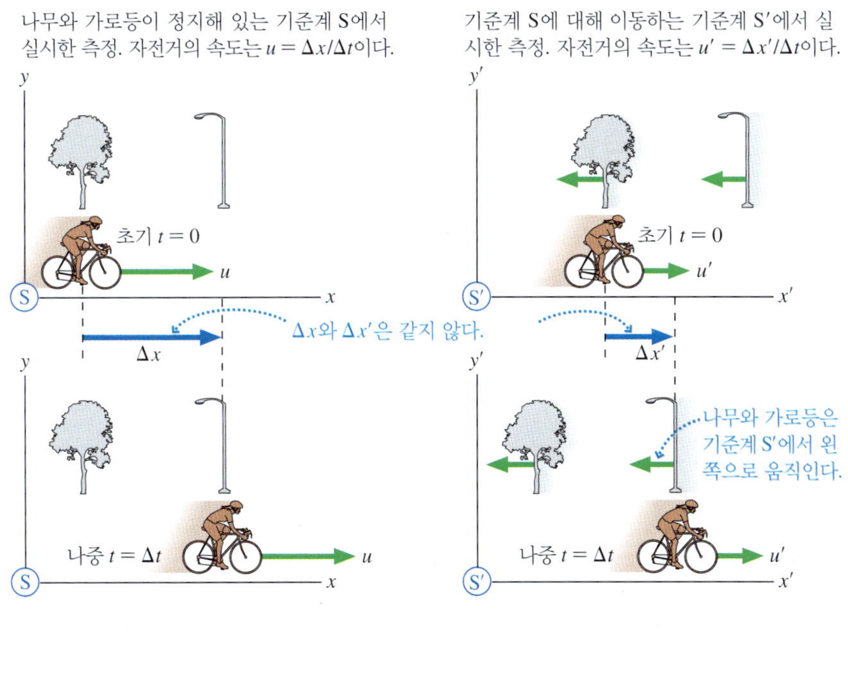

동거리 Δx와 다르다. 그 이유는 두 사람 사이의 상대 운동에 의해 각각의 기준계에서 자전거의 속도 u'과 u가 다르게 계산되기 때문이다. 이것이 바로 다시 나타난 갈릴레이 변환이다.

이제 측정을 다시 해보자. 그런데 이번에는 나무에서 가로등으로 이동하는 광파의 속도를 측정해보자. 다시 한번 차에 탄 사람이 측정한 나무와 가로등 사이의 빛의 이동거리 $\Delta x'$는 서 있는 사람이 측정한 나무와 가로등 사이 빛의 이동거리 Δx와 다르다. 그리고 차에 탄 사람이 측정한 빛의 속력 u'은 정지한 사람이 측정한 빛의 속력 u와 분명히 달라야 한다. 그 차이는 만일 차를 타고 측정했을 때는 매우 작지만, 거의 빛의 속력으로 이동하는 로켓을 타고 측정했을 때는 클 것이다. 비록 이러한 결론이 분명해 보이지만 이것은 틀렸다. 광파에 대한 실험 결과 빛의 속력이 $u' = u$로 같다는 것이 밝혀졌다.

이것이 맞을 수 있는 유일한 길은 차에 타고 있는 사람의 시간 간격 Δt와 서 있는 사람의 시간 간격 Δt가 똑같지 않다는 것이다. 만일 빛이 나무에서 가로등까지 진행하는 데 걸린 시간이 차를 타고 이동하는 사람의 기준계에서($\Delta t'$라고 하자)와 서 있는 사람의 기준계에서(Δt라고 하자) 다르다면 아마도 $\Delta x'/\Delta t' = \Delta x/\Delta t$라고 쓸 수 있을 것이다. 즉, 두 사람이 상대적으로 이동한다고 해도 $u' = u$이다.

이 책의 시작부터 지금까지 시간은 단순하게 시간이라고 가정되었다. 시간은 강물처럼 흐르고 모든 관측자들은 모든 기준계에서 단순하게 시간을 이용한다. 예를 들면 나무와 가로등도 외부에서 볼 수 있는 큰 시계를 각각 가지고 있다고 가정한다. 빛이 나무에서부터 가로등으로 이동하는 데 필요한 시간 간격 Δt에 사람들이 동의할 수 있을까?

아마도 아닐 것이다. 외형적으로도 $\Delta x' \neq \Delta x$임은 사실이다. 실험적으로 광파에 대해 $u' = u$임은 입증되었다. 시간의 본질에 대해 만들어진 **가정**에 뭔가 문제가 있는 것이 분명하다. 상대성 원리는 사람들을 궁지로 몰아넣었고 거기서 벗어나는 유일한 길은 시간에 대한 사람들의 이해를 재검증하는 것이다.

36.4 사건과 측정

공간과 시간에 대하여 몇 가지 가장 기본적인 가정들에 의문을 가지는 것은 극도로 주의해야 한다. 어떤 가정도 분석으로부터 말없이 빠져나가지 않는다는 확신이 필요하다. 여기에서 목적은 한 입자의 운동을 가정을 최소화하면서 분명하고도 정확하게 묘사하는 것이다.

사건

상대성 이론의 기초적인 요소는 **사건**(event)이다. 사건이란 분명한 공간상의 한 점과 시간의 한 순간에서 발생하는 물리적인 활동이다. 폭발하는 폭죽은 하나의 사건이다. 두 입자 간의 충돌은 하나의 사건이다. 검출기를 때리는 광자도 하나의 사건이다.

사건은 다른 기준계에 있는 관측자들에 의해 관측되고 측정될 수 있다. 폭발하는 폭죽은 서 있는 사람에게 선명한 만큼 운전하고 지나가는 사람에게도 선명하다. 하나의 사건은 좌표 (x, y, z)와 발생 시간 t의 네 가지 숫자를 이용하여 장소와 시간으로 정량화될 수 있다. 이러한 네 가지 숫자는 그림 36.11에서 보여주듯이 사건의 **시공간 좌표**(spacetime coordinates)라 한다.

기준계 S와 S′에서 측정된 한 사건의 공간 좌표는 다를 것이다. 이제 S와 S′에서 기록된 시간도 또한 다를 것이다. 따라서 기준계 S에서 실험하는 사람들에 의해 측정된 어떤 사건의 시공간 좌표는 (x, y, z, t)이고 기준계 S′에서 측정된 **동일한 사건**의 시공간 좌표는 (x', y', z', t')이다.

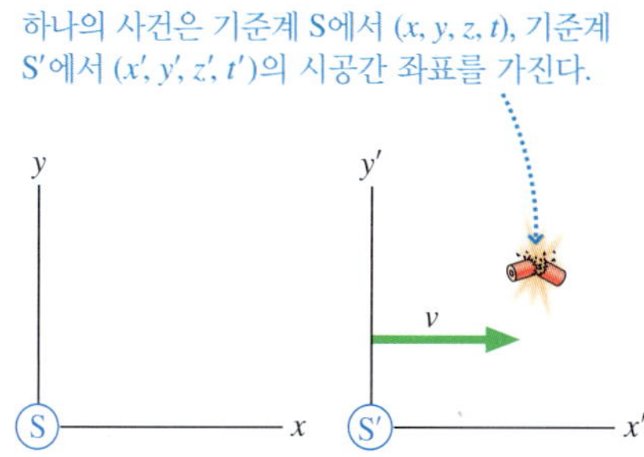

그림 36.11 한 사건의 장소와 시간은 그것의 시공간 좌표에 의해 기술된다.

한 입자의 운동은 2개 또는 그 이상의 사건들의 연속으로 묘사될 수 있다. 이러한 발상은 이전 절에서 자전거와 광파의 속도를 나무를 통과할 때(첫 번째 사건)와 가로등을 통과할 때(두 번째 사건)를 기준으로 측정하는 것으로 약속했을 때 이미 소개되었다.

측정

사건이란 '실제로 일어난' 것을 말한다. 그런데 사람들은 사건에 대해 어떻게 알게 되는가? 즉, 관측자들은 기준계에서 사건의 시공간 좌표를 어떻게 결정하는가? 이것이 측정의 문제이다.

기준계는 좌표계로 정의되어 그곳에서 관측자들은 위치와 시간을 측정할 수 있다. 일단 시작은 잘 되었다. 그러나 이제 좀 더 정교한 측정 방법이 필요하다. 그림 36.12에 보이는 것처럼 어떤 기준계가 미터 자로 채워진 입방 살창이라고 상상해보자. 모든 교차점에 시계가 있고 한 기준계에 있는 모든 시계는 **동조화되어** 있다. 시계들을 어떻게 동조화시켰는지는 잠시 후에 다시 생각해보기로 하고 일단은 동조화가 되었다고 가정하자.

이제 배치된 미터 자와 시계를 가지고 두 부분으로 이루어진 측정 계획을 세울 수 있다.

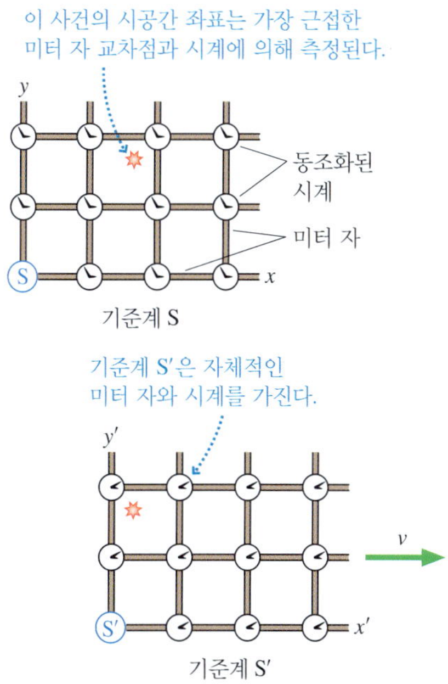

그림 36.12 한 사건의 시공간 좌표가 미터 자와 시계로 구성된 살창에 의해 측정된다.

- 한 사건의 좌표 (x, y, z)는 그 사건에 가장 근접한 미터 자의 교차점에 의해 결정된다.
- 사건의 시간 t는 그 사건에 가장 가까운 시계에 표시된 시간이다.

원한다면 각 사건은 가장 근접한 시계를 비추고 시간을 읽을 수 있게 하는 불빛이 동반된다고 상상할 수 있다.

여러 가지 중요한 문제들에 주목할 필요가 있다.

1. 각 기준계 안에 있는 시계와 미터 자들은 가상의 것들이다. 따라서 이것들을 통과하는 데는 아무 문제가 없다.

2. 한 기준계에서 실시된 위치와 시간의 측정은 반드시 그 기준계의 시계들과 미터 자를 이용해야 한다.
3. 미터 자의 길이가 1 m이고 시계들은 1 m 간격이어야 한다는 것에 대해 특별한 것은 없다. 살창 간격은 요구되는 측정의 정밀도를 달성하기 위해 변경될 수 있다.
4. 관측자들은 각 기준계에서 모든 시계 옆에 앉아서 근처의 사건들의 위치와 시간을 기록하는 보조원들을 둘 수 있다고 가정할 것이다.
5. 아마 가장 중요한 것으로 시간 t는 사건이 실제 일어난 시간이며 관측자가 사건을 본 시간도 아니고 사건에 대한 정보가 관측자에게 도달한 시간도 아니다.
6. 한 기준계에서 모든 관측자들은 한 사건의 시공간 좌표에 대해 동의한다. 다른 말로 하면 **하나의 사건은 각 기준계에서 유일한 시공간 좌표들을 가진다**.

시계 동조화

한 기준계 내에서 모든 시계들이 **동조화**(synchronize)되는 것은 중요하다. 동조화의 의미는 그 기준계 내에서 모든 시계들이 어떤 단일 시간 간격에서도 똑같은 시간을 보여야 한다는 것이다. 따라서 동조화시킬 방법이 필요하다. 떠오르는 한 가지 발상은 원점에 있는 시계를 **통제 시계**로 지정하는 것이다. 그런 다음 이 통제 시계를 끌고 다니면서 주변의 시계의 시간을 통제 시계와 일치시킨 뒤에 통제 시계를 다시 원점에 가져다 놓으면 된다.

이것은 시간이 모든 사람에게 똑같이 유연하게 흐른다는 뉴턴 역학에서는 훌륭하고 완벽한 시계 동조화 방법일 것이다. 그러나 우리는 서로에게 상대적으로 이동하는 기준계에서 시간은 다르다는 가능성 때문에 시간의 본질을 다시 조사하려는 것이다. 통제 시계도 움직일 수 있기 때문에 통제 시계가 정지해 있는 시계와 같은 방법으로 시간을 유지해줄 것이라고는 가정할 수 없다.

그림 36.13 시계들의 동조화

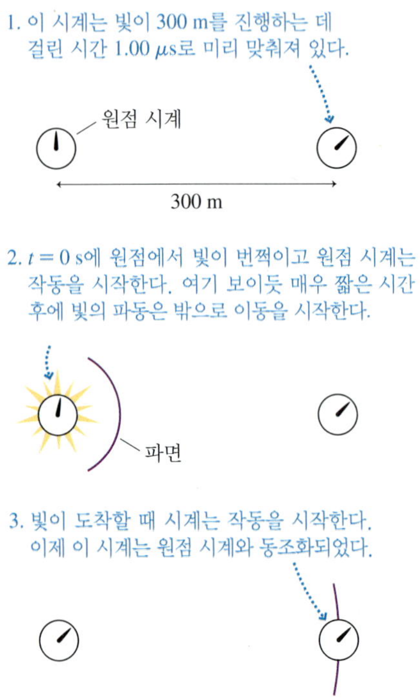

시계를 움직이지 않는 동조화 방법이 필요하다. 다행히도 그런 방법은 쉽다. 각 시계는 미터 자들의 교차점에 머물러 있다. 따라서 미터 자를 들여다보는 것으로 각 시계와 원점 간의 거리가 계산될 수 있다. 일단 거리가 알려지면 빛의 파동이 원점으로부터 각 시계까지 이동하는 데 걸리는 시간도 정확하게 계산할 수 있다. 예를 들면 빛은 원점으로부터 300 m 떨어진 시계까지 이동하는 데 1.00 μs가 걸릴 것이다.

시계들을 동조화시키기 위해 보조원들은 원점으로부터 빛의 이동 시간을 각 시계에 나타내지만 시계를 작동시키지는 않는다. 다음으로 그림 36.13에서 보듯이 원점에서 빛이 깜빡이고 동시에 원점에 있는 시계가 $t = 0$ s부터 작동하기 시작한다. 그 빛은 모든 방향으로 속력 c로 퍼진다. 각 시계에 있는 광 검출기가 빛의 도착을 인지하자마자 시계를 작동시킨다. 각각의 시계는 사전에 원점으로부터의 빛이 거기에 도달하는 데 걸린 시간을 고려한 시간으로 맞추어져 있다가 동작을 시작하여 원점에 있는 시계와 정확하게 똑같은 시간으로 작동한다. 따라서 모든 시계들은 빛의 파동이 지나간 뒤에 동조화될 것이다.

사건과 관찰

위에서 t가 사건이 실제로 일어난 시간이라고 했다는 것에 주목해야 한다. 이것은 좀 더 논의가 필요한 중요한 요점이다. 광파는 이동하는 데 시간이 걸린다. 빛의 펄스에 의하든지 전화에 의하든지 우편배달부에 의하든지 간에 메시지 전달에는 시간이 걸린다. 관측자는 폭발하는 폭죽과 같은 사건을 오직 광파가 그 관측자의 눈에 도달한 다음에야 관찰할 수 있다. 그러나 중요한 것은 사건 그 자체에 있지 사건에 대한 관측자의 관찰에 있지는 않다. 관측자가 사건을 보았거나 사건에 대한 정보를 얻는 그 시간은 사건이 실제로 일어난 시간이 아니다.

$t=0$에서 폭죽이 $x=300$ m에서 폭발했다고 가정하자. 폭죽으로부터 빛의 섬광은 원점에 있는 관측자에게 $t_1=1.0\ \mu$s에 도달할 것이다. 폭죽의 소리는 원점에 있는 보이지 않는 관측자에게 $t_2=0.88$ s에 도달할 것이다. 이들 중 어떤 것도 폭발 시간 t_{event}가 아니다. 하지만 알려진 파동 속력을 이용하여 폭발 발생 시간 t_{event}를 결정하기 위해 관측자가 시간을 되돌릴 수는 있다. 이런 사례에서 사건(폭발)의 시공간 좌표는 (300 m, 0 m, 0 m, 0 s)이다.

예제 36.2 사건의 시간 결정하기

기준계 S에서 관측자 A는 원점에서 양의 x 방향을 바라보며 서 있다. 관측자 B는 $x=900$ m에서 음의 x 방향을 바라보며 서 있다. 어떤 폭죽이 그 둘 사이 어디에선가 폭발했다. 관측자 B는 $t=3.0\ \mu$s에 빛의 섬광을 보았다. 관측자 A는 빛의 섬광을 $t=4.0\ \mu$s에 보았다. 폭발의 시공간 좌표는 얼마인가?

핵심 관측자 A와 B는 같은 기준계에 있고 동조화된 시계를 가지고 있다.

시각화 그림 36.14는 두 관측자와 미지의 위치 x에서의 폭발을 보여준다.

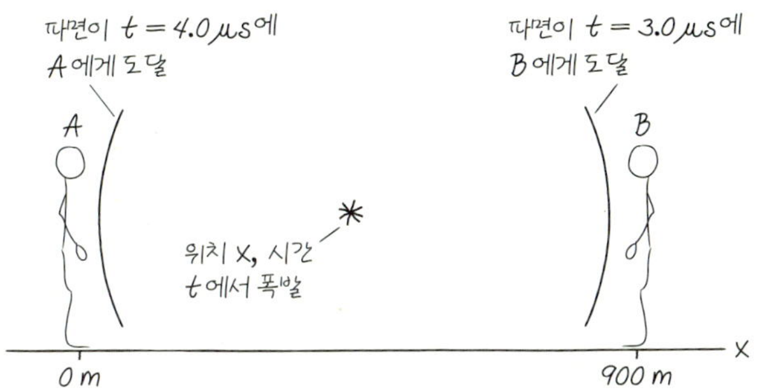

그림 36.14 광파는 관측자들에게 다른 시간에 도달한다. 둘 중 어떤 것도 사건이 실제로 일어난 시간은 아니다.

풀이 두 관측자는 빛의 섬광을 2개의 다른 시간에 관측했으나 그것은 하나의 사건이었다. 빛은 300 m/μs로 이동한다. 폭죽의 폭발 위치를 x라 하자. x에서 시작된 빛이 관측자 A에 도달하기 위하여 추가적인 1.0 μs가 필요하다는 것은 거리 $(x-0\text{ m})$가 거리 $(900\text{ m}-x)$보다 300 m 더 길다는 의미이다. 즉,

$$(x-0\text{ m})=(900\text{ m}-x)+300\text{ m}$$

이다. 폭발 위치 x는 이 식으로부터 쉽게 $x=600$ m로 구해진다. 빛은 관측자 B에게 300 m 이동하는 데 1.0 μs가 걸리고, 관측자 A에게 600 m 진행하는 데 2.0 μs가 걸린다. 빛은 각각 3.0 μs, 4.0 μs에 도달했다. 따라서 빛은 폭발에 의해 $t=2.0\ \mu$s에 방출되었다. 폭발의 시공간 좌표는 (600 m, 0 m, 0 m, 2.0 μs)이다.

검토 비록 관측자들이 폭발을 다른 시간에 보았어도 그들은 그 폭발이 실제로 $t=2.0\ \mu$s에 발생했다는 데에 의견이 같다.

동시성

하나의 기준계에서 측정된 다른 위치 x_1, x_2, 같은 시간 $t_1=t_2$에 발생한 두 사건 1과 2

는 그 기준계에서 **동시적**(simultaneous)이라고 말한다. 동시성은 사건들이 실제로 언제 일어났는지에 의해 결정되지 사건들이 보이거나 관찰된 때에 의해 결정되지 않는다. 일반적으로 동시성의 사건들은 사건들로부터 관측자까지의 빛의 이동 시간에서의 차이 때문에 똑같은 시간에 보이지는 않는다.

예제 36.3 | 폭발은 동시적인가?

기준계 S에 있는 어떤 관측자는 양의 x방향을 바라보며 원점에 서 있다. $t = 3.0\ \mu s$에 그녀는 폭죽 1이 $x = 600$ m에서 폭발하는 것을 보았다. 짧은 시간 $t = 5.0\ \mu s$ 후에 그녀는 폭죽 2가 $x = 1200$ m에서 폭발하는 것을 보았다. 두 폭발은 동시적인가? 만일 아니라면 어떤 폭죽이 먼저 폭발했는가?

핵심 두 폭발로부터 빛은 관측자에게 300 m/μs로 다가온다.

풀이 관측자는 2개의 다른 폭발을 본다. 그러나 사건의 인지는 사건 자체가 아니다. 폭발이 실제로 언제 일어났는가? 빛이 300 m/μs로 이동한다는 사실을 이용하면 폭죽 1은 $t_1 = 1.0\ \mu s$에 발생하고 폭죽 2도 또한 $t_2 = 1.0\ \mu s$에 일어났다는 것을 알 수 있다. 사건들은 동시적이다.

36.5 동시성의 상대성 이론

이제 기준계에서 사건의 시간을 측정하는 방법이 구축되었으므로 시간의 본질을 조사해보자. 다음의 '사고 실험'은 아인슈타인에 의해 제시된 것과 매우 유사하다.

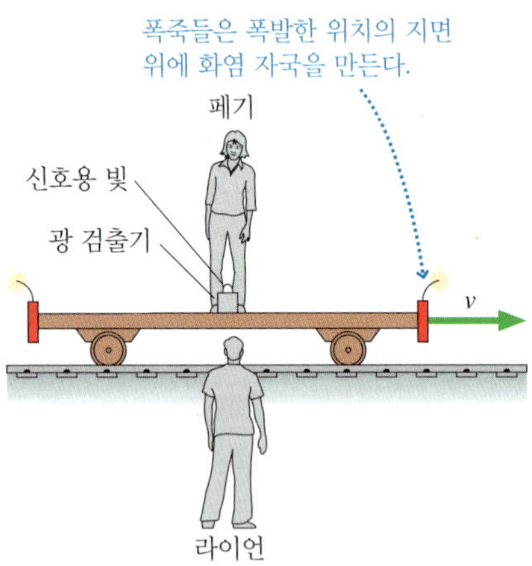

그림 36.15 속도 v로 오른쪽으로 이동하는 기차 객차

그림 36.15는 빛의 속력과 비교하여 무시할 수 없을 정도의 속도 v로 오른쪽으로 이동하는 어떤 긴 기차 객차를 보여준다. 폭죽들이 지면 바로 위에 객차 양 끝에 묶여 있다. 각각의 폭죽은 충분히 강력하여 폭발했을 때 폭발 지점의 지면 위에 화염 자국을 만들 수 있을 정도이다.

라이언은 지면 위에 서서 지나가는 객차를 지켜보고 있다. 페기는 발아래에 특수한 상자를 가진 채로 객차 정중앙에 서 있다. 이 상자에는 서로 반대 방향으로 향하고 있는 2개의 광 검출기가 있고 신호용 빛이 상자 위에 있다. 그 상자는 다음과 같이 작동한다.

1. 만일 라이언이 보기에 빛의 섬광이 왼쪽 검출기에 도달하는 것보다 섬광이 오른쪽을 향하고 있는 검출기에 먼저 도달하면 상자 위의 빛은 녹색으로 바뀔 것이다.
2. 만일 빛의 섬광이 오른쪽 검출기에 도달하는 것보다 섬광이 왼쪽을 향하고 있는 검출기에 먼저 도달하거나 두 섬광이 동시에 도착하면 상자 위의 빛은 빨간색으로 바뀔 것이다.

폭죽들은 객차가 라이언을 지나치는 순간 폭발하고 라이언은 폭발로부터 두 빛의 섬광을 동시에 본다. 그 다음 그는 두 화염 자국 사이의 거리를 측정하고 그가 두 자국 사이의 정중앙에 서 있는 것을 발견한다. 빛은 같은 시간에 같은 거리를 진행하기 때문에 라이언은 지면의 기준계인 그의 기준계에서 두 폭발은 동시적이라는 결론을 내린다. 추가적으로 그가 폭발이 발생했을 때 객차의 양 끝 사이의 중앙에 있었기 때문에 그는 페기와 바로 맞은 편에 있었다.

그림 36.16a는 라이언의 기준계에서 사건의 전개를 보여준다. 빛은 모든 관성계에서 속력 c로 이동한다. 따라서 비록 폭죽이 움직이지만 빛의 파동은 화염 자국을 중심으로 구를 형성한다. 라이언은 오른쪽에서 온 빛이 왼쪽에서 온 빛 이전에 페기와 상자에 도달했다고 결정한다. 따라서 라이언의 입장에서는 상자 위의 신호용 빛은 녹색으로 변한다.

지면에 대해 상대적으로 속도 v로 오른쪽으로 이동하는 페기의 기준계에서는 어떻게 보일까? 그림 36.16b에서 보듯이 페기는 라이언이 속력 v로 왼쪽으로 이동하는 것을 본다. 빛은 모든 관성계에서 속력 c로 이동한다. 따라서 빛의 파동은 객차 양 끝을 중심으로 한 구이다. 만일 폭발이 동시적이라면 라이언이 결정한 것처럼 두 빛의 파동은 그녀와 상자에 동시에 도달한다. 따라서 페기에 따르면 상자 위의 신호용 빛은 빨간색으로 변한다.

그림 36.16 2개의 다른 기준계에서 본 폭발하는 폭죽들

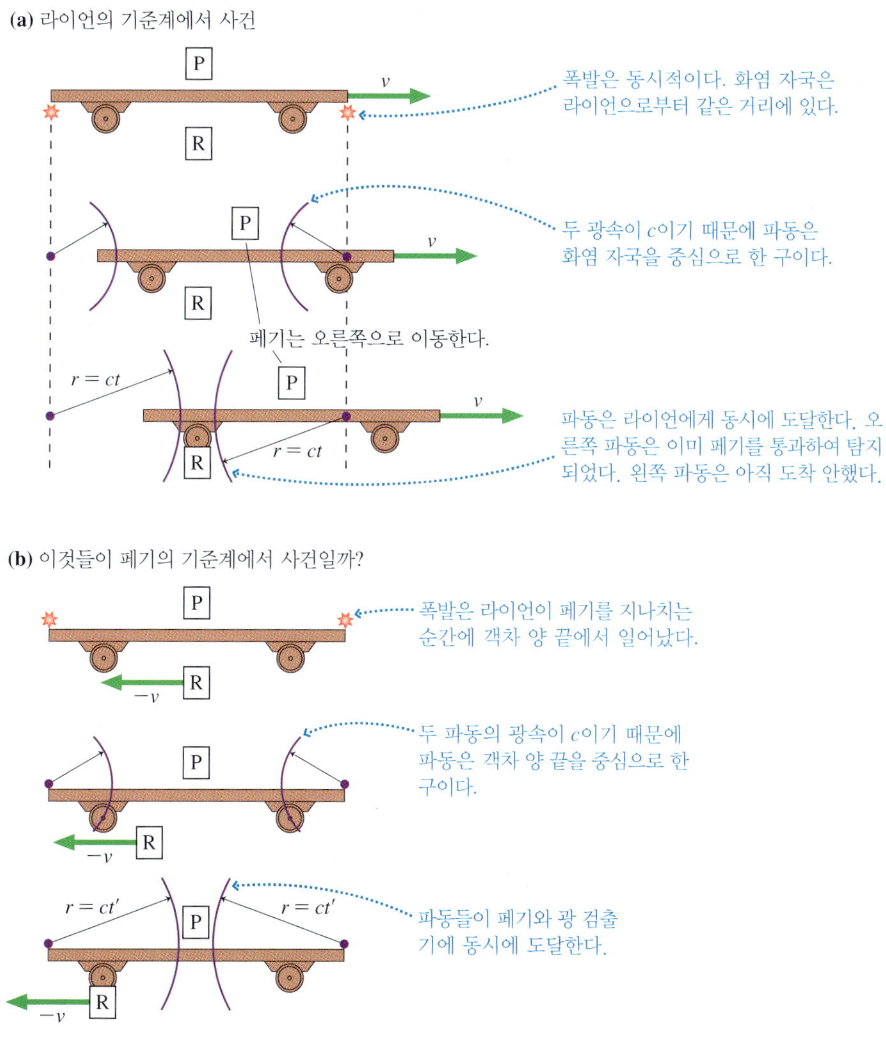

이제 상자 위 신호용 빛은 녹색이거나 빨간색이어야 한다. 둘 다일 수는 없다. 나중에 객차가 정지한 뒤에 라이언과 페기는 상자를 그들 앞에 가져다 놓을 것이다. 그것은 빨간색 빛이거나 녹색 빛이다. 라이언은 한 색을 볼 수 없고 반면에 페기는 다른 색을 본다. 따라서 우리는 모순에 직면한다. 페기와 라이언이 모두 맞는다는 것은 불가능하다. 그러나 누가 틀리고 그 이유는 무엇인가?

여기서 절대적인 확신으로 알게 되는 것은 무엇인가?

1. 라이언은 섬광을 동시에 탐지한다.

2. 라이언은 폭발이 발생할 때 폭죽 사이의 중앙에 있었다.

3. 두 폭발로부터의 빛은 라이언을 향하여 같은 속력으로 이동한다.

라이언의 기준계에서 폭발이 동시성이라는 것은 논쟁의 여지가 없다. 빛은 녹색이다.

역설 해결하기

그러나 페기는 한 가지 가정을 정했다. 그것은 완벽하게 평범하여 아마 가정이라고 알아채지 못할 정도로 분명한 것으로 보이지만 그렇다 할지라도 가정은 가정이다. 페기는 폭발이 동시적이라고 가정했다.

라이언은 폭발이 동시적이라는 것을 발견하지 못했을까? 실제로 그는 발견했다. 라이언의 기준계를 S, 오른쪽 폭발사건을 R, 왼쪽 폭발사건을 L이라 부르기로 가정하자. 라이언은 $t_R = t_L$임을 발견하였다. 그러나 페기는 그녀의 기준계 S′에서 폭발이 발생한 시간 t_R', t_L'을 측정하기 위해 다른 시계들을 이용해야만 한다. 기준계 S에서 $t_R = t_L$이었다고 기준계 S′에서 $t_R' = t_L'$이라고 단정할 수 없다.

그림 36.17 페기의 기준계에서 실제 사건의 전개

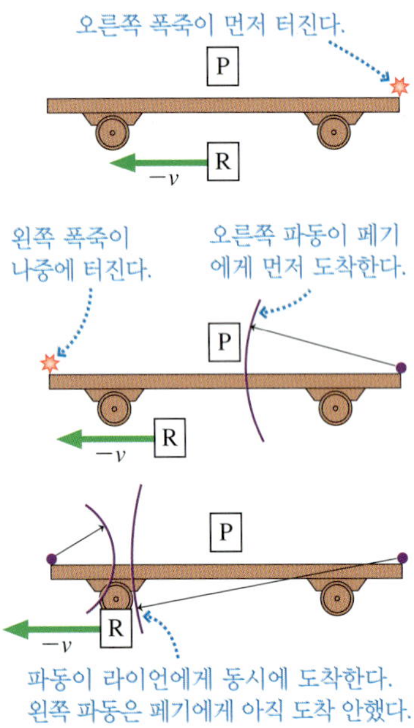

사실 기준계 S′에서 오른쪽 폭죽이 왼쪽보다 먼저 폭발해야 한다. 페기가 동시성을 가정하여 묘사된 그림 36.16b는 틀렸다. **그림 36.17**은 오른쪽 폭죽이 먼저 터지는 페기의 기준계에서의 상황을 보여준다. 이제 라이언의 결론과 같이 오른쪽에서 온 빛이 페기의 상자에 먼저 도달하고 상자 위의 빛은 녹색으로 변한다.

상대성에서 가장 당황하게 하는 결론 중 하나는 **기준계 S에서 동시에 발생하는 두 사건은 S에 대해 상대적으로 이동하는 어떠한 기준계 S′에서도 동시적이 아니라는** 것이다. 이것이 **동시성의 상대성 이론**(relativity of simultaneity)이다.

두 폭죽은 실제로 라이언의 기준계에서 똑같은 시간에 터진다. 그리고 실제로 페기의 기준계에서 오른쪽 폭죽이 먼저 터진다. 이것은 그들이 섬광을 언제 봤는지의 문제가 아니다. 결론은 폭발이 실제로 일어난 시간에 근거한다.

페기와 라이언의 역설은 상대성 이론의 핵심을 포함하고 있고 깊이 생각해볼 가치가 있다. 먼저 논리적으로 불가능한 역설이 있다고 확신하기까지의 논리를 되돌아보자. 그 다음 페기의 기준계에서 폭발이 동시적이라는 가정을 포기하는 것이 역설을 해결하는 유일한 길이라는 것을 스스로가 믿게 만들어라. 만일 사람들이 역설과 해법을 이해한다면 상대성 이론의 모든 것을 이해하는 데 크게 한걸음 나아간 것이다.

36.6 시간 지연

상대성 원리는 시간이 서로 상대적으로 이동하는 두 기준계에서 같지 않다는 논리적인 결론을 이끌어냈다. 지금까지의 분석은 주로 정성적인 것이었다. 이제 한 기준계에서의 측정과 다른 기준계에서의 측정을 비교할 수 있는 몇 가지 정량적인 도구를 개발할 때가 되었다.

그림 36.18a는 광 시계라는 특별한 시계를 보여준다. 광 시계는 바닥에 광원이 있고 높이가 h인 천장에 거울이 달린 상자를 말한다. 광원은 거울로 갔다가 반사되어 광원 옆에 있는 광 검출기로 되돌아오는 매우 짧은 펄스를 방출한다. 시계는 매번 검출기가 펄스를 받으면 '똑딱'거리고 그와 동시에 지체 없이 광원이 다음 펄스를 방출하게 한다.

실험 목적은 시계의 두 번 연속의 똑딱거림 사이의 간격에 대하여 시계 옆에 서 있는 사람과 시계에 대해 상대적으로 이동하는 사람의 측정을 비교하는 것이다. 자세히 살펴보면 그림 36.18b에서 보듯이 시계는 기준계 S′ 내에 정지해 있다. 이것을 시계의 **정지 기준계**(rest frame)라고 한다. 시계와 함께 기준계 S′은 기준계 S에 대해 오른쪽으로 상대 속도 v로 이동한다.

상대성 이론에 의해 요구되는 사건들을 측정하기 위해 사건 1을 광 펄스의 방출, 사건 2를 광 펄스의 검출로 정의하자. 양 기준계에 있는 관측자들은 각각 자신들의 기준계에서 이러한 사건들이 어디서 언제 일어났는지를 측정할 수 있다. 기준계 S에서 시간 간격 $\Delta t = t_2 - t_1$은 시계의 한 번 똑딱거림이다. 유사하게 기준계 S′에서 한 번 똑딱거림은 $\Delta t' = t_2' - t_1'$이다.

상대성 이론의 결과를 확실히 이해했다는 것을 확인해보기 위해 먼저 고전적인 분석을 해보자. 광 시계가 정지해 있는 기준계인 기준계 S′에서 빛은 속력 c로 수직으로 이동했다가 아래로 내려오는 총 $2h$의 거리를 이동한다. 시간 간격은 $\Delta t' = 2h/c$이다.

그림 36.19a는 기준계 S에서 보이는 광 시계의 작동을 보여준다. 시계는 기준계 S에서 오른쪽 방향으로 속력 v로 움직인다. 따라서 광 펄스가 광원에서 거울로 이동하는 $\frac{1}{2}(\Delta t)$시간 동안 거울도 $\frac{1}{2}v(\Delta t)$의 거리를 이동한다. 이 간격 동안 빛이 이동한 거리는 $\frac{1}{2}u_{\text{light}}(\Delta t)$이다. 여기서 u_{light}는 기준계 S에서 빛의 속력이다. 그림 36.19b에서 기준계 S에서 빛의 속력은 벡터의 덧셈을 이용하여 $u_{\text{light}} = (c^2 + v^2)^{1/2}$임을 알 수 있다. (이것은 빛의 속력이 광원에 대해 상대적인 기준계의 운동에 의존한다는 고전적인 분석이란 것을 명심하자.)

그림 36.19a에서 직각삼각형에 대하여 피타고라스 정리를 적용하면

$$h^2 + \left(\tfrac{1}{2}v\,\Delta t\right)^2 = \left(\tfrac{1}{2}u_{\text{light}}\,\Delta t\right)^2 = \left(\tfrac{1}{2}\sqrt{c^2+v^2}\,\Delta t\right)^2 = \left(\tfrac{1}{2}c\,\Delta t\right)^2 + \left(\tfrac{1}{2}v\,\Delta t\right)^2 \tag{36.4}$$

이다. 항 $(\frac{1}{2}v\Delta t)^2$은 양변에 공통 요소이므로 상쇄된다. Δt에 대해 풀면 $\Delta t = 2h/c$이

그림 36.18 광 시계의 똑딱거림은 2개의 다른 기준계에 있는 관측자들에 의해 측정될 수 있다.

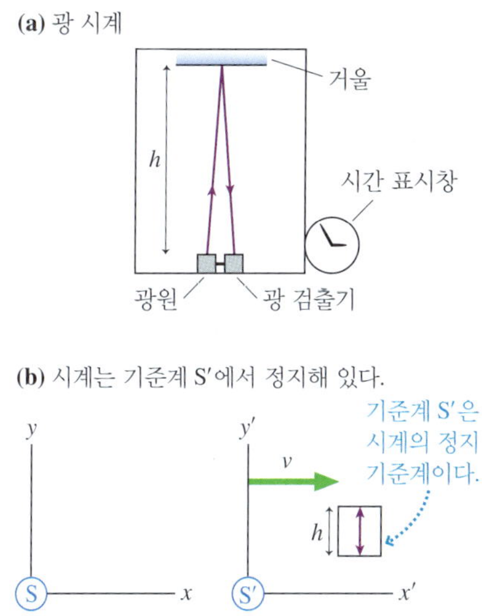

그림 36.19 광 시계의 고전적인 분석

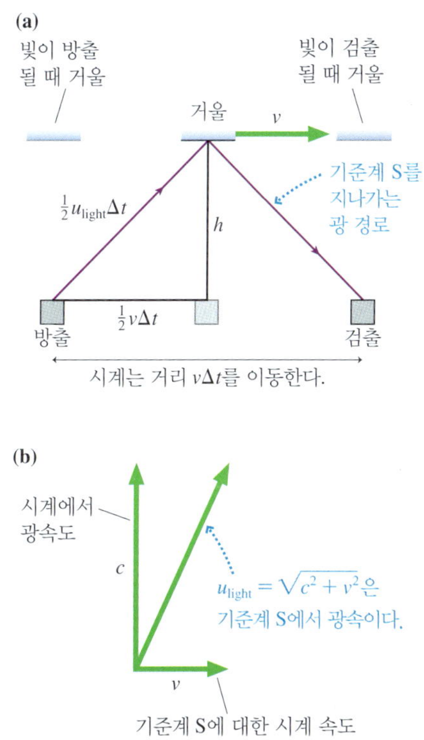

다. 이것은 $\Delta t'$과 똑같다. 다시 말해서 고전적인 분석은 광 시계는 두 기준계 S와 S′에서 정확하게 같은 비율로 똑딱거린다. 이것은 놀라운 일이 아니다. 고전물리학에서는 관측자들의 운동과 관계없이 모든 관측자들에게 똑같이 측정되는 오직 한 가지 시간만 있다.

상대성 원리는 오직 한 가지만을 변화시킨다. 그 한 가지 변화가 중대한 결말을 초래한다. 상대성 원리에 의하면 빛은 모든 관성계에서 똑같은 속력으로 진행한다. 광 시계의 정지 기준계인 기준계 S′에서 빛은 단순하게 위로 갔다가 아래로 내려온다. 한 번 똑딱거린 시간은

$$\Delta t' = \frac{2h}{c} \tag{36.5}$$

으로 고전적인 분석과 다르지 않다.

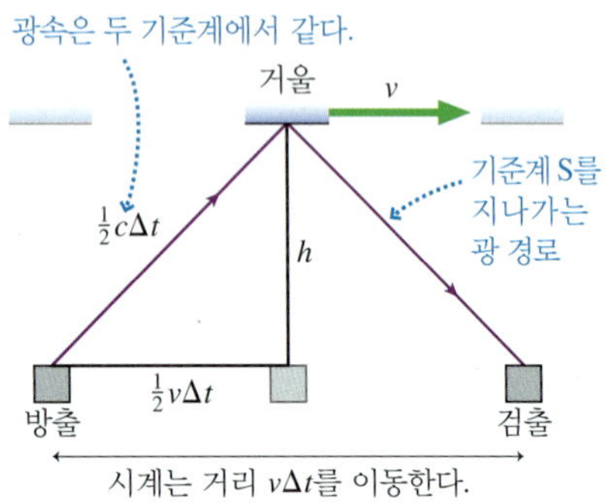

그림 36.20 모든 기준계에서 빛의 속력이 똑같은 경우의 광 시계 분석

그림 36.20은 기준계 S에서 보이는 광 시계를 보여준다. 그림 36.19a와 다른 점은 빛이 이제 빗변을 따라 속력 c로 이동한다는 것이다. 피타고라스 정리를 다시 적용하면

$$h^2 + \left(\tfrac{1}{2}v\,\Delta t\right)^2 = \left(\tfrac{1}{2}c\,\Delta t\right)^2 \tag{36.6}$$

이고, Δt에 대해 풀면 다음과 같다.

$$\Delta t = \frac{2h/c}{\sqrt{1 - v^2/c^2}} = \frac{\Delta t'}{\sqrt{1 - v^2/c^2}} \tag{36.7}$$

기준계 S에서 두 번 똑딱거리는 사이의 시간 간격이 기준계 S′에서의 그것과 같지 않다.

$\beta = v/c$로, 즉 속도를 빛의 속력 대비 비율로 정의하는 것이 유용하다. 예를 들면 $v = 2.4 \times 10^8$ m/s로 이동하는 어떤 기준계는 $\beta = 0.80$이다. β의 항으로 다시 쓴 식 (36.7)은 다음과 같다.

$$\Delta t = \frac{\Delta t'}{\sqrt{1 - \beta^2}} \tag{36.8}$$

고유 시간

기준계 S′은 한 가지 중요한 차별점을 가지고 있다. 이것은 광 시계가 정지해 있는 오직 단 하나의 관성계이다. 결론적으로 이것은 빛의 방출과 검출의 두 사건의 시간이 똑같은 기준계 시계에 의해 측정된 오직 단 하나의 관성계이다. 그림 36.18a에서 광 펄스가 같은 위치에서 시작하고 끝나는 것을 볼 수 있다. 그림 36.20에서 보듯이 기준계 S에서 방출과 검출은 다른 위치에서 일어나고 각 위치마다 1개씩 다른 기준계 시계를 이용하여 측정되어야 한다.

같은 위치에서 일어나는 두 사건 사이의 시간 간격을 **고유 시간**(proper time) $\Delta\tau$라고 한다. 오직 하나의 관성계에서만 고유 시간을 측정하는데, 두 사건에 같이 있는 단 하나의 시계로 측정한다. 고유 시간계에 상대적으로 $v = \beta c$의 속도로 움직이는 관성

계는 첫 번째 사건 위치에 1개, 두 번째 사건 위치에 또 다른 1개의 시계 등 2개의 시계로 시간 간격을 측정해야 한다. 시계 2개가 요구되는 기준계에서 시간 간격은 다음과 같다.

$$\Delta t = \frac{\Delta\tau}{\sqrt{1-\beta^2}} \geq \Delta\tau \quad \text{(시간 지연)} \qquad (36.9)$$

식 (36.9)에 의해 암시되는 시간 간격의 '늘어남'은 **시간 지연**(time dilation)이라 한다. 시간 지연은 때때로 "움직이는 시계는 느리게 간다"는 말로 묘사되기도 하지만 이런 표현은 신중하게 해석해야 한다. 상대성 이론의 전체적인 관점은 모든 관성계는 유효하며 어떤 시계가 '움직인다'거나 '정지해 있다'는 절대적인 관점은 없다.

실례를 보여주기 위해 **그림 36.21**은 지면 기준계에서 다른 위치에서 발생한 두 폭죽의 폭발(두 사건)을 보여준다. 지면 위의 관측자는 시간 간격 Δt를 측정하기 위해 2개의 시계가 필요하다. 그러나 기차 기준계에서는 하나의 시계가 두 사건이 일어난 곳에 있다. 따라서 기차 기준계에서 측정된 시간 간격이 고유 시간 $\Delta\tau$이다. 이제 $\Delta\tau < \Delta t$임을 알 수 있다. 따라서 기차 기준계에서 시간은 덜 흘렀다.

이런 의미에서 두 사건에 같이 있는 '움직이는 시계'가 사건들에 대해 정지해 있는 시계들보다 '느리게 간다'는 것이다. 좀 더 일반적으로 **두 사건 사이 시간 간격은 두 사건이 같은 위치에서 일어난 기준계에서 가장 작다.**

그림 36.21 두 사건 사이의 시간 간격은 2개의 다른 기준계에서 측정된다.

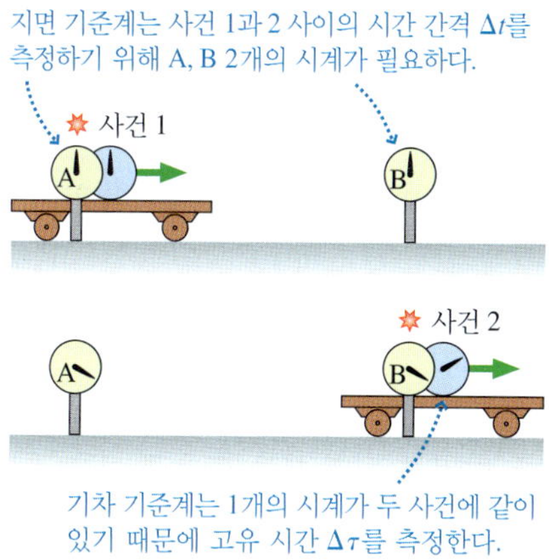

예제 36.4 태양으로부터 토성까지

토성(Saturn)은 태양으로부터 1.43×10^{12} m 떨어져 있다. 어떤 로켓이 태양계에 대해 $0.9c$의 일정한 속력으로 태양으로부터 토성에 이르는 직선을 따라 비행한다. 지구 위에 있는 한 관측자에게 그 여행은 얼마나 오래 걸리는가? 로켓 안에 있는 우주인에게 여행은 얼마나 걸리는가?

핵심 태양계가 기준계 S라 하고 기준계 S에 대하여 상대적으로 $v = 0.9c$로 비행하는 로켓의 기준계를 S′이라 하자. 상대성 문제는 사건으로 기술되어야 한다. 사건 1을 "로켓과 태양이 일치한다"고 하자(지구에 있는 관측자는 로켓이 태양을 지나갔다고 얘기하고, 로켓에 있는 우주인은 태양이 로켓을 지나갔다고 말한다). 사건 2를 "로켓과 토성이 일치한다"고 하자.

시각화 **그림 36.22**는 두 기준계에서 본 두 사건을 보여준다. 두 사건은 로켓의 위치인 S′의 같은 위치에서 발생하며, 결론적으로 로켓 안에 탑재된 1개의 시계에 의해 측정된다는 것에 유의하자.

그림 36.22 기준계 S와 S′에서 본 여행의 그림 표현

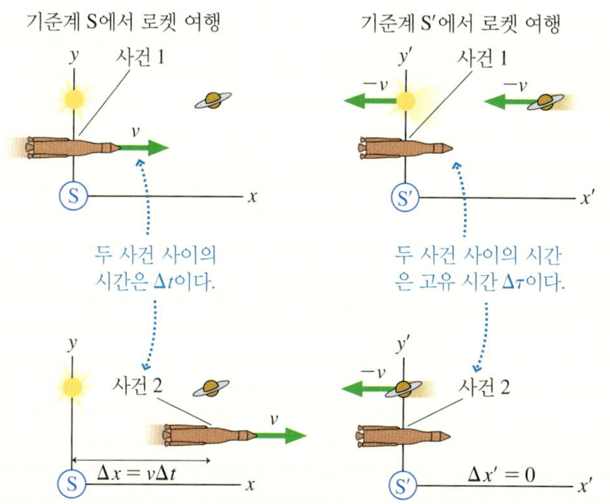

풀이 지구를 포함하는 태양계 기준계에서 측정된 시간 간격은 간단하게 다음과 같다.

(계속)

$$\Delta t = \frac{\Delta x}{v} = \frac{1.43 \times 10^{12}\ \text{m}}{0.9 \times (3.00 \times 10^{8}\ \text{m/s})} = 5300\ \text{s}$$

비록 Δx와 Δt가 한 기준계에서 측정되어야 하고 같은 두 사건에 기준을 두어야 하지만 상대성에서 $v = \Delta x/\Delta t$의 정의는 여전히 유효하다.

로켓의 기준계에서는 어떻게 되는가? 두 사건은 S′에서 같은 위치에 있고 1개의 시계에 의해 측정될 수 있다. 그 시계는 원점에 있다. 따라서 우주인이 측정한 그 시간은 두 사건 사이의 **고유 시간** $\Delta\tau$이다. 식 (36.9)에 $\beta = 0.9$를 대입하면 고유 시간은 다음과 같이 구해진다.

$$\Delta\tau = \sqrt{1-\beta^2}\,\Delta t = \sqrt{1-0.9^2}\,(5300\ \text{s}) = 2310\ \text{s}$$

검토 우주인이 측정한 시간 간격은 지구 위의 관측자들이 측정한 시간의 절반도 안 된다. 그 차이는 지구에 있는 우주인들이 언제 로켓이 태양과 토성을 지나가는지 보는 것과는 아무 상관이 없다. Δt는 각각 태양과 토성에 있는 동조화된 두 시계에 의해 태양과 토성을 실제로 지나가는 시간에 의해 측정된 시간 간격이다. 지구에서 두 사건을 **보는** 것에 대한 시간 간격, 빛의 이동 시간이 필요로 하는 간격은 5300 s가 아닌 다른 시간일 것이다. Δt와 $\Delta\tau$가 다른 것은 서로에게 상대적으로 움직이는 두 기준계에서 **시간이 다르기** 때문이다.

실험적인 증거

서로에게 상대적으로 움직이는 시계들이 시간을 다르게 말한다는 기발한 생각에 대한 어떤 증거라도 있는 것인가? 실제로 그 증거는 많다. 1971년에 어떤 실험은 원자 시계 1개를 지구를 한 바퀴 도는 제트 비행기에 싣고, 똑같은 다른 시계는 실험실에 뒀다. 이 실험은 비행하는 시계의 속력이 광속 c에 비해 매우 작아서 까다로운 실험이었으나 원자 시계의 성능 내에서 그 작은 시간 간격의 차이를 겨우 측정할 수 있었다. 이것은 또한 분석했던 것보다 좀 더 복잡한 실험이었다. 그 이유는 시계가 원 주위를 이동할 때 가속되기 때문이다. 과학자들은 자전하는 지구 위에 있는 실험실보다 더 빨리 비행하는 동쪽으로 향하던 비행기가 되돌아왔을 때 집에 있던 시계보다 상대성에 의해 예측했던 것과 똑같이 60 ns가 느린 것을 발견했다.

약 60 km 상공인 대기층 상층부에서 고에너지의 우주 광선이 공기 분자들과 충돌할 때 생기는 **뮤온**(muons)이라고 하는 불안정한 입자들에 대해서 매우 자세한 연구가 진행되었다. 실험실 연구로부터 정지 상태의 뮤온은 1.5 μs의 **반감기**로 붕괴하는 것으로 잘 알려져 있다. 즉, 뮤온의 절반이 1.5 μs 안에 붕괴하고 남아 있는 것의 절반이 다음 1.5 μs 안에 붕괴하는 것이다. 붕괴하는 것이 시계로 이용될 수 있다.

뮤온은 빛의 속력에 매우 근접한 속력으로 대기 속을 비행한다. $v \approx c$라 가정하고 지표면에 도달하는 데 걸리는 시간은 $\Delta t \approx (60{,}000\ \text{m})/(3 \times 10^8\ \text{m/s}) = 200\ \mu\text{s}$이다. 이것은 133번의 반감기와 같고, 따라서 지표면에 도달하는 뮤온의 비율은 $\approx (\frac{1}{2})^{133} = 10^{-40}$ 정도일 것이다. 즉, 10^{40}개의 뮤온 중 1개만이 지표면에 도달해야 한다. 실제로 실험했던 사람들이 발견한 것은 약 10개의 뮤온 중 1개가 지표면에 도달한 것이었고 이것은 예상보다 10^{39} 비율만큼 차이가 난다.

그 차이가 시간 지연에 의한 것이다. **그림 36.23**에 “뮤온이 생성되었다”와 “뮤온이 지표면을 때린다”는 두 사건이 지구 기준계의 두 다른 장소에서 일어났다. 그러나 뮤온의 기준계에서는 이들 두 사건이 **같은 위치**에서 일어났다. (뮤온은 예제 36.4에서

로켓과 같다.) 따라서 뮤온의 내부 시계는 고유 시간을 측정했다. 지구 기준계에서 시간 지연된 간격 $\Delta t = 200\ \mu s$는 뮤온 기준계에서 고유 시간 $\Delta\tau \approx 5\ \mu s$와 일치한다. 즉 뮤온의 기준계에서는 대기 상층부에서 뮤온이 생성되어 지표면에 뮤온이 충돌하기까지 단지 $5\ \mu s$가 걸렸다. 이것은 3.3번의 반감기이고, 따라서 지표면에 도달한 뮤온의 비율은 $(\frac{1}{2})^{3.3} = 0.1$, 즉 10개 중 1개이다. 만일 시간 지연이 아니라면 지표면에서 뮤온은 탐지되지 못할 것이다.

자세한 것은 이 책의 범위를 벗어나지만 쿼크와 다른 기본 입자들을 연구하기 위해 전 세계에 수십 개의 고에너지 입자 가속기가 아인슈타인의 상대성 이론의 기반 위에서 설계되고 건설되었다. 그 많은 가속기들이 계획했던 것과 똑같이 작동한다는 사실이 시간 지연의 실체에 대한 강한 증거이다.

그림 36.23 시간 지연이 아니면 지표면에서 뮤온이 탐지될 수 없다.

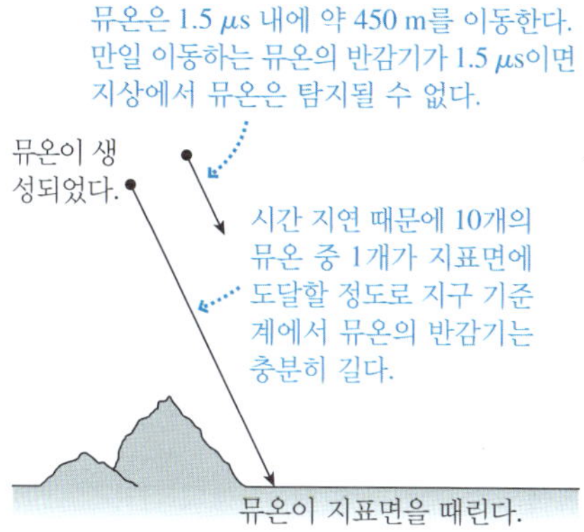

쌍둥이 역설

가장 잘 알려진 상대성 이론의 역설이 쌍둥이 역설이다. 조지(George)와 헬렌(Helen)은 쌍둥이다. 그들의 25세 생일에 헬렌은 멀리 떨어진 별로 은하계 우주여행을 떠났다. 구체적으로 상상해보자. 그녀의 우주선은 거의 순식간에 $0.95c$의 속력으로 가속한다. 그녀는 지구로부터 9.5광년(9.5 ly) 떨어진 별로 여행한다. 그녀가 거기 도착하고 보니 그 별을 둘러싼 행성들에 난폭한 외계인들이 살고 있었다. 따라서 그녀는 즉시 방향을 돌려서 지구로 $0.95c$ 속력으로 되돌아왔다.

일 **광년**(light year)은 빛이 1년 동안 진행한 거리이다. 일 광년은 태양계의 지름보다 매우 길다. 인접한 두 별들 사이의 거리는 보통 수 광년이다. 편의상 빛의 속력을 $c = 1$ ly/year으로 쓰자. 즉, 빛은 1년에 1광년을 비행한다.

광속 c를 이와 같이 쓰면 조지와 지구상 그의 동료들이 헬렌이 여행하고 온 거리를 결정할 수 있다. 그녀의 총 거리는 19 ly이다. 급가속과 급방향전환 때문에 그녀는 본질적으로 전체 거리를 $v = 0.95c = 0.95$ ly/year의 속력으로 여행하였다. 따라서 조지가 측정한 그녀가 나가 있던 시간은

$$\Delta t_G = \frac{19\ \text{ly}}{0.95\ \text{ly/year}} = 20\ \text{years} \tag{36.10}$$

이다. 헬렌이 모험에서 돌아왔을 때 조지는 45세일 것이다.

그녀가 여행 중인 동안 조지는 물리 수업을 들었고 아인슈타인의 상대성 이론을 배웠다. 그는 시간 지연으로 그의 시계보다 헬렌의 시계가 더 느리게 갈 것임을 깨달았다. 그녀의 심장(시계)은 덜 뛸 것이고 그녀 손목 위 시계의 분침은 몇 바퀴 덜 돌 것이다. 다른 말로 하면 그녀는 그보다 더 느리게 늙어 갈 것이다. 그녀가 돌아왔을 때 비록 그녀는 그의 쌍둥이지만 그보다 더 젊을 것이다.

헬렌의 나이를 계산하는 것은 어렵지 않다. 헬렌의 시계가 늘 헬렌과 함께 여행하였기 때문에 고유 시간 $\Delta\tau$를 측정할 수 있는 시계임을 알 수 있다. 식 (36.9)로부터

전 세계 어디에서든지 수 미터 이내에 위치를 찾아주는 GPS는 궤도 운동 하는 인공위성 조합을 이용한다. 인공위성이 움직이기 때문에 인공위성 안의 원자 시계는 지구 위의 시계와 다른 시간을 유지한다. 정확한 위치를 결정하기 위하여 GPS 수신기의 소프트웨어가 시간 지연 효과에 대해 조심스럽게 교정해야 한다.

$$\Delta t_H = \Delta\tau = \sqrt{1-\beta^2}\,\Delta t_G = \sqrt{1-0.95^2}\,(20\text{ years}) = 6.25\text{ years} \qquad (36.11)$$

임을 알 수 있다. 조지는 그의 31세 3개월의 쌍둥이 자매의 여행 복귀를 환영할 때 45세 생일을 축하할 것이다.

이것은 아마도 우리들의 시간에 대한 상식을 깨기 때문에 불안하게 하는 듯하다. 그러나 역설은 아니다. 이런 결론에 대한 논리적인 불일치는 없다. 그러면 왜 이것을 '쌍둥이 역설'이라 하는가?

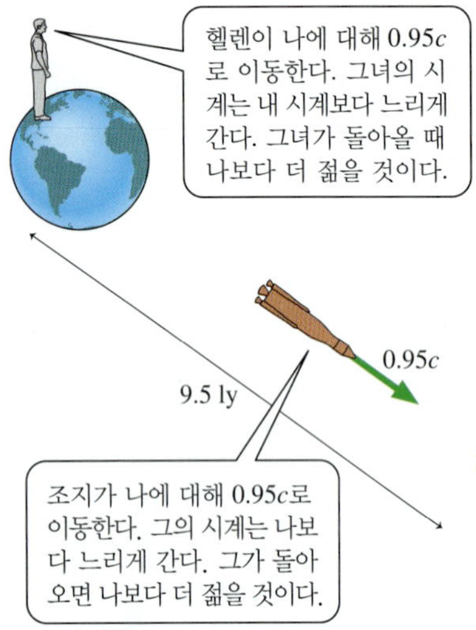

그림 36.24 쌍둥이 역설

여행 중에 시간 소일거리가 필요하다는 것을 아는 헬렌은 읽을거리로 몇 권의 물리책을 가지고 갔다. 그녀가 상대성에 대해 읽으면서 그녀는 지구에 있는 조지와 그녀의 친구들에 대해 생각하기 시작했다. 그녀에 대해 상대적으로 그들은 $0.95c$의 속력으로 그녀에게 멀어져 갔다가 나중에 그녀에게 다시 $0.95c$로 다가올 것이다. 시간 지연은 그들의 시간을 그녀의 시간보다 더 느리게 가게 할 것이다. 다른 말로 하면 그림 36.24에서처럼 헬렌은 지구에 있는 사람들이 그녀보다 더 느리게 늙을 것으로 결론을 내렸다. 따라서 그녀가 돌아올 때 그녀는 그들보다 더 늙어 있을 것으로 결론을 내렸다.

마침내 그 날이 왔다. 헬렌은 지구에 착륙했고 우주선에서 나왔다. 조지는 헬렌이 그보다 더 젊을 것으로 예측했다. 헬렌은 조지가 그녀보다 더 젊을 것으로 예측했다.

여기에 역설이 있다. 그들이 재회했을 때 각자가 상대방보다 더 젊어져 있다는 것은 논리적으로 불가능하다. 그러면 우리의 근거 어디에 허점이 있는가? 이것은 헬렌이 조지에 대해, 조지가 헬렌에 대해 서로 상대적으로 이동한 것 같은 대칭적인 상황처럼 보이지만 대칭적인 추론이 수수께끼로 이끌었다.

그러나 상황이 정말로 대칭적인가? 조지는 매일매일 일상을 별 변화를 못 느끼고 보냈다. 한편, 헬렌은 우주선 엔진이 가동되는 세 가지 별개의 기간을 겪었다. 그 기간에 그녀는 의자에 눌렸고, 우주선 안에서 떠다니던 자유 먼지 입자들이 우주선 기준계에서 더 이상 정지해 있거나 일정한 속력으로 일직선으로 운동하지 않았다. 다시 말하자면 조지는 전 기간을 한 관성계에서 보냈지만 **헬렌은 그렇지 못했다.** 상황은 대칭적이지 않다.

상대성 원리는 오직 관성계에만 적용된다. 시간 지연은 관성계에 대한 것이다. 따라서 조지의 분석과 계산은 맞다. 헬렌의 분석과 계산은 맞지 않다. 그것은 그녀가 비관성계에서 여행하면서 관성계의 결과를 적용했기 때문이다. (또는 달리 표현하면 조지가 오직 한 관성계에서 있는 반면 헬렌은 2개의 다른 관성계에 있었기 때문에 상황이 대칭적이지 않다.)

헬렌이 돌아왔을 때 그녀는 조지보다 더 젊다. 이것은 이상하지만 역설은 아니다. 이것은 시간은 서로 상대적으로 이동하는 두 기준계에서 서로 다르게 흐른다는 사실의 결과이다.

36.7 길이 수축

상대성 이론은 사람들의 시간에 대한 개념을 다시 생각하게 한다는 것을 지금까지 보았다. 이제 공간과 거리에 대한 개념으로 시선을 돌려보자. 예제 36.4에 있는 태양에서 토성으로 비행하는 로켓을 고려해보자. 그림 36.25a는 태양계 기준계 S에서 속도 v로 운동하는 로켓을 보여준다. 태양과 토성 사이의 거리, 좀 더 일반적으로 두 점 사이의 공간적인 간격의 거리를 $L = \Delta x = x_{\text{Saturn}} - x_{\text{sun}}$으로 정의한다. 로켓의 속력은 $v = L/\Delta t$이며, 여기서 Δt는 기준계 S에서 태양에서 토성까지의 여행에 대해 측정된 시간이다.

그림 36.25 L과 L'은 기준계 S와 S′에서 태양과 토성 사이의 거리이다.

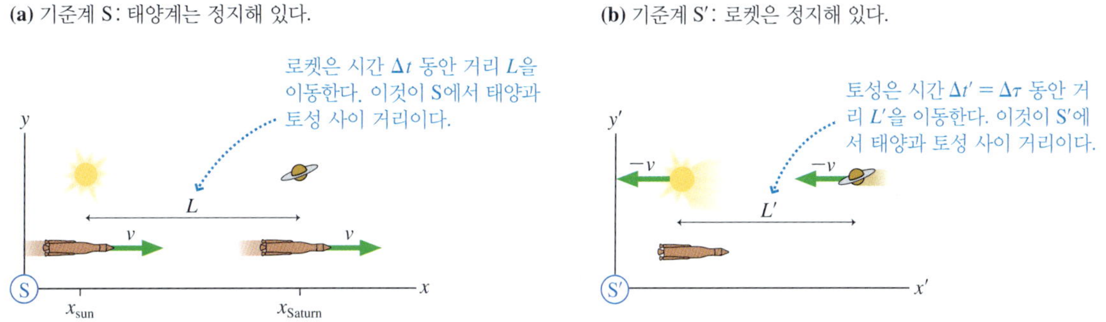

그림 36.25b는 로켓이 정지해 있는 기준계 S′에서 상황을 보여준다. 태양과 토성은 왼쪽으로 속력 $v = L'/\Delta t'$으로 운동한다. 여기서 $\Delta t'$은 기준계 S′에서 거리 L'을 이동하는 토성에 대해 측정된 시간이다.

속력 v는 기준계 S와 S′ 사이의 상대 속력이고 두 기준계에 있는 관측자들에게 똑같다. 즉,

$$v = \frac{L}{\Delta t} = \frac{L'}{\Delta t'} \qquad (36.12)$$

이다. 기준계 S′에서 측정된 시간 간격 $\Delta t'$은 고유 시간 $\Delta\tau$이다. 그 이유는 기준계 S′에서 두 사건이 같은 위치에서 발생하고 1개의 시계에 의해 측정될 수 있기 때문이다. 식 (36.9)의 시간 지연 결과를 이용하여 우주인이 측정한 고유 시간 $\Delta\tau$와 지구의 관측자들이 측정한 시간 Δt를 연결할 수 있다. 따라서 식 (36.12)는 다음과 같다.

$$\frac{L}{\Delta t} = \frac{L'}{\Delta\tau} = \frac{L'}{\sqrt{1-\beta^2}\,\Delta t} \qquad (36.13)$$

Δt는 상쇄되고 기준계 S′에서 거리 L'은 다음과 같다.

$$L' = \sqrt{1-\beta^2}\,L \qquad (36.14)$$

놀랍게도 **기준계 S′에서 두 물체 사이의 거리가 기준계 S에서 똑같은 두 물체 사이의 거리와 같지 않다**는 것이 밝혀졌다.

스탠퍼드 선형 가속기(SLAC)는 2마일 길이의 전자 가속기이다. 가속기의 길이는 전자의 기준계에서는 1 m보다 작다.

그 안에서 거리가 L인 기준계 S는 하나의 중요한 차별점을 가진다. 이것은 물체들이 정지해 있는 **오직** 단 하나의 관성계이다. 기준계 S에 있는 관측자들은 두 물체가 그 안에서 움직이지 않기 때문에 거리 L 측정에 필요한 모든 시간을 쓸 수 있다. 물체들이 정지해 있는 기준계에서 측정된 두 물체 사이 거리 또는 한 물체에서 두 점 사이의 거리 L을 **고유 거리**(proper length) ℓ이라 한다. 오직 하나의 관성계만이 고유 거리를 측정할 수 있다.

고유 거리 ℓ을 이용하여 식 (36.14)를 다음과 같이 쓸 수 있다.

$$L' = \sqrt{1-\beta^2}\,\ell \le \ell \tag{36.15}$$

물체에 대해 이동하는 관측자에 의해 측정된 두 물체 사이의 거리의 '수축'을 **길이 수축**(length contraction)이라 한다. 비록 구별되는 두 물체 사이의 거리에 대해 길이 수축이 유도되었으나 x축과 x'축을 따라 두 점 사이에 펼쳐져 있는 어떤 물리적 물체 사이의 거리에 대해서도 잘 적용된다. **물체의 길이는 물체가 정지해 있는 기준계에서 최대이다.** 물체가 운동하는 어떤 기준계에서 측정될 때 물체의 길이는 줄어든다(수축된다).

예제 36.5 태양으로부터 토성까지의 거리

예제 36.4에서 어떤 로켓이 태양으로부터 토성으로 이어진 직선을 따라 태양계에 대해 상대적으로 $0.9c$의 일정한 속력으로 비행했다. 토성과 태양 사이 거리는 1.43×10^{12} m로 주어졌다. 로켓의 기준계에서 태양과 토성 사이의 거리는 얼마인가?

핵심 태양과 토성은 태양계 기준계 S에서 최소한 근사적으로 정지해 있다. 따라서 주어진 거리는 고유 거리 ℓ이다.

풀이 식 (36.15)를 이용하여 로켓의 기준계 S′에서 측정한 거리를 다음과 같이 알 수 있다.

$$L' = \sqrt{1-\beta^2}\,\ell = \sqrt{1-0.9^2}\,(1.43\times10^{12}\ \text{m})$$
$$= 0.62 \times 10^{12}\ \text{m}$$

검토 우주인에 의해 측정된 태양과 토성 사이의 거리는 지구 위의 관측자가 측정한 거리보다 절반 이하로 작다. 공간이 서로에게 상대적으로 움직이는 두 기준계에서 다르기 때문에 L'과 ℓ이 다르다.

공간이 서로에게 상대적으로 움직이는 기준계에서 다르다는 결론은 시간이 다르다는 사실의 직접적인 결과이다. 두 기준계에 있는 관측자들은 식 (36.12)의 $v = L/\Delta t = L'/\Delta t'$으로 되는 상대 속도 v에 대해 의견이 같다. 시간 지연에 의해 $\Delta t' < \Delta t$는 이미 알려져 있다. 따라서 L'은 L보다 작아야 한다. 이것이 두 기준계에 있는 관측자들이 그들의 측정을 일치시킬 수 있는 유일한 방법이다.

자세히 살펴보면 예제 36.4와 36.5에서 지구의 관측자들은 로켓이 태양과 토성 사이 1.43×10^{12} m의 거리를 5300 s 걸려서 이동한 것을 발견하였다. 로켓의 속력은 $v = L/\Delta t = 2.7 \times 10^8$ m/s $= 0.9c$이다. 로켓에 있는 우주인들은 태양이 그들에게 멀어지고 토성이 그들에게 도착하는 데 단지 2310 s만 걸린 것을 발견하였다. 그러나 거기에 모순은 없다. 그것은 그들이 또한 태양과 토성 사이의 거리가 0.62×10^{12} m

임을 발견했기 때문이다. 따라서 우주인들을 향해 다가온 토성의 속력은 $v = L'/\Delta t' = (0.62 \times 10^{12}\ \text{m})/(2310\ \text{s}) = 2.7 \times 10^{8}\ \text{m/s} = 0.9c$ 이다.

또 다른 역설?

카르멘과 댄은 그들의 물리 실험실에 있다. 그들은 미터 자를 골라 나란히 옆에 서서 그 미터 자들의 길이가 똑같다는 것에 동의했다. 그 다음 추가 학점 프로젝트를 위해 그들은 밖으로 나가서 상대 속력 $v = 0.9c$로 서로 마주 보며 서로를 향해 달렸다. **그림 36.26**은 그들의 실험과 대화의 일부를 보여준다.

이제 댄의 미터 자는 카르멘의 미터 자보다 더 길 수도 더 짧을 수도 없게 되었다. 이것이 또 다른 역설인가? 아니다! 상대성 이론에 의해 서로 다른 기준계에서 측정된 똑같은 사건들은 비교될 수 있다. 이것이 페기가 기차를 타고 라이언을 스쳐 지나갈 때의 실제 역설에 이르게 했다. 상자 위의 신호 빛은 녹색으로 변할 수 있거나(단일 사건) 그렇지 않을 수 있고 페기와 라이언은 거기에 동의해야 한다. 그러나 댄이 그의 기준계에서 카르멘의 미터 자를 측정한 사건과 카르멘이 댄의 미터 자를 그녀의 기준계에서 측정한 사건은 똑같은 사건이 아니다.

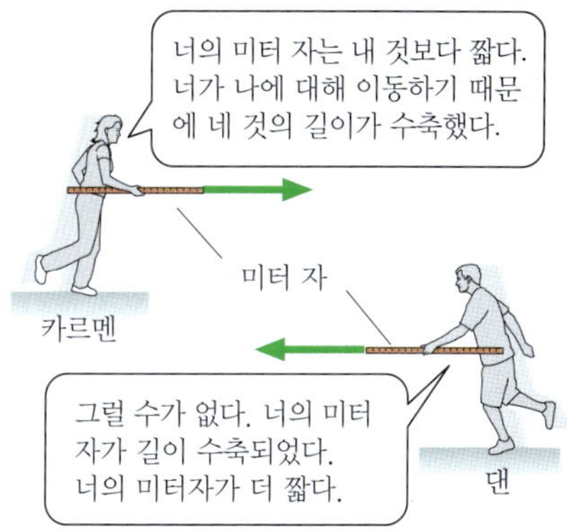

그림 36.26 카르멘과 댄이 서로에게 상대적으로 움직이면서 상대방의 미터 자의 길이를 각자 측정한다.

그들의 측정 사이에는 모순이 없다. 댄의 기준계에서 카르멘의 미터 자는 길이 수축되어 길이가 1 m보다 작다. 카르멘의 기준계에서 댄의 미터 자도 길이 수축되어 길이가 1 m보다 작다. 만일 이러한 경우가 아니라면, 만일 두 사람이 미터 자 중 하나가 다른 것보다 짧다고 동의한다면 우리는 어떤 기준계가 '실제로' 움직였고 어떤 기준계가 '실제로' 정지해 있었는지 말할 수 있어야 한다. 그러나 상대성 원리는 우리가 그렇게 구별할 수 있게 하지 않는다. 각자는 서로에게 상대적으로 움직인다. 따라서 각자는 상대방의 미터 자의 길이에 대해 똑같은 측정을 해야만 한다.

시공간 간격

상대성 이론을 잠시 잊어버리고 보통의 기하학에 대해 생각해보자. **그림 36.27**은 보통의 두 좌표계를 보여준다. 그들은 하나가 다른 것에 대해 회전했다는 사실만을 제외하고는 똑같은 좌표계들이다. 어떤 학생이 xy좌표계를 이용하여 점 1에 대한 좌표 (x_1, y_1), 점 2에 대한 좌표 (x_2, y_2)를 측정하려고 한다. 두 번째 학생은 $x'y'$좌표계를 이용하여 (x_1', y_1'), (x_2', y_2')을 측정하려고 한다.

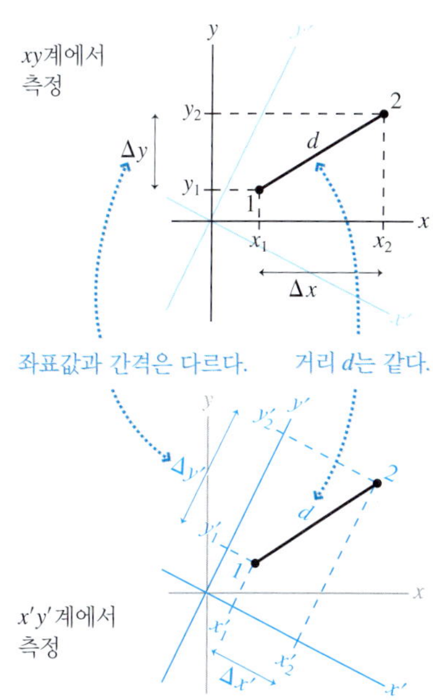

그림 36.27 거리 d는 두 좌표계에서 똑같다.

학생들은 곧 그들 측정의 어떤 것도 일치하지 않는다는 것을 알게 된다. 즉, $x_1 \neq x_1'$ 등이다. 심지어 간격도 다르다. $\Delta x \neq \Delta x'$이고 $\Delta y \neq \Delta y'$이다. 각각의 좌표계는 하나를 다른 것에 우선하여 선호할 이유가 없는 완벽하게 유효한 좌표계들이지만 각각은 다른 측정 결과를 만들었다.

두 학생이 일치할 수 있는 다른 어떤 것이 있을까? 그렇다. 그런 게 있다. 점 1과 2 사이의 거리 d는 좌표계에 대해 독립적이다. 수학적으로 이것은 다음과 같이 쓸 수 있다.

$$d^2 = (\Delta x)^2 + (\Delta y)^2 = (\Delta x')^2 + (\Delta y')^2 \tag{36.16}$$

수치 $(\Delta x)^2 + (\Delta y)^2$을 기하학에서 **불변량**(invariant)이라 하는데, 그 이유는 이것은 모든 직각 좌표계에서 똑같은 값을 가지기 때문이다.

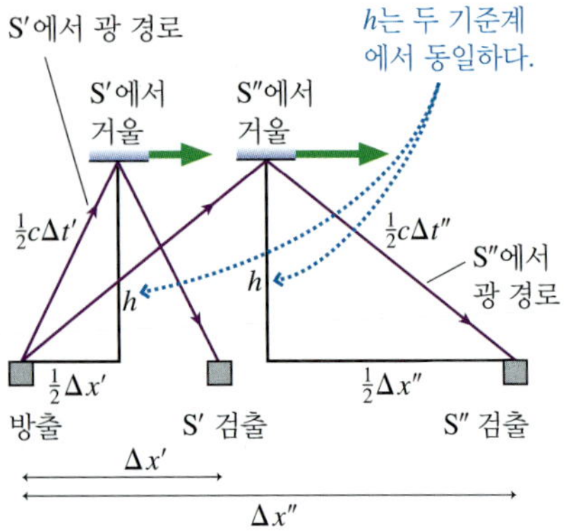

그림 36.28 기준계 S′과 S″에서 관측자들이 본 광 시계

상대성 이론으로 되돌아가서 모든 관성계에서 똑같은 값을 갖는 어떤 수치의 불변량이 시공간 좌표들에서도 있을까? 있다. 그것을 찾기 위해서 그림 36.20의 광 시계로 되돌아가 보자. **그림 36.28**은 기준계 S′과 S″에서 본 광 시계를 보여준다. 비록 두 기준계가 서로에 대해 또한 시계에 대해 상대적으로 이동하지만 빛의 속력은 두 기준계에서 똑같다.

시계의 높이 h가 두 기준계에 대해 공통적이라는 것에 유의하자. 따라서

$$h^2 = \left(\tfrac{1}{2}c\,\Delta t'\right)^2 - \left(\tfrac{1}{2}\Delta x'\right)^2 = \left(\tfrac{1}{2}c\,\Delta t''\right)^2 - \left(\tfrac{1}{2}\Delta x''\right)^2 \tag{36.17}$$

이다. 공통 요소인 $\frac{1}{2}$은 상쇄되고 다음과 같은 결과가 얻어진다.

$$c^2(\Delta t')^2 - (\Delta x')^2 = c^2(\Delta t'')^2 - (\Delta x'')^2 \tag{36.18}$$

두 사건 사이의 **시공간 간격**(spacetime interval) s가 다음과 같이 정의된다.

$$s^2 = c^2(\Delta t)^2 - (\Delta x)^2 \tag{36.19}$$

식 (36.18)에서 보이는 것은 **시공간 간격 s는 모든 관성계에서 같은 값을 가진다**는 것이다. 즉, 두 사건 사이의 시공간 간격은 불변하다. 이것은 모든 기준계에서 모든 관측자들이 동의할 수 있는 값이다.

예제 36.6 시공간 간격 이용하기

어떤 폭죽이 한 관성계의 원점에서 터진다. 그 다음에 2.0 μs 지난 뒤에 두 번째 폭죽이 300 m 떨어진 곳에서 터진다. 지나가는 로켓 속에서 우주인이 폭발들 사이의 거리를 쟀더니 200 m였다. 우주인에 따르면 두 폭발 사이에 시간이 얼마가 흘렀는가?

핵심 두 사건들의 시공간 좌표들이 2개의 다른 기준계에서 측정되었다. 지표면의 기준계를 S, 로켓의 기준계를 S′이라 하자. 이 두 사건 사이의 시공간 간격은 두 기준계에서 같다.

풀이 기준계 S에서 시공간 간격은

$$s^2 = c^2(\Delta t)^2 - (\Delta x)^2 = (600\text{ m})^2 - (300\text{ m})^2 = 270{,}000\text{ m}^2$$

이다. 여기서 $c\Delta t = 600$ m임을 결정하기 위해 $c = 300$ m/μs를 이용하였다. 기준계 S′에서 시공간 간격은 똑같다. 따라서

$$s^2 = 270{,}000\text{ m}^2 = c^2(\Delta t')^2 - (\Delta x')^2 = c^2(\Delta t')^2 - (200\text{ m})^2$$

이다. 이것은 쉽게 풀 수 있다. $\Delta t' = 1.85$ μs이다.

검토 두 사건은 지표면 기준계보다 로켓의 기준계에서 공간과 시간 모두 더 가깝다.

대중문화에 따르면 아인슈타인의 업적은 "모든 것이 상대적이다"라는 것의 발견이었다. 그러나 그것은 그렇지 않다. 이 절의 시작에서 다루었던 순수한 기하학적인 논리에서 간격 Δx와 Δy가 그랬던 것처럼 시간 간격과 공간 간격이 상대적일 수 있다. 그러나 몇 가지는 상대적이지 않은 것도 있다. 특히 두 사건 사이의 시공간 간격

s는 상대적이 아니다. 이것은 각기 모든 관성계에서 관측자들에 의해 일치된 잘 정의된 수치이다.

36.8 로런츠 변환

고전 상대성 이론의 갈릴레이 변환 $x' = x - vt$를 이용하여, 만일 기준계 S에서 어떤 사건의 위치 x가 주어지면 기준계 S′에서 그 사건의 위치 x'도 계산될 수 있다. 물론 고전 상대성 이론은 $t' = t$를 가정한다. 만일 기준계 S에서 한 사건의 시공간 좌표 (x, t)가 주어지면 기준계 S′에서 시공간 좌표 (x', t')을 계산할 수 있는 유사한 변환이 상대성 이론에 있을까? 그러한 변환은 다음 세 가지 조건을 만족시킬 필요가 있을 것이다.

1. 낮은 속력 극한 $v \ll c$에서 갈릴레이 변환과 일치한다.
2. 공간 좌표뿐만 아니라 시간 좌표도 변환시킨다.
3. 광속이 모든 기준계에서 똑같다는 것이 확인되어야 한다.

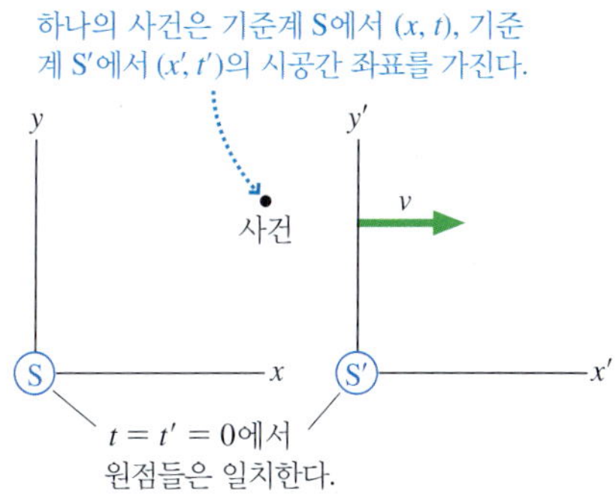

그림 36.29 한 사건의 시공간 좌표들은 관성계 S와 S′에서 측정된다.

그림 36.29의 표준 방향이 기준계에 계속 적용될 것이다. 운동은 x축, x'축과 평행하고, S와 S′이 일치하는 순간의 시간은 $t = 0$과 $t' = 0$으로 정의된다.

$v \ll c$일 때 변환이 갈릴레이 변환과 일치해야 한다는 조건에 의한 변환의 형태는 다음과 같을 것이다.

$$x' = \gamma(x - vt), \qquad x = \gamma(x' + vt') \tag{36.20}$$

여기서 γ는 $v \to 0$일 때 $\gamma \to 1$을 만족하는 무차원의 속도 인자이다.

γ를 결정하기 위해 다음 두 사건을 고려해보자.

사건 1: 두 기준계가 일치하는 순간($t = t' = 0$)에 두 기준계의 원점($x = x' = 0$)에서 섬광이 방출된다.

사건 2: 빛이 광 검출기를 때린다. 이 사건의 시공간 좌표들은 기준계 S에서 (x, t)이고 기준계 S′에서는 (x', t')이다.

빛은 두 기준계에서 속력 c로 이동한다. 따라서 사건 2의 위치들은 S에서 $x = ct$, S′에서 $x' = ct'$이다. x와 x'에 대한 이 표현을 식 (36.20)에 대입하면 다음과 같다.

$$\begin{aligned} ct' &= \gamma(ct - vt) = \gamma(c - v)t \\ ct &= \gamma(ct' + vt') = \gamma(c + v)t' \end{aligned} \tag{36.21}$$

첫째 방정식의 양변을 c로 나눈 다음 t'을 구하고, 이것을 둘째 방정식에 대입하면 다음과 같다.

$$ct = \gamma(c + v)\frac{\gamma(c - v)t}{c} = \gamma^2(c^2 - v^2)\frac{t}{c}$$

t는 상쇄되고 다음 결과를 얻는다.

$$\gamma^2 = \frac{c^2}{c^2 - v^2} = \frac{1}{1 - v^2/c^2}$$

따라서 식 (36.20)의 제시된 변환에서 작동하는 γ는 다음과 같다.

$$\gamma = \frac{1}{\sqrt{1 - v^2/c^2}} = \frac{1}{\sqrt{1 - \beta^2}} \tag{36.22}$$

여기서 예측했던 것처럼 $v \to 0$일 때 $\gamma \to 1$임을 볼 수 있다.

t와 t' 사이의 변환은 만일 어떤 위치를 S에서 S′으로, 그리고 다시 S로 돌아가게 변환시키는 데 식 (36.20)이 이용된다면 $x = x$라 놓고 풀면 된다. 자세한 것은 과제로 남겨둔다. 다른 과제를 통하여 상대 운동에 수직인 y, z 측정들은 운동에 영향을 받지 않다는 것을 보여줘야 할 것이다. 광 시계의 분석에서 이런 조건들은 말없이 가정되었다.

방정식의 완전한 모음을 **로런츠 변환**(Lorentz transformations)이라 한다. 이것은 다음과 같다.

$$\begin{aligned} x' &= \gamma(x - vt) & x &= \gamma(x' + vt') \\ y' &= y & y &= y' \\ z' &= z & z &= z' \\ t' &= \gamma(t - vx/c^2) & t &= \gamma(t' + vx'/c^2) \end{aligned} \tag{36.23}$$

로런츠 변환은 한 사건의 시공간 좌표를 변환시킨다. 이것을 식 (36.1)에 있는 갈릴레이 변환 방정식과 비교해보자.

상대성 이론 이용하기

상대성 이론은 사건들로 묘사된다. 따라서 상대성 문제들은 문제 설명문을 특정 사건들의 의미들로 해석함으로써 풀린다.

문제 풀이 전략 36.1

상대성 이론

핵심 문제를 특정 장소와 시간에 일어난 사건들로 틀을 짠다.

시각화 그림으로 나타낸 표현이 기준계를 정의한다.

- 서로에게 상대적인 운동을 보여주는 기준계를 그린다.
- 사건들을 나타낸다. 기준계에 대해 상대적으로 운동하는 물체들을 식별한다.
- 모든 고유 시간 간격과 고유 길이를 식별한다. 이것들은 물체의 정지 기준계에서 측정된다.

풀이 수학적인 표현은 로런츠 변환을 기반으로 한다. 그러나 모든 문제들이 완전한 변환 방정식을 필요로 하지 않는다.

- 시간 간격에 대한 문제들은 종종 시간 지연 $\Delta t = \gamma \Delta\tau$에 의해 풀릴 수 있다.
- 거리에 대한 문제들은 종종 길이 수축 $L = \ell/\gamma$에 의해 풀릴 수 있다.

검토 $v \ll c$일 때 결과들은 갈릴레이 상대성과 일치하는가?

예제 36.7 라이언과 페기의 재등장

페기는 양 끝에 폭죽이 묶여 있는 길고 편평한 객차 중앙에 서 있다. 객차는 속도 $v=0.8c$로 지표면에 서 있는 라이언을 지나간다. 폭발하는 폭죽들로부터 섬광이 페기가 그를 지나가고 나서 1.0 μs 뒤에 그에게 동시에 도착했고, 그는 나중에 그가 서 있는 곳에서 양쪽으로 각각 300 m 떨어진 선로 위에서 화염 자국을 발견했다.

a. 라이언에 따르면 두 폭발 사이의 거리는 얼마인가? 그리고 페기가 그를 지나간 시간을 기준으로 폭발은 언제 발생했는가?

b. 페기에 따르면 두 폭발 사이의 거리는 얼마인가? 그리고 라이언이 그녀를 지나간 시간을 기준으로 폭발은 언제 발생했는가?

핵심 페기가 이동하는 방향인 라이언의 오른쪽 폭발을 사건 R이라 하자. 그의 왼쪽 폭발은 사건 L이다.

시각화 페기와 라이언은 관성계들 안에 있다. **그림 36.30**에 보이는 것처럼 페기의 기준계 S′은 라이언의 기준계 S에 대해 상대적으로 $v=0.8c$로 이동한다. 페기와 라이언은 각자의 기준계의 원점에 있는 것으로 가정한다. 정의에 의해 그들이 지나치는 순간 $t=t'=0$ s이다. 두 사건은 라이언의 기준계에 나타나 있다.

풀이 a. 2개의 화염 자국으로부터 라이언은 두 폭발(사건) 사이의 거리가 $L=600$ m임을 알았다. 빛은 $c=300$ m/μs로 비행하고 화염 자국은 그로부터 각각 300 m 거리에 있다. 따라서 라이언은 각 폭죽은 그가 섬광을 보기 1.0 μs 이전에 폭발했다고 결론을 내린다. 그러나 이때는 페기가 그를 지나치는 순간이었다. 따라서 라이언은 폭발은 서로에게 그리고 페기가 그를 지나가는 것과 동시에 일어났다고 결론을 내린다. 기준계 S에서 두 사건의 시공간 좌표는 $(x_R, t_R)=(300\text{ m}, 0\ \mu\text{s})$이고 $(x_L, t_L)=(-300\text{ m}, 0\ \mu\text{s})$이다.

b. 36.5절에서 정성적인 분석으로부터 폭발은 페기의 기준계에서는 동시에 일어나지 않았다는 것이 알려졌다. S′에서 사건 R이 사건 L 이전에 일어났다. 그러나 그것들을 라이언이 페기를 지나치는 시간과는 어떻게 비교해야 하는지 모른다. 이제 로런츠 변환을 이용하여 라이언에 의해 측정된 사건들의 시공간 좌표를 페기에 의해 측정된 시공간 좌표와 관련지을 수 있다. $v=0.8c$를 이용하여 γ는 다음과 같이 구해진다.

$$\gamma=\frac{1}{\sqrt{1-v^2/c^2}}=\frac{1}{\sqrt{1-0.8^2}}=1.667$$

사건 L에 대하여 로런츠 변환은

$$x'_L=1.667\big((-300\text{ m})-(0.8c)(0\ \mu\text{s})\big)=-500\text{ m}$$
$$t'_L=1.667\big((0\ \mu\text{s})-(0.8c)(-300\text{ m})/c^2\big)=1.33\ \mu\text{s}$$

이고, 사건 R에 대하여

$$x'_R=1.667\big((300\text{ m})-(0.8c)(0\ \mu\text{s})\big)=500\text{ m}$$
$$t'_R=1.667\big((0\ \mu\text{s})-(0.8c)(300\text{ m})/c^2\big)=-1.33\ \mu\text{s}$$

이다. 페기에 따르면 두 폭발은 1000 m 떨어져서 일어났다. 덧붙여서 오른쪽의 첫 번째 폭발은 라이언이 그녀를 $t'=0$ s에 지나치기 1.33 μs 이전에 일어났다. 왼쪽의 두 번째 폭발은 라이언이 지나간 1.33 μs 후에 일어났다.

검토 기준계 S에서 동시적인 사건들이 기준계 S′에서는 동시적이지 않다. 로런츠 변환의 결과는 이전의 정성적인 분석과 일치한다.

그림 36.30 기준계와 사건들의 그림 표현

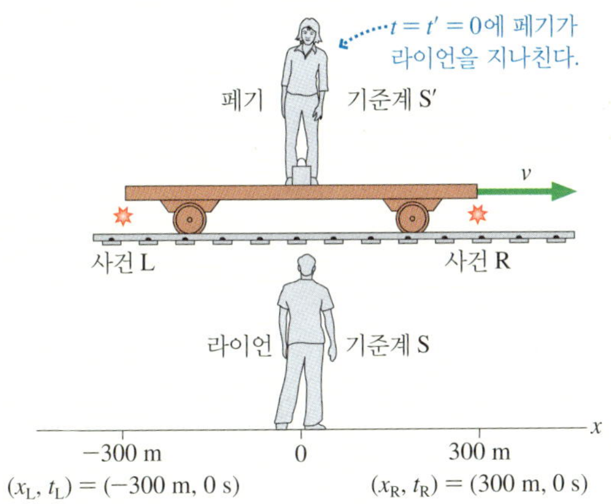

예제 36.7을 추가적으로 논의하는 것은 의미 있는 것이다. 라이언이 페기에 대해 상대적으로 $v=0.8c=240$ m/μs 속력으로 움직이기 때문에 그는 첫 번째 폭발과 그가 페기를 지나치는 사이인 1.33 μs 동안 320 m를 이동하고, 두 번째 폭발 이전에 또 320 m를 이동한다. 이 정보를 종합해보면 **그림 36.31**이 페기의 기준계에서 사건의 연속을 보여준다.

폭죽은 기차 객차의 양 끝을 정의한다. 따라서 페기의 기준계에서 폭발 사이 1000 m

그림 36.31 페기의 기준계에서 보이는 사건의 연속

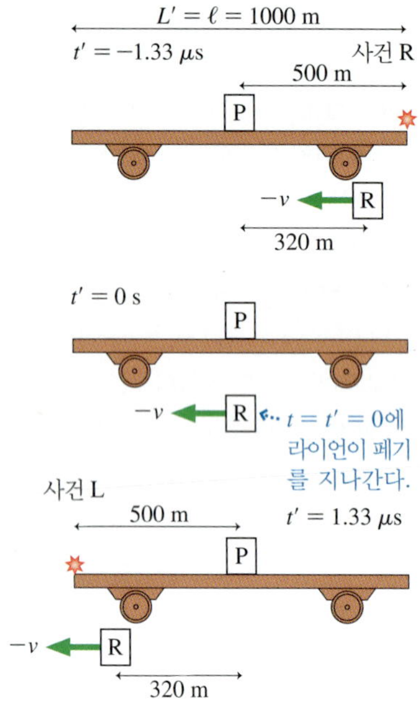

의 간격은 기준계 S′에서 객차의 길이 L'이다. 객차는 기준계 S′에서 정지해 있다. 따라서 길이 L'이 고유 길이 $\ell = 1000$ m이다. 라이언은 움직이는 물체의 길이를 잰다. 따라서 그는 객차의 길이가 수축된 것을 볼 것이다.

$$L = \sqrt{1-\beta^2}\,\ell = \frac{\ell}{\gamma} = \frac{1000\text{ m}}{1.667} = 600\text{ m}$$

그리고 실제로 라이언이 측정한 화염 자국 사이의 거리와 똑같다.

마지막으로 두 사건 사이의 시공간 간격 s를 계산해보자. 라이언에 따르면

$$s^2 = c^2(\Delta t^2) - (\Delta x)^2 = c^2(0\ \mu\text{s})^2 - (600\text{ m})^2 = -(600\text{ m})^2$$

이고, 페기도 시공간 간격을 계산하면 다음과 같다.

$$s^2 = c^2(\Delta t')^2 - (\Delta x')^2 = c^2(2.67\ \mu\text{s})^2 - (1000\text{ m})^2 = -(600\text{ m})^2$$

그들의 시공간 간격에 대한 계산은 일치한다. 따라서 시공간 간격은 불변한 것임을 보여준다. 그러나 s 자체는 허수임에 주의하자.

길이

길이 수축에 대한 개념은 소개가 되었으나 움직이는 물체의 **길이**가 무엇을 의미하는지 정확하게 정의되지는 않았다. 정지해 있는 물체의 길이는 분명하다. 그것은 미터자, 측량 기구, 또는 필요한 무엇이든지 이용하여 길이를 측정하는 데 필요한 모든 시간을 쓸 수 있기 때문이다. 그러나 어떻게 움직이는 물체의 길이의 의미를 분명하게 말할 수 있겠는가?

한 물체의 길이에 대한 합리적인 정의는 **같은 시간** t에 측정된 위치들인 오른쪽 끝의 위치 x_R과 왼쪽 끝의 위치 x_L 사이의 거리 $L = \Delta x = x_R - x_L$이다. 다른 말로 하면 길이는 **한순간**에 물체에 의해 확장된 길이이다. 한 물체의 길이를 측정하는 것은 두 위치의 **동시적인** 측정을 요구한다. (즉, 두 사건이 요구된다.) 따라서 공간적으로 떨어진 두 측정에 대한 정보가 한군데로 모여지기 이전에 그 결과를 알 수 없다.

그림 36.32 물체의 길이는 양 끝점의 위치의 동시적인 측정 사이의 거리이다.

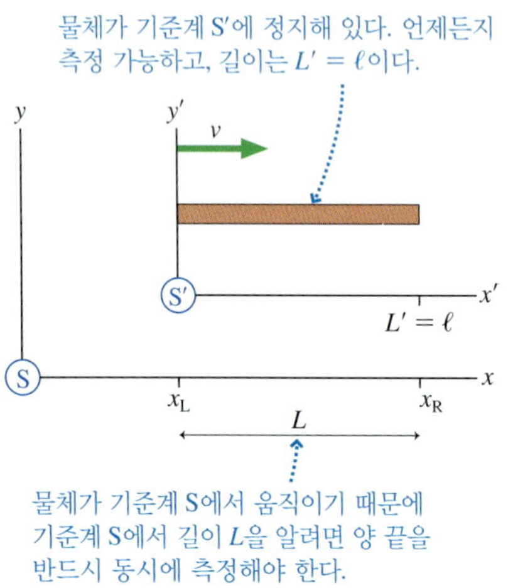

그림 36.32는 속도 v로 기준계 S 속에서 비행하는 어떤 물체를 보여준다. 그 물체는 속도 v로 그 물체와 함께 비행하는 기준계 S′에 정지해 있다. 따라서 기준계 S′에서 길이는 고유 길이 ℓ이다. 즉, 기준계 S′에서 $\Delta x' = x'_R - x'_L = \ell$이다.

시간 t에 기준계 S에서 한 관측자(조수도 함께)가 그 물체의 양 끝의 위치 x_R과 x_L을 동시에 측정한다. 그 차이 $\Delta x = x_R - x_L = L$이 기준계 S에서 길이이다. x_R과 x_L의 로런츠 변환은

$$\begin{aligned} x'_R &= \gamma(x_R - vt) \\ x'_L &= \gamma(x_L - vt) \end{aligned} \tag{36.24}$$

이다. 여기서 주의해야 할 중요한 것은 측정이 동시에 일어났기 때문에 t가 두 식에서 같다는 것이다.

첫째 식에서 둘째 식을 빼면 다음과 같다.

$$x'_{\rm R} - x'_{\rm L} = \ell = \gamma(x_{\rm R} - x_{\rm L}) = \gamma L = \frac{L}{\sqrt{1-\beta^2}}$$

L에 대해 풀면 식 (36.15)와 일치하는 다음의 식을 얻는다.

$$L = \sqrt{1-\beta^2}\,\ell \tag{36.25}$$

이런 분석으로 두 가지를 하게 되었다. 첫 번째는 길이에 대해 정확히 정의한 것으로 인하여 길이 수축 결과가 더 확고한 기반 위에 있게 되었다. 두 번째는 로런츠 변환을 이용하여 상대론적 근거에 대한 좋은 연습을 할 수 있었다.

이항 근사

이항 근사(binomial approximation)는 이 책 초반에 소개되어 있고 미적분 강의에도 나와 있다. 이항 근사는 비상대론적인 속도 $v \ll c$에 대해 어떤 상대론적 표현의 계산이 필요할 때 유용하다. 이 경우 $v^2/c^2 \ll 1$이기 때문에 다음과 같이 쓸 수 있다.

이항 근사

만일 $x \ll 1$이면, $(1+x)^n \approx 1 + nx$이다.

$$\text{만일 } v \ll c \text{이면} \begin{cases} \sqrt{1-\beta^2} = \left(1 - \dfrac{v^2}{c^2}\right)^{1/2} \approx 1 - \dfrac{1}{2}\dfrac{v^2}{c^2} \\ \gamma = \dfrac{1}{\sqrt{1-\beta^2}} = \left(1 - \dfrac{v^2}{c^2}\right)^{-1/2} \approx 1 + \dfrac{1}{2}\dfrac{v^2}{c^2} \end{cases} \tag{36.26}$$

다음의 예제는 이항 근사의 이용을 보여준다.

예제 36.8 | 줄어든 스쿨버스

8.0 m 길이의 스쿨버스가 30 m/s로 지나간다. 얼마만큼 길이 수축이 일어났는가?

핵심 스쿨버스는 지표면 기준계 S에 대해 상대적으로 $v = 30$ m/s로 움직이는 관성계 S′에 정지해 있다. 주어진 길이 8.0 m는 기준계 S′에서 고유 길이 ℓ이다.

풀이 기준계 S에서 스쿨버스는 다음과 같은 길이 수축이 일어난다.

$$L = \sqrt{1-\beta^2}\,\ell$$

버스의 속도 v가 광속 c에 비하여 매우 작기 때문에 이항 근사를 사용할 수 있다.

$$L \approx \left(1 - \frac{1}{2}\frac{v^2}{c^2}\right)\ell = \ell - \frac{1}{2}\frac{v^2}{c^2}\ell$$

길이 수축량은 다음과 같다.

$$\ell - L = \frac{1}{2}\frac{v^2}{c^2}\ell = \frac{1}{2}\left(\frac{30\text{ m/s}}{3.0\times10^8\text{ m/s}}\right)^2(8.0\text{ m})$$
$$= 4.0\times10^{-14}\text{ m} = 40\text{ fm}$$

여기서 1 fm = 1 femtometer = 10^{-15} m이다.

검토 버스는 한 원자의 핵의 지름보다 약간 큰 정도로 수축한다. 일상생활에서 우리가 길이 수축을 느끼지 못한다는 것이 놀라운 일은 아니다. 만일 이 숫자를 정확히 계산하려고 했다면 여러분들이 가지고 있는 계산기에서는 $\ell - L = 0$이 나타났을 것이다. 그 이유는 소수점 아래 14번째 자리에서 ℓ과 L값의 차이가 나타나기 때문이다. 보통 과학용 계산기는 소수점 10에서 12자리까지 숫자를 결정하기 때문에 여기의 차이를 보여주기에 충분하지 않다. 이항 근사는 거의 똑같은 두 숫자 사이의 매우 작은 차이를 발견할 수 있게 해주는 헤아릴 수 없이 소중한 도구이다.

로런츠 속도 변환

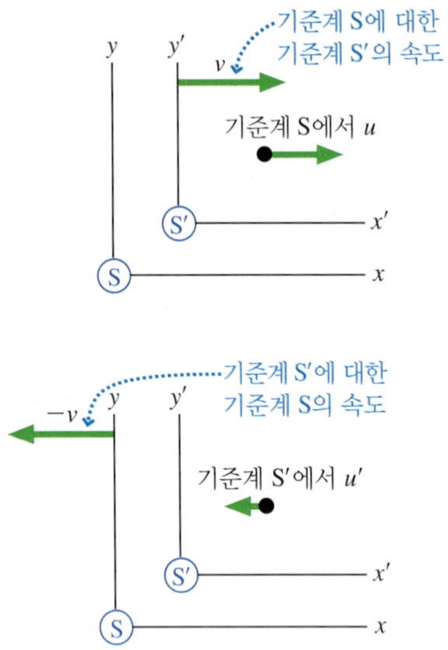

그림 36.33 어떤 운동하는 물체의 속도가 기준계 S에서 u, 기준계 S′에서 u'으로 측정된다.

그림 36.33은 두 기준계 S와 S′에서 운동하는 물체를 보여준다. 물체의 속도를 기준계 S의 관측자들은 u, 기준계 S′의 관측자들은 u'임을 발견했다. 논의를 간단히 하기 위해 물체는 x축과 x'축에 평행하게 이동한다고 가정하자.

갈릴레이 속도 변환 $u' = u - v$는 위치 변환을 시간에 대해 미분하여 구했다. 만일 각 기준계에서 시간에 대해 미분하면 로런츠 변환에 대해서도 똑같이 구할 수 있다. 기준계 S′에서 속도 u'은

$$u' = \frac{dx'}{dt'} = \frac{d[\gamma(x - vt)]}{d[\gamma(t - vx/c^2)]} \tag{36.27}$$

이다. 여기서 위치 x'과 시간 t'에 대한 로런츠 변환이 이용되었다.

미분을 적용하면

$$u' = \frac{\gamma(dx - v\,dt)}{\gamma(dt - v\,dx/c^2)} = \frac{dx/dt - v}{1 - v(dx/dt)/c^2} \tag{36.28}$$

이다. 그러나 dx/dt는 기준계 S에서 물체의 속도 u이므로

$$u' = \frac{u - v}{1 - uv/c^2} \tag{36.29}$$

이다. 만일 $v \ll c$이면 식 (36.29)는 예측한 대로 $u' = u - v$, 즉 갈릴레이 변환이 됨을 알 수 있다.

S′으로부터 S로의 변환은 v의 부호를 반대로 해주면 구해진다. 모두 하나로 묶어서 다음과 같은 변환식을 얻는다.

$$u' = \frac{u - v}{1 - uv/c^2} \quad \text{그리고} \quad u = \frac{u' + v}{1 + u'v/c^2} \tag{36.30}$$

식 (36.30)이 로런츠 속도 변환 방정식이다.

예제 36.9 | 정말로 빠른 탄환

어떤 로켓이 지구를 $0.90c$ 속력으로 지나서 날아간다. 지나치는 순간에 그 로켓은 진행 방향으로 로켓에 대하여 $0.95c$ 속력으로 총알 한 방을 쏘았다. 지구에 대해서 그 총알의 속력은 얼마인가?

핵심 로켓과 지구는 관성계들이다. 지구를 기준계 S, 로켓을 기준계 S′이라 하자. 기준계 S에 대한 기준계 S′의 속도는 $v = 0.90c$이다. 기준계 S′에 대한 탄환의 속도는 $u' = 0.95c$이다.

풀이 로런츠 속도 변환을 이용하여 탄환의 지구 기준계 S에 대한 속도 u를 구할 수 있다.

$$u = \frac{u' + v}{1 + u'v/c^2} = \frac{0.95c + 0.90c}{1 + (0.95c)(0.90c)/c^2} = 0.997c$$

지구에 대한 탄환의 속력은 광속의 99.7%이다.

검토 뉴턴 역학에서 갈릴레이 속도 변환에 의하면 $u = 1.85c$이다. 이제 로켓과 로켓에 대한 탄환의 매우 빠른 속력에도 불구하고 지구에 대한 탄환의 속력은 광속 c보다 작다. 이것은 물체들은 광속보다 더 빠르게 이동할 수 없다는 또 다른 징조이다.

예제 36.9에 있는 로켓이 속도 v로 지구를 지나치면서 앞 방향으로 레이저빔을 쏘았다고 가정해보자. 레이저빔은 로켓의 기준계 S′에서 속력 $u' = c$로 로켓에서 멀어질 것이다. 지구 기준계 S에서 레이저빔의 속력은 얼마인가? 로런츠 속도 변환에 따르면 이것은 다음과 같다.

$$u = \frac{u' + v}{1 + u'v/c^2} = \frac{c + v}{1 + cv/c^2} = \frac{c + v}{1 + v/c} = \frac{c + v}{(c + v)/c} = c \qquad (36.31)$$

빛은 두 기준계 S와 S′ 모두에서 속력 c로 이동한다. 이런 중요한 상대성 원리의 결론이 로런츠 변환 위에 만들어졌다.

36.9 상대론적 운동량

뉴턴 역학에서 어떤 계의 총운동량은 보존되는 물리량이다. 뿐만 아니라 지금껏 보아왔듯이 만일 다른 기준계에서 입자들의 속도가 갈릴레이 속도 변환에 의해 연결되었다면 운동량 보존 법칙 $P_f = P_i$는 모든 관성계에서 성립한다.

물론 어려운 점은 갈릴레이 변환이 상대성 원리와 일치하지 않는다는 것이다. 갈릴레이 변환은 모든 속도들이 광속 c보다 매우 작을 때 합리적인 근사이지만 속도들이 광속 c에 접근하면 엄청나게 틀리다. 만일 기준계 S′에서 입자들의 속도가 기준계 S에서의 속도들과 로런츠 변환에 의해 연결된다면 $P_f' \neq P_i'$임을 증명하는 것은 과제로 남겨둔다.

두 가지의 가능성이 있다.

1. 운동량 보존 법칙이라고 알려진 것이 실제로 물리 법칙이 아니다. 이것은 낮은 속도에서는 근사적으로 맞으나 속도가 광속에 근접할 때는 틀리다.
2. 운동량 보존 법칙은 실제로 물리 법칙이다. 그러나 입자의 속도 u가 광속 c와 비교하여 무시할 수 없을 정도가 되면 $p = mu$라는 표현이 운동량을 계산하는 정확한 방법은 아니다.

운동량 보존은 중심적이고 중요한 역학 현상이어서 상대성 이론에서 틀리지 않을 것 같다.

1차원 운동에 대한 고전 운동량은 $p = mu = m(\Delta x/\Delta t)$이다. Δt는 Δx의 거리를 움직이는 데 걸린 시간이다. 고전 운동량은 뉴턴 역학 내에서 충분히 명확해 보인다. 그러나 지금까지 알려진 것은 다른 기준계에서 관측자들은 소요 시간의 양에 대해 일치하지 않았다는 것이다. 그래서 어떤 Δt가 이용되어야 하는가?

한 가지 가능성은 **입자에 의해** 측정된 시간을 이용하는 것이다. 이것이 고유 시간 $\Delta\tau$이다. 그 이유는 입자는 자체 기준계에서 정지해 있으며 오직 하나의 시계만 필요하기 때문이다. 이것을 염두에 두고 속도 $u = \Delta x/\Delta t$로 이동하는 질량 m인 어떤 입자의 운동량을 다음과 같이 다시 정의해보자.

$$p = m\frac{\Delta x}{\Delta \tau} \tag{36.32}$$

이러한 운동량에 대한 새로운 표현을 시간 지연 결과 $\Delta\tau = (1 - u^2/c^2)^{1/2}\Delta t$를 이용하여 익숙한 뉴턴적인 표현과 연관시킬 수 있다. 시간 지연 결과 $\Delta\tau = (1 - u^2/c^2)^{1/2}\Delta t$는 입자에 의해 측정된 고유 시간 간격 $\Delta\tau$와 기준계 S에서 관측자들에 의해 측정된 좀 더 실용적인 시간 간격 Δt를 연결해준다. 따라서 식 (36.32)는 다음과 같이 된다.

$$p = m\frac{\Delta x}{\Delta \tau} = m\frac{\Delta x}{\sqrt{1 - u^2/c^2}\,\Delta t} = \frac{mu}{\sqrt{1 - u^2/c^2}} \tag{36.33}$$

만일 입자의 속력이 $u \ll c$이면 식 (36.33)은 고전적인 표현 $p = mu$가 됨을 볼 수 있다. 이것은 중요한 필요조건이다. 그러나 이것이 p에 대해 '올바른' 표현이냐 아니냐 하는 것은 입자계의 속도들이 로런츠 속도 변환식으로 변환되었을 때 총운동량 P가 보존되느냐 아니냐에 달렸다. 입증은 길고도 지루하다. 그래서 실제 증명 없이 식 (36.33)에서 정의된 운동량이 실제로 정확하게 변환한다고 단언한다. **만일 각 입자의 운동량이 식 (36.33)으로 계산된다면 운동량 보존 법칙은 여전히 모든 관성계에서 유효하다.**

식 (36.33)에서 mu에 곱해지는 인자는 x와 t에 대한 로런츠 변환식의 인자 γ와 유사한 것 같으나 한 가지 중요한 차이가 있다. 로런츠 변환식에서 v는 기준계의 속도이다. 식 (36.33)에서 u는 기준계 안에서 움직이는 입자의 속도이다.

이런 차이를 염두에 두고 다음의 물리량을 정의해보자.

$$\gamma_p = \frac{1}{\sqrt{1 - u^2/c^2}} \tag{36.34}$$

여기서 아래 첨자 p는 이것이 어떤 기준계가 아닌 입자에 대한 γ임을 나타낸다. 그 입자가 속도 u'으로 운동하는 기준계 S′에서 대응하는 표현은 γ_p'일 것이다. γ_p에 대한 이런 정의를 이용하여 한 입자의 운동량은

$$p = \gamma_p mu \tag{36.35}$$

이다.

예제 36.10 | **아원자 입자의 운동량**

어떤 입자 가속기 안에서 전자들은 실험실에 대하여 상대적으로 $0.999c$의 속력에 도달한다. 1개의 전자가 1개의 표적에 한 번 충돌하여 실험실에 대하여 상대적으로 $0.95c$의 속력으로 앞 방향으로 이동하는 1개의 뮤온을 생성한다. 그 뮤온의 질량은 1.90×10^{-28} kg이다. 실험실 기준계 안에서 그리고 전자빔의 기준계 안에서 뮤온의 운동량은 얼마인가?

핵심 실험실을 기준계 S라고 하자. 전자빔의 기준계 S′(즉, 전자들이 정지해 있는 기준계)은 전자들의 방향에서 $v = 0.999c$로 움직인다. 기준계 S에서 뮤온의 속도는 $u = 0.95c$이다.

풀이 실험실 기준계에서 뮤온에 대한 γ_p는

$$\gamma_p = \frac{1}{\sqrt{1 - u^2/c^2}} = \frac{1}{\sqrt{1 - 0.95^2}} = 3.20$$

이다. 따라서 실험실에서 뮤온의 운동량은 다음과 같다.

$$p = \gamma_p mu = (3.20)(1.90 \times 10^{-28}\ \text{kg})(0.95 \times 3.00 \times 10^8\ \text{m/s})$$
$$= 1.73 \times 10^{-19}\ \text{kg m/s}$$

운동량은 뉴턴적인 운동량 mu보다 3.2배 인자만큼 더 크다. 전자빔 기준계에서 운동량을 구하기 위해, 먼저 기준계 S′에서 뮤온의 속도를 구하기 위해 속도 변환식을 이용해야 한다.

$$u' = \frac{u - v}{1 - uv/c^2} = \frac{0.95c - 0.999c}{1 - (0.95c)(0.999c)/c^2} = -0.962c$$

실험실 기준계에서 더 빨라진 전자들이 느려진 뮤온을 따라 잡았다. 그래서 전자빔 기준계에서 뮤온의 속도는 음수이다. 기준계 S′에서 뮤온에 대한 γ_p'은

$$\gamma_p' = \frac{1}{\sqrt{1 - u'^2/c^2}} = \frac{1}{\sqrt{1 - 0.962^2}} = 3.66$$

이다. 전자빔 기준계에서 뮤온의 운동량은 다음과 같다.

$$p' = \gamma_p' mu'$$
$$= (3.66)(1.90 \times 10^{-28}\ \text{kg})(-0.962 \times 3.00 \times 10^8\ \text{m/s})$$
$$= -2.01 \times 10^{-19}\ \text{kg m/s}$$

검토 실험실 관점으로부터 뮤온은 전자빔보다 단지 조금 느리게 운동한다. 그러나 비록 반대 방향이지만 뮤온은 실험실에 대해서보다도 전자들에 대해 상대적으로 훨씬 더 빠르게 운동한다.

우주적인 속력 한계

그림 36.34a는 속도에 대한 운동량의 그래프이다. $p = mu$를 가진 어떤 뉴턴 입자에 대해 운동량은 직접적으로 속도에 비례한다. 만일 $u \ll c$이면 운동량에 대한 상대론적인 표현은 뉴턴적인 값과 일치한다. 그러나 $u \to c$이면 p는 무한대로 접근한다.

운동량을 힘과 연결지으면 이 그래프가 암시하는 것이 분명해질 것이다. 절대로 연료가 떨어지지 않는 로켓과 같이 어느 일정힘이 가해지고 있는 입자를 고려해보자. 만일 F가 일정하다면 $F = dp/dt$로부터 운동량은 $p = Ft$이다. 만일 뉴턴 물리가 맞는다면 입자는 속도 $u = p/m = (F/m)t$가 한계 없이 증가하면서 점점 더 빨라질 것이다. 그러나 그림 36.34b에서 보이듯이 상대론적 결과는 운동량 p가 무한대로 접근함에 따라 입자의 속도는 점근적으로 빛의 속력에 접근한다($u \to c$). 상대성 이론은 뉴턴 역학과는 매우 다른 결과를 제시한다.

속력 c는 물질 입자들에게 '우주적인 속력 한계'이다. 어떤 힘이라도 입자를 광속 c보다 큰 속도로 가속시킬 수 없다. 그 이유는 속력이 광속 c에 접근하면 입자의 운동량이 무한대로 커지기 때문이다. 속도를 조금씩 추가적으로 증가시키는 데 요구되는 힘의 양이 갈수록 더 커져서 더 이상 속도를 증가시킬 수 없게 된다.

실제로 좀 더 근본적인 수준에서 c는 모든 종류의 **인과적인 영향**(causal influence)의 속력 한계이다. 만일 어떤 사람이 돌멩이를 던져서 유리를 깼다면, 던진 행위는 유리가 깨진 것의 원인이고 돌멩이가 인과적인 영향이다. 만일 누군가가 폭죽과 줄로 연결된 광 검출기에 레이저빔을 쏘았다면 그 광파가 폭발로 이어진 인과적인 영향이다. 하나의 인과적인 영향은 A에서 B로 이동하고 A가 B의 원인이 되게 하는 모든 종류의 입자, 파동, 정보일 수 있다.

도쿄에서 폭죽 폭발과 파리에서 대형 고무풍선 파열 같이 두 가지 연관되지 않는 사건들은 동시성의 상대론에 의하면 그들은 어떤 기준계에서는 동시적일 수 있고 다른 기준계에서는 아닐 수도 있다. 또는 한 기준계에서 대형 고무풍선 파열 이전에 폭

그림 36.34 어떤 입자라도 그 속력은 빛의 속력에 도달할 수 없다.

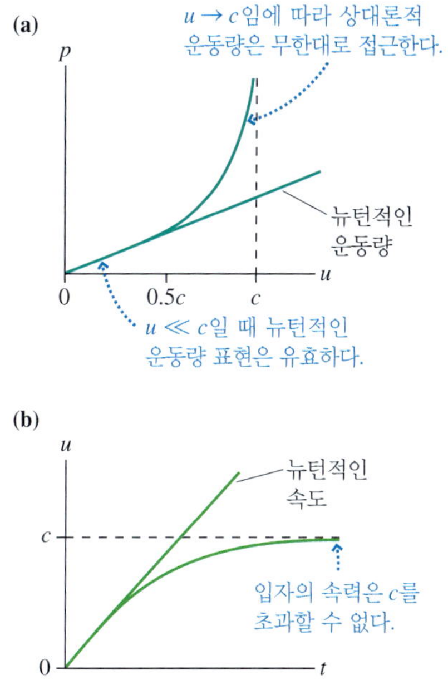

죽이 먼저 터질 수 있고 다른 기준계에서는 대형 고무풍선이 먼저 파열될 수 있다. 이러한 가능성은 우리들의 시간의 상식적인 관점을 깨뜨리는 것이지만 상대성 원리와 모순되지는 않는다.

A가 B의 원인이다와 같은 인과적으로 연관된 두 가지 사건들에 대하여 어떠한 기준계에서도 관측자가 A 이전에 B가 일어났다는 것을 발견한다는 것은 터무니없을지 모른다. 어떤 방법으로 움직이든지 간에 어떠한 기준계에서도 어머니보다 그 자식이 먼저 태어나는 것을 발견할 수는 없다. 만일 A가 B의 원인이라면 모든 기준계에서 반드시 $t_A < t_B$이어야만 한다.

속력 $u > c$로 이동할 수 있는 어떤 종류의 인과적인 영향이 존재한다고 가정하자. 그림 36.35는 사건 A가 위치 $x_A = 0$에서 발생한 기준계 S를 보여준다. 아마도 언젠가 발견될 수 있을지 모르는 'z선'인 빛보다 빠른 인과적인 영향이 $t_A = 0$에서 A를 떠나서 사건 B를 일으킬 점으로 이동한다. 이것은 시간 $t_B = x_B/u$에 x_B에 도착한다.

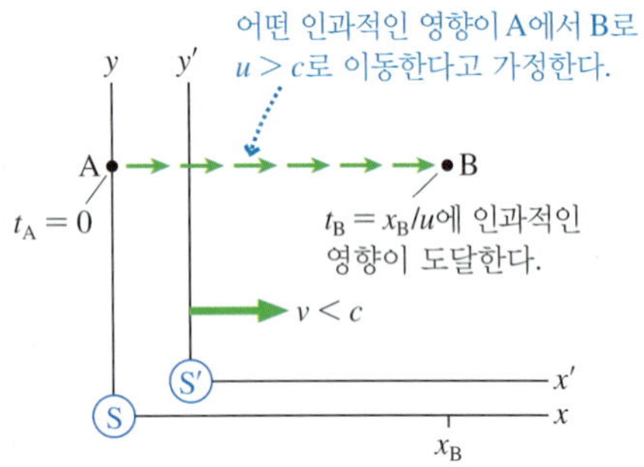

그림 36.35 어떤 인과적인 영향이 속력 $u > c$로 A에서 B로 이동할 수 있다고 가정한다.

기준계 S에 상대적으로 보통의 속력 $v < c$로 이동하는 기준계 S′에서 사건 A와 B는 어떻게 나타날까? 로런츠 변환을 이용하여 알아낼 수 있다. $x_A = 0$이고 $t_A = 0$이기 때문에 $x'_A = 0$이고 $t'_A = 0$임을 쉽게 알 수 있다. 즉, S와 S′의 원점들은 인과적인 영향이 사건 A를 떠나는 순간에 중복되어 있다. 흥미로운 것은 이런 영향이 기준계 S′의 B에 도달한 시간이다. 사건 B에 대한 로런츠 시간 변환은 다음과 같다.

$$t'_B = \gamma\left(t_B - \frac{vx_B}{c^2}\right) = \gamma t_B\left(1 - \frac{v(x_B/t_B)}{c^2}\right) = \gamma t_B\left(1 - \frac{vu}{c^2}\right) \tag{36.36}$$

여기서 처음에 t_B를 공통 요소로 끄집어냈고, 그 다음에 기준계 S에서 $u = x_B/t_B$라는 사실을 이용했다.

$u > c$인 것은 계속 가정 사항이다. 따라서 $vu/c^2 > 1$을 만족하는 $v < c$의 속력을 가진 보통의 기준계가 존재한다. 이 경우에 항 $(1 - vu/c^2)$은 음수이고 $t'_B < 0$이다. 그러나 만일 $t'_B < 0$이면 사건 B는 기준계 S′에서 사건 A 이전에 일어난다. 다시 말해서 만일 어떤 인과적인 영향이 광속 c보다 더 빠르게 이동할 수 있다면 결과가 원인보다 이전에 발생하는 기준계가 존재하게 된다. 사람들은 이런 일이 일어날 수 없다는 것을 알고 있다. 따라서 $u > c$란 가정은 틀린 가정임이 명백하다. **입자, 파동, 아직 발견되지 않은 z선 등 어떤 종류의 인과적인 영향도 c보다 더 빨리 진행할 수 없다.**

우주적인 속력 한계의 존재는 상대성 이론의 가장 흥미로운 결론 중 하나이다. 우주선이 갑자기 광속보다 빠른 속도로 도약하는 '워프 운항(warp drive)'은 단순하게 상대성 이론과 일치하지 않는다. 별들로의 급속 여행은 미래 과학적인 발견이 아인슈타인의 이론에 결점을 찾아내어 아직 꿈꾸지 못한 이론들의 문을 열기 이전에는 과학적 허구의 영역에 머물 것이다. 과학적 이론은 절대로 뒤집히지 않는다고 확신 있게 말할 수 없지만 지금까지는 특수 상대성 이론과 일치하지 않는 어떤 증거의 실마리조차도 없다.

36.10 상대론적 에너지

에너지는 상대성 이론에 대한 이 장의 마지막 주제이다. 공간, 시간, 속도, 그리고 운동량이 상대성 이론에 의해 변하였다. 따라서 에너지에 대한 새로운 시각이 필요한 것은 필연적인 것 같다.

뉴턴 역학에서 입자의 운동 에너지 $K=\frac{1}{2}mu^2$은 운동량 $p=mu$의 항으로 $K=p^2/2m$으로 쓸 수 있다. 이것은 에너지에 대한 상대론적인 표현이 운동량 p의 제곱과 입자의 질량을 포함할 것임을 시사한다. 또한 에너지가 상대성 이론에서도 보존되리라 희망하기에 시공간 간격 s라고 하는, 모든 관성계에서 똑같다고 알려진 물리량으로 논의를 시작하는 것이 합리적일 것이다.

질량 m인 한 입자가 기준계 S에서 측정된 시간 간격 Δt 동안 거리 Δx를 이동했다고 하자. 시공간 간격은

$$s^2 = c^2(\Delta t)^2 - (\Delta x)^2 = \text{불변량}$$

이다. 이것은 양변에 $(m/\Delta\tau)^2$을 곱하여 운동량이 포함된 표현으로 바꿀 수 있다. 여기서 $\Delta\tau$는 고유 시간으로 입자에 의해 측정된 시간이다. 그렇게 했을 때 위 식은 다음과 같이 변한다.

$$(mc)^2\left(\frac{\Delta t}{\Delta\tau}\right)^2 - \left(\frac{m\,\Delta x}{\Delta\tau}\right)^2 = (mc)^2\left(\frac{\Delta t}{\Delta\tau}\right)^2 - p^2 = \text{불변량} \qquad (36.37)$$

여기서 식 (36.32)로부터 $p=m(\Delta x/\Delta\tau)$가 이용되었다.

이제 기준계 S에서 시간 간격인 Δt와 고유 시간이 시간 지연 결과 $\Delta t = \gamma_p\Delta\tau$에 의해 연결된다. 이런 변화를 이용하여 식 (36.37)은 다음과 같이 된다.

$$(\gamma_p mc)^2 - p^2 = \text{불변량}$$

끝으로 조금 뒤에 의미가 밝혀지겠지만 양변을 c^2으로 곱하여 다음 식이 구해진다.

$$(\gamma_p mc^2)^2 - (pc)^2 = \text{불변량} \qquad (36.38)$$

오른쪽 항이 **불변량**이라고 하는 의미는 이것은 모든 관성계에서 동일한 같은 값을 가진다는 것이다. 불변량은 입자가 정지해 있는 기준계에서 값을 계산하여 결정할 수 있다. 그 기준계에서는 $p=0$이고 $\gamma_p=1$이다. 따라서

$$(\gamma_p mc^2)^2 - (pc)^2 = (mc^2)^2 \qquad (36.39)$$

이다.

다음 단계로 가기 전에 이것이 의미하는 것을 조명해보자. 시공간 간격 s는 모든 관성계에서 똑같은 값을 가진다. 다시 말하면 $c^2(\Delta t)^2-(\Delta x)^2=c^2(\Delta x')^2-(\Delta x')^2$이다. 식 (36.39)는 시공간 간격의 정의로부터 유도되었다. 따라서 물리량 mc^2 또한 모든 관성계에서 똑같은 값을 가지는 불변량이다. 다시 말해서 만일 기준계 S와 S′에 있는 관측자들이 질량 m인 이런 입자에 대해 측정한다면 그들은 다음 결과를 얻게 될

것이다.

$$(\gamma_p mc^2)^2 - (pc)^2 = (\gamma_p' mc^2)^2 - (p'c)^2 \quad (36.40)$$

두 기준계에 있는 관측자들은 운동량에 대하여 다른 값을 측정한다. 그러나 모든 관성계에 있는 관측자들은 운동량이 보존 물리량이란 것에 동의한다. 식 (36.39)와 (36.40)이 제시하는 것은 물리량 $\gamma_p mc^2$이 식 (36.39)를 만족시키는 방법으로 운동량 p와 함께 변하는 물리량으로써 입자의 중요한 성질이라는 것이다. 그러면 이 성질은 무엇인가?

첫 번째 실마리는 단위를 확인하는 데에 있다. γ_p는 무차원이고 c는 속도이다. 따라서 $\gamma_p mc^2$은 고전적인 표현 $\frac{1}{2}mv^2$과 같은 단위인 에너지 단위를 갖는다. 두 번째 실마리에 대하여 낮은 속도 극한 $u \ll c$에서 $\gamma_p mc^2$이 어떻게 행동하는지 조사해보자. γ_p에 대해 이항 근사를 전개하면 다음 결과를 얻는다.

$$\gamma_p mc^2 = \frac{mc^2}{\sqrt{1-u^2/c^2}} \approx \left(1 + \frac{1}{2}\frac{u^2}{c^2}\right)mc^2 = mc^2 + \tfrac{1}{2}mu^2 \quad (36.41)$$

둘째 항 $\frac{1}{2}mu^2$은 운동 에너지 K에 대한 낮은 속도 표현이다. 이것은 운동과 관계있는 에너지이다. 그러나 첫째 항은 에너지의 개념이 사람들이 처음 생각했던 것보다 훨씬 복잡하다는 것을 제시한다. **질량 자체와 관계된 선천적으로 존재하는 에너지가 있을 것** 같아 보인다.

정지질량 에너지와 총에너지

실험적인 입증의 전제하에 어떤 가능성을 믿고 한 입자에 대한 **총에너지**(total energy) E를 다음과 같이 정의하자.

$$E = \gamma_p mc^2 = E_0 + K = \text{정지질량 에너지} + \text{운동 에너지} \quad (36.42)$$

이런 총에너지는 **정지질량 에너지**(rest energy)

$$E_0 = mc^2 \quad (36.43)$$

과 운동 에너지에 대한 상대론적 표현

$$K = (\gamma_p - 1)mc^2 = (\gamma_p - 1)E_0 \quad (36.44)$$

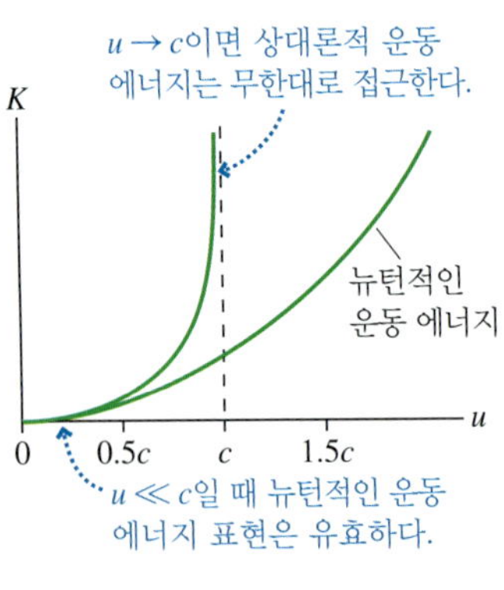

그림 36.36 상대론적 운동 에너지

으로 이루어졌다. 운동 에너지에 대한 이런 표현은 $u \ll c$일 때 거의 $\frac{1}{2}mu^2$이다. 그러나 그림 36.36에서 보듯 이것은 매우 높은 속도에 대한 고전적인 값과는 상당히 다르다.

물론 식 (36.43)은 아마도 물리학 전체에서 가장 잘 알려진 공식인 아인슈타인의 유명한 $E = mc^2$이다. 이것의 중요성을 논의하기 전에 뭔가 단단히 매듭지어야 하는 것이 있다. 첫째, 식 (36.42)와 (36.43)을 이용하여 식 (36.39)를 $E^2 - (pc)^2 = E_0^2$으로 쓸 수 있다. 이것을 쉽게 정리하여 다음과 같은 유용한 식을 얻을 수 있다.

$$E = \sqrt{E_0^2 + (pc)^2} \quad (36.45)$$

물리량 E_0은 **모든 관성계에서 똑같은 값 mc^2을 갖는 불변량**이다.

둘째, pc는 다음과 같이 쓸 수 있음을 유의하자.

$$pc = (\gamma_p mu)c = \frac{u}{c}(\gamma_p mc^2)$$

그러나 $\gamma_p mc^2$은 총에너지이고 $u/c = \beta_p$이다. 여기서 γ_p에 있는 아래 첨자 p는 두 기준계 사이의 상대 운동이 아니라 한 기준계 내에서 입자의 운동에 대한 것을 나타내고 있다. 따라서

$$pc = \beta_p E \tag{36.46}$$

이다. 그림 36.37은 '속도 · 에너지 · 운동량 삼각형'을 그들 사이의 관계를 기억하기 편리한 방법으로 보여준다.

그림 36.37 속도 · 에너지 · 운동량 삼각형

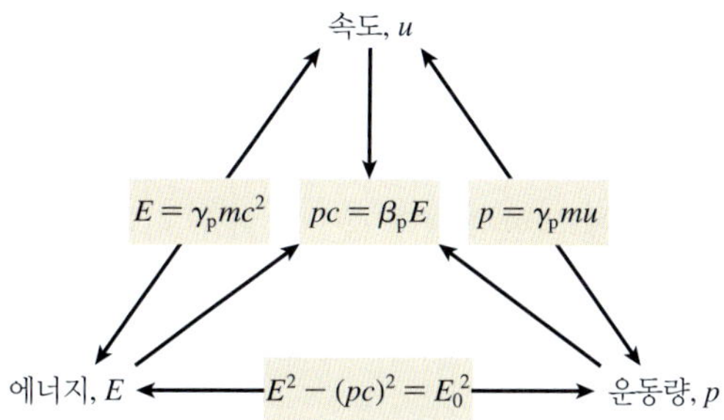

예제 36.11 운동 에너지와 총에너지

(a) 속력 100 m/s로 운동하는 100 g의 공과 (b) 속력 $0.999c$의 전자의 정지질량 에너지와 운동 에너지를 계산하시오.

핵심 속력 $u \ll c$인 공은 고전 입자이다. 운동 에너지에 대한 상대론적 표현이 필요하지 않는다. 전자는 매우 상대론적이다.

풀이 a. 공에 대해 $m = 0.10$ kg이므로 다음과 같다.

$$E_0 = mc^2 = 9.0 \times 10^{15}\ \text{J}$$
$$K = \tfrac{1}{2}mu^2 = 500\ \text{J}$$

b. 전자에 대해 먼저 다음을 계산한다.

$$\gamma_p = \frac{1}{(1 - u^2/c^2)^{1/2}} = 22.4$$

이어서 $m_e = 9.11 \times 10^{-31}$ kg을 이용하여 다음을 구한다.

$$E_0 = mc^2 = 8.2 \times 10^{-14}\ \text{J}$$
$$K = (\gamma_p - 1)E_0 = 170 \times 10^{-14}\ \text{J}$$

검토 공의 운동 에너지는 전형적인 운동 에너지다. 반면에 그것의 정지질량 에너지는 놀랄 만큼 큰 수이다. 한편, 상대론적 전자에 대해 운동 에너지는 정지질량 에너지보다 더 중요하다.

질량 · 에너지 등가

이제 아인슈타인의 유명한 공식 $E = mc^2$의 중요성에 대한 탐험에 나설 준비가 되었다. 그림 36.38은 서로에게 접근하는 2개의 찰흙 공을 보여준다. 그들의 질량과 운동 에너지는 같고 비탄성 충돌을 하여 하나로 뭉쳐져서 정지 상태의 1개의 큰 찰흙 공이 되었다. 뉴턴 역학에서 이것은 초기의 $2K$의 에너지가 같은 양의 열에너지로 변

그림 36.38 두 찰흙 공 사이의 비탄성 충돌은 총에너지 E를 보존하지 않는 것 같다.

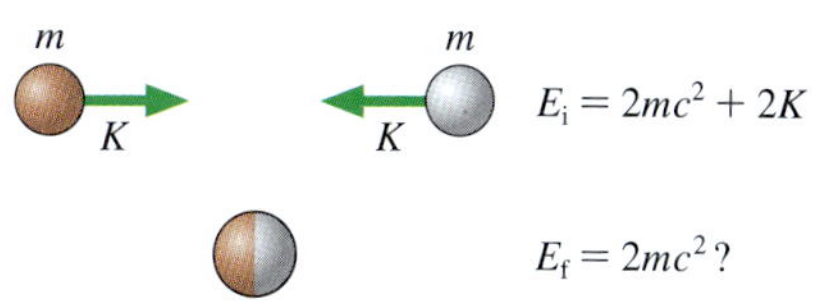

거품 상자 속에 있는 기본 입자의 궤적들은 전자·양전자 쌍의 생성을 보여준다. 음의 전자와 양의 양전자는 자기장 속에서 반대 방향으로 나선 운동을 한다.

화되면서 합체한 찰흙 공의 온도를 증가시키며 소모되었다고 말할 수 있다. 그러나 식 (36.42)의 $E = E_0 + K$에 열에너지에 대한 내용은 없다. 충돌 이전의 총에너지는 $E_i = 2mc^2 + 2K$이다. 여기서 숫자 2는 질량이 2개이기 때문이다. 찰흙 공이 정지해 있는 충돌 후의 총에너지는 $2mc^2$일 것 같다. 그러나 이 값은 총에너지를 보존하지 못한다.

에너지가 보존된다는 것에 대해 남아돌 정도의 충분한 실험적인 증거가 있다. 따라서 논리 전개에 문제가 있음이 분명하다. 에너지 보존에 의하면 다음과 같다.

$$E_f = Mc^2 = E_i = 2mc^2 + 2K \tag{36.47}$$

여기서 M은 충돌 후의 합체된 찰흙 공의 질량이다. 그러나 놀랍게도 위 식은 다음과 같아진다.

$$M = 2m + \frac{2K}{c^2} \tag{36.48}$$

다른 말로 하면 **질량은 보존되지 않는다**. 충돌 후 찰흙의 질량은 충돌 전보다 증가하였다. 총에너지는 운동 에너지가 '동등한' 양의 질량으로 변환되어야만 보존될 수 있다.

두 찰흙 공 사이의 충돌에 의한 질량의 증가는 매우 작아서 과학자 누구라도 측정할 수 없을 정도의 양이다. 따라서 이와 같은 생각이 맞는다는 것을 어떻게 알 수 있는가?

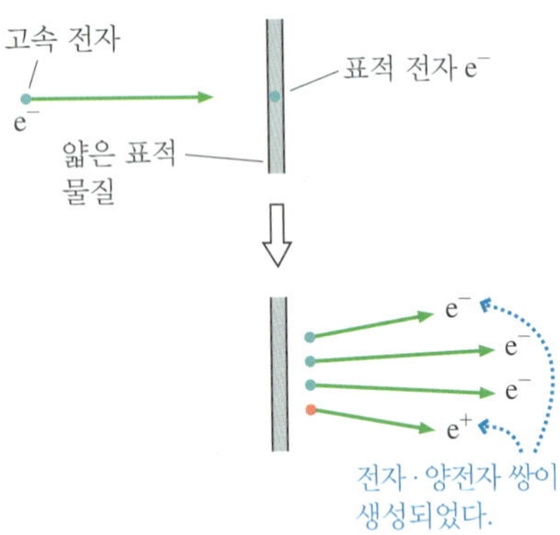

그림 36.39 전자들 사이의 비탄성 충돌은 전자·양전자 쌍을 생성할 수 있다.

그림 36.39는 어떤 실험을 보여준다. 이것은 지난 50년간 전 세계의 입자 가속기에서 수없이 했던 실험이다. $u \approx c$까지 가속된 전자 1개가 어떤 표적 물질에 조준되었다. 고에너지 전자가 표적에 있는 원자와 충돌할 때 원자로부터 전자 1개를 쉽게 튕겨 나오게 할 수 있다. 따라서 입사 전자와 방출 전자로 구성된 두 전자가 표적으로부터 빠져나오는 것을 볼 수 있을 것으로 기대되었다. 그런데 대신에 표적으로부터 방출된 것은 3개의 전자와 1개의 양전자로 구성된 4개의 입자였다. **양전자(positron)**, 즉 양의 전자는 전자의 반물질로써 전하량이 $q = +e$인 것을 제외하고 모든 것이 전자와 똑같다.

화학 반응 표기에서 충돌은

$$e^- \text{ (fast)} + e^- \text{ (at rest)} \rightarrow e^- + e^- + e^- + e^+$$

이다. 1개의 전자와 1개의 양전자가 표면적으로는 무에서 **생성되었다**. 충돌 전의 질량 $2m_e$가 충돌 후에 질량 $4m_e$가 되었다.(전하량은 이 충돌에서 보존되었음에 유의하자.)

비록 질량은 증가했으나 '무'에서 창조된 것은 아니다. 찰흙 공들의 충돌처럼 충돌 후의 운동 에너지가 충돌 전보다 줄어들었기 때문에 이것은 비탄성 충돌이다. 사실 충돌 전후의 운동 에너지를 측정하면 운동 에너지의 감소량이 $\Delta K = 2m_ec^2$, 즉 생성된 두 입자의 정지질량 에너지와 정확히 같음을 알게 될 것이다. 새로운 입자들은 **에너지로부터 생성되었다**.

입자들은 에너지로부터 생성될 수 있고 입자들은 에너지로 되돌아갈 수 있다. 그림 36.40은 1개의 전자와 전자의 반물질인 1개의 양전자와의 충돌을 보여준다. 한 입자와 그것의 반물질이 만나면 그들은 서로 **소멸한다**. 질량이 사라지고 질량과 동일한 에너지가 빛으로 변환된다. 38장에서 빛이 **양자화**되어 있다는 것을 배우게 될 것이다. 그것은 빛이 **광자**라고 하는 불연속의 에너지 덩어리 상태로 방출되고 흡수된다는 의미이다. 파장이 λ인 빛에 대하여 광자 1개의 에너지는 $E_{\text{photon}} = hc/\lambda$이다. 여기서 $h = 6.63 \times 10^{-34}$ J은 **플랑크 상수**라 한다. 광자는 에너지뿐만 아니라 운동량도 운반한다. 전자와 양전자 소멸에서 에너지와 운동량의 보존에 의해 같은 에너지의 두 광자가 서로 반대 방향으로 방출된다.

그림 36.40 전자·양전자 쌍의 소멸

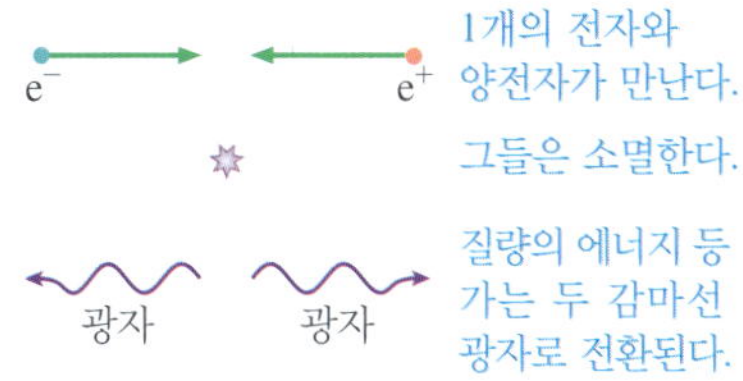

만일 전자와 양전자가 $K \ll mc^2$일 정도로 상당히 느리다면 $E_i \approx E_0 = mc^2$이 된다. 이 경우 에너지 보존에 의해

$$E_f = 2E_{\text{photon}} = E_i \approx 2m_e c^2 \tag{36.49}$$

이다. 따라서 방출되는 광자들의 파장은

$$\lambda = \frac{hc}{m_e c^2} \approx 0.0024 \text{ nm} \tag{36.50}$$

이다.

이것은 X선의 파장보다도 짧은 극단적으로 짧은 파장이다. 이런 파장대의 광자들을 **감마선**(γ rays)이라 한다. 그리고 사실 0.0024 nm의 감마선이 양전자들이 전자들과 충돌하여 소멸될 수 있는 많은 실험실 실험에서 관찰된다. 최근에는 인공위성에 감마선 망원경이 출현하여 천문학자들은 우주에 있는 많은 장소, 특히 은하수의 중심으로부터 오는 0.0024 nm 광자들을 발견했다. 이것은 우주 전체에 양전자가 풍부하게 있다는 증거이다.

양전자·전자 소멸은 또한 양전자 방출 단층사진법(positron-emission tomography) 또는 PET 스캔으로 알려진 의학 치료도구의 기초이다. 환자는 양전자의 방출로 붕괴하는 적은 양의 방사성 물질을 섭취한다. 이런 물질은 인체 내의 특정 조직, 특히 높은 신진대사비율을 가진 조직에 의해 흡수된다. 물질이 붕괴하면서 양전자들이 즉시 전자들과 충돌하여 소멸되고, 차례로 방출되는 2개의 감마선 광자를 생성한다. 인체에서 쉽게 빠져나가는 감마선은 탐지되고 그들의 궤적이 인체 내부로 거꾸로 추적된다. 많은 이런 궤적이 겹쳐지면서 양전자 방출이 일어나고 있는 조직이 선명하게 보이게 된다. 결과는 보통 높은 양전자 방출 지역을 나타내는 진한 붉은 지역을 포함한 위색체법의 사진(색합성 채색영상 사진)으로 보여준다.

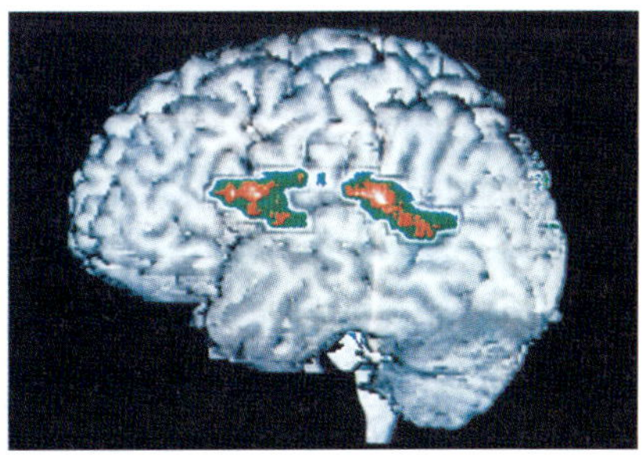

양전자·전자 소멸(PET 스캔)이 뇌 속의 비침습적 모습을 제공한다.

에너지 보존

뉴턴 역학에서 전적으로 금지된 과정인 질량을 가진 입자들의 생성과 소멸이 질량 또는 에너지의 뉴턴적 정의 그 어떤 것도 보존되지 않는다는 생생한 증거이다. 그럼에도 총에너지는(운동 에너지와 질량의 등가 에너지)는 보존 물리량으로 남아 있다.

총에너지 보존 법칙 임의의 고립계의 에너지 $E = \sum E_i$는 보존된다. 여기서 $E_i = (\gamma_p)_i m_i c^2$은 입자 i의 총에너지이다.

질량과 에너지는 같은 것이 아니다. 그러나 지난 몇 가지 사례에서 보았듯이 그들은 총에너지가 보존되는 한 질량이 에너지로, 에너지가 질량으로 변환될 수 있다는 관점에서 동등하다.

아마도 가장 잘 알려진 총에너지 보존의 적용은 핵분열일 것이다. 236개의 양성자와 중성자를 가진 우라늄 동위원소 ^{236}U는 자연에는 존재하지 않는다. 이것은 1개의 ^{235}U 핵이 1개의 중성자를 흡수하여 원자 질량이 235에서 236으로 증가했을 때 생성될 수 있다. ^{236}U 핵은 빠르게 2개의 작은 핵과 여러 개의 중성자로 부서진다. 이 과정이 **핵분열**(nuclear fission)이라고 알려져 있다. 핵은 여러 가지 방법으로 쪼개진다. 그 중 하나는

$$n + {}^{235}U \rightarrow {}^{236}U \rightarrow {}^{144}Ba + {}^{89}Kr + 3n$$

이다. Ba와 Kr은 바륨과 크립톤의 원자 기호이다.

이러한 반응은 질량을 확인하기 이전까지는 통상적인 화학 반응으로 보인다. 원자 동위원소의 질량들은 질량 분석기라고 하는 기구를 이용한 수십 년 동안의 측정 결과 매우 정밀한 수준으로 알려져 있다. 만일 위 식의 양쪽에 질량을 추가하면 결과물들의 질량이 초기 중성자와 ^{235}U의 질량의 합보다 0.185 u가 적음을 알게 될 것이다. 여기서 기억하겠지만 $1\ u = 1.66 \times 10^{-27}$ kg은 원자 질량 단위이다. 킬로그램 단위로 질량 결손은 3.07×10^{-28} kg이다.

질량은 손실되었으나 질량의 등가 에너지는 그렇지 않았다. 그림 36.41에서 보듯이 질량은 운동 에너지로 전환되어, 생성된 두 핵과 3개의 중성자가 매우 빠른 속력으로 이탈하게 하였다. 운동 에너지는 $\Delta K = m_{lost}c^2 = 2.8 \times 10^{-11}$ J로 쉽게 계산된다.

이것은 매우 소량의 에너지이지만 한 번의 분열로부터 방출된 에너지이다. 거시적인 우라늄 시료에서 핵자의 수는 아보가드로의 수 N_A의 크기 정도이다. 따라서 모든 핵자가 분열하면 그 에너지는 어마어마할 것이다. 물론 이런 에너지가 핵발전 반응기와 핵무기 둘 모두의 기초이다.

이 장은 상대성 이론이 공간과 시간에 대한 사람들의 기본적인 관념에 도전할 거란 기대로 시작되었다. 그 끝은 상대성 이론이 사람들의 질량과 에너지에 대한 이해를 바꾸었다는 것을 발견한 것이었다. 무엇보다 가장 놀랄만한 것은 그 모든 새로운 개념들이 "물리 법칙들은 모든 관성계에서 똑같다."라는 하나의 단순한 문장에서 흘러나왔다는 것이다.

그림 36.41 핵분열에서 손실된 질량의 등가 에너지는 운동 에너지로 전환된다.

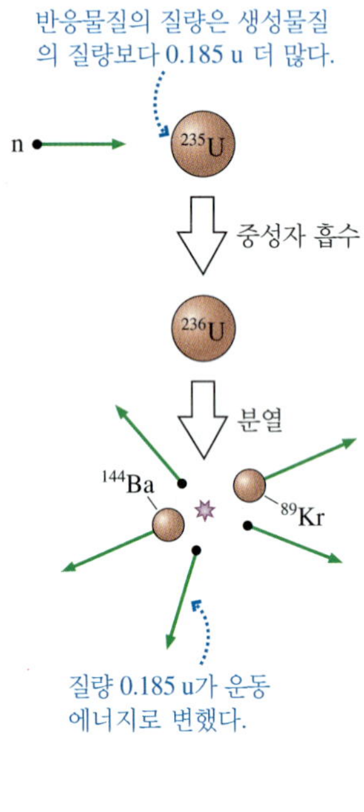

응용 예제 36.12 고트족과 훈족

고트족(Goths)과 훈족(Huns)의 로켓 길이는 그들의 정지 기준계에서 각각 1000 m이다. 로켓들은 거의 접촉을 하면서 상대 속력 $0.8c$로 서로 지나친다. 훈족은 그들의 로켓 뒤에 로켓의 운동 방향에 수직으로 치명적인 레이저빔을 쏘는 한 대의 레이저포를 가지고 있다. 훈족의 수장은 경고 사격으로 고트족에게 위협적인 메시지를 보내기를 원한다. 그는 그의 동료에게 다음과 같이 말했다. "고트족의 로켓 길이가 600 m로 수축된다. 그들 로켓의 꼬리가 우리들 로켓의 앞부분을 통과하는 순간 레이저포를 쏜다. 그러면 레이저빔은 그들의 400 m 앞으로 지나갈 것이다."

그러나 상황은 고트족의 기준계에서는 다르다. 고트족 수장은 고심하며 말했다. "훈족의 로켓이 600 m로 길이가 수축된다. 우리 것보다 400 m가 짧다. 만일 그들이 그들 로켓의 앞부분이 우리 로켓의 꼬리를 지나칠 때 레이저포를 쏜다면 치명적인 레이저빔이 우리 로켓을 관통할 것이다."

훈족 로켓의 첫째 동료가 명령대로 쏘았다. 레이저빔이 고트족 로켓을 파괴했을까?

핵심 두 로켓은 관성계에서 똑같다. 훈족 로켓을 기준계 S, 훈족 로켓에 대하여 상대적으로 속력 $v = 0.8c$로 이동하는 고트족 로켓을 기준계 S′이라 하자. 상황을 사건으로 기술하는 것이 필요하다.

시각화 그림 36.42에서와 같이 훈족의 기준계에서 상황을 고려해보는 것으로 시작하자.

그림 36.42 훈족이 바라본 상황

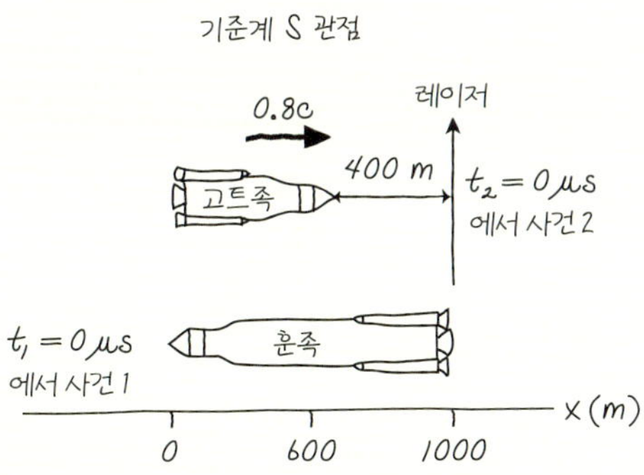

풀이 역설을 해결해야 하는 열쇠는 한 기준계에서 동시적인 두 사건이 다른 기준계에서는 동시적이 아니라는 것이다. 훈족은 실제로 고트족의 로켓 길이가 $L_{\text{Goths}} = (1-(0.8)^2)^{1/2}(1000\text{ m}) = 600\text{ m}$로 수축된 것을 본다. 사건 1을 고트족 로켓의 꼬리가 훈족 로켓의 앞부분을 지나가는 것이라 하자. 좌표계의 원점은 자유롭게 정의할 수 있으므로, 이 사건이 $x_1 = 0$ m의 위치와 $t_1 = 0\ \mu$s인 시간에 일어난 것으로 하자. 그러면 훈족의 기준계에서 레이저포를 쏘는 사건 2의 시공간 좌표는 $(x_2, t_2) = (1000\text{ m}, 0\ \mu\text{s})$이다. 고트족 로켓의 앞부분은 $x = 600$ m, $t = 0\ \mu$s이다. 따라서 레이저포는 400 m 차이로 고트족 로켓을 벗어난다.

이제 고트족의 기준계에서 사건들의 시공간 좌표를 구하기 위해 로런츠 변환을 이용할 수 있다. 훈족 로켓의 앞부분은 고트족 로켓의 꼬리를 $(x_1', t_1') = (0\text{ m}, 0\ \mu\text{s})$에 지나간다. 훈족은 그들의 레이저포를

$$x_2' = \gamma(x_2 - vt_2) = \tfrac{5}{3}(1000\text{ m} - 0\text{ m}) = 1667\text{ m}$$

$$t_2' = \gamma\left(t_2 - \frac{vx_2}{c^2}\right) = \frac{5}{3}\left(0\ \mu\text{s} - (0.8)\frac{1000\text{ m}}{300\text{ m}/\mu\text{s}}\right) = -4.444\,\mu\text{s}$$

에 쐈다. 여기서 $v = 0.8c$에 대해 $\gamma = 5/3$이다. 사건 1과 2는 S′에서는 동시적이 아니다. 훈족은 그들의 로켓의 앞부분이 고트족 로켓의 꼬리에 도달하기 4.444 μs 이전에 레이저포를 쐈다. 레이저는 $x_2' = 1667$ m에서 쏴서 고트족 로켓의 앞부분을 667 m만큼 빗나갔다. 그림 36.43은 고트족이 본 것을 보여준다.

그림 36.43 고트족이 본 상황

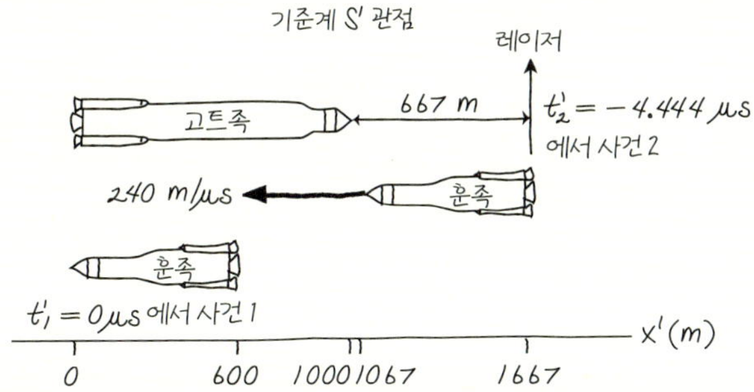

사실 훈족의 로켓이 600 m로 길이 수축이 일어났기 때문에 훈족 로켓의 앞부분은 그들이 레이저포를 쏘았을 때 $x' = 1667\text{ m} - 600\text{ m} = 1067$ m에 있다. 속력 $v = 0.8c = 240\text{ m}/\mu\text{s}$로 4.444 μs가 지난 뒤에 훈족 로켓의 앞부분은 거리 $\Delta x' = (240\text{ m}/\mu\text{s})(4.444\ \mu\text{s}) = 1067$ m, 정확하게 $t_1' = 0\ \mu$s에 고트족 로켓의 꼬리가 있는 위치까지 비행한다. 또한 여기서 알 수 있는 것은 고트족 기준계에서 레이저빔의 667 m '오차 거리'는 훈족 기준계에서 길이 수축 $(1-(0.8)^2)^{1/2} \times (667\text{ m}) = 400$ m와 같다. 이 거리는 훈족이 그들의 레이저빔이 고트족 로켓을 빗나갈 거라 생각했던 거리와 정확하게 일치한다.

검토 따라서 일관된 설명으로 마무리하자. 훈족은 고트족 로켓이 길이 수축되었기 때문에 고트족 로켓을 놓쳤다. 고트족은 훈족이 놓친 이유가 사건 2(레이저포의 발사)가 사건 1(한 로켓의 앞부분이 다른 로켓의 꼬리를 지나가는 것) 이전에 일어났기 때문이라는 것을 발견했다. 훈족 기준계에서 400 m 차이는 고트족의 기준계에서는 667 m의 길이 수축된 오차 거리이다.

서술형 질문

1. **그림 Q36.1**은 2개의 공을 보여준다. 개별 공의 속력과 방향은 (a) 공 1과 함께 움직이는 기준계에서, (b) 공 2와 함께 움직이는 기준계에서 각각 무엇인가?

그림 Q36.1

2. 폭죽 A가 어떤 사람으로부터 150 m 떨어져 있다. 폭죽 B가 똑같은 사람으로부터 같은 방향으로 300 m 떨어져 있다. 그 사람은 두 폭발을 같은 시간에 보았다. 사건 1을 '폭죽 A의 폭발', 사건 2를 '폭죽 B의 폭발'로 정의하자. 사건 1이 사건 2 이전, 이후, 또는 같은 시간에 일어났는가? 설명하시오.

3. **그림 Q36.3**은 기차 객차가 지표면에 서 있는 라이언을 지나치는 순간 객차 중앙에 페기가 서 있는 것을 보여준다. 객차의 양 끝에 매달린 폭죽들이 터졌다. 짧은 시간이 지나서 두 폭발로부터의 섬광이 페기에게 같은 시간에 도달했다.

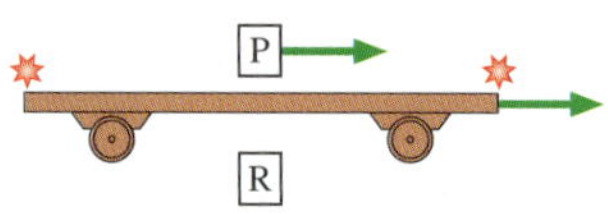

그림 Q36.3

   a. 페기의 기준계에서 그 폭발들은 동시적인가? 만일 그렇지 않다면 어떤 것이 먼저 폭발했는가? 설명하시오.
   b. 그 폭발들은 라이언의 기준계에서 동시적인가? 만일 그렇지 않다면 어떤 것이 먼저 폭발했는가? 설명하시오.

4. 어떤 사람의 친구가 LA에서 뉴욕으로 날아왔다. 친구는 비행시간을 측정하기 위해 정확한 계측용 시계를 함께 가지고 왔다. 지표면에는 그 사람과 조수가 또한 비행시간을 측정했다.
   a. 이 측정과 관련된 두 사건을 식별하시오.
   b. 고유 시간을 측정한 사람이 있다면, 누구인가?
   c. 짧아진 비행시간을 측정한 사람이 있다면, 누구인가?

5. 100 m 길이의 기차가 80 m 길이의 터널 속으로 향하고 있다. 만일 그 기차가 충분히 빠르게 이동한다면, 지표면에 있는 관측자에 따르면 기차 전체가 터널 안에 들어 있는 순간이 존재할 수 있는가? 설명하시오.

6. 사건 A는 시공간 좌표 (300 m, 2 μs)에 일어났다.
   a. 사건 B는 시공간 좌표 (1200 m, 6 μs)에 일어났다. A가 B의 원인이 될 수 있는가? 설명하시오.
   b. 사건 C는 시공간 좌표 (2400 m, 8 μs)에 일어났다. A가 C의 원인이 될 수 있는가? 설명하시오.

연습문제

표시가 된 연습문제들은 이전 장들에서 다룬 내용과 관련이 있다.

연습

36.2 갈릴레이의 상대성 이론

1. ‖ 어떤 폭죽이 기준계 S에서 $t = 1.0$ s에 폭발했다. 두 번째 폭죽이 같은 위치에서 $t = 3.0$ s에 폭발한다. x방향으로 속력 v로 이동하는 기준계 S′에서 첫 번째 폭발은 $x' = 4.0$ m에서, 두 번째 폭발은 $x' = -4.0$ m에서 탐지되었다.
   a. 기준계 S에 대한 기준계 S′의 속력은 얼마인가?
   b. 기준계 S에서 두 폭발의 위치는 어디인가?

2. | 어떤 신문배달 소년이 거리를 따라 속력 5.0 m/s로 자전거를 타고 있다. 그는 속력 8.0 m/s로 신문을 던질 수 있다. 만일 그가 신문을 (a) 앞으로, (b) 뒤로, (c) 옆으로 던지면 그 신문의 지표면에 대한 상대 속력은 얼마인가?

36.3 아인슈타인의 상대성 원리

3. | 통제력을 상실한 외계인 우주선이 어떤 별을 향해 속력 1.0×10^8 m/s로 곤두박질치고 있다. 별빛이 우주선에 대해 상대적으로 어떤 속력으로 접근하는가?

36.4 사건과 측정

36.5 동시성의 상대성 이론

4. | 어떤 사람의 직업은 어떤 기준계에서 시계들을 동조화시키는 것이다. 그는 원점에 있는 빛의 섬광을 이용하여 $t = 0$ s로 동조화시킨다. $(x, y, z) = (30\text{ m}, 20\text{ m}, 0\text{ m})$에 있는 시계는 몇 시로 미리 맞추어져야 하는가?

5. ‖ 비안카는 $x=600$ m에 서 있다. 원점에 있는 폭죽 1과 $x=900$ m에 있는 폭죽 2가 동시에 터졌다. 폭죽 1의 섬광이 비안카의 눈에 $t=3.0$ μs에 도달했다. 그녀는 폭죽 2의 섬광을 언제 볼 수 있는가?

6. ‖ 어떤 사람이 $x=9.0$ km에 서 있다. 번개 1이 $x=0$ km에서, 번개 2가 $x=12.0$ km에서 쳤다. 두 섬광이 그의 눈에 같은 시간에 도달했다. 그의 조수가 $x=3.0$ km에 서 있다. 그의 조수도 두 섬광들을 같은 시간에 보았을까? 그렇지 않다면 그가 먼저 본 것은 어떤 것이고 두 섬광 사이의 시간 차이는 얼마인가?

36.6 시간 지연

7. ‖ 어떤 우주선이 지상에 있는 관측자가 측정했을 때 대기권 속 60 km 거리를 400 μs 걸려서 날아왔다. 우주선에 따르면 그 여행은 얼마나 걸렸는가?

8. | 한 우주인이 6.4 ly 떨어진 어떤 은하계로 속력 $0.80c$로 여행한다. 가속과 감속에 필요한 시간은 무시한다고 가정하자.
   a. 지구상의 임무통제센터에 따르면 그 여행은 얼마나 걸리는가?
   b. 우주인에 따르면 그 여행은 얼마나 걸리는가?
   c. 출발과 우주선이 도착했다는 우주인으로부터 첫 번째 라디오 메시지 도착 사이에 얼마의 시간이 소요되는가?

9. | 왕복 여행을 마친 우주인의 시계가 표시된 경과 시간의 절반만큼 '늦게 가는' 경우 비행 속력은 광속 c의 얼마인가?

10. ‖ 어떤 사람이 비행기를 타고 미 대륙 5000 km를 가로질러서 250 m/s 속력으로 비행했다. 그는 2일 후에 같은 속력으로 되돌아왔다.
    a. 그는 집에 있는 그의 친구보다 더 늙었을까 젊어졌을까?
    b. 얼마만큼?
    힌트: 이항 근사를 이용하라.

36.7 길이 수축

11. | 어떤 움직이는 막대의 길이가 정지해 있을 때 길이의 60%가 되려면 속력은 광속 c의 몇 배가 되어야 하는가?

12. | 뮤온 1개가 대기 속 60 km를 $0.9997c$의 속력으로 비행한다. 뮤온에게 대기층의 두께는 얼마인가?

13. ‖ 사람의 머리카락은 약 50 μm 지름이다. 미터 자가 "머리카락만큼 줄어들려면" m/s 단위로 얼마의 속력이어야 하는가?
    힌트: 이항 근사를 이용하라.

36.8 로런츠 변환

14. | 어떤 사건이 기준계 S에서 시공간 좌표 $(x, t)=(1200\text{ m}, 2.0\ \mu\text{s})$를 가진다. 다음 기준계에서 그 사건의 시공간 좌표는 얼마인가?
    (a) 양의 x축 방향으로 속력 $0.80c$로 이동하는 기준계 S'에서
    (b) 음의 x축 방향으로 속력 $0.80c$로 이동하는 기준계 S''에서

15. | 지구를 $0.80c$ 속력으로 지나가는 어떤 우주선에서 총알 한 발이 뒷문으로 우주선과 반대 방향으로 우주선에 상대적으로 $0.90c$로 날아간다. 지구에 대해 상대적으로 그 총알의 속력은 광속 c의 몇 분의 몇인가?

16. ‖ 실험실 실험에서 전자 1개가 왼쪽으로 $0.90c$로 쏘아졌다. 오른쪽으로 $0.90c$로 날아가는 양성자에 대해 상대적으로 전자의 속력은 광속 c의 몇 분의 몇인가?

36.9 상대론적 운동량

17. ‖ 1.0 g인 입자의 운동량이 400,000 kg m/s이다. m/s 단위로 그 입자의 속력은 얼마인가?

18. | 운동량이 mc인 어떤 입자의 속력은 광속 c의 몇 분의 몇인가?

36.10 상대론적 에너지

19. ‖ 속력이 $0.80c$이고 1.0 g인 입자의 정지질량 에너지, 운동 에너지, 총에너지는 얼마인가?

20. ‖ 한 입자의 운동 에너지가 정지질량 에너지의 두 배가 되는 입자의 속력은 광속 c의 몇 분의 몇인가?

21. | 크지 않는 **초신성**(거대한 별의 일생의 끝에서의 폭발)이 수초 이내에 1.5×10^{44} J의 에너지를 방출한다. 이것은 초신성이 탄생하는 전체 은하계를 환하게 밝힐 정도로 밝다. 태양의 질량을 가진 어떤 별이 같은 질량의 반물질의 별과 충돌하여 소멸되었다고 가정하자. 이런 별·반물질 별의 충돌에서 방출되는 에너지와 초신성에서 방출된 에너지의 비율은 얼마인가?

문제

22. ‖ 태양계의 지름은 10광시(light hours)이다. 어떤 우주선이 지구에서 측정하면 태양계를 가로질러가는 데 15시간이 걸렸다. 그 우주선에 탑승한 사람에 의하면 우주선이 태양계를 횡단하는 데 몇 시간이 걸렸는가?
    힌트: $c=$ 시속 1광시

23. ‖ 별 알파가 초신성이 되었다. 은하계에 있는 우주인들의 측정에 따르면 그로부터 10년 후 100광년 떨어진 곳에서 별 베타가 폭발했다.
    a. 어떤 방법이든지 알파의 폭발이 베타의 폭발의 원인이 될 가능성이 있는가? 설명하시오.
    b. 은하계를 통과하는 어떤 외계인이 두 폭발 간의 거리가 120 광년임을 발견했다. 그 외계인에 의하면 두 폭발 사이의 시간은 얼마인가?

24. Ⅱ 한 우주선이 10광년 떨어진 먼 행성으로 우주여행을 떠났다. 지구에서 측정했을 때 그 탐험가들이 지구를 떠나서 그 행성에 1년을 머물고 똑같은 속력으로 지구로 되돌아오는 데 26년이 걸렸다. 가속과 감속에 소요되는 시간은 무시한다.
   a. 그 우주선의 속력은 얼마인가?
   b. 우주선의 정밀 시계에서 시간은 얼마나 흘렀는가?

25. Ⅱ 미래의 고속도로 위에서 15 m 길이의 로켓이 매우 빠르게 운동하여 조종사에게 파장 700 nm의 빨간색 신호등이 파장 520 nm의 녹색 빛으로 보였다. 로켓이 속도를 낼 때 교차로에 서 있는 관찰자에게 로켓의 길이는 얼마인가?

26. Ⅱ 물리량 dE/dv는 속력에 대한 에너지 증가 비율로써 운동하는 물체가 1 m/s의 속력 증가에 필요한 추가적인 에너지 양이다.
CALC
   a. 25,000 kg의 트럭이 30 m/s 속력으로 이동한다. 속력을 1 m/s 올리는 데 얼마의 에너지가 더 필요한가?
   b. 25,000 kg의 로켓이 $0.90c$ 속력으로 이동한다. 속력을 1 m/s 올리는 데 얼마의 에너지가 더 필요한가?

27. Ⅱ 별 델타가 초신성이 되었다. 은하계에 있는 우주인들의 측정에 따르면 그로부터 1년 후 2.0광년 떨어진 곳에서 별 엡실론이 폭발했다. 델타의 폭발이 $x_D = 0$, $t_D = 0$에서 일어났다고 하자. 그 폭발들은 델타에서 엡실론 방향으로 은하계 속을 각각 $v_1 = 0.30c$, $v_2 = 0.50c$, $v_3 = 0.70c$로 비행하는 세 우주선들에 의해 관찰되었다. 세 우주선 모두 우연의 일치로 델타가 폭발할 때 각각의 기준계의 원점에서 델타를 지나쳤다.
   a. 세 우주선에 탑승한 각각의 과학자들에 의해 측정된 두 폭발의 시간들은 얼마인가?
   b. 두 폭발이 동시적임을 발견한 우주선이 있는가? 만일 그렇다면 그것은 어떤 우주선인가?
   c. 엡실론이 델타 이전에 폭발했음을 발견한 우주선이 있는가? 만일 그렇다면 그것은 어떤 우주선인가?
   d. 문항 b와 c에 대한 답이 인과성을 위반하는가? 설명하시오.

28. Ⅱ 두 로켓 A와 B가 서로 반대 방향에서 속력 $0.80c$로 지구를 향해 접근하고 있다. 각각의 정지 기준계에서 측정된 각 로켓의 길이는 100 m이었다. 로켓 B의 승무원이 측정한 로켓 A의 길이는 얼마인가?

29. Ⅲ 전자 1개가 정지 상태에서 출발하여 $0.99c$의 속력에 도달하려면 겪어야 할 퍼텐셜차는 얼마인가?

30. Ⅱ 뮤온의 반감기는 정지 상태에서 1.5 μs이다. 매우 높은 속력으로 가속되어 원형의 저장고에 잡혀 있는 뮤온들은 7.5 μs의 반감기를 가진다.
   a. 저장 고리에 잡혀 있는 뮤온들의 속력은 광속 c의 몇 분의 몇인가?
   b. 저장 고리에 있는 뮤온 1개의 총에너지는 얼마인가? 뮤온 1개의 질량은 전자 1개 질량의 207배이다.

31. Ⅱ t와 t'에 대한 로런츠 변환을 유도하시오.
   힌트: 식 (36.22)에 따른 설명을 참조하라.

32. Ⅱ 어떤 로켓이 지구로부터 달을 향해 $0.990c$ 속력으로 발사되었다. '로켓이 지구를 떠난 것'과 '로켓이 달에 도달하는 것'을 2개의 사건이라 하자.
   a. 지구의 기준계에서 이들 사건들의 Δx, Δt와 시공간 간격 s를 계산하시오.
   b. 로켓의 기준계에서 이들 사건들의 $\Delta x'$, $\Delta t'$와 시공간 간격 s'을 계산하시오.
   c. 로켓이 레이저빔으로 대체된 경우에 문항 a의 계산을 반복하시오.

33. Ⅱ a. 속력 $0.99c$인 양성자의 운동량과 총에너지는 얼마인가?
   b. $E' = 5.0 \times 10^{-10}$ J인 다른 기준계에서 양성자의 운동량은 얼마인가?

34. Ⅰ 전형적인 핵발전소는 1000 MW의 비율로 전기를 생산한다. 열에너지를 전기 에너지로 변환시키는 효율은 $\frac{1}{3}$이고 발전소는 연간 80% 기간 동안 최대 용량으로 가동된다. (핵발전소는 수리와 연료 재장전을 위해 약 20% 기간은 가동하지 않는다.)
   a. 1년 동안 얼마만큼의 열에너지가 발전소에서 생산되는가?
   b. 1년 동안 얼마만큼의 우라늄 질량이 에너지로 변환되는가?

35. Ⅰ 태양은 에너지를 3.8×10^{26} W 비율로 방사한다. 이 에너지의 원천은 질량이 에너지로 변환되는 핵반응인 핵융합이다. 태양의 질량은 2.0×10^{30} kg이다.
   a. 태양은 매년 얼마만큼의 질량을 잃는가?
   b. 이것은 태양의 총 질량의 몇 %인가?
   c. 핵융합은 온도와 압력이 가장 높은 별의 핵심에서 일어난다. 태양 같은 별은 자체 총 질량의 약 0.10%가 변화될 때까지 핵융합을 지속할 수 있고, 그 다음 핵융합이 멈추고 별은 천천히 죽어간다. 십억 년의 단위로 태양의 수명을 어림하시오.

36. Ⅱ 태양에 에너지를 주는 핵반응은 4개의 양성자가 1개의 헬륨 핵으로의 핵융합이다. 그 과정은 여러 단계가 개입된다. 그러나 순수한 반응은 단순하게 $4p \rightarrow {}^4He$ + 에너지이다. 유효 숫자 네 자리 범위에서 1개 양성자의 질량은 1.673×10^{-27} kg이고 1개 헬륨 핵의 질량은 6.644×10^{-27} kg으로 알려졌다.
   a. 각 핵융합에서 얼마만큼의 에너지가 방출되는가?
   b. 이 에너지는 초기 정지질량 에너지의 몇 분의 몇인가?

응용 문제

37. Ⅲ $0.90c$의 속력으로 오른쪽으로 이동하는 전자 1개가 왼쪽으로 $0.90c$의 속력으로 이동하는 양성자 1개와 충돌한다. 두 입자는

소멸하고 2개의 감마선 광자를 생성한다. 그 광자들의 파장은 얼마인가?

38. ||| 어떤 입자 가속기가 **저장 고리**라고 하는 기구 안에서 양성자(p^+)와 반양성자(p^-)가 같은 속력으로 반대 방향으로 회전하게 한다. 입자빔은 여러 위치에서 교차하여 $p^+ + p^-$ 충돌들을 일으킨다. 한 번의 충돌에서 결과물은 $p^+ + p^- \rightarrow e^+ + e^- + \gamma + \gamma$이다. 여기서 γ는 고에너지 감마선 광자이다. 전자와 양전자가 충돌로부터 $0.9999995c$로 방출되었고 감마선 광자 파장은 1.0×10^{-6} nm로 판명되었다. 충돌 이전에 양성자와 반양성자의 속력은 광속 c의 몇 분의 몇인가?

39. ||| 매우 빠른 장대높이뛰기 선수가 한 나라에 살고 있다. 어느 날 연습 중이던 그가 양 끝의 문이 활짝 열린 10.0 m 길이의 헛간을 발견했다. 그는 그의 16.0 m 길이의 장대를 들고서 헛간을 $0.866c$의 속력으로 통과하기로 결심했다. 그가 달려오고 있는 것을 본 농부는 "아! 이 친구의 장대가 8.0 m로 수축했다. 장대가 헛간에 완전히 들어가는 짧은 시간 간격이 생길 것 같다. 만일 내가 빠르다면 나는 장대높이뛰기 선수와 장대가 안에 있는 사이에 두 헛간 문을 동시에 닫을 수 있겠구나."라고 말했다. 헛간 옆의 농부를 본 장대높이뛰기 선수는 스스로, "저 농부가 미쳤구나. 헛간은 길이 수축이 일어나 단지 5.0 m이다. 나의 16.0 m 길이의 장대는 5.0 m 길이의 헛간에 안 맞는다. 만일 농부가 나의 장대 끝이 뒷문에 닿을 때 문들을 닫는다면 앞문은 나의 장대의 나머지 11.0 m가 뚫고 나올 것이다."라고 생각했다. 농부는 장대를 부러뜨리지 않고 문들을 닫을 수 있을까? 적절하게 분석할 때 농부와 장대높이뛰기 선수가 결과에 동의할 수 있음을 보이시오. 분석은 정량적인 계산과 서술 설명 모두가 포함되어야 한다.

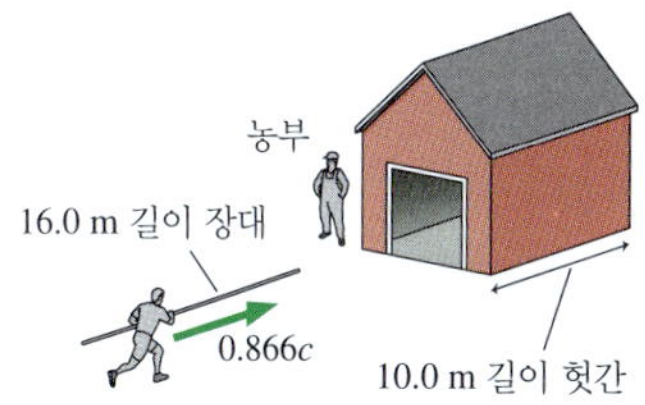

그림 CP36.77

37 현대물리학의 기초
The Foundations of Modern Physics

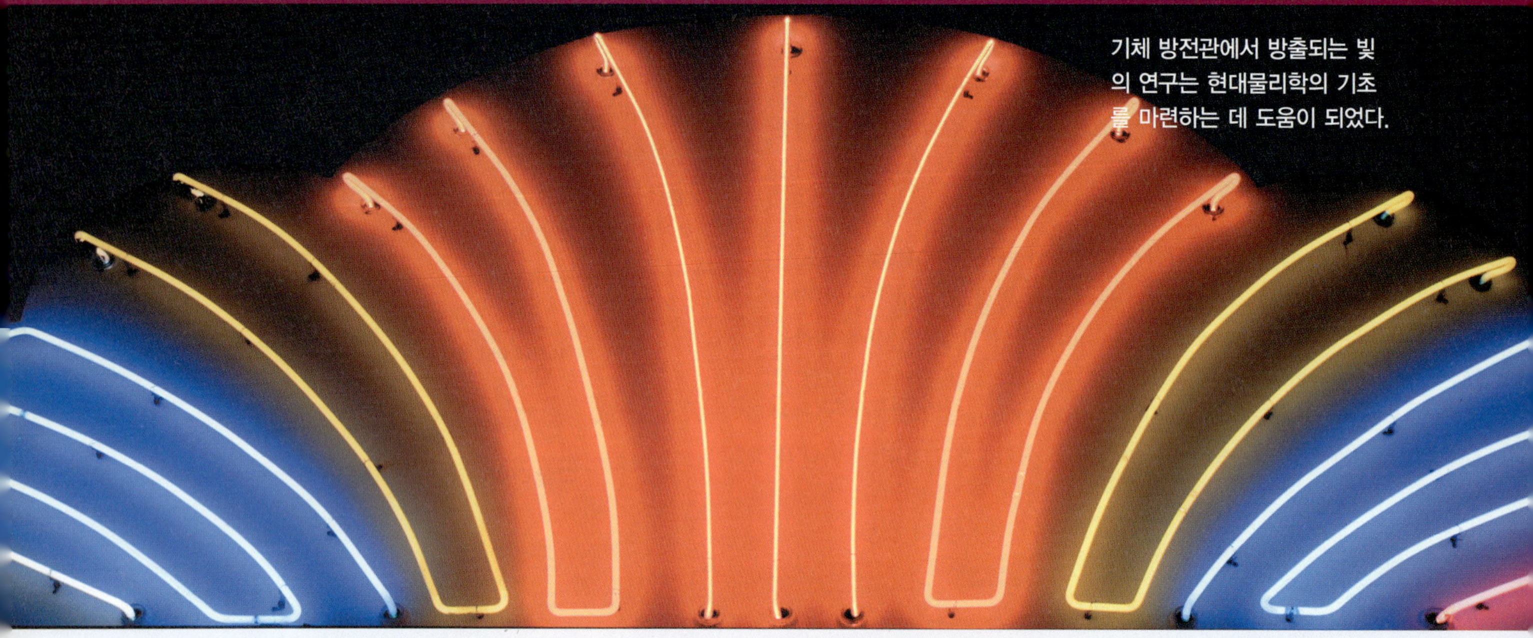

기체 방전관에서 방출되는 빛의 연구는 현대물리학의 기초를 마련하는 데 도움이 되었다.

이 장에서는 원자의 구조와 특성을 배운다.

빛과 물질에 대해서 어떻게 배울 것인가?

상대성 이론을 제외하고 지금까지 배운 모든 것은 1900년에 알려졌다. 그러나 1900년 전후 불과 몇 년 사이에 물질의 구조와 빛의 성질에 대한 연구는 고전물리학과는 상반되는 새로운 발견을 이끌어냈다.

궁극적인 목표는 20세기에 나타난 물질과 빛의 새로운 이론을 이해하는 것이다. 그러나 한 가지 문제가 있다. 원자를 볼 수 없다는 것이다. 따라서 이 장의 목표는 원자와 원자 구조를 어떻게 알 수 있는지에 대한 실험적 증거를 확립하는 것이다.

빛은 어떻게 방출되고 흡수되는가?

과학자들은 빛이 어떻게 방출되고 흡수되는지를 연구하기 위해 회절격자를 가지고 분광학을 이용한다.

- 고체는 흑체 복사로 알려진 연속 스펙트럼을 방출한다.
- 원자는 불연속 스펙트럼이라 불리는 많은 별개의 파장을 방출하고 흡수한다.

원자가 더 작은 부분을 가지고 있는지 어떻게 알 수 있을까?

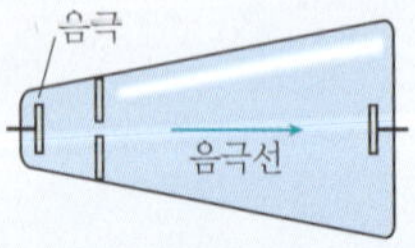

기체에서 전기를 연구하기 위한 실험에서 알려지지 않은 '광선'이 음극으로부터 이동하는 것을 발견하였다. 톰슨은 이 음극선이 원자 내부에 존재하는 아원자 입자인 전자라는 것을 밝혀냈다. 모든 원자의 전자는 동일한 것임을 알게 되었다.

원자의 러더퍼드 모형은 무엇인가?

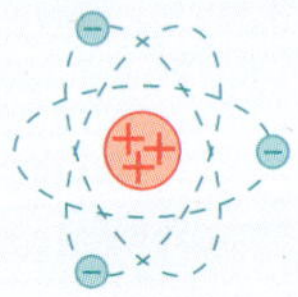

러더퍼드는 원자 내부에 양전하가 작고 밀도가 큰 핵에 모여 있다는 것을 밝혀냈다. 이러한 사실은 러더퍼드가 작고 양인 핵 주위를 공전하는 가벼운 음인 전자로 된 원자의 태양계 모형을 제안할 수 있도록 이끌었다.

« 되돌아보기: 25장 전기 퍼텐셜과 퍼텐셜 에너지

원자핵 내부에는 무엇이 있는가?

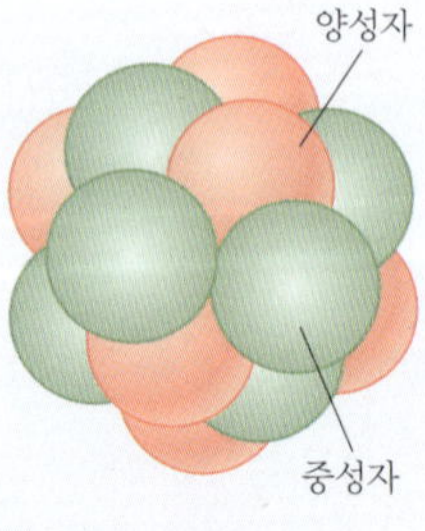

핵은 양의 양성자와 중성인 중성자로 구성되어 있다.

- 양성자의 수는 원자 번호이다. 모든 원소는 다른 원자 번호를 가지고 있다.
- 중성자는 핵을 함께 뭉치게 할 수 있도록 하는 추가적인 '접착제'를 제공한다.

« 되돌아보기: 18.2절 원자 질량

원자는 왜 중요한가?

레이저에서 반도체에 이르는 현대 기술은 원자의 특성에 기반을 둔다. 전 세계 시간 계측계는 원자 시계를 이용한다. 우주에 대해 알고 있는 것은 별과 은하계의 원자 스펙트럼을 연구한 결과이다. 그리고 양자 컴퓨터가 사용 가능하게 되면 그것은 원자 상태를 신중하게 다룰 필요가 있을 것이다. 그것이 원자 세계이다!

37.1 물질과 빛

물질이 작고 나눌 수 없는 입자들로 이루어졌다는 생각은 기원전 5세기의 그리스 철학자 레우키포스(Leucippus)와 데모크리토스(Democritus)까지 거슬러갈 수 있다. 그들은 이 입자를 그리스어로 "나눌 수 없는"이란 뜻의 **원자**라고 불렀다. 원자주의는 널리 받아들여지지 못했는데 그 이유는 증거가 하나도 없었기 때문이지만 원자 개념은 결코 사라지지 않았다.

19세기 초반에 상황이 변하기 시작하였다. 영국의 화학자 돌턴(John Dalton)은 각 화학 원소가 동일한 원자로 구성되어 있다고 가정하면 화학반응을 이해할 수 있다고 주장하였다. 원자에 대한 증거는 19세기 중반에 열역학과 기체의 운동 이론이 개발되면서 더욱더 확실해졌다. 이상 기체 법칙이 고압에서 살짝 어긋나는 것은 원자가 서로 가까이 접근하기 시작한다고 가정하면 이해할 수 있다. 이로부터 원자 크기를 대략 추정하였다. 1890년 무렵에 원자는 존재하고 지름이 약 10^{-10} m라는 것이 널리 받아들여졌다.

19세기의 다른 과학자들은 빛이 무엇인지 이해하려고 노력하였다. 우리가 알고 있는 것처럼 뉴턴은 빛의 작은 입자들이 직선을 따라 움직인다고 하는 **입자설**을 선호하였다. 그러나 영(Thomas Young)이 유명한 이중 슬릿 실험을 통해 빛의 간섭을 증명하였던 1801년에 상황은 변했다. 그러면 빛이 파동이라면 무엇이 흔들리는가? 맥스웰과 다른 사람들의 연구에 의하여 빛이 전자기파라는 것을 깨닫게 되었다.

이것이 뉴턴과 맥스웰의 이론이 원자의 특성을 설명하지 못한다는 것이 드러나기 시작한 19세기 말의 상황이었다. 원자 수준에서 물질과 빛에 대한 **현대물리학**이라고 통칭되는 새로운 이론들은 20세기 초에 나타나기 시작하였다.

그러나 원자를 직접 보고, 느끼고 만질 수 없는 어려움이 있었다. 현대물리학의 이론들이 무엇을 설명하려고 시도했었고 성공적인 것이 있었는지를 알기 위하여 원자의 거동과 빛에 관한 **실험적 증거**들을 가지고 시작해야 한다. 그것이 이 장과 다음 장의 기본적 목적이다.

37.2 빛의 방출과 흡수

19세기 초에 발견된 빛의 간섭과 회절은 빛의 파장을 측정하는 실제적 도구가 되었다. 여전히 오늘날까지 광범위하게 사용되고 있는 가장 중요한 도구는 그림 37.1에서 보여주는 **분광계**(spectrometer)이다. 분광계의 핵심은 다른 각도로 들어오는 빛의 파장들을 다르게 회절시키는 회절격자이다. 구면 거울처럼 약간 굽은 격자를 만들면 간섭 줄무늬를 **사진건판** 또는 전자배열 검출기에 집중시킨다. 빛의 각 파장은 검출기의 다른 위치로 보내져서 빛의 **스펙트럼**(spectrum)이라 부르는 독특한 무늬를 만든다. 분광학자들은 2개의 구별되는 형태의 스펙트럼이 존재하는 것을 매우 일찍 발견하였다.

그림 37.1 격자 분광계는 빛의 방출을 연구하는 데 사용한다.

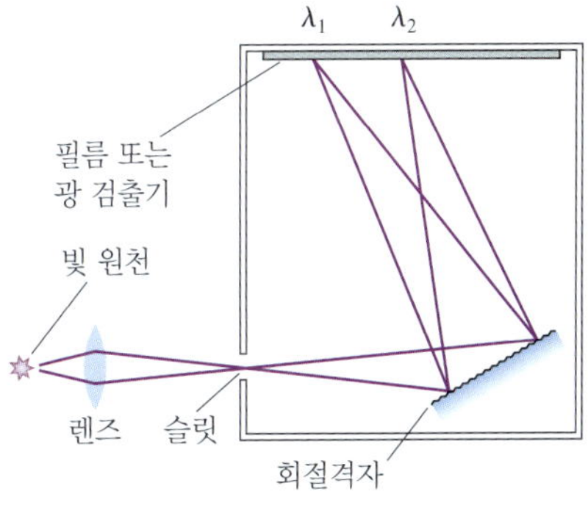

연속 스펙트럼과 흑체 복사

그림 37.2 백열전구의 연속 스펙트럼

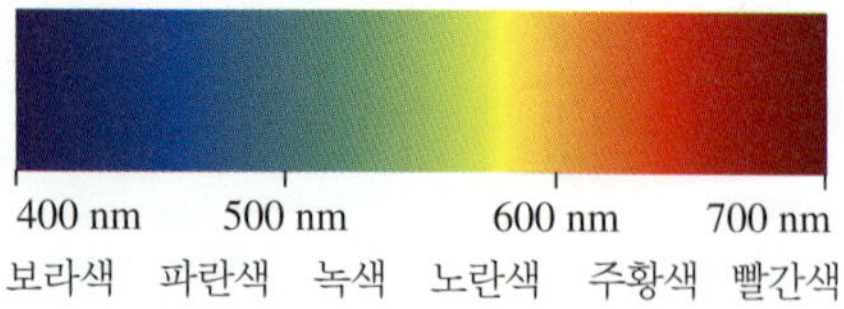

검은 용암은 뜨거울 때 밝게 빛난다.

식은 용암은 검은색이지만 높은 온도로 달궈진 용암은 붉은색으로 빛나고 더 뜨거워지면 노란색으로 빛난다. 텅스텐 도선은 상온에서 어두운 회색이지만 전류에 의해 가열될 때 밝은 하얀색 빛을 내어 백열전구에서 밝은 필라멘트가 된다. 용암이나 백열전구처럼 자체 발광하는 물체는 무지개처럼 모든 가능한 파장들의 빛을 방출하는 **연속 스펙트럼**(continuous spectrum)을 만든다. 그림 37.2는 연속 스펙트럼이다.

온도에 따른 전자기파의 방출을 «19.8절에서 열전달의 체계로 전자기파를 공부했을 때 **열복사**라고 불렀다. 겉넓이 A와 절대 온도 T를 갖는 물체는

$$\frac{dQ}{dt} = e\sigma AT^4 \tag{37.1}$$

의 비율로 열에너지를 방출한다. 여기서 $\sigma = 5.67 \times 10^{-8}$ W/m^{2}K^{4}는 슈테판·볼츠만(Stefan-Boltzmann) 상수이다. 온도의 네제곱에 매우 강하게 의존하는 것을 주목하라.

식 (37.1)에서 매개 변수 e는 표면이 유효하게 방출하는 정도를 나타내는 표면의 **방출률**이다. 완전 흡수 그리고 완전 방출하는 $e = 1$인 물체를 **흑체**(blackbody)라 하고 흑체에서 방출하는 열복사를 **흑체 복사**(blackbody radiation)라 한다. 숯은 매우 근사적인 흑체의 한 예이다.

그림 37.3 흑체 복사 스펙트럼

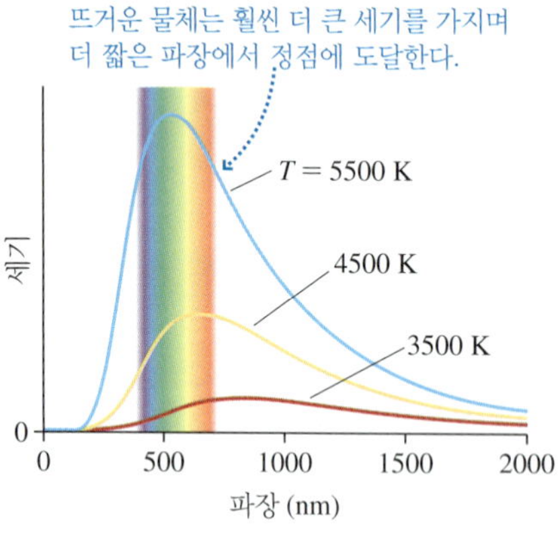

19장에서 관심은 방출된 에너지양이었다. 지금 그 복사 스펙트럼을 검토해보려고 한다. 세 온도 3500 K, 4500 K, 그리고 5500 K에서 흑체의 스펙트럼을 측정하면 그 자료는 그림 37.3에서처럼 나타난다. 이 연속 곡선을 **흑체 스펙트럼**이라 한다. 스펙트럼은 4개의 중요한 특징이 있다.

- 같은 온도의 모든 흑체는 정확하게 같은 스펙트럼을 방출한다. **스펙트럼은 단지 물체의 온도에만 의존하고 흑체를 만드는 물질과는 관계없다.**
- 온도가 증가하면 모든 파장에서 복사 세기가 증가한다. **물체를 더 뜨겁게 만들면 전체 스펙트럼을 더 많이 복사한다.**
- 온도가 증가하면 정점(peak) 세기가 더 짧은 파장으로 이동한다. **온도가 높아지면 스펙트럼의 정점에 대응되는 파장은 짧아진다.**
- 가시광선은 연속 흑체 스펙트럼의 작은 부분에 불과하다. 많은 방출은 적외선에서 일어난다. 별과 같은 매우 뜨거운 물체는 복사의 상당 부분을 자외선 파장으로 방출한다.

세기 그래프의 정점에 대응되는 파장은

$$\lambda_{\text{peak}}\,(\text{in nm}) = \frac{2.90 \times 10^6\ \text{nm K}}{T} \tag{37.2}$$

이다. 여기서 T는 켈빈 단위이다. 식 (37.2)는 **빈의 법칙**(Wien's law)로 알려져 있다.

예제 37.1 | **정점 파장 찾기**

온도가 5800 K인 빛나는 기체 공인 태양과 표면 온도가 15°C인 지구로부터 나오는 열복사에 대한 정점 파장과 그에 대응되는 스펙트럼 영역은 무엇인가?

핵심 태양과 지구는 흑체로 잘 근사할 수 있다.

풀이 태양의 정점 세기 파장은 빈의 법칙으로부터

$$\lambda_{\text{peak}} = \frac{2.90 \times 10^6 \text{ nm K}}{5800 \text{ K}} = 500 \text{ nm}$$

로 주어진다. 이 파장은 가시광선 스펙트럼의 중앙에서 오른쪽으로 치우쳐 있다. 지구의 정점 세기 파장은

$$\lambda_{\text{peak}} = \frac{2.90 \times 10^6 \text{ nm K}}{288 \text{ K}} = 10{,}000 \text{ nm}$$

이다. 계산 전에 표면 온도를 켈빈으로 환산하였다. 이 파장은 스펙트럼의 적외선 부분에 상당히 가깝다. 지구가 빛나는 것을 보지 못하기 때문에 놀라운 결과는 아니다.

검토 이 두 파장들 사이의 차이는 지구의 온실 효과를 이해하는 데 매우 중요하다. 그림 37.3에서 가장 상단에 있는 곡선과 매우 유사한 스펙트럼을 갖는 태양으로부터 오는 대부분의 에너지는 가시광선으로 도착한다. 지구의 대기는 가시광선 파장에 대해 투명하기 때문에 에너지는 땅에 도착하고 흡수된다. 지구는 같은 양의 에너지를 우주로 되돌려주기 위해 복사하는데 장파장인 적외선으로 복사한다. 이 파장들은 대기에 있는 어떤 기체들에 의해 흡수되어 대기는 지구 표면을 더 덥게 유지시킴으로써 담요와 같은 역할을 한다.

같은 온도인 모든 흑체는 같은 스펙트럼을 방출한다는 것은 기대하지 않았던 발견이었다. 왜 그럴까? 열역학과 전자기파에 대한 맥스웰의 새로운 이론의 결합으로 확실히 설명할 수 있을 것처럼 여겨졌지만 19세기 후반의 과학자들은 그림 37.3에서 보여주는 곡선에 대한 이론적 정당성을 찾아내는 데 실패하였다.

불연속 스펙트럼

패러데이는 전류가 기체를 통과할 수 있는지를 알고 싶었다. 그는 금속 전극을 원시적인 진공 펌프로 압력을 낮춘 유리관으로 봉하고 정전기 발생기를 부착하였다. 발생기를 구동하였을 때 관 내부의 기체는 밝은 보라색으로 빛나기 시작하였다. **기체 방전관**(gas discharge tube)으로 불리는 패러데이의 장치는 그림 37.4에서 볼 수 있다.

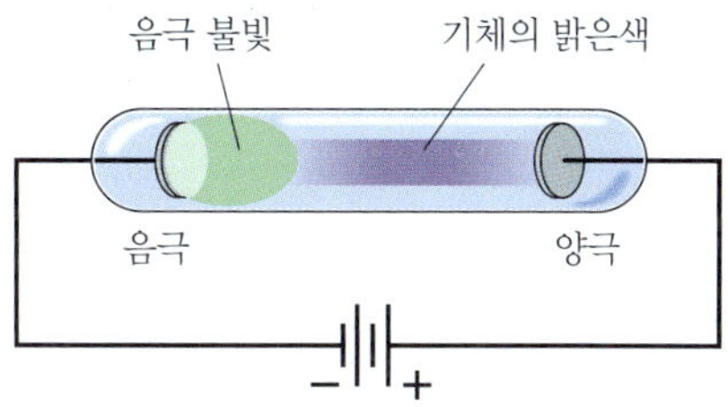

그림 37.4 패러데이의 기체 방전관

패러데이가 보았던 보라색은 공기의 주성분인 질소의 특징이다. 네온 방전관에서 주홍색을 보는 것은 익숙하다. 네온 방전관으로 나오는 빛은 분광기를 통해 보내주면 그림 37.5에서 보여주는 것 같은 스펙트럼을 만든다. 불연속이고 개별 파장들만 있기 때문에 이것을 **불연속 스펙트럼**(discrete spectrum)이라 한다. 더구나 각 종류의 기체는 **스펙트럼 지문**인 고유의 스펙트럼을 방출하는데, 이는 기체를 구별하는 데 사용할 수 있다.

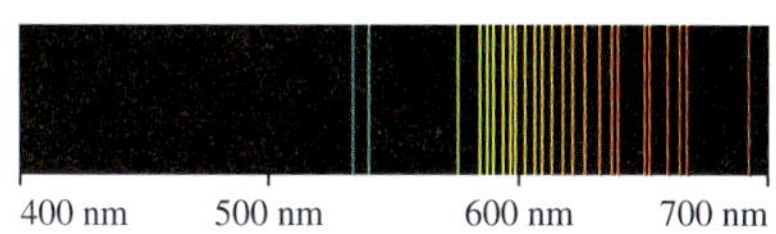

그림 37.5 네온 방전관의 불연속 스펙트럼

뜨겁고 작은 밀도를 갖는 기체의 불연속 방출 스펙트럼은 빛나는 고체의 연속 흑체 스펙트럼과 뚜렷한 대조를 보인다. 기체는 불연속 파장을 방출할 뿐만 아니라 불연속 파장들을 흡수하는 것을 발견하였다. 그림 37.6a는 백색광이 시료 기체를 통과하는 흡수 실험을 보여준다. 기체가 없을 때 백색광은 연속 무지개 스펙트럼을 필름에 보여준다. 기체에 의해 흡수된 어떤 파장은 없어진다. 필름은 그 파장에서 어두워진다. 그림 37.6b는 나트륨 증기에 대해서 어떤 불연속 파장들이 흡수된 것을 보여준다.

기체의 방출과 흡수 스펙트럼이 모두 불연속이지만 그림 37.6b는 중요한 차이를

그림 37.6 흡수 스펙트럼 측정

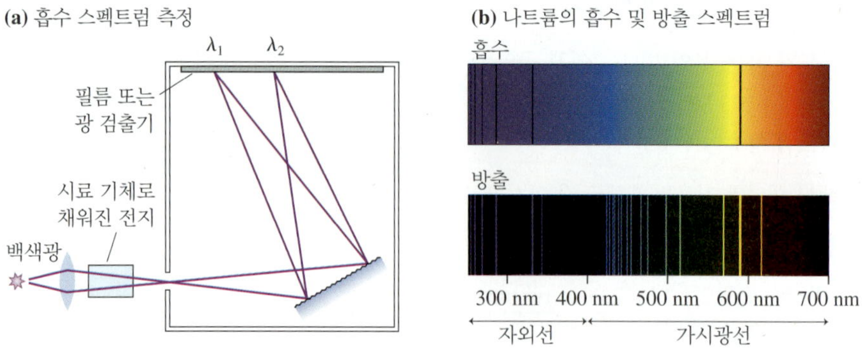

보여준다. **기체가 흡수한 모든 파장은 역시 방출되나 방출된 모든 파장이 흡수되지는 않는다.** 모두 흡수된 파장은 방출 스펙트럼에서 눈에 잘 띄나 흡수가 일어나지 않는 많은 방출 파장들이 있다.

원자가 빛을 방출하고 흡수하는 것은 무엇 때문일까? 왜 불연속 스펙트럼일까? 왜 어떤 파장들은 방출만 하고 흡수하지 못하는가? 왜 각 원자마다 다를까? 19세기 물리학자들은 이들 질문을 가지고 다퉜으나 답을 하지 못했다. 고전물리학은 원자를 이해하는 데 도움을 주지 못했다.

그림 37.7 수소의 방출 스펙트럼

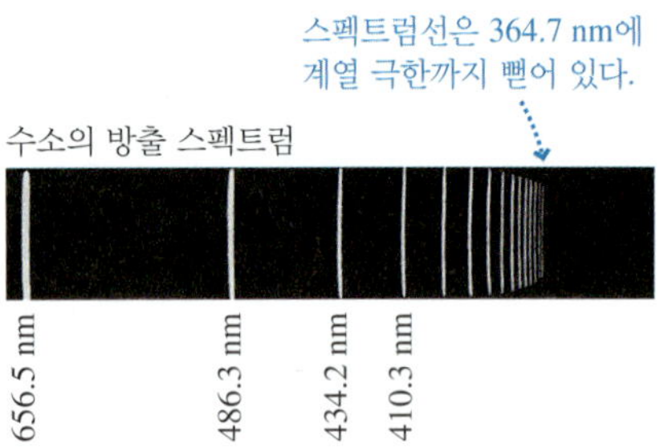

유일한 고무적인 신호가 예상하지 못한 곳에서 나왔다. 다른 원자들의 스펙트럼은 수십 또는 수백 개의 파장을 갖는데 반해서 수소의 방출 스펙트럼은 **그림 37.7**에서 보는 것처럼 매우 간단하고 규칙적이다. 이해할 스펙트럼이 있다면 그것은 주기율표에 첫 번째 원소의 스펙트럼일 것이다. 인정받은 저명한 과학자가 아니라 스위스의 학교 선생님인 발머(Johann Balmer)가 1885년 돌파구를 찾았다. 발머는 수소 스펙트럼에서 파장들이 간단한 공식으로 표현될 수 있다는 것을 보였다.

$$\lambda = \frac{91.18\text{ nm}}{\left(\dfrac{1}{2^2} - \dfrac{1}{n^2}\right)} \qquad n = 3, 4, 5, \cdots \tag{37.3}$$

이 공식은 파장이 점차 감소하는 일련의 스펙트럼선을 예측하는데, $n \to \infty$일 때 364.7 nm의 **계열 극한** 파장으로 수렴한다. 이 스펙트럼선들을 **발머 계열**(Balmer series)이라 한다.

자외선과 적외선 분광학이 발전하면서 이후 실험적 증거로 발머의 결과는

$$\lambda = \frac{91.18\text{ nm}}{\left(\dfrac{1}{m^2} - \dfrac{1}{n^2}\right)} \qquad \begin{array}{l} m = 1, 2, 3, \cdots \\ n\text{은 } m\text{보다 큰 정수} \end{array} \tag{37.4}$$

로 일반화되었다. 발머는 $m = 2$인 식 (37.3)의 원식만 제시하였지만 요즘은 식 (37.4)를 **발머 공식**(Balmer formula)이라 한다. 이 책에서 걱정할 필요가 없는, 새로운 세부사항이 나타나는 가장 높은 수준의 분해능을 제외하면 발머 공식은 수소의 방출 스펙트럼에서 모든 파장을 정확하게 설명한다.

발머 공식은 **경험적 지식**이라고 부르는 것이다. 실험 증거를 통하여 경험적으로 발견한 정확한 수학적 공식으로 물리적 원리나 물리적 법칙에 의존하지 않는다. 하지만 공식은 너무 간단해서 모두가 동의하듯이 간단한 설명이 있음에 틀림없다. 그것을 찾는 데 30년이 걸렸다.

37.3 음극선과 엑스선

패러데이의 기체 방전관 발명은 2개의 중요한 영향을 일으켰다. 우리가 보았던 것처럼 일련의 연구들은 분광학의 발전을 가져왔다. 다른 연구들은 전자의 발견에 도달하였다.

방전관에서 기체의 밝은색에 추가로 그림 37.4는 **음극 불빛**(cathode glow)이라 하는 음극 전극(즉, 음극) 주변의 분리된 일정한 빛을 보여준다. 진공 기술이 발전하면서 과학자들은 두 가지를 발견하였다.

1. 낮은 압력에서 음극 불빛은 더 확장된다.
2. 음극 불빛이 유리관의 벽까지 확장되면 유리관 그 자체는 **형광**이라는 녹색을 띤 빛을 방출한다.

사실 낮은 압력의 관 내부에 있는 고체는 그림 37.8에서 보여주는 것처럼 유리벽에 그림자를 만든다. 이것은 음극은 직선으로 이동하지만 쉽게 차단되는 어떤 형태의 광선을 방출한다는 것을 말해준다. 안 보이지만 유리와 부딪치면 빛을 내는 이 선을 **음극선**(cathode rays)이라 한다. 이 이름은 오래된 텔레비전이나 컴퓨터 디스플레이 단말기에서 영상관을 구성하는 **음극선관**으로 아직까지 사용되고 있다. 그러나 음극선으로 이름을 붙인 것은 그것을 설명하는 데 아무런 도움이 되지 않았다. 그것들은 무엇이었을까?

그림 37.8 음극 불빛에 고체는 그림자를 만든다.

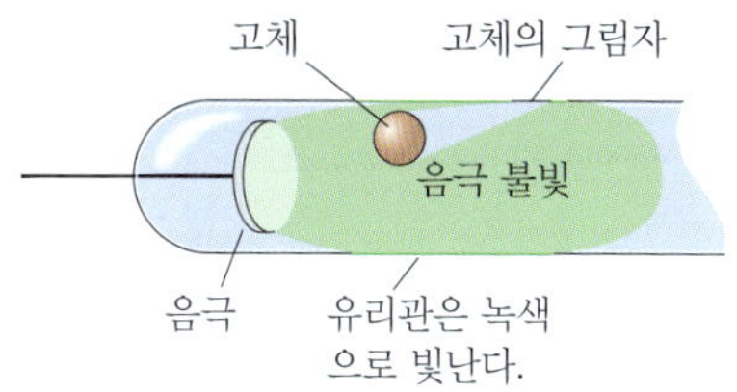

크룩스관

새로운 음극선에 대한 가장 체계적인 연구는 1870년대에 영국 과학자 크룩스(William Crookes) 경에 의해 수행되었다. 크룩스는 음극선의 조심스런 연구를 하는 데 사용할 수 있는 유리관 세트를 그림 37.9에 보이는 것처럼 고안하였다. 오늘날 **크룩스관**(Crookes tubes)이라 하는 이 관은 음극선이 관의 한쪽 면을 때릴 때 작은 빛나는 점을 만든다.

그림 37.9 크룩스관

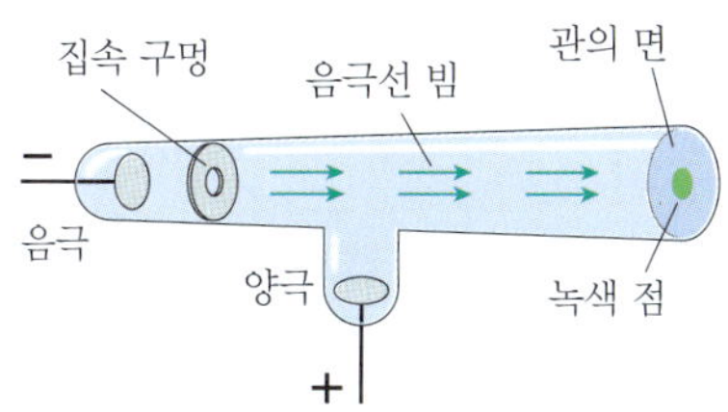

크룩스와 다른 사람들의 연구는 다음 사항들을 증명하였다.

1. 음극선이 방출되고 있는 관에 전류가 존재한다.
2. 음극선은 마치 음전하처럼 자기장에 의해 편향된다.
3. 어떤 금속으로 만들어진 음극은 음극선을 만든다. 더구나 음극선의 성질은 음극 물질과 관계없다.

크룩스의 실험들은 그들이 대답했던 것보다 많은 질문들을 이끌어냈다. 음극선은 어떤 종류의 입자들일까? 혹은 파동일까? 음극선 자신은 전류의 운반체일까? 또는 전류가 있을 때마다 방출이 일어나는 다른 어떤 것일까? 3번 항목은 음극선을 방출했던 원소의 부분이 아니라 기본적인 독립체로 간주하였기 때문에 주목할만하다.

이들 질문들이 그 시대에 얼마나 어려웠고 실험적 증거들이 질문들에 답하는 데 어떻게 사용됐는지를 이해하는 것은 중요하다. 크룩스는 기체의 분자들이 음극과 충돌하고 어떻게든 음전하를 얻고 나서 음극에 의해 반발되어 큰 속력을 갖고 '튀어나오는' 가설을 제시하였다. 이 '대전된 분자들'은 직선을 따라 이동하고, 자기장에 의해 편향되고, 유리와 충돌하는 곳에서 관에 빛을 만드는 원인이 된다.

그러나 크룩스의 가설은 즉각적으로 공격을 받았다. 비평가들은 음극선은 직선을 벗어나지 않고 90 cm의 관을 이동할 수 있다는 의견을 냈다. 그러나 분자들은 다른 분자들과의 충돌 때문에 평균 자유 거리는 크룩스관의 압력에서 약 6 mm에 불과하다. 분자들이 평균 자유 거리의 150배에 달하는 직선 경로를 이동할 기회가 전혀 없다는 것이다.

음극선이 입자가 아니면 무엇일까? 대신하는 이론은 음극선이 전자기파라는 것이었다. 빛은 직선을 따라 이동하고, 그림자를 만들고, 그리고 올바른 상황에서 물질에 형광을 일으킬 수 있다. 뜨거운 물체가 백열 발광(incandescene)이라는 빛을 방출하는 것을 알고 있으므로 음극이 파동을 방출하는 것은 그럴듯하였다. 파동 이론의 주요한 방해물은 자기장에 의한 음극선의 편향이었다. 전자기파 이론은 당시에 매우 새로운 것이어서 전자기파의 특징들은 생소한 것이었다. 가시광선은 자기장에 의해 편향되지 않지만 아마도 다른 형태의 전자기파는 그렇게 영향을 받을 수도 있다.

입자 대 파동에 대한 논란은 격렬했다. 영국의 과학자들은 대체적으로 입자를 선호했으나 대륙의 경쟁자들은 파동을 좋아했다. 그러한 논쟁은 최고의 우수한 사람들이 새로운 아이디어와 새로운 실험을 하도록 자극하기 때문에 과학의 필수적인 부분이다.

엑스선

음극선을 연구한 독일 과학자 뢴트겐(Wilhelm Röntgen)은 1895년에 놀랄만한 발견을 하였다. 그는 그림 37.10처럼 음극과 금속 표적 전극을 진공관 안에 밀봉하고 음극선을 만들 때 사용하는 것보다 매우 큰 고전압을 가했다. 그는 우연히 진공관 근처에 사진 필름이 들어 있는 봉투를 놓았는데 필름이 감광된 것을 발견하고 놀랐다. 우연한 발견이 엑스선 연구의 시작이 되었다.

그림 37.10 뢴트겐의 엑스선관

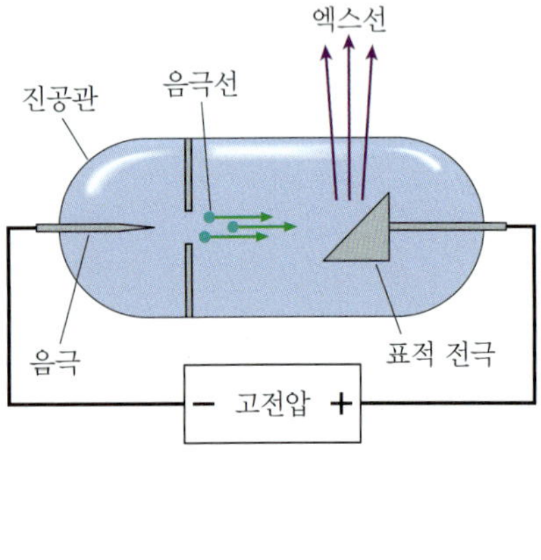

뢴트겐은 진공관이 필름을 감광시킨 것의 근원임을 알게 되었다. 관에서 나온 것에 대한 어떤 생각도 갖고 있지 않았기 때문에 그들을 '알려지지 않은' 의미를 갖는 알파벳 x를 사용하여 **엑스선**(x ray)으로 불렀다. 엑스선은 지금까지 발견된 입자 또는 파동의 어떤 것과도 달랐다. 뢴트겐은 그 광선을 편향시키거나 렌즈를 가지고 광선을 집속하는 데 실패하였다. 그는 엑스선이 입자처럼 직선을 따라 이동하지만 그때까지 알려진 입자가 하지 못하는 대부분의 고체 물질을 바로 통과해 갈 수 있다는 것을 보였다.

과학자들은 엑스선이 가시광선보다 훨씬 짧은 파장을 갖는 전자기파일 것이라 의심하기 시작했다. 하지만 엑스선이 0.01 nm에서 10 nm 범위의 파장을 갖는다는 것을 보여준 엑스선 회절에 의해 이것이 증명된 것은 발견된 지 20년이 지난 후였다. 그 당시에 엑스선의 성질은 맥스웰의 전자기파 이론의 범위를 훨씬 벗어나는 것처럼 보였다.

37.4 전자의 발견

톰슨

뢴트겐의 엑스선 발견 이후 바로 젊은 영국 물리학자 톰슨(J. J. Thomson)은 기체에서 전기 전도성을 연구하기 위해 엑스선을 사용하기 시작하였다. 그는 엑스선이 검전기를 방전시킬 수 있다는 것을 알았고 공기 분자를 이온화하여 공기를 전도성으로 만든다는 결론을 내렸다.

이 단순한 관찰은 매우 중요했다. 그때까지 알려진 유일한 형태의 이온화는 용액에서 양의 이온과 음의 이온의 생성이었다. 예를 들어, 염화나트륨과 같은 분자는 2개의 작은 전하가 있는 조각으로 나뉜다. 비록 기초 과정이 아직 이해되지 않았지만, 분자가 분열하면서 2개의 원자가 전하를 얻을 수 있다는 사실은 원자 자신이 분리될 수 없다는 생각을 위태롭게 하지는 않았다. 하지만 헬륨과 같은 단원자 기체도 엑스선으로 이온화될 수 있다는 것을 관찰한 후에 톰슨은 **원자 자신이 분리될 수 있는 전하를 띤 성분들을 가져야만 한다**는 것을 깨달았다! 이것은 원자가 물질의 근본적이고 분리할 수 없는 단위가 아니라 복잡한 구조라는 최초의 직접적인 증거였다.

톰슨은 또한 음극의 성질을 조사하였다. 다른 과학자들은 그림 37.11a와 같은 크룩스관을 사용하여 음극선 빔에서 전류를 측정하였다. 비록 그것의 존재가 음극선이 대전된 입자라는 것을 보여주는 것처럼 보였지만, 파동 모형의 지지자들은 전류가 음극선과 같은 직선을 따라 이동하는 별개의 독립적인 사건일 수 있다고 주장했다.

그림 37.11 음극선관에서 전류를 측정하기 위한 실험

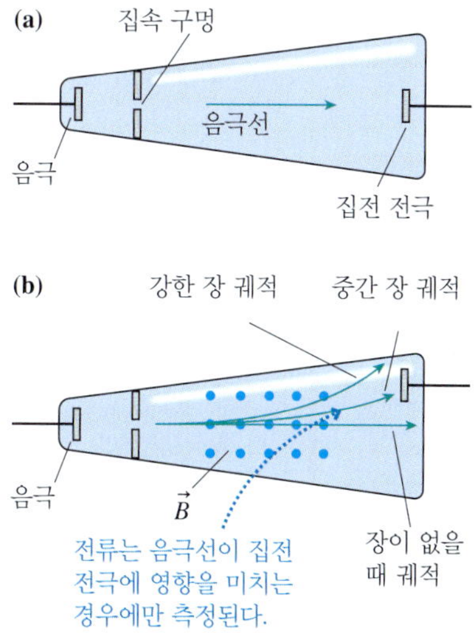

톰슨은 문제를 해결하기 위해 음극선의 자기 편향을 이용할 수 있다는 것을 알았다. 그는 그림 37.11b에 보여주는 것처럼 집전 전극이 측면으로 떨어져 있는 수정된 관을 제작하였다. 자기장이 없는 음극선은 관의 면의 중앙을 때리고 유리에 녹색 점을 만든다. 이러한 상황에서 전류는 측정되지 않았다. 그런 다음 톰슨은 음극선을 옆으로 편향시키기 위해 관을 자기장 안에 놓았다. 그는 관의 면을 가로질러 움직이는 녹색 점의 위치로 그들의 궤적을 결정할 수 있었다. 자기장이 전극이 있는 곳으로 음극선을 편향시킬 정도로 강할 때 바로 전류가 감지되었다! 더 강한 자기장에서 음극선이 전극의 반대쪽으로 완전히 편향되었을 때는 전류가 멈췄다.

이것은 음극선이 실제로는 음으로 대전된 입자라는 최초의 결정적인 증명이었다. 하지만 왜 그들은 전기장에 의해 편향되지 않았을까? 톰슨은 엑스선 기체 이온화에 대

한 경험을 통해 빠르게 움직이는 음극선 입자들은 기체 분자를 이온화시킬 수 있는 충분한 에너지로 관에 남아 있는 몇 개의 기체 분자와 충돌한다는 것을 알았다. 이들 전하에 의해 생성된 전기장은 전극의 전기장을 상쇄하여 편향이 없다는 것이다.

다행히 진공 기술은 점점 발전하고 있었다. 당시 가장 정교한 기술을 사용함으로써 톰슨은 기체 이온화가 문제가 되지 않는 수준까지 압력을 낮출 수 있었다. 그러고 나서 그가 예상했던 대로, 음극선은 전기장에 의해 편향되었다!

톰슨의 실험은 대전된 입자 모형의 결정적인 승리였지만, 그것은 여전히 입자의 성질에 대해서는 아무것도 설명하지 못했다. 그것들은 무엇이었을까?

톰슨의 교차장 실험

톰슨은 자기장의 여러 세기에 대한 음극선의 편향을 측정하였으나 자기 편향은 입자의 전하 질량 비 q/m과 속력에 의존하는 것을 알았다. 전하 질량 비를 측정하고 입자에 관한 정보를 알기 위해서 입자의 속력을 측정하는 수단이 필요하다는 것을 알았다. 그것을 위해 톰슨은 가장 기억에 남는 실험을 고안해냈다.

그림 37.12 음극선의 속도를 측정하기 위한 톰슨의 교차장 실험. 사진은 원래의 관을 보여준다.

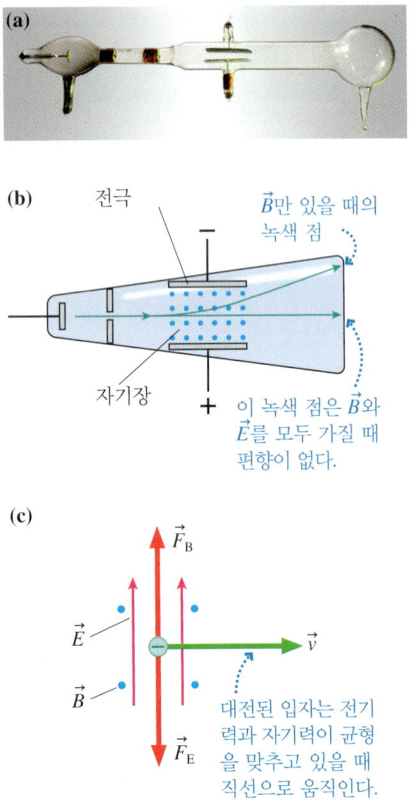

톰슨은 그림 37.12a에서 사진에서 볼 수 있는 평행판을 포함하는 관을 제작하였다. 그 다음에 그는 관을 자기장 안에 놓았다. 그림 37.12b는 전기장과 자기장이 서로 수직한 **교차장 실험**(crossed-field experiment)이라 알려진 것을 보여준다.

입자의 속도 $\vec{v}$에 수직인 자기장은 대전된 입자에

$$F_B = qvB \tag{37.5}$$

크기의 자기력을 작용한다. 자기장은 음으로 대전된 입자가 위쪽으로 향하는 원호를 따라 움직이도록 한다. «29.7절에서 배웠던 것처럼 호의 반지름은

$$r = \frac{mv}{qB} \tag{37.6}$$

이다. 측정된 녹색 점의 편향에서 곡률 반지름 r을 결정하는 것은 간단한 기하학 문제이다.

톰슨의 새로운 아이디어는 음전하를 다시 관의 중앙으로 밀어 넣기 위해 음전하에 아래로 향하는 힘이 작용하도록 평행판 전극 사이에 전기장을 만드는 것이었다. 각 입자에 작용하는 전기력의 크기는

$$F_E = qE \tag{37.7}$$

이다. 톰슨은 전기장과 자기장이 동시에 존재할 때 음극선 빔이 편향 없이 정확하게 관의 중심에서 볼 수 있도록 전기장 세기를 조정하였다.

무편향은 그림 37.12c에서 보여주는 것처럼 자기력과 전기력이 서로 정확히 같을 때 일어난다. 힘 벡터들은 반대 방향이고 그들의 크기가

$$F_B = qvB = F_E = qE$$

일 때 서로 같다. 전하 q는 서로 상쇄된다. E와 B가 설정되면 대전된 입자는 속력이

$$v = \frac{E}{B} \tag{37.8}$$

일 때만 교차장을 편향 없이 통과할 수 있다.

전기력과 자기력의 균형을 맞춤으로써, 톰슨은 대전된 입자 빔의 속력을 결정할 수 있었다. v을 앎으로써 그는 전하 질량 비를 알기 위해 식 (37.6)을 사용할 수 있다.

$$\frac{q}{m} = \frac{v}{rB} \tag{37.9}$$

톰슨은 음극선의 전하 질량 비가 $q/m \approx 1 \times 10^{11}$ C/kg임을 알았다. 이것은 현재 값 1.76×10^{11} C/kg에 비하면 그렇게 정확하지 않은 것 같다. 그러나 그의 시대의 실험적 한계와 그의 연구에 앞서 어떤 사람도 전하 질량 비에 대해 알지 못했다는 사실을 생각해야만 한다.

예제 37.2 교차장 실험

전자가 5.0 mm 떨어져 있고 길이가 3.0 cm인 두 평행판 전극 사이에서 발사되었다. 두 전극 사이에 퍼텐셜차 ΔV는 전기장을 만든다. 3.0 cm 폭의 1.0 mT 자기장이 전극에 겹쳐 있고 전기장에 수직이다. $\Delta V = 0$ V일 때 전자는 평판 사이를 통과한 뒤 2.0 mm 편향되었다. ΔV가 얼마일 때 전자는 편향 없이 평판 사이를 통과할 수 있는가?

핵심 전극들 사이에 장들은 균일하고 전극들 밖에서는 0이라 가정한다.

시각화 그림 37.13은 $\Delta V = 0$ V일 때 전자가 평판들 사이를 통과하는 것을 보여준다. 기하학적 구조가 분명하게 보이도록 곡률을 과장하였다.

그림 37.13 예제 37.2에서 전자의 궤적

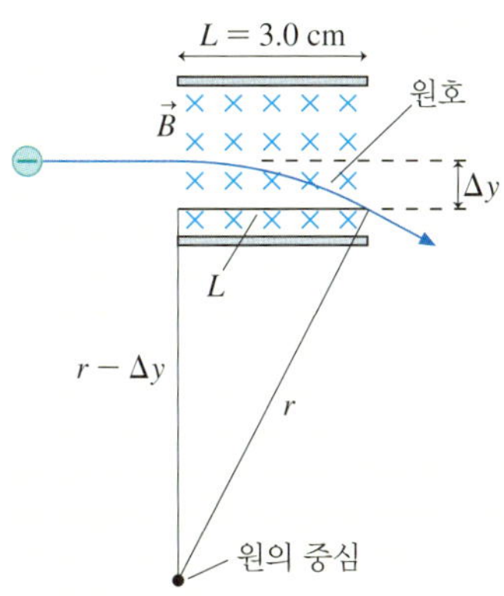

풀이 전자의 속력을 알면 필요한 전기장과 ΔV를 구할 수 있다. 자기장 안에서 원호의 곡률 반지름으로부터 전자의 속력을 구할 수 있다. 그림 37.13은 빗변이 r이고 폭이 L인 직각삼각형을 보여준다. 피타고라스의 정리를 사용하여

$$(r - \Delta y)^2 + L^2 = r^2$$

으로 쓸 수 있다. 여기서 Δy는 자기장 내에서 전자의 편향이다. 이것은 호의 반지름을 구하기 위해 쉽게 풀 수 있다.

$$r = \frac{(\Delta y)^2 + L^2}{2\,\Delta y} = \frac{(0.0020\text{ m})^2 + (0.030\text{ m})^2}{2(0.0020\text{ m})} = 0.226\text{ m}$$

이 반지름을 가지고 있는 호를 따라 이동하는 전자의 속력은 식 (37.6)으로부터 구할 수 있다.

$$v = \frac{erB}{m} = 4.0 \times 10^7\text{ m/s}$$

그러므로 전자가 편향 없이 통과할 수 있는 전기장은

$$E = vB = 40{,}000\text{ V/m}$$

이다. 간격이 d인 평행판 축전기의 전기장은 $E = \Delta V/d$에 의해 퍼텐셜차와 관련되어 있다. 그래서 필요한 퍼텐셜차는

$$\Delta V = Ed = (40{,}000\text{ V/m})(0.0050\text{ m}) = 200\text{ V}$$

이다.

검토 상당히 작은 퍼텐셜차는 자기 편향을 상쇄하기에 충분하다.

전자

톰슨은 그 다음에 다른 음극 물질들에 대한 q/m을 측정하였다. 그는 모든 금속에서 같은 결과를 발견하고 모든 금속이 **동일한** 음극선을 방출한다는 결론을 내렸다. 그런 다음 톰슨은 전기분해로 알려져 있는 수소 원자의 전하 질량 비인 $\approx 1 \times 10^8$ C/kg의 값과 자신의 결과를 비교하였다. 이 값은 음극선 입자에 비해 약 1000배 작은데, 이는 음극선 입자가 수소 이온보다 훨씬 큰 전하를 가지거나 또는 훨씬 작은 질량을 가지거나 또는 이들의 어떤 조합을 가질 수 있음을 의미한다.

전기분해 실험은 기본적인 전하 단위의 존재를 제안하였고, 그래서 음극선 전하는 수소 이온의 전하와 같다고 가정하고 싶었다. 그러나 음극선은 수소 이온과 너무 달라서 이러한 가정은 다른 증거 없이는 정당화될 수 없었다. 그러한 증거를 제공하기 위해 톰슨은 이전 실험에서 음극선이 얇은 금속박을 투과할 수 있지만 원자는 투과할 수 없다는 것에 주의를 촉구했다. 톰슨은 음극선 입자가 원자보다 훨씬 작고, 더 작은 질량이라면 이것이 사실일 수 있다고 주장했다.

1897년 출간한 논문에서 톰슨은 모든 증거들을 모아서 음극선이 음으로 대전된 입자이고, 원자보다 훨씬 작은 질량($\approx 0.1\%$)을 가지며, 다른 원소들에 의해 생성될 때도 동일하다는 발견을 공표했다. 다시 말하면 톰슨은 원자 자체를 조합하는 구성원의 하나인 **아원자 입자**(subatomic particle)를 발견하였다. 정전기에서 이 입자의 역할을 인식하여, 후에 이 입자를 **전자**(electron)라고 명명하였다.

37.5 전하의 기본단위

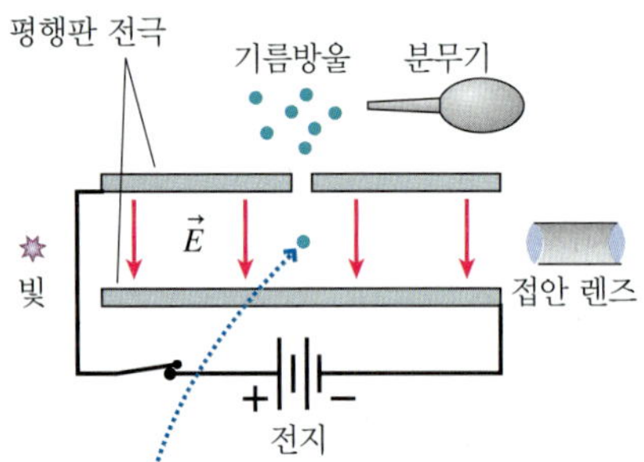

그림 37.14 전하의 기본단위를 측정하기 위한 밀리컨의 기름방울 장치

톰슨은 전자의 전하 질량 비를 측정하였지만 직접적으로 전하 q를 명확하게 측정하길 원했다. 이것은 1906년 미국의 과학자 밀리컨(Robert Millikan)이 수행하였다. **밀리컨의 기름방울 실험**(Millikan oil-drop experiment)은 그림 37.14에 설명하였다. 밀리컨은 분무기로 아주 미세한 기름방울을 뿌리면 이들 방울의 어떤 것은 분무될 때 마찰에 의해 대전되는 것을 알았다. 대전된 방울은 수평인 한 쌍의 평행판 전극을 향해 천천히 떨어져 내릴 때 몇 개의 방울들은 위 평판의 작은 구멍을 통과했다. 밀리컨은 두 평판 사이에 밝은 빛이 비추도록 하고 방울의 반사상을 보기 위해 접안 렌즈를 사용하여 방울들을 관찰하였다. 그 다음에 그는 평판에 전압을 가하여 전기장이 만들어지도록 하였다.

전기장이 대전된 방울에 위쪽으로 힘을 작용하여 아래쪽으로 작용하는 중력과 정확하게 균형을 맞추면 방울은 올라가지도 떨어지지도 않고 평판 사이에 머물러 있을 것이다. 그 힘들은

$$m_{\text{drop}}g = q_{\text{drop}}E \tag{37.10}$$

일 때 균형을 맞추고 방울의 전하는

$$q_{\text{drop}} = \frac{m_{\text{drop}}g}{E} \tag{37.11}$$

로 측정된다. m과 q는 전자가 아니라 기름방울의 질량과 전하량인 것을 기억하라. 방울은 전자들을 획득함(또는 잃음)으로써 대전되기 때문에 방울의 전하량은 전자의 전하량과 관련이 있다.

장의 세기 E는 평판들에 가해진 전압으로부터 정확하게 결정할 수 있고 q_{drop}을 측정할 때 제한적인 요소는 이들 작은 방울들의 질량을 결정할 수 있는 밀리컨의 능력뿐이었다. 이상적으로 질량은 방울의 지름을 측정하고 기름의 알려진 밀도를 사용함으로써 구할 수 있다. 그러나 방울들은 너무 작아서($\approx 1\ \mu$m) 접안 렌즈를 통해 보는 것으로는 정확하게 측정할 수 없었다.

대신에 밀리컨은 방울의 크기를 구하기 위한 독창적인 방법을 고안하였다. 이 작은 물체는 자유낙하하지 **않는다**. 공기 저항력이 너무 커서 방울들은 매우 작은 일정한 속력으로 떨어진다. 점성이 있는 매질 속을 움직이는 구형 물체의 운동은 19세기에 해결된 문제였고 구형 물체의 종단 속력은 그것의 반지름과 공기의 점성에 의존한다는 것이 알려져 있었다. 방울의 낙하 시간을 측정하고 공기의 알려진 점성을 사용함으로써 밀리컨은 방울의 반지름을 계산할 수 있었고 질량을 계산하여 마침내 방울의 전하에 대한 값을 얻을 수 있었다. 그것은 다소 간접적인 방법이었지만 밀리컨은 $\pm 0.1\%$의 정확도를 가지고 방울의 전하량을 측정할 수 있었다.

밀리컨은 매우 다양한 조건에서 수백 개의 방울들을 측정하였다. 그는 어떤 방울들은 양으로 대전되었고 어떤 것들은 음으로 대전됐지만 **모두는 어떤 최소 전하 값의 정수배 전하량을 갖는다**는 것을 알았다. 밀리컨은 "이온에서 찾은 전하량 모두는 정확하게 그 값과 같은 값을 갖거나 아니면 그 값의 작은 정수배를 갖는다."는 결론에 도달하였다. 오늘날 e라 부르는 **전하의 기본단위**인 그 값은

$$e = 1.60 \times 10^{-19}\ \text{C}$$

으로 측정되었다. 측정된 e와 전하 질량 비 e/m을 연립하여 전자의 질량이

$$m_{\text{elec}} = 9.11 \times 10^{-31}\ \text{kg}$$

임을 알아낼 수 있다.

톰슨, 밀리컨 그리고 다른 사람들의 실험을 종합해보면 전하는 불연속 단위로 존재하고 자연에 발견되는 **모든** 전하량은 e라 하는 전하의 기본단위의 배수라는 압도적인 증거를 제공하고 있다.

예제 37.3 | **기름방울의 일시 정지**

기름이 860 kg/m^{3}의 밀도를 가지고 있다. 1.0 μm 지름의 기름방울이 분무되면서 10개의 전자를 획득하였다. 방울이 공기 중에 일시 정지하기 위해 1.0 cm 간격의 두 평행판에 얼마의 퍼텐셜차를 가해야 하는가?

핵심 평판 사이에 균일한 전기장 $E = \Delta V/d$를 가정하라.

풀이 방울의 전하량은 $q_{\text{drop}} = 10e$이다. 전하의 질량은 방울의 밀

(계속)

도 ρ와 부피 V에

$$m_{\text{drop}} = \rho V = \tfrac{4}{3}\pi R^3 \rho = 4.50 \times 10^{-16}\ \text{kg}$$

으로 관련된다. 여기서 방울의 반지름은 $R = 5.0 \times 10^{-7}$ m이다. 중력에 대해 방울을 일시 정지하기 위한 전기장은

$$E = \frac{m_{\text{drop}}g}{q_{\text{drop}}} = 2760\ \text{V/m}$$

이다. $d = 0.010$ m만큼 떨어져 있는 두 평판 사이의 전기장을 만들기 위해

$$\Delta V = Ed = 27.6\ \text{V}$$

의 퍼텐셜차가 필요하다.

검토 실험적으로 이것은 편리한 전압이다.

37.6 핵의 발견

1900년쯤에는 원자는 분리될 수 없지만 대신에 대전된 입자들로 구성되었다는 것이 분명해졌다. 원자의 크기는 $\approx 10^{-10}$ m로 알려졌으나 모든 원자들에 공통적으로 있는 전자는 가장 작은 원자보다 훨씬 작고 훨씬 가볍다. 전자가 어떻게 더 큰 원자 속에 있을 수 있을까? 원자의 양전하는 무엇일까? 그 전하들은 원자 내부의 어디에 위치하고 있을까?

톰슨은 원자의 첫 번째 모형을 제안하였다. 전자는 전체 원자에 비해 매우 작고 가볍기 때문에 양으로 대전된 부분이 공간의 대부분을 차지한다고 생각하는 것이 타당해 보였다. 톰슨은 원자는 더 작은 음의 전자가 박혀 있는, 대략 지름이 10^{-10} m인 양의 전하를 가진 구형의 '구름'으로 구성되어 있다고 제안하였다. 양전하가 정확하게 음전하와 균형을 이루어 전체적으로 원자는 알짜 전하를 갖지 않는다. 원자에 대한 이 모형은 그림 37.15로부터 분명히 알 수 있는 것처럼 종종 '자두 푸딩 모형(plum pudding model)' 또는 '건포도 케이크 모형(raisin-cake model)'이라 불렀다.

그림 37.15 톰슨의 건포도 케이크 원자 모형

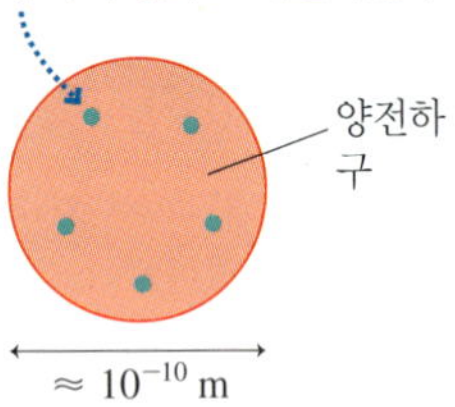

톰슨은 그의 모형을 시험할 수 있다는 어떤 예측도 못했고 톰슨의 원자는 시간의 시험을 견디지 못했다. 그의 모형은 오늘날 원자의 현재 모형이 결코 분명하지 않다는 것을 상기시켜 줄 때 주로 관심을 갖는다. 과학은 발전하면서 많은 회피와 막다른 길을 마주친다.

톰슨의 학생 중 한 명인 러더퍼드는 뉴질랜드 사람이었다. 러더퍼드와 톰슨은 1896년 엑스선의 이온화 효과를 연구하던 중 프랑스 물리학자 베크렐(Antoine Henri Becquerel)이 어떤 새로운 형태의 '흐름선'이 우라늄의 결정에서 방출되는 것을 발견하였다고 발표하였다. 엑스선과 같이 이 흐름선은 필름을 감광시킬 수 있고, 물체를 투과할 수 있으며, 공기를 이온화할 수 있었다. 우라늄에 어떤 일을 하지 않아도 그것은 우라늄에서 연속적으로 방출되었다. 이것이 42장에서 연구할 주제인 **방사능**(radioactivity)의 발견이었다.

엑스선은 발견된 지 일 년밖에 되지 않았고 음극선은 아직 완전히 이해되지 못한 채 모든 종류의 흐름선들이 정말 다른지 또는 하나의 형태의 변형에 불과한지는 알려지지 않았다. 러더퍼드는 즉시 이 새로운 흐름선에 대한 연구를 시작하였다. 그는 우

라늄 결정에 의해 적어도 2개의 다른 흐름선들이 방출된다는 것을 연구 즉시 발견하였다. **알파선**(alpha rays)이라 하는 첫 번째 것은 한 조각의 종이에 쉽게 흡수되었다. **베타선**(beta rays)이라 하는 두 번째 것은 0.1인치의 금속을 투과할 수 있다.

톰슨은 곧 베타선이 우라늄 결정에서 방출되는 고속 전자라는 것을 알아냈다. 그 뒤 러더퍼드는 알파선이 양으로 대전된 입자라는 것을 증명하였다. 1906년쯤에 그는 알파선의 전하 질량 비가

$$\frac{q}{m} = \frac{1}{2}\frac{e}{m_{\mathrm{H}}}$$

라는 것을 측정하였다. 여기서 m_{H}는 수소 원자의 질량이다. 이 값은 1가로 이온화된 수소 분자 H_2^+($q = e$, $m = 2m_{\mathrm{H}}$)이거나 2가로 이온화된 헬륨 원자 He^{++}($q = 2e$, $m = 4m_{\mathrm{H}}$)임을 알려준다.

독창적인 실험을 위해 러더퍼드는 알파 방사선을 방출하는 라듐 시료를 유리관에 밀봉하였다. 알파선은 유리를 투과할 수 없어서 입자들은 관 안에 담겨 있었다. 며칠 뒤 러더퍼드는 방전을 위해 관 내의 전극을 사용하여 방출된 빛의 스펙트럼을 관찰하였다. 그는 헬륨의 특정 파장을 발견하였다. 알파선(혹은 알파 입자)은 시료에서 $\approx 3 \times 10^7$ m/s의 고속으로 방출되는 이중으로 이온화된 헬륨 원자(맨 헬륨 핵)로 구성되어 있다.

첫 번째 핵물리 실험

러더퍼드는 이 고속 입자들을 이용해서 다른 원자들 내부를 탐사할 수 있다는 것을 알아냈다. 1909년에 러더퍼드와 그의 학생들은 매우 얇은 금박지로 알파 입자를 쏘기 위해 그림 37.16에서 보여주는 실험을 시작하였다. 어떤 알파 입자들이 약간 편향되는 것을 관찰하였지만 이것은 놀라운 일이 아니었다. 원자의 양과 음의 전하가 금박지를 통과할 때 양으로 대전된 알파 입자에 힘을 작용하지만 밀어내는 힘과 잡아당기는 힘이 대략 균형을 맞추고 있다고 제시된 톰슨의 건포도 케이크 원자 모형 때문에 작은 편향만 일으켜야 한다.

그림 37.16 얇은 금박지를 투과하는 고속 알파 입자를 쏘는 러더퍼드 실험

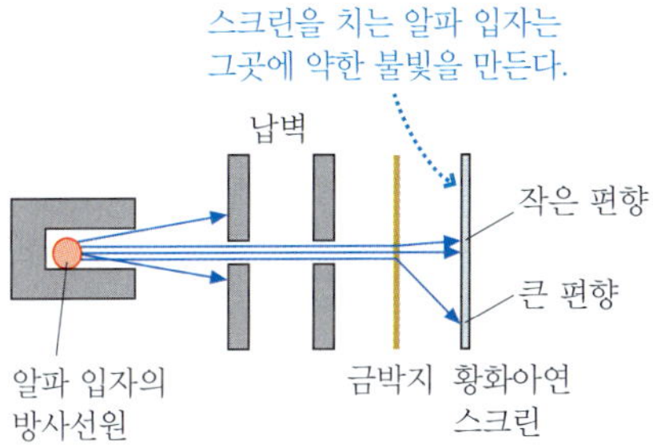

그 뒤 러더퍼드의 제안에 따라 그의 학생들은 알파 입자가 큰 각도로 편향되는지 확인하기 위해 장치를 설치하였다. 답을 찾는 데 며칠 밖에 걸리지 않았다. 알파 입자들은 큰 각도로 편향되었을 뿐만 아니라 매우 적은 입자들이 방사선원을 향해 거의 바로 뒤로 반사되었다!

이 결과를 어떻게 이해할 수 있을까? 그림 37.17a는 톰슨 원자를 통과하는 알파 입자가 작은 편향만 예상된다는 것을 보여준다. 그러나 원자가 그림 37.17b와 같이 양의 작은 핵이 있으면, 몇 개의 알파 입자가 핵에 매우 가까이 접근할 수 있다. 전기력은 거리의 역제곱에 따라 변하기 때문에 이러한 매우 가까운 접근에 의한 매우 큰 힘은 큰 각도의 산란이나 알파 입자의 역방향 편향을 일으킬 수 있다.

알파 입자의 큰 각도 산란의 발견으로 러더포드는 축소 태양계처럼 음의 전자가

그림 37.17 알파 입자가 톰슨 모형의 퍼져 있는 전하와 하는 상호작용과 밀집된 양의 핵과 하는 상호작용은 구별된다.

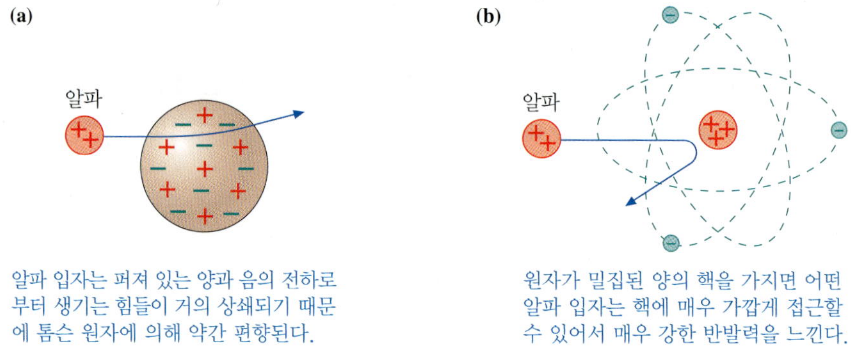

믿을 수 없이 작고, 큰 질량을 갖는 양의 **핵**(nucleus)을 공전하는 원자를 상상하게 되었다. 이것이 **원자의 핵 모형**(nuclear model of the atom)이다. 거의 모든 원자의 공간이 비어 있다는 것을 주목하라. 빈 공간!

예제 37.4 핵물리 실험

알파 입자를 금 원자의 핵을 향해 2.0×10^7 m/s의 속력으로 쏘았다. 핵에 가장 가깝게 접근한 거리는 얼마인가?

핵심 에너지는 전기 상호작용에서 보존된다. 금의 핵은 알파 입자보다 질량이 훨씬 커서 움직이지 않는다고 가정한다. 전하 구의 외부 전기장과 퍼텐셜은 전체 전하가 중심에 있는 점전하처럼 취급될 수 있다는 것을 기억하라.

시각화 그림 37.18은 상황을 그림으로 표시한 것이다. 운동은 직선을 따라 들어오고 나간다.

그림 37.18 알파 입자가 핵과 충돌하기 전·후 그림 표현

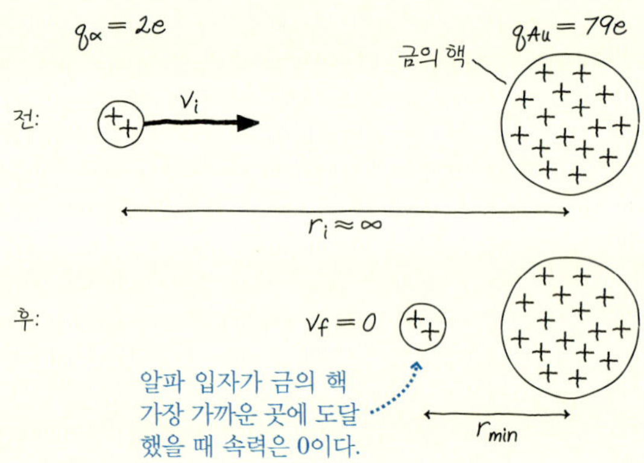

풀이 충돌에 소요되는 시간이나 또는 궤적의 자세한 사항에 관심이 없으므로 뉴턴의 법칙보다 에너지 보존 법칙의 사용이 적합하다. 처음에 알파 입자가 매우 멀리 떨어져 있을 때 계는 단지 운동 에너지만 가지고 있다. 알파 입자가 반사되기 직전인 가장 가까이 접근했을 때 전하는 정지하고 계는 단지 퍼텐셜 에너지만 갖는다. 에너지 보존 법칙 $K_f + U_f = K_i + U_i$은

$$0 + \frac{1}{4\pi\epsilon_0}\frac{q_\alpha q_{Au}}{r_{min}} = \tfrac{1}{2}mv_i^2 + 0$$

이 된다. 여기서 알파 입자의 전하를 q_α로, 금의 핵을 점전하 q_{Au}로 표시하였다. m은 알파 입자의 질량이다. r_{min}의 해는

$$r_{min} = \frac{1}{4\pi\epsilon_0}\frac{2q_\alpha q_{Au}}{mv_i^2}$$

이다. 알파 입자는 헬륨 핵이므로 $m = 4\ \text{u} = 6.64 \times 10^{-27}$ kg과 $q_\alpha = 2e = 3.20 \times 10^{-19}$ C이다. 금은 원자 번호 79이므로 $q_{Au} = 79e = 1.26 \times 10^{-17}$ C이다. 따라서

$$r_{min} = 2.7 \times 10^{-17}\ \text{m}$$

를 얻는다. 이것은 원자 크기의 대략 1/10,000에 불과하다.

검토 이 예제에서 원자의 전자는 무시하였다. 사실 그들은 알파 입자의 궤적에 거의 기여를 하지 못한다. 알파 입자는 전자에 비해 극히 질량이 크고 전자는 핵의 크기에 비해 매우 큰 거리에 걸쳐 퍼져 있다. 그러므로 알파 입자는 뚜렷한 속도의 변화 없이 쉽게 그들을 옆으로 밀어낼 수 있다.

러더퍼드는 알파 입자가 어떻게 다른 각도로 퍼져 나가는지에 대한 신중한 실험을 계속하였다. 그는 이 실험으로부터 원자핵의 지름이 $\approx 1 \times 10^{-14}$ m = 10 fm(1 fm = 1 femtometer = 10^{-15} m)이고 더 큰 원자 번호와 원자 질량을 갖는 원소들에 대해서 약간 증가할 것으로 추론하였다.

태양계와 유사성을 가지고 있는 원자의 러더퍼드 모형이 톰슨의 원래 선택이 아니었다는 것은 여러분에게 놀라울 수도 있다. 하지만 그 당시 과학자들은 작은 핵으로 암시되는 이상하게 높은 밀도를 갖는 물질을 상상할 수 없었다. 그들은 무엇이 핵을 결합시키는지, 왜 양의 전하들이 서로 밀어내지 않는지를 이해할 수 없었다. 양의 전하가 퍼져 있고 음의 전하에 의해 균형이 잡히는 톰슨 모형이 더 이치에 맞았다. 핵을 결합하는 힘이 이해되기 시작하기까지는 수십 년이 걸렸지만 아주 작은 핵에 대한 러더퍼드의 증거는 분명하였다.

전자볼트

줄(J)은 거시적인 물체를 다루는 역학과 열역학에서 적절한 크기의 단위지만 그것은 원자 물리학의 요구에 부합되지 못한다. 원자와 핵 사건들에 적절한 에너지 단위를 가지고 있는 것은 매우 유용할 것이다.

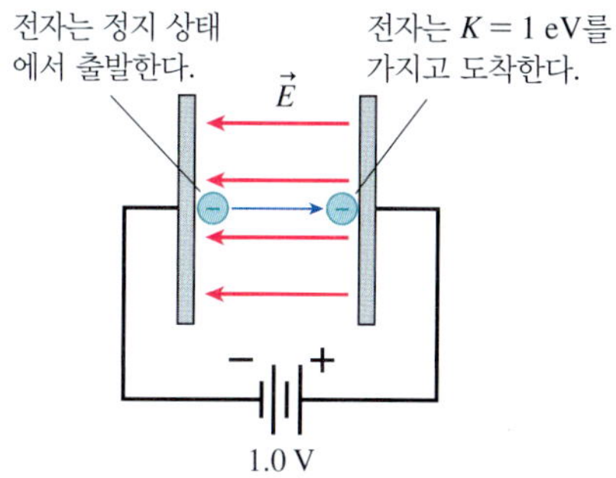

그림 37.19 1 V 퍼텐셜차를 지나며 가속된 전자는 1 eV의 운동 에너지를 얻는다.

그림 37.19는 1.0 V 퍼텐셜차를 가진 평행판 축전기를 가로질러 정지 상태에서 전자가 (진공 중에서) 가속하는 모습을 보여준다. 양극 평판에 도달할 때 전자의 운동 에너지는 얼마인가? 에너지 보존 법칙으로부터 $K_f + qV_f = K_i + qV_i$임을 알 수 있다. 여기서 $U = qV$는 전기 퍼텐셜 에너지이다. 전자가 정지 상태에서 출발했기 때문에 $K_i = 0$이고 전자의 전하는 $q = -e$이다. 그러므로

$$\begin{aligned} K_f &= -q(V_f - V_i) = -q\,\Delta V = e\,\Delta V = (1.60 \times 10^{-19}\text{ C})(1.0\text{ V}) \\ &= 1.60 \times 10^{-19}\text{ J} \end{aligned}$$

이다.

전자볼트(electron volt)라는 새로운 에너지 단위를 정의하자.

$$1\text{전자볼트} = 1\text{ eV} \equiv 1.60 \times 10^{-19}\text{ J}$$

이 정의를 사용하면 예제에서 전자가 얻은 운동 에너지는

$$K_f = 1\text{ eV}$$

가 된다.

다시 말하면, **1전자볼트는 전자(또는 양성자)가 1볼트의 퍼텐셜차를 통해 가속됐을 때 얻는 운동 에너지이다.**

예제 37.5 알파 입자의 속력

알파 입자는 보통 MeV로 운동 에너지를 표시한다. 8.3 MeV인 알파 입자의 속력은 얼마인가?

풀이 알파 입자는 $m = 4\ \text{u} = 6.64 \times 10^{-27}$ kg을 갖는 헬륨 핵이다. 이 알파 입자의 운동 에너지는 8.3×10^6 eV이다. 먼저 에너지를 줄(J)로 환산한다.

$$K = 8.3 \times 10^6\ \text{eV} \times \frac{1.60 \times 10^{-19}\ \text{J}}{1.00\ \text{eV}} = 1.33 \times 10^{-12}\ \text{J}$$

속력은

$$K = \tfrac{1}{2}mv^2 = 1.33 \times 10^{-12}\ \text{J}$$

$$v = \sqrt{\frac{2K}{m}} = 2.0 \times 10^7\ \text{m/s}$$

로 구할 수 있다. 이것은 예제 37.4에서 알파 입자의 속력이다.

예제 37.6 전자의 에너지

수소 원자의 간단한 모형에서 전자는 양성자 주위를 2.19×10^6 m/s의 속력으로 반지름이 5.29×10^{-11} m인 원을 따라 공전한다. eV로 원자의 에너지는 얼마인가?

핵심 전자는 움직이므로 운동 에너지를 가지고 있고 전자+양성자 계는 전기 퍼텐셜 에너지를 가지고 있다.

풀이 퍼텐셜 에너지는 $q_{\text{proton}} = +e$와 $q_{\text{elec}} = -e$를 가지고 있는 두 점전하에 의한 것이다. 그러므로 다음과 같다.

$$E = K + U = \tfrac{1}{2}m_{\text{elec}}v^2 + \frac{1}{4\pi\epsilon_0}\frac{(e)(-e)}{r} = -2.17 \times 10^{-18}\ \text{J}$$

eV로 변환하면

$$E = -2.17 \times 10^{-18}\ \text{J} \times \frac{1\ \text{eV}}{1.60 \times 10^{-19}\ \text{J}} = -13.6\ \text{eV}$$

이다.

검토 음의 에너지는 전자가 양성자에 속박되어 있다는 사실을 반영한다. 전자를 제거하기 위해서 에너지를 더해야만 한다.

핵 모형 사용하기

원자의 핵 모형은 이온화 같은 과정을 이해하고 묘사하는 것을 쉽게 해준다. 전자가 양의 핵 주변을 공전하기 때문에 엑스선 광자 또는 다른 전자 같은 빠르게 움직이는 입자가 공전 중인 전자들 중 하나와 충돌하여 떨어뜨릴 수 있다. 한 전자를 제거하면 $q = +e$를 가지고 있는 1가로 대전된 이온을 만든다. 2개의 전자를 제거하면 $q = +2e$를 가지고 있는 2가로 대전된 이온을 생성한다. 그림 37.20에서 원자 번호 3번인 리튬에 대해 이것을 보여준다.

그림 37.20 리튬 원자($Z = 3$)의 여러 이온화 단계

핵 모형은 화학반응 동안이나 물체를 문질러서 대전할 때 전자들은 쉽게 이동되고 양성자는 쉽게 이동되지 못하는 이유를 설명할 수 있다. 양성자는 모든 전자에 의해 차폐된 핵에 강하게 묶여 있지만 외부 전자는 쉽게 제거된다.

예제 37.7 **수소의 이온화 에너지**

수소 원자가 이온화하기 위해 필요한 최소 에너지는 얼마인가?

풀이 예제 37.6에서 원자의 에너지는 $E_i = -13.6$ eV라는 것을 알았다. 원자를 이온화한다는 것은 전자를 제거하여 매우 멀리 가져가야 한다는 것을 의미한다. $r \to \infty$에서 퍼텐셜 에너지는 0이 된다. 더구나 원자를 이온화하기 위해 최소 에너지를 사용하면 매우 멀리 떨어졌을 때 거의 정지할 것이다. 그러므로 이온화 이후 원자의 에너지는 $E_f = K_f + U_f = 0 + 0 = 0$ eV가 된다. 이 에너지는 E_i보다 13.6 eV만큼 더 크기 때문에 수소 원자를 이온화하기 위해 필요한 최소 에너지는 13.6 eV이다. 이것을 원자의 **이온화 에너지**라 한다. 전자가 광자 또는 다른 전자와의 충돌 또는 어떤 다른 수단으로부터 ≥ 13.6 eV$(2.17 \times 10^{-18}$ J)의 에너지를 받으면 전자는 원자로부터 떨어져 나가고 H^+ 이온만 남는다.

37.7 핵 내부

42장에서 핵물리학에 대해 좀 더 자세히 논하겠지만, 간략한 개요를 주는 것은 도움이 될 수 있다. 많은 원소들의 상대적인 질량은 19세기 중반까지 화학 실험으로부터 알려져 있었다. 그 원소들을 질량이 커지는 순으로 배열하고, 화학적 성질이 반복되는 규칙성을 봄으로써, 러시아의 화학자 멘델레예프(Dmitri Mendeleev)는 1872년에 원소의 주기율표를 처음 제안하였다. 하지만 수소가 원자 번호 1, 헬륨이 원자 번호 2, 리튬이 원자 번호 3 등이라고 말한 것은 무슨 뜻이었을까?

수소 원자가 1가로 이온화되어 H^+을 만들 수 있다는 것을 곧 알게 됐다. 2가 이온화 H^{++}는 결코 관찰되지 않는다. 반면 헬륨은 1가로 이온화할 수 있고 2가로 이온화할 수 있어 He^+와 He^{++}을 만들지만, He^{+++}는 관찰되지 않았다. 톰슨과 밀리컨의 연구 이후 수소 원자가 전자 1개와 양의 전하 한 단위만을 포함하고 헬륨은 전자 2개와 양의 전하 두 단위를 가진다는 것 등은 상당히 명확해 보였다. 따라서 항상 정수인 원소의 **원자 번호**(atomic number)는 전자의 수와 핵에서 양의 전하 단위의 수를 기술한다. 원자 번호는 Z로 표시하므로 수소 $Z = 1$, 헬륨 $Z = 2$, 리튬 $Z = 3$이다. 원소들은 주기율표에 원자 번호별로 나열된다.

러더퍼드의 핵 발견은 곧 양의 전하가 **양성자**(proton)라고 하는 양의 아원자 입자와 관련이 있다는 인식으로 이어졌다. 양성자의 전하는 $+e$로 전자의 전하와 크기는 같지만 부호는 반대이다. 게다가, 거의 모든 원자의 질량이 핵과 연관되어 있기 때문에 양성자는 전자보다 훨씬 더 질량이 크다. 러더퍼드의 핵 모형에 따르면, 원자 번호 Z를 가지고 있는 원자는 양성자를 포함하고 알짜 전하 $+Ze$를 가진 질량이 매우 큰 핵의 주위를 공전하는, 알짜 전하가 $-Ze$인 Z개의 전자로 구성되어 있다. 러더퍼드 원자는 주기율표의 설명에 크게 이바지했다.

하지만 문제가 있었다. 원자 번호 2의 헬륨은 수소보다 두 배나 많은 전자를 가지고 있다. $Z=3$인 리튬은 3개의 전자를 가지고 있다. 하지만 화학적 측정을 통해 헬륨은 수소의 4배, 리튬은 7배의 질량을 가지고 있다고 알려져 있었다. 만약 원자핵이 Z개의 공전하는 전자들과 균형을 맞추기 위해 Z개의 양성자를 포함하고, 거의 모든 원자 질량이 핵에 포함된다면, 헬륨은 단순히 수소의 2배의 질량을 가지고 리튬은 3배 정도의 질량이 되어야만 한다.

중성자

그림 37.21 네온의 질량 스펙트럼

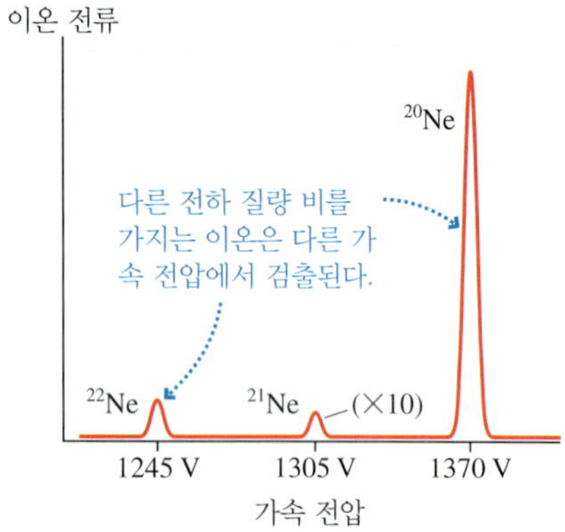

1910년 쯤 톰슨과 그의 학생이었던 애스턴(Francis Aston)은 원자 이온의 전하 질량 비를 측정하기 위한 **질량 분석기**(mass spectrometer)라 하는 장치를 개발하였다. 애스턴과 다른 사람들은 자료를 수집하기 시작했고 그들은 곧 많은 원소들이 **다른** 질량의 원자들로 구성되어 있다는 것을 알게 되었다. 예를 들면 네온은 20의 원자 질량이 할당되어 있었다. 그러나 애스턴은 그림 37.21에서 보여주는 것처럼 네온의 91%는 질량 $m=20$ u, 9%는 $m=22$ u, 그리고 매우 작은 백분율은 $m=21$ u을 가진다는 것을 발견하였다. 원자 번호 $Z=17$인 염소는 $m=35$ u을 가지고 있는 75% 염소 원자와 $m=37$ u을 가지고 있는 25%의 염소가 섞여 있다는 것을 알아냈다.

다른 질량에 대한 이유는 1932년 제3의 아원자 입자가 발견될 때까지 이해하지 못했다. 이 입자는 본질적으로 양성자와 같은 질량을 가지고 있지만 전하는 없다. 그것을 **중성자**(neutron)라 불렀다. 원자의 질량에 기여하지만 전하에는 기여하지 않는 중성자는 양성자와 함께 핵에 존재한다. 42장에서 중성자가 핵을 결합하는 추가 '접착제'를 제공한다는 것을 배우게 될 것이다.

중성자는 동일한 원소의 원자가 서로 다른 질량을 가질 수 있는 이유를 설명하는 데 필요한 누락된 연결고리였다. 이제 우리는 원자 번호 Z을 가진 모든 원자는 전하 $+Ze$인 Z개의 양성자를 포함하는 핵을 가지고 있다는 것을 안다. 또한 그림 37.22에서 볼 수 있듯이, 핵은 N개의 중성자를 포함한다. Z개의 양성자와 함께 안정하게 핵을 형성하고 동일한 Z값을 갖지만(즉 그들은 모두 같은 화학 원소이다) 질량이 서로 다른 일련의 핵을 생성하는 중성자 수의 **범위**가 있다. 이러한 일련의 핵들을 **동위 원소**(isotopes)라 한다.

그림 37.22 원자의 핵은 양성자와 중성자를 포함하고 있다.

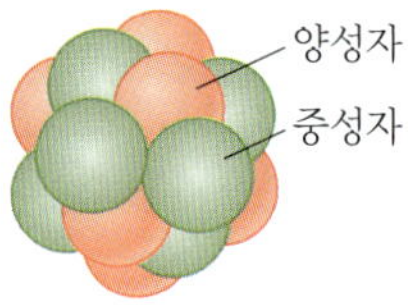

화학적 행동은 공전하는 전자들이 결정한다. 한 원소의 모든 동위 원소는 같은 수 자 Z와 공전하는 전자를 가지며, 같은 화학적 특성을 가진다. 그러나 동위 원소마다 핵 특성이 크게 다를 수 있다.

원자의 **질량수**(mass number) A는 $A=Z+N$으로 정의된다. 이것은 핵에 있는 양성자와 중성자의 전체 개수이다. 차원이 없는 질량수는 원자 질량 m과 같은 것이 아니다. 정의에 따르면 A는 정수이다. 그러나 양성자 질량과 중성자 질량이 모두 ≈ 1 u이기 때문에 질량수 A는 **대략적으로** 원자 질량 단위로 표현한 질량이다.

동위 원소를 분류하는 데 사용되는 표기법은 ^{A}Z인데, 질량수 A를 앞쪽에 위 첨자로 표기한다. 양성자 숫자 Z는 실제 숫자가 아니라 동등한 그 원소의 화학 기호로 명시한다. 네온의 가장 흔한 동위 원소는 $Z=10$ 양성자, $N=10$ 중성자를 가지고 있다. 따라서 그것은 질량수가 $A=20$이고 ^{20}Ne라는 이름이 붙는다. 네온 동위 원소 ^{22}Ne는 $Z=10$ 양성자(네온을 만드는 것)이고 $N=12$개의 중성자를 가지고 있다. 헬륨에는 그림 37.23에 표시한 것처럼 2개의 동위 원소가 있다. 희귀한 ^{3}He는 0.0001%의 양에 불과하지만, 따로 분리할 수 있어서 과학적 연구에 중요한 용도로 쓰인다.

그림 37.23 헬륨의 두 동위 원소. ^{3}He는 0.0001%의 양에 불과하다.

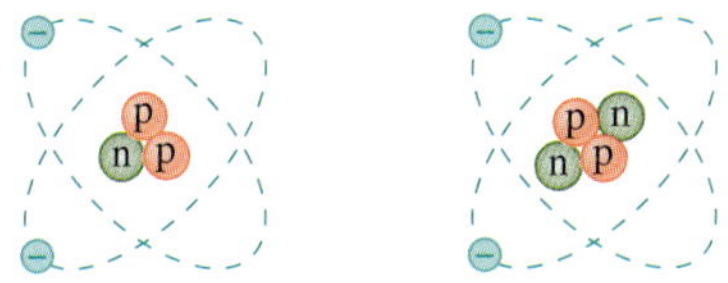

37.8 고전물리학의 한계

러더퍼드의 원자 핵 모형은 원자의 **구조**에 대한 실험적 증거와 일치했지만, 한 가지 심각한 단점이 있었다. 맥스웰의 전기와 자기 이론에 따르면, 러더퍼드 원자에서 공전하는 전자는 작은 안테나의 역할을 하여 전자기파를 방출해야만 한다. 원자가 빛을 방출할 수 있다는 것을 알고 있기 때문에 그것이 그럴듯하게 들리지만 전자기파의 복사는 원자가 계속해서 에너지를 잃을 것이라는 것을 의미한다. 그림 37.24에 보여주는 것처럼, 그것은 전자가 나선형으로 핵을 향해 떨어지는 운동을 만든다! 계산을 하면 러더퍼드 원자가 마이크로초 정도밖에 지속될 수 없다는 것을 알 수 있다. 이것은 분명히 일어나지 않는다.

그림 37.24 러더퍼드 원자의 운명

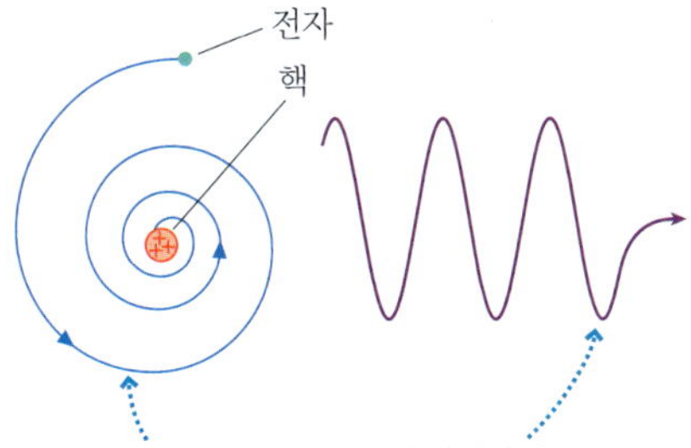

19세기 후반과 20세기 초의 실험적 노력으로 전자의 존재, 작은 양의 핵이 존재한다는 것, 그리고 각 원자에 의해 방출되는 독특한 불연속 스펙트럼에 대해서는 의심의 여지가 없었다. 그러나 그러한 관찰을 이해하기 위한 이론적인 체계는 뒤쳐지고 있었다. 새로운 세기가 시작되면서도 물리학자들은 원자의 구조를 설명할 수 없었고 물질의 안정성도 설명할 수 없었으며, 불연속 스펙트럼 또는 흑체 복사를 설명할 수 없었고 엑스선 또는 방사선의 근원도 설명할 수 없었다.

고전물리학은 한계에 도달했고, 새로운 아이디어를 가지는 완전히 새로운 세대의 젊은 물리학자들이 무대에 막 오르고 있었다. 그중 첫 번째 사람은 스위스 베른에 사는 겸손한 젊은이였다. 그의 학업 성적은 보통 정도였고, 졸업 후에 그가 찾을 수 있었던 최고의 직업은 특허청 직원으로서 특허 출원을 검토하는 것이었다. 그의 이름은 아인슈타인(Albert Einstein)이었다.

응용 예제 37.8 | 방사성 붕괴

$Z=55$인 세슘 동위 원소 ^{137}Cs는 방사성으로 베타 붕괴에 의한 붕괴를 한다. 300 keV의 운동 에너지를 가지고 있는 베타 입자가 실험실에서 발견되었다. 지름 12.4 fm인 핵에서 베타 입자는 얼마의 운동 에너지를 가지고 튀어나왔는가?

핵심 베타 입자는 방사성 붕괴 동안 원자의 핵에서 탈출하는 전자이다. 음전하는 양의 핵으로 끌리기 때문에 핵으로 다시 떨어지지 않고 실험실에 도착하기 위해서는 **탈출 속력**보다 더 큰 속력으로 탈출해야만 한다. 에너지는 붕괴 동안 보존된다.

(계속)

시각화 그림 37.25는 전·후 그림 표현이다. 전자는 운동 에너지 K_i를 가지고 핵으로부터 탈출하기 시작한다. 핵과의 상호작용 때문에 전기 퍼텐셜 에너지 U_i를 갖는다. 원자를 공전하는 전자에 기인하는 퍼텐셜 에너지는 핵 반지름에 비해 매우 멀리 떨어져 있기 때문에 무시할 수 있다. 관측된 전자는 핵으로부터 매우 멀리 떨어져 있으므로 $U_f = 0$이다.

풀이 에너지 보존 법칙은 $K_f + U_f = K_i + U_i$이다. 전자는 비록 핵 표면이지만 핵의 외부에서 출발하므로 구형 핵을 $q_1 = 55e$를 갖는 점전하로 취급할 수 있다. 전자는 $q_2 = -e$를 가지므로 초기 전자·핵 퍼텐셜 에너지는

$$U_i = \frac{Kq_1q_2}{r_i}$$
$$= \frac{(9.0 \times 10^9\ \mathrm{N\,m^2/C^2})(55 \times 1.60 \times 10^{-19}\ \mathrm{C})(-1.60 \times 10^{-19}\ \mathrm{C})}{6.20 \times 10^{-15}\ \mathrm{m}}$$
$$= (-2.04 \times 10^{-12}\ \mathrm{J}) \times \frac{1\ \mathrm{eV}}{1.60 \times 10^{-19}\ \mathrm{J}} = -12.8\ \mathrm{MeV}$$

이다. 실험실에서 $K_f = 300\ \mathrm{keV} = 0.3\ \mathrm{MeV}$로 발견되기 위해서는

그림 37.25 베타 붕괴의 전·후 그림 표현

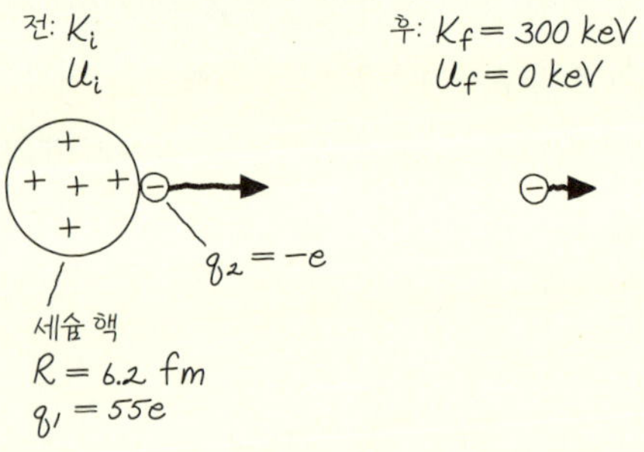

전자는 핵으로부터

$$K_i = K_f + U_f - U_i = 0.3\ \mathrm{MeV} + 0\ \mathrm{MeV} + 12.8\ \mathrm{MeV}$$
$$= 13\ 1\ \mathrm{MeV}$$

의 운동 에너지를 가지고 나와야 한다.

검토 음의 전자는 핵에 매우 강하게 붙어 있다. 결국 탈출하기 위해 매우 큰 운동 에너지를 가지고 핵으로부터 탈출해야만 한다는 것은 놀랍지 않다.

서술형 질문

1. 상온에서 황동 평판이 10 W 흑체 복사를 방출한다. 평판이 −10℃로 냉각되면 최대 방출 세기의 정점은 더 짧은 파장으로 이동하는가, 더 긴 파장으로 이동하는가, 혹은 같은 파장에 머물러 있는가? 설명하시오.
2. 톰슨 혹은 러더퍼드 실험이 큰 중력이 작용하는 블랙홀 근처에서 행해진다면 관찰된 어떤 것이 변하는가?
3. 철 원자에서 나온 전자와 구리 원자에서 나온 전자가 동일하다고 아는 증거는 무엇인가?
4. a. 핵이 양성자로만 만들어지지 않았다는 실험적 증거를 기술하시오.
   b. 중성자는 과학자들이 그것을 다룰 수 있도록 해주는 전하를 가지고 있지 않기 때문에 따로 떼어내서 제어하는 것이 쉽지 않다. 과학자들이 중성자의 질량이 양성자의 질량과 거의 같다고 결정할 수 있도록 해주는 증거는 무엇인가?
5. 톰슨은 원자가 매우 가벼운 음전자와 훨씬 더 질량이 큰 양전하로 구성되어 있다는 것을 증명하였다. 왜 물리학자들은 양의 핵 주변을 공전하는 전자의 태양계 모형을 바로 생각하지 못했는가? 1900년에 물리학자들은 그러한 모형을 왜 반대하였는가?
6. 알파 입자($q = +2e$를 갖는 맨 헬륨 핵)가 정지 상태에서 출발하여 10 V의 퍼텐셜차를 가로질러 가속한다. 음극에 도착했을 때 입자의 운동 에너지는 eV로 얼마인가? 이 질문은 여러분의 머리 속으로 계산할 수 없는 수학을 요구하지 않는다.

연습문제

표시가 된 연습문제들은 이전 장들에서 다른 내용과 관련이 있다.

연습

37.2 빛의 방출과 흡수

1. | $n = 3, 4, 5$를 갖는 발머 계열의 스펙트럼선들의 파장은 얼마인가?

2. | $m = 1$을 갖는 수소 스펙트럼에서 파장들은 라이먼 계열(Lyman series)이라 하는 스펙트럼선들의 계열을 형성한다. 라이먼 계열의 처음 4개의 파장을 계산하시오.

3. || 2.0 cm 지름의 금속구가 빨간색으로 빛나고 방출 스펙트럼은 2.0 μm의 적외선 파장에서 정점을 보여준다. 구는 얼마만큼의 일률을 방출하는가? $e = 1$이라 가정하라.

4. || 각 변이 3.0 cm인 세라믹 육면체가 630 W로 열을 방출한다. 그것의 방출 스펙트럼은 얼마의 μm 파장에 정점이 있는가? $e = 1$이라 가정하라.

37.3 음극선과 엑스선

37.4 전자의 발견

5. | 전자가 그림 EX37.5처럼 5.0×10^6 m/s의 속력으로 평행 전극들을 통과한다. 전자가 편향 없이 통과하기 위한 자기장 세기와 방향을 구하시오. 자기장은 전극들 사이 지역으로만 가해지고 있다고 가정하라.

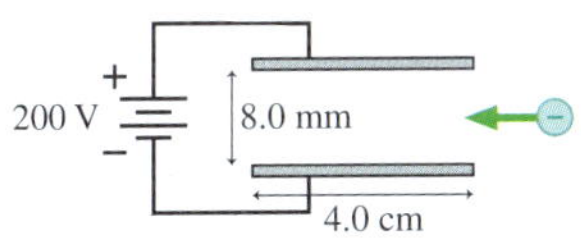

그림 EX37.5

37.5 전하의 기본단위

6. || 15개의 초과 전자를 갖는 기름방울이 10 nm의 간격의 평행한 두 전극 사이에서 관측되었다. 위 전극이 아래 전극보다 20 V 더 양의 값을 가질 때 방울이 움직임이 없이 매달려 있다. 기름의 밀도는 860 kg/m^{3}이다. 방울의 반지름은 얼마인가?

7. || 가상의 기름방울 실험에서 방울의 전하에 대하여 다음 값들을 측정했다. 3.99×10^{-19} C, 6.65×10^{-19} C, 2.66×10^{-19} C, 10.64×10^{-19} C 그리고 9.31×10^{-19} C. 측정과 양립하는 전하의 기본단위의 가장 큰 값은 얼마인가?

37.6 핵의 발견

37.7 핵 내부

8. | 다음을 결정하시오.
   a. 300 eV 전자의 속력
   b. 3.5 MeV H^+의 속력
   c. 1.0×10^7 m/s의 속력으로 움직일 때 2.09 MeV의 운동 에너지를 갖는 특정한 종류의 입자

9. || eV(또는 더 적당하면 keV나 MeV)로 표현하시오.
   a. 5.0×10^6 m/s의 속력으로 움직이는 전자의 운동 에너지
   b. 0.10 nm 떨어져 있는 전자와 양성자의 퍼텐셜 에너지
   c. 5000 V의 퍼텐셜차를 통하여 정지 상태에서 가속된 양성자의 운동 에너지

10. | (a) ^{10}B, (b) ^{13}N$^+$, (c) ^{17}O^{+++}에 몇 개의 전자, 양성자 그리고 중성자가 들어 있는가?

11. | 다음과 같은 아원자 구성을 갖는 원자와 이온들에 대한 기호를 쓰시오.
   a. 1개의 전자, 1개의 양성자와 2개의 중성자
   b. 7개의 전자, 8개의 양성자, 10개의 중성자

12. | 금 동위 원소 ^{197}Au를 생각하라.
   a. 중성 원소 ^{197}Au는 전자, 양성자와 중성자를 몇 개 가지고 있는가?
   b. 금 핵은 14.0 fm의 지름을 가지고 있다. 금 핵의 질량 밀도는 얼마인가?
   c. 납의 밀도는 11,400 kg/m^{3}이다. 납의 밀도는 문항 b의 답의 몇 배인가?

13. || a. ^{238}U 핵은 7.4 fm의 반지름을 가지고 있다. 핵의 밀도는 kg/m^{3}로 얼마인가?
   b. 매우 큰 중력이 전자들과 양성자들에 큰 압력을 가하면 생성되는 **중성자별**(neutron star)은 거의 대부분이 중성자들로 구성되어 있고 원자 핵 밀도를 가지고 있다. 태양 질량을 가지는 중성자별의 반지름은 km로 얼마인가?

문제

14. | (a) 500 GeV의 총에너지를 가지고 있는 양성자, (b) 2.0 GeV의 총에너지를 가지고 있는 전자의 속도는 c의 비율로 얼마인가? 힌트: 이 문제는 상대성 이론을 사용한다.

15. || 거대 입자 가속기가 양성자당 6.5 TeV의 총에너지로 양성자를 가속시킨다(1 TeV = 1테라 전자볼트 = 10^{12} eV). 이 에너지를 가

지고 있는 양성자의 속력은 얼마인가? c의 비율로 표시하시오. **힌트**: 이 문제는 상대성 이론을 사용한다.

16. ‖ γ 인자는 많은 상대성 이론 표현에서 나타난다. 값 $\gamma = 1.01$은 상대성 이론이 뉴턴 값을 대략 1% 변화시킨다는 것을 의미하므로 상대성 효과를 더 이상 무시할 수 없다. (a) 전자, (b) 양성자, (c) 알파 입자에 대한 운동 에너지가 MeV로 얼마일 때 $\gamma = 1.01$이 되는가?

17. ‖ 음극선 빔의 전자가 2.5 cm 길이, 5.0 mm 간격의 평행판 전극들 사이를 지나간다. 1.0 mT, 2.5 cm 폭의 자기장이 평판 사이의 전기장에 수직으로 있다. 평판들 사이의 퍼텐셜차가 150 V이면 전자는 편향 없이 전극들 사이를 지나간다. 평판들 사이의 퍼텐셜차를 0으로 하면 전자가 자기장을 통과하면서 편향되는 각도는 얼마인가?

18. ‖ 알 수 없는 대전된 입자가 세기가 각각 187,500 V/m와 0.1250 T인 교차 전기장과 자기장을 편향 없이 통과한다. 입자가 전기장을 빠져나왔지만 자기장은 계속 작용하고 있어서 입자가 지름이 25.05 cm인 반원을 만들었다. 입자의 전하 질량 비는 얼마인가? 입자의 정체를 알아낼 수 있는가?

19. ‖ 중성인 리튬 원자는 3개의 전자를 갖는다. 41장에서 알게 될 것이지만 그들 중 2개는 '내부 중심부'를 형성하고 원자가 전자인 세 번째 전자는 더 큰 반지름에서 공전한다. 원자가 전자의 입장에서 보면 그것은 전자가 알짜 전하 $+1e$(즉 핵에 3개의 양성자와 2개의 내부 중심부 전자)를 가지고 있는 구형 공 주위를 공전하는 것이다. 리튬 원자를 이온화하는 데 필요한 에너지는 5.14 eV이다. 러더퍼드 핵 모형에 따르면 원자가 전자의 공전 반지름과 속력은 얼마인가? **힌트**: 전자를 제거하기 위해 필요한 에너지와 전자가 원형 공전 궤도를 돌기에 필요한 힘을 생각하라.

20. ‖ 원자의 지름은 1.2×10^{-10} m이고 핵의 지름은 1.0×10^{-14} m이다. 원자 부피의 몇 퍼센트를 질량이 차지하는가? 몇 퍼센트가 빈 공간인가?

21. ‖ 0.75 T의 자기장 속에 있는 ^{222}Rn(라돈) 원자가 방사성 붕괴를 하면서 자기장 $\vec{B}$에 수직 방향으로 알파 입자를 방출한다. 알파 입자가 반지름이 45 cm인 사이클로트론 운동을 시작한다. 방출된 알파 입자는 몇 MeV 에너지를 가지고 있겠는가?

22. ‖ 정면충돌에서 6.24 MeV의 알파 입자가 핵의 중심에 가장 가까이 접근한 거리가 6.00 fm이다. 핵은 무슨 원소의 원자에 있는가? 핵은 정지 상태에 있다고 가정하라.

23. ‖ 산소 핵 ^{16}O는 3.0 fm의 반지름을 가지고 있다.
   a. 양성자가 산소 원자의 표면으로부터 1.0 fm에서 반환점을 갖도록 하려면 처음에 얼마의 속력으로 쏴야만 하는가? 핵은 정지 상태에 있다고 가정하라.
   b. 양성자의 운동 에너지는 MeV로 얼마인가?

응용 문제

24. ||| 알파 입자가 1.50×10^7 m/s의 속력으로 ^{197}Au 핵을 향하여 접근하고 있다. 그림 CP37.24가 보여주는 것처럼 알파 입자가 1.49×10^7 m/s의 느려진 속력으로 49° 각도로 산란된다. ^{197}Au 핵은 어떤 방향으로 튕겨 나가고 속력은 얼마인가?

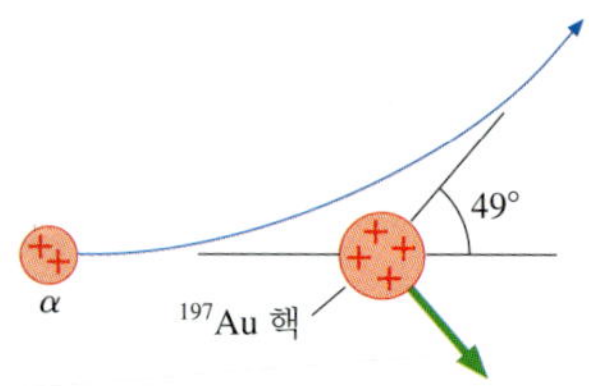

그림 CP37.24

25. ||| 질량이 m이고 전하량이 q인 기름방울을 생각한다. 밀리컨 방식의 실험으로 방울의 전하를 결정하기 원한다. 이것을 몇 단계로 수행할 것이다. 간단히 하기 위해 전하는 양이고 평판들 사이의 전기장은 위쪽 방향을 향한다고 가정하라.
   a. 전기장은 평판들에 퍼텐셜차를 가하여 만든다. 장의 세기 E_0는 방울이 운동 없이 멈춰 있도록 하는 원인이 된다. 멈춤 장 E_0와 방울의 무게 mg로 방울의 전하를 구하시오.
   b. 전기장 E_0는 평판들 사이의 간격과 가해진 퍼텐셜차를 앎으로써 결정된다. 더 큰 문제는 작은 방울의 질량을 결정하는 것이다. 저항력 혹은 끌림힘이 있는 점성 매체에서 떨어지는 질량 m을 생각한다. 매우 작은 입자에 대해 저항력은 $F_{drag} = -bv$로 주어진다. 여기서 b는 상수이고 v는 방울의 속도이다. 부호는 방울이 떨어질 때 끌림힘 벡터가 위 방향을 향하는 것을 알려준다. 떨어지는 방울은 재빨리 **종단 속력**이라 하는 일정한 속력에 도달한다. 종단 속력 v_{term}을 m, g와 b로 표현하시오.
   c. 공기를 통하여 천천히 이동하는 반지름 r의 구형 물체가 저항력 $F_{drag} = -6\pi\eta rv$로 표현됨을 알고 있다. 여기서 η는 공기의 **점도**(viscosity)이다. 종단 속도 v_{term}로 떨어지는 밀도 ρ인 구형 방울의 반지름이

$$r = \sqrt{\frac{9\eta v_{term}}{2\rho g}}$$

   인 것을 보이기 위해 저항력과 문항 b의 답을 사용하시오.
   d. 기름은 860 kg/m^{3}의 밀도를 가지고 있다. 1.0 cm 떨어져 있는 두 평판 사이에 퍼텐셜차를 1177 V로 조정하여 기름방울이 두 평판 사이에 멈추도록 하였다. 전압이 제거되었을 때 방울은 떨어지고 재빨리 일정한 속력에 도달한다. 스톱워치로 측정하였더니 7.33 s에 3.00 mm 떨어졌다. 공기의 점도는 1.83×10^{-5} kg/m^{3}이다. 방울의 전하는 얼마인가?
   e. 이 방울은 얼마의 기본 전하 단위를 가지고 있는가?

38 양자화
Quantization

개개의 원자들이 실리콘 웨이퍼 표면에서 주사형 터널 현미경 형상으로 보인다.

이 장에서는 빛과 물질의 에너지 양자화를 배운다.

양자화란 무엇인가?

양자화는 연속적인 값이 불연속적 값으로 변화하는 과정이다. 고전역학에서 에너지는 어떠한 값도 가질 수 있었다. 그러나 원자 수준에서는 다르다.

- 광파의 에너지는 별개의 '덩어리' 또는 광자라고 하는 양자들로 나뉜다.
- 원자의 전자들은 불연속적 에너지들의 특정 상태에서만 존재한다. 이들은 원자의 양자 상태들이다.

광자란 무엇인가?

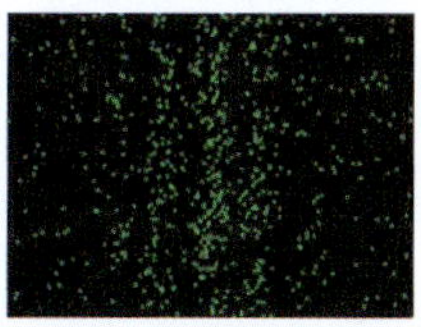

광자 간섭

빛의 광자 모형은 빛이 입자와 같은 단위의 광자로 구성되어 있다고 말한다.

- 진동수가 f인 광자 에너지는 양자화되어 있다. $E_{photon} = hf$, 여기서 h는 플랑크 상수이다.
- 매우 낮은 세기에서 빛은 입자 같은 형상으로 검출된다.

« 되돌아보기: 33.2 간섭

광자의 결과는 무엇인가?

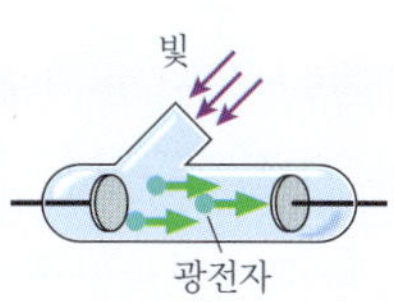

- 광자는 광전 효과를 설명한다. 파장이 짧은 빛은 금속 표면에서 전자를 방출시키지만 파장이 긴 빛은 그렇지 않다.
- 광자는 또한 콤프턴 산란을 설명한다. X선의 파장은 표적에서 X선이 산란될 때 바뀐다.

물질파는 무엇인가?

전자 간섭

전자 그리고 중성자와 같은 물질의 입자는 파동적 성질과 같은 간섭을 경험할 수 있음을 배운다. 질량이 m이고 속력이 v인 드브로이 파장은 $\lambda = h/mv$이다. 여기서 h는 플랑크 상수이다.

물질파의 결과는 무엇인가?

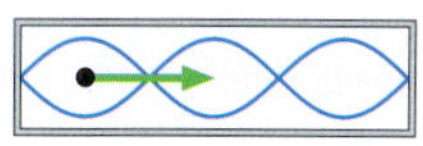

상자 속 입자

- 상자에 속박된 입자와 같은 파동은 그것이 좌우로 반사함으로써 정상파를 생성한다.
- 보어에서 시작하여 양자역학과 이어지는 물질의 양자 이론(40장 참조)은 물질의 파동과 같은 성질을 기반으로 한다.

보어의 원자 모형은 무엇인가?

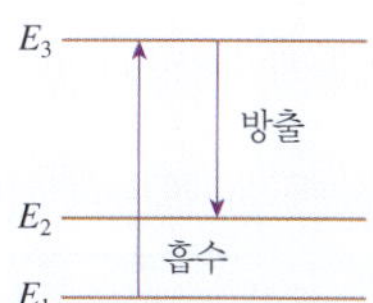

에너지 준위 도표

보어 모형은 러더포드의 태양계 원자에 양자 개념을 추가한다.

- 전자는 특정 불연속 반지름과 에너지로만 선회할 수 있다.
- 광자는 전자들이 에너지 준위 사이를 도약할 때 방출되거나 흡수된다.

« 되돌아보기: 37.6 러더퍼드 모형

38.1 광전 효과

1886년 전자기파를 인위적으로 생성할 수 있다고 처음으로 입증한 헤르츠(Heinrich Hertz)는 음으로 대전된 검전기로 자외선을 비춰줌으로써 방전되는 것에 주목하였다. 헤르츠의 관찰은 톰슨(J. J. Thomson)의 관심을 끌었고, 그는 자외선이 전극의 전자를 방출시키고 전기적 중립으로 회귀하는 것이라고 추론했다. 전극판에 빛이 충돌하여 발생된 전자 방출은 **광전 효과**(photoelectric effect)로 일컬어진다. 방출된 전자는 발생된 원인을 나타내기 위해 종종 **광전자**라고 불린다. 그러나 광전자는 다른 전자들과 모든 점에서 동일하다.

이러한 발견은 과학 역사에서 작은 각주에 불구한 듯하지만 새로운 개념의 문을 여는 중대한 사건이 되었다.

광전 효과의 특징들

그림 38.1 광전 효과를 연구하기 위한 레나드의 실험장치

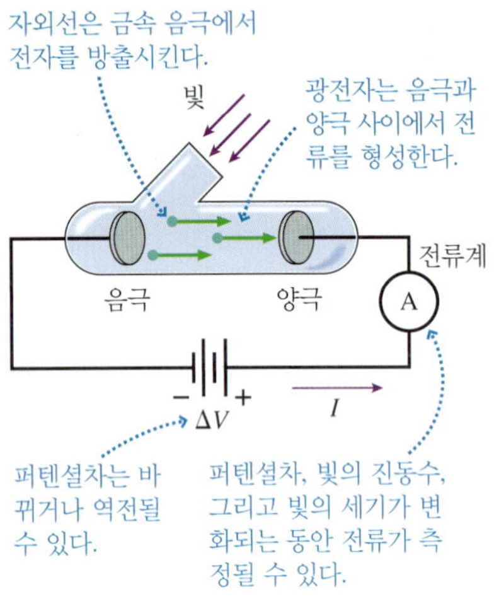

이 자체로는 고전물리학에 큰 타격을 가할만한 발견은 아니었다. 그러나 헤르츠의 학생이었던 레나드(Phillip Lenard)는 1900년에 광전 효과의 특징들을 찾았다. 레나드는 그림 38.1과 같이 마주 보는 두 전극과 창이 있는 유리관을 만들었다. 유리관 내부를 진공 상태로 만든 후 음극선에 빛을 쏘였다.

레나드는 자외선이 음극에 비췄을 때 전류계에서 반시계 방향의 전류(전자들의 시계 방향으로 흐름)를 확인하였다. 이 회로에는 접합점이 없기 때문에 회로 주변에 전류는 모두 동일해야 한다. 음극과 양극 사이의 공간에서 전류는 도선에 흐르는 전류와 **동일한 비율**(초당 동일한 전자수)로 전극 사이의 진공 공간(즉, 도선 내부가 아님)을 통해 자유롭게 이동하는 전자로 구성된다. 전극들이 암실에 놓여 있다면 전류는 흐르지 않는다. 따라서 전자들은 자발적으로 전극 사이를 도약하지 않는다. 그러나 빛은 전자가 일정한 속도로 음극으로부터 방출되도록 한다.

레나드는 두 전극 사이에 적절한 퍼텐셜차 ΔV를 형성하기 위해 건전지를 사용했다. 그는 그 다음에 전류 I가 퍼텐셜차와 빛의 진동수와 세기가 변함에 따라 어떻게 변하는지를 연구했다. 레나드는 다음과 같은 관찰을 하였다.

그림 38.2 일정한 세기의 빛에 대해 진동수 f의 함수로써의 광전자 전류

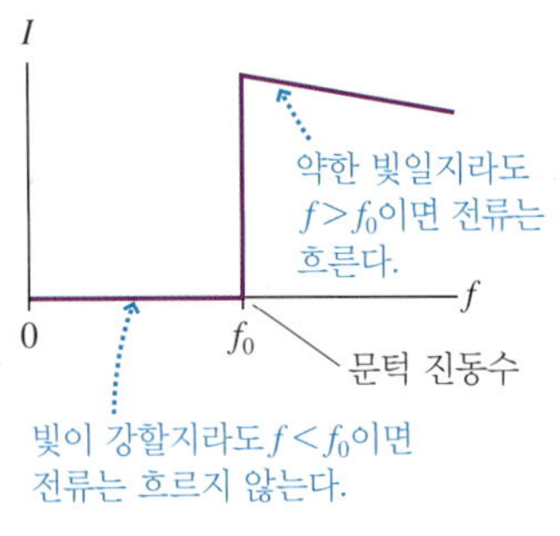

1. 전류 I는 빛의 세기와 직접적으로 비례한다. 만약 빛의 세기가 두 배가 되면 전류 또한 두 배가 된다.
2. 빛를 가하면 전류는 지연 없이 발생한다. 이는 레나드 장비의 반응속도 0.1초 이내를 고려한 것이다. 나중 실험들에서 전류가 1나노초 이내로 반응함을 확인했다.
3. 광전자들은 **문턱 진동수**(threshold frequency) f_0를 초과하는 빛의 진동수 f에만 반응한다. 그림 38.2에서 볼 수 있다.
4. 문턱 진동수 f_0값은 음극이 만들어진 금속 종류에 따라 다르다.
5. 만약 퍼텐셜차 ΔV가 1 V(음극에 대해 양인 양극)보다 크다면 전류는 ΔV가 증

가할 때 변하지 않는다. 만약 ΔV가 음(음극에 대해 음인 양극)으로 된다면, 건전지 반전으로, 퍼텐셜차 $\Delta V = -V_{stop}$에서 전류가 0이 될 때까지 감소한다. V_{stop}의 값을 **멈춤 퍼텐셜**(stopping potential)이라고 한다. 그림 38.3은 이러한 형상을 보여준다.

6. V_{stop}의 값은 약한 빛이나 강한 빛이나 동일하다. 강한 빛은 더 큰 전류를 발생시키지만 그림 38.3에서처럼 두 경우 모두 $\Delta V = -V_{stop}$일 때 전류는 멈춘다.

그림 38.3 건전지 퍼텐셜의 함수인 광전자 전류

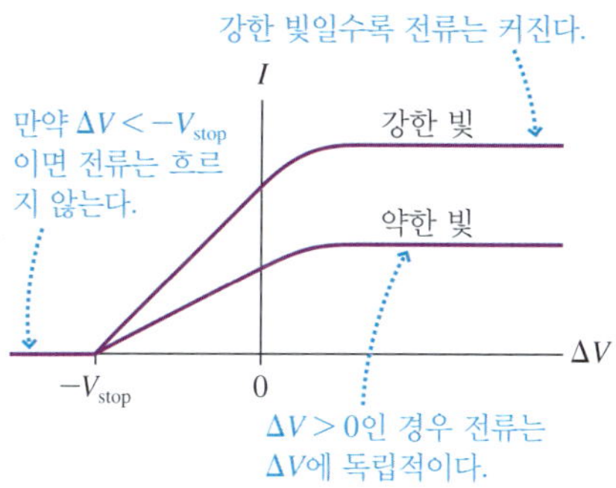

광전 효과의 고전적 해석

광전 효과의 단순한 존재는 고전물리학을 어렵게 하는 것이 아니다. 전자는 물질 내 전하 운반자임을 22장에서 배웠다. 전자들은 자유롭게 움직이지만 금속 내부에 갇혀 있고 상온에서 자발적으로 전극 밖으로 튀어나오지 않는다. 그러나 충분히 높은 온도로 가열된 금속의 일부는 **열방출**(thermal emission) 과정에서 전자들을 방출한다. 오래된 TV 또는 컴퓨터 화면 단말기 내부의 전자총은 뜨거운 텅스텐 필라멘트로부터 전자들의 열방출로 시작된다.

그림 38.4와 같이 수영장은 유용한 비유이다. 물 분자들은 물이 고요할 때 수영장 밖으로 튀어나오지 않는다. 물 분자를 제거하기 위해서, 수영장 위쪽으로 들어 올리기 위해 중력에 반하는 일을 해야 한다. 물 분자를 추출하기 위해서는 최소한의 에너지가 필요하다. 즉, 표면에 있는 분자를 들어 올리는 데 필요한 에너지이다. 깊은 곳에 있는 물 분자를 제거하는 것은 최소 에너지보다 더 많은 에너지가 필요하다. 수영장에서 놀고 있는 사람들은 물에 에너지를 가하여 파도를 일으킨다. 만일 충분한 에너지가 가해진다면 몇 개의 물 분자는 수영장을 벗어날 수 있는 충분한 에너지를 갖게 될 것이다.

그림 38.4 금속에서 전자의 수영장 비유

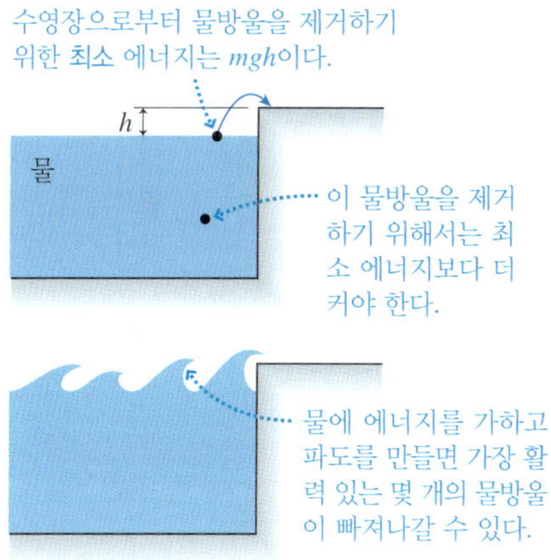

이와 마찬가지로, 금속으로부터 전자가 자유롭게 되기 위해 최소 에너지가 필요하다. 전자를 추출하기 위해 전자가 충분히 금속으로부터 탈출할 수 있도록 전자에 힘을 가하고 끌어당길(즉, 일을 한다) 필요가 있다. 전자를 추출하는 데 필요한 최소 에너지 E_0를 금속의 **일함수**(work function)라고 한다. 깊은 곳에 있는 물 분자처럼 어떤 전자들은 금속을 탈출하기 위해 E_0보다 더 많은 에너지가 필요할지도 모른다. 그러나 적어도 E_0 이상은 필요하다. 다른 금속들은 다른 일함수를 갖는다. 표 38.1은 몇 개의 금속들의 일함수를 보여준다. 일함수는 eV로 주어졌음에 주목하라.

표 38.1 몇몇 원소들의 일함수

원소	E_0(eV)
칼륨	2.30
나트륨	2.75
알루미늄	4.28
텅스텐	4.55
구리	4.65
철	4.70
금	5.10

수영장에서 물장구를 치는 것과 같이 금속에 열을 가하면 전자의 열에너지가 증가한다. 충분히 높은 온도에서 작은 비율의 전자들의 운동 에너지는 일함수를 초과할 수 있다. 이런 전자들은 "수영장 밖으로 탈출하고" 금속을 이탈할 수 있다. 실제로, 텅스텐과 같이 금속이 녹기 전에 열방출이 중요해질 수 있는 몇 가지 원소가 있다.

결정 격자가 아닌 전자들의 온도만을 증가시킨다고 가정해보자. 한 가지 가능한 방법은 결정 표면에 광파를 비춰주는 것이다. 왜냐하면 전자기파는 양이온이 아닌 전자들에 의해 흡수되기 때문에, 광파는 오직 전자들에게만 열을 가한다. 결국 전자들의 에너지는 충돌을 통해서 결정 격자에 전달된다. 만약 빛이 충분히 강하면 전자의 온도는 금속보다 더 높아질 수 있다. 1900년에는 강한 광원이 금속을 녹이지 않고 전자의 열방출을 일으킬 수 있다고 생각하는 것이 당연했다.

멈춤 퍼텐셜

그림 38.5 광전자 전류는 양극 퍼텐셜에 달렸다.

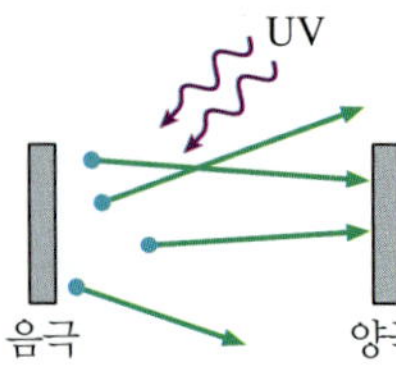

$\Delta V = 0$: 광전자는 모든 방향으로 음극을 떠난다. 몇 개만 양극에 도달한다.

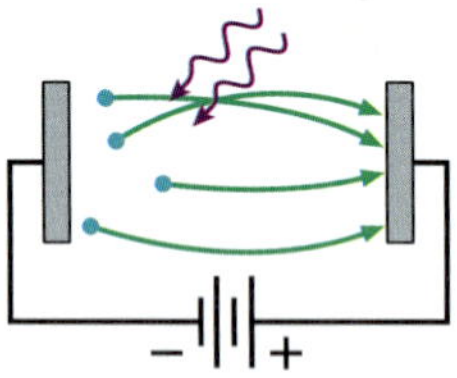

$\Delta V > 0$: 양극은 광전자를 끌어당긴다.

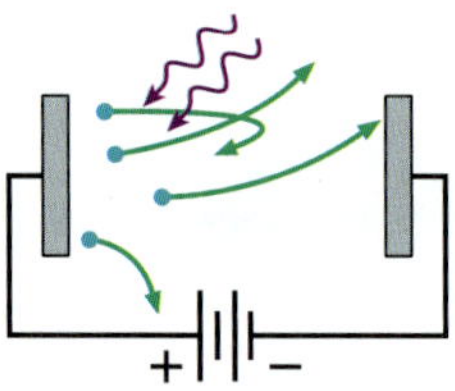

$\Delta V < 0$: 음극은 전자를 밀어낸다. 매우 빠른 전자만이 양극에 도달한다.

광전자들은 운동 에너지를 가지고 음극을 떠난다. 금속 내부에 에너지 E_{elec}인 전자가 방출될 때 ΔE의 에너지를 잃는다. 따라서 $K = E_{elec} - \Delta E$인 광전자로 나타난다. 일함수 에너지 E_0는 전자를 방출시키기 위한 최소 에너지이고 광전자의 최대 가능 운동 에너지는

$$K_{max} = E_{elec} - E_0 \tag{38.1}$$

이다. 어떤 광전자들은 측정 가능한 전류를 생성하며 양극에 도달하지만 다수는 그렇지 않다. 그러나 **그림 38.5**와 같이,

- 양의 전압이 걸린 양극은 광전자를 끌어당긴다. 전자들 모두가 양극에 도달하면 약 1 V보다 큰 ΔV에서 발생하며, ΔV가 더 증가해도 전류 I는 더 이상 증가하지 않는다. 그림 38.3 오른쪽의 그래프 선이 수평이 된 이유다.
- 음의 전압이 걸린 양극은 전자들을 밀어낸다. 그러나 충분한 운동 에너지로 음극을 떠나는 광전자들은 양극에 도달할 수 있다. 전류는 멈춤 퍼텐셜에서 모든 전자가 되돌아가서 전류가 멈출 때까지 양극 전압이 점점 음으로 증가함에 따라 꾸준히 감소한다. 그림 38.3의 왼쪽에서 관찰되는 현상이었다.

그림 38.6 에너지는 보존된다.

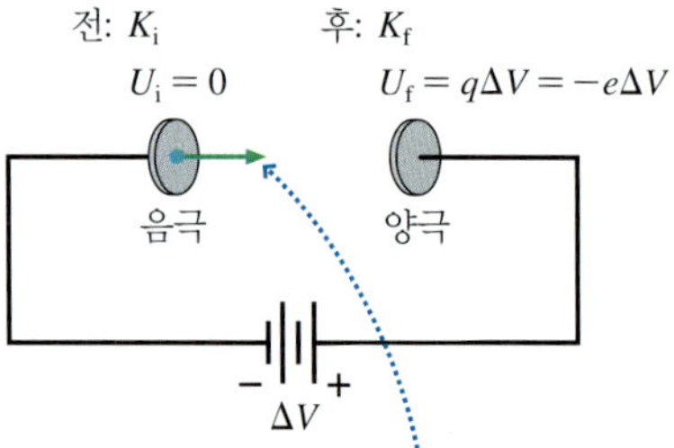

전자의 운동 에너지와 퍼텐셜 에너지는 음극에서 양극으로 이동함에 따라 변한다.

그림 38.6과 같이 음극을 퍼텐셜 에너지가 0이 되는 지점이 되게 하자. 운동 에너지 K_i인 음극으로부터 방출되는 전자의 초기 총에너지는

$$E_i = K_i + U_i = K_i + 0 = K_i$$

이다. 전자가 음극에 대해 퍼텐셜 ΔV에 있는 양극에 도달하면, 전자는 $U = q\Delta V = -e\Delta V$의 퍼텐셜 에너지를 갖게 되고 나중 총에너지는

$$E_f = K_f + U_f = K_f - e\Delta V$$

가 된다. 에너지 보존 $E_f = E_i$로부터 이 전자의 나중 운동 에너지는

$$K_f = K_i + e\Delta V \tag{38.2}$$

이다. 만약 ΔV가 양이면 전자의 속력은 증가한다($K_f > K_i$). ΔV가 음이면 전자의 속력은 감소하지만 K_i가 충분히 클 때 전자는 양극에 도달한다($K_f > 0$).

초기 운동 에너지가 K_i인 전자는 $\Delta V = -K_i/e$인 퍼텐셜차에서 양극에 도달할 때 정지할 것이다. $K = K_{max}$인 가장 빠른 전자들을 되돌리고 전류가 정지하는 퍼텐셜차는

$$\Delta V_{\text{stop fastest electrons}} = -\frac{K_{max}}{e}$$

이다. 정의에 의해 전자 전류를 멈추게 하는 퍼텐셜차는 $\Delta V = -V_{stop}$이다. 여기서 V_{stop}은 멈춤 퍼텐셜이다. 멈춤 퍼텐셜은

$$V_{\text{stop}} = \frac{K_{\text{max}}}{e} \tag{38.3}$$

이다. 따라서 멈춤 퍼텐셜은 광전자들의 최대 운동 에너지를 알려준다.

예제 38.1 | 고전 광전 효과

광전 효과 실험은 알루미늄 전극으로 한다. 음극 내부 전자의 속력은 1.5×10^6 m/s이다. 양극과 음극 사이 퍼텐셜차가 −2.00 V일 때 양극에 도달한 전자의 최대 가능 속력은 얼마인가?

핵심 에너지는 보존된다.

풀이 전자가 최대 가능 운동 에너지로 탈출한다면 양극에서 전자의 운동 에너지는 $\Delta V = -2.00$ V와 식 (38.2)에서 주어질 것이다. 전자의 초기 운동 에너지는

$$E_{\text{elec}} = \tfrac{1}{2}mv^2 = \tfrac{1}{2}(9.11 \times 10^{-31}\ \text{kg})(1.5 \times 10^6\ \text{m/s})^2$$

$$= 1.025 \times 10^{-18}\ \text{J} = 6.41\ \text{eV}$$

이다. 전자가 음극을 떠날 때 전자의 최대 가능 운동 에너지는

$$K_{\text{i}} = K_{\text{max}} = E_{\text{elec}} - E_0 = 2.13\ \text{eV}$$

이다. 여기서 $E_0 = 4.28$eV는 알루미늄의 일함수이다. 따라서 식 (38.2)에 의해 양극에서 운동 에너지는

$$K_{\text{f}} = K_{\text{i}} + e\Delta V = 2.13\ \text{eV} - (e)(2.00\ \text{V}) = 0.13\ \text{eV}$$

이다. 전자가 퍼텐셜차 −2.00 V를 통과할 때 운동 에너지 2.00 eV 손실이 있음에 주목하라. 따라서 J 단위로 변환 없이 eV 단위로 나중 운동 에너지를 계산할 수 있다. 그러나 나중 속력을 계산할 때는 J이 필요하다.

$$K_{\text{f}} = \tfrac{1}{2}mv_{\text{f}}^2 = 0.13\ \text{eV} = 2.1 \times 10^{-20}\ \text{J}$$

$$v_{\text{f}} = \sqrt{\frac{2K_{\text{f}}}{m}} = 2.1 \times 10^5\ \text{m/s}$$

고전적 해석의 한계

고전적 분석은 앞에서 언급한 관찰 1-5번을 설명할 수는 있다. 그러나 이 분석에서 레나드가 발견한 것처럼 문턱 진동수가 있어야 한다는 것은 아니다. 세기는 약하지만 f_0를 약간 넘는 진동수가 전류를 생성할 수 있다면 세기는 강하지만 f_0보다 약간 작은 진동수에서는 왜 전류를 생성하지 못할까?

전류가 바로 생성된다는 레나드의 관찰은 어떠한가? 광전자가 열방출 때문이라면 빛이 전자를 방출시키기 위해서 전자의 온도를 충분히 상승시키는 데 약간의 시간이 걸린다. 실험적 증거는 매우 불일치했다. 그리고 세기가 강한 빛은 더 높은 온도로 전자를 가열할 것으로 기대했다. 이렇게 하면 광전자의 최대 운동 에너지가 증가해야 하므로 멈춤 퍼텐셜 V_{stop}을 증가시켜야 한다. 그러나 세기가 강한 빛과 세기가 약한 빛의 멈춤 퍼텐셜은 같다.

광전자의 존재는 놀라운 것이 아니지만, 관찰된 광전자 현상은 고전물리학으로 설명할 수 없었다. 문턱 진동수와 순간 전류는 특히 이례적인 듯했다.

38.2 아인슈타인의 해석

1905년, 아인슈타인은 그가 일반 대중에게 가장 잘 알려져 있는 주제인 상대성 이론에 관한 최초 논문을 게재했다. 그는 빛의 본성에 대한 논문도 기고했다. 아인슈타인

젊은 시절 아인슈타인

은 매우 간단한 제안을 했지만 레나드의 광전 효과를 설명하는 데 놀라울 정도로 기발한 생각이었다.

몇 년 전, 1900년에 독일 물리학자 플랑크(Max Planck)는 뜨거운 물체에 의해 방출되는 무지개와 같은 흑체 스펙트럼의 세부 사항을 이해하려고 노력했다. 이전 장에서 언급했듯이, 이 문제는 고전물리학 분석으로 산출되지는 않았지만, 플랑크는 특정 가정을 통해 스펙트럼을 완벽하게 계산할 수 있다는 것을 발견했다. 고체 내 원자들은 진동수 f로 평행 위치에서 앞뒤로 진동을 한다. 단순 조화 진동자의 에너지는 진동 진폭에 의존하고 어떠한 가능한 값도 가질 수 있다고 15장에서 배웠다. 그러나 스펙트럼을 정확하게 예측하기 위해, 플랑크는 진동하는 원자가 모든 가능한 에너지를 자유롭게 가지지 못한다고 가정해야만 했다. 대신 진동수 f로 진동하는 원자의 에너지는 특정한 에너지 $E=0, hf, 2hf, 3hf, \cdots$의 하나를 가져야만 한다. 여기서 h는 상수이다. 따라서 진동 에너지들은 **양자화**되어 있다.

플랑크는 실험값과 스펙트럼 계산값을 비교하여 상수 h값을 결정할 수 있었다. 물리학에서 소개된 이 상수는 현재 **플랑크 상수**(Planck's constant)로 불린다. 그 값은

$$h=6.63\times10^{-34}\ \text{Js}=4.14\times10^{-15}\ \text{eV s}$$

이다. 첫 번째 값은 SI 단위이며 대부분의 계산에서 사용되는 적절한 단위이지만, 두 번째 값인 eV 단위가 에너지를 표현할 때 매우 유용하다는 것을 알게 될 것이다.

아인슈타인은 플랑크의 양자화 개념을 심각하게 받아들인 첫 번째 과학자였다. 그는 더 나아가 **전자기 복사 자체가 양자화되어 있다고 제안했다!** 즉, 빛은 실질적으로 연속적인 파동이 아니라 에너지 묶음 또는 작은 뭉치로 도달한다는 것이다. 아인슈타인은 각각의 에너지 묶음을 **빛양자**(light quantum)라고 정의하고 빛양자의 에너지는 빛의 진동수에 정비례한다고 가정했다. 각각의 빛양자는 에너지

$$E=hf \tag{38.4}$$

를 갖는다. 여기서 h는 플랑크 상수이고 f는 빛의 진동수이다.

빛양자의 개념이 난해하므로 빗방울로 분석해보자. 폭우는 빗방울들의 급류가 형성되지만 가벼운 샤워에서는 거의 없다. '강렬한' 비와 '약한' 비 사이의 차이는 빗방울의 도달 비율이다. 강렬한 비는 지붕에 지속적인 소리를 만들므로 개개의 빗방울 소리를 인지하지 못한지만 가벼운 비에서는 분명해진다.

이와 마찬가지로, 강한 빛은 초당 많은 양자들이 도달하여 마치 빛이 연속적인 것처럼 보이지만 매우 약한 비는 초당 약간의 양자들만으로 구성된다. 그리고 크기가 다르고 질량이 큰 빗방울은 더 큰 운동 에너지를 갖는 것처럼, 높은 진동수의 빛양자는 더 많은 양의 에너지를 가지고 있다. 이런 비유가 완벽하지는 않을지라도, 이는 표면에 도달하는 빛양자들의 유용한 사고 그림을 제공한다.

예제 38.2 | 빛양자

눈의 망막에는 원뿔 모양인 세 가지 유형의 광수용기가 있고 437 nm, 533 nm 및 575 nm에서 최대 감도를 나타낸다. 각각에 대해, 그 파장을 갖는 하나의 빛양자의 에너지는 얼마인가?

핵심 빛의 에너지는 양자화되어 있다.

풀이 파장이 λ인 빛의 진동수는 $f = c/\lambda$이다. 이 파장의 빛의 양자 에너지는

$$E = hf = \frac{hc}{\lambda}$$

이다. 이 계산에서 λ는 m 단위이지만 플랑크 상수를 eV 단위로 사용하는 것이 유용하다. 437 nm에서 에너지는

$$E = \frac{(4.14 \times 10^{-15}\ \text{eV s})(3.00 \times 10^{8}\ \text{m/s})}{437 \times 10^{-9}\ \text{m}} = 2.84\ \text{eV}$$

이다. 다른 두 파장에 대해 동일한 방법으로 계산을 하면 533 nm에서 $E = 2.33$ eV이고 575 nm에서는 $E = 2.16$ eV이다.

검토 빛양자 에너지를 표현하는 데 J보다 eV가 더 편리함이 입증되었다. 이 파장들은 400~700 nm의 가시 스펙트럼의 적절한 부분에 걸쳐 있기 때문에 가시광선은 약 2~3 eV의 에너지를 갖는 광양자에 해당한다.

아인슈타인의 가설들

아인슈타인은 빛양자와 물질과 상호작용에 대한 세 가지 가설을 세웠다.

1. 진동수가 f인 빛은 각각의 에너지가 $E = hf$인 양자로 구성되어 있다. 각각의 광자는 광속 c로 움직인다.
2. 빛양자는 방사되거나 흡수된다. 물질은 1 또는 2 또는 3개의 양자를 방출할 수 있지만 1.5는 방출할 수 없다. 마찬가지로, 금속의 전자는 한 번에 전체 빛양자를 흡수해야 한다. 즉 절반의 양자를 흡수할 수 없다.
3. 하나의 빛양자는 금속에 흡수될 때 총에너지가 1개의 전자에 전달된다.

아인슈타인의 가설이 어떻게 광전 효과에 적용되는지 살펴보자. 만약 아인슈타인이 옳다면 금속에 인가되는 진동수가 f인 빛은 빛양자의 흐름이고 각각의 에너지는 hf이다. 각각의 양자는 하나의 전자에 의해 흡수되고, $E_{elec} = hf$ 에너지를 그 전자에게 준다. 이는 흥미로운 몇 가지 결론에 이르게 한다.

그림 38.7 광전자 생성

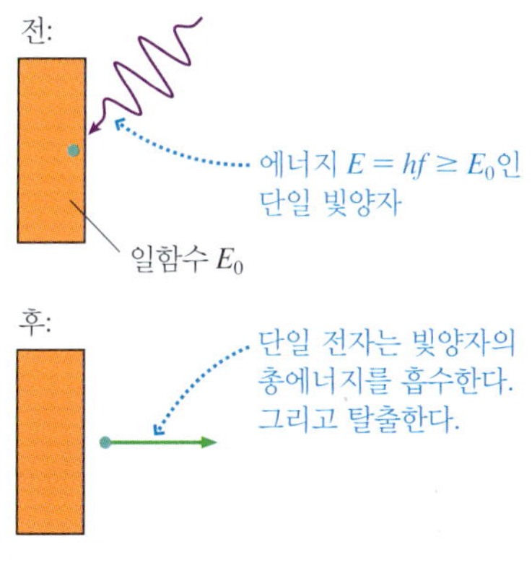

1. 빛양자 에너지를 흡수한 전자는 $E_{elec} = hf$를 갖는다.(상온에서 전자의 열에너지는 hf보다 매우 작아 무시할 수 있다.) 그림 38.7은 만약

$$E_{elec} = hf \geq E_0 \tag{38.5}$$

이면, 광전자가 되어 금속을 탈출할 수 있다는 것을 보여준다. 여기서 일함수 E_0는 금속으로부터 자유로워지기 위한 최소 에너지이다. 결과적으로 광전자들을 방출하기 위한 **문턱 진동수**는

$$f_0 = \frac{E_0}{h} \tag{38.6}$$

이다. 만일 f가 f_0보다 아주 조금이라도 작다면 빛의 세기와 상관없이 탈출할 수 있는 충분한 에너지를 갖지 못할 것이다. 그러나 $f \geq f_0$인 매우 약한 빛일지라도

각각의 빛양자의 모든 에너지를 전자에 전달하기 때문에 몇 개의 전자에게 탈출할 수 있는 충분한 에너지를 공급한다. 이러한 문턱 현상은 정확하게 레나드가 관찰했던 것이다.

2. 더 강한 빛이라 함은 같은 에너지의 양자들이 더 많다는 것을 의미하며, 더 높은 에너지의 양자를 뜻하지는 않는다. 이런 양자는 많은 광전자들을 방출시키고 관찰한 대로 더 큰 전류를 발생시킨다.
3. 서로 다른 광전자들은 탈출하기 위해 서로 다른 에너지를 필요로 하기 때문에 운동 에너지의 분포가 있지만 최대 운동 에너지는

$$K_{max} = E_{elec} - E_0 = hf - E_0 \tag{38.7}$$

이다. 식 (38.3)에서와 같이 멈춤 퍼텐셜 V_{stop}은 K_{max}에 정비례한다. 아인슈타인의 이론은 멈춤 퍼텐셜이 빛의 진동수와 관련 있음을 예측했다.

$$V_{stop} = \frac{K_{max}}{e} = \frac{hf - E_0}{e} \tag{38.8}$$

멈춤 퍼텐셜은 빛의 세기와는 무관하다. 약한 빛, 강한 빛 모두 동일한 멈춤 퍼텐셜을 갖는다. 이는 레나드가 관찰하였지만 명확하게 설명되지는 않았다.

4. 만일 1개의 빛양자가 에너지 hf를 1개의 전자에 전달한다면 전자는 즉시 탈출할 수 있는 충분한 에너지를 갖게 된다. 레나드가 관찰한 대로 전류는 지연 없이 바로 흐르게 된다.

그림 38.8 조약돌은 에너지를 물에 전달한다.

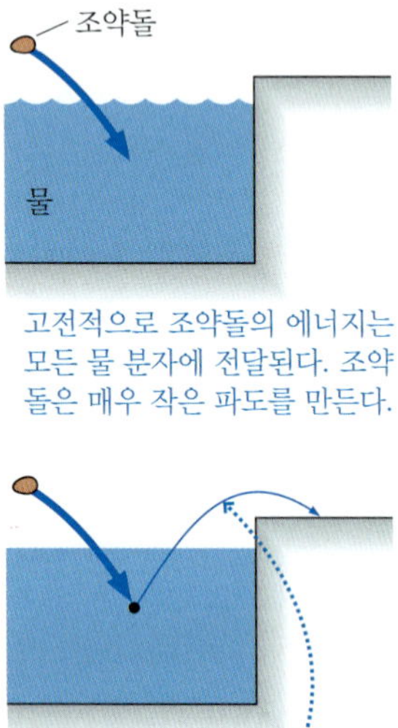

수영장 비유를 다시 보면 그림 38.8은 수영장에 조약돌을 던지는 모습을 보여준다. 조약돌은 물에 에너지를 증가시키지만 수영장에 있는 모든 물 분자에 에너지를 나누어 전달한다. 물 에너지의 증가는 물결을 만들거나 수영장 밖으로 물이 튀기기에도 충분하지가 않다. 그러나 조약돌의 모든 에너지가 한 물방울에 전달된다고 가정해보자. 그 물방울은 수영장 밖으로 쉽게 튀어나올 수 있을 것이다. 빛양자의 모든 에너지가 1개의 전자에 전달된다는 아인슈타인의 가설은 조약돌의 에너지가 물방울에 모두 전달된다는 것과 동일하다.

예측

아인슈타인의 가설은 레나드의 관찰에 대해 모두 설명할 뿐만 아니라 새로운 예측도 가능하다. 식 (38.8)에 따르면 멈춤 퍼텐셜은 빛의 진동수 f에 선형적으로 증가하는 함수가 되어야만 한다. 문턱 진동수 $f_0 = E_0/h$의 형태로 식 (38.8)을 다시 정리하면

$$V_{stop} = \frac{h}{e}(f - f_0) \tag{38.9}$$

이다. 멈춤 퍼텐셜 V_{stop} 대 빛 진동수 f의 그래프는 $f = f_0$에서 0으로 시작되고 기울기 h/e로 선형적으로 증가한다. 사실 그래프의 기울기는 플랑크 상수 h를 측정하는 방법을 제공한다.

레나드는 다른 진동수들에 대한 멈춤 퍼텐셜을 측정하지 못했다. 아인슈타인은 그

의 가설의 아직 시험되지 않은 예측으로써 이 측정을 제안했다. 전자 e를 측정하기 위한 기름방울 실험으로 알려진 밀리컨은 이 도전에 응했다. 그림 38.9는 밀리컨의 세슘 음극 측정값을 보여준다. 진동수 f와 V_{stop} 사이 관계는 선형적이라는 아인슈타인의 예측이 확인되었다.

밀리컨은 그의 그래프의 기울기를 측정했고 h를 찾기 위해 e값(몇 년 전 기름방울 실험에서 측정한 값)을 곱했다. 1900년에 플랑크가 완전히 다른 실험을 통해 구한 값과 밀리컨의 값은 정확히 동일했다. 물리학자들이 싫든 좋든 간에 빛양자는 사실이었다.

그림 38.9 다양한 빛 진동수에 대한 밀리컨의 멈춤 퍼텐셜 측정 그래프

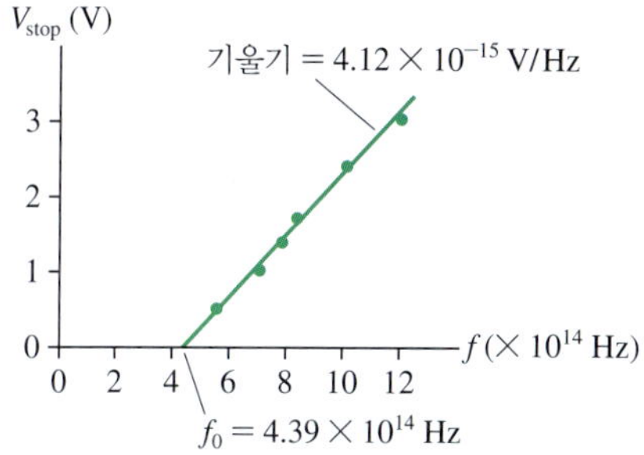

예제 38.3 광전자 문턱 진동수

나트륨과 알루미늄의 광방출을 위한 문턱 진동수와 파장은 얼마인가?

풀이 표 38.1에서 나트륨 일함수 $E_0 = 2.75$ eV와 알루미늄 일함수 $E_0 = 4.28$ eV를 확인할 수 있다. h를 eV 단위와 식 (38.6)을 사용하여 문턱 진동수를 계산하면

$$f_0 = \frac{E_0}{h} = \begin{cases} 6.64 \times 10^{14}\ \text{Hz} & \text{나트륨} \\ 10.34 \times 10^{14}\ \text{Hz} & \text{알루미늄} \end{cases}$$

이다. 문턱 진동수를 $\lambda = c/f$인 파장으로 전환하면 다음과 같다.

$$\lambda = \begin{cases} 452\ \text{nm} & \text{나트륨} \\ 290\ \text{nm} & \text{알루미늄} \end{cases}$$

검토 광전 효과는 $\lambda < 452$ nm에 대해 나트륨에서 관찰될 수 있다. 파란색과 보라색 가시광선이 관찰되지만 빨간색, 주황색, 노란색, 또는 녹색 가시광선들은 관찰되지 않는다. 더 큰 일함수를 갖는 알루미늄은 이를 위해 $\lambda < 290$ nm의 자외선 파장이 필요하다.

예제 38.4 최대 광전자 속력

만일 나트륨이 300 nm에서 발광했다면 광전자의 최대 속력은 얼마인가?

풀이 이 빛 진동수는 $f = c/\lambda = 1.00 \times 10^{15}$ Hz이다. 빛양자는 $hf = 4.14$ eV인 에너지를 갖는다. 광전자의 최대 운동 에너지는

$$K_{max} = hf - E_0 = 4.14\ \text{eV} - 2.75\ \text{eV} = 1.39\ \text{eV}$$
$$= 2.22 \times 10^{-19}\ \text{J}$$

이다. $K = \frac{1}{2}mv^2$에서 m은 전자의 질량이며 나트륨 원자의 질량이 아니므로 음극을 떠나는 광전자의 최대 속력은 다음과 같다.

$$v_{max} = \sqrt{\frac{2K_{max}}{m}} = 6.99 \times 10^5\ \text{m/s}$$

속력 단위 m/s로 계산하기 전에 K_{max}를 SI 단위 J로 변환해야 했음에 주목하라.

38.3 광자

아인슈타인은 많은 이들이 생각하는 것과는 달리 상대성 이론이 아닌 광전 효과에 대한 해석으로 1921년에 노벨상을 수상했다. 플랑크가 첫 번째 제안을 했지만 에너지가 양자화되어 있다는 것을 증명한 사람은 아인슈타인이었다. 빛의 양자는 차후 **광자**(photon)라고 명명되었다.

광자는 무엇일까? 이를 설명하기 위해 영의 이중 슬릿 간섭 실험인 빛의 파동성 실험을 회기해보자. 광원과 슬릿 사이 필터를 삽입하여 빛 세기를 매우 낮출 것이다.

그림 38.10 매우 낮은 빛 세기의 이중 슬릿 실험

(a) 매우 짧은 시간 후 무늬

(b) 약간 긴 시간 후 무늬

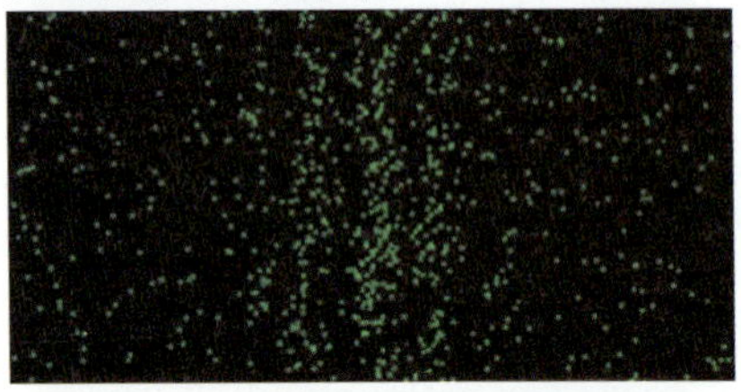

(c) 무늬 생성 계속

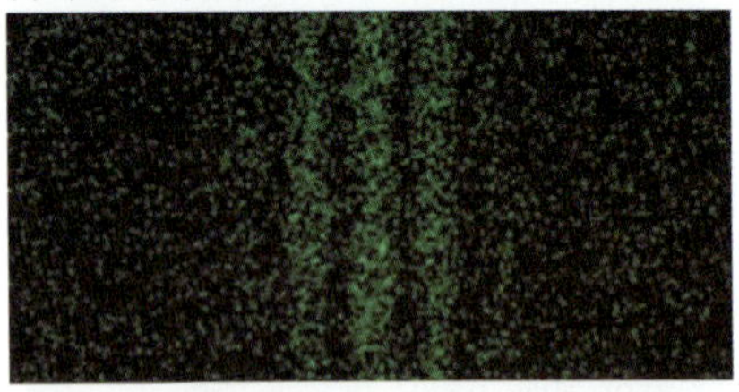

(d) 매우 긴 시간 후 무늬

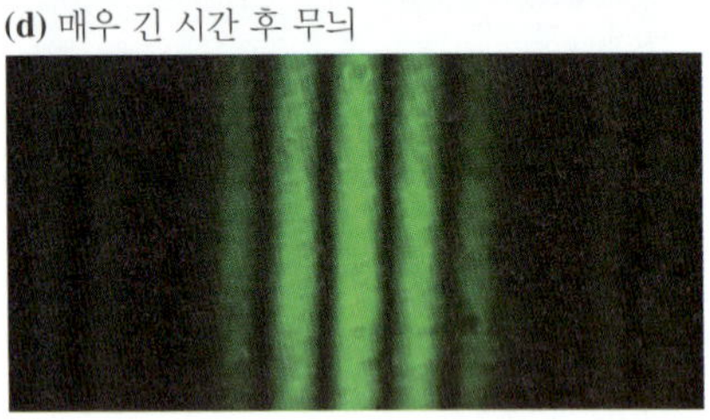

줄무늬는 육안으로 보기에는 너무 흐려서 화면을 오랜 시간 동안 영상을 쌓아올릴 수 있는 검출기로 대체한다.

이 실험에서 기대할 수 있는 결과는 무엇일까? 빛이 파동이라면 간섭 줄무늬의 본성이 변할 것이라는 생각을 할 이유가 없다. 검출기에는 밝은 띠와 어두운 띠가 계속 보여야 한다.

그림 38.10은 네 번 다른 시간의 실제 결과를 보인다. 초기에, 예측과는 달리, 검출기는 희미한 간섭 줄무늬가 아니라 별개의 밝은 점들을 보여준다. 만일 빛이 파동이라고 알지 못했다면 빛이 어떤 종류의 입자와 같은 물체의 흐름이라고 점들을 해석할 것이다. 그들은 겉으로 보기에 임의로 하나씩 도착하고 각각은 검출기 특정 지점에 국한된다.(파동은 공간에서 특정 지점에 국한되지 않는다.)

검출기가 장시간 점들을 축적하면 완전히 무작위가 아님을 알 수 있다. 점들은 보강 간섭이 관측되는 곳에 **정확하게** 띠를 형성한다. 어떠한 점들도 상쇄 간섭 지점에는 발견되지 않는다. 개개의 점들은 장시간 중첩되고 33장의 간섭 줄무늬 사진과 같이 보인다.

우리는 개개의 광자를 검출하고 있다! 대부분의 광원은, 심지어 희미한 광원일지라도 개개의 빗방울이 아니라 지붕에 폭우가 들리는 것처럼 중첩에 의한 파동과 같이 인식되는 엄청난 수의 광자를 방출한다. 그러나 매우 낮은 세기에서 빛은 빗방울을 뿌리지 않는 경우 무작위로 쌓이는 것처럼 개개의 광자들의 줄과 같이 나타나기 시작한다. 그림 38.10의 검출기에서 각각의 점은 광자와 같은 입자가 그 에너지를 전달하고 측정 가능한 신호를 발생시키는 지점을 나타낸다.

그러나 광자들은 확실히 고전적 입자들은 아니다. 뉴턴의 빛의 미립자와 같은 고전적 입자들은 이중 슬릿 실험의 두 슬릿을 통해 직선으로 이동하고 검출기에서 2개의 밝은 영역을 만든다. 대신, 그림 38.10처럼 광자들과 같은 **입자**들이 **파동**이 보강 간섭을 겪은 장소에 띠를 형성하면서 도착하는 듯하다.

오늘날, 한 번에 단 하나의 광자가 이중 슬릿 장치를 통과할 정도로 매우 낮은 빛 세기로 이 실험을 하는 것이 가능하다. 그러나 만일 한 번에 한 광자가 파동의 간섭 무늬를 형성할 수 있다면 무엇이 광자와 간섭하는 걸까? 유일하게 가능한 대답은 **광자가 자신을 간섭하고 있다**는 것이다. 그 밖에 다른 것은 없다. 그러나 만약 각각의 광자가 다른 광자들보다 자신과 간섭한다면 광자는 물체 같은 입자임에도 불구하고 어떻게든 슬릿을 통과해야 한다. 광자들은 동시에 입자 같으면서도 파동처럼 보인다.

이 모든 것이 꽤 미친 것처럼 보이지만 빛이 실제로 작용하는 방식이다. **때로는 빛이 입자 같은 행동을 보이고 때로는 마치 파동과 같은 행동을 한다.** 우리가 빛이라고 부르는 것은 그것이 처음 등장했을 때보다 더 낯설고 복잡하다. 또한, 우리가 보게 될 것처럼 이 반파동/반입자 행동은 빛에 국한되지 않는다.

빛의 광자 모형

빛의 광자 모형은 빛이 에너지의 '덩어리'라는 개념에 기반한 것이다. 빛의 에너지는 양자화되어 있다고 말한다.

모형 38.1

빛의 광자 모형

양자 효과가 중요한 경우에 사용한다.

- 빛은 **광자**라고 불리는 질량이 없는 개별 단위로 이루어져 있다. 광자는 진공 상태에서 광속으로 이동한다.
- 광자의 에너지는

$$E_{\text{photon}} = hf$$

이다. 여기서 f는 빛의 진동수 그리고 h는 플랑크 상수이다.

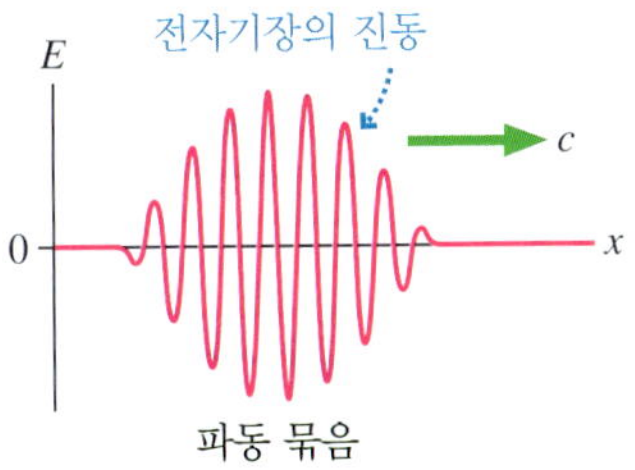

- 충분히 많은 광자들의 중첩은 고전적 광파의 특성을 갖는다.
- 한계: 매우 약한 빛에 대해서나 빛과 물질이 원자 수준에서 어떻게 상호작용하는지 분석하기 위해 광자 모형을 사용하라. 고전적 파동과 광선 모형은 우리의 일상적인 빛에 대한 경험에 더 적합하다.

광자는 때때로 모형 38.1에서 설명된 것처럼 **파동 묶음**(wave packet)으로 시각화된다. 이 전자기파는 파장과 진동수를 갖는다. 아직 이산적이고 국한되어 있다. 그러나 파동 묶음은 방출되거나 흡수되는 데 유한한 시간이 걸리기 때문에 파동 묶음은 정확하게 광자가 될 수 없다. 이는 모든 광자가 순간에 방출되거나 흡수된다는 많은 증거에 반한다. 광자가 '절반 흡수된' 시점이 없다. 파동 묶음 개념은 유용하지만, 여전히 광자를 표현하기에는 너무 고전적이다.

사실, 단순함은 광자의 진정한 표현은 아니다. 빗방울과 파동 묶음과 같은 비유는 유용할 수 있으나 어느 것도 완벽하지는 않다.

광자 비율

빗방울 비유에서 빛은 광자들의 흐름으로 이루어져 있다. 진동수 f의 단색광의 경우, N개의 광자는 총에너지 $E_{\text{light}} = Nhf$를 갖는다. 우리는 보통 빛의 **일률**, 또는 빛에너지가 전달되는 비율(초당 줄 또는 와트)에 더 관심이 있다.

일률은

$$P = \frac{dE_{\text{light}}}{dt} = \frac{dN}{dt}hf = Rhf \tag{38.10}$$

이다. 여기서 $R = dN/dt$는 광자가 도달하는 **비율** 또는 이와 동등하게 초당 광자수이다.

예제 38.5 | 레이저빔의 광자 비율

2.0 mW인 빨간색 레이저($\lambda = 650$ nm) 지시기가 화면을 비춘다. 초당 얼마나 많은 광자들이 화면에 충돌하겠는가?

핵심 빛의 광자 모형을 사용한다.

풀이 빛의 일률 또는 초당 전달되는 에너지는 다음과 같다.

$$P = 2.0 \text{ mW} = 0.00020 \text{ J/s}$$

빛의 진동수는 $f = c/\lambda = 4.61 \times 10^{14}$ Hz이다. 광자의 도달 비율인 초당 화면에 충돌하는 광자수는

$$R = \frac{P}{hf} = 6.5 \times 10^{15} \text{ s}^{-1}$$

이다.

검토 초당 매우 많은 광자수이다. 각각의 광자들을 인지하지 못하는 것은 놀랍지 않다!

심화 주제: 콤프턴 산란

거울에 녹색 레이저빔을 비춘다면 녹색 레이저빔으로 반사된다. 가시광선의 색과 파장은 반사 또는 산란에 의해 변하지 않는다. 그러나 1922년 미국 물리학자 콤프턴(Arthur Compton)은 고체 표적으로부터 산란된 X선은 처음 X선의 파장보다 더 길어진다는 놀라운 사실을 발견했다. 즉 녹색 레이저빔이 빨간색 레이저빔으로 반사되는 것과 같다.

콤프턴은 이제는 **콤프턴 산란**(Compton scattering)이라고 하는 산란된 X선의 파장이 파동 모형이 아니라 빛의 광자 모형으로 예측한 것임을 보여줄 수 있었다. 그의 실험은 아마도 광자의 실체에 대한 가장 신뢰할만한 증거였다.

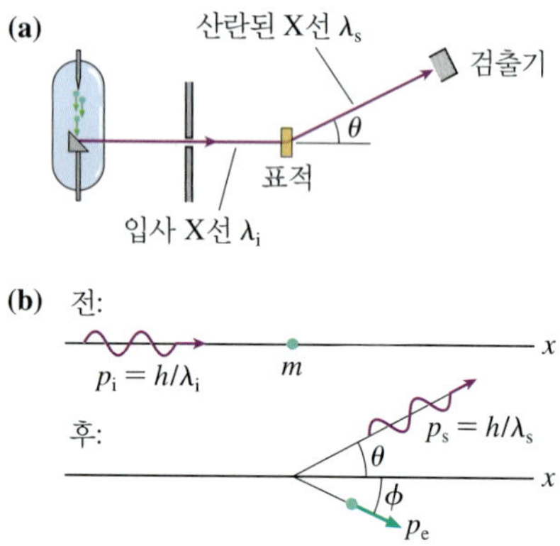

그림 38.11 콤프턴의 X선 산란 실험

그림 38.11a는 콤프턴의 실험을 보여준다. 파장이 λ_i인 X선 평행 광선은 표적을 향해 입사하고 **산란각**(scattering angle) θ에 산란된 파장이 λ_s인 X선을 측정한다. 가시광선과 같이 X선은 표적 원자의 전자들과 상호작용한다. 콤프턴은 만약 X선이 고전적 파동이 아닌 광자라면 두 당구공의 충돌처럼 산란은 전자와 광자의 탄성 충돌일 것으로 생각했다.

탄성 충돌은 에너지와 운동량이 보존된다. 광자가 에너지를 갖는 것은 알지만 운동량은 어떨까? 31장에서 광선이 운동량을 전달한다는 것을 배웠다. 따라서 광선을 구성하는 광자는 운동량을 가져야 한다. 구체적으로, 에너지가 ΔE인 전자기파를 흡수하는 물체는 운동량 $\Delta p = \Delta E/c$를 얻는다. 만약 흡수된 에너지가 광자 에너지 hf이고 광자가 사라진다면 운동량 보존은 광자가 운동량을 가졌음을 뜻한다.

$$p_{\text{photon}} = \frac{hf}{c} = \frac{h}{\lambda} \tag{38.11}$$

광자는 운동량을 갖는다는 콤프턴의 생각은 이 실험 분석의 핵심이었다.

그림 38.11b는 X선 광자가 x축을 따라 입사하는 산란 사건의 전·후 표현이다. 산란은 광자를 각 θ로, 전자를 각 ϕ로 보낸다. (X선 에너지는 원자의 이온화 에너지보다 매우 크고 원자핵의 영향력은 작으며 전자는 자유 전자처럼 움직인다.) 에너지와 운동량 보존 방정식을 살펴볼 필요가 있다.

운동량은 벡터이고 x, y성분 모두 보존된다. 이는 다음과 같은 두 방정식으로 표현된다.

$$\frac{h}{\lambda_i} = \frac{h}{\lambda_s}\cos\theta + p_e\cos\phi$$
$$0 = \frac{h}{\lambda_s}\sin\theta - p_e\sin\phi \tag{38.12}$$

여기서 p_e는 산란된 전자의 운동량이다. 산란된 전자는 매우 높은 속력으로 움직이고, 36장 상대론적 에너지 방정식을 이용할 필요가 있다. 최초 전자는 정지질량 에너지 mc^2을 갖는다. 여기서 m은 전자의 질량이다. 식 (36.45)로부터 산란된 전자의 에너지는 $((mc^2)^2 + (p_e c)^2)^{1/2}$이다. 따라서 에너지 보존 방정식은

$$\frac{hc}{\lambda_i} + mc^2 = \frac{hc}{\lambda_s} + \sqrt{(mc^2)^2 + (p_e c)^2} \tag{38.13}$$

이다. 여기서 진동수보다 파장으로 광자 에너지를 표현하기 위하여 $f = c/\lambda$를 사용했다.

식 (38.12)와 (38.13)은 3개의 연립 방정식이다. 생략했지만 많은 계산 후, 각 θ에서 산란된 X선은 **파장 변환**을 갖는다.

$$\Delta\lambda = \lambda_s - \lambda_i = \frac{h}{mc}(1 - \cos\theta) \quad \text{(콤프턴 산란)} \tag{38.14}$$

이 결과는 콤프턴의 측정과 완벽하게 일치한다.

예제 38.6 | X선 산란

X선 산란 실험은 22.0 keV 광자를 사용한다. 90°에서 산란된 X선의 파장은 몇 %만큼 증가하는가?

핵심 빛의 광자 모형을 사용한다.

풀이 광자 에너지는 $E_{photon} = hf$이고 파장과 진동수는 $f = c/\lambda$와 관계 있다. 따라서 입사 파장은

$$\lambda_i = \frac{hc}{E_{photon}} = 0.0565 \text{ nm}$$

이다. 계산 전 22.0 keV를 J로 변환하였다. $\theta = 90°$에서 $\cos\theta = 0$이므로 산란된 X선 파장은

$$\lambda_s = \lambda_i + \frac{h}{mc} = 0.0589 \text{ nm}$$

이다. 0.0024 nm의 파장 증가율은 4.2%이다.

검토 0.0024 nm 파장 증가는 입사 파장과는 무관함에 주목하라. 산란된 가시광선의 파장은 같은 양만큼 증가하지만, 파장이 수백 nm일 때 0.0024 nm 증가는 완전히 눈에 띄지 않는다. 단파장 X선에 대한 증가는 상당하며 매우 쉽게 측정된다.

38.4 물질파와 에너지 양자화

드브로이(Louis Victor de Broglie)는 1924년 프랑스 대학원생이었다. 아인슈타인이 입자와 파동 사이의 구별을 모호하게 한 지 19년이 되었다. 이를 고심했던 드브로이는 자연은 어떤 대칭적인 성향을 지녔을 것이라 생각했다. 만일 광파가 입자적인 본

성을 지니고 있다면 왜 입자들은 파동의 성향을 가지고 있지는 않을까? 다시 말해, **물질파**(matter waves)는 존재할 수 있을까?

실험적 증거 없이 드브로이는 아인슈타인의 방정식 $E = hf$와 그의 상대론적 이론의 개념을 비유하여 추론했다. 세부 사항은 관심을 가질 필요는 없지만, 드브로이는 운동량 $p = mv$의 물질 입자가 파동의 성질을 가지고 있다면 그 파장은 다음과 같아야 한다고 생각했다.

$$\lambda = \frac{h}{p} = \frac{h}{mv} \tag{38.15}$$

여기서 h는 플랑크 상수다. 이를 **드브로이 파장**(de Broglie wavelength)이라고 한다.

예를 들어, 1.0 eV = 1.6×10^{-19} J의 운동 에너지를 갖는 전자의 속력은 5.9×10^{5} m/s이다. 거시적 기준으로는 빠를지라도 단지 1 V의 퍼텐셜차를 통해 가속되어 얻어진 속력이므로 느린 전자이다. 이 속력에서 드브로이 파장은 $\lambda = h/mv = 1.2$ nm이다. 이는 매우 작은 파장이지만 X선 파장과 비슷하며, 결정 내 원자 간격보다 10배 더 크다.

그림 38.12 전자에 의한 이중 슬릿 간섭 무늬

파장이 있는 물질(전자 또는 양성자 또는 야구공)은 무엇을 뜻하는 것일까? 중첩의 원리를 따를 것인가? 간섭과 회절을 보일 것인가? '파형'에 대한 고전적인 실험은 영의 이중 슬릿 실험이다. 그림 38.12는 50 keV인 전자가 사이 간격이 1.0 μm인 이중 슬릿을 통과한 후 세기 무늬를 보여준다. 무늬는 이중 슬릿 간섭 무늬와 분명하게 동일했고 무늬 간격은 드브로이가 예측한 대로 그의 공식에서 주어진 파장과 정확하게 일치하였다. 한 번에 하나의 전자가 장치를 통과하므로 전자빔이 매우 약하기 때문에, 각 전자가 마치 광자처럼 어떻게든 슬릿을 통과한 다음 검출기에 충돌하기 전 간섭을 일으킨 것으로 보였다!

놀랍게도 전자는(그리고 중성자도) 파동으로 결부 지을 수 있는 모든 현상들을 보였다. 그러나 전자와 중성자는 아원자 입자이다. 많은 기본 입자들의 집합체인 전체 원자는 어떨까? 1980년대 연구에 따르면 전체 원자 및 분자까지도 간섭 무늬를 생성할 수 있었다.

그림 38.13은 **원자 간섭계**를 보여준다. 33장에서 마이컬슨 간섭계와 같은 간섭계는 파면을 2개의 파로 나눈 후 2개의 파를 별도의 경로를 따라 전송한 다음 다시 결합하여 작동한다는 것을 알았다. 광파의 경우, 회절 격자의 **주기적인** 슬릿을 통해 빛을 보내 파를 분할할 수 있다. 원자 간섭계에서, 원자의 물질파는 정상파의 **주기적인** 세기를 통해 원자를 전송함으로써 나뉜다.

그림에서 볼 수 있듯이 레이저는 각 배(node)가 거리 $\lambda/2$만큼씩 떨어져 있는 3개의 평행한 **정상파**를 만든다. 이 파장은 광파가 레이저빔 내의 원자에 작은 힘을 가하도록 선택된다. 정상파 세기는 마디에서 최대 세기와 배에서 0인 세기 사이에서 번갈아 변하기 때문에 레이저빔을 지나는 원자는 **주기적인** 역장을 경험한다. 입자와 같은 원자는 이 주기적인 힘에 의해 편향되지만 파동은 회절된다. A에서 첫 번째 정상파에 의해 회절된 후, 원자는 어떤 의미에서는 점 B와 점 C를 향해 이동한다.

그림 38.13 원자 간섭계

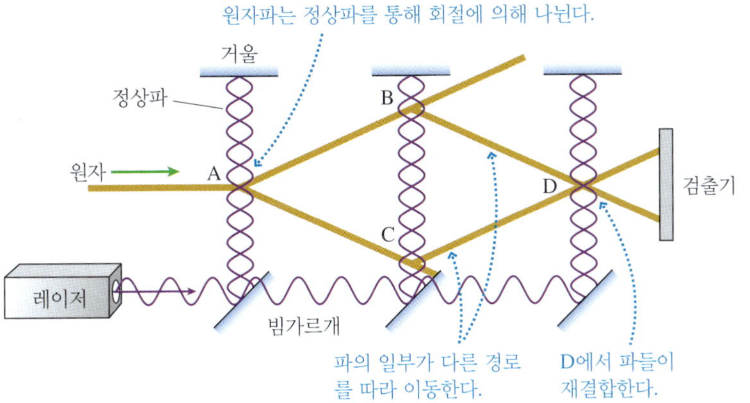

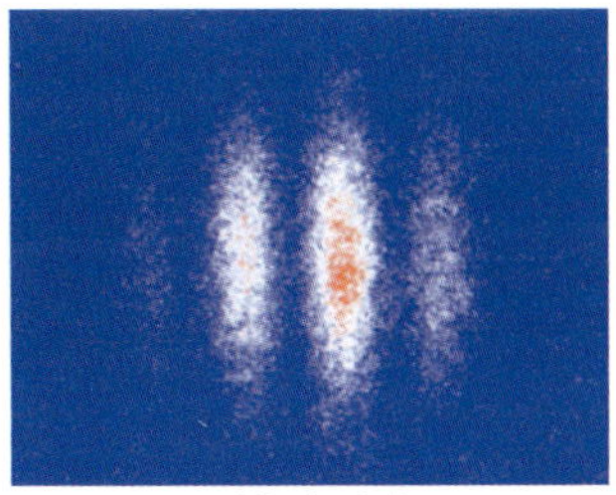

검출기 결과

두 번째 정상파는 점 B와 C에서 원자파들을 다시 회절시켜 일부를 D 방향으로 향하게 하고, 세 번째 회절에서는 원자파들이 다른 경로를 따라 이동한 후 재결합한다. 검출기는 파동에 대해 예상되는 것과 같은 간섭 줄무늬를 나타내지만 입자에 대한 기대와는 완전히 반대이다.

이 매력적인 원자 간섭계는 전에 배운 간섭과 회절에 대한 모든 것을 완전히 반전시킨다. 19세기 빛의 파동을 연구한 과학자들은 빛(파동)을 회절 격자(물질 내 주기적인 구조)에 맞추면 빛이 회절되는 것을 발견했다. 이제 우리는 원자(물질)를 정상파(주기적인 빛의 구조)에 맞추어 원자들이 회절하는 것을 발견한다. 빛과 물질의 역할이 반전되었다!

에너지 양자화

물질이 파동과 같은 성질을 갖는다는 사실은 단순히 실험실 안의 호기심이 아니다. 이 결과는 매우 의미심장하다. 주목할만한 것은 빛과 같이 물질의 에너지가 양자화된다는 것이다.

물리학자들이 '상자 안 입자'로 일컫는 단순한 계로 양자화를 설명할 것이다. 그림 38.14a는 양 끝의 길이가 L인 상자에서 속력 v로 좌우로 반복하면서 움직이는 질량이 m인 입자를 보여준다. 상자의 폭은 관련이 없으므로 이것을 **1차원 상자**라고 한다. 상자 양 끝단에서의 충돌은 완벽하게 탄성적이라고 가정한다. 따라서 입자의 에너지(총 운동 에너지)는 결코 바뀌지 않는다. 고전물리학에 따르면, 입자의 속력이나 에너지에는 제한이 없다.

그림 38.14 길이가 L인 상자에 갇혀 있는 입자

(a) 고전적 입자는 좌우로 튀긴다.

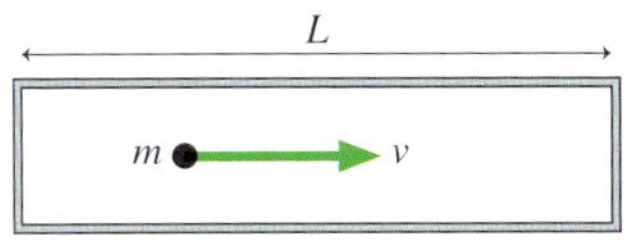

(b) 반사된 파동은 정상파를 생성한다.

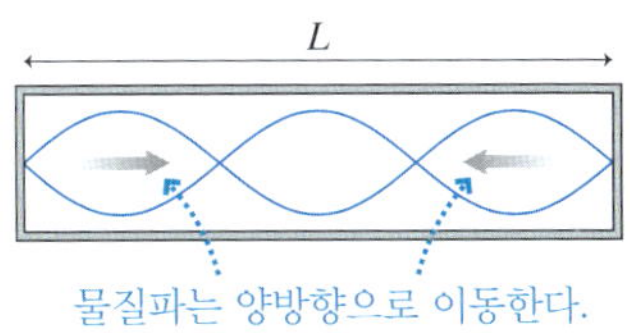

그러나 물질이 파동의 성질이 있다면, 그림 38.14b와 같이 아마도 상자 양 끝 사이에서 좌우로 반사되는 **파동**으로 간주해야 한다. 이들은 정상파를 만드는 조건이다. «17.3절에서 배웠듯이 길이가 L인 정상파는 다음과 같은 파장 중에 하나가 되어야만 한다.

$$\lambda_n = \frac{2L}{n} \qquad n = 1, 2, 3, 4, \cdots \tag{38.16}$$

만약 속박된 입자가 파동과 같은 성질을 갖는다면 식 (38.16)과 드브로이 관계 $\lambda = h/mv$ 모두 만족해야 한다. 즉, 상자 안에 있는 입자는 다음 관계식을 준수해야 한다.

$$\lambda_n = \frac{h}{mv} = \frac{2L}{n}$$

따라서 입자의 속력은

$$v_n = n\left(\frac{h}{2Lm}\right) \qquad n = 1, 2, 3, \cdots \tag{38.17}$$

이다. 다시 말해서 이 입자는 임의의 속력으로 운동할 수 없다. 이 입자는 상자 내 정상파를 생성하는 드브로이 파장에 대한 식 (38.17)에서 주어진 특정 속력 v_n만을 갖는다.

따라서 입자의 에너지인 순수 운동 에너지는 다음과 같다.

$$E_n = \tfrac{1}{2}m{v_n}^2 = n^2\frac{h^2}{8mL^2} \qquad n = 1, 2, 3, \cdots \tag{38.18}$$

물질의 파동과 같은 성질에 대한 드브로이의 가설은 **상자 속에 갇혀 있는 입자가 오직 특정한 에너지만을 가질 수 있다**는 놀라운 결론을 이끌어냈다. 이를 에너지가 **양자화되어 있다**라고 말한다. 상자 내 입자의 에너지는 $1(h^2/8mL^2)$, 또는 $4(h^2/ 8mL^2)$, 또는 $9(h^2/8mL^2)$가 된다. 그러나 입자는 이들 사이의 에너지는 가질 수 없다.

입자들의 가능한 에너지 값은 **에너지 준위**(energy levels)라고 하며 정수 n은 에너지 준위의 **양자수**(quantum number)를 뜻한다. 양자수는 줄의 정상파에서 배운 것처럼 마디를 셈하여 찾을 수 있다. 그림 38.14에서 정상파는 $n = 3$이다. 따라서 에너지는 E_3이다.

유용한 형태로 식 (38.18)을 다시 쓸 수 있다.

$$E_n = n^2E_1 \tag{38.19}$$

여기서

$$E_1 = \frac{h^2}{8mL^2} \tag{38.20}$$

는 1차원 상자 내 입자의 **기본 양자 에너지**(fundamental quantum of energy)이다. 이는 줄의 정상파의 기본 진동수 f_1과 유사하다.

예제 38.7 | 바이러스의 에너지 준위

지름이 30 nm인 바이러스는 상상할 수 있는 가장 작은 입자이다. 만일 길이가 1.0 μm인 1차원 세포에 갇혀 있다면 이 바이러스의 경우 기본 양자 에너지는 얼마인가? 바이러스의 밀도는 물과 거의 같다.

핵심 상자 내 입자로써 바이러스를 모형화한다.

풀이 바이러스의 질량은 $m = \rho V$이다. 부피는 $\frac{4}{3}\pi R^3$이다. 따라서 바이러스의 질량은 $m = 1.4 \times 10^{-20}$ kg이 된다. 세포의 길이는 $L = 1.0 \times 10^{-6}$ m이다. 식 (38.20)으로부터 기본 양자 에너지는 다음과 같다.

$$E_1 = \frac{h^2}{8mL^2} = \frac{(6.63 \times 10^{-34}\ \text{J s})^2}{8(1.4 \times 10^{-20}\ \text{kg})(1.0 \times 10^{-6}\ \text{m})^2}$$
$$= 3.9 \times 10^{-36}\ \text{J} = 2.5 \times 10^{-17}\ \text{eV}$$

검토 이는 엄청나게 적은 양의 에너지로 E_1 또는 $4E_1$ 또는 $9E_1$의 에너지를 구별할 수는 없다. 거시적인 입자의 경우, 심지어 이것이 작은 입자일지라도 허용된 에너지는 완벽하게 연속되는 것처럼 보일 것이다. 우리는 양자화를 관찰하지 못할 것이다.

예제 38.8 | 전자의 에너지 준위

수소 원자의 매우 간단한 모형으로써, 원자의 크기에 대해 길이가 0.10 nm인 1차원 상자에 한정된 전자를 생각해보자. 처음 세 가지 허용 에너지 준위는 무엇인가?

핵심 상자 내 입자로써 전자를 모형화한다.

풀이 기본 양자 에너지 $E_1 = 6.0 \times 10^{-18}$ J = 38 eV를 찾기 위해 식 (38.20)을 사용한다. 이때 $m_{elec} = 9.11 \times 10^{-31}$ kg, $L = 1.0 \times 10^{-10}$ m이다. 따라서 0.10 nm 상자 내 전자의 첫 3개 에너지 준위는

$$E_1 = 38\ \text{eV}$$
$$E_2 = 4E_1 = 152\ \text{eV}$$
$$E_3 = 9E_1 = 342\ \text{eV}$$

이다.

검토 이 결과는 틀렸음을 곧 알게 될 것이다. 이 수소 원자 모형은 너무 단순하여 세부 사항을 포착할 수 없다. 그럼에도 불구하고 이 모형은 원자 에너지 준위가 eV 범위에 있음을 정확하게 암시한다.

상자 내 한정된 입자는 정상 물질 파동 및 에너지 양자화로 이끈다. 우리의 목표는 이 개념을 원자로 확장하는 것이다. 원자는 분명히 1차원 상자보다 복잡하지만 전자는 원자 내에 '한정'되어 있다. 따라서 원자 내 전자는 일종의 3차원 정상파가 되어야 하고, 상자 내 입자와 마찬가지로 양자화된 에너지를 가져야 한다. 드브로이의 생각은 새로운 물질 이론으로 우리를 안내한다.

38.5 보어의 원자 양자화 모형

톰슨의 전자와 러더포드의 핵은 원자가 어떤 형태의 **구조**를 가지고 있음을 밝혔다. 20세기 초의 도전은 실험적 증거로부터 정확한 구조를 추론하는 것이었다. 이 작업의 어려움은 과장될 수 없다. 원자 스펙트럼의 관측과 같은 원자에 대한 증거는 매우 간접적이었으며 실험은 가장 단순한 측정 장치로 수행되었다.

러더퍼드의 핵 모형은 여러 가지 제안 중에서 가장 성공적이었지만, 러더퍼드의 모형은 왜 원자들이 안정적인지, 왜 스펙트럼이 분리되어 있는지 설명하지 못했다. 몇 년 동안 미궁 속을 헤매었지만 누락된 퍼즐 조각은 1905년 아인슈타인의 빛양자론이었다. 만약 지금 광자라고 부르는 분리된 에너지의 묶음이 빛이라면, 만약 원자가 빛을 방출하고 흡수한다면, 그것은 원자의 구조에 무엇을 암시하고 있는 것일까?

이는 덴마크 물리학자 보어(Niels Bohr)가 제기한 질문이다. 1913년 보어는 러더포드의 원자핵에 양자화를 추가한 새로운 원자 모형을 제안했다. **보어의 원자 모형** (Bohr model of the atom)의 기본 가정은 다음과 같다.

모형 38.2

보어의 원자 모형

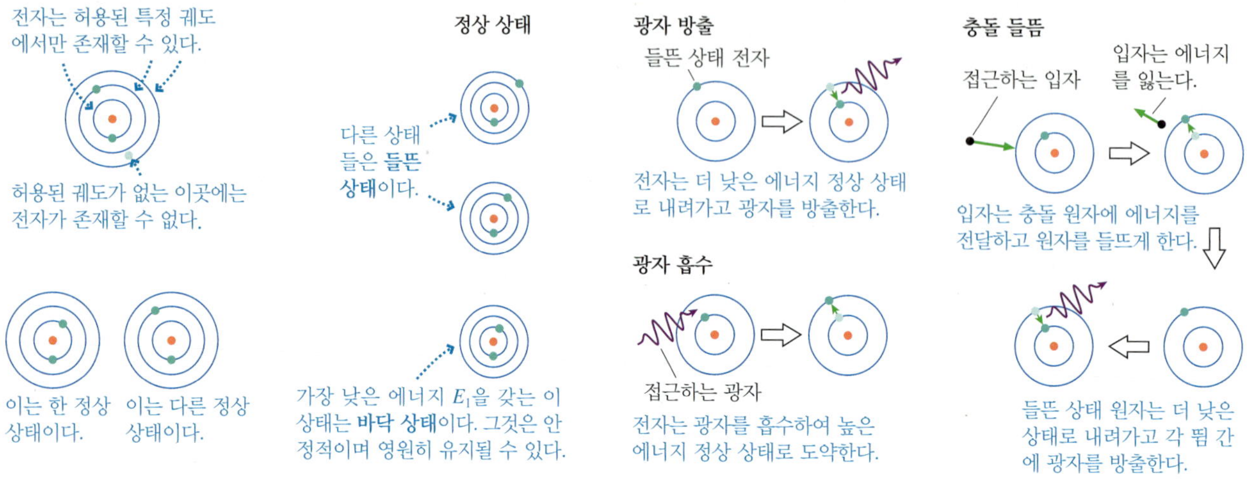

1. 원자 내 전자는 특정 궤도에만 존재할 수 있다. 이러한 궤도에서 전자의 특정 배열을 **정상 상태**(stationary state)라고 한다.

2. 각각의 정상 상태는 이산되고 잘 정의된 에너지 E_n를 갖는다. 즉, 원자 에너지가 **양자화**된다. 정상 상태는 에너지가 증가하는 순서로 양자 번호 n으로 표시한다.

$$E_1 < E_2 < E_3 < \cdots$$

3. 원자는 두 정상 상태 사이 에너지 **차이**와 정확히 같은 에너지를 가진 광자를 방출하거나 흡수함으로써 한 정상 상태에서 다른 정상 상태로 **전이**(transition) 또는 **양자뜀**(quantum jump)을 겪을 수 있다.

원자는 또한 **충돌 들뜸**(collisional excitation)이라고 하는 과정에서 전자 또는 다른 원자와의 충돌로 에너지를 흡수함으로써 낮은 에너지 상태에서 높은 에너지 상태로 이동할 수 있다. 들뜬 원자는 곧 더 낮은 상태로 뛰어 내려 결국 안정한 바닥 상태에 이른다.

보어 모형은 러더포드 모형을 기반으로 하지만 아인슈타인의 양자 개념에서 파생된 두 가지 새로운 개념을 추가한다. 가정 1에서 표현된 첫 번째는 단지 특정 전자 궤도가 '허용'되거나 존재할 수 있다는 것이다. 가정 3에서 표현된 두 번째는 **원자는 에너지 보존에 준하는 진동수의 광자를 방출하거나 흡수함으로써 한 상태에서 다른 상태로 이동할 수 있다**는 것이다.

아인슈타인에 따르면, 진동수 f의 광자는 에너지 $E_{photon} = hf$를 갖는다. 원자가 에너지 E_i를 갖는 초기 상태에서 에너지 E_f를 갖는 최종 상태로 도약하면, $E_{photon} = \Delta E_{atom} = |E_f - E_i|$인 광자를 방출하거나 흡수하며 에너지가 보존된다. 정확한 양의 에너지를 더하거나 옮기려는 것이라면, 이 광자의 진동수는 다음과 같아야만 한다.

$$f_{photon} = \frac{\Delta E_{atom}}{h} \tag{38.21}$$

원자 + 빛 계의 총에너지는 보존된다.

보어 모형의 의미는 매우 심오하다.

1. **물질은 안정적이다.** 바닥 상태에 있는 원자는 내려갈 수 있는 더 낮은 에너지 상태가 없다. 그것은 영원히 바닥 상태에 머무를 수 있다.
2. **원자는 불연속 스펙트럼을 방출하고 흡수한다.** 정상 상태 사이의 에너지 간격과 진동수가 일치하는 광자만 방출하거나 흡수할 수 있다. 다른 진동수의 광자는 에너지 보존을 위반하지 않으면 방출되거나 흡수될 수 없다.
3. **방출 스펙트럼은 충돌에 의해 생성될 수 있다.** 기체 방전관에서, 관을 통해 움직이는 전류 운반 전자는 때때로 원자들과 충돌한다. 충돌은 에너지를 원자로 옮기고 원자를 들뜬 상태로 차올릴 수 있다. 일단 원자가 들뜬 상태에 있으면, 빛의 광자(불연속 방출 스펙트럼)를 방출하며 낮은 에너지 상태로 다시 되돌아갈 수 있다.
4. **흡수 파장은 방출 스펙트럼에서 파장의 부분 집합이다.** 흡수 스펙트럼에서 보이는 모든 선들은 방출에서 볼 수 있지만, 많은 방출 선들은 흡수에서 보이지 않는다는 것에 주목하라. 보어 모형에 의하면 대부분의 원자는 에너지 상태가 가장 낮은 $n=1$의 바닥 상태에 있다. 따라서 흡수 스펙트럼은 $1 \to 2$, $1 \to 3$, …와 같은 전이로만 구성되어 있는데, 원자는 광자를 흡수함으로써 $n=1$에서 n의 더 높은 값으로 도약한다. 임의의 순간에 $n=2$에 기본적으로 원자가 없기 때문에 $2 \to 3$과 같은 전이가 관찰되지 않는다. 반면에, 충돌에 의해 $n=3$ 상태로 들뜨게 되는 원자는 $3 \to 1$ 및 $3 \to 2$ 전이에 대응하는 광자를 방출할 수 있다. 따라서 $\Delta E_{\text{atom}} = E_3 - E_1$에 해당하는 파장이 방출 및 흡수 모두에 나타난다. $\Delta E_{\text{atom}} = E_3 - E_2$로의 전이는 방출에서만 발생한다.
5. **주기율표의 각 원소는 고유한 스펙트럼이 있다.** 정상 상태의 에너지는 궤도를 도는 전자의 에너지이다. 상이한 수의 전자를 갖는 다른 원소는 다른 안정한 궤도를 가지며, 따라서 상이한 정상 상태를 갖는다. 서로 다른 에너지를 가진 상태는 다른 파장의 광자를 방출하고 흡수한다.

예제 38.9 | 방출된 광자의 파장

원자는 에너지 $E_j = 4.00$ eV와 $E_k = 6.00$ eV인 정상 상태가 있다. 상태 k에서 j로 양자뜀 과정에서 방출되는 광자의 파장은 얼마인가?

핵심 에너지 보존에 의해 방출된 광자는 양자뜀 과정에서 원자가 잃은 에너지와 정확하게 같다.

풀이 원자는 광자를 방출하면서 높은 에너지 상태 k에서 낮은 에너지 상태 j로 전이할 수 있다. 원자의 에너지 변화는 $\Delta E_{\text{atom}} = |E_j - E_k| = 2.00$ eV이다. 따라서 광자 에너지는 반드시 $E_{\text{photon}} = 2.00$ eV가 되어야 한다.

광자 진동수는

$$f = \frac{E_{\text{photon}}}{h} = \frac{2.00 \text{ eV}}{4.14 \times 10^{-15} \text{ eV s}} = 4.83 \times 10^{14} \text{ Hz}$$

이다. 이 광자의 파장은

$$\lambda = \frac{c}{f} = 621 \text{ nm}$$

이다.

검토 621 nm는 가시광선 파장이다. 이 파장은 원자의 에너지 값이 아니라 에너지 준위 사이 차이에 의해 결정된다.

에너지 준위 도표

그림 38.15에서와 같이 같은 **에너지 준위 도표**(energy-level diagram)는 정상 상태 에너지를 표현하는 데 유용한 그림이다. 에너지 준위 도표는 그래프라기보다는 그림이다. 세로축은 에너지를 나타내지만 가로축은 축척선이 아니다. 이것을 에너지가 사다리의 가로대인 그림으로 생각해보라. 가장 낮은 단계 E_1은 바닥 상태이다. 더 높은 사다리 가로대는 양자수 $n=2, 3, 4, \cdots$로 표시된다.

에너지 준위 도표는 빛의 광자가 방출되거나 흡수되는 전이 또는 양자뜀을 표시하는 데 매우 유용하다. 예를 들어, 그림 38.15는 광자가 바닥 상태의 원자($n=1$)에 의해 흡수되는 상향 전이와 $n=4$ 들뜬 상태에서 광자가 방출되는 하향 전이를 보여준다.

그림 38.15 에너지 준위 도표

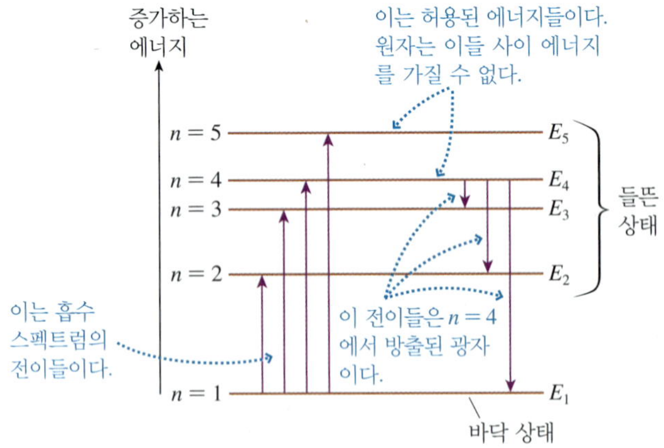

예제 38.10 방출과 흡수

원자의 정상 상태는 $E_1=0.00$ eV, $E_2=3.00$ eV, 그리고 $E_3=5.00$ eV이다. 이 원자의 방출과 흡수 스펙트럼에 관측되는 파장들은 얼마인가?

핵심 광자는 원자가 높은 상태에서 낮은 상태로 양자뜀을 겪을 때 방출된다. 광자는 낮은 상태에서 높은 상태로 양자뜀할 경우 흡수된다. 그러나 대부분의 원자들은 바닥 상태 $n=1$이므로 $n=1$ 상태에서 시작하여 양자뜀하여 흡수 스펙트럼이 보여진다.

시각화 그림 38.16은 원자의 에너지 준위 도표를 보여준다.

풀이 이 원자는 $1\to2$, $\Delta E_{1\to2}=3.00$ eV 그리고 $1\to3$, $\Delta E_{1\to3}=5.00$ eV 전이에서 광자를 흡수할 것이다. $f=\Delta E_{\text{atom}}/h$ 그리고 $\lambda=c/f$로부터 흡수 스펙트럼 내 파장들을 계산할 수 있다.

$1\to2 \quad f=3.00\ \text{eV}/h=7.25\times10^{14}\ \text{Hz}$
$\lambda=414$ nm (파란색)

그림 38.16 원자의 에너지 준위 도표

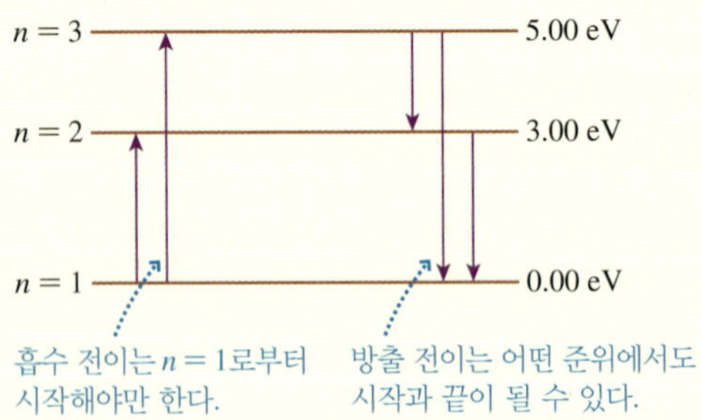

$1\to3 \quad f=5.00\ \text{eV}/h=1.21\times10^{15}\ \text{Hz}$
$\lambda=248$ nm (보라색)

방출 스펙트럼은 또한 들뜬 상태 2와 3에서 바닥 상태로 $2\to1$ 그리고 $3\to1$ 양자뜀으로 인해 414 nm 그리고 248 nm 파장을 갖는다. 또한 방출 스펙트럼에는 흡수하는 $n=2$ 상태의 원자가 너무 적기 때문에 흡수에서 보이지 않는 $\Delta E_{3\to2}=-2.00$ eV인 $3\to2$ 양자뜀이 포함된다. 예제 38.9에서 2.00 eV 전이는 621 nm의 파장에 해당한다는 것을 알고 있다. 따라서 방출 파장은 다음과 같다.

$2\to1$ $\lambda=414$ nm (파란색)
$3\to1$ $\lambda=248$ nm (보라색)
$3\to2$ $\lambda=621$ nm (주황색)

38.6 보어 수소 원자

보어의 가설은 대담한 새로운 개념이었지만 여전히 한 가지 막대한 걸림돌이 있었다. 원자의 정상 상태는 무엇일까? 보어 모형의 모든 것은 이러한 특정 전자 궤도만 만족하는 정상 상태의 존재에 달려 있다. 그러나 고전물리학의 어떤 것도 그러한 궤도의 기초를 제공하지 못한다. 또한 보어 모형은 정상 상태를 갖는 결과만 설명하고 그것을 찾는 방법은 부재하다. 만일 그러한 상태가 실제로 존재한다면, 우리는 그것을 발견하기 위해 고전물리학을 뛰어 넘어야 할 것이다.

이 문제를 해결하기 위해 보어는 수소 원자를 명쾌하게 분석했다. 단 하나의 전자를 가진 수소 원자는 가장 단순한 원자인 것으로 알려졌다. 또한 37장에서 논의했듯이 발머는 수소 방출 스펙트럼에서 파장을 특징짓는 매우 간단한 공식을 발견했다. 성공적인 원자 모형을 가진 누구나 수소 원자에 대한 발머 공식을 이론적으로 예측할 수 있었을 것이다.

보어의 논문은 다소 우회적인 추론을 따랐다. 그가 당시에 앞으로 나아가기 위한 것이 거의 없었기 때문에 놀라운 일은 아니었다. 그러나 우리의 목표는 보어의 방법에 대한 역사적인 연구가 아니라 개념에 대한 명확한 설명이다. 그래서 우리는 드브로이의 물질파를 사용하여 다른 분석을 할 것이다. 드브로이는 보어의 논문이 발표된 지 11년 후인 1924년까지 물질파를 제안하지 않았으나, 우리는 나중에서야 전자를 파동 묶음으로 다루는 것이 수소 원자를 좀 더 직접적으로 분석할 수 있다는 것을 분명하게 알 수 있다. 우리의 방법이 보어와 다를지라도 같은 지점에 도착할 것이며, 또한 보어 이후의 작업을 이해하는 데 더 나은 위치에 있게 될 것이다.

수소 원자의 정상 상태

그림 38.17은 하나의 양성자로 구성된 핵 궤도를 공전하는 단일 전자를 가진 러더퍼드 수소 원자를 보여준다. 궤도 반지름이 r이고 속력이 v인 원형 궤도로 가정하고 또한 분석하기 쉽도록 양성자는 전자가 그 주위를 공전하는 동안 고정되어 있다고 할 것이다. 이는 양성자의 질량이 전자의 질량보다 대략 1800배 무겁기 때문에 합리적인 가정이다. 이러한 조건에서, 원자의 에너지는 전자의 운동 에너지와 전자와 양성자 상호작용의 퍼텐셜 에너지를 더한 것이다. 따라서 원자의 에너지는

그림 38.17 러더퍼드 수소 원자. 핵의 크기는 크게 과장되어 있다.

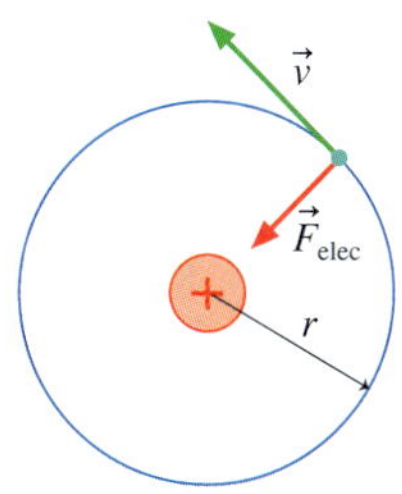

$$E = K + U = \tfrac{1}{2}mv^2 + \frac{1}{4\pi\epsilon_0}\frac{q_{\text{elec}}q_{\text{proton}}}{r} = \tfrac{1}{2}mv^2 - \frac{e^2}{4\pi\epsilon_0 r} \tag{38.22}$$

이다. 여기서 $q_{\text{elec}} = -e$와 $q_{\text{proton}} = +e$가 사용되었다.

우리가 이해하게 될 전자는 입자와 파동 두 가지 성질을 가지고 있다. 첫째로, 전자를 대전된 입자로 생각해보자. 양성자는 전자에 쿨롱 전기력을 가한다.

$$\vec{F}_{\text{elec}} = \left(\frac{1}{4\pi\epsilon_0}\frac{e^2}{r^2}, \text{중심을 향하여}\right) \tag{38.23}$$

이 힘은 전자를 중심 방향으로 $\vec{a}_{\text{elec}} = \vec{F}_{\text{elec}}/m$ 가속시킨다. 이는 전자가 원형 궤도에서 운동할 수 있게 하는 구심 가속도이다. 반지름이 r이고 속력이 v인 원운동 하는 입자의 구심 가속도는

$$a_{\text{elec}} = \frac{F_{\text{elec}}}{m} = \frac{e^2}{4\pi\epsilon_0 mr^2} = \frac{v^2}{r} \tag{38.24}$$

이다. 재배열하면 속도는 다음과 같다.

$$v^2 = \frac{e^2}{4\pi\epsilon_0 mr} \tag{38.25}$$

식 (38.25)는 이 운동에 대한 **구속 조건**이다. 전자가 원형 궤도에서 움직이기 위해서는 속력 v와 반지름 r이 식 (38.25)를 만족해야 한다. 이 구속 조건은 원자에만 국한되어 있는 것이 아니며, 이전에 궤도에 진입하는 위성에 대해 v와 r 사이의 유사한 관계를 발견했었다.

이제 전자를 드브로이 파로 다루겠다. 38.4절에서 1차원 상자에 한정된 입자가 좌우로 반사될 때 정상파를 생성하는 것을 알았다. 정상파는 반대 방향으로 움직이는 2개의 파동으로 구성된다. 상자 안의 왕복 거리가 정수배 파장($2L = n\lambda$)과 같을 때, 2개의 반대 방향으로 진행하는 파는 보강 간섭 정상파를 만든다.

줄을 따라 좌우로 움직이는 대신 입자처럼 파동이 원주를 따라 이동한다고 가정해보자. 입자는 양방향으로 진행하는 파동이 있고 왕복 거리가 정수배 파장인 경우 상자의 입자와 마찬가지로 정상파를 생성한다. 이는 상자 안에 있는 입자의 개념을 적용하는 것이다. 예를 들어, 그림 38.18은 $n = 10$ 파장의 원 주위의 정상파를 보여준다.

그림 38.18 $n = 10$인 궤도 원주 주변의 전자 정상파

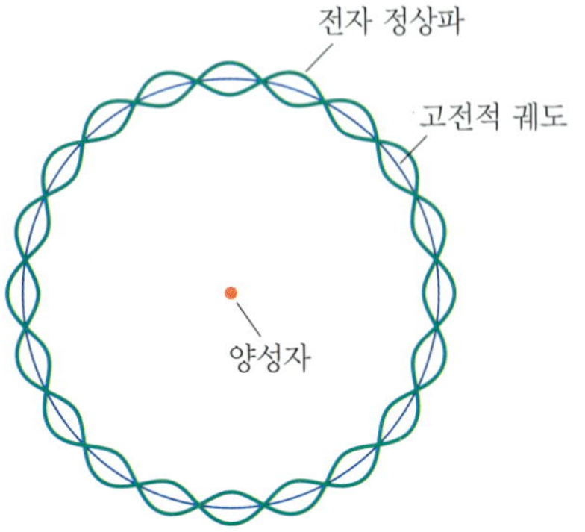

원형 정상파에 대한 수학적 조건은 상자 안에서 왕복 거리 $2L$를 원주상의 거리 $2\pi r$로 전환하는 것이다. 따라서 원형 정상파가 생성되는 조건은

$$2\pi r = n\lambda \qquad n = 1, 2, 3, \cdots \tag{38.26}$$

이다. 그러나 입자에 대한 드브로이 파장은 $\lambda = h/p = h/mv$이어야 한다. 따라서 드브로이 파의 정상파 조건은

$$2\pi r = n\frac{h}{mv}$$

이다. 이 조건은 전자의 속력이 다음과 같을 때 만족한다.

$$v_n = \frac{nh}{2\pi mr} \qquad n = 1, 2, 3, \cdots \tag{38.27}$$

$h/2\pi$는 양자역학에서 종종 사용되는데, 일반적으로 특별한 이름을 부여한다. 발음은 'h 바'라고 하는 $\hbar$를 다음과 같이 정의한다.

$$\hbar \equiv \frac{h}{2\pi} = 1.055 \times 10^{-34}\ \mathrm{J\,s} = 6.58 \times 10^{-16}\ \mathrm{eV\,s}$$

식 (38.27)을 위 정의를 사용하여 표현하면

$$v_n = \frac{n\hbar}{mr} \qquad n = 1, 2, 3, \cdots \tag{38.28}$$

이다. 이는 식 (38.25)와 같이 v와 r의 또 다른 관계이다. 전자를 파동으로 간주할 때 야기되는 구속 조건이다.

이제 전자가 입자이면서 파동과 같이 행동할 수 있다면 식 (38.25)와 (38.28) 모두 만족해야만 한다. 다시 말해, 식 (38.25) 입자 구속 조건에 의해 주어진 v^2과 식 (38.28)의 파동 구속 조건의 v^2이 반드시 일치해야만 한다. 두 식을 정리하면 다음과 같다.

$$v^2 = \frac{e^2}{4\pi\epsilon_0 mr} = \frac{n^2\hbar^2}{m^2r^2}$$

반지름 r을 구하기 위해 이 방정식을 풀 수 있다.

$$r_n = n^2\frac{4\pi\epsilon_0\hbar^2}{me^2} \qquad n = 1, 2, 3, \cdots \tag{38.29}$$

여기서, 반지름 r은 정수 n에 따라 변하므로 첨자 n을 추가했다.

식 (38.29)의 우변은 n^2을 제외하고 상수들이다. 그것들을 모두 묶어 **보어 반지름**(Bohr radius) a_B라고 정의하자.

$$a_B = \text{보어 반지름} \equiv \frac{4\pi\epsilon_0\hbar^2}{me^2} = 5.29 \times 10^{-11}\ \mathrm{m} = 0.0529\ \mathrm{nm}$$

이 정의로 식 (38.29)의 전자의 궤도 반지름은 다음과 같다.

$$r_n = n^2 a_B \qquad n = 1, 2, 3, \cdots \tag{38.30}$$

예를 들어, $r_1 = 0.053$ nm, $r_2 = 0.212$ nm, 그리고 $r_3 = 0.476$ nm이다.

정상 상태를 발견했다! 즉, **수소 원자는 전자 궤도의 반지름이 식 (38.30)에 주어진 값 중 하나일 때만 존재할 수 있다.** 전자가 원주 주위에 정상파를 생성할 수 없기 때문에 $r = 0.100$ nm와 같은 반지름의 중간값은 존재할 수 없다. 허용된 가능한 궤도만 양자화된다.

식 (38.30)으로 이끄는 핵심은 전자가 입자와 같은 성질 이외에 파동과 같은 성질을 갖는다는 필요 조건이다. 이 필요 조건은 양자화된 궤도 또는 보어가 정상 상태라고 부르는 것을 유도한다. 따라서 정수 n은 다양한 정상 상태를 나타내는 양자수이다.

수소 원자 에너지 준위

이제 빠르게 진행할 수 있다. 보어 반지름들을 알기 때문에 식 (38.28)로 되돌아가서 전자 속력을 구할 수 있다.

$$v_n = \frac{n\hbar}{mr_n} = \frac{1}{n}\frac{\hbar}{ma_B} = \frac{v_1}{n} \qquad n = 1, 2, 3, \cdots \tag{38.31}$$

여기서 $v_1 = \hbar/ma_B = 2.19 \times 10^6$ m/s는 $n=1$인 궤도에서 전자의 속력이다. 이 속력은 n이 증가하면 감소한다.

마지막으로, 정상 상태의 에너지를 구할 수 있다. 에너지에 관한 식 (38.22), r과 v에 대한 식 (38.30)과 (38.31)로부터 에너지는

$$E_n = \frac{1}{2}mv_n^2 - \frac{e^2}{4\pi\epsilon_0 r_n} = \frac{1}{2}m\left(\frac{\hbar^2}{m^2 a_B^2 n^2}\right) - \frac{e^2}{4\pi\epsilon_0 n^2 a_B} \tag{38.32}$$

이다. 복잡한 표현을 간단하게 하면 에너지는

$$E_n = -\frac{1}{n^2}\left(\frac{1}{4\pi\epsilon_0}\frac{e^2}{2a_B}\right) \tag{38.33}$$

이다. 이 괄호 안의 표현은 쉽게 계산할 수 있다.

$$\frac{1}{4\pi\epsilon_0}\frac{e^2}{2a_B} = 13.60 \text{ eV}$$

수소 원자의 정상 상태 에너지 준위는 다음과 같다.

$$E_n = -\frac{13.60 \text{ eV}}{n^2} \qquad n = 1, 2, 3, \cdots \tag{38.34}$$

이는 많은 수학적 과정을 거쳤으므로 어디에서 무엇을 배웠는지 분명히 해야 할 필요가 있다. 표 38.2는 양자수 $n = 1 \sim 5$에 대해 산출된 r_n, v_n 및 E_n의 값을 보인다. 정말로 수소 원자의 정상 상태를 발견한 것 같다. 각각의 상태는 양자수 n으로 특정지어지고 고유한 반지름, 속력 및 에너지를 갖는다. 이는 그림 38.19에 그림으로 표시되

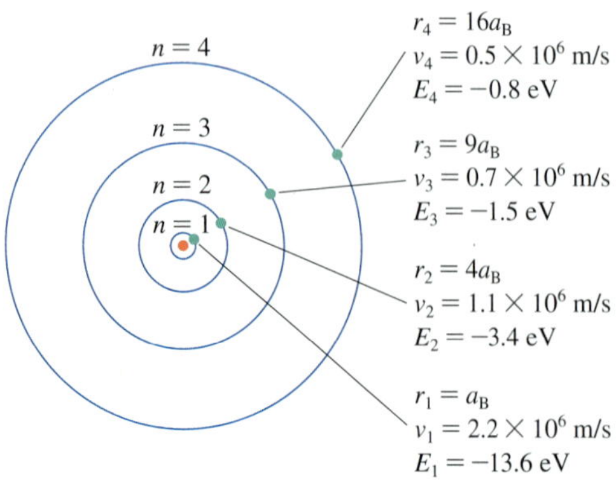

그림 38.19 보어 수소 원자 단위로 그려진 처음 4개의 정상 상태 또는 허용된 궤도들

표 38.2 보어 수소 원자의 처음 5개 정상 상태의 반지름, 속력, 그리고 에너지

n	r_n (nm)	v_n (m/s)	E_n (eV)
1	0.053	2.19×10^6	−13.60
2	0.212	1.09×10^6	−3.40
3	0.476	0.73×10^6	−1.51
4	0.846	0.55×10^6	−0.85
5	1.322	0.44×10^6	−0.54

어 있으며 일정한 궤도들로 그려져 있다. n이 증가함에 따라 원자의 지름이 매우 빠르게 증가하는 것에 주목하라. 동시에 전자의 속력은 감소한다.

예제 38.11 | **수소 원자의 정상 상태**

수소 원자 내 전자의 속력은 3.60×10^5 m/s가 될 수 있는가? 만약 그렇다면 전자의 궤도 반지름과 에너지는 무엇인가? 속력이 3.65×10^5 m/s인 경우 궤도 반지름과 에너지는 무엇인가?

풀이 정상 상태에 전자가 존재하기 위해서는 그 속력은 반드시

$$v_n = \frac{v_1}{n} = \frac{2.19 \times 10^6 \text{ m/s}}{n}$$

가 되어야 한다. 여기서 n은 정수이다. 속력 3.60×10^5 m/s는 다음과 같은 양자수일 때 가능하다.

$$n = \frac{2.19 \times 10^6 \text{ m/s}}{3.60 \times 10^5 \text{ m/s}} = 6.08$$

이는 정수가 아니다. 따라서 이 전자는 앞서 언급한 속력을 가질 수 없다. 그러나 만일 $v = 3.65 \times 10^5$ m/s라면

$$n = \frac{2.19 \times 10^6 \text{ m/s}}{3.65 \times 10^5 \text{ m/s}} = 6$$

이고, 이는 $n=6$인 들뜬 상태의 전자의 속력이다. 이 상태에서 전자의 에너지는

$$E_6 = -\frac{13.60 \text{ eV}}{6^2} = -0.38 \text{ eV}$$

이고 전자의 궤도 반지름은

$$r_6 = 6^2(5.29 \times 10^{-11} \text{ m}) = 1.90 \times 10^{-9} \text{ m} = 1.90 \text{ nm}$$

이다.

결합 에너지 그리고 이온화 에너지

정상 상태의 에너지가 왜 음(−)인지를 이해하는 것은 중요하다. 2개의 대전된 입자의 퍼텐셜 에너지는 $U = q_1q_2/4\pi\epsilon_0 r$이기 때문에 입자가 무한히 멀리 떨어져 있는 $r = \infty$에서 퍼텐셜 에너지는 0이다. 총에너지가 0인 상태는 전자는 정지($K=0$)하고 있으며 양성자($U=0$)로부터 무한히 멀리 떨어져 있는 것과 대응한다. 2개의 '자유 입자'의 경우인 이 상황은 극한 $n \to \infty$, $r_n \to \infty$ 그리고 $v_n \to 0$에서 발생한다.

원자에 속박된 전자와 양성자는 2개의 자유 입자보다 작은 에너지를 갖는다. 전자와 양성자를 분리시키기 위해서 일(즉, 추가 에너지)을 해야 하기 때문에 이 사항에 대해서 알고 있다. 만약 원자의 속박 에너지가 2개의 자유 입자의 에너지보다 작다면, 그리고 만약 2개의 자유 입자의 총에너지가 0이라면 원자는 음의 에너지를 가져야만 한다.

따라서 $|E_n|$은 정상 상태 n에서 전자의 **결합 에너지**(binding energy)이다. $E_1 = -13.60$ eV인 바닥 상태에서 양성자로부터 전자를 자유롭게 하기 위해서는 전자에 13.60 eV를 가해줘서 두 자유 입자의 에너지 상태가 0이 되도록 해야 한다. 이는 바닥 상태에 놓여 있는 전자가 "13.60 eV에 속박되어 있다"라고 할 수 있다. $n=3$인 궤도에 놓여 양성자로부터 조금 더 멀리 떨어져 있고 더 천천히 움직이는 전자는 1.51 eV에 속박되어 있다. 이는 $n=3$인 궤도에서 전자를 자유롭게 하기 위해 공급해야만 하는 총에너지 크기이다.

전자를 완전히 제거하면 수소 원자의 경우 양이온인 H^+만 남게 된다. (H^+가 우연

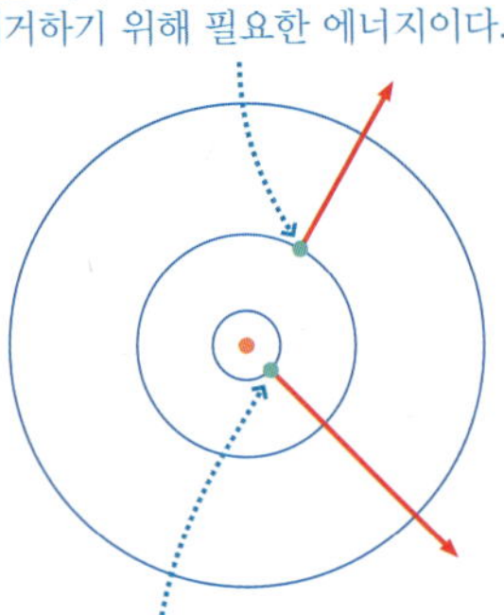

그림 38.20 결합 에너지와 이온화 에너지

히 양성자라는 점이 그것이 원자 이온이라는 사실을 바꾸지 않는다.) 거의 모든 원자들이 바닥 상태에 있기 때문에, 바닥 상태의 결합 에너지 $|E_1|$을 원자의 **이온화 에너지**(ionization energy)라 한다. 보어의 분석에 따르면 수소의 이온화 에너지는 13.60 eV이다. 그림 38.20은 결합 에너지와 이온화 에너지의 개념을 보여준다.

수소 원자에 전자빔을 인가함으로써 이러한 예측을 확인할 수 있다. 만약 포물체 전자의 운동 에너지 K가 원자의 이온화 에너지보다 크면 원자의 전자를 한방에 날려서 이온으로 만들 수 있다. 그러나 만일 포물체 전자의 운동 에너지가 원자의 이온화 에너지보다 작으면 이온화를 일으킬 수 없다. 이것은 매우 간단한 실험으로, 수소의 이온화 에너지는 실제로 13.60 eV라는 것을 보여주는 증거이다.

각운동량의 양자화

행성이든지 전자이든지 간에 입자 원운동의 각운동량은

$$L = mvr$$

이다. 입자에 작용하는 중심력이 **돌림힘**을 주지 않기 때문에 각운동량은 궤도 운동에서 보존된다. 보어는 수소 원자 분석 시 에너지 보존을 사용했다. 그렇다면 각운동량의 보존이 어떤 역할을 하는 것일까?

원형 궤도 주변의 정상파를 생성하기 위한 전자에 대한 드브로이 파의 조건은 식 (38.26)에서 주어졌다.

$$2\pi r = n\lambda = n\frac{h}{mv}$$

mv를 곱하고 2π로 나눈 후 이 식을 다시 쓰면 다음과 같다.

$$mvr = n\frac{h}{2\pi} = n\hbar \tag{38.35}$$

그러나 mvr은 원형 궤도 내 입자에 대한 각운동량 L이다. 공전하는 전자의 각운동량은 그저 아무 값이나 가질 수 없는 것으로 보인다. 대신 다음 식을 만족해야만 한다.

$$L = n\hbar \qquad n = 1, 2, 3, \cdots \tag{38.36}$$

따라서 각운동량 또한 양자화되어 있다! 이 전자의 각운동량은 플랑크 상수 $\hbar$의 정수배여야 한다.

각운동량의 양자화는 전자의 파동적 성질의 직접적인 결과이다. 각운동량의 양자화는 화학에서 전자 껍질 개념에 대한 이해를 도우면서 매우 복잡한 원자들의 운동을 파악하는 데 중요한 역할을 할 것이다.

38.7 수소 스펙트럼

수소 원자 분석이 정상 상태를 나타냈지만 그것이 합리적인 결과인지는 어떻게 알 수 있을까? 수소 원자에 대한 가장 중요한 실험적 증거는 수소 원자의 스펙트럼이다. 따라서 보어 수소 원자의 주된 실험은 그 스펙트럼을 정확하게 예측하느냐에 달려있다.

수소 에너지 준위 도표

그림 38.21은 수소 원자의 에너지 준위 도표이다. 앞서 언급했듯이 에너지들은 사다리 가로대와 같다. 가장 낮은 사다리의 가로대는 바닥 상태이며 에너지는 $E_1 = -13.60$ eV 이다. 가장 높은 가로대는 **이온화 한계**(ionization limit)라고 한다. 원칙적으로 무한 수의 가로대가 있지만 가장 낮은 몇 개의 가로대만 표시된다. 더 높은 n값은 이온화 한계인 $n = \infty$ 바로 아래에 함께 모여 있다.

그림 38.21 수소 원자의 에너지 준위 도표

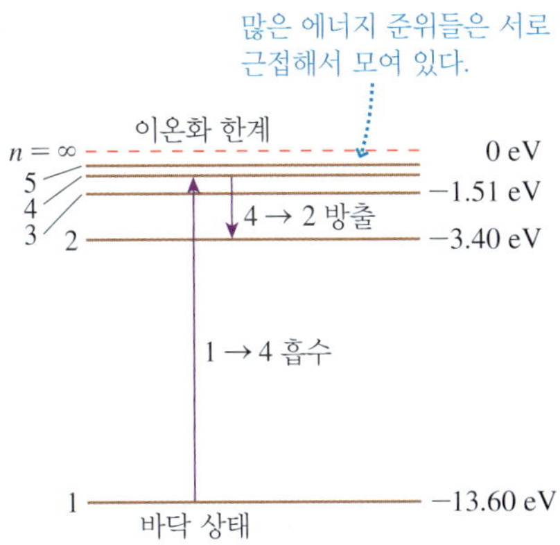

그림은 광자를 흡수한 $1 \to 4$ 전이와 광자를 방출한 $4 \to 2$ 전이를 보인다. 두 양자 상태 m과 n에 대해 $n > m$이고 E_n이 더 높은 에너지 상태일 경우 원자는 $n \to m$ 전이에서 광자를 방출하거나 $m \to n$ 전이에서 광자를 흡수할 수 있다.

방출 스펙트럼

보어의 원자 양자화 모형의 세 번째 가정에 따르면 $n \to m$ 전이에 방출하는 광자의 진동수는

$$f = \frac{\Delta E_{\text{atom}}}{h} = \frac{E_n - E_m}{h} \tag{38.37}$$

이다. 방출된 광자의 진동수를 예측하기 위해 에너지 E_n과 E_m에 대한 식 (38.33)을 사용할 수 있다.

$$\begin{aligned} f &= \frac{1}{h}\left\{\left[-\frac{1}{n^2}\left(\frac{1}{4\pi\epsilon_0}\frac{e^2}{2a_B}\right)\right] - \left[-\frac{1}{m^2}\left(\frac{1}{4\pi\epsilon_0}\frac{e^2}{2a_B}\right)\right]\right\} \\ &= \frac{1}{4\pi\epsilon_0}\frac{e^2}{2ha_B}\left(\frac{1}{m^2} - \frac{1}{n^2}\right) \end{aligned} \tag{38.38}$$

$m < n$이고 $1/m^2 > 1/n^2$이므로 진동수는 양수이다.

파장은 실험을 통해 측정되는 값이므로 진동수보다는 파장이 더 흥미롭다. $n \to m$ 양자뜀에서 방출된 광자의 파장은

$$\lambda_{n\to m} = \frac{c}{f} = \frac{8\pi\epsilon_0 hca_B/e^2}{\left(\dfrac{1}{m^2} - \dfrac{1}{n^2}\right)} \tag{38.39}$$

이다. 이것은 다소 끔찍한 것처럼 보이지만, 분자는 단순히 다양한 상수의 집합이라는 점에 유의하라. 분자 값 λ_0는

$$\lambda_0 = \frac{8\pi\epsilon_0 hca_B}{e^2} = 9.112 \times 10^{-8}\ \text{m} = 91.12\ \text{nm}$$

이다. 위 정의로 수소 방출 스펙트럼의 파장을 예측하면 다음과 같다.

$$\lambda_{n\to m} = \frac{\lambda_0}{\left(\frac{1}{m^2} - \frac{1}{n^2}\right)} \qquad \begin{array}{l} m = 1, 2, 3, \ldots \\ n = m\text{보다 큰 어떤 정수} \end{array} \tag{38.40}$$

이는 익숙할 것이다. 37장의 발머 공식이다! 그러나 약간의 차이가 있다. 보어의 수소 원자 분석에서는 $\lambda_0 = 91.12$ nm를 예측한 반면에, 발머는 실험에서 $\lambda_0 = 91.18$ nm인 것으로 나타났다. 보어가 이렇게 근접할 수 있었지만 발머 공식을 올바르게 예측하지는 못했을까?

문제는 전자가 궤도를 돌면서 양성자가 정지 상태에 있다고 가정한 것이다. 실제로, 두 입자는 한쪽 끝은 크고 다른 쪽 끝은 작은 아령과 같이 두 입자의 질량 중심에서 회전한다. 질량 중심은 양성자에 매우 가깝다. 양성자는 전자보다 훨씬 거대하지만 이것이 전혀 움직이지 않는 것은 아니다. 희소식은 더 상급의 분석이 양성자의 움직임을 설명할 수 있다는 것이다. 그것은 정상 상태의 에너지를 약간 변화(약 2000분의 1)시킨다. 이는 정확하게 보완된 수치에 필요하다.

$$\lambda_0 = 91.18\ \text{nm},\ \text{핵 운동에 대해 수정되었을 경우}$$

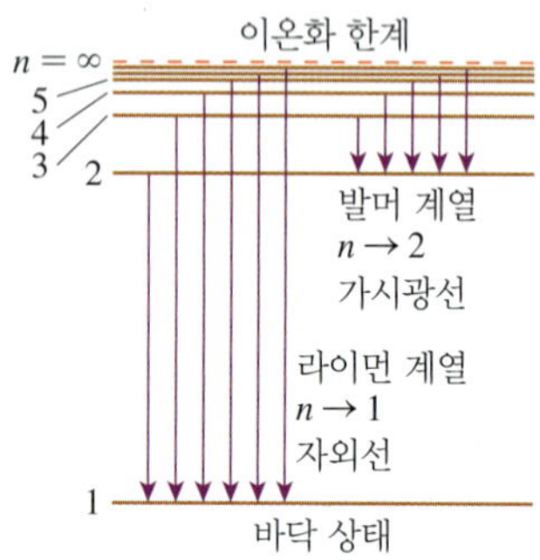

그림 38.22 라이먼 계열과 발머 계열의 수소 스펙트럼 생성하는 전이

실험값과 일치한다! 이전의 모든 원자 모형과 달리 **보어의 수소 원자는 수소 원자의 불연속 스펙트럼을 올바르게 예측한다.** 그림 38.22는 발머 계열과 라이먼 계열의 에너지 준위 도표를 보여준다. 최종 상태가 $m = 2$인 발머 계열만이 가시광선 파장을 보이고 발머가 처음으로 분석했던 계열이다. 라이먼 계열은 최종 상태가 $m = 1$인 바닥 상태로, 이 스펙트럼은 자외선 영역에 있으며 그 이후까지 측정되지 않았다. 이 계열들은 적외선의 다른 것들과 마찬가지로 방전관에서 관찰되며, 전자와의 충돌이 원자를 바닥 상태에서 상태 n으로 위쪽으로 들뜨게 한다. 그런 다음 원자는 광자를 방출하여 아래쪽으로 붕괴한다. 이전에 언급했듯이 본질적으로 조용한 기체의 모든 원자는 바닥 상태에 있기 때문에 흡수 스펙트럼에서 라이먼 계열만이 관찰된다.

예제 38.12 | 수소 흡수

천문학자들이 멀리 떨어진 은하들을 볼 때마다, 그들은 빛이 수소의 라이먼 계열의 $1 \to 2$ 전이 파장에서 강하게 흡수되었음을 발견했다. 이 흡수는 성간 공간이 빅뱅에서 남겨진 광대한 수소 구름으로 가득 차 있다는 것을 말해준다. 수소에서 $1 \to 2$ 흡수의 파장은 얼마인가?

풀이 식 (38.40)은 $m = 1$이라고 할 때 수소 흡수 스펙트럼을 예견한다. 천문학자들이 관찰한 이 흡수는 수소의 바닥 상태($m = 1$)에서 첫 번째 들뜬 상태($n = 2$)로 전이된 것이다. 이 파장은 다음과 같다.

$$\lambda_{1\to 2} = \frac{91.18\ \text{nm}}{\left(\frac{1}{1^2} - \frac{1}{2^2}\right)} = 121.6\ \text{nm}$$

검토 이 파장은 아주 짧은 자외선이다. 지상 기반의 천문학은 이 파장이 대기에 강하게 흡수되기 때문에 이 스펙트럼 영역을 관측할 수 없지만, 1970년대에 널리 사용된 우주 망원경으로 천문학자들은 거의 모든 방향에서 121.6 nm의 흡수를 보았다.

수소 유사 이온

핵 내 Z 양성자를 공전하는 **단일** 전자를 갖는 이온을 **수소 유사 이온**(hydrogen-like ion)이라고 한다. Z는 원자 번호이며 핵에 있는 양성자의 수를 나타낸다. 핵 주변을 공전하는 단일 전자를 갖는 $Z=2$인 He^+와 $Z=3$인 Li^{++}는 수소 유사 이온들이다. U^{+91}은 $Z=92$인 우라늄 핵 주위를 도는 단일 전자를 갖는다.

수소와 유사한 모든 이온은 보어 수소 원자의 변형일 뿐이다. 수소와 유사한 이온과 중성 수소 사이 차이점은 퍼텐셜 에너지가 $-e^2/4\pi\epsilon_0 r$ 대신에 $-Ze^2/4\pi\epsilon_0 r$이라는 것이다. 수소 자체는 $Z=1$인 경우이다. 만약 이전 절의 분석을 한 가지 요소만 바꾸어 반복하면 다음과 같이 정리할 수 있다.

$$\begin{aligned} r_n &= \frac{n^2 a_B}{Z} \qquad & E_n &= -\frac{13.60\,Z^2\text{ eV}}{n^2} \\ v_n &= Z\frac{v_1}{n} \qquad & \lambda_0 &= \frac{91.18\text{ nm}}{Z^2} \end{aligned} \tag{38.41}$$

핵전하가 증가할 경우 전자는 더 높은 속력으로 더 작은 반지름을 형성하며 공전한다. 이 이온화 에너지 $|E_1|$은 증가하게 되고 스펙트럼은 더 짧은 파장으로 전환된다. 표 38.3은 수소와 두 수소 유사 이온들에 대해 발머 계열에서의 바닥 상태 원자 지름 $2r_1$과 이온화 에너지 $|E_1|$ 그리고 $3\rightarrow2$ 파장들을 비교한다.

표 38.3 $Z=1$, 2, 그리고 3의 수소 유사 이온 비교

이온	지름 $2r_1$	이온화 에너지 $\lvert E_1\rvert$	파장 $3\rightarrow2$
H ($Z=1$)	0.106 nm	13.6 eV	656 nm
He^+ ($Z=2$)	0.053 nm	54.4 eV	164 nm
Li^{++} ($Z=3$)	0.035 nm	122.4 eV	73 nm

성공과 실패

보어의 수소 원자 분석은 큰 성공으로 보였다. 보어는 빛양자에 대한 아인슈타인의 개념를 도입함으로써 불연속 스펙트럼의 첫 이해를 제공하였고 수소 스펙트럼의 파장에 대한 발머 공식을 예측할 수 있었다. 그리고 보어 수소 원자는 러더퍼드 모형과는 달리 안정적이었다. 정상 상태의 개념에 대해 명확하게 타당성을 입증하였다.

그러나 다른 중성 원자의 스펙트럼을 설명하는 데 있어서 성공적이지는 않았다. 그의 방법은 주기율표의 두 번째 원소이며 전자 2개를 가지고 있는 헬륨에 조차도 적합하지 않았다. 보어의 가정에는 하나의 전자에서는 올바르게 적용되지만 2개 이상

의 전자가 있는 경우에는 적합하지 않은 듯했다.

38.5절에 설명된 보어의 원자 양자화 모형과 보어 수소 원자를 구별하는 것은 중요하다. 보어 모형은 정상 상태가 존재한다고 가정하지만 정상 상태를 찾는 방법은 밝히지 않았다. 우리는 드브로이 파의 정수배가 궤도의 원주 둘레에 맞는 정상파를 설정하여 수소 원자의 정상 상태를 발견했다. 더 복잡한 원자에 대한 난관은 보어 모형이 아니라 정상 상태를 찾는 방법이다. 보어의 원자 양자화 모형은 유효하며 이를 계속 사용할 것이지만, 정상파를 원에 맞추는 절차는 매우 단순해서 복잡한 원자의 정상 상태를 찾을 수가 없다. 우리는 더 나은 방법을 찾아야 할 필요가 있다.

아인슈타인, 드브로이, 그리고 보어는 물리학을 미지의 영역으로 옮겼다. 그들의 성공은 빛과 원자들의 미시적 영역이 양자화, 이산성, 입자와 파동 사이의 구별의 흐려짐이 존재한다는 것을 분명히 했다. 보어가 올바른 방향으로 가고 있었지만 보어 수소 원자를 더 복잡한 원자로 확장할 수 없었기 때문에 완전하고 정확한 이론이 아직 발견되지 않았음을 분명히 했다. 보어의 이론은 지금 우리가 고전적인 뉴턴 역학과 양자의 새로운 개념을 결합한 '반고전적'이라고 한다. 여전히 누락된 부분은 양자화된 우주의 운동학과 역학의 완전한 이론, 즉 **양자역학**이었다.

응용 예제 38.13 | 수소 형광

형광은 빛을 한 파장에서 흡수한 다음 더 긴 파장으로 방출한다. 바닥 상태에 놓여 있는 수소 원자가 파장이 95.10 nm인 자외선 광자를 흡수했다고 가정하자. 흡수 직후에 원자는 $\Delta n = 3$의 양자뜀을 했다. 이 양자뜀에서 방출되는 광자의 파장은 얼마인가?

핵심 광자는 원자가 하나의 에너지 준위에서 다른 에너지 준위로 양자뜀을 할 때 흡수되거나 방출된다. 보어 모형은 수소 원자의 에너지 준위를 나타낸다.

시각화 그림 38.23은 이 과정을 보여준다. 광자 에너지는 수소의 바닥 상태에서 양자수 n의 들뜬 상태 사이의 에너지 차이와 정확하게 일치해야만 한다. 들뜸 이후 $n \rightarrow n-3$으로 전이하여 원자는 광자를 방출한다.

풀이 흡수된 광자의 에너지는

$$E = hf = \frac{hc}{\lambda} = \frac{(4.14 \times 10^{-15}\ \text{eV s})(3.00 \times 10^{8}\ \text{m/s})}{95.10 \times 10^{-9}\ \text{m}} = 13.06\ \text{eV}$$

이다. 원자의 초기 에너지는 수소의 바닥 상태 에너지인 $E_1 = -13.60$ eV이다. 13.06 eV 광자 흡수는 원자의 에너지를 $E_n = E_1 + 13.06\ \text{eV} = -0.54$ eV로 상승시킨다. 수소의 에너지 준위는

$$E_n = -\frac{13.60\ \text{eV}}{n^2}$$

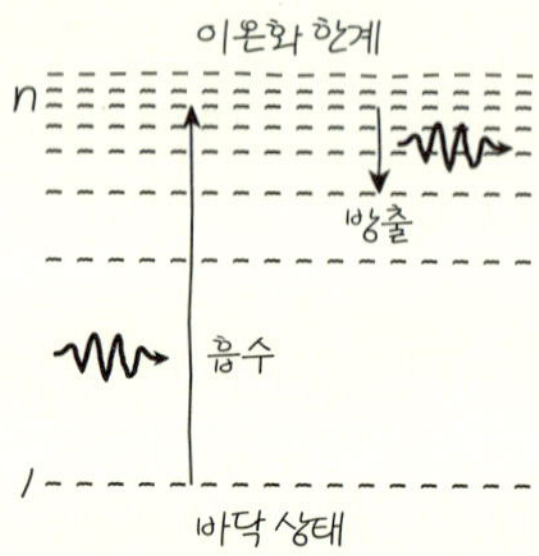

그림 38.23 수소 형광 과정. 에너지 준위는 일정한 비율로 그려지지 않는다.

이다. -0.54 eV인 에너지 준위의 양자수는

$$n = \sqrt{-\frac{13.60\ \text{eV}}{(-0.54\ \text{eV})}} = 5$$

이다. 이 흡수는 $1 \rightarrow 5$ 전이에서 볼 수 있다. 따라서 $\Delta n = 3$인 방출은 $5 \rightarrow 2$ 전이가 되어야 한다. $n = 2$ 상태에서 에너지는

$$E_2 = -\frac{13.60\ \text{eV}}{2^2} = -3.40\ \text{eV}$$

이다. 결론적으로 방출된 광자 에너지는

$$E_{\text{photon}} = \Delta E_{\text{atom}} = (-0.54\ \text{eV}) - (-3.40\ \text{eV}) = 2.86\ \text{eV}$$

이다. 에너지를 파장으로 전환해주면

$$\lambda = \frac{hc}{E_{\text{photon}}} = \frac{(4.14 \times 10^{-15}\ \text{eV s})(3.00 \times 10^8\ \text{m/s})}{2.86\ \text{eV}} = 434\ \text{nm}$$

이다. 파장이 95.10 nm인 자외선을 수소 원자 기체에 조사하면 파장이 434 nm인 가시광선 파장으로 발광한다. (또한 Δn의 다른 값으로 하향 전이하면 적외선 및 자외선 파장으로 발광된다.)

검토 $5 \rightarrow 2$ 전이는 발머 계열 중 하나로 434 nm 스펙트럼선이 그림 37.7의 수소 스펙트럼 내에서 보여졌다. 13.06 eV인 광자 에너지가 수소 원자의 에너지 준위와 일치하지 않는다는 것을 알아야 한다. 대신에, 이는 에너지는 보존되기 때문에 두 준위들 사이의 양자뜀은 두 준위 간의 에너지 차이와 일치한다. 94 nm 또는 96 nm와 같은 가까운 파장을 가진 광자는 에너지가 수소의 두 에너지 준위의 차이와 일치하지 않기 때문에 전혀 흡수되지 않는다.

서술형 질문

1. 칼슘의 일함수는 2.71 eV이며 문턱 파장 459 nm(청색광)에 해당한다. 광전 효과에 기반한 광 검출기를 가지고 있고 이 검출기 재질은 칼슘이다. 다음 레이저들을 검출할 수 있는가? 자외선(파장 420 nm), 아르곤 이온 레이저(파장 514 nm인 녹색광), 헬륨-네온 레이저(파장이 632 nm인 적색광), 그리고 티타늄 사파이어 레이저(파장이 800 nm인 적외선). 왜 그런가?

2. 고전물리학이 광전 효과에 대한 정확한 설명을 제공한다면 그림 38.2의 그래프는 어떻게 보이겠는가? 그래프를 그리고 그 이유를 설명하시오. 빛의 세기는 진동수와 파장이 변함에 따라 일정하다고 가정한다.

3. 그림 Q38.3은 미지의 금속의 광전 효과를 실험한 전류-퍼텐셜차 그래프이다. 고전물리학이 광전 효과에 대한 정확한 설명을 제공했다면 다음과 같은 경우에 그래프는 어떻게 되겠는가?
   a. 파장이 더 짧고 세기가 같은 빛으로 대체했을 경우를 그려 보시오.
   b. 일함수가 더 작은 금속으로 바꿔 실험했을 경우를 그려 보시오.

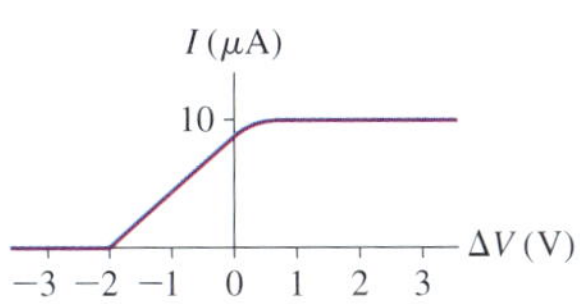

그림 Q38.3

4. 전자 1은 퍼텐셜차 50 V를 통해 정지 상태에서 가속된다. 전자 2는 퍼텐셜차 100 V를 통해 정지 상태에서 가속된다. 둘 중 어떤 전자의 드브로이 파가 더 크겠는가? 설명하시오.

5. 그림 Q38.5는 매우 가깝게 이격된 2개의 슬릿 뒤에서 검출된 전자의 시뮬레이션이다. 각각의 밝은 점은 하나의 전자를 의미한다. 이 형상은 아래와 같은 조건에서 어떻게 변하는가?
   a. 전자빔의 세기가 증가할 경우
   b. 전자의 속력이 감소할 경우
   c. 전자가 중성자로 대체된 경우
   d. 왼쪽 슬릿을 막을 경우

   여러분의 답은 화면 위에 밝은 점의 개수와 무늬의 이격 정도, 폭, 그리고 위치를 고려해야 한다.

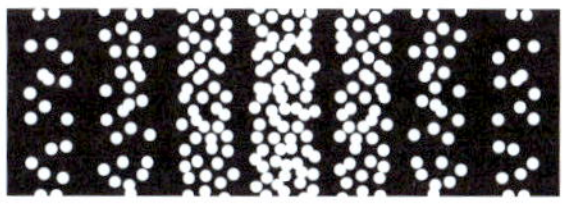

그림 Q38.5

6. 전자가 원자의 정상 상태에 놓여 있다면 전자는 정지 상태에 있는가? 아니라면 이는 무엇을 의미하는 것인가?

연습문제

표시가 된 연습문제들은 이전 장들에서 다룬 내용과 관련이 있다.

연습

38.1 광전 효과

38.2 아인슈타인의 해석

1. | 표 38.1의 어떤 금속이 다음과 같은 광전 효과를 보여주는가? (a) 파장이 $\lambda = 400$ nm인 빛, (b) 파장이 $\lambda = 250$ nm인 빛

2. || 알루미늄 표면의 광전 효과 실험에서 전자는 1.00 eV의 최대 운동 에너지를 갖고 방출된다. 빛의 파장은 얼마인가?

3. || 가시광선의 전체 범위에 반응할 수 있는 광 검출기를 설계하려 한다. 음극의 가능한 최대 일함수는 얼마인가?

38.3 광자

4. | 광자 에너지 (a) 0.15 eV, (b) 1.5 eV, (c) 15.0 eV의 파장(nm)은 얼마인가? 각각에 대해 이 파장들은 가시광선, 자외선, 또는 적외선인가?

5. | (a) 450 MH 고주파, (b) 파장이 450 nm인 가시광선, 그리고 (c) 파장이 0.045 nm인 X선들의 광자 에너지(eV)는 각각 얼마인가?

6. | 파장이 650 nm인 빨간색 레이저와 파장이 450 nm인 파란색 레이저의 일률은 같다. 광자 방출 비율은 얼마인가? R_{red}/R_{blue}로 답하시오.

7. | 100 W인 백열전구는 가시광선 약 5 W(95 W는 적외선 방사 또는 열로 손실된다)를 방출한다. 가시광선의 평균 파장은 약 600 nm이므로 이 파장을 가시광선의 파장으로 가정하겠다. 초당 백열전구에서 방출되는 가시광선 광자는 몇 개인가?

8. || 55 keV인 X선 광자가 표적에 인가된다. 50 keV인 산란된 광자의 산란각은 얼마인가?

38.4 물질파와 에너지 양자화

9. || 진공실에서 정지 상태에서 1.0 m 낙하한 중성자의 드브로이 파장은 얼마인가?

10. | a. 속력이 30 m/s인 야구공의 드브로이 파장은 얼마인가?
    b. 질량이 200 g이고 드브로이 파장이 0.20 nm인 야구공의 속력은 얼마인가?

11. | 핵의 지름이 약 15 fm이다. 드브로이 파장이 5 fm인 양성자의 운동 에너지(MeV)를 구하시오.

12. || $n = 1$ 상태의 전자가 500 nm 파장의 광자와 동일한 에너지를 갖는 1차원 상자의 길이는 얼마인가?

38.5 보어의 원자 양자화 모형

13. || 그림 EX38.13과 같이 운동 에너지가 2.00 eV인 전자와 원자가 충돌하였다.
    a. 전자는 원자를 들뜨게 할 수 있는가? 이유는 무엇인가?
    b. 문항 a의 답이 '그렇다'라고 한다면 충돌 이후 전자의 운동 에너지는 얼마인가?

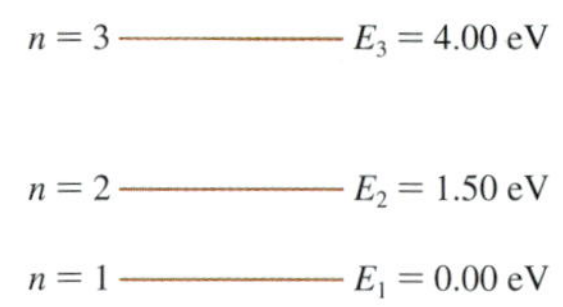

그림 EX38.13

14. || 단순한 원자의 허용된 에너지는 0.00 eV, 4.00 eV, 그리고 6.00 eV이다.
    a. 원자의 에너지 준위 도표를 그리시오. 각 준위에 에너지와 양자 번호를 표기하시오.
    b. 원자의 방출 스펙트럼에서 나타난 파장은 얼마인가?
    c. 원자의 흡수 스펙트럼에서 나타난 파장은 얼마인가?

38.6 보어 수소 원자

15. || 전자의 속력이 7.3×10^5 m/s인 수소 원자의 궤도 반지름은 얼마인가?

16. || a. 전자의 궤도 지름이 100 nm로 수소 원자에 최대한 근접하였다. 이 경우 양자 번호는 얼마인가?
    b. 이 상태에서 전자의 속력과 에너지는 얼마인가?

38.7 수소 스펙트럼

17. | 수소 원자의 $n = 4$ 상태로부터 방출될 수 있는 모든 가능한 광자의 파장을 구하시오.

18. || 수소 흡수 스펙트럼에서 세 번째로 가장 긴 파장은 얼마인가?

문제

19. || 루비 레이저는 10 ns 지속되는 강한 펄스파를 방출한다. 이 빛의 파장은 690 nm이고 각 펄스는 500 mJ의 에너지를 갖는다.
    a. 각 펄스에서 방출되는 광자의 개수는 얼마인가?

b. 레이저가 켜졌을 때 10 ns 동안 광자 방출 비율(개수/초)은 얼마인가?

20. ‖ 와편모조류(dinoflagellates)는 바다에 떠 있는 단일 세포 생물체이다. 많은 종류들이 생물학적으로 발광한다. 공격당할 경우, 전형적인 생체 발광체인 와편모조류는 0.10초 동안 번쩍이면서 파장이 460 nm인 10^8개의 광자를 방출한다. 번쩍임의 일률은 얼마인가?
BIO

21. ‖ 칼륨 및 금 음극은 광전 효과 실험에 사용된다. 각각의 음극에 대해 구하시오.
   a. 문턱 진동수
   b. 임계 파장
   c. 파장이 220nm인 빛의 최대 광전자 방출 속력
   d. 빛의 파장이 220nm일 경우 멈춤 퍼텐셜

22. ‖ 광전 효과 실험에서 여러 다른 파장인 입사광에 대해 멈춤 퍼텐셜을 측정했다. 적절한 그래프를 사용하여 (a) 음극에 사용된 금속과 (b) 플랑크 상수의 실험값을 구하시오.

파장 (nm)	멈춤 퍼텐셜 (V)
500	0.19
450	0.48
400	0.83
350	1.28
300	1.89
250	2.74

23. ‖ 우주 마이크로파 배경 복사는 우주 팽창에 의해 마이크로 진동수로 도플러 변환된 빅뱅으로부터 방출된 빛이다. 160 GHz의 평균 진동수와 450광자/cm^3로 우주에 존재하고 있다. 얼마나 많은 우주 마이크로파 배경 복사 에너지가 바닥 넓이가 95 m^2이고 천장 높이가 2.5 m인 작은 아파트 공간을 채우고 있는가?

24. ‖ 그림 38.12의 전자 간섭 무늬는 운동 에너지가 50 keV인 전자가 사이 간격이 1.0 μm인 두 슬릿을 통과한 후 형성된다.
   a. 전자의 속력은 얼마인가? (이 속력은 상대성 이론을 적용하기에 충분히 크지만 편의상 비상대론적 계산을 수행한다.)
   b. 그림 38.12는 매우 크게 확대되었다. 검출기 상에 인접한 밝은 줄무늬 사이의 실제 간격은 얼마인가?

25. ‖ 중성자가 0.10 mm 이격된 2개의 슬릿을 통해 중성자를 쏘아 슬릿 뒤의 3.5 m에서 무늬를 측정했다. 그림 P38.25는 검출 결과이다. 그림에서 100 μm 축척을 확인하라. 중성자의 속력은 얼마인가?

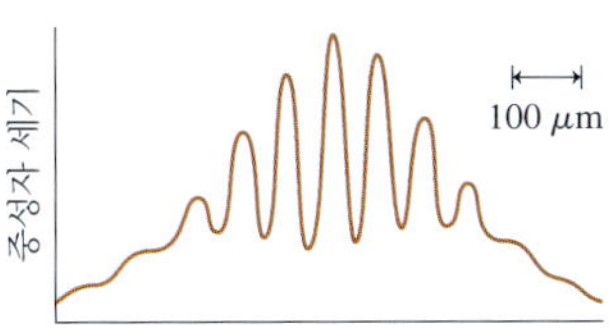

그림 P38.25

26. ‖ 전하량이 $-e$이고 질량이 전자의 207배인 아원자 입자인 뮤온은 길이가 15 pm(1 pm = 1 picometer = 10^{-12} m)인 1차원 상자에 속박되어 있다. $n=2$에서 $n=1$로 양자뜀을 할 경우 방출된 광자의 파장(nm)은 얼마인가?

27. ‖ 1차원 상자에 속박되어 있는 전자는 $n=2$에서 $n=1$로 양자뜀을 하여 200 nm의 광자를 방출한다. 상자의 길이는 얼마인가?

28. ‖ 원자의 흡수 스펙트럼은 200 nm, 300 nm, 그리고 500 nm 파장들로 구성되어 있다.
   a. 원자의 에너지 준위 도표를 그리시오.
   b. 원자의 방출 스펙트럼에서 보여진 파장은 얼마인가?

29. ‖ 가상 원소 X의 처음 3개의 에너지 준위는 그림 P38.29와 같다. 속력이 1.4×10^6 m/s인 전자는 원소 X의 원자와 충돌한다. 그 직후에 원자는 1240 nm의 파장을 가진 광자를 방출한다. 충돌 후 전자의 속력은 얼마인가? 원자의 질량은 전자의 질량보다 훨씬 크기 때문에 원자의 반발력은 무시한다.
   힌트: 광자 에너지는 충돌 시 원자에 전해지는 에너지가 아니다.

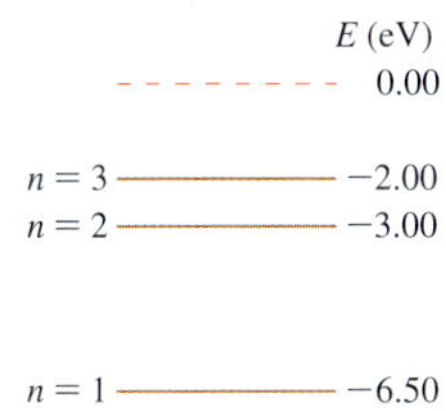

그림 P38.29

30. | 수소 원자의 방출 스펙트럼에 있는 가시광선의 모든 파장을 계산하시오.
   힌트: 스펙트럼에는 무한히 많은 파장들이 있다. 따라서 시행착오로 시도하기보다는 이 문제를 위한 전략을 발전시킬 필요가 있다.

31. ‖ a. 수소 원자 내에서 200 → 199 전이로 방출된 광자 파장은 얼마인가?
   b. 199 → 2 전이와 200 → 2 전이에서 방출되는 파장들의 차이는 얼마인가?

32. ‖ He^+ 이온에 대해 그림 38.21과 비슷한 에너지 준위 도표를 그리시오.
   a. 처음 5개 에너지 준위를 보이시오. n과 E_n을 각각의 준위에 표시하시오.
   b. 이온화 한계를 구하시오.
   c. $n=4$ 에너지 준위로부터 가능한 모든 방출 전이를 보이시오.
   d. 문항 c에서 각각의 전이에 대한 파장(nm)을 계산하고 적절한 화살표를 표시하시오.

33. | 수소 유사 이온 O^{+7}의 $3 \rightarrow 2$, $4 \rightarrow 2$, 그리고 $5 \rightarrow 2$ 전이에 대한 파장들은 얼마인가? 어떤 스펙트럼 범위에 이 파장들이 놓여 있는가?

34. || 2개의 수소 원자들이 정면으로 충돌하였다. 이 충돌은 두 원자를 모두 정지시켰다. 충돌 직후 두 원자는 121.6 nm 광자를 방출했다. 충돌 직전 각 원자들의 속력은 얼마였겠는가?

응용 문제

35. ||| 음극선관의 전자는 250 V의 퍼텐셜차를 통해 가속화된 다음 33 nm 지름의 구경을 통해 발사된다. 조리개 뒤 1.5 m 떨어진 전자 검출기의 밝은 점의 지름은 얼마인가?

36. ||| 그림 38.13의 원자 간섭계 실험에서 레이저 냉각 기술을 사용하여 나트륨 원자의 묽은 증기를 0.0010 K = 1.0 mK의 온도로 냉각시켰다. 초저온의 원자가 **원자빔**을 형성하기 위해 일련의 평행한 조리개를 통과하여 왼쪽에서 들어가는 것이 보인다. 파장이 590 nm인 레이저빔은 정상파를 생성한다.

a. 온도 1.0 mK의 기체에서 나트륨 원자($A = 23$)의 rms 속력 v_{rms}는 얼마인가?

b. 레이저빔을 회절 격자처럼 취급하여 문항 a의 rms 속력으로 이동하는 나트륨 원자의 1차 회절각을 계산하시오.

c. 만약 두 번째 정상파가 첫 번째 정상파로부터 10 cm 떨어진 경우 지점 B와 지점 C는 얼마나 떨어져 있는가?

d. 간섭이 두 경로 사이에서 관찰되기 때문에 각 개별 원자는 지점 B와 지점 C 모두에 분명히 존재한다. 이 실험이 물질의 본질에 대해 무엇을 말하는지 설명하시오.

39 파동 함수와 불확정성

Wave Functions and Uncertainty

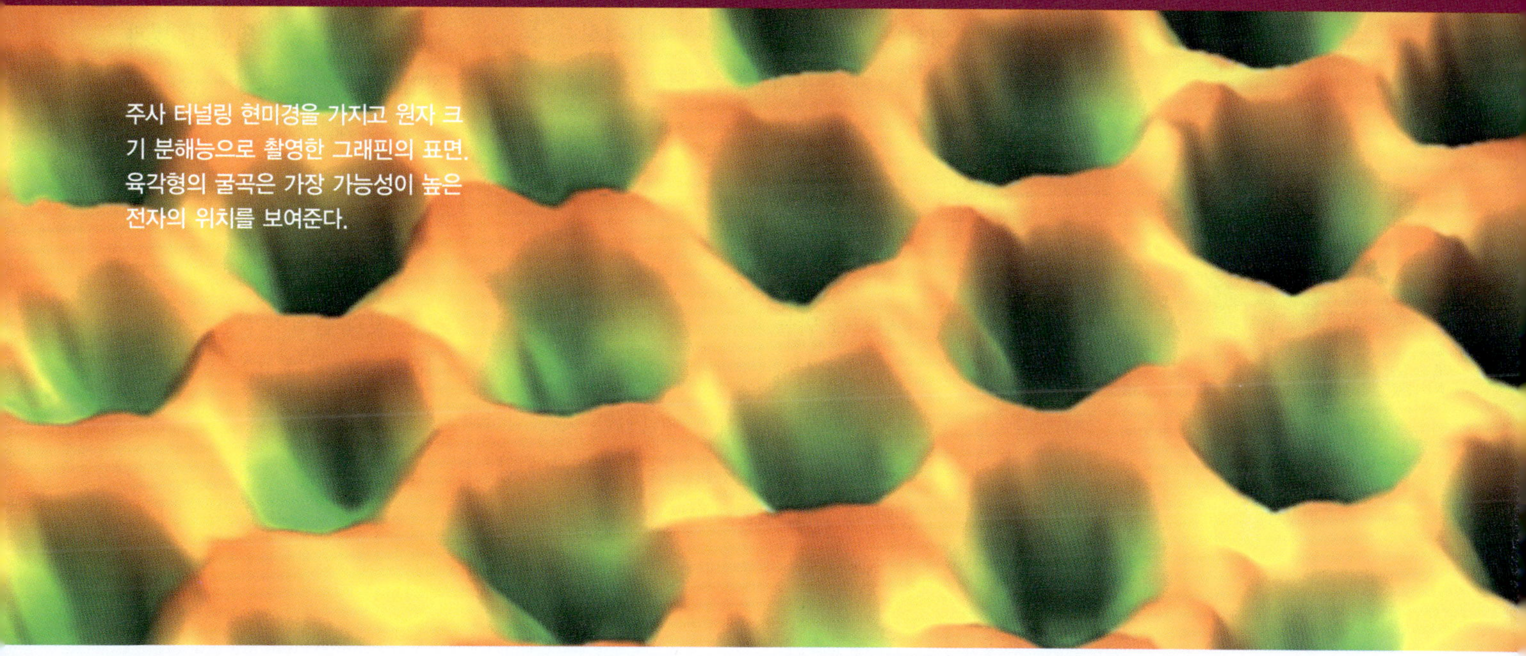

주사 터널링 현미경을 가지고 원자 크기 분해능으로 촬영한 그래핀의 표면. 육각형의 굴곡은 가장 가능성이 높은 전자의 위치를 보여준다.

이 장에서는 물질의 파동 함수 표현을 사용하는 방법을 공부한다.

양자역학은 무엇인가?

양자역학은 원자 크기에서 빛과 물질의 물리학이다. 이 장과 다음 장에서 1차원에서 양자역학의 본질을 도입할 것이다.

- 양자역학은 41장과 42장에서 배울 원자와 핵의 중요한 성질을 이해할 수 있도록 해줄 것이다.
- 양자역학의 이상하고 익숙하지 않은 측면에도 불구하고 그것의 예측은 놀라울 정도로 정밀하게 증명되었다.

파동 함수는 무엇인가?

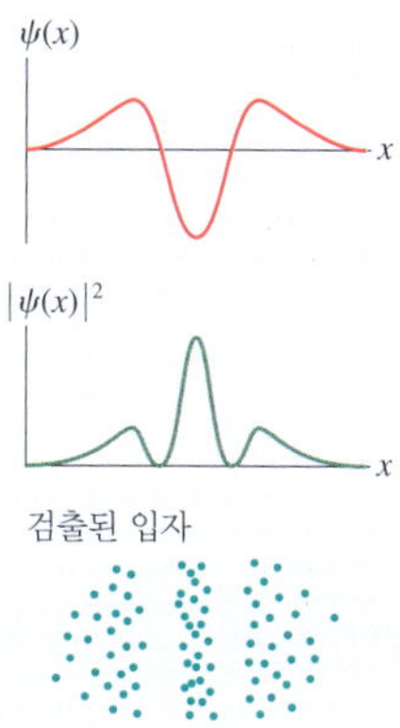

특별한 위치 x에서 입자를 발견할 확률은 입자의 파동 함수 $\psi(x)$에 의해 결정된다. 이것은 확률적 예측을 하는 데 사용할 수 있는 파동 같은 함수이지만 실제로는 물결치는 것이 없다.

- 파동 함수는 진동하는 함수이다.
- 파동 함수의 제곱은 입자의 확률 밀도이다.
- 입자는 확률 밀도의 최댓값 근처에서 발견될 가능성이 가장 크다.

이 장은 파동 함수의 해석을 배우는 것에 주안점을 둘 것이다.

« **되돌아보기:** 38.3–38.4절 광자 모형과 드브로이 파장

확률은 무슨 역할을 하는가?

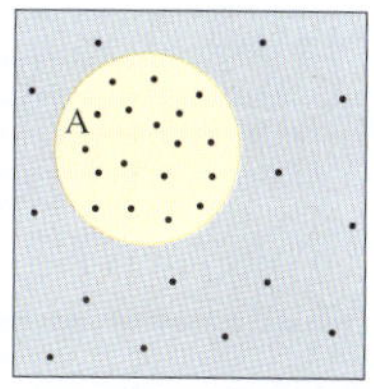

양자역학은 확률을 다룬다. 전자가 어디에 있는지 또는 어떻게 움직이는지 정확하게 알 수 없으나 전자가 공간의 특정한 지역에서 위치할 확률을 계산할 수 있다.

- N개의 입자들을 가지고 하는 실험에서 공간의 어떤 지역 A에서 N_A개가 검출되면 그 지역에서 입자를 발견할 확률은 $P_A = N_A/N$이다.

파동과 입자는 어떻게 조화를 이루는가?

파동 함수는 물질이 입자와 파동 같은 성질을 모두 가지고 있는 실험적 증거를 조화시킨다. 입자를 검출할 확률은 간섭을 나타낼 수 있는 파동 같은 함수에 의해 결정된다.

하이젠베르크의 불확정성 원리는 무엇인가?

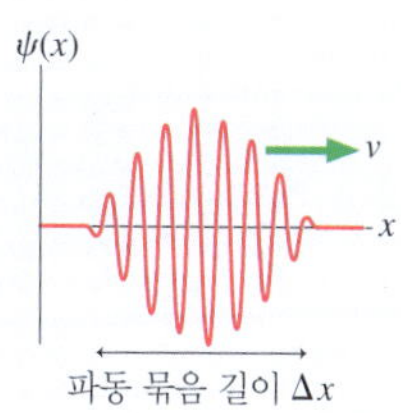

물질은 파동 같은 성질을 갖기 때문에 입자는 정확한 위치와 속력을 가지지 못한다. 입자에 대한 지식은 본질적으로 불확실하다. 이것은 하이젠베르크의 불확정성 원리 $\Delta x \Delta p \geq h/2$에 반영된다. 여기서 Δx와 Δp는 위치와 운동량의 불확정성이다.

« **되돌아보기:** 17.8절 맥놀이

39.1 파동, 입자 그리고 이중 슬릿 실험

여러분은 우리가 양자역학에 대한 준비를 얼마나 천천히 해나갔는지 알면 놀라움을 느낄 것이다. 왜 그것을 그냥 적어서 사용하지 않았을까? 두 가지 이유가 있다. 첫째, 양자역학은 직접적으로 감지하거나 경험할 수 없는 미시적인 현상을 설명한다. 빛과 원자가 어떻게 행동하는지를 아는 것부터 시작하는 것이 중요했다. 그렇지 않다면, 양자역학이 어떤 것을 설명해주는지 어떻게 알 수 있을까? 둘째, 양자역학에 필요한 개념은 다소 추상적이다. 수학으로 시작하기 전에, 이론과 실험 사이의 연결을 확립할 필요가 있다.

이중 슬릿 간섭 실험에서의 간섭 줄무늬

우리는 파동·입자 이중성의 핵심으로 바로 가는 실험인 이중 슬릿 간섭 실험으로 돌아가서 연결을 만들 것이다. 이중 슬릿 실험의 중요성은 빛과 물질이 같은 간섭 무늬를 보인다는 사실에서 시작된다. 슬릿을 통과하는 것이 광자, 전자 또는 중성자인지 여부에 관계없이 검출기에 도달하는 것은 입자와 같은 사건이다. 즉, 그들은 검출기 위에 불연속점들의 무리를 만든다. 그러나 간섭이 어떻게 '작용'하는지에 대한 이해는 파동의 특성에 기초한다. 우리의 목표는 간섭에 대한 파동 묘사와 입자 묘사 사이의 연관성을 찾는 것이다.

간섭의 파동 분석

그림 39.1 빛의 이중 슬릿 실험

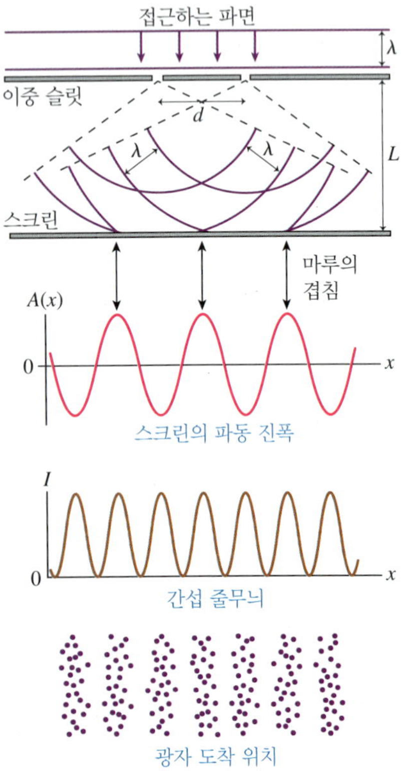

빛의 간섭은 파동의 관점이나 광자의 관점에서 분석할 수 있다. 파동 분석부터 시작해보자. 그림 39.1은 빛은 슬릿 간 거리가 d인 이중 슬릿을 통과하는 파동을 보여준다. 파면 그림에서 선들은 파의 마루를 나타내고 한 파장 간격만큼 떨어져 있다. 보강 간섭의 밝은 줄무늬들은 2개의 마루 또는 2개의 골이 겹치는 곳에서 발생한다. 검출 스크린의 그래프와 그림(수직으로 정렬되어 있음을 주의)은 실험 결과를 보여준다.

«17장과 33장에서 간섭과 이중 슬릿 실험을 공부했다. 슬릿으로부터 스크린까지 이동하는 두 파동은 전기장

$$E_1 = e\sin(kr_1 - \omega t)$$
$$E_2 = e\sin(kr_2 - \omega t)$$

를 갖는 진행파이다. 여기서 e는 각 파동의 진폭, $k = 2\pi/\lambda$는 파수, 그리고 r_1과 r_2는 두 슬릿으로부터 거리이다.

중첩의 원리에 따라 이 두 파동은 스크린 위에 한 점에서 만나는 곳에 함께 더해져 알짜 전기장 $E = E_1 + E_2$를 준다. 두 사인 모양 파동의 중첩의 진폭은

$$A(x) = 2e\cos\left(\frac{\pi dx}{\lambda L}\right) \tag{39.1}$$

가 된다는 것을 알고 있다. 여기서 x는 스크린의 중심 $x = 0$로부터 측정한 수평 좌표이다.

그림 39.1의 상단 그래프인 함수 $A(x)$는 **진폭 함수**라 한다. 빛의 파동 진폭 A를 스

크린 위에 위치 x의 함수로서 표시한 것이다. 진폭 함수는 각 파동의 두 마루가 겹쳐져 보강되어 진폭 $2e$를 가지도록 커진 파를 만드는 곳에서 최댓값을 갖는다. $A(x)$는 두 개별 파들의 위상이 달라져 상쇄로 간섭하는 점들에서 0이 된다.

실험실에서 이중 슬릿 실험을 수행하면 스크린 위에서 관찰되는 것은 빛의 진폭이 아니라 **세기**이다. 빛의 세기 I는 진폭의 **제곱**에 비례한다. 즉 $I \propto A^2$이다. 여기서 $\propto$는 '비례한다'는 기호이다. 각 점에서 진폭에 대한 식 (39.1)을 사용하여 스크린 위의 위치 x의 함수

$$I(x) = C\cos^2\left(\frac{\pi dx}{\lambda L}\right) \tag{39.2}$$

로서 세기 $I(x)$를 구한다. 여기서 C는 비례 상수이다.

그림 39.1에서 하단 그래프는 스크린을 따라 위치의 함수로서 세기를 보여준다. 이 그래프는 실험실에서 볼 수 있는 밝고 어두운 간섭 줄무늬가 교대로 나타나는 것을 보여준다. 다시 말하면, 파의 세기는 우리가 관찰하고 측정하는 **실험적인 현실**(experimental reality)이다.

확률

광자를 논하기 전에 확률에 대한 어떤 아이디어를 도입해야만 한다. 눈을 가린 채 다트 판에 다트를 던지는 것을 상상하자. 그림 39.2는 처음 100번을 던진 후 판이 어떻게 보이는지를 보여준다. 이 정보로부터 101번째 던지 것이 어디에 꽂힐지 예상할 수 있을까? 모든 다트는 판에 꽂힌다고 가정할 것이다.

그림 39.2 100개의 다트를 다트 판에 던진다.

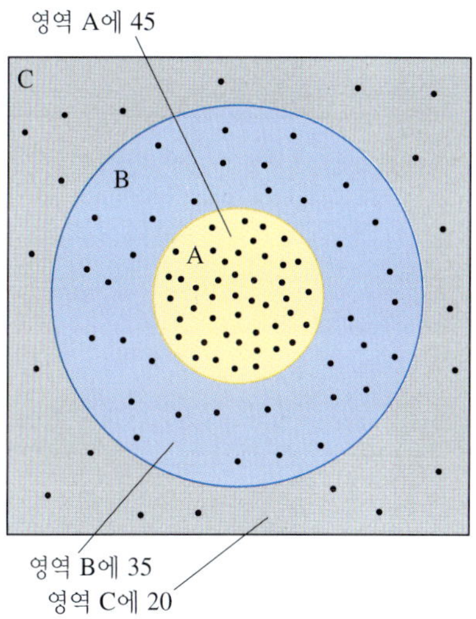

아니다. 어떠한 개별 다트의 위치도 **예측 불가능**하다. 이전에 던진 것을 재현하기 위해 아무리 노력해도, 두 번째 다트는 같은 장소에 떨어지지 않을 것이다. 하지만 다트가 판의 어디에 꽂히는지에 대한 전반적인 **패턴**이 분명히 있다. 눈을 가리고 있어도 판의 중앙이 어디인지에 대한 일반적인 감각을 가지고 있기 때문에 각 다트가 가장자리보다 중앙 가까이에 도착할 가능성이 더 높다.

비록 개별 다트가 도착할 곳은 예측할 수 없지만, 그림 39.2의 정보를 이용하여 다음 던지는 것이 A영역, B영역 또는 C영역에 도착할 **확률**은 결정할 수 있다. 100번의 던지기 중 45번이 A영역에 도착했기 때문에 A영역에 꽂힐 가능성은 100 중 45 또는 45%라고 말할 수 있다.

100번 던지기는 그렇게 많지 않다. 다시 다트를 100번 던지면 아마도 43번만 영역 A에 도착할 것이다. 그 다음 100번 던지기에서 48일 수도 있다. 총 던지기 횟수 N_{tot}가 매우 크다고 생각하자. 어떤 특정한 던지기가 영역 A에 도착할 **확률**(probability)은

$$P_{\text{A}} = \lim_{N_{\text{tot}} \to \infty} \frac{N_{\text{A}}}{N_{\text{tot}}} \tag{39.3}$$

로 정의된다. 다시 말하면 결과가 A일 확률은 극히 많은 수의 시도에 대한 A인 결과의 비이다. 마찬가지로 $N_{\text{tot}} \to \infty$일 때 $P_{\text{B}} = N_{\text{B}}/N_{\text{tot}}$ 그리고 $P_{\text{C}} = N_{\text{C}}/N_{\text{tot}}$이다. 확률은

소수나 백분율로 나타낸다. 이 예에서는 $P_A \approx 45\%$, $P_B \approx 35\%$ 그리고 $P_C \approx 20\%$이다. 100번 던지기는 아주 정밀한 확률을 결정할 정도로 크지 않기 때문에 =보다 ≈을 사용하였다.

다트가 영역 A 또는 영역 B에 도착할 확률은 얼마인가? 다트가 A 또는 B에 도착한 수는 $N_{\text{A or B}} = N_A + N_B$이므로 확률의 정의를 사용하여

$$\begin{aligned} P_{\text{A or B}} &= \lim_{N_{\text{tot}}\to\infty} \frac{N_{\text{A or B}}}{N_{\text{tot}}} = \lim_{N_{\text{tot}}\to\infty} \frac{N_A + N_B}{N_{\text{tot}}} \\ &= \lim_{N_{\text{tot}}\to\infty} \frac{N_A}{N_{\text{tot}}} + \lim_{N_{\text{tot}}\to\infty} \frac{N_B}{N_{\text{tot}}} = P_A + P_B \end{aligned} \tag{39.4}$$

임을 알 수 있다. 즉, **결과가 A 또는 B일 확률은 P_A와 P_B의 합이다.** 이 중요한 결과는 확률의 일반적인 성질이다.

각 다트가 판 위 어딘가에 도착한다. 결과적으로 다트가 A 또는 B 또는 C에 도착할 확률은 100%가 되어야만 한다. 그래서

$$P_{\text{somewhere}} = P_{\text{A or B or C}} = P_A + P_B + P_C = 0.45 + 0.35 + 0.20 = 1.00$$

이 된다. 확률의 다른 중요한 성질은 **모든 가능한 결과의 확률 합은 1과 같아야만 한다**는 것이다.

철저한 실험을 통해 A영역에 다트가 도착할 확률이 P_A라고 가정하자. 만약 N번 다트를 던진다면 A영역에 몇 개의 다트가 도착할 것으로 예상하는가? **기댓값**(expected value)이라 하는 이 값은

$$N_{\text{A expected}} = NP_A \tag{39.5}$$

이다. **기댓값은 실험 결과를 가장 잘 예측한 값이다.**

$P_A = 0.45$이면 최고의 예측은 60번 던지기에 27번(60의 45%)이 A에 도착한다는 것이다. 물론 예측하는 27과 실제 27을 얻는 것은 같은 것이 아니다. 60번의 동전 던지기에서 30번의 앞면을 예측할 수 있으나 실제 28번 또는 31번이었다고 해도 놀라운 것이 아니다. 비슷하게 영역 A에 도착할 다트의 수가 27이 아니라 24 또는 29일 수도 있다. 일반적으로 실제값과 예측값의 일치 정도는 다트를 더 많이 던짐으로써 증가한다.

간섭의 광자 해석

이제 광자의 관점에서 이중 슬릿 결과를 살펴보자. 실험적 증거로부터 광자에 의해 간섭 무늬가 형성된다는 것을 알 수 있다. 그림 39.1의 하단 부분은 처음 수십 개 광자가 도착한 후 검출기에서 만들어진 무늬를 보여준다. 이것은 분명히 이중 슬릿의 간섭 무늬지만, 신문의 사진과 같이 어떤 곳은 점을 쌓아 올리고 다른 곳에서는 쌓지 않는 방식으로 만든 것이다.

어떠한 특정한 광자의 도착 위치도 예측 불가능하다. 즉 실험이 어떻게 구성되고 실

행되었는지가 개별 광자의 점이 정확히 검출기의 어디에 나타날지를 예측해주지는 않는다. 그러나 전체적인 형태가 분명히 있다. 광자가 더 많이 검출될 가능성이 높은 위치와 더 적게 발견될 가능성이 있는 위치가 있다.

만약 우리가 수천 개 광자의 도착 위치를 기록한다면, 광자가 어떤 위치에서 검출될 **확률**을 결정할 수 있을 것이다. 5만 개 광자 중 50개가 스크린의 한 작은 영역에 도착하면 각 광자는 $50/50{,}000 = 0.001 = 0.1\%$의 검출 확률을 갖는다. 간섭 극소에서는 광자가 전혀 도달하지 않기 때문에 확률이 0이다. 마찬가지로, 확률은 간섭 극대에서 최댓값이 된다.

그림 39.3 위치 x의 폭이 δx인 띠

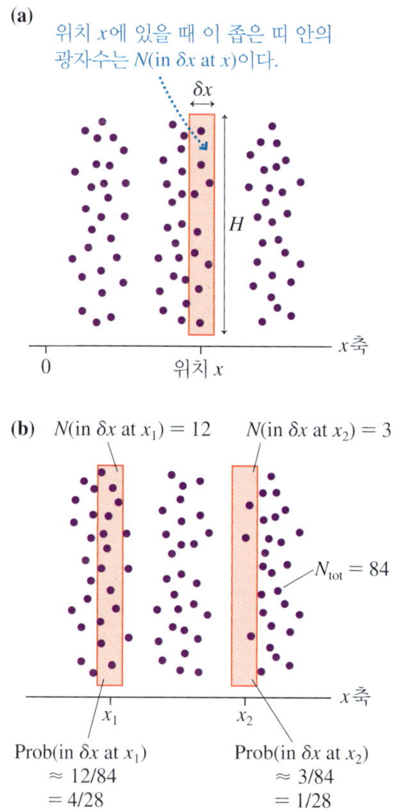

그림 39.3a는 폭이 δx이고 높이가 H인 좁은 띠를 보여준다. (δx는 줄무늬 공간에 비해 매우 작아서 δx에서 빛의 세기는 거의 일정하다고 가정한다.) 이 띠를 이 띠에 도착하는 광자를 검출하고 개수를 셀 수 있는 매우 좁은 검출기로 생각하자. 위치 x에 이 좁은 띠를 놓았다고 생각하자. 이 위치에서 검출기를 때리는 광자수를 표현 $N(\text{in } \delta x \text{ at } x)$으로 나타낼 것이다. $N(\text{in } \delta x \text{ at } x)$ 값은 점에 따라 변한다. $N(\text{in } \delta x \text{ at } x)$는 x가 밝은 줄무늬의 중심 근처에 있으면 커지고, x가 어두운 줄무늬에 있으면 작아진다.

N_{tot}개의 광자가 슬릿에서 쏘아졌다고 가정하자. 어떤 한 광자가 위치 x에 있는 띠에서 끝날 **확률**은

$$\text{Prob}(\text{in } \delta x \text{ at } x) = \lim_{N_{\text{tot}} \to \infty} \frac{N(\text{in } \delta x \text{ at } x)}{N_{\text{tot}}} \tag{39.6}$$

이다. 그림 39.3b는 식 (39.6)이 검출기에 특정한 점을 때리는 광자의 확률을 결정하기 위한 경험적 방법을 보여준다.

대신에 이론으로부터 확률을 계산할 수 있다고 생각하자. 그 경우에 위치 x에 있는 좁은 띠에 도착하는 광자수에 대한 **기댓값**은

$$N(\text{in } \delta x \text{ at } x) = N \times \text{Prob}(\text{in } \delta x \text{ at } x) \tag{39.7}$$

이다. 어떤 개별 광자가 무엇을 하는지 예측할 수 없으나 공간의 이 작은 영역에 도착하는 입자의 일부분은 예측할 수 있다. $\text{Prob}(\text{in } \delta x \text{ at } x)$는 그것이 일어날 확률이다.

39.2 파동과 광자 관점 연결하기

빛의 파동 모형은 연속값 함수인 파동의 세기 $I(x)$를 사용하여 간섭 무늬를 설명한다. 광자 모형은 광자를 검출하는 확률 $\text{Prob}(\text{in } \delta x \text{ at } x)$를 사용하여 간섭 무늬를 설명한다. 이들 두 모형은 매우 다르지만 그림 39.1은 **파동의 세기와 검출 광자의 확률** 사이에 상관관계를 보여준다. 즉, 광자는 파동 세기가 큰 곳에서 이 점들을 검출할 가능성이 커지고 파동 세기가 작은 곳에서 검출될 가능성은 낮아진다.

파동의 세기는 빛의 일률 P(초당 줄)와 빛이 떨어지는 곳의 넓이 비인 $I = P/A$이다. 그림 39.3a에서 좁은 띠는 넓이 $A = H\delta x$를 가지고 있다. 위치 x에서 빛의 세기가

$I(x)$이면 각 초마다 이 좁은 띠로 떨어지는 빛에너지의 양 E는

$$E(\text{in } \delta x \text{ at } x) = I(x)A = I(x)H\delta x = HI(x)\,\delta x \tag{39.8}$$

이다. 표현 $E(\text{in } \delta x \text{ at } x)$는 위치 x에 놓인 이 좁은 띠 위에 도착하는 에너지를 나타낸다.

광자 해석에서 에너지 E는 각 광자의 에너지가 hf인 N개의 광자에 기인한다. 매 초 띠에 도착하는 광자수는

$$N(\text{in } \delta x \text{ at } x) = \frac{E(\text{in } \delta x \text{ at } x)}{hf} = \frac{H}{hf}I(x)\,\delta x \tag{39.9}$$

이다. 확률의 정의 식 (39.6)을 사용하여 위치 x의 좁은 띠 δx에 광자가 도착하는 확률은

$$\text{Prob}(\text{in } \delta x \text{ at } x) = \frac{N(\text{in } \delta x \text{ at } x)}{N_{\text{tot}}} = \frac{H}{hfN_{\text{tot}}}I(x)\,\delta x \tag{39.10}$$

로 쓴다. 식 (39.10)이 파동 모형과 광자 모형 사이의 중요한 연결고리이다. 광자를 검출할 확률은 그 점에서의 빛의 세기와 검출기의 폭에 비례한다.

최종 단계로써 빛의 세기 $I(x)$는 진폭 함수의 제곱 $|A(x)|^2$에 비례하는 것을 기억하자. 결론적으로

$$\text{Prob}(\text{in } \delta x \text{ at } x) \propto |A(x)|^2\,\delta x \tag{39.11}$$

가 된다. 여기서 식 (39.10)에서 여러 상수들은 식 (39.11)의 표시하지 않은 비례 상수 안에 모두 포함하였다.

다시 말하면 **특정한 점에서 광자를 검출할 확률은 그 점의 빛 파동 진폭 함수의 제곱에 정비례한다.** 점 A에서 파동의 진폭이 점 B에서의 진폭의 두 배라면 광자가 점 A에 있는 좁은 띠에 도착할 가능성은 점 B에 있는 같은 폭의 띠에 도착할 가능성의 네 배가 된다.

확률 밀도

마지막으로 정의가 하나 필요하다. 길이가 L인 도선 또는 끈의 질량은 질량 선밀도 μ를 사용하여 $m=\mu L$로 표현할 수 있다. 비슷하게 길이가 L인 도선의 전하는 선전하 밀도 λ를 사용하여 $Q=\lambda L$로 표현할 수 있다. δx로 나타내는 것처럼 길이가 매우 짧고 밀도가 위치마다 다르면

$$\text{질량}(\text{in } \delta x \text{ at } x) = \mu(x)\,\delta x$$
$$\text{전하}(\text{in } \delta x \text{ at } x) = \lambda(x)\,\delta x$$

로 쓸 수 있다. 여기서 $\mu(x)$와 $\lambda(x)$는 위치 x에서 선밀도이다. 질량과 전하를 쓸 때 이 방식은 밀도의 역할과 작은 길이 δx의 역할을 분리한다.

식 (39.11)도 유사해 보인다. 그림 39.4에서 보여주는 것처럼 질량과 전하 밀도를 유

사하게 사용한 것처럼 **확률 밀도**(probability density) $P(x)$를

$$\text{Prob}(\text{in } \delta x \text{ at } x) = P(x)\,\delta x \tag{39.12}$$

로 정의할 수 있다. 1차원에서 확률 밀도는 m^{-1}의 SI 단위를 가진다. 그러므로 식 (39.12)에서처럼 길이가 곱해진 확률 밀도는 차원이 없는 확률을 산출한다.

식 (39.12)를 식 (39.11)과 비교함으로써 광자 확률 밀도는 빛 파동 진폭의 제곱에 직접 비례한다는 것을 알 수 있다.

$$P(x) \propto |A(x)|^2 \tag{39.13}$$

확률과 다르게 확률 밀도는 폭 δx에 독립이고 단지 진폭 함수에만 의존한다.

이중 슬릿 실험에서 영감을 얻었지만 해석에서 실제로 이중 슬릿의 기하학적 구조에 전혀 의존하지 않았다. 결과적으로 식 (39.13)은 매우 일반적이다. 광자를 검출하는 어떠한 실험에 대해서도 **광자의 검출에 대한 확률 밀도는 대응하는 전자기파의 진폭 함수의 제곱에 비례한다**고 할 수 있다. 이제 빛의 파동과 입자 같은 성질들 사이에 분명한 연결을 가지게 되었다.

그림 39.4 확률 밀도는 질량 선밀도와 유사하다.

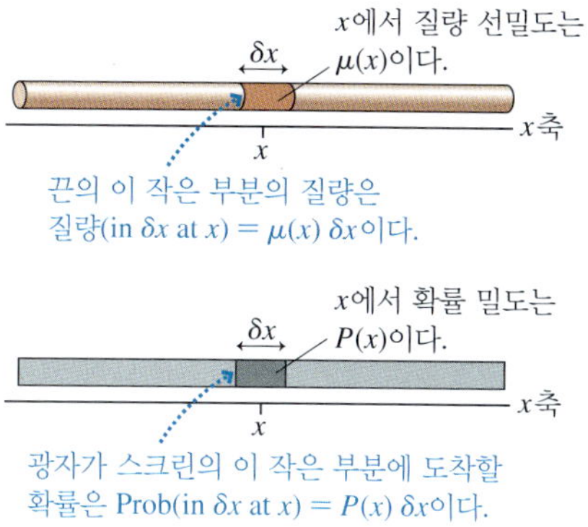

예제 39.1 **확률 밀도 계산하기**

실험에서 600,000개의 광자 중 6000개가 위치 $x = 50$ cm에 있는 1.0 mm 폭의 띠에서 검출되었다. $x = 50$ cm에서 확률 밀도는 얼마인가?

풀이 광자가 이 특별한 띠에 도착할 확률은

$$\text{Prob}(\text{in 1.0 mm at } x = 50 \text{ cm}) = \frac{6000}{600{,}000} = 0.010$$

이다. 그러므로 이 위치에서 확률 밀도 $P(x) = \text{Prob}(\text{in } \delta x \text{ at } x)/\delta x$를 계산하면

$$P(50 \text{ cm}) = \frac{\text{Prob}(\text{in 1.0 mm at } x = 50 \text{ cm})}{0.0010 \text{ m}} = \frac{0.010}{0.0010 \text{ m}}$$

$$= 10 \text{ m}^{-1}$$

이 된다.

39.3 파동 함수

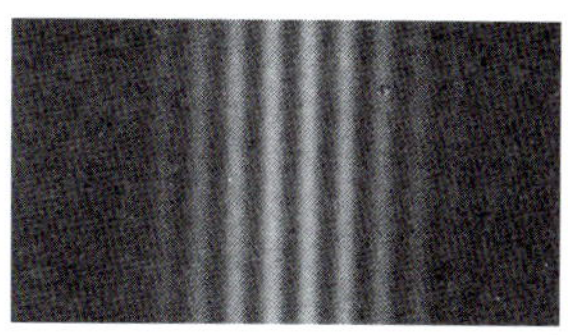

전자는 간섭 줄무늬를 생성한다.

물질의 간섭을 살펴보자. 이중 슬릿 장치를 통과한 전자들이 광자와 같은 간섭 무늬를 생성한다. 무늬는 계속된 전자들에 의해 만들어지지만 어떤 특별한 전자가 검출될 곳을 예측할 수 있는 방법은 없다. 그렇지만 많은 개별 전자들의 위치를 측정함으로써 폭이 δx인 좁은 띠 안에 도착하는 전자의 **확률**을 확립할 수 있다.

빛에 대해서 전자기파의 진폭과 광자의 확률 밀도 $P(x)$ 사이의 관계를 만들 수 있었다. 그러나 빛에 대한 전자기파와 같은 전자에 대응하는 파동이 없다. 그러면 어떻게 전자에 대한 확률 밀도를 구할 수 있을까? 여기서 고전물리학을 뛰어 넘는 영감을 가져야만 하는 단계에 왔다. 빛에 대한 전자기파의 진폭 함수 $A(x)$와 같은 역할을 하는 물질의 어떤 종류의 파동 같은 연속 함수를 가정하자. 이 함수를 **파동 함수**(wave function) $\psi(x)$라 할 것이다. 여기서 ψ는 그리스어의 소문자 프시(psi)이다. 파동 함

수는 위치의 함수이다. 이것이 $\psi(x)$라고 쓰는 이유이다.

파동 함수를 실험 측정의 실제 세계와 연결시키기 위해 $\psi(x)$를 위치 x에서 입자를 검출하는 **확률**로써 해석할 것이다. 전자와 같은 물질 입자를 파동 함수 $\psi(x)$로 표현하면 위치 x에 있는 폭이 δx인 좁은 영역 내부에서 입자를 발견할 확률 Prob(in δx at x)는

$$\text{Prob}(\text{in } \delta x \text{ at } x) = |\psi(x)|^2 \delta x = P(x)\,\delta x \tag{39.14}$$

이다. 즉 입자를 발견할 확률 밀도 $P(x)$는

$$P(x) = |\psi(x)|^2 \tag{39.15}$$

가 된다.

그림 39.5 전자의 이중 슬릿 실험

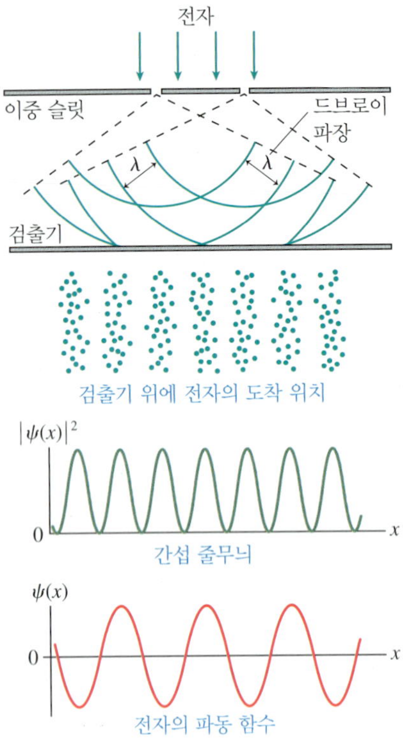

식 (39.14)와 (39.15)는 광자에 대해 진폭 함수 $A(x)$가 했던 똑같은 역할을 물질 입자에서 하는 것으로 파동 함수 $\psi(x)$를 **정의하고** 있다. 유일한 차이는 입자에 대해서 $P(x)=|\psi(x)|^2$인 반면 광자에 대해서 식 (39.13)은 $P(x) \propto |A(x)|^2$라는 것이다. 그 차이는 전자기장의 진폭 $A(x)$는 전기와 자기 법칙을 통하여 이전에 정의되었다는 것이다. $|A(x)|^2$은 광자를 찾을 확률 밀도에 **비례**하지만 정확하게 확률 밀도가 아니다. 대조적으로 파동 함수 $\psi(x)$는 어떤 기존 정의가 없다. 그러므로 $|\psi(x)|^2$이 **정확하게** 확률 밀도가 되도록 $\psi(x)$를 자유롭게 정의할 수 있다. 그것이 식 (39.15)에서 $\propto$ 대신에 $=$을 사용한 이유이다.

그림 39.5는 전자의 이중 슬릿 실험을 보여준다. 이제 뒤로 미뤘던 일을 할 것이다. 어떤 특정한 위치에 도착할 확률을 표시하는 전자의 관찰된 분포로부터 $|\psi(x)|^2$이 최댓값과 0을 번갈아 가지는 것을 추론할 수 있다. 진동하는 파동 함수 $\psi(x)$는 각 점에서 $|\psi(x)|^2$의 제곱근이다. 그림 39.1의 진폭 함수 $A(x)$와 매우 유사한 점을 주목하라.

그림 39.6 파동 함수의 제곱은 위치 x에서 전자를 검출하기 위한 확률 밀도이다.

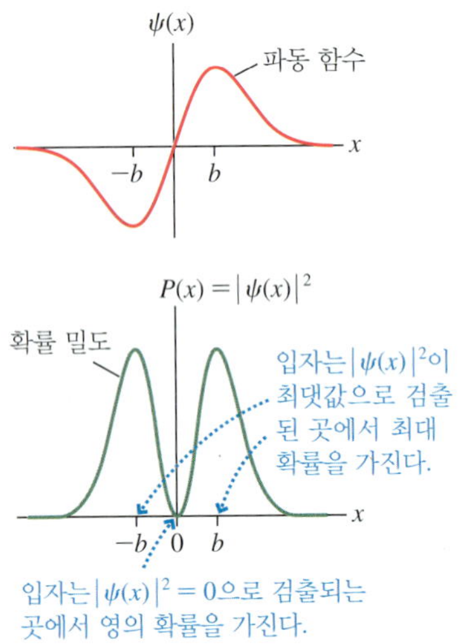

그림 39.6은 파동 함수의 다른 예이다. 그림의 하단부에서 보여주는 것처럼 각 점에서 제곱을 한 후에 이 파동 함수는 $x=-b$ 또는 $x=b$의 바로 근처에서 입자를 발견할 가능성이 가장 크다는 것을 보여준다. 이들은 $|\psi(x)|^2$이 최댓값인 점들이다. 중간 점에서 입자를 발견할 가능성은 0이다. 입자는 다른 점에서보다 어떤 점에서 검출될 가능성이 크나 임의의 시간에 그것의 정확한 위치가 어디인지를 예측할 수는 없다.

약간의 과학적 방법론

식 (39.14)는 다른 위치 x에 있는 입자를 발견할 확률로 입자에 대한 파동 함수를 정의하였다. 그러나 우리의 관심사는 실험적 데이터를 단순히 특징지으려는 것만이 아니다. 물질의 새로운 **이론**을 개발하고 싶다. 하지만 이론이란 무엇일까? 과학적 방법론에 관한 책은 아니지만 물리 이론은 두 가지 구성 요소가 있다고 말할 수 있다.

1. 물리적 물체의 지식을 기술하기 위해 사용되는 수학적인 양인 **서술자**(descriptor)
2. 이 서술자의 행동을 제어하는 하나 이상의 **법칙**

예를 들면 뉴턴 역학은 운동의 이론이다. 이 뉴턴 역학의 기본적인 서술자는 시간의

함수인 입자의 위치 $x(t)$이다. 이것은 모든 시간에 입자의 위치에 대한 지식을 표시한다. 위치는 **뉴턴 법칙들**에 의해 제어된다. 이러한 법칙들, 특별히 제2법칙은 서술자가 힘에 대응하여 어떻게 변하는지에 대한 수학적 진술이다. 알려진 힘들에 대해 $x(t)$를 예측할 수 있으면 시간 t일 때 실행하는 실험은 예측된 바로 그곳에서 입자를 찾을 수 있다는 확신을 갖는다.

운동에 대한 뉴턴의 이론은 입자의 위치가 시간의 모든 순간에 잘 정의된다고 가정한다. 20세기 초에 물리학자들이 직면한 어려움은 **원자 크기 입자의 위치를 잘 정의할 수 없다**는 놀라운 발견이었다. 이중 슬릿 실험에서 전자는 전자의 간섭 무늬를 만들기 위해 어떤 의미에서 **두** 슬릿을 지나가야만 한다. 전자는 슬릿과 상호작용하기 때문에 잘 정의된 위치를 가지고 있지 않다. 그러나 입자의 위치 함수 $x(t)$가 원자 수준에 있는 물질에 대한 타당한 서술자가 아니라면 무엇이 서술자일까?

파동 함수 $\psi(x)$가 양자역학에서 입자의 **서술자**라고 주장할 것이다. 다른 말로 하자면 파동 함수는 입자에 대해 알 수 있는 어떤 것들을 말해준다. 위치 함수 $x(t)$가 고전역학에서 하는 역할과 같이 파동 함수 $\psi(x)$는 양자역학에서 주도적인 역할을 한다.

이 가정이 어떤 장점이 있는지는 증명 가능한 예측으로 이어질지를 확인할 때까지 알 수 없다. 그리고 그것을 하기 전에 물리학의 새로운 법칙이 주어진 상황에서 파동 함수 $\psi(x)$의 무엇을 결정하는지 배울 필요가 있다. 다음 장에서 이 질문의 답을 할 것이다.

앞으로 나아가면서 단순히 아이디어를 '지어내는' 것처럼 보일지도 모른다. 사실, 그것은 적어도 부분적으로는 사실이다. 완전히 새로운 이론의 발명가들은 그들의 기존의 지식을 지침으로 사용하지만, 궁극적으로 그들은 새로운 이론이 어떤 모습이어야 하는지에 대해 영감을 주는 추측을 해야 한다. 뉴턴과 아인슈타인 두 사람은 그러한 도약을 하였고 양자역학의 발명가들도 그러한 도약을 해야만 했었다. 우리는 새로운 아이디어를 **그럴듯하게** 만들려고 시도할 수 있지만, 궁극적으로 새로운 이론은 통제된 실험을 통해 실제성이 시험되어야 하는 대담한 주장일 뿐이다. 양자역학의 파동 이론은 과학에서 정말로 중요한 유일한 시험을 통과하였다. 그것이 작동하고 있다!

39.4 규격화

확률의 토의에서 다트가 벽의 임의의 장소에 꽂혀야만 한다고 언급하였다. 이 아이디어의 수학적 진술은 $P_A + P_B + P_C = 1$을 요구한다. 즉, 모든 상호 배타적 결과들의 합이 1이어야만 한다.

마찬가지로 광자와 전자는 실험 장치를 통과한 후 검출기의 **어딘가**에 반드시 도착해야 한다. 결과적으로 **어딘가**에서 검출될 확률은 100%이다. 이 필요 조건을 사용하기 위해 전자가 x축 위에서 검출되는 실험을 생각하자. 그림 39.7이 보여주는 것처럼 위치 x_L과 x_R 사이에 있는 영역을 N개의 이웃하는, 폭이 δx인 좁은 띠들로 나눌

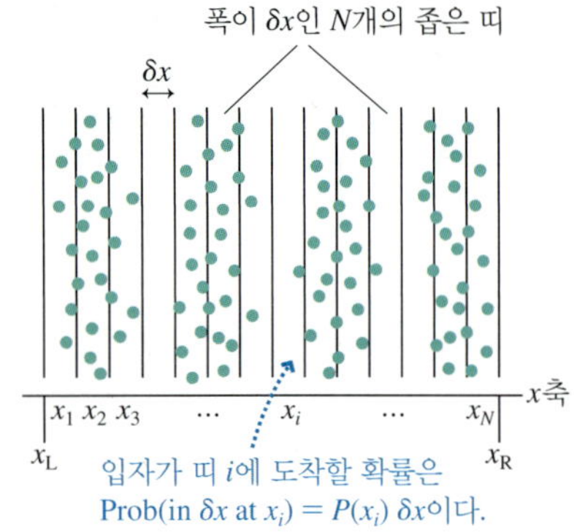

그림 39.7 전체 검출기를 폭이 δx인 매우 좁은 띠로 나누기

수 있다.

어떤 특별한 전자가 위치 x_i에 있는 좁은 띠 i에 도착할 확률은

$$\text{Prob}(\text{in } \delta x \text{ at } x_i) = P(x_i)\,\delta x$$

이다. 여기서 $P(x_i) = |\psi(x_i)|^2$은 x_i에서 확률 밀도이다. 전자가 x_1, 혹은 x_2, 혹은 x_3, 혹은 ⋯에 있는 띠에서 전자가 도착할 확률은

$$\begin{aligned}\text{Prob}(\text{between } x_L \text{and } x_R) &= \text{Prob}(\text{in } \delta x \text{ at } x_1)\\ &\quad + \text{Prob}(\text{in } \delta x \text{ at } x_2\,) + \cdots \\ &= \sum_{i=1}^{N} P(x_i)\,\delta x = \sum_{i=1}^{N} |\psi(x_i)|^2\,\delta x\end{aligned} \tag{39.16}$$

의 합이다. 즉, **전자가 x_L과 x_R 사이의 어떤 곳에 도착할 확률은 각 좁은 띠에 도착할 확률들의 합이다.**

띠들을 더 좁게 하면 $\delta x \to dx$가 되고 합은 적분이 된다. 그러므로 범위 $x_L \le x \le x_R$에서 입자를 찾을 확률은

$$\text{Prob}(\text{in range } x_L \le x \le x_R) = \int_{x_L}^{x_R} P(x)\,dx = \int_{x_L}^{x_R} |\psi(x)|^2\,dx \tag{39.17}$$

그림 39.8 확률 밀도 곡선 아래 넓이는 확률이다.

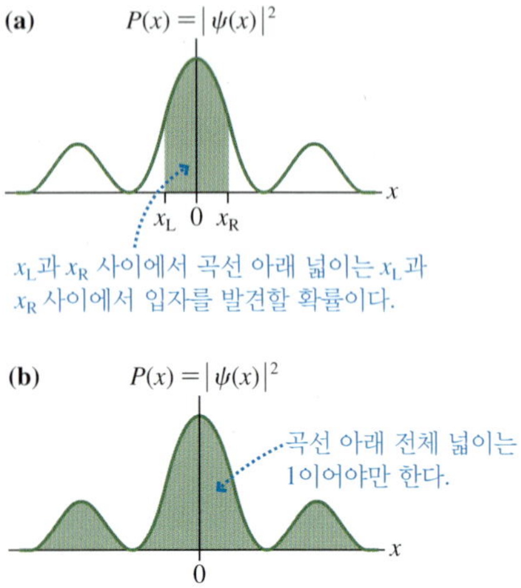

이다. 그림 39.8a에서 보여주는 것처럼 Prob(in range $x_L \le x \le x_R$)는 x_L과 x_R 사이에서 확률 밀도 곡선의 아래 넓이로 해석할 수 있다.

검출기가 무한히 넓어진다고 하자. 그러면 전자가 검출기의 어딘가에 도착할 확률은 100%가 된다. 전자가 x축 위의 어딘가에 도착해야만 한다는 말은 수학적으로

$$\int_{-\infty}^{\infty} P(x)\,dx = \int_{-\infty}^{\infty} |\psi(x)|^2\,dx = 1 \tag{39.18}$$

로 표현한다. 식 (39.18)을 **규격화 조건**(normalization condition)이라 한다. 어떠한 파동 함수 $\psi(x)$도 이 조건을 만족해야만 한다. 그렇지 않으면 $|\psi(x)|^2$을 확률 밀도로 해석할 수 없다. 그림 39.8b가 보여주는 것처럼 식 (39.18)은 확률 밀도 곡선 아래의 전체 넓이가 1이 되어야 함을 나타낸다.

예제 39.2 파동 함수의 규격화와 해석

그림 39.9는 $x = 0$ nm와 $x = L = 1.0$ nm 사이의 영역 내부에 갇혀 있는 입자의 파동 함수를 보여준다. 파동 함수는 이 영역 밖에서는 0이다.

a. 규격화된 파동 함수를 만들기 위한 상수 c의 값을 결정하시오.

b. 확률 밀도 $P(x)$의 그래프를 그리시오.

c. 처음 40개 또는 50개의 입자를 찾을 수 있는 곳을 보여주기 위한 점 그림을 그리시오.

d. 위치 $x_1 = 0.05$ nm, $x_2 = 0.50$ nm와 $x_3 = 0.95$ nm에 폭이 $\delta x =$

그림 39.9 예제 39.2의 파동 함수

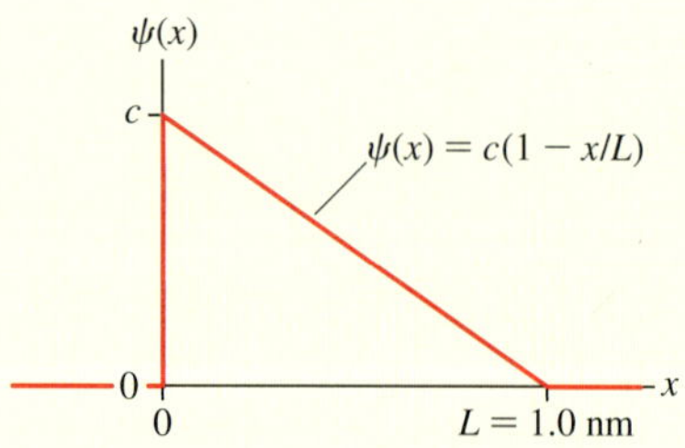

0.01 nm인 영역에서 입자를 찾을 확률을 계산하시오.

핵심 입자를 찾을 확률은 확률 밀도 $P(x)$에 의해 결정된다.

시각화 파동 함수는 그림 39.9에서 볼 수 있다.

풀이 a. 파동 함수는 0과 L 사이에서 $\psi(x)=c(1-x/L)$이고 그 밖에서는 0이다. 이것은 $x=0$에서 $\psi=c$로부터 $x=L$에서 $\psi=0$까지 선형적으로 감소한다. 상수 c는 이 파동 함수의 높이이다. 입자는 확률 1을 가지고 영역 $0\le x\le L$에 존재하여야만 하고 그래서 c의 한 값만이 그렇게 만들 수 있다. 규격화 조건인 식 (39.18)을 사용함으로써 c를 결정할 수 있다. 파동 함수는 0으로부터 L까지의 구간 밖은 0이므로 확률 밀도를 0으로부터 L까지만 적분해야 한다. 그러므로 다음과 같다.

$$1=\int_0^L|\psi(x)|^2\,dx=c^2\int_0^L\left(1-\frac{x}{L}\right)^2dx$$

$$=c^2\int_0^L\left(1-\frac{2x}{L}+\frac{x^2}{L^2}\right)dx$$

$$=c^2\left[x-\frac{x^2}{L}+\frac{x^3}{3L^2}\right]_0^L=\tfrac{1}{3}c^2L$$

c에 대한 해는

$$c=\sqrt{\frac{3}{L}}=\sqrt{\frac{3}{1.0\text{ nm}}}=1.732\text{ nm}^{-1/2}$$

이다. c의 비정상적인 단위를 주의하자. 이들은 SI 단위는 아니지만 δx가 nm의 단위를 가지고 있는 한 확률을 정확하게 계산할 수 있다. c 같이 곱해지는 상수를 종종 **규격화 상수**라 한다.

b. 파동 함수는

$$\psi(x)=(1.732\text{ nm}^{-1/2})\left(1-\frac{x}{1.0\text{ nm}}\right)$$

이다. 그러므로 확률 밀도는

$$P(x)=|\psi(x)|^2=(3.0\text{ nm}^{-1})\left(1-\frac{x}{1.0\text{ nm}}\right)^2$$

이다. 이 확률 밀도를 그림 39.10a에 그렸다.

그림 39.10 확률 밀도 $P(x)$와 입자가 검출된 위치

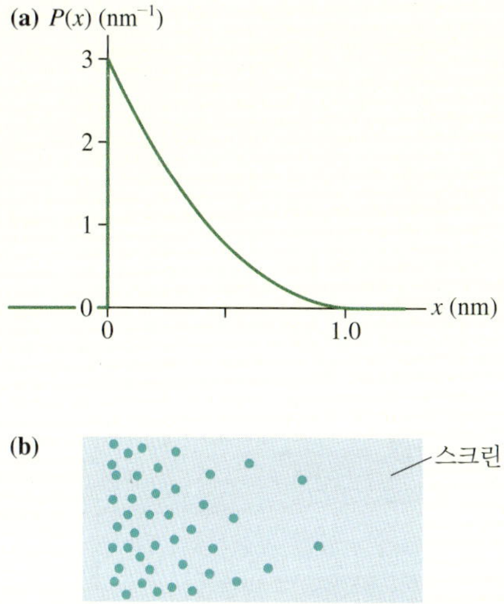

c. 입자는 확률 밀도 $P(x)$가 최대인 구간의 왼쪽 가장자리에서 검출될 가능성이 가장 높다. 확률은 전체 구간에서 지속적으로 감소하며 $x=1.0$ nm에서 0이 된다. 그림 39.10b는 이 파동 함수로 기술된 한 그룹의 입자들이 검출 스크린에 어떻게 나타나는지를 보여준다.

d. $P(x)$는 매우 작은 구간 $\delta x=0.01$ nm에서 기본적으로 상수이므로 위치 x에 있는 폭 δx의 영역에서 입자를 찾을 확률을 위해

$$\text{Prob(in }\delta x\text{ at }x)=P(x)\,\delta x=|\psi(x)|^2\,\delta x$$

를 사용할 수 있다. 세 위치 $x_1=0.05$ nm, $x_2=0.50$ nm와 $x_3=0.95$ nm에서 $|\psi(x)|^2$을 계산할 필요가 있다. 계산하면 다음과 같다.

$$\text{Prob(in 0.01 nm at }x_1=0.05\text{ nm)}=c^2(1-x_1/L)^2\delta x=0.0270=2.70\%$$

$$\text{Prob(in 0.01 nm at }x_2=0.50\text{ nm)}=c^2(1-x_2/L)^2\delta x=0.0075=0.75\%$$

$$\text{Prob(in 0.01 nm at }x_3=0.95\text{ nm)}=c^2(1-x_3/L)^2\delta x=0.00008=0.008\%$$

39.5 파동 묶음

입자와 파동에 대한 고전물리학의 생각은 상호 배타적이다. 물체는 둘 중 하나일 수 있지만 둘 다일 수는 없다. 이러한 고전 모형은 원자 수준에서 보여주는 파동·입자 이중성을 설명하지 못한다. 입자와 파동을 모두 가진 대안 모형은 **파동 묶음**(wave packet)이다.

그림 39.11 지속 시간이 Δt인 파동 묶음의 이력 그래프

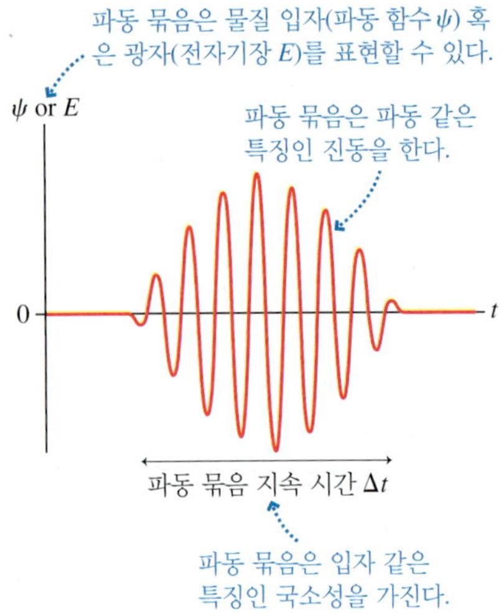

그림 39.12 맥놀이는 일련의 파동 묶음이다.

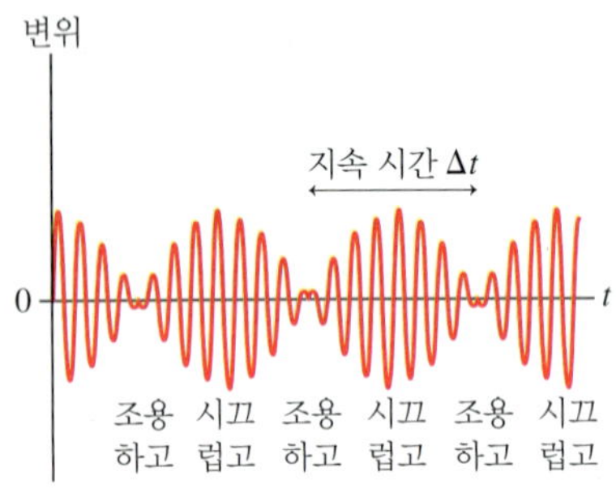

그림 39.11에 표시된 파동을 보자. 이전에 생각했던 시간과 공간에 뻗어 있는 사인 모양 파동과 달리 이 파동은 뭉쳐 있거나 국소적이다. 국소성은 입자와 유사한 성질이다. 진동은 파동과 유사한 성질이다. 그렇게 국소화된 파동을 **파동 묶음**(wave packet)이라 한다.

파동 묶음은 힘이 없는 영역에서 전자 또는 빛의 파동 안에 광자 같이 일정한 속력 v로 공간을 이동한다. 파동 묶음은 파장을 가지고 있다. 그래서 그것은 간섭과 회절을 겪는다. 그러나 그것은 역시 국소적이기 때문에 파동 묶음은 검출기와 부딪칠 때 '점'을 만들 가능성을 가지고 있다. 함께 움직이는 매우 많은 수의 파동 묶음으로 구성된 빛의 물결을 시각화할 수 있다. 마찬가지로 전자 빔을 선을 따라 퍼져나가는 일련의 파동 묶음으로 생각할 수 있다.

파동 묶음은 광자나 전자의 완전한 모형이 아니다. (매우 정확한 기술을 위해 양자 물리학을 완전히 다룰 필요가 있다.) 그러나 파동 묶음은 많은 상황에서 광자와 전자에 대해 생각하는 유용한 방법을 제공한다.

그림 39.11에서 파동 묶음은 맥놀이 형태의 한 주기와 매우 유사해 보인다. 맥놀이는 매우 비슷한 진동수 f_1과 f_2인 두 파동이 중첩되면 일어난다($f_1 \approx f_2$). 맥놀이를 공부한 17장으로부터 복사한 그림 39.12는 시끄럽고, 조용하고, 시끄럽고, 조용하고, … 형태의 맥놀이가 일련의 파동 묶음에 대응되는 것을 보여준다.

17장에서 맥놀이 진동수(초당 펄스의 수)는

$$f_{\text{beat}} = |f_1 - f_2| = \Delta f \tag{39.19}$$

라는 것을 알았다. 여기서 Δf는 파동 묶음을 형성하기 위해 중첩된 진동수의 범위이다. 그림 39.12는 Δt를 각 맥놀이 또는 파동 묶음의 지속 시간으로 정의한다. 시간 간격은 맥놀이의 주기 T_{beat}와 동일하다. 주기와 진동수는 서로 역수이기 때문에 지속 시간 Δt는

$$\Delta t = T_{\text{beat}} = \frac{1}{f_{\text{beat}}} = \frac{1}{\Delta f}$$

이다. 이것을

$$\Delta f \Delta t = 1 \tag{39.20}$$

로 다시 쓸 수 있다.

식 (39.20)은 새로운 것이 아니다. 다른 형태로 이미 알고 있는 것을 간단히 다시 쓴 것이다. 식 (39.20)은 3개의 것들을 결합한 것이다. 즉 주기와 진동수 사이의 관계 $f = 1/T$, T_{beat}를 Δt로 쓴 것, 그리고 맥놀이 진동수 f_{beat}가 파동 묶음에 기여하는 두 진동수의 차이 Δf라는 특별한 지식을 결합한 것이다. 진동수의 차이가 점점 작아지면 각 맥놀이의 지속 시간은 점점 더 길어진다.

맥놀이를 생성하기 위해 두 진동수를 중첩할 때 파동 묶음이 계속 반복된다. 푸리에 분석(Fourier analysis)이라 하는 더 고급의 파동 처리는 매우 유사한 진동수를 가진 많은 파동들의 중첩을 통해 단일의 반복적이지 않는 파동 묶음이 생성될 수 있다는

그림 39.13 단일 파동 묶음은 유사한 파장과 진동수를 가지고 있는 많은 구성 파동의 중첩이다.

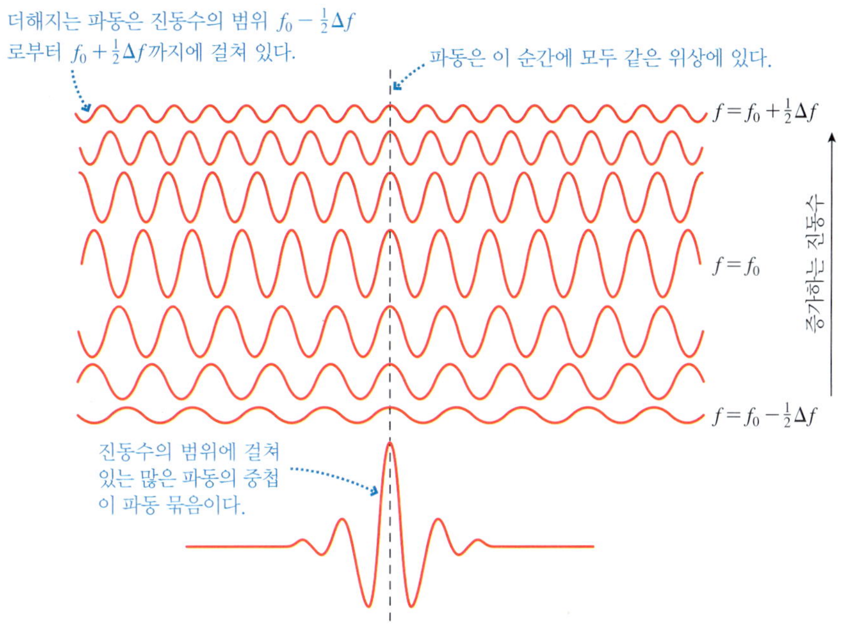

것을 보여준다. 그림 39.13은 이 아이디어를 보여준다. 한순간에 모든 파동들은 파동 묶음의 최대 진폭을 생성하기 위해 보강 간섭을 한다. 다른 순간에는 각 파동의 위상이 어긋나고 중첩은 0을 향하는 경향이 있다.

지속 시간이 Δt인 단일의 반복적이지 않는 파동 묶음은 진동수들의 범위 Δf에 걸쳐 있는 많은 파동의 중첩에 의해 생성된다. 그것을 증명하지 않겠지만 푸리에 분석은 임의의 파동 묶음에 대해

$$\Delta f \Delta t \approx 1 \tag{39.21}$$

을 보여준다. 일반적인 파동 묶음에 대해 Δf와 Δt 사이의 관계는 식 (39.20)의 맥놀이에서처럼 정확하지는 않다. 이에 대한 두 가지 이유가 있다.

1. 파동 묶음은 다양한 모양으로 나타난다. Δf와 Δt 사이의 정확한 관계는 파동 묶음의 모양에 다소 의존한다.
2. 일반적인 파동 묶음에 대한 Δf와 Δt를 정확히 정의하지 않았다. 양 Δt는 '파동 묶음이 얼마나 오랫동안 지속되는지에 관한' 것이다. 반면에 Δf는 '이 파동 묶음을 생성하기 위해 중첩해야 하는 진동수의 범위에 관한' 것이다. 우리의 목적을 위해 이것보다 더 정확하게 할 필요는 없다.

식 (39.21)은 어떤 종류의 파동에도 적용할 수 있는 순전히 고전적 결과이다. 그것은 지속 시간 Δt의 파동 묶음을 만들기 위해 중첩해야 하는 진동수 범위를 말해준다. 또는 식 (39.21)은 여러 진동수들이 중첩하여 생성된 파동 묶음은 임의의 짧은 지속 시간을 가질 수 없고 시간 간격 $\Delta t \approx 1/\Delta f$ 동안 지속되어야만 한다는 것을 말해준다.

예제 39.3 라디오파 진동수 만들기

단파 라디오 방송국은 10.000 MHz의 진동수로 방송한다. 0.800 μs 지속하는 라디오파 펄스를 방송하기 위하여 중첩해야 하는 파동의 진동수 범위는 무엇인가?

핵심 라디오파의 펄스는 전자기 파동의 묶음이므로 $\Delta f \Delta t \approx 1$의 관계를 만족해야만 한다.

시각화 그림 39.14는 펄스를 보여준다.

그림 39.14 라디오파의 펄스

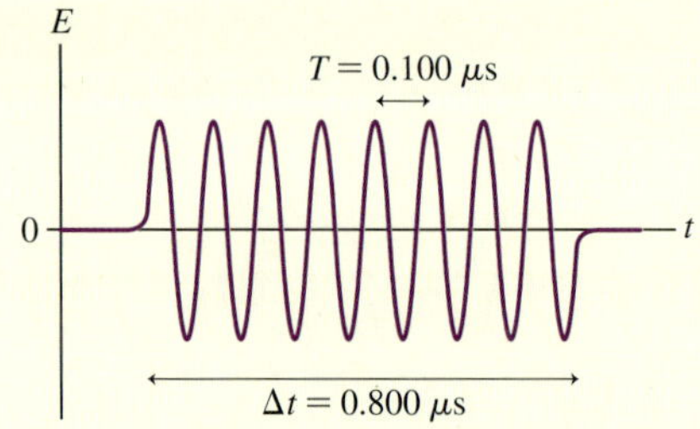

풀이 10.000 MHz로 진동하는 파동의 주기는 0.100 μs이다. 지속 시간 0.800 μs의 펄스는 8번 진동하는 파동이다. 방송국이 10.000 MHz의 공칭 진동수로 방송할지라도 이 펄스는 정확히 10.000 MHz로 진동하지 않는다. 대신에 펄스는 진동수들이

$$\Delta f \approx \frac{1}{\Delta t} = \frac{1}{0.800 \times 10^{-6}\ \text{s}} = 1.250 \times 10^{6}\ \text{Hz} = 1.250\ \text{MHz}$$

에 걸쳐 있는 많은 파동을 중첩하여 생성된다. 진동수의 범위에 10.000 MHz 방송 진동수가 중심에 있다. 그래서 이 펄스를 생성하기 위해 중첩해야만 하는 파동들은 진동수 범위

$$9.375\ \text{MHz} \le f \le 10.625\ \text{MHz}$$

에 걸쳐 있다.

띠너비

예제 39.3의 짧은 지속 시간을 갖는 펄스는 디지털 정보를 전송하는 데 사용한다. 디지털 신호는 짧은 톤 펄스로 전화선을 통해, 예제처럼 짧은 라디오 펄스로 위성을 통해 그리고 짧은 레이저광 펄스로 광섬유를 통해 전송된다. 파동의 종류 그리고 파동이 통과하는 매질에 관계없이 어떤 파동 펄스는 기본적인 관계식 $\Delta f \Delta t \approx 1$을 따라야만 한다.

데이터를 더 높은 속도(즉, 초당 더 많은 펄스)로 전송하려면 펄스 지속 시간 Δt가 더 짧아져야 한다. 그러나 더 짧은 지속 시간 펄스는 더 많은 범위의 진동수를 중첩해야만 생성된다. 그러므로 더 짧은 지속 시간 펄스가 이동하는 매질은 전체 범위의 진동수를 물리적으로 전송할 수 있어야 한다.

매질을 통해 전송될 수 있는 진동수 범위를 매질의 **띠너비**(bandwidth) Δf_B라 한다. 매질을 통해 전송될 수 있는 가장 짧은 가능한 펄스는

$$\Delta t_{\min} \approx \frac{1}{\Delta f_B} \tag{39.22}$$

이다. 이보다 짧은 펄스는 매질이 지원할 수 있는 것보다 더 넓은 범위의 진동수를 필요로 한다.

띠너비의 개념은 디지털 통신에서 매우 중요하다. 띠너비가 넓을수록 더 짧은 펄스를 전송하고 더 높은 데이터 전송 속도를 허용한다. 표준 전화선은 띠너비가 매우 넓지 않기 때문에 모뎀은 초당 약 50,000 펄스의 속도로 데이터를 전송하는 것으로 제한된다. 0.80 μs의 펄스는 전화선이 필요한 진동수 범위를 전송하지 못하기 때문

에 전화선을 통해 전송할 수 없다.

광섬유는 넓은 띠너비 매질이다. 광섬유는 띠너비 $\Delta f_B > 1$ GHz를 가지므로 $\Delta t < 1$ ns의 지속 시간을 가지고 있는 레이저광 펄스를 전송할 수 있다. 결과적으로 초당 10^9펄스 이상을 광섬유를 따라 전송할 수 있다. 이것이 오늘날 광섬유 네트워크가 인터넷의 백본을 형성하는 이유이다.

불확정성

시간·진동수 관계식 $\Delta f \Delta t \approx 1$에 관해 다른 생각도 있다. 파동 묶음이 특정 유형의 검출기 같은 공간의 특정 지점에 도착하는 시점을 결정하려고 한다고 하자. 파동 묶음이 검출되는 순간을 언제라고 말할 수 있는가? 앞쪽이 도착했을 때? 최대 진폭이 도착했을 때? 뒤쪽이 도착했을 때? 파동 묶음이 시간에 따라 퍼져 있기 때문에 묶음이 도착하는 단 하나의 잘 정의된 시간 t는 없다. 말할 수 있는 것은 시간 간격 Δt 내에 도착했다는 것이다. 정확한 도착 시간에 대해 **확실하지 않다**.

유사하게 파동 묶음의 진동수를 알고 싶다. 파동 묶음이 진동수의 범위 Δf 내부의 수많은 파동들로부터 만들어지기 때문에 f에 대한 정확한 값이 없다. 말할 수 있는 것은 진동수가 이 범위 안에 있다는 것이다. 정확한 진동수에 대해 **확실하지 않다**.

시간·진동수 관계식 $\Delta f \Delta t \approx 1$은 파동 묶음의 도착 시간에 대한 지식의 불확정성과 묶음의 진동수에 대한 불확정성 사이에 관계가 있다는 것을 말해준다. 한 양을 더 정확하고 정밀하게 알면 알수록 다른 양에 대해서는 덜 정확하게 알게 된다.

그림 39.15는 2개의 다른 파동 묶음을 보여준다. 그림 39.15a의 파동 묶음은 시간에서 매우 좁아서 매우 국소적이다. 그것이 이동하면서 특별한 지점에 도착할 시간에 대한 지식은 상당히 정확하다. 그러나 매우 작은 Δt는 매우 넓은 진동수 영역 Δf를 가지는 파동 묶음을 만들도록 요구한다. 시간에 대해 상당히 확실해지는 것에 대해 지불해야 하는 대가는 이 파동 묶음의 진동수에 대한 매우 큰 불확정성 Δf이다.

그림 39.15b는 반대의 상황을 보여준다. 파동 묶음이 많은 시간을 진동하여 이 진동의 진동수가 매우 명확해진다. 최소의 불확정성 Δf를 가져서 진동수에 대한 지식은 좋다. 그러나 그러한 파동 묶음은 넓게 퍼져서 도착 시간에 매우 큰 불확정성 Δt가 있다.

그림 39.15 다른 Δt를 갖는 두 파동 묶음

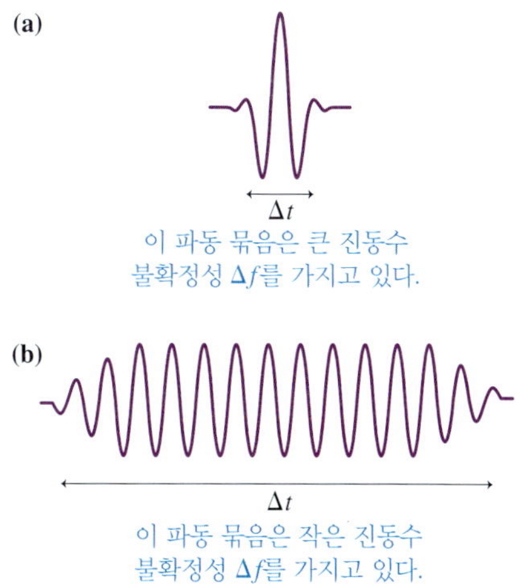

사실상 $\Delta f \Delta t \approx 1$은 실제 하한이다. 기술적 한계로 인해 f와 t에 대한 지식의 불확정성이 이 관계식이 암시하는 것보다 더 커질 수 있다. 결과적으로 파동 묶음의 지식에 대한 더 나은 표현은

$$\Delta f \Delta t \geq 1 \tag{39.23}$$

이다. 파동이 퍼져 있다는 사실은 정확한 진동수와 정확한 도착 시간을 동시에 명시하는 것을 의미없게 만든다. 이것은 모든 파동들에 적용되는 파동의 고유한 특성이다.

39.6 하이젠베르크의 불확정성 원리

물질이 파동적인 양상과 드브로이 파장을 가지고 있으면 $\Delta f \Delta t \geq 1$이라는 표현이 어떻게든 적용되어야 한다. 어떻게? 그리고 그 의미는 무엇일까?

드브로이 파장 $\lambda = h/p_x$를 가지고 x축을 따라 속도 v_x로 움직이는 입자를 생각하자. 그림 39.11은 x축의 한 점을 통과하는 입자를 표현하는 파동 묶음의 이력 그래프 (ψ-t)를 보여준다. x축을 따라 이동하는 파동 묶음의 스냅 사진 그래프 (ψ-x)를 가지는 것이 더 유용할 것이다.

시간 간격 Δt는 입자가 공간에서 한 점을 통과하는 파동 묶음의 지속 시간이다. 이 간격 동안 묶음은

$$\Delta x = v_x \Delta t = \frac{p_x}{m} \Delta t \tag{39.24}$$

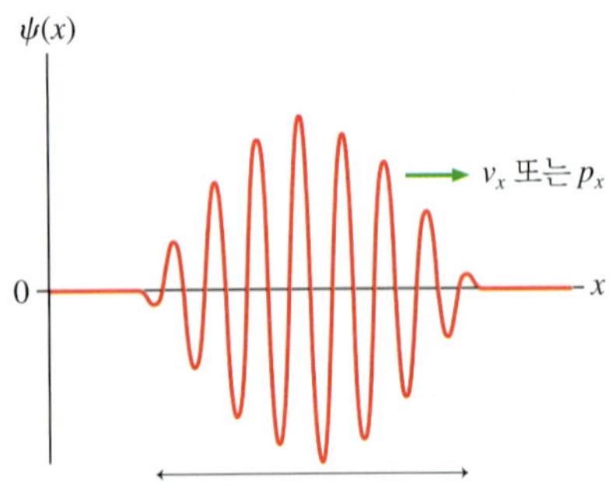

그림 39.16 파동 묶음의 스냅 사진 그래프

를 진행한다. 여기서 $p_x = mv_x$는 입자 운동량의 x성분이다. 그림 39.16에서 보여주는 양 Δx는 파동 묶음의 길이 또는 공간 범위이다. 반대로 파동 묶음의 지속 시간을 길이와의 관계인

$$\Delta t = \frac{m}{p_x} \Delta x \tag{39.25}$$

로 쓸 수 있다.

사인 모양으로 진동하는 어떤 파동은 파동 조건 $\lambda f = v$를 만족해야 한다. λ가 드브로이 파장인 물질 입자에 대해 진동수 f는

$$f = \frac{v}{\lambda} = \frac{p_x/m}{h/p_x} = \frac{p_x^2}{hm}$$

이다. 운동량 p_x가 매우 작은 양 Δp_x만큼 변하면 진동수는 작은 양 Δf만큼 변한다. $\Delta f \ll f$와 $\Delta p_x \ll p_x$(합리적 가정)라고 가정하면 Δf와 Δp_x를 그들의 미분 df와 dp_x로 취급할 수 있다. 미분을 하면 다음과 같다.

$$\Delta f = \frac{2p_x \Delta p_x}{hm} \tag{39.26}$$

Δt와 Δf에 대한 이 표현들을 곱하면

$$\Delta f \Delta t = \frac{2p_x \Delta p_x}{hm} \frac{m \Delta x}{p_x} = \frac{2}{h} \Delta x \Delta p_x \tag{39.27}$$

이다. 어떤 파동에 대해서도 $\Delta f \Delta t \geq 1$이기 때문에 식 (39.27)의 마지막 재배열은 물질파가 조건

$$\Delta x \Delta p_x \geq \frac{h}{2} \quad \text{(하이젠베르크의 불확정성 원리)} \tag{39.28}$$

를 따라야만 한다는 것을 보여준다. 입자의 위치와 운동량 사이의 관계에 대한 서술은

성공적인 초기 양자 이론의 창시자인 하이젠베르크(Werner Heisenberg)가 제안하였다. 물리학자들은 보통 그것을 **불확정성 원리**(uncertainty principle)라 한다.

그것은 무엇을 의미하는가?

하이젠베르크의 불확정성 원리는 입자의 성질들에 대한 지식에 관한 서술이다. 입자가 위치한 곳을 알기 원하면 그것의 위치 x를 측정한다. 그 측정은 절대적으로 완전하지 않고 어떤 불확정성 Δx를 갖는다. 마찬가지로 입자가 얼마나 빠르게 지나가는지 알기 원하면 그것의 속도 v_x 또는 동등한 운동량 p_x를 측정할 필요가 있다. 이 측정은 역시 어떤 불확정성 Δp_x를 갖는다.

불확정성은 모든 실험 측정과 관련이 있지만 절차와 기술을 개선하면 그러한 불확정성을 줄일 수 있다. 뉴턴 물리학은 불확정성이 얼마나 작을 수 있는지에 대해 제한을 두지 않는다. 모든 순간에 뉴턴의 입자는 정확한 위치 x와 정확한 운동량 p_x를 가지고 있으며, 충분히 주의를 하면 그 결과가 $\Delta x\,\Delta p_x \to 0$이 되도록 정밀하게 측정할 수 있다. 고전적인, 또는 뉴턴의 입자에 대한 지식에는 고유한 제한이 없다.

그러나 하이젠베르크는 우리의 지식에는 한계가 있다는 대담하고 독창적인 진술을 했다. 아무리 영리하고 실험을 잘해도 x와 p_x를 동시에 임의의 정밀도로 측정할 수는 없다. 여러분이 한 어떤 측정도 $\Delta x\,\Delta p_x \ge h/2$의 조건에 의한 한계가 있다. **입자에 대한 지식에는 고유한 불확정성이 있다.**

왜? 물질의 파동 같은 본질 때문이다. '입자'는 공간에 퍼져 있어서 위치 x의 정확한 값이 없다. 유사하게 운동량과 파장 사이의 드브로이 관계식은 파장 또는 진동수를 알 수 있는 것보다 파동 묶음의 운동량을 조금이라도 더 정확히 알 수 없다는 것을 의미한다. 위치와 운동량이 정확한 값을 갖는다는 신념은 입자를 고전적 개념에 묶어두는 것이다. 원자 입자가 무엇인지에 대한 생각을 수정하면서, 위치와 운동량에 대한 오래된 생각도 수정해야만 할 것이다.

예제 39.4 먼지입자의 불확정성

지름이 1.0 μm, 질량이 $m \approx 10^{-15}$ kg인 먼지입자가 10 μm 길이의 상자 안에 들어 있다. 입자가 정지 상태에 있는지 확실히 알 수 있는가? 그렇지 않다면 어느 범위 내에서 입자의 속도가 발견될 수 있는가?

핵심 모든 물질은 하이젠베르크의 불확정성 원리의 적용을 받는다.

풀이 입자가 정지 상태에 있는 것이 확실하면 불확정성이 없이 $p_x = 0$이다. 즉 $\Delta p_x = 0$이다. 그러나 불확정성 원리에 따라 입자의 위치에 대한 지식의 불확정성은 $\Delta x \to \infty$가 되어야만 한다. 입자의 위치에 관해 전혀 알 수 없게 된다. 그것은 어디에도 있을 수 있다. 그러나 그것은 사실이 아니다. 우리는 입자가 상자 안 어딘가에 있다는 것을 안다. 위치에 대한 지식의 불확정성은 최대 $\Delta x = L = 10$ μm이다. 유한한 Δx를 가지므로 불확정성 Δp_x은 0이 될 수 없다. 입자가 상자 안에 정지해 있는지 확실히 알 수 없다. 아무리 입자를 정지 상태로 만들려고 해도 입자의 운동량의 지식에 대한 불확정성은 $\Delta p_x \approx h/(2\Delta x) = h/2L$이다. 하이젠베르크의 불확정성 원

(계속)

리에서 ≥가 ≈이 되도록 가능한 한 가장 정확하게 측정했다고 가정했다. 결론적으로 가능한 속도의 범위는

$$\Delta v_x = \frac{\Delta p_x}{m} \approx \frac{h}{2mL} \approx 3.0 \times 10^{-14}\ \text{m/s}$$

이다. 입자가 정지 상태에 있도록 최선을 다했다면 이 가능한 속도의 범위는 $v_x = 0\ \text{m/s}$가 중심이 될 것이다. 그러므로 확실하게 알 수 있는 것은 입자의 속도가 $-1.5 \times 10^{-14}\ \text{m/s} \le v_x \le 1.5 \times 10^{-14}\ \text{m/s}$ 사이의 어딘가에 있다는 것이다.

검토 실질적인 목적을 위해 이것이 '정지 상태'에 대한 만족스러운 정의라고 생각할 수 있다. 결국 1.5×10^{-14} m/s의 속도로 움직이는 입자는 단지 1 mm를 이동하기 위해 6×10^{10} s가 필요하다. 그것은 대략 2000년이다. 그럼에도 불구하고, 그 입자가 '진짜' 정지해 있는지 알 수 없다.

예제 39.5 전자의 불확정성

전자가 원자 크기 정도인 0.1 nm 폭의 영역에 갇혀 있으면 전자의 속도 범위는 무엇인가?

핵심 전자는 하이젠베르크의 불확정성 원리를 따른다.

풀이 해석은 예제 39.4와 같다. 전자의 위치가 간격 $\Delta x \approx 0.1$ nm 안에 위치하는 것을 알면 우리가 알 수 있는 최상은 전자의 속도가

$$\Delta v_x = \frac{\Delta p_x}{m} \approx \frac{h}{2mL} \approx 4 \times 10^{6}\ \text{m/s}$$

의 범위 안에 있다는 것이다. 평균 속도가 0이기 때문에 우리가 알 수 있는 최상은 전자의 속도가 $-2 \times 10^6\ \text{m/s} \le v_x \le 2 \times 10^6\ \text{m/s}$의 간격 어딘가에 있다고 하는 것이다. 전자의 속도를 이것보다 더 정확히 아는 것은 불가능하다.

검토 Δv_x가 실제적인 결과가 없을 정도로 작았던 예제 39.4의 상황과 달리 전자의 속도에 대한 불확정성은 빛의 속력의 거의 1%일 정도로 크다.

다시 한번 거시적인 물체의 가장 작은 것조차도 고전적인 뉴턴의 입자와 매우 비슷하게 행동한다는 것을 알 수 있다. 아마 1 μm 지름의 입자는 다소 모호하고 다소 불확실한 속도를 갖지만 이러한 파동 같은 행동을 감지하는 것은 가장 우수한 장치로도 측정할 수 있는 능력을 훨씬 넘어선다. 대조적으로, 원자 크기에서의 불확정성 원리의 영향은 엄청나다. 원자 크기 용기 안에 있는 전자의 속도는 빛의 속력의 약 1%보다 더 나은 정확도로 결정할 수 없다.

응용 예제 39.6 입자를 발견할 확률

입자가 파동 함수

$$\psi(x) = \begin{cases} 0 & x < 0 \\ ce^{-x/L} & x \ge 0 \end{cases}$$

로 기술된다. 여기서 $L = 1$ nm이다.

a. 상수 c를 결정하시오.

b. $\psi(x)$와 확률 밀도 $P(x)$의 그래프를 그리시오.

c. 10^6개의 입자가 검출되면 $x \ge 1$ nm 영역에서 얼마나 많은 입자가 발견될 것으로 기대하는가?

핵심 입자를 발견할 확률은 확률 밀도 $P(x)$에 의해 결정된다.

풀이 파동 함수는 $x = 0$부터 $x = +\infty$까지 펼쳐진 지수 함수 $\psi(x) = ce^{-x/L}$이다. 규격화 조건인 식 (39.18)은

$$1 = \int_{-\infty}^{\infty} |\psi(x)|^2\, dx = c^2 \int_0^{\infty} e^{-2x/L}\, dx = -\frac{c^2 L}{2} e^{-2x/L}\Big|_0^{\infty} = \frac{c^2 L}{2}$$

이다. 규격화 상수 c에 대해 이 식을 푼다.

$$c = \sqrt{\frac{2}{L}} = \sqrt{\frac{2}{1\ \text{nm}}} = 1.414\ \text{nm}^{-1/2}$$

b. 확률 밀도는

$$P(x) = |\psi(x)|^2 = (2.0\ \text{nm}^{-1})e^{-2x/(1.0\ \text{nm})}$$

이다. 파동 함수와 확률 밀도의 그래프를 그림 39.17에 그렸다.

그림 39.17 예제 39.6의 파동 함수와 확률 밀도

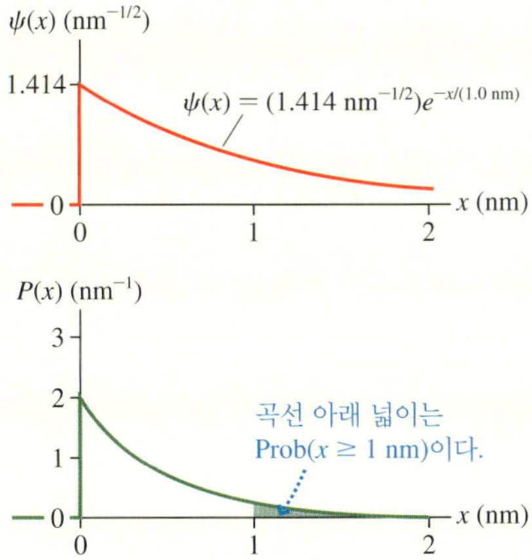

c. $x \geq 1$ nm 영역에서 입자를 발견할 확률은 그림 39.17에서 확률 밀도 곡선 아래에 있는 음영 영역의 넓이이다. 확률은

$$\begin{aligned}\text{Prob}(x \geq 1\ \text{nm}) &= \int_{1\ \text{nm}}^{\infty} |\psi(x)|^2 dx \\ &= (2.0\ \text{nm}^{-1})\int_{1\ \text{nm}}^{\infty} e^{-2x/(1.0\ \text{nm})} dx \\ &= (2.0\ \text{nm}^{-1})\left(-\frac{1.0\ \text{nm}}{2}\right)e^{-2x/(1.0\ \text{nm})}\Bigg|_{1\ \text{nm}}^{\infty} \\ &= e^{-2} = 0.135 = 13.5\%\end{aligned}$$

이다. $x \geq 1$ nm에서 입자가 발견되기를 기대하는 입자 수는

$$N_{\text{detected}} = N \times \text{Prob}(x \geq 1\ \text{nm}) = (10^6)(0.135) = 135{,}000$$

이다.

검토 1 nm 이상에서 입자를 검출할 수 있는 기회는 13.5%이고 간격 $0 \leq x \leq 1$ nm 내부에서 입자를 발견할 기회는 86.5%이다. 고전물리학과 다르게 입자 위치를 정확히 예측할 수 없다.

서술형 질문

1. 그림 Q39.1은 광자가 x축 위에서 검출될 확률을 보여준다.

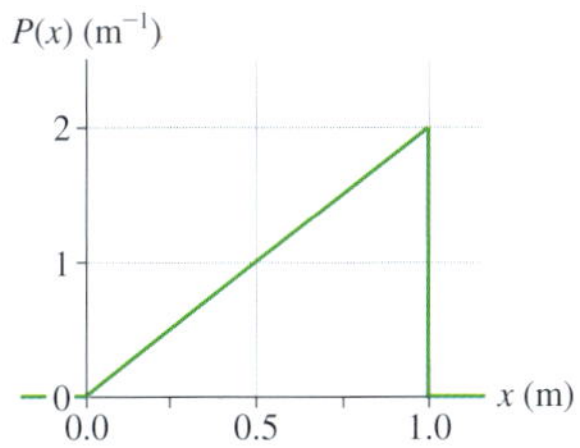

그림 Q39.1

a. 광자가 $x = 0$ m 또는 $x = 0.5$ m 중에서 검출될 가능성이 더 큰 곳은 어디인가? 설명하시오.

b. 백만 개의 광자가 검출되었다. $x = 0.5$ m에 위치한 1 mm 폭의 간격에서 광자의 기댓값은 얼마인가?

2. 그림 Q39.2에서 보여주는 전자의 파동 함수에서 전자가 발견될 가능성이 가장 큰 위치는 어디인가? 설명하시오.

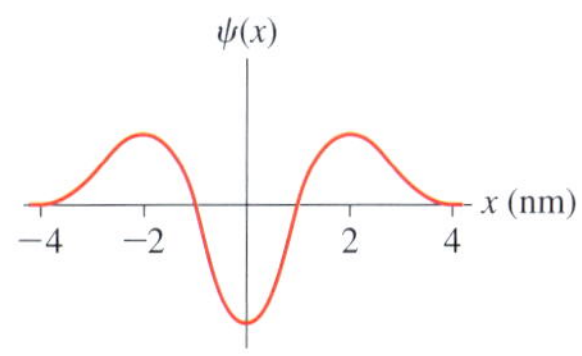

그림 Q39.2

3. 그림 Q39.3에서 상수 a의 값은 얼마인가?

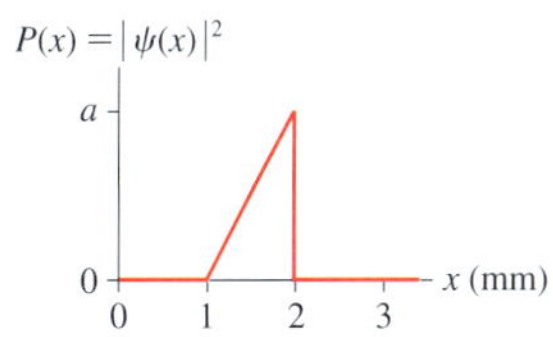

그림 Q39.3

연습문제

표시가 된 연습문제들은 이전 장들에서 다룬 내용과 관련이 있다.

연습

39.1 파동, 입자 그리고 이중 슬릿 실험

1. | 실험은 A에서 D까지 명명된 4개의 가능한 결과를 가지고 있다. A의 확률은 $P_A = 40\%$, B의 확률은 $P_B = 30\%$이다. 결과 C는 결과 D의 두 배의 확률을 가지고 있다. 확률 P_C와 P_D는 얼마인가?

2. | 1000벌의 카드에서 각각 1장씩의 카드를 받는다. 그림 카드(잭, 퀸, 킹)의 기댓값은 얼마인가?

3. | 2개의 주사위를 굴렸을 때 모든 가능한 결과를 표로 만드시오. 주사위를 A와 B로 칭하자. (a) 7, (b) 같은 수, (c) 6 또는 8을 굴릴 확률은 얼마인가? 3/36 같이 확률을 분수로 쓸 수 있다.

39.2 파동과 광자 관점 연결하기

4. || 한 실험에서 1000개의 광자가 전자기파의 진폭이 10 V/m인 곳에 있는 0.10 mm 폭의 띠에서 검출되었다. 진폭이 20 V/m 인 곳에 있는 0.10 mm 폭의 띠에서 얼마나 많은 광자가 발견되겠는가?

5. || 5×10^{10}개의 광자가 실험 장치를 통과할 때 2.0×10^7개가 0.20 mm 폭의 띠에 도착한다. 이 점에서 확률 밀도는 얼마인가?

39.3 파동 함수

6. || 전자를 가지고 간섭 실험을 할 때 가장 밀집된 무늬를 $x = 7.0$ cm에서 발견하였다. $x = 6.0$과 8.0 cm에는 다소 약한 무늬, $x = 4.0$과 10 cm에 더 약한 무늬, 그리고 $x = 1.0$과 13.0 cm에 2개의 매우 약한 무늬가 있다. $x < 0$ cm 또는 $x > 14$ cm에서는 전자가 전혀 검출되지 않았다.
   a. 이 전자들에 대한 $|\psi(x)|^2$의 그래프를 대략 그리시오.
   b. $\psi(x)$의 가능한 그래프를 대략 그리시오.
   c. $\psi(x)$에 대한 다른 가능한 그래프가 있는가? 있다면 하나를 그리시오.

7. | 그림 EX39.7은 실험 장치를 통과한 전자에 대한 확률 밀도를 보여준다. (a) $x = 0.000$ mm, (b) $x = 0.500$ mm, (c) $x = 1.000$ mm, 그리고 (d) $x = 2.000$ mm에 있는 0.010 mm 폭의 띠에 전자가 도착할 확률은 얼마인가?

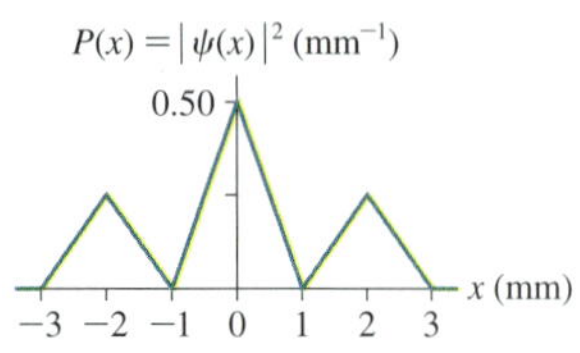

그림 EX39.7

39.4 규격화

8. || 그림 EX39.8은 중성자에 대한 $|\psi(x)|^2$의 그래프이다.
   a. a의 값은 얼마인가?
   b. 파동 함수 $\psi(x)$의 그래프를 그리시오. (받아들일 수 있는 답이 1개 이상 있다.)
   c. 중성자가 $|x| \geq 2$ fm인 위치에 있을 확률은 얼마인가?

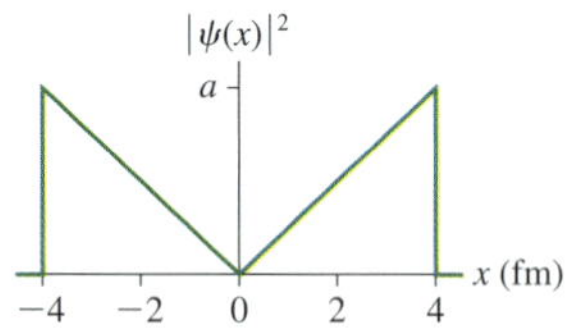

그림 EX39.8

9. || 그림 EX39.9는 전자의 파동 함수를 보여준다.
   a. c의 값은 얼마인가?
   b. $|\psi(x)|^2$의 그래프를 그리시오.
   c. 전자가 $x = -1.0$ nm와 $x = 1.0$ nm 사이에 위치할 확률은 얼마인가?

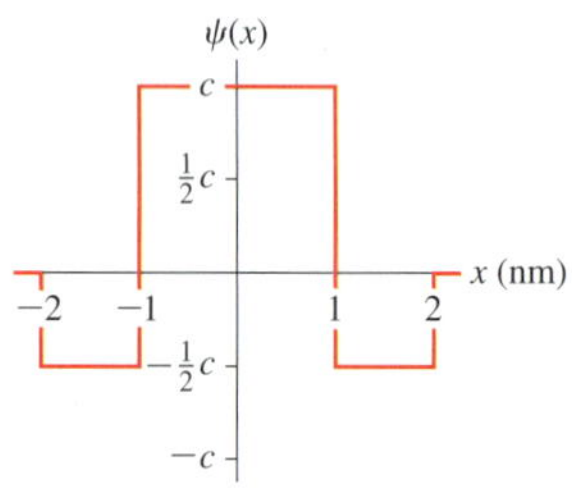

그림 EX39.9

39.5 파동 묶음

10. | 1.5 μm 파장의 레이저 펄스가 2.0 GHz 띠너비 광섬유를 통해 전송된다. 섬유를 통과하여 지나갈 수 있는 가장 짧은 지속 시간 레이저 펄스는 얼마나 많이 진동하는가?

11. || 1.00 MHz 진동과 100회 순환으로 구성된 펄스가 전송되기 위해 필요한 최소 띠너비는 얼마인가?

39.6 하이젠베르크의 불확정성 원리

12. || 질량이 50 kg인 안드리아는 물리 숙제를 하면서 5.0 m 길이의 기숙사 방에서 정지해 앉아 있다. 안드리아는 정지해 있다고 확

신할 수 있는가? 그렇지 않다면 안드리아의 속도는 어느 범위 안에 있는가?

13. ‖ 속도가 3.48×10^5 m/s와 3.58×10^5 m/s 사이에 있는 것으로 알고 있는 전자의 위치에 대한 최소 불확정성은 nm로 얼마인가?

문제

14. ‖ 1.000 MHz의 진동수를 갖는 초음파 펄스가 음속이 1500 m/s인 물로 전송된다. 이 펄스의 공간 길이는 12 mm이다.
   a. 한 펄스 안에 몇 개의 완전한 순환을 포함하고 있는가?
   b. 각 펄스를 생성하기 위해 얼마의 진동수 범위가 중첩되었는가?

15. ‖ 전자를 사용하는 단일 슬릿 회절 실험을 생각하자. (단일 슬릿 회절은 33.4절에서 설명하였다.) 모형으로 그림 39.5를 사용하여,
   a. 처음 40 또는 50개의 전자의 도착 위치를 보여주는 점 그림
   b. 검출 스크린 위에 전자들에 대한 $|\psi(x)|^2$의 그래프
   c. 전자에 대한 $\psi(x)$에 대한 그래프

   를 그리시오. ψ는 파동 같은 함수로써 양과 음 사이를 진동한다는 것을 기억하라.

16. ‖‖ 그림 P39.16은 $x = 0$ nm와 $x = 1.0$ nm 사이에 구속된 입자의 파동 함수이다. 파동 함수는 이 영역 밖에서 0이다.

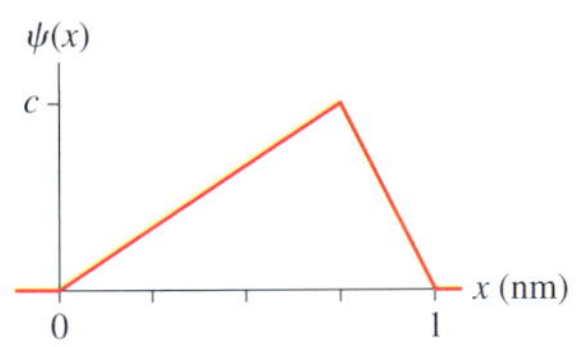

그림 P39.16

   a. 그림에서 정의된 상수 c의 값을 결정하시오.
   b. 확률 밀도 $P(x) = |\psi(x)|^2$의 그래프를 그리시오.
   c. 처음 40 또는 50개의 입자가 발견되는 곳을 보여주는 점 그림을 그리시오.
   d. 구간 $0 \text{ nm} \le x \le 0.25 \text{ nm}$에서 입자를 발견할 확률을 계산하시오.

17. ‖ 그림 P39.17은 위치 x에서 입자를 발견할 확률 밀도이다.

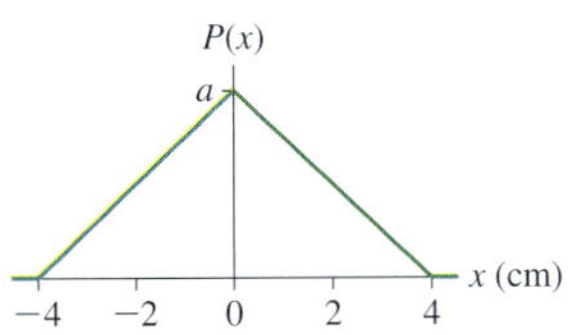

그림 P39.17

   a. 그림에서 정의된 상수 a의 값을 결정하시오.
   b. 입자를 발견할 가능성이 가장 큰 x값은 얼마인가? 설명하시오.
   c. 입자를 발견할 확실성이 75%가 되는 문항 b의 답에 중심을 둔 위치의 범위는 얼마인가?
   d. 확률 밀도 그래프와 적당한 영역에 음영을 만들어 문항 c의 답을 설명하시오.

18. ‖ $x \ge 0$ nm에 구속된 전자는 규격화된 파동 함수
CALC

$$\psi(x) = \begin{cases} 0 & x < 0 \text{ nm} \\ (1.414 \text{ nm}^{-1/2})e^{-x/(1.0 \text{ nm})} & x \ge 0 \text{ nm} \end{cases}$$

   를 갖는다. 여기서 x는 nm 단위다.
   a. $x = 1.0$ nm에 있는 0.010 nm 폭의 영역에서 전자를 발견할 확률은 얼마인가?
   b. 구간 $0.50 \text{ nm} \le x \le 1.50 \text{ nm}$에서 전자를 발견할 확률은 얼마인가?

19. ‖ 전자의 파동 함수
CALC

$$\psi(x) = \begin{cases} c\sin\left(\dfrac{2\pi x}{L}\right) & 0 \le x \le L \\ 0 & x < 0 \text{ or } x > L \end{cases}$$

   를 생각하자.
   a. 규격화 상수 c를 결정하시오. 답을 L로 표시하시오.
   b. 구간 $-L \le x \le 2L$에서 $\psi(x)$의 그래프를 그리시오.
   c. 구간 $-L \le x \le 2L$에서 $|\psi(x)|^2$의 그래프를 그리시오.
   d. 전자가 구간 $0 \le x \le L/3$에 있을 확률은 얼마인가?

20. ‖ 위치 x에서 입자를 발견할 확률 밀도가
CALC

$$P(x) = \begin{cases} \dfrac{a}{(1-x)} & -1 \text{ mm} \le x < 0 \text{ mm} \\ b(1-x) & 0 \text{ mm} \le x \le 1 \text{ mm} \end{cases}$$

   이고 그 밖에서는 0이다.
   a. 파동 함수는 **연속** 함수가 되어야만 한다는 것을 40장에서 배울 것이다. 그 사항이 만족된다는 것을 가정하였을 때 a와 b 사이의 관계에 대해 무슨 결론을 내릴 수 있는가?
   b. a와 b에 대한 값을 결정하시오.
   c. 구간 $-2 \text{ mm} \le x \le 2 \text{ mm}$에서 확률 밀도의 그래프를 그리시오.
   d. 입자가 원점의 왼쪽에서 발견될 확률은 얼마인가?

21. ‖‖ 전자의 속력이 10 m/s를 넘지 않도록 확실하게 알기를 원한다면 전자가 구속될 수 있는 가장 작은 1차원 상자는 무엇인가?

22. ‖ 무거운 핵은 알파 입자(즉 헬륨 핵)를 방출하는 알파 붕괴를 한다. 알파 입자들은 서로 강하게 묶여 있기 때문에 그것을 방출되는 핵 내부에서 하나의 단위로 생각하는 것이 합리적이다.
   a. 알파 방출에 의해 붕괴되는 ^{238}U 핵은 지름이 15 fm이다. ^{238}U 핵 내부에 있는 알파 입자를 1차원 상자에 있는 것으로 모형화하자. 알파 입자가 가질 수 있는 최대 속력은 얼마인가?

b. 핵이 알파 붕괴를 할 가능성은 알파 입자가 핵의 벽으로부터 반사하며 가지는 진동수에 비례한다. ^{238}U 핵 내부에서 최대 속력을 갖는 알파 입자에 대한 진동수(반사수/초)는 얼마인가?

23. ‖ 디젤 엔진의 불완전 연소로 인한 그을음 입자는 일반적으로 지름이 15 nm이며 밀도는 1200 kg/m^{3}이다. 그림 P39.23은 진공 상태에서 그을음 입자가 가시광선의 파장과 거의 같은 0.50 μm 지름의 구멍 바로 위에서 정지 상태로부터 방출되는 것을 보여준다. 구멍을 통과한 후 입자들은 거리 d만큼 떨어진 후 검출기에 도착한다. 그을음 입자가 순전히 고전적이라면 바로 아래로 떨어져서 지름이 0.50 μm인 원 안에 모두 도착할 것이다. 약간의 실험적 불완전성을 허용한다면 원의 지름이 2000 nm이면 어떤 양자 효과라도 눈에 띌 것이다. 입자가 이 지름의 원을 채우려면 얼마나 멀리에서 떨어져야 하는가?

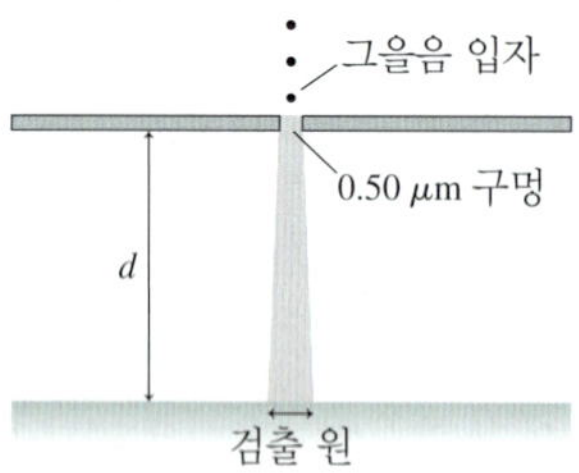

그림 P39.23

24. ‖ a. 파동 묶음에 대한 표현 $\Delta f \Delta t \approx 1$로 시작하여 광자에 대한 곱 $\Delta E\,\Delta t$의 표현을 구하시오.

b. 표현에 대해 해석하시오. 그것은 무엇을 말해주는가?

c. 원자의 양자화인 보어 모형은 들뜬 상태에 있는 원자는 광자를 방출함으로써 낮은 에너지 상태로 뛸 수 있다. 보어 모형은 이 과정이 얼마나 오랫동안 일어나는지를 알려주지 못한다. 어떤 특정한 원자가 광자를 방출하기 전에 들뜬 상태에서 보내는 시간을 예상할 수 없다는 사실을 41장에서 배울 것이다. 그러나 많은 원자의 **평균 수명** Δt를 결정할 수 있다. Δt는 원자가 들뜬 상태에 얼마나 오랫동안 머물 수 있는지에 대한 지식의 불확정성으로 생각할 수 있다. 일반적인 값은 $\Delta t \approx 10$ ns이다. 들뜬 상태로부터 뛰어내림으로써 500 nm를 갖는 광자를 방출한다고 하자. 광자 에너지의 불확정성은 얼마인가? 답을 eV로 하라.

d. 광자의 에너지에서 **분수 불확정성** $\Delta E/E$은 얼마인가?

응용 문제

25. ||| 입자의 파동 방정식은
CALC

$$\psi(x) = \sqrt{\frac{b}{\pi(x^2 + b^2)}}$$

이다. 여기서 b는 양의 상수이다. 입자가 구간 $-b \le x \le b$에 놓일 확률을 구하시오.

26. ||| 전자의 파동 함수는
CALC

$$\psi(x) = \begin{cases} cx & |x| \le 1 \text{ nm} \\ \dfrac{c}{x} & |x| \ge 1 \text{ nm} \end{cases}$$

이다. 여기서 x를 nm로 표시하였다.

a. 규격화 상수 c를 결정하시오.

b. 구간 -5 nm $\le x \le 5$ nm에서 $\psi(x)$의 그래프를 그리시오. 두 축에 수치 눈금을 기록하시오.

c. 구간 -5 nm $\le x \le 5$ nm에서 $|\psi(x)|^2$의 그래프를 그리시오. 수치 눈금을 기록하시오.

d. 10^6개의 전자가 검출되었다면 얼마나 많은 전자가 구간 -1.0 nm $\le x \le 1.0$ nm에 있겠는가?

40 1차원 양자역학

One-Dimensional Quantum Mechanics

70개의 코발트 원자들이 이 원자 공학 사례에서 주사 터널링 현미경(STM)으로 조작되었다.

이 장에서는 양자역학의 핵심적인 개념을 어떻게 적용하는지를 배운다.

슈뢰딩거 방정식이 무엇인가?

슈뢰딩거 방정식은 양자역학의 기본 법칙이다. 이것은 고전역학에서 뉴턴의 제2법칙과 유사한 역할을 한다.

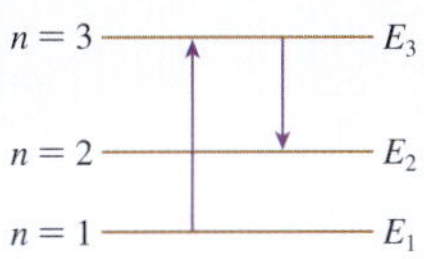

- 슈뢰딩거 방정식의 해는 계의 정상 상태들이다.
- 슈뢰딩거 방정식은 그 계의 양자화된 에너지 준위들을 예측한다.
- 광자들은 에너지 준위 사이에서 양자뜀에 의해 방출되거나 흡수된다.

« **되돌아보기:** 39.3~39.4절 파동 함수와 규격화

양자계를 어떻게 형성할 수 있는가?

고전계는 힘에 반응한다. 반면에 하나의 양자계는 하나의 퍼텐셜 에너지 함수 $U(x)$에 의해 기술된다. 여러분은 퍼텐셜 우물을 이용하여 양자계를 형성하는 것을 배울 것이다. 이 장에서 다루는 계는 다음을 포함한다.

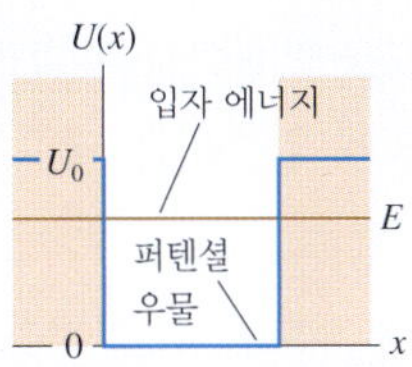

유한 퍼텐셜 우물

- 견고한 상자(무한 퍼텐셜 우물)
- 핵(유한 퍼텐셜 우물)
- 양자 조화 진동자
- 공유 결합

« **되돌아보기:** 10.5절 에너지 도형

파동 함수의 성질은 무엇인가?

파동 함수 모양은 퍼텐셜 에너지 함수 $U(x)$에 의해 결정된다.

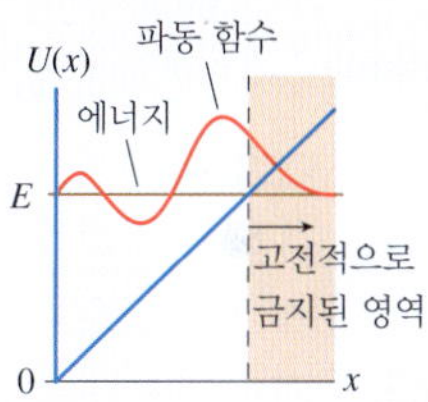

- 파동 함수는 고전적인 반환점들 사이의 지역 내에서 진동한다.
- 입자는 $E < U$인 고전적으로 금지된 공간의 영역을 지수적으로 감쇠하는 파동 함수로 침투할 수 있다.

터널링이란 무엇인가?

양자역학의 놀랄만한 발견 중 하나는 입자가 고전적인 입자를 반사시키는 에너지 장벽을 에너지 손실 없이 뚫고서 반대편으로 나오는 것이다. 이것이 터널링이다. 이런 완전히 비고전적 행동이 주사 터널링 현미경의 기반이다.

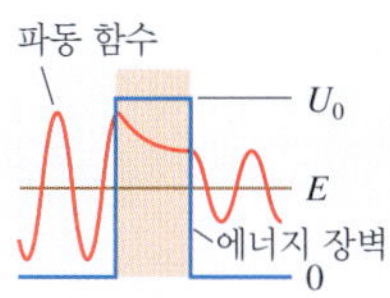

양자역학은 어떻게 활용되는가?

반도체를 포함한 많은 현대 기술이 원자와 고체들의 양자적 성질 위에 놓여 있다. 이 장에서 보게 될 예는 다음을 포함한다.

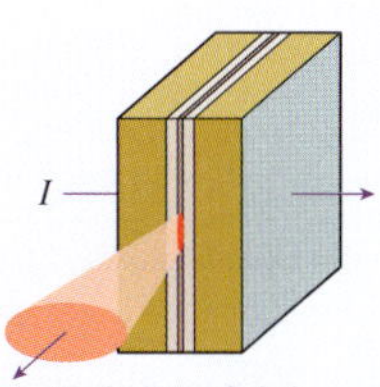

양자 우물 레이저

- 양자 우물 레이저
- 분자 결합
- 핵에너지 준위와 방사
- 주사 터널링 현미경

40.1 슈뢰딩거 방정식

슈뢰딩거

1925년 겨울, 크리스마스 직전에 오스트리아 물리학자 슈뢰딩거(Erwin Schrödinger)는 책 몇 권을 싸들고 스위스 알프스의 별장으로 떠났다. 그는 최근에 드브로이의 물질이 파동적인 특성을 가진다는 제안을 듣고서, 그것에 대해 생각해보려고 산만한 주위로부터 벗어나 자유로운 시간을 갖길 원했다. 그 여행이 끝나기 전에 슈뢰딩거는 양자역학의 법칙을 발견했다.

슈뢰딩거의 목표는 고전물리가 이해하지 못하는 원자 실험의 결과들을 예측하는 것이었다. 그가 개발한 수학적인 방정식이 지금은 **슈뢰딩거 방정식**(Schrödinger equation)으로 불린다. 이것은 뉴턴의 법칙이 고전역학의 법칙인 것과 같은 점에서 양자역학의 법칙이다. 이것은 슈뢰딩거의 법칙라고 하는 것이 타당할지 모르지만 관습에 의해 단순하게 슈뢰딩거 방정식이라 한다.

39장에서 물질 입자는 양자역학에서 그것의 파동 함수 $\psi(x)$로 특징되어진다고 배웠다. 만일 어떤 입자의 파동 함수를 알 수 있다면 그 입자를 공간의 어떤 영역 안에서 탐지하는 확률을 예측할 수 있다. 39장에서 그 과정이 잘 기술되어 있으나 파동 함수를 결정하는 어떠한 방법도 제시되지 않았다. 슈뢰딩거 방정식이 빠져있는 퍼즐 조각이다. 이것은 어떤 입자의 파동 함수 $\psi(x)$를 발견하는 방정식이다.

1차원 퍼텐셜 에너지 함수 $U(x)$에 의해 특징지어질 수 있는 환경과 상호작용하는 역학적인 에너지 E를 가진 질량 m의 한 입자를 고려하자. 그 입자의 파동 함수에 대한 슈뢰딩거 방정식은

$$\frac{d^2\psi}{dx^2} = -\frac{2m}{\hbar^2}[E - U(x)]\psi(x) \quad \text{(슈뢰딩거 방정식)} \tag{40.1}$$

이다. 이 미분 방정식의 해가 입자의 파동 함수 $\psi(x)$이다. 이 책에서 첫 번째 목표는 이 방정식이 무엇을 의미하는지와 어떻게 이용하는지를 배우는 것이다.

슈뢰딩거 방정식의 정당화

슈뢰딩거 방정식은 유도될 수도 증명될 수도 없다. 이것은 어떤 과거 이론의 자연스런 결과가 아니다. 슈뢰딩거 방정식은 고전물리 분석으로는 해석이 불가능한 현상들을 설명하는 능력과, 나중에 입증되는 새로운 예측을 만들어내는 능력 때문에 성공할 수 있었다.

비록 슈뢰딩거 방정식이 유도될 수 없지만 그것의 배경이 되는 근거는 최소한 그럴듯하게 만들 수는 있다. 드브로이는 질량 m, 속도 v, 운동량 $p = mv$인 한 입자가 파장

$$\lambda = \frac{h}{p} = \frac{h}{mv} \tag{40.2}$$

를 갖는 방법으로 물질이 파동적인 본성을 가진다고 가정했다. 슈뢰딩거의 목표는 그

것의 해가 드브로이 파장을 가진 파동 함수인 **파동 방정식**을 찾는 것이었다.

파장 λ로 진동하는 파동 함수는

$$\psi(x) = \psi_0 \sin\left(\frac{2\pi x}{\lambda}\right) \tag{40.3}$$

이다. 여기서 ψ_0는 파동 함수의 진폭이다. $\psi(x)$를 2계 미분하면

$$\frac{d^2\psi}{dx^2} = \frac{d}{dx}\frac{d\psi}{dx} = \frac{d}{dx}\left[\frac{2\pi}{\lambda}\psi_0 \cos\left(\frac{2\pi x}{\lambda}\right)\right] = -\frac{(2\pi)^2}{\lambda^2}\psi_0 \sin\left(\frac{2\pi x}{\lambda}\right)$$

이다. 식 (40.3)을 이용하여 이것을 다시 쓰면

$$\frac{d^2\psi}{dx^2} = -\frac{(2\pi)^2}{\lambda^2}\psi(x) \tag{40.4}$$

이다. 식 (40.4)는 파장 λ와 파동 함수 $\psi(x)$와 그것의 2계 미분의 조합을 연결한 것이다.

슈뢰딩거의 직관은 λ를 한 입자의 드브로이 파장으로 식별했다는 것이다. 드브로이 파장은 다음과 같이 입자의 운동 에너지 K의 항으로 쓸 수 있다.

$$\lambda = \frac{h}{mv} = \frac{h}{\sqrt{2m\left(\frac{1}{2}mv^2\right)}} = \frac{h}{\sqrt{2mK}} \tag{40.5}$$

드브로이 파장은 입자의 운동 에너지가 감소하면 증가한다는 것에 주목하자. 이런 관찰이 핵심적인 역할을 할 것이다.

λ에 대한 식을 제곱하여 식 (40.4)에 대입하면 다음과 같다.

$$\frac{d^2\psi}{dx^2} = -\frac{(2\pi)^2 2mK}{h^2}\psi(x) = -\frac{2m}{\hbar^2}K\psi(x) \tag{40.6}$$

여기서 $\hbar = h/2\pi$이다. 식 (40.6)은 함수 $\psi(x)$에 대한 미분 방정식이다. 이 방정식의 해는 식 (40.3)의 사인 모양 파동 함수이다. 여기서 λ는 운동 에너지 K를 가진 한 입자의 드브로이 파장이다.

식 (40.6)의 유도는 입자의 운동 에너지 K가 일정하다는 것을 가정하고 있다. 그림 40.1a의 에너지 도형은 입자가 x축을 따라 운동할 때 만일 퍼텐셜 에너지 U가 일정하면 입자의 운동 에너지는 지속적으로 일정하다는 것을 상기시킨다. 이 경우에 드브로이 파장은 모든 위치에서 똑같다.

반면에 그림 40.1b는 운동 에너지가 일정하지 않은 입자의 에너지 도형을 보여준다. 이런 입자는 x축을 따라 운동할 때 퍼텐셜 에너지가 운동 에너지로 또는 그 반대로 변하면서 가속되거나 감속된다. 결론적으로 이 경우에 드브로이 파장은 위치에 따라 변한다.

한 입자의 퍼텐셜 에너지(중력 또는 전기적 또는 다른 종류의 퍼텐셜 에너지)는 함수 $U(x)$에 의해 묘사된다. 즉, 퍼텐셜 함수는 운동의 축에 따른 **위치의 함수**이다. 예를 들면, 용수철에 매달린 질량의 퍼텐셜 에너지는 $\frac{1}{2}kx^2$이다.

만일 E가 입자의 총 역학적 에너지라면 위치 x에서 그것의 운동 에너지는

그림 40.1 드브로이 파장은 입자의 운동 에너지가 변함에 따라 변한다.

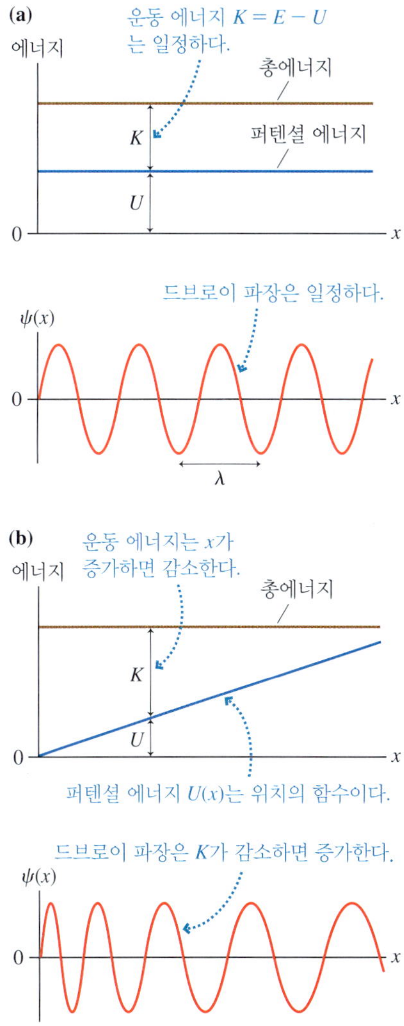

$$K = E - U(x) \tag{40.7}$$

이다. 만일 식 (40.6)에 K에 대한 이 표현을 대입하면 방정식은 다음과 같이 된다.

$$\frac{d^2\psi}{dx^2} = -\frac{2m}{\hbar^2}[E - U(x)]\psi(x)$$

이것이 식 (40.1), 입자의 파동 함수 $\psi(x)$에 대한 슈뢰딩거 방정식이다.

양자역학적 모형들

이 책 내내 **모형**의 중요성이 강조되었다. 한 물체의 운동을 이해하기 위하여 물체는 입자로 대표할 수 있다는 가정, 마찰은 한 가지 단순한 방법으로 기술될 수 있다는 가정, 공기 저항은 무시할 수 있다는 가정 등등의 단순화된 가정들을 했다. 모형들은 세부적인 것의 손실 없이 물체 운동의 주요 현상을 이해할 수 있게 해준다.

이것은 양자역학에서도 동일하다. 미시적인 원자나 고체를 정확하게 묘사하는 것은 매우 복잡하다. 양자역학을 효과적으로 이용하기 위해서는 몇 가지 단순화된 가정들을 만들어야 한다. 즉, 그 상황에 적합한 **양자역학적 모형**(quantum-mechanical model)들을 만드는 것이다. 이 장의 많은 부분이 양자역학적 모형들을 구축하고 이용하는 데에 할애되었다.

어떤 모형이 성공적인지에 대한 판단은 그것이 실험적 측정과 일치하는지에 달려 있다. 실험실에서 실험은 $\psi(x)$를 측정할 수 없고, 직접적인 확률의 측정도 매우 드물다. 따라서 중요한 것은 모형들을 파장, 전하량, 전류, 시간, 온도 등과 같이 측정 가능한 물리량과 묶는 것이다.

고전물리학적 모형과 양자역학적 모형들 사이에는 한 가지 매우 중요한 차이가 있다. 고전 모형들은 **힘**의 항으로 기술되고, 뉴턴의 법칙들이 힘과 운동의 연결이다. 파동 함수에 대한 슈뢰딩거 방정식은 **에너지**의 항으로 기술된다. 결론적으로 양자역학적 모형 만들기는 입자와 그 환경과의 상호작용을 기술하는 퍼텐셜 에너지 함수 $U(x)$를 발견하는 것을 포함한다.

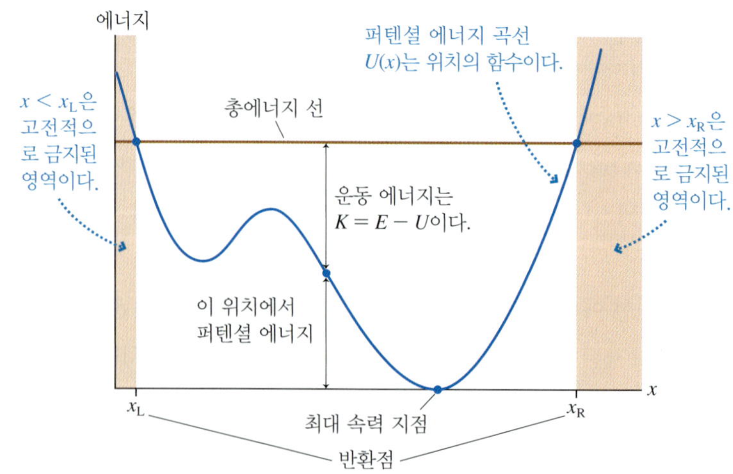

▶그림 40.2 어떤 에너지 도형 해석하기

그림 40.2는 어떤 에너지 도형의 해석 방법을 상기시킨다. 양자역학적 모형들을 묘사하는 데 에너지 도형이 이 장과 나머지 장들에서 광범위하게 이용될 것이다. **에너지 도형이 소개된 «10.5절을 다시 보기를 추천한다.**

40.2 슈뢰딩거 방정식 풀기

슈뢰딩거 방정식은 2계 미분 방정식이다. 이것은 $\psi(x)$의 2계 미분 항을 포함한 $\psi(x)$에 대한 미분 방정식임을 의미한다. 그러나 이 책에서는 학생들이 미분 방정식 해법을 알고 있다고 가정하지 않는다. 뉴턴의 법칙에서 했던 것처럼 학생들이 미적분학 강의로부터 기본적인 수학만 익혔다고 가정한다.

대수 방정식의 해는 단순한 숫자이다. 예를 들면, 방정식 $2x=6$의 해는 $x=3$이다. 반면에 임의의 미분 방정식의 해는 **함수**이다. 앞 절에서 이미 함수 $\psi(x)= \psi_0 \sin(2\pi x/\lambda)$가 해가 되어 식 (40.6)이 구축되는 것에서 이런 발상을 볼 수 있었다.

슈뢰딩거 방정식은 퍼텐셜 에너지 함수 $U(x)$가 구체화되기 전에는 풀릴 수 없다. 고전역학에서 다른 힘이 다른 궤도로 이끌듯이 다른 퍼텐셜 에너지 함수는 다른 파동 함수로 나타난다. 일단 $U(x)$가 구체화되면 미분 방정식의 해는 **함수** $\psi(x)$이다. 보통 해를 x에 대한 $\psi(x)$의 그래프로 보여줄 것이다.

제한 사항과 경계 조건

모든 함수 $\psi(x)$가 슈뢰딩거 방정식의 해로 받아들여지지는 않는다. 즉, 몇몇 함수들은 슈뢰딩거 방정식을 만족시키기는 하지만 물리적으로 의미가 없기도 하다. 예전에 대수 방정식의 해에서도 제한 사항에 부딪친 적이 있었다. 물리적인 이유 때문에 질량은 음수가 아닌 반드시 양수이어야 하고, 위치는 허수가 아닌 실수여야 한다. 이런 제한 사항을 충족 못하는 수학적 해들은 비물리적인 것으로 간주되어 배제된다.

$|\psi(x)|^2$이 확률 밀도로 해석되기를 원하기 때문에 $\psi(x)$는 반드시 이런 해석이 가능한 함수이어야만 한다. 받아들여질 수 있는 해에 대한 제한 사항이나 조건들을 **경계 조건**(boundary conditions)이라 한다. $\psi(x)$에 대한 정확한 해를 선택하는 데 경계 조건이 어떻게 도움을 주는가 하는 것들은 나중의 예에서 보게 될 것이다. 파동 함수가 반드시 만족해야 하는 주요 조건들은 다음과 같다.

1. $\psi(x)$는 연속 함수이다.
2. 만일 입자가 물리적으로 존재할 수 없는 영역 내에 x가 있다면 $\psi(x)=0$이다.
3. $x \to +\infty$와 $x \to -\infty$이면 $\psi(x) \to 0$이다.
4. $\psi(x)$는 규격화된 함수이다.

마지막 조건은 엄밀히 말하면 경계 조건은 아니고, 파동 함수가 유용한 해석을 갖기 위해 요구되는 보조적인 조건이다. 경계 조건 3은 규격화 적분 $\int |\psi(x)|^2 dx$가 수렴

할 수 있기 위해 필요하다.

일단 경계 조건들이 구축되면 슈뢰딩거 방정식을 푸는 데는 여러 길이 있다. 일반적인 수학적 기법을 이용하여 2계 미분 방정식을 푸는 것, 컴퓨터를 이용하여 방정식을 수치적으로 푸는 것, 또는 물리적으로 알려진 것을 이용하여 추측하는 것 등이다.

좀 더 고급 과정은 첫째와 둘째 방법을 광범위하게 이용한다. 그러나 미분 방정식을 잘 알고 있다고 가정하지 않았기 때문에 이런 방법들을 여기에서 이용하지 않을 것이다. 셋째 방법은 다소 교활한 방법 같아 보이긴 하지만 물리적인 논증으로 파동함수의 형태를 추측할 수 있는 단순한 환경에서 폭넓게 이용되는 방법이다. 앞으로의 예들은 이런 셋째 접근법을 조명할 것이다.

2차 대수 방정식은 2개의 다른 해를 가진다. 유사하게 2계 미분 방정식도 2개의 독립적인 해 $\psi_1(x)$, $\psi_2(x)$를 가진다. '독립적인 해'의 의미는 $\psi_2(x)$가 단순하게 $3\psi_1(x)$와 같이 $\psi_1(x)$의 상수곱이 아니라 $\psi_1(x)$와 $\psi_2(x)$가 완전히 서로 다른 함수들이라는 것이다.

$\psi_1(x)$와 $\psi_2(x)$가 슈뢰딩거 방정식의 두 독립적인 해라고 가정하자. 미분 방정식의 정리에 의하면 방정식의 일반해는 다음과 같이 쓸 수 있다.

$$\psi(x) = A\psi_1(x) + B\psi_2(x) \tag{40.8}$$

여기서 A와 B는 경계 조건들에 의해 결정되는 상수들이다. 비록 앞으로 다루게 될 예에 적용되면서 분명히 알게 되겠지만 식 (40.8)은 매우 강력한 해이다. 주된 요점은 **만일 두 독립적인 해 $\psi_1(x)$와 $\psi_2(x)$가 추측에 의해 발견된다면 식 (40.8)은 슈뢰딩거 방정식의 일반해**라는 것이다.

양자화

슈뢰딩거 방정식이 양자역학의 법칙이라고 가정하였으나 지금껏 양자화에 대해서는 언급이 없었다. 비록 슈뢰딩거 방정식 안에 입자의 총에너지 E가 나타나지만 그것은 방정식에서 구체화되지 않는 상수로 취급된다. 그러나 대부분의 E값에 대해 수용 가능한 해가 없다는 것이 밝혀질 것이다. 즉, 슈뢰딩거 방정식과 경계 조건 둘 다를 만족하는 함수 $\psi(x)$는 없다. 받아들여질 수 있는 해는 오직 불연속적인 E값인 경우에만 존재한다. 해가 존재하는 에너지는 그 계의 양자화된 에너지들이다. 따라서 앞으로 보게 되겠지만 슈뢰딩거 방정식은 양자화를 기반으로 구축된 방정식이다.

양자역학에서 문제 해결하기

고전역학에 대한 문제 풀이 전략은 힘을 식별하고 이용하는 것에 초점이 맞추어져 있다. 양자역학에서는 힘 대신에 에너지에 초점이 맞추어져 있다. 양자역학에서 문제 해결하는 데에 제일 중요한 단계는 입자의 퍼텐셜 에너지 함수 $U(x)$를 결정하는 것이다. 퍼텐셜 에너지를 발생시키는 상호작용을 식별하는 것이 그 문제의 물리이다. 일단 퍼텐셜 에너지 함수가 알려지면 파동 함수를 푸는 것은 '단순한 수학'이다.

문제 풀이 전략 40.1

양자역학 문제

핵심 입자의 상호작용을 묘사하는 퍼텐셜 에너지 함수를 결정한다. 가정을 단순화시킨다.

시각화 퍼텐셜 에너지 곡선이 그림을 이용한 표현이다.

- 퍼텐셜 에너지 곡선을 그린다.
- 알려진 정보를 식별한다.
- 파동 함수가 만족해야 하는 경계 조건을 구축한다.

풀이 슈뢰딩거 방정식은 수학적 표현이다.

- 경계 조건을 이용한다.
- 파동 함수를 규격화한다.
- $\psi(x)$와 $|\psi(x)|^2$의 그래프를 그린다.
- 허용된 에너지 준위를 결정한다.
- 확률, 파장, 또는 다른 구체적인 물리량을 계산한다.

검토 계산 결과가 단위가 정확한지, 근거가 있는 것인지, 질문의 답이 되는지 확인한다.

슈뢰딩거 방정식의 해는 그 계의 정상 상태들이다. 보어는 정상 상태들을 추정하였으나 그것들을 어떻게 찾아야 하는지는 몰랐다. 이제 그것들을 찾을 전략을 가지게 되었다.

보어의 정상 상태들 사이의 전이나 양자뜀 개념은 슈뢰딩거의 양자역학에 매우 중요하게 남아 있다. 계는 파동 함수 $\psi_i(x)$와 에너지 E_i로 특징되는 한 정상 상태로부터 파동 함수 $\psi_f(x)$와 에너지 E_f로 특징되는 다른 정상 상태로 진동수

$$f = \frac{\Delta E}{h} = \frac{|E_f - E_i|}{h}$$

인 하나의 광자를 방출하거나 흡수하는 것에 의해 뛰뛰기할 수 있다. 따라서 슈뢰딩거 방정식의 해는 양자계의 방출과 흡수 스펙트럼을 예측할 수 있게 해준다. 이러한 예측들이 슈뢰딩거 방정식의 유효성을 시험할 것이다.

40.3 견고한 상자 속의 입자: 에너지와 파동 함수

그림 40.3은 길이 L인 1차원 사각형 안에 갇힌 질량 m인 한 입자를 보여준다. 그 상자의 벽은 완벽하게 견고하다고 가정하여 입자는 그 양 끝에서 완전 탄성 충돌을 한다. 38장에서 보았던 이러한 상황은 '상자 속의 입자'라고 알려져 있다.

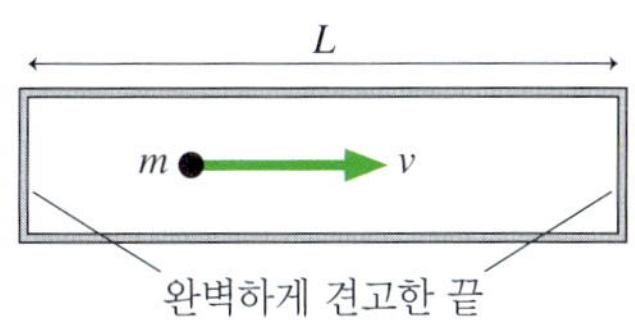

그림 40.3 길이 L인 견고한 상자 속의 입자

고전 입자는 상자의 벽 사이에서 좌우로 되튀기 한다. 고전 입자의 속력과 운동 에너지에 제한은 없다. 반면에 드브로이 파장에 의해 특징되는 파동 같은 입자는 좌우로 반동하면서 정상파를 형성한다. 38장에서 드브로이의 정상파는 자동으로 에너지 양자화에 도달한다는 것이 발견되었다. 즉, 오직 특정 불연속적인 에너지만이 허용된

다. 그러나 드브로이의 정상파의 가설은 실제적인 입증이 없는 추측이었다. 왜냐하면 그 당시에는 파동 같은 입자의 행동에 대한 이론이 없었기 때문이다.

이제 이 문제를 양자역학의 새로운 관점으로부터 다시 들여다보자. 그리고 여기에서 답을 구하고 싶은 양자역학의 기본적인 질문들은 다음과 같다.

- 입자의 허용된 에너지는 무엇인가?
- 각 에너지와 관련 있는 파동 함수는 무엇인가?
- 입자는 상자 속 어디에서 가장 빈번하게 발견될 것인가?

이러한 질문들에 답하기 위해 문제 풀이 전략 40.1이 이용될 것이다.

모형: 퍼텐셜 에너지 함수 식별하기

견고한 상자란 상자의 벽이 매우 튼튼해서 입자의 운동 속력과 무관하게 그 입자를 안에 가둘 수 있는 상자를 의미한다. 그뿐 아니라 그 벽은 매우 단단하여 휘어지지 않고 입자를 반사시킨다. 실제로 이런 속성을 가진 상자는 없기 때문에 견고한 상자는 입자가 철저하게 속박되는 상황의 **모형**이다. 첫 번째로 해야 하는 것은 그 견고한 상자를 퍼텐셜 에너지 함수의 항으로 여기는 것이다.

$x=0$과 $x=L$에서 상자의 경계를 가진 좌표축을 세우자. 견고한 상자는 세 가지 중요한 특징을 가진다.

1. 입자는 0과 L 사이에서 일정한 속력으로 자유롭게 이동할 수 있으며, 따라서 일정한 운동 에너지로 이동한다.
2. 입자의 운동 에너지의 크기와 무관하게 돌아오는 지점은 $x=0$과 $x=L$이다.
3. $x<0$과 $x>L$인 영역은 금지 구역이다. 입자는 상자를 벗어날 수 없다.

입자가 이런 상황에 있는 것을 묘사하는 퍼텐셜 에너지 함수는

$$U_{\text{rigid box}}(x)=\begin{cases}0 & 0\le x\le L\\ \infty & x<0 \quad \text{or} \quad x>L\end{cases} \tag{40.9}$$

그림 40.4 길이 L인 견고한 상자 속에 있는 한 입자의 에너지 도형

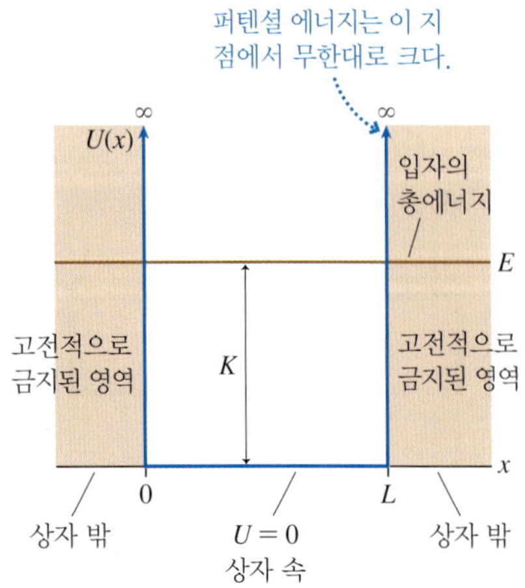

이다. 상자 속에서 입자는 오직 운동 에너지만 가진다. 무한대로 높은 퍼텐셜 에너지 장벽들이 운동 에너지가 아무리 크더라도 입자가 $x<0$ 또는 $x>L$에 있지 못하도록 한다. 이것이 슈뢰딩거 방정식에서 풀고자 하는 퍼텐셜 에너지이다.

시각화: 경계 조건 구축하기

그림 40.4는 견고한 상자 속에 있는 입자의 에너지 도형이다. 상자 속에서 $U=0$이고 $E=K$임을 볼 수 있다. ∞의 표식이 붙어있는 위로 향한 화살표는 퍼텐셜 에너지가 상자의 벽($x=0$, $x=L$)에서 무한대로 커짐을 나타낸다.

다음으로 해가 반드시 만족해야 하는 경계 조건을 세우는 것이 필요하다. 입자가 상자 밖에 있는 것이 물리적으로 불가능하기 때문에 다음이 요구된다.

$$\psi(x) = 0 \quad x < 0 \quad \text{또는} \quad x > L \tag{40.10}$$

즉, 상자 밖에서 입자가 발견될 확률은 영이다(즉, $|\psi(x)|^2 = 0$).

뿐만 아니라 파동 함수는 반드시 **연속** 함수여야 한다. 즉, 파동 함수는 어떤 점에서도 끊어짐이 있어서는 안 된다. 상자 밖 모든 곳에서 해가 0이기 때문에 연속성에 의해 상자 속에서 파동 함수는 다음의 두 조건을 만족하도록 요구된다.

$$\psi(\text{at } x = 0) = 0 \quad \text{그리고} \quad \psi(\text{at } x = L) = 0 \tag{40.11}$$

다시 말하면 그림 40.5에서 보듯이 상자 속에서 진동하는 파동 함수는 상자 밖에서 파동 함수와 연속적이기 위해 경계에서 0이 되어야 한다. 파동 함수에 대한 이러한 요구는 줄 위의 정상파가 줄 양 끝에서 마디를 형성해야 한다고 말하는 것과 동등한 것이다.

그림 40.5 상자 속 한 입자의 파동 함수에 경계 조건 적용하기

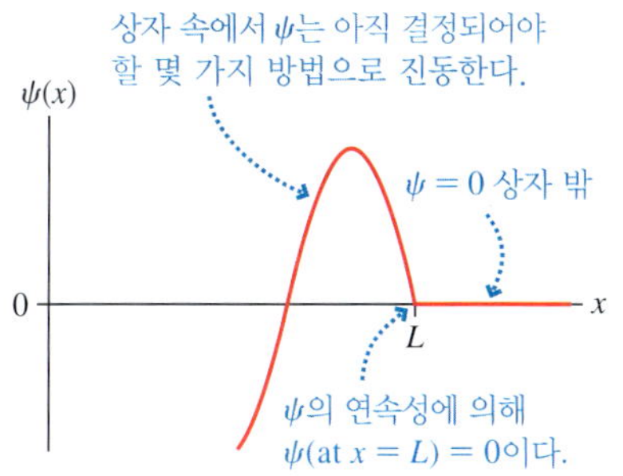

풀이 I : 파동 함수 찾기

상자 속 모든 점에서 퍼텐셜 에너지는 $U(x) = 0$이다. 따라서 상자 속에서 슈뢰딩거 방정식은

$$\frac{d^2\psi}{dx^2} = -\frac{2mE}{\hbar^2}\psi(x) \tag{40.12}$$

이다. 이런 방정식을 푸는 데는 두 가지 관점이 있다.

1. 식 (40.12)가 물리적으로 의미 있는 해를 가지게 되는 에너지 E값은 얼마인가?

2. 그러한 에너지 E값에 대한 해 $\psi(x)$는 무엇인가?

표기를 간단히 하기 위해 먼저 $\beta^2 = 2mE/\hbar^2$으로 놓고 시작하자. 그러면 식 (40.12)는

$$\frac{d^2\psi}{dx^2} = -\beta^2\psi(x) \tag{40.13}$$

가 된다. 이 미분 방정식을 추측에 의해 풀 것이다! 2계 미분한 것이 음의 상수와 그 함수의 곱이 되는 어떤 함수가 있는가? 다음의 두 함수가 그럴 수 있다.

$$\psi_1(x) = \sin\beta x \quad \text{그리고} \quad \psi_2(x) = \cos\beta x \tag{40.14}$$

둘 다 식 (40.13)의 해이다. 왜냐하면

$$\frac{d^2\psi_1}{dx^2} = \frac{d^2}{dx^2}(\sin\beta x) = -\beta^2\sin\beta x = -\beta^2\psi_1(x)$$

$$\frac{d^2\psi_2}{dx^2} = \frac{d^2}{dx^2}(\cos\beta x) = -\beta^2\cos\beta x = -\beta^2\psi_2(x)$$

이기 때문이다.

또한 이것들은 **독립적인** 해들이다. 왜냐하면 $\psi_2(x)$가 $\psi_1(x)$의 곱도 아니고 재배열도 아니기 때문이다. 결론적으로 식 (40.8)에 따르면 견고한 상자 속에 있는 입자에 대한 슈뢰딩거 방정식의 일반해는

$$\psi(x) = A\sin\beta x + B\cos\beta x \tag{40.15}$$

이다. 여기서

$$\beta = \frac{\sqrt{2mE}}{\hbar} \tag{40.16}$$

이다.

상수 A와 B는 식 (40.11)의 경계 조건을 이용하여 결정되어야 한다. 먼저 파동 함수는 $x=0$에서 0이어야 한다. 즉,

$$\psi(\text{at } x=0) = A\cdot 0 + B\cdot 1 = 0 \tag{40.17}$$

이다. 이 경계 조건은 오직 $B=0$이면 만족될 수 있다. $\cos\beta x$ 항은 수학적인 의미에서 미분 방정식을 만족시킬 수 있으나 경계 조건을 만족하지 못하기 때문에 물리적으로 의미 있는 해가 아니다. 따라서 물리적으로 의미 있는 해는 다음과 같다.

$$\psi(x) = A\sin\beta x$$

파동 함수는 또한 $x=L$에서 반드시 0이어야 한다. 즉,

$$\psi(\text{at } x=L) = A\sin\beta L = 0 \tag{40.18}$$

이다. 이 조건은 $A=0$이면 만족된다. 그러나 이렇게 되면 파동 함수가 없다는 것이다! 다행히도 이럴 필요 없이 이 경계 조건은 $\sin\beta L=0$이면 만족된다. 이 조건에 의해

$$\beta L = n\pi \qquad \text{또는} \qquad \beta_n = \frac{n\pi}{L} \qquad n=1,\ 2,\ 3,\ \cdots \tag{40.19}$$

이 요구된다. n이 0이 아닌 1부터 시작됨에 유의하자. $n=0$의 값은 모든 점에서 $\beta=0$과 $\psi=0$이 되게 하기 때문에 물리적으로 의미 없는 해이다.

따라서 견고한 상자 속에 있는 입자에 대한 슈뢰딩거 방정식의 해는

$$\psi_n(x) = A\sin\beta_n x = A\sin\left(\frac{n\pi x}{L}\right) \qquad n=1,\ 2,\ 3,\ \cdots \tag{40.20}$$

이다. 여기서 발견된 것은 각각 다른 정수 n값에 따르는 해의 **집단**이다. 이러한 파동 함수들은 상자 속에서 입자들의 정상 상태들을 표현한다. 상수 A는 나중에 결정될 것이다.

풀이 II: 허용된 에너지 찾기

식 (40.16)은 β를 정의한다. 그러면 식 (40.19)의 경계 조건은 β의 가용한 값에 대해 제한을 가한다.

$$\beta_n = \frac{\sqrt{2mE_n}}{\hbar} = \frac{n\pi}{L} \qquad n=1,\ 2,\ 3,\ \cdots \tag{40.21}$$

여기서 정수 n과 관련된 β값과 에너지는 β_n, E_n으로 표시를 붙였다. 양변을 제곱하여 에너지 E_n을 다음과 같이 구할 수 있다.

$$E_n = n^2 \frac{\pi^2 \hbar^2}{2mL^2} = n^2 \frac{h^2}{8mL^2} \qquad n = 1, 2, 3, \cdots \tag{40.22}$$

여기 마지막 단계에서 $\hbar = h/2\pi$의 정의가 이용되었다. 상자 속 입자에 대해 **이런 에너지들은 슈뢰딩거 방정식의 물리적인 의미가 있는 해에 대한 에너지의 유일한 값들이다.** 즉, 입자의 에너지는 양자화된다! 여기서 강조되어야 할 것은 양자화가 파동 함수 고유의 성질이 아니고 경계 조건(상황의 물리)이 슈뢰딩거 방정식의 수학적인 해들의 일부분에 의해서만 만족되기 때문에 일어난다는 것이다.

정상 상태의 에너지들을 다음과 같이 쓰는 것도 유용하다.

$$E_n = n^2 E_1 \tag{40.23}$$

여기서 E_n은 **양자수** n을 가진 정상 상태의 에너지이다. 가장 작은 가용한 에너지 $E_1 = h^2/8mL^2$은 $n=1$인 **바닥 상태**의 에너지이다. 이런 허용된 에너지들은 그림 40.6의 **에너지 준위 도표**에 보인다. 38장으로부터 에너지 준위 도표는 그래프(수평축은 아무것도 나타내지 않는다)가 아니고 허용된 에너지들의 '사다리'였음을 기억하라.

식 (40.22)는 38장에서 상자 속 한 입자의 드브로이 파가 정상파를 만들도록 요구하여 구해진 에너지와 똑같다. 오직 이제야 에너지뿐만 아니라 파동 함수도 이야기할 수 있는 이론을 가지게 되었다.

그림 40.6 상자 속 입자에 대한 에너지 준위 도표

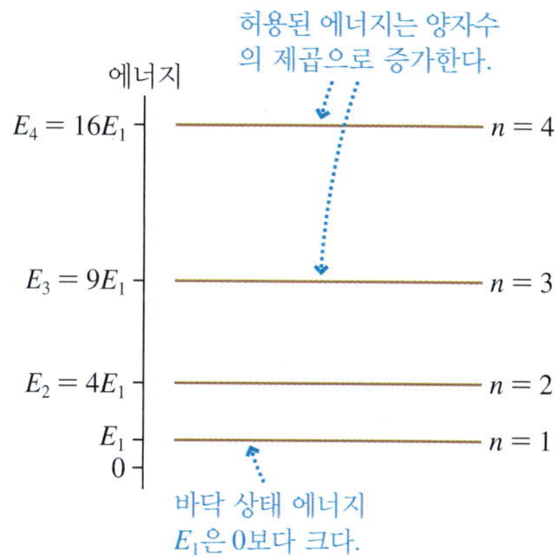

예제 40.1 | 상자 속 전자

전자 1개가 어떤 견고한 상자 속에 갇혀 있다. 만일 첫 번째와 두 번째 상태 사이의 에너지 차이가 3.0 eV일 때 상자의 길이는 얼마인가?

핵심 전자를 길이 L인 1차원 견고한 상자 속의 입자로 모형화하라.

풀이 $n=1$이고 $n=2$인 처음 두 양자 상태들은 에너지 E_1과 $E_2 = 4E_1$을 가진다. 따라서 상태들 사이의 에너지 차이는 다음과 같다.

$$\Delta E = 3E_1 = \frac{3h^2}{8mL^2} = 3.0 \text{ eV} = 4.8 \times 10^{-19} \text{ J}$$

$\Delta E = 3.0$ eV이므로 상자의 길이는

$$L = \sqrt{\frac{3h^2}{8m\,\Delta E}} = 6.14 \times 10^{-10} \text{ m} = 0.614 \text{ nm}$$

이다.

검토 E_1에 대한 표현은 SI 단위계이다. 따라서 에너지는 반드시 eV 단위가 아닌 J 단위여야 한다.

풀이 III: 파동 함수 규격화하기

상수 A는 파동 함수의 규격화 요구에 의해 결정될 수 있다. 39절에서 논의된 규격화 조건은

$$\int_{-\infty}^{\infty} |\psi(x)|^2 dx = 1$$

이다. 이것은 입자가 x축 어디에선가는 반드시 있어야 하다는 수학적인 명제이다. 적분 한계가 $\pm\infty$까지 확장되었지만 파동 함수가 상자 밖에서는 0이므로 여기서는 단지

0에서 L까지의 적분만 필요하다. 따라서

$$\int_0^L |\psi_n(x)|^2 dx = A_n^2 \int_0^L \sin^2\left(\frac{n\pi x}{L}\right) dx = 1 \tag{40.24}$$

즉

$$A_n = \left[\int_0^L \sin^2\left(\frac{n\pi x}{L}\right) dx\right]^{-1/2} \tag{40.25}$$

이다. A_n에 아래 첨자 n을 붙인 이유는 집단에 있는 각각의 파동 함수에 대한 규격화 상수가 다르기 때문이다. 이것은 표준형 적분이다. 그 결과가

$$A_n = \sqrt{\frac{2}{L}} \qquad n = 1, 2, 3, \cdots \tag{40.26}$$

인 것은 과제로 남기겠다. 이제 문제에 대한 완전한 해를 구했다. 양자 상태 n에 있는 입자의 규격화된 파동 함수는

$$\psi_n(x) = \begin{cases} \sqrt{\dfrac{2}{L}} \sin\left(\dfrac{n\pi x}{L}\right) & 0 \le x \le L \\ 0 & x < 0 \quad \text{그리고} \quad x > L \end{cases} \tag{40.27}$$

이다.

40.4 견고한 상자 속의 입자: 해의 해석

상자 속 입자에 대한 양자역학적 문제의 해는 다음을 말해준다.

1. 입자는 반드시 에너지 $E_n = n^2E_1$을 가진다. 여기서 $n = 1, 2, 3, \cdots$은 양자수이다. $E_1 = h^2/8mL^2$은 $n = 1$인 바닥 상태의 에너지이다.
2. 양자 상태 n에 있는 입자의 파동 함수는

$$\psi_n(x) = \begin{cases} \sqrt{\dfrac{2}{L}} \sin\left(\dfrac{n\pi x}{L}\right) & 0 \le x \le L \\ 0 & x < 0 \quad \text{그리고} \quad x > L \end{cases}$$

   이다. 이것들은 계의 정상 상태들이다.
3. 입자를 상자 안 위치 x에서 찾을 확률 밀도는

$$P_n(x) = |\psi_n(x)|^2 = \frac{2}{L}\sin^2\left(\frac{n\pi x}{L}\right) \tag{40.28}$$

   이다.

그래프를 이용한 표현은 이런 결과들을 좀 더 의미 있게 만들 것이다. 그림 40.7은 양자 상태 $n = 1$에서 $n = 3$까지 파동 함수 $\psi(x)$와 확률 밀도 $P(x) = |\psi(x)|^2$을 보

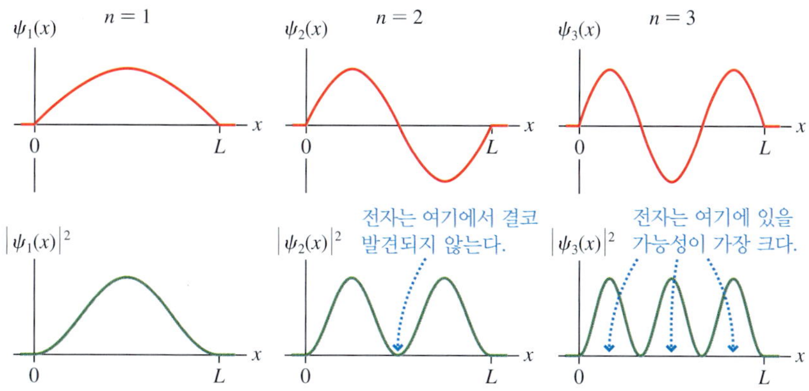

◀**그림 40.7** 길이 L인 견고한 상자 속 한 입자의 파동 함수와 확률 밀도

여준다. 파동 함수는 경계에서 0이 되어 상자 밖에서 $\psi=0$인 것과 같이 연속적임에 유의하라.

견고한 상자 속 입자의 파동 함수 $\psi(x)$는 양 끝이 묶여 있는 줄 위의 정상파와 유사하다. **$\psi_n(x)$는 양 끝을 제외하고 $(n-1)$개의 마디와 n개의 배(최대와 최소)를 가짐**을 볼 수 있다. 이것은 견고한 상자 속 입자뿐만 아니라 어떤 파동 함수에 대해서도 일반적인 결과이다.

그림 40.8은 양자역학에서 그래프를 이용하여 에너지와 파동 함수를 보여주는 또 다른 방법을 보여준다. 첫 번째는 입자의 퍼텐셜 에너지 함수 $U(x)$를 보여준다. 두 번째는 수평선들(총에너지 선들)이 퍼텐셜 에너지 그래프에 걸쳐 허용된 에너지를 보여준다. 이것들은 양자수 n과 에너지 E_n으로 표시된다. 세 번째는(이것은 다소 속임수이다) 각각의 n에 대한 파동 함수가 마치 에너지 선이 y축의 0인 것처럼 그려졌다. 즉, $\psi_n(x)$의 그래프가 E_n 에너지 선 위에 그려졌다. 이것은 에너지와 파동 함수가 동시에 보이도록 한 것일 뿐이며 어떤 의미에서라도 ψ_2가 ψ_1 '위에' 있다는 의미는 아니다. 둘 다 그림 40.7에 보이듯이 0에 대해 사인 모양으로 진동한다.

그림 40.8 퍼텐셜 에너지 도형, 에너지, 파동 함수를 보여주는 선택적인 방법

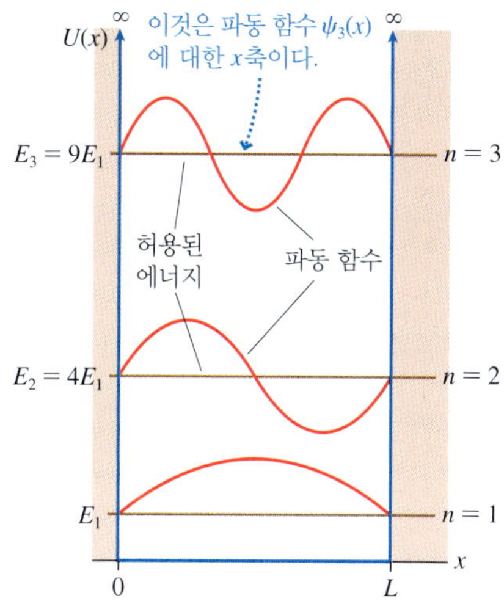

예제 40.2 에너지 준위와 양자뜀

양자 우물 기기라고 알려진 어떤 반도체 기기가 전자들을 1.00 nm 영역 안으로 '포획'하려고 설계되었다. 이것을 1차원 문제로 취급하시오.

a. 처음 세 양자 상태들의 에너지는 무엇인가?

b. 이 전자들이 흡수할 수 있는 빛의 파장은 얼마인가?

핵심 양자 우물 기기 안에 있는 전자를 길이 $L=1.00$ nm인 견고한 상자 속에 갇힌 입자로 모형화하라.

시각화 그림 40.9는 처음 세 에너지 준위들과 바닥 상태 전자가 광자를 흡수할 수 있는 전이를 보여준다.

그림 40.9 양자 우물 기기 안에 있는 전자의 에너지 준위와 양자뜀

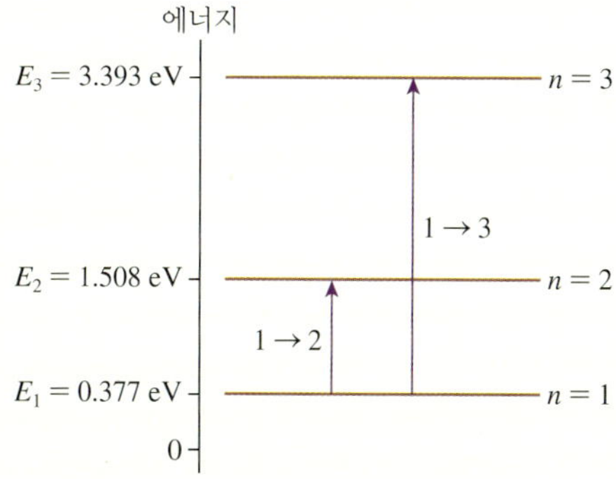

(계속)

풀이 a. 입자의 질량은 $m = m_e = 9.11 \times 10^{-31}$ kg이다. J과 eV 단위로 허용된 에너지들은 다음과 같다.

$$E_1 = \frac{h^2}{8mL^2} = 6.03 \times 10^{-20}\ \text{J} = 0.377\ \text{eV}$$

$$E_2 = 4E_1 = 1.508\ \text{eV}$$

$$E_3 = 9E_1 = 3.393\ \text{eV}$$

b. 전자는 대부분의 시간을 $n=1$인 바닥 상태에서 보낸다. 보어의 정상 상태 모형에 따르면 전자는 만일 빛이 진동수 $f = \Delta E/h$를 가진다면 광자를 흡수하여 $n=2$ 또는 $n=3$으로 전이 또는 양자뜀을 할 수 있다. $\lambda = c/f = hc/\Delta E$로 주어지는 파장은 다음과 같다.

$$\lambda_{1\to 2} = \frac{hc}{E_2 - E_1} = 1098\ \text{nm}$$

$$\lambda_{1\to 3} = \frac{hc}{E_3 - E_1} = 411\ \text{nm}$$

검토 실제로 다양하고 복잡한 이유로 $1 \to 3$으로의 전이는 관찰되기 어렵다. 그러나 양자 우물 기기는 $\lambda_{1\to 2}$ 파장에서 강력한 흡수와 방출을 실제로 보여준다. 전형적인 양자 우물 기기와 같은 예에서 파장은 스펙트럼의 근적외선 영역에 있다. 이런 기기들은 DVD 플레이어와 레이저 프린터에서 활용되는 반도체 레이저를 구성하는 데 이용된다.

영점 운동

예제 40.2에서 가장 낮은 에너지 상태는 에너지 $E_1 = 0.38$ eV를 가졌다. $E=0$인 정상 상태는 없다. 고전 입자와는 다르게 **상자 속의 양자 입자는 멈춰 있을 수가 없다!** 절대 영도로 냉각시키는 것과 같이 에너지를 아무리 많이 감소시키더라도 이것은 E_1보다 더 적은 에너지를 가질 수 없다.

에너지 E_1과 관련된 입자의 운동을 **영점 운동**(zero-point motion)이라 하고, 이것은 하이젠베르크(Heisenberg)의 불확정성 원리의 결과이다. 입자가 상자 내에 있기 때문에 위치의 불확정성은 $\Delta x = L$이다. 만일 그 입자가 상자 안에서 정지해 있다면 그것의 속도와 운동량은 정확하게 불확정성 없이 0이 됨을 쉽게 알 수 있다. 즉 $\Delta p_x = 0$이다. 그러나 그렇게 되면 $\Delta x \Delta p_x = 0$이 되어 하이젠베르크의 불확정성 원리에 위배된다. 불확정성 원리에 의한 결론 중 하나는 **갇혀 있는 입자는 멈춰 있을 수 없다**는 것이다.

비록 입자의 위치와 속도는 불확실하지만 각 상태에서 입자의 에너지는 높은 정밀도로 계산될 수 있다. 정확한 에너지와 불확실한 위치와 속도 사이의 구별이 이상하지만, 이것은 예전에 친숙했던 정상파이다. 적어도 정상 상태를 가지기 위해서는 드브로이 파가 정상파를 형성해야 한다. 매우 정확한 진동수에 대해서만, 따라서 매우 정확한 에너지에 대해서만 정상파 패턴이 나타날 수 있다.

예제 40.3 | **핵에너지**

양성자와 중성자는 한 원자의 핵 안에서 단단히 결합되어 있다. 만일 핵에 1차원 모형을 적용한다면 10 fm 지름의 핵 안에서 한 중성자의 처음 세 에너지 준위는 무엇인가?(1 fm $= 10^{-15}$ m)

핵심 핵을 길이 $L = 10$ fm인 1차원 상자로 모형화하라. 중성자는 그 상자 안에 갇혀 있다.

풀이 $L = 10$ fm, $m = m_n = 1.67 \times 10^{-27}$ kg에 대한 에너지 준위는 다음과 같다.

$$E_1 = \frac{h^2}{8mL^2} = 3.29 \times 10^{-13}\ \mathrm{J} = 2.06\ \mathrm{MeV}$$

$$E_2 = 4E_1 = 8.24\ \mathrm{MeV}$$

$$E_3 = 9E_1 = 18.54\ \mathrm{MeV}$$

검토 원자 크기의 공간 안에 갇힌 전자는 수 eV의 에너지를 가짐을 보았다. 핵 크기의 공간에 갇힌 중성자는 수 백만 eV의 에너지를 가진다.

예제 40.4 | 입자 위치 찾기 확률

길이 L인 견고한 상자 속에 있는 어떤 입자가 바닥 상태에 있다.

a. 그 입자가 가장 가능성 있게 발견될 장소는 어디인가?

b. 그 입자가 $x = 0.00L$, $0.25L$, $0.50L$에 있는 폭 $0.01L$ 내에서 발견될 확률은 얼마인가?

c. 그 입자가 $L/4$과 $3L/4$ 사이에서 발견될 확률은 얼마인가?

핵심 견고한 상자 속에 있는 입자에 대한 파동 함수는 결정되었다.

시각화 그림 40.10은 바닥 상태에서 확률 밀도 $P_1(x) = |\psi_1(x)|^2$을 보여준다.

그림 40.10 바닥 상태에 있는 어떤 입자의 확률 밀도

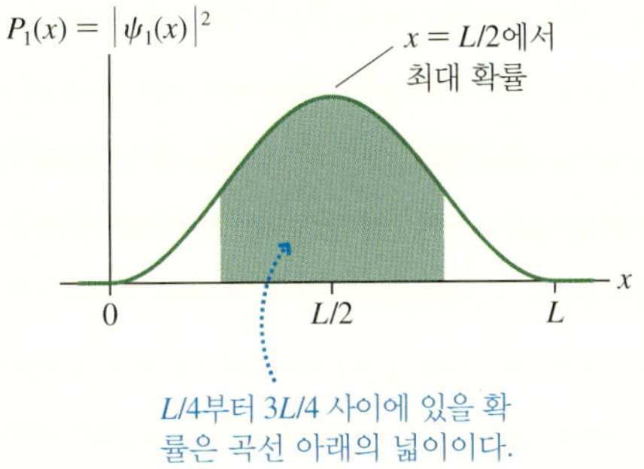

풀이 a. 그 입자는 확률 밀도 $P(x)$가 최대인 점에서 가장 발견될 가능성이 크다. 그림 40.10에서 보듯 $n = 1$인 경우 최대 확률 지점은 $x = L/2$이다.

b. 좁은 폭 δx에 대하여, 위치 x에 있는 폭 δx 안에서 그 입자가 발견될 확률은

$$\mathrm{Prob}(\text{in } \delta x \text{ at } x) = P_1(x)\,\delta x = |\psi_1(x)|^2\,\delta x = \frac{2}{L}\sin^2\!\left(\frac{\pi x}{L}\right)\delta x$$

이다. 폭 $\delta x = 0.01L$은 이것이 유효할 만큼 충분히 작다. 입자를 발견할 확률은

$$\mathrm{Prob}(\text{in } 0.01L \text{ at } x = 0.00L) = 0.000 = 0.0\%$$

$$\mathrm{Prob}(\text{in } 0.01L \text{ at } x = 0.25L) = 0.010 = 1.0\%$$

$$\mathrm{Prob}(\text{in } 0.01L \text{ at } x = 0.50L) = 0.020 = 2.0\%$$

이다.

c. 39장에서 어떤 폭 안에서 발견될 확률은 확률 밀도 곡선의 아래의 넓이라는 것을 알았다. 적분에 의해 계산을 하면

$$\mathrm{Prob}\left(\text{from } \frac{1}{4}L \text{ to } \frac{3}{4}L\right) = \int_{L/4}^{3L/4} P_1(x)\,dx$$

$$= \frac{2}{L}\int_{L/4}^{3L/4} \sin^2\!\left(\frac{\pi x}{L}\right)dx$$

$$= \left[\frac{x}{L} - \frac{1}{\pi}\sin\!\left(\frac{\pi x}{L}\right)\cos\!\left(\frac{\pi x}{L}\right)\right]_{L/4}^{3L/4}$$

$$= \frac{1}{2} + \frac{1}{\pi} = 0.818$$

이다. $\sin^2$의 적분은 부록 A에 있는 적분표에서 가져왔다.

검토 만일 어떤 상자 속에 있는 한 입자가 $n = 1$인 바닥 상태에 있다면 상자의 중앙 절반 안에서 그 입자를 찾을 확률은 81.8%이다. 확률이 50%보다 더 큰 이유는 그림 40.10에서 보았듯이 확률 밀도 $P_1(x)$가 상자의 경계 영역보다 중앙 근처에서 더 크기 때문이다.

지금까지 상자 속 입자 문제를 길게 이야기했다. 그러나 해법을 완전하게 살펴보았다는 것이 중요하다. 이제 앞으로의 예제들은 좀 더 빨리 지나갈 것이다. 왜냐하면 여기에서 논의될 많은 문제들이 반복될 필요가 없기 때문이다.

40.5 대응 원리

전자를 아주 작은 상자 속에 가둔 다음에 상자의 크기를 점점 키웠다고 가정하자. 양자역학적인 상황에서 출발했던 것이 상자의 크기가 거시적으로 커짐에 따라 궁극적으로 고전물리 상황처럼 보이게 되었다. 유사하게 서로에 대해 회전하는 두 대전된 입자들과 같은 어떤 고전적인 상황이 그 궤도가 점점 작아짐에 따라 양자적인 행동을 보여주기 시작해야 할 것이다.

이런 사례들이 제시하는 것은 양자역학적인 해가 어떤 식으로든지 고전역학적 해와 일치하는 어떤 중간의 크기와 중간의 에너지가 있을 수 있다는 것이다. 보어는 한 걸음 더 나아가서 어떤 양자계의 **평균적인** 행동은 양자수가 매우 커지면, 즉 $n \rightarrow \infty$가 되는 극한에서 고전적인 해처럼 보이기 시작한다는 발상을 하였다. 보어 수소 원자의 반지름이 $r = n^2 a_B$이기 때문에 그 원자는 n이 매우 커짐에 따라 거시적인 물체가 된다. 양자 세계는 큰 양자수에 대해 고전적인 세계 속으로 부드럽게 혼합되어야 한다는 보어의 발상은 오늘날 **대응 원리**(correspondence principle)로 알려졌다.

상자 속 입자에 대한 양자적인 지식은 그것의 확률 밀도

$$P_{\text{quant}}(x) = |\psi_n(x)|^2 = \frac{2}{L}\sin^2\left(\frac{n\pi x}{L}\right) \tag{40.29}$$

에 의해 주어진다. $n \rightarrow \infty$일 때 확률 밀도는 어떤 고전적인 물리량과 비교될 수 있는가?

흥미롭게도 고전적인 확률 밀도 $P_{\text{class}}(x)$ 역시 정의될 수 있다. 고전 입자는 잘 정의된 궤도를 따라가지만, 무작위 시간에 입자를 관찰한다고 가정해보자. 예를 들면 한 고전 입자를 가둔 상자에 관찰 유리창이 있다고 가정하자. 그 유리창은 보통 닫혀 있는데, 무작위 수 발생기에 의해 선택된 무작위 시간에 유리창이 짧은 δt시간 동안만 열리고 그때 입자의 위치가 측정된다. 유리창이 열릴 때 입자가 위치 x의 좁은 간격 δx 안에 있을 확률은 무엇인가?

한 고전 입자가 좁은 간격 δx 안에서 발견될 확률은 그 입자가 δx를 통과하면서 소모한 **시간의 비율**과 일치한다. 즉, 그 입자가 많은 시간을 보냈던 간격에서 발견될 가능성이 더 크고, 적은 시간을 보낸 간격에서 발견될 가능성은 작다.

두 반환점 사이를 주기 T로 앞뒤로 진동하는 한 고전 입자가 있다고 하자. 한 반환점에서 다른 반환점까지 이동하는 데 걸린 시간은 $T/2$이다. 그것이 반환점 사이를 이동함에 따라 위치 x에 있는 간격 δx를 시간 δt를 소모하면서 한 번 통과한다. 결론적으로 이 간격에서 그 입자가 발견될 확률은

$$\text{Prob}_{\text{class}}(\text{in } \delta x \text{ at } x) = \delta x\text{에서 보낸 시간의 비율} = \frac{\delta t}{\frac{1}{2}T} \tag{40.30}$$

이다. δx를 통과하는 데 필요한 시간은 $\delta t = \delta x / v(x)$이다. 여기서 $v(x)$는 위치 x에서 입자의 속도이다. 따라서 위치 x에 있는 간격 δx 안에서 입자가 발견될 확률은

$$\text{Prob}_{\text{class}}(\text{in } \delta x \text{ at } x) = \frac{\delta x / v(x)}{\frac{1}{2}T} = \frac{2}{Tv(x)}\delta x \tag{40.31}$$

이다.

39장에서 확률이 확률 밀도와 다음과 같은 관계가 있음을 알았다.

$$\text{Prob}_{\text{class}}(\text{in } \delta x \text{ at } x) = P_{\text{class}}(x)\,\delta x$$

따라서 위치 x에 있는 입자를 발견할 고전적인 확률 밀도는

$$P_{\text{class}}(x) = \frac{2}{Tv(x)} \tag{40.32}$$

이다. 여기서 속도 $v(x)$는 x의 함수로 표현되었다. **고전적으로 입자는 천천히 움직이는 곳에서 발견될 가능성이 크고, 빠르게 움직이는 곳에서 발견될 가능성은 작다.**

그림 40.11a는 길이 L인 견고한 상자 속에 있는 한 고전적인 입자의 운동 도형이다. 입자의 속력은 벽 사이를 좌우로 반동하면서 $v(x) = v_0$로 일정하다. 입자는 한 번 왕복하는 동안 $2L$의 거리를 이동한다. 따라서 주기는 $T = 2L/v_0$이다. 결론적으로 상자 속 입자의 고전 확률 밀도는

$$P_{\text{class}}(x) = \frac{2}{(2L/v_0)v_0} = \frac{1}{L} \tag{40.33}$$

이다. $P_{\text{class}}(x)$가 x에 무관하다는 것은 입자가 상자 안 어디든지 같은 확률로 발견된다는 것을 말해준다.

반면에 그림 40.11b는 불균일한 속력의 입자를 보여준다. 용수철에 매달린 어떤 질량이 반환점 근처에서 느려진다. 따라서 상자의 중앙에서보다 양 끝에서 더 많은 시간을 보낸다. 결론적으로 이런 입자에 대한 고전 확률 밀도는 양 끝에서 최대, 중앙에서 최소이다. 이런 고전 확률 밀도에 대해 나중에 다시 살펴볼 것이다.

그림 40.11 고전 확률 밀도는 운동 도형 안에서 점들의 밀도에 의해 식별된다.

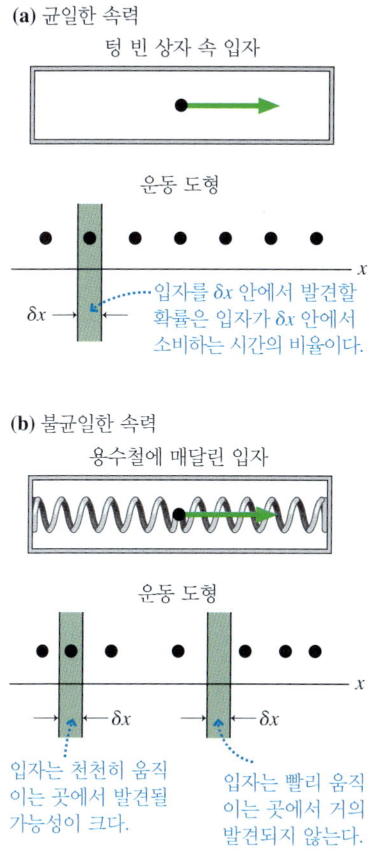

예제 40.5 입자 찾기의 고전 확률

어떤 고전 입자가 견고한 10 cm 길이의 상자 속에 있다. 무작위로 선택된 시간에 그 입자가 상자의 중앙에 있는 1.0 mm 폭의 간격 안에서 있을 확률은 얼마인가?

풀이 입자의 확률 밀도는

$$P_{\text{class}}(x) = \frac{1}{L} = \frac{1}{10 \text{ cm}} = 0.10 \text{ cm}^{-1}$$

이다. 입자가 폭 $\delta x = 1.0 \text{ mm} = 0.10 \text{ cm}$ 간격 안에서 있을 확률은 다음과 같다.

$$\begin{aligned}\text{Prob}(\text{in } \delta x \text{ at } x = 5 \text{ cm}) &= P(x)\delta x = (0.10 \text{ cm}^{-1})(0.10 \text{ cm}) \\ &= 0.010 = 1.0\%\end{aligned}$$

검토 1.0 mm가 10 cm 길이의 1%이기 때문에 고전 확률은 1.0%이다.

그림 40.12는 견고한 상자 속에 있는 한 입자의 $n = 1$과 $n = 20$ 양자 상태들의 양자 확률 밀도와 고전 확률 밀도를 보여준다. 다음의 사항에 유의하라.

- 양자 확률 밀도는 최소 0과 최대 $\frac{2}{L}$ 사이에서 진동한다. 따라서 이것은 고전 확률

그림 40.12 상자 속 입자에 대한 양자 확률 밀도와 고전 확률 밀도

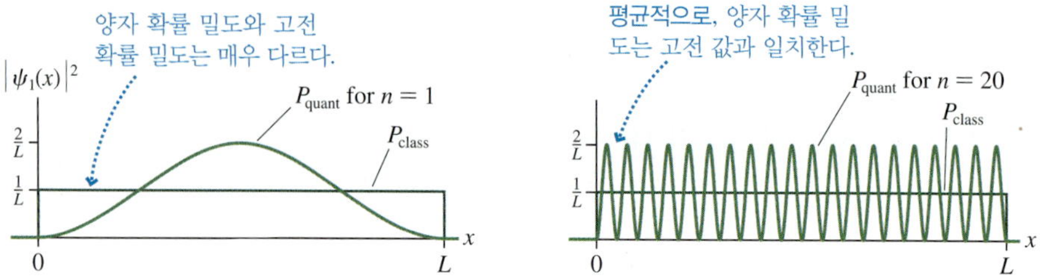

밀도 $1/L$ 주위를 진동한다.

- $n=1$에 대해 양자 확률 밀도와 고전 확률 밀도는 상당히 다르다. 양자계의 바닥 상태는 매우 비고전적이다.
- $n=20$에 대해 **평균적으로** 양자 입자의 행동은 고전 입자의 행동과 매우 유사하다.

δx가 파동 함수의 여러 진동들을 포함할 만큼 충분히 크다면 n이 점점 더 커지고 진동 횟수가 증가함에 따라 간격 δx에서 입자가 발견될 확률은 양자 입자와 고전 입자 모두에 대해 동일하다. 보어가 예측했듯이 양자역학적인 해는 $n \to \infty$의 극한에서 고전적인 해에 '대응'한다.

40.6 유한 퍼텐셜 우물

견고한 상자 속 한 입자의 퍼텐셜 에너지 도형인 그림 40.4는 **퍼텐셜 우물**(potential well)의 한 사례로, 퍼텐셜 에너지 '구멍'이 물을 긷는 우물과 닮아서 우물이라고 이름 붙여졌다. 견고한 상자는 무한 퍼텐셜 우물이었다. 안에 있는 입자는 무한히 높은 벽을 절대로 탈출할 수 없다.

갇힌 입자의 좀 더 실제적인 모형은 그림 40.13a에서 볼 수 있는 유한 퍼텐셜 우물이다. 총에너지가 $E < U_0$인 한 입자가 우물 안에 갇힌 채로 $x=0$과 $x=L$의 반환점들 사이에서 좌우로 반동하고 있다. $x<0$과 $x>L$인 영역은 에너지 $E<U_0$인 입자에 대해 **고전적으로 금지된 영역**(classically forbidden regions)이다. 그러나 만일 입자가

그림 40.13 폭 L, 깊이 U_0인 유한 퍼텐셜 우물

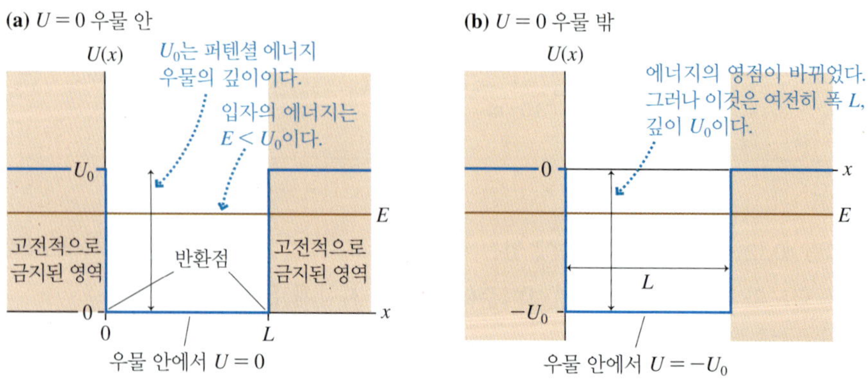

$E > U_0$인 에너지를 얻게 되면 입자는 우물에서 탈출할 것이다.

예를 들면, 금속이나 반도체 안에 갇힌 전자가 있다고 하자. 일함수보다 작은 에너지를 가진 전자는 끝에 도달하기 전까지 자유롭게 움직인다. 끝에서 전자는 반사되어 고체 안에 머물게 된다. 그러나 만일 전자가 무슨 이유든지(예를 들어 어떤 광자로부터 에너지를 흡수한다든지) 일함수보다 큰 에너지를 얻게 되면 그 전자는 탈출할 수 있다. 유사하게 중성자는 핵력에 의해 핵 안에 갇혀 있으나, 충분한 에너지를 가지게 되면 핵에서 탈출할 수 있다. 갇혀 있는 전자, 중성자, 그리고 많은 다른 입자들은 유한 퍼텐셜 우물 안의 입자의 모형이 될 수 있다. 따라서 이것은 양자역학에서 가장 중요한 모형 중 하나이다.

그림 40.13b는 똑같은 퍼텐셜 우물로써, 퍼텐셜 에너지의 영점(기억하겠지만 그것은 임의적이다)을 '에너지 고원'의 준위에 놓이도록 다시 그려진 것이다. 두 퍼텐셜 우물 모두 폭이 L이고 깊이가 U_0이기 때문에 우물의 바닥에 대하여 똑같은 파동 함수와 에너지 준위를 가진다. 어떤 것을 이용하든지 그것은 단지 편리성의 문제이다.

비록 유한 퍼텐셜 우물에 대하여 슈뢰딩거 방정식을 정확하게 푸는 것은 가능하지만 그 결과는 복잡하기만 하고 물리적으로 의미 있는 것도 아니다. 대신에 수치 계산 결과를 살펴보자. 파동 함수와 에너지 준위의 유도는 그 결과를 이해하고 해석하는 것만큼 중요하지는 않다.

첫 번째 사례로, 깊이 $U_0 = 1.0$ eV인 폭 2.0 nm의 퍼텐셜 우물 속의 전자를 고려해보자. 이것은 반도체 기기 안에 있는 전자에 대한 합리적인 조건이다. 그림 40.14a는 허용된 에너지와 파동 함수의 그래프를 이용한 표현이다. 비교 차원에서 그림 40.14b는 2.0 nm의 동일한 폭의 견고한 상자($U_0 \to \infty$)에 대한 처음 세 에너지 준위와 파동 함수를 보여준다.

유한 퍼텐셜 우물 속 입자에 대한 양자역학적 해는 다음의 몇 가지 중요한 성질

그림 40.14 유한 퍼텐셜 우물에 대한 에너지 준위와 파동 함수. 비교 차원에서 같은 폭의 견고한 상자에 대한 에너지 준위와 파동 함수

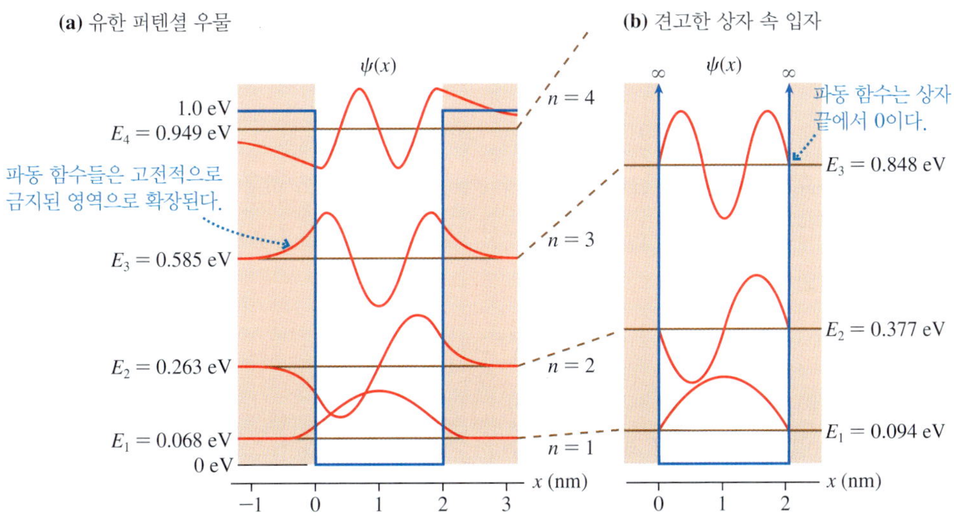

을 가진다.

- 입자의 에너지는 양자화되어 있다. 퍼텐셜 우물 속 입자는 반드시 양자수 $n = 1, 2, 3, \cdots$을 가진 정상 상태 중 하나여야 한다.
- **속박 상태**(bound states)의 수는 유한하다. 여기의 예에서는 4개이지만 다른 예에서는 다를 것이다. 이런 파동 함수들은 퍼텐셜 우물 안에 갇혀 있거나 속박된 전자들을 표현한다. 에너지가 $E > U_0$인 정상 상태는 없다. 그 이유는 그런 입자는 우물 속에 머물러 있지 않기 때문이다.
- 파동 함수들이 견고한 상자 속 입자의 파동 함수와 질적으로 유사하나 에너지는 다소 낮다. 이것은 파동 함수가 수평적으로 약간 더 퍼져 있기 때문이다. 약간 긴 드브로이 파장은 낮은 속도, 따라서 낮은 에너지에 대응한다.
- 아마도 가장 흥미로운 것은 그림 40.14a의 파동 함수들이 고전적으로 금지된 영역까지 확장된다는 것이다. 이것은 마치 테니스 공이 라켓으로부터 되튀기 전에 라켓의 줄을 끊지 않고 부분적으로 라켓의 줄을 **통과하는** 것과 같다.

예제 40.6 | 전자 스펙트럼의 흡수

깊이가 1.0 eV, 폭 2.0 nm인 퍼텐셜 에너지 우물 속에 전자들이 갇혀 있는 반도체 기기에 의해 흡수되는 빛의 파장은 얼마인가?

핵심 전자들이 그림 40.14a에서 보여주는 에너지와 파동 함수를 가진 유한 퍼텐셜 우물 속에 있다.

풀이 광자들은 그들의 에너지 $E_{\text{photon}} = hf$가 두 에너지 준위 사이의 에너지 차이 ΔE와 정확하게 일치하면 흡수될 수 있다. 대부분의 전자들이 $n = 1$인 바닥 상태에 있기 때문에 흡수 전이는 $1 \rightarrow 2$, $1 \rightarrow 3$, $1 \rightarrow 4$이다.

흡수 파장 $\lambda = c/f$는

$$\lambda_{n \rightarrow m} = \frac{hc}{\Delta E} = \frac{hc}{|E_n - E_m|}$$

이다. 여기의 사례에 대해, 다음과 같은 결과를 얻는다.

$$\Delta E_{1-2} = 0.195 \text{ eV} \qquad \lambda_{1 \rightarrow 2} = 6.37\ \mu\text{m}$$
$$\Delta E_{1-3} = 0.517 \text{ eV} \qquad \lambda_{1 \rightarrow 3} = 2.40\ \mu\text{m}$$
$$\Delta E_{1-4} = 0.881 \text{ eV} \qquad \lambda_{1 \rightarrow 4} = 1.41\ \mu\text{m}$$

검토 이런 전이는 모두 적외선 파장이다.

고전적으로 금지된 영역

입자 파동 함수의 고전적으로 금지된 영역으로의 확장은 고전물리와 양자물리 사이의 중요한 차이이다. 그림 40.13a의 $x \geq L$ 영역 안에서 파동 함수를 자세히 들여다보자. 고전적으로 금지된 영역 안에서 퍼텐셜 에너지는 U_0이다. 따라서 $x \geq L$에 대한 슈뢰딩거 방정식은

$$\frac{d^2\psi}{dx^2} = -\frac{2m}{\hbar^2}(E - U_0)\psi(x)$$

이다. 입자의 에너지 E가 U_0보다 작아서 입자가 갇혀 있다고 가정했기 때문에 $E - U_0$는 음수이다. 두 에너지의 순서를 바꿔서 다음과 같이 쓰는 것이 유익할 것이다.

$$\frac{d^2\psi}{dx^2} = \frac{2m}{\hbar^2}(U_0 - E)\psi(x) = \frac{1}{\eta^2}\psi(x) \tag{40.34}$$

여기서

$$\eta^2 = \frac{\hbar^2}{2m(U_0 - E)} \tag{40.35}$$

은 양의 상수이다. η의 단위가 미터임을 보이는 것은 과제로 남겨두겠다.

식 (40.34)의 슈뢰딩거 방정식은 추측에 의해 풀릴 수 있다. 단순하게 어떤 함수의 2계 미분이 양의 상수와 그 함수의 곱과 같게 되는 함수 2개를 생각하면 된다. 그러한 두 함수는, 쉽게 확인 가능하겠지만, $e^{x/\eta}$와 $e^{-x/\eta}$이다. 따라서 식 (40.8)에 따라서 $x \geq L$에 대한 슈뢰딩거 방정식의 일반해는

$$\psi(x) = Ae^{x/\eta} + Be^{-x/\eta} \qquad x \geq L \tag{40.36}$$

이다. 파동 함수가 갖추어야 할 조건 중 하나는 $x \to \infty$일 때 $\psi \to 0$이어야 한다는 것이다. 함수 $e^{x/\eta}$는 $x \to \infty$일 때 발산한다. 이 조건을 만족하는 유일한 방법은 $A = 0$이다. 따라서

$$\psi(x) = Be^{-x/\eta} \qquad x \geq L \tag{40.37}$$

이다. 이것은 지수적으로 감쇠하는 함수이다. 그림 40.14a에 있는 모든 파동 함수가 $x > L$ 영역에서 지수적으로 감쇠한다는 것에 주목하자.

파동 함수는 또한 반드시 연속적이어야 한다. 퍼텐셜 우물 내($x \leq L$)에서 진동하는 파동 함수는 그것이 $x = L$의 고전적인 경계에 다다르면 값 ψ_{edge}를 갖는다. 연속적이기 위해 식 (40.37)의 파동 함수는 $x = L$에서 이 값과 일치해야 한다. 즉,

$$\psi(\text{at } x = L) = Be^{-L/\eta} = \psi_{\text{edge}} \tag{40.38}$$

이다. $x = L$에서 이와 같은 경계 조건은 상수 B를 다음과 같이 결정하는 데에 충분하다.

$$B = \psi_{\text{edge}} e^{L/\eta} \tag{40.39}$$

식 (40.39)의 B에 대한 결과를 식 (40.37)에 대입되면, 유한 퍼텐셜 우물의 고전적으로 금지된 영역에서 파동 함수가 다음과 같이 구해진다.

$$\psi(x) = \psi_{\text{edge}} e^{-(x-L)/\eta} \qquad x \geq L \tag{40.40}$$

다른 말로 하면 **파동 함수는 $x = L$에 있는 고전적인 반환점에 도달하기 전까지 진동을 한다. 그런 다음에 그것은 고전적으로 금지된 영영 안에서 지수적으로 감쇠한다.** $x \leq 0$ 영역에서도 유사한 분석이 이루어질 수 있다.

그림 40.15는 고전적으로 금지된 영역에서 파동 함수를 보여준다. $x = L + \eta$에서 파동 함수가

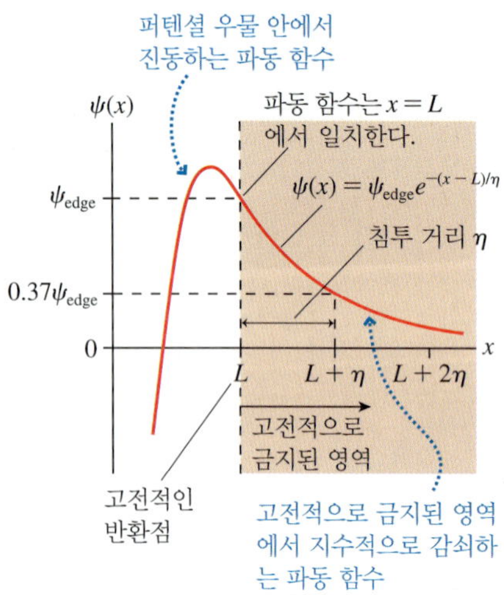

그림 40.15 고전적으로 금지된 영역에서 파동 함수

$$\psi(\text{at } x = L + \eta) = e^{-1}\psi_{edge} = 0.37\psi_{edge}$$

로 감소함을 볼 수 있다. 비록 지수적인 감쇠가 분명하게 끝나는 지점은 없지만 매개 변수 η는 파동 함수가 고전적인 반환점을 지나서 입자를 발견할 확률이 거의 0으로 감소하기 전까지 '얼마나 멀리' 확장될 수 있는지를 측정한다. 이 거리를 **침투 거리**(penetration distance)라 한다.

$$\text{침투 거리} \quad \eta = \frac{\hbar}{\sqrt{2m(U_0 - E)}} \tag{40.41}$$

고전 입자는 $x = L$인 반환점에서 방향이 반대로 바뀐다. 그러나 원자 입자들은 고전 입자들이 아니다. 파동·입자 이중성 때문에 원자 입자들은 잘 정의된 끝이 없이 윤곽이 '흐릿'하다. 따라서 원자 입자는 고전적으로 금지된 영역 안으로 약 η 정도의 거리를 침투할 수 있다.

침투 거리는 거시적인 질량에 대해서는 상상할 수 없을 정도로 작지만, 원자 입자들에 대해서는 상당할 수 있다. 침투 거리가 퍼텐셜 우물의 상단에서부터 아래 에너지 준위까지 거리인 $U_0 - E$의 크기와 역으로 관계된다는 것에 주목하자. 그림 40.14a에서 η는 $n = 1$인 상태보다 퍼텐셜 우물의 천장 근처인 $n = 4$ 상태에서 더 크다는 것을 볼 수 있다.

예제 40.7 | 전자의 침투 거리

전자가 깊이 1.00 eV, 폭 2.0 nm인 퍼텐셜 우물 안에 갇혀 있다. $n = 1$, $n = 4$ 상태인 전자의 고전적으로 금지된 영역 안으로 침투 거리는 얼마인가?

핵심 유한 퍼텐셜 우물 안에서 전자의 에너지와 파동 함수를 그림 40.14a에서 보여준다.

풀이 바닥 상태에서는 $U_0 - E_1 = 1.000\text{ eV} - 0.068\text{ eV} = 0.932\text{ eV}$이다. 유사하게 $n = 4$ 상태에서는 $U_0 - E_4 = 0.051\text{ eV}$이다. 식 (40.41)을 이용하여 다음을 계산한다.

$$\eta = \frac{\hbar}{\sqrt{2m(U_0 - E)}} = \begin{cases} 0.20\text{ nm} & n = 1 \\ 0.86\text{ nm} & n = 4 \end{cases}$$

검토 이런 값들은 그림 40.14a와 일치한다.

양자 우물 기기

VI부에서 금속의 원자가 전자들이 느슨하게 속박된 '전자의 바다'를 형성한다는 전기 전도성의 모형을 개발했다. 전자의 전형적인 속력은 다음의 rms 속력이다.

$$v_{rms} = \sqrt{\frac{3k_BT}{m}}$$

여기서 k_B는 볼츠만 상수이다. 따라서 상온에서 $v_{rms} \approx 1 \times 10^5$ m/s이고 전형적인 전도 전자의 드브로이 파장은

$$\lambda \approx \frac{h}{mv_{\text{rms}}} \approx 7 \text{ nm}$$

이다. 전자들이 속력의 범위를 가지기 때문에 파장의 대역도 있다. 그러나 이 파장이 전형적인 값이다.

이제는 물리적인 구조의 크기가 파장과 비교할만 하거나 파장보다 작을 때 파동 효과가 중요하다는 것을 여러 번 보았다. 전도 전자의 드브로이 파장이 수 nm이기 때문에 크기가 100 nm보다 큰 전자 기기에서 양자 효과는 중요하지 않다. 거시적인 기기에서 전자들은 고전 입자처럼 취급될 수 있다. 이것이 27장에서 전류를 분석했던 방식이다.

그러나 100 nm보다 작은 기기들은 양자 효과를 보인다. 광통신에 이용되는 반도체 레이저 같은 몇몇 반도체 기기들은 이제 수 nm 크기로 소자들을 짜 넣는다. 양자 효과는 이런 기기들에서 중요한 역할을 한다.

그림 40.16a는 전류가 왼쪽에서 오른쪽으로 흐르는 **반도체 다이오드 레이저**를 보여준다. 그 중앙에는 반도체인 GaAs의 얇은 층이 있다. 이것은 양쪽에 GaAlAs층들에 의해 둘러싸여 있다. 이것들은 다이오드의 큰 구조 안에 차례로 내장된다. 중앙의 GaAS층 안에 있는 전자들은 다이오드를 통과하는 전류가 **문턱 전류**를 초과할 때 레이저 빛을 방출한다. 레이저 생성 지역의 폭이 좁고 축이 넓기 때문에 이것이 '슬릿'처럼 작용하여 회절을 일으켜 GaAs 레이저빔은 발산한다.

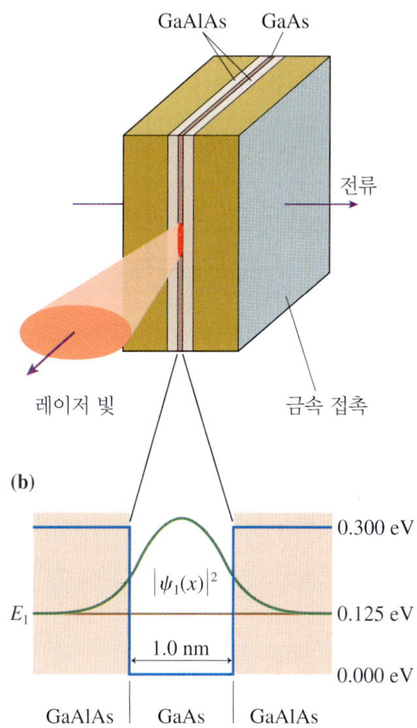

그림 40.16 단일 양자 우물을 가진 반도체 다이오드 레이저

고체물리나 재료공학 과정에서 전자의 전기 퍼텐셜 에너지는 GaAlAs에서보다 GaAs에서 약간 낮다는 것을 알 수 있다. 이것이 GaAs층을 양쪽에 높은 퍼텐셜 에너지의 GaAlAs '벽'을 가진 전자들에 대한 퍼텐셜 우물처럼 되게 한다. 그 결과 전자들은 얇은 GaAs층 안에 포획되기 시작한다. 이러한 기기를 **양자 우물 레이저**(quantum-well lase)라 한다.

한 가지 예를 들면, 그림 40.16b는 깊이 0.300 eV, 폭 1.0 nm의 GaAlAs층들에 의해 둘러싸인 GaAs층으로 구성된 양자 우물 기기를 보여준다. 슈뢰딩거 방정식에 대한 수치해는 이 퍼텐셜 우물이 에너지 $E_1 = 0.125$ eV인 $n = 1$인 단일 양자 상태를 가졌다는 것을 발견하였다. 이런 퍼텐셜 우물에 포획된 모든 전자는 똑같은 에너지를 가진다. 매우 비고전적인 결과이다! 덩어리 물질에서 전자 에너지가 어떤 범위를 갖는 것과는 대조적으로 전자 에너지가 그렇게 잘 정의된다는 사실 때문에 이 기기가 매우 유용하다. 또한 확률 밀도 $|\psi|^2$으로부터 전자들이 끝보다는 중앙에서 발견될 가능성이 크다는 것을 볼 수 있다. 이러한 전자들의 밀집이 그 기기가 레이저 기능을 발휘하기 쉽게 만든다.

핵물리

원자의 핵은 믿을 수 없을 만큼 빽빽하게 밀집된 양성자와 중성자의 조합으로 구성되어 있다. 양으로 대전된 양성자들은 서로에게 매우 강력한 전기적인 척력을 가한다.

따라서 어떻게 핵이 폭발하지 않는지 궁금할 것이다. 1930년대에 물리학자들은 양성자와 중성자 사이에 인력이 작용한다는 것을 발견하였다. 자연계의 기본 힘들 중 하나인 이 힘을 **강력**이라고 한다. 이것은 핵자들을 붙들어 매는 힘이다.

강력의 주요 특징은 그 힘의 세기 이외에 **단거리힘**이라는 것이다. 두 **핵자**(핵자는 양성자 또는 중성자이다. 강력은 그들 사이를 구별하지 않는다) 사이의 인력적인 강력은 만일 그들이 2 fm 이상 떨어진다면 급격하게 0으로 감소한다. 이것은 전기력의 장거리 특성과 명확하게 비교된다.

핵의 합리적인 모형은 양성자와 중성자를 강력에 의해 생성된 핵 퍼텐셜 우물 안의 입자들로 간주하는 것이다. 퍼텐셜 우물의 지름은 핵의 지름(원자 질량에 따라 다르다)과 일치하고, 핵물리 실험으로부터 퍼텐셜 우물의 깊이는 대략 50 MeV로 판명되었다.

그림 40.17 4개의 허용된 에너지 준위를 가진 핵 퍼텐셜 우물 안의 중성자

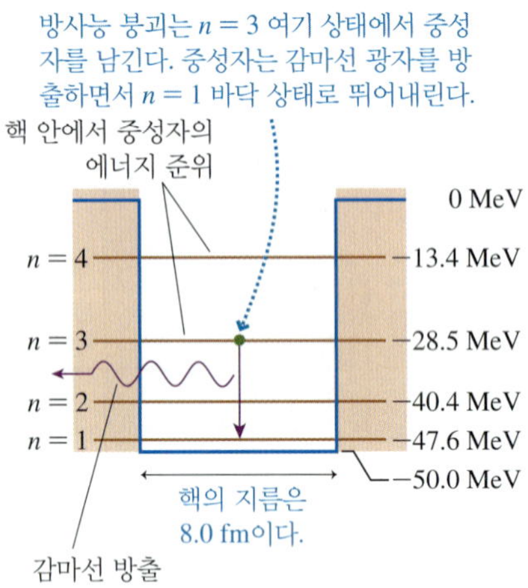

실제 퍼텐셜 우물은 3차원이지만 핵을 1차원 퍼텐셜 우물과 같이 단순한 모형으로 생각하자. **그림 40.17**은 핵의 중심을 지나가는 x축을 따라 중성자의 퍼텐셜 에너지를 보여준다. 핵의 밖에 있는 '자유' 중성자의 에너지가 $E = 0$이 되는 것으로 에너지의 영점을 잡은 것에 주목하자. 따라서 핵 안의 퍼텐셜 에너지는 −50 M eV이다. 나타낸 8.0 fm의 지름은 아르곤과 칼륨 같은 원자 질량수가 $A \approx 40$ 정도인 핵에 대해 적합하다. 더 가벼운 핵은 더 작을 것이고, 더 무거운 핵은 좀 더 클 것이다. (양성자에 대한 퍼텐셜 에너지 도형도 유사하지만 전기 퍼텐셜 에너지 때문에 약간 복잡하다.)

슈뢰딩거 방정식의 수치해로부터 그림 40.17에 보인 네 가지의 정상 상태를 발견하였다. 파동 함수는 생략되었으나 그림 40.14a인 파동 함수들과 본질적으로 똑같아 보인다. 요점은 허용된 에너지가 수 MeV만큼 다르다는 것이다! 이런 것들은 원자나 반도체 안에 있는 전자들의 에너지에 비하면 어마어마한 에너지이다. 그러나 어떤 견고한 상자 속 한 입자의 에너지 $E_n = n^2h^2/8mL^2$이 $1/L^2$에 비례한다는 것을 기억하자. 이전의 나노미터 크기 상자의 사례들에서는 에너지가 eV 범위였다. 상자의 크기가 펨토미터로 내려가면서 에너지는 MeV 범위로 크게 뛰었다.

어떤 방사성 원자의 핵붕괴가 중성자를 들뜬 상태로 남겨두는 것이 자주 발생한다. 예를 들면 그림 40.17은 이전의 방사능 붕괴에 의해 $n = 3$ 상태에 남겨진 어떤 중성자를 보여준다. 이 중성자는 이제 에너지

$$E_{\text{photon}} = E_3 - E_1 = 19.1\ \text{MeV}$$

와 파장

$$\lambda_{\text{photon}} = \frac{c}{f} = \frac{hc}{E_{\text{photon}}} = 6.50 \times 10^{-5}\ \text{nm}$$

인 광자 1개가 방출되면서 $n = 1$인 바닥 상태로 양자뜀을 할 수 있다. 이 광자는 가시광의 광자에 비해 $\approx 10^7$배 더 큰 에너지와 $\approx 10^7$배 더 작은 파장을 가진다! 이런 극단적인 고에너지 광자를 **감마선**(gamma rays)이라 한다. 실제로 감마선 방출은 방사

성 원소의 붕괴의 주요 과정 중 하나이다.

1차원 모형으로부터 어떤 특정한 핵의 에너지 준위와 감마선 에너지에 대해 정확한 결과를 얻을 것이라 기대하기는 어렵다. 그럼에도 불구하고 이런 모형은 핵 안에서 에너지 준위 구조의 합리적인 이해를 제공해주고, 핵이 수 MeV의 에너지를 가진 광자를 방출할 수 있다는 것을 정확하게 예측한다. 이 모형은 3차원으로 확장되었을 때 핵의 **껍질 모형**의 기본이 된다. 핵 껍질 모형에서는 화학에서 볼 수 있는 것 같은 원자 주위를 전자 껍질들이 둘러싸고 있는 것과 유사하게 양성자들과 중성자들이 다양한 껍질 안에 군집을 이루고 있다. 핵물리와 껍질 모형에 대해서는 42장에서 좀 더 배울 수 있을 것이다.

40.7 파동 함수 형태

속박 상태 파동 함수들은 드브로이의 정상파이다. 경계 조건들에 추가하여 2개의 다른 요소들이 파동 함수의 형태를 지배한다.

1. 드브로이 파장은 입자의 속력에 역으로 의존한다. 결론적으로 마디 간격은 운동 에너지가 커지는 곳에서 작아지고(짧은 파장), 운동 에너지가 작은 곳에서는 커진다(긴 파장).

2. 고전 입자는 천천히 움직이는 곳에서 발견될 가능성이 크다. 양자역학에서 입자 발견 확률은 파동 함수 진폭이 증가하면 증가한다. 결론적으로 파동 함수 진폭은 운동 에너지가 작아지는 곳에서 커지고, 운동 에너지가 커지는 곳에서는 작아진다.

이런 정보를 이용하여 임의의 퍼텐셜 우물 안에서 다른 허용된 에너지에 대한 파동 함수를 합리적이고 정확하게 유도할 수 있다.

풀이 전략 40.1

파동 함수 그리기

❶ 퍼텐셜 에너지 $U(x)$의 그래프를 그린다. 허용된 에너지 E를 수평선에 보인다. 고전적인 반환점을 찾는다.

❷ 파동 함수를 반환점 사이에서 연속적이고 진동하는 함수로 그린다. 양자 상태 n에 대한 파동 함수는(양 끝을 제외하고) n개의 배와 $(n-1)$개의 마디를 가진다.

❸ 운동 에너지가 작은 곳은 파장은 길게(긴 마디 간격), 진폭은 높게 만든다. 운동 에너지가 큰 영역은 파장은 짧게, 진폭은 낮게 만든다.

❹ 무한대로 높은 퍼텐셜 에너지 '벽'의 끝에는 파동 함수가 0으로 가게 한다.

❺ 고전적으로 금지된 $E < U$인 영역 안에서 파동 함수가 지수적으로 감쇠하게 한다. 침투 거리 η는 에너지 E가 퍼텐셜 에너지 우물의 천장에 가까워지면 증가한다.

예제 40.8 **파동 함수 그리기**

그림 40.18은 $n = 1$과 $n = 4$인 양자 상태에 대하여 퍼텐셜 에너지 우물과 허용된 에너지를 보여준다. $n = 1$과 $n = 4$인 파동 함수를 그리시오.

그림 40.18 퍼텐셜 에너지 우물

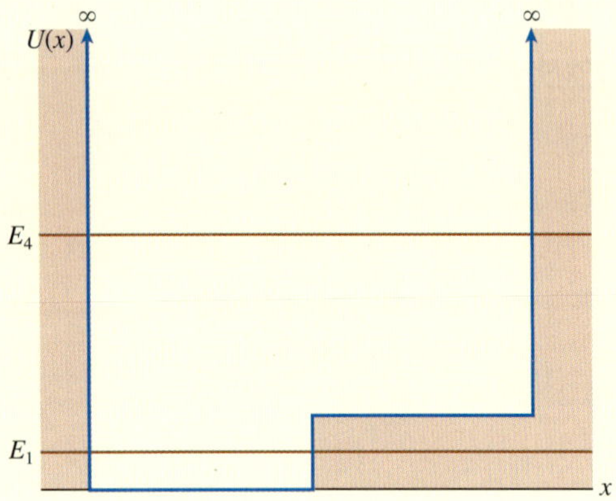

시각화 풀이 전략 40.1의 단계들을 따라하면 그림 40.19와 같은 파동 함수가 그려진다.

그림 40.19 $n = 1$과 $n = 4$인 파동 함수

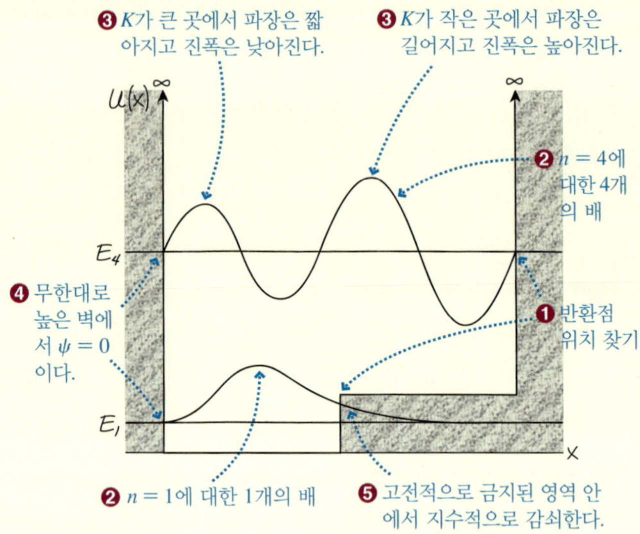

40.8 양자 조화 진동자

단순 조화 운동은 고전물리에서 더 복잡한 진동들에 대한 표준 역할을 하기 때문에 예외적으로 중요하다. 예측했던 것처럼 미시적 진동자인 **양자 조화 진동자**(quantum harmonic oscillator)는 원자 수준에서 진동들의 모형으로 똑같이 중요하다.

단순 조화 운동의 뚜렷한 특성은 선형 복원력 $F = -kx$이다. 여기서 k는 용수철 상수이다. 10장에서 배운 것처럼 대응하는 퍼텐셜 에너지 함수는

$$U(x) = \frac{1}{2}kx^2 \tag{40.42}$$

이다. 여기서 평형 위치는 $x_e = 0$이라고 가정한다. 그림 40.20은 임의의 조화 진동자의 퍼텐셜 에너지 그래프이다. 이것은 곡면 측면을 가진 퍼텐셜 에너지 우물이다.

그림 40.20 어떤 조화 진동자의 퍼텐셜 에너지

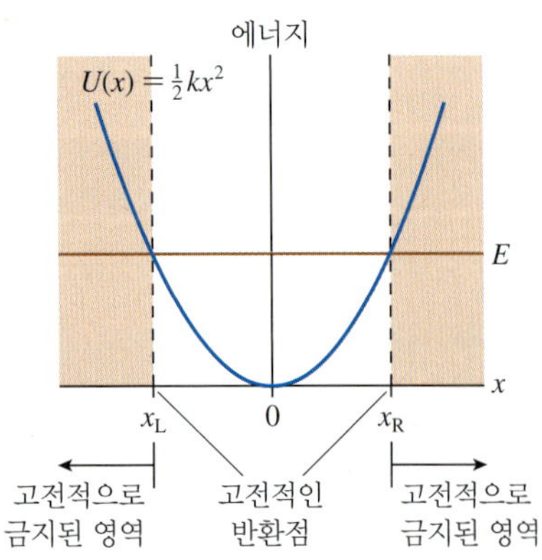

질량 m인 고전 입자는

$$\omega = \sqrt{\frac{k}{m}} \tag{40.43}$$

의 각진동수로 에너지 선이 포물선 퍼텐셜 에너지 곡선과 교차하는 두 반환점 사이에서 진동한다. 이미 학습한 바와 같이 이런 고전적인 묘사는 만일 m이 전자와 원자 같이 원자 수준의 입자이면 틀리게 된다. 이 경우에는 파동 함수를 구하기 위하여 슈뢰딩거 방정식을 풀어야 한다.

양자 조화 진동자에 대한 슈뢰딩거 방정식은

$$\frac{d^2\psi}{dx^2} = -\frac{2m}{\hbar^2}\left(E - \tfrac{1}{2}kx^2\right)\psi(x) \tag{40.44}$$

이다. 여기서 $U(x) = \frac{1}{2}kx^2$이 이용되었다. 처음 세 상태에 대한 파동 함수를 유도하지 않고 다음과 같이 유추해보자.

$$\begin{aligned} \psi_1(x) &= A_1 e^{-x^2/2b^2} \\ \psi_2(x) &= A_2 \frac{x}{b} e^{-x^2/2b^2} \\ \psi_3(x) &= A_3\left(1 - \frac{2x^2}{b^2}\right)e^{-x^2/2b^2} \end{aligned} \tag{40.45}$$

여기서

$$b = \sqrt{\frac{\hbar}{m\omega}} \tag{40.46}$$

이다.

상수 b는 길이의 단위를 가진다. b가 $n=1$인 바닥 상태에서 진동자의 고전적인 반환점이라는 것을 입증하는 것은 과제로 남겨두겠다. 상수 A_1, A_2, A_3는 규격화 상수들이다. 예를 들면, A_1은 다음 조건에 의해 결정된다.

$$\int_{-\infty}^{\infty} |\psi_1(x)|^2 dx = A_1^2 \int_{-\infty}^{\infty} e^{-x^2/b^2} dx = 1 \tag{40.47}$$

이 계산의 완성 또한 과제로 남겨두겠다.

예상했듯이 양자 조화 진동자의 정상 상태들은 오직 진동자의 양자 상태들이라고 하는 특정한 불연속 에너지 준위들에 대해서만 존재한다. 허용된 에너지들은 다음의 단순한 식에 의해 주어진다.

$$E_n = \left(n - \tfrac{1}{2}\right)\hbar\omega \qquad n = 1, 2, 3, \cdots \tag{40.48}$$

여기서 ω는 식 (40.43)의 고전 각진동수이고, n은 양자수이다.

그림 40.21은 임의의 양자 조화 진동자의 처음 세 에너지 준위와 파동 함수를 보여준다. 에너지 준위가 $\Delta E = \hbar\omega$로 균등하게 간격이 떨어져 있다는 것을 주목하라. 이런 결과는 에너지 준위들이 점진적으로 더 멀리 떨어져 있는 상자 속 입자와는 다르다. 또한 파동 함수들은 유한 퍼텐셜 우물에서처럼 반환점 너머의 고전적으로 금지된 영역 안으로 확장된다.

그림 40.22는 양자 조화 진동자의 $n = 11$ 상태에 대한 확률 밀도 $|\psi(x)|^2$을 보여준다. 입자가 $x = 0$인 평형 위치로부터 멀어짐에 따라 마디 간격과 진폭이 어떻게 증가하는지에 주목하라. 이것은 풀이 전략 40.1의 ❸과 일치한다. 입자는 원점에서 멀어지면서 느려져서 드브로이 파장과 입자 발견 확률을 증가시킨다.

40.5절에서 고전 확률 밀도 $P_{\text{class}}(x)$가 소개되었고, 고전 입자는 가장 느리게 움직

▶ **그림 40.21** 양자 조화 진동자의 처음 세 에너지 준위와 파동 함수

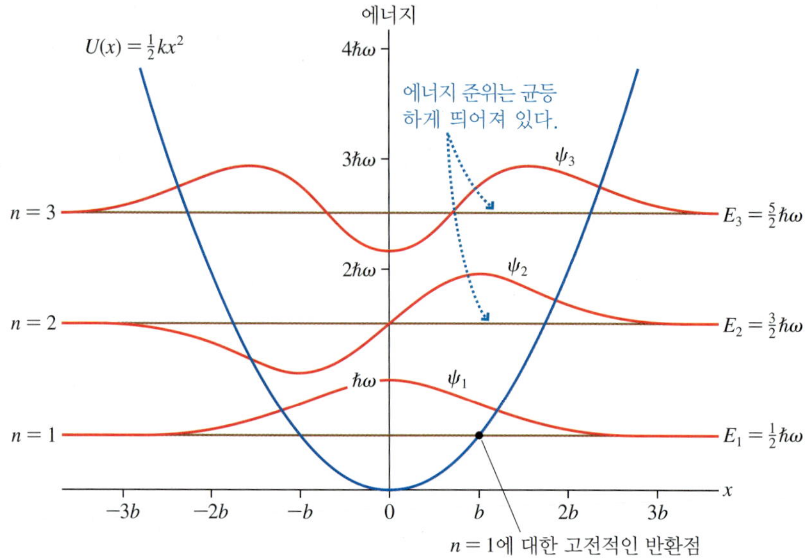

그림 40.22 양자 조화 진동자의 $n = 11$ 상태에 대한 양자 확률 밀도 및 고전 확률 밀도

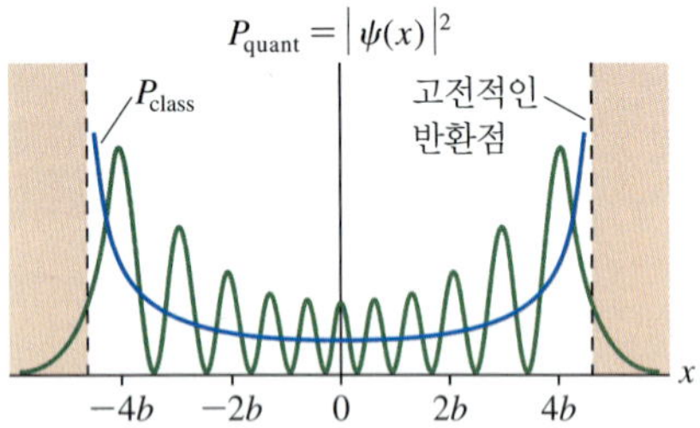

이는 곳에서 입자가 발견될 확률이 가장 크다고 했다. 그림 40.22는 $n = 11$인 양자 상태와 같은 총에너지를 가진 고전 입자에 대한 $P_{class}(x)$를 보여준다. 양자 확률 밀도 $|\psi(x)|^2$은 평균적으로 고전 확률 밀도를 흉내내고 있음을 볼 수 있다. 이것은 대응 원리가 이끄는 예측의 결과이기도 하다.

예제 40.9 진동하는 전자에 의한 빛의 방출

조화 진동자 퍼텐셜 우물 안에 있는 전자가 어떤 준위에서 그 다음 낮은 준위로 뛰어 내려가면서 600 nm 파장의 빛을 방출하였다. 복원력의 '용수철 상수'는 얼마인가?

핵심 전자는 양자 조화 진동자이다.

풀이 전자가 양자뜀 $n \rightarrow n-1$을 할 때 1개의 광자가 방출된다. 에너지 준위에 대한 식 (40.48)을 이용하여 전자의 에너지 손실을 구할 수 있다.

$$\Delta E = E_n - E_{n-1} = \left(n - \tfrac{1}{2}\right)\hbar\omega_e - \left(n - 1 - \tfrac{1}{2}\right)\hbar\omega_e = \hbar\omega_e$$

모든 전이에 대하여 $\Delta E = \hbar\omega_e$는 n에 대해 독립적이다. 그 이유는 양자 조화 진동자의 에너지 준위가 등간격이기 때문이다. 전자의 조화 진동과 빛의 파동의 진동을 구별할 필요가 있기 때문에 각진동수 ω_e에 아래 첨자 e를 붙인 것이다.

방출된 광자는 에너지 $E_{photon} = hf_{ph} = \Delta E$를 가진다. 따라서

$$\hbar\omega_e = \frac{h}{2\pi}\omega_e = hf_{ph} = \frac{hc}{\lambda}$$

이다. 빛의 파장이 $\lambda = 600$ nm이므로 진동하는 전자의 고전 각진동수는

$$\omega_e = 2\pi\frac{c}{\lambda} = 3.14 \times 10^{15} \text{ rad/s}$$

이다. 전자의 각진동수는 복원력의 용수철 상수와

$$\omega_e = \sqrt{\frac{k}{m}}$$

에 의해 연결된다. 따라서 $k = m\omega_e^2 = 9.0$ N/m이다.

분자 진동

원자들이 용수철 같은 분자 결합으로 함께 붙어 있다는 발상은 자주 이용된다. 결합이 고전 용수철처럼 모형화될 수 있다고 가정한다. 고전 모형은 몇 가지 목적에 대해

서는 수용 가능하다. 그러나 분자 진동의 몇 가지 중요한 특성을 설명하지는 못한다. 양자 조화 진동자가 분자 결합의 더 좋은 모형이라는 것은 놀랍지 않다.

그림 40.23은 분자 결합에 의해 연결된 두 원자들의 에너지를 보여준다. 근처의 원자들은 대전된 막대가 작은 종잇조각을 집듯이 분극에 의한 힘을 통하여 서로를 끌어당긴다. 만일 원자들이 너무 가까워지면 전자들 사이의 **반발력**에 의해 서로 떨어지게 된다. 인력과 반발력이 균형을 이루는 평형에서 분리 거리는 r_0이다. 두 고전 원자들은 이 거리에서 정지해 있다. 그러나 양자 입자들은 가장 낮은 에너지 상태에서도 $E>0$을 가진다. 결론적으로 분자는 두 원자들이 결합을 따라 좌우로 이동함에 따라 **진동한다**.

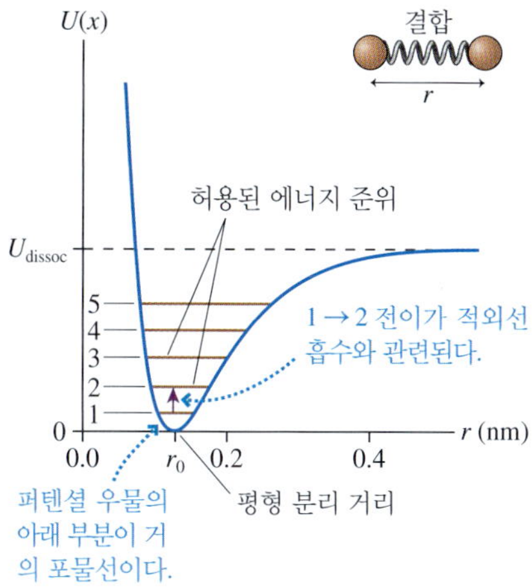

그림 40.23 분자 결합의 퍼텐셜 에너지와 몇 가지 허용된 에너지

U_{dissoc}는 분자가 **분리되어** 두 원자들이 떨어져 나갈 때의 에너지이다. 분리는 고온이나 분자가 고에너지의 (자외선) 광자를 흡수한 뒤에 일어날 수 있다. 그러나 분자의 에너지가 $E \ll U_{dissoc}$인 전형적인 조건에서는 일어나지 않는다. 다른 말로 하면 분자는 퍼텐셜 우물의 바닥 근처의 에너지 준위 안에 있다.

퍼텐셜 우물의 아래 부분이 거의 포물선 같음을 볼 수 있다. 따라서 분자 결합은 양자 조화 진동자로 모형화될 수 있다. 분자 진동과 관계된 에너지는 양자화되어 있고 오직 다음의 특정값만을 가질 수 있다.

$$E_{vib} \approx \left(n-\tfrac{1}{2}\right)\hbar\omega \qquad n=1, 2, 3, \cdots \tag{40.49}$$

여기서 ω는 만일 결합이 고전 용수철 같다면 원자들이 진동하게 될 각진동수이다. 분자 퍼텐셜 에너지 곡선은 부호 ≈에서 보듯 정확하게 조화 진동자의 퍼텐셜 에너지 곡선은 아니다. 그러나 작은 값의 양자수 n에 대해서는 아주 잘 맞은 모형이다. 식 (40.49)에 의해 계산된 에너지 준위들은 분자의 **진동 에너지 준위**(vibrational energy levels)라고 한다. 처음 몇 개의 에너지 준위가 그림 40.23에 그려져 있다.

실온에서 대부분의 분자들은 $n=1$인 진동 바닥 상태에 있다. 그들의 진동 운동은 진동수가 $f=\Delta E/h$인 광자들의 흡수에 의해 들뜨게 될 수 있다. 이 진동수는 보통 스펙트럼의 적외선 영역 안에 있다. 이런 **진동 전이**는 각 분자가 독특하고도 구별되는 적외선 흡수 스펙트럼을 갖게 해준다.

한 가지 예를 들면, 그림 40.24는 아세톤의 적외선 흡수 스펙트럼을 보여준다. 수직축은 샘플을 통째로 빠져나가는 빛의 세기의 비율이다. 샘플은 본질적으로 대부분의 파장에서 투명(투과율 ≈ 100%)하다. 그러나 2개의 현저한 흡수 특성이 있다. 투과율이 파장 $\lambda=3.3\ \mu m$에서 약 75%, 파장 $\lambda=5.8\ \mu m$에서는 7%에 불과하다. $\lambda=3.3\ \mu m$ 흡수는 $C-CH_3$ 탄소–메틸 결합의 진동에서 $n=1$에서 $n=2$로의 전이에 의한 것이다. $\lambda=5.8\ \mu m$ 흡수는 진동하는 $C=O$ 탄소–산소 이중 결합의 $1 \rightarrow 2$ 전이이다.

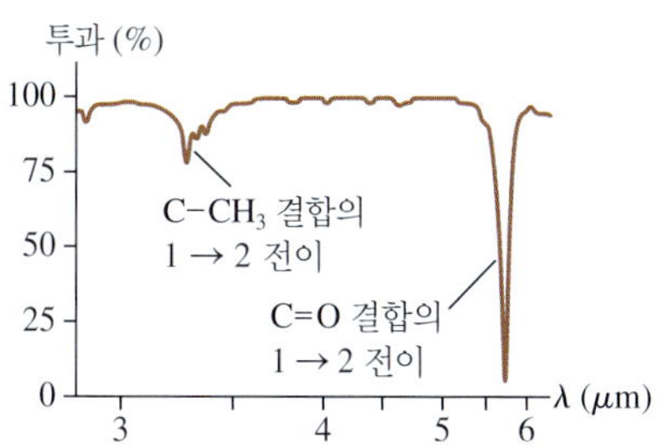

그림 40.24 아세톤의 흡수 스펙트럼

흡수 스펙트럼은 수천 개의 분자들에 대해 알려져 있고, 화학자들은 샘플에서 화학 요소들을 식별하는 데 일상적으로 흡수 스펙트럼을 이용한다. 특정한 결합은 내재된 분자 크기와 무관하게 똑같은 흡수 파장을 가진다. 따라서 흡수 파장의 존재는 어떤 분자 안에 그 결합이 있다는 '표식'인 것이다.

40.9 추가적인 양자 모형

이 절에서 2개의 양자역학적 모형을 더 살펴보자.

축전기 속의 입자

많은 반도체 기기가 겨우 수 나노미터 두께의 층 안에 전자들을 가두도록 설계되었다. 만일 그 층을 가로질러서 퍼텐셜차가 가해지면 전자들은 마치 그들이 미시적인 축전기 안에 포획되어 있는 것처럼 행동한다.

그림 40.25 축전기 속의 전자

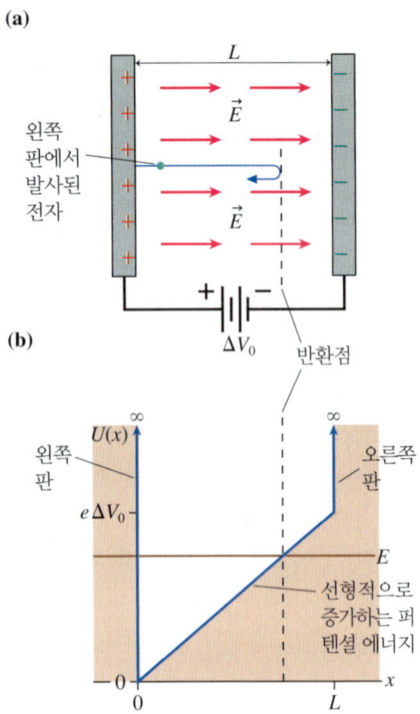

그림 40.25a는 거리 L만큼 떨어진 두 축전기 판을 보여준다. 왼쪽 판은 양으로 대전되어서 전기장이 크기 $E=\ \Delta V_0/L$로 오른쪽으로 향하고 있다. 음의 극성으로 인하여 왼쪽 판에서 발사된 전자가 방해하는 힘에 의해 감속된다. 전자가 만일 충분한 운동에너지를 가지고 출발했다면 오른쪽 판으로 건너갔을 것이다. 그렇지 않다면 그것은 반환점에 도달해서 양극 판(왼쪽 판)으로 되돌아올 것이다.

이러한 고전적인 분석은 거시적인 축전기의 유용한 모형이다. 그러나 만일 L이 전자의 드브로이 파장과 비교될 수 있을 정도로 충분히 작다면 그때는 전자의 파동적인 성질을 무시할 수 없다. 양자역학적 모형이 필요하다.

왼쪽 판이 $x=0$, 오른쪽 판이 $x=L$인 좌표계를 구축하자. 양으로 대전된 판에서 전기 퍼텐셜이 0이라고 정의하자. 퍼텐셜은 전기장 방향에서 감소한다. 따라서 축전기 안에서 퍼텐셜은(25.5절 참조)

$$V(x) = -Ex = -\frac{\Delta V_0}{L}x$$

이다. 전하량 $q=-e$인 전자는 퍼텐셜 에너지가

$$U(x) = qV(x) = +\frac{e\,\Delta V_0}{L}x \qquad 0 < x < L \tag{40.50}$$

이다. 이 퍼텐셜 에너지는 $0<x<L$에서 선형적으로 증가한다. 만일 축전기 판이 견고한 상자의 벽과 같이 작용한다고 가정하면 그때는 $x=0$과 $x=L$에서 $U(x)\to\infty$이다.

그림 40.25b는 전자의 퍼텐셜 에너지 함수를 보여준다. 이것은 전기장으로 인하여 경사진 '바닥'을 가진 견고한 상자 퍼텐셜 속의 입자이다. 그 그림은 또한 축전기에서 전자의 총에너지 선 E를 보여준다. 그 에너지는 $K=E$인 $x=0$에서 순수하게 운동적이지만 전자가 오른쪽으로 이동하면서 퍼텐셜 에너지로 전환된다. 오른쪽 반환점은 에너지 선 E가 퍼텐셜 에너지 곡선 $U(x)$와 교차하는 지점에 생긴다. 만일 전자가 고전 입자이면 이 점에서 반드시 되돌아와야 한다.

전자가 축전기 밖에 있다는 것은 물리적으로 불가능하다. 따라서 파동 함수는 $x<0$과 $x>L$에서 0이어야 한다. 파동 함수 ψ의 연속성에 의해 견고한 상자 속 입자와 같이 $x=0$과 $x=L$에서 $\psi=0$이다. 축전기 안에서 파동 함수는 너무 복잡하여 추측에 의해서 구할 수 없다. 따라서 슈뢰딩거 방정식을 수치적으로 풀고 그 결과를 그래프로 제시하였다.

그림 40.26은 0.80 V의 퍼텐셜차가 걸린 5.0 nm 두께 층 안에 갇힌 전자의 처음 다섯 양자 상태에 대한 파동 함수와 확률 밀도를 보여준다. 각각의 허용된 에너지는 오른쪽에 수치가 표시된 수평선으로 표현되었다. 그 범위는 $E_1 = 0.23$ eV로부터 $E_5 = 0.81$ eV까지이다. 전자는 반드시 그림에서 보인 허용된 에너지 중 하나를 가져야 한다. 전자가 이 축전기에서 $E = 0.30$ eV를 가질 수 없다. 그 이유는 이 에너지를 가진 어떠한 드브로이 파도 요구되는 경계 조건과 맞지 않기 때문이다.

그림 40.26 0.80 V 퍼텐셜차를 가진 5.0 nm 폭의 축전기 안 전자의 에너지 준위, 파동 함수, 확률 밀도

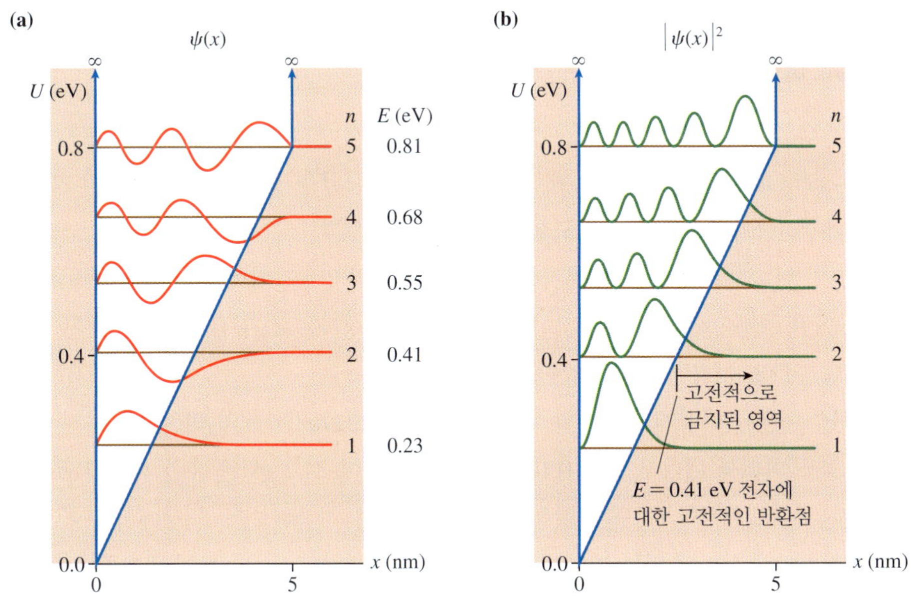

슈뢰딩거 방정식 해에 대해 몇 가지를 관찰할 수 있다.

1. 에너지 E_n은 n이 증가함에 따라 최소한 $n = 5$까지는 간격이 좁아지게 된다. 이것은 E_n이 좀 더 넓게 간격을 형성하는 상자 속 입자들과 비교된다.
2. 파동 함수의 마디 사이 간격은 일정하지 않으나 오른쪽 방향으로 증가한다. 이것은 축전기 오른쪽에 있는 전자가 운동 에너지가 감소하고 따라서 속력이 줄고 드브로이 파장이 길어지기 때문이다.
3. 확률 밀도 $|\psi|^2$의 높이는 오른쪽 방향으로 증가한다. 즉, 전자가 축전기의 왼쪽보다 오른쪽에서 발견될 가능성이 더 크다. 그러나 이것은 또한 전자가 오른쪽에 있을 때 더 느리게 이동하고 따라서 왼쪽에서보다 더 많은 시간을 보낸다면 고전적으로도 말이 된다.
4. 전자는 고전적인 반환점을 넘어서 고전적으로 금지된 영역으로 침투한다.

예제 40.10 | 축전기에서 전자의 방출 스펙트럼

그림 40.26의 $n=4$에서 전자들에 의해 방출되는 광자들의 파장은 얼마인가?

풀이 광자 방출은 전자들이 $4\rightarrow3$, $4\rightarrow2$, $4\rightarrow1$ 양자뜀을 할 때 일어난다. 각각의 경우에서 광자 진동수는 $f=\Delta E/h$이고 파장은

$$\lambda=\frac{c}{f}=\frac{hc}{\Delta E}$$

이다. 그림 40.26a로부터 읽을 수 있는 양자뜀의 에너지는 $\Delta E_{4\rightarrow3}=0.13$ eV, $\Delta E_{4\rightarrow2}=0.27$ eV, $\Delta E_{4\rightarrow1}=0.45$ eV이다. 따라서

$$\lambda_{4\rightarrow3}=9500\ \text{nm}=9.5\ \mu\text{m}$$
$$\lambda_{4\rightarrow2}=4600\ \text{nm}=4.6\ \mu\text{m}$$
$$\lambda_{4\rightarrow1}=2800\ \text{nm}=2.8\ \mu\text{m}$$

이다.

검토 이 기기에서 $n=4$ 전자들은 3개의 구별되는 적외선 파장을 방출한다.

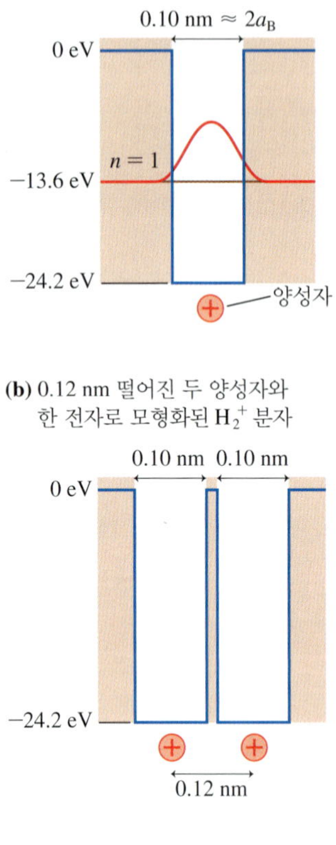

그림 40.27 분자는 각각의 원자를 대표하는 2개의 가깝게 간격 지어져 있는 퍼텐셜 우물에 의해 모형화될 수 있다.

공유 결합

H_2와 O_2 같은 분자처럼 전자들이 두 원자 사이에서 공유되는 결합인 **공유 분자 결합**(covalent molecular bond)에 대해 화학에서 들어보았을 것이다. 공유 결합의 기본적인 개념은 1차원 양자역학적 모형에서 이해될 수 있다.

가장 단순한 모형인 수소 분자 이온 H_2^+는 2개의 양성자와 1개의 전자로 구성되었다. 이런 계가 안정적이라는 것이 놀랍지만 두 양성자는 전자 1개를 가진 분자 결합을 형성한다. 이것이 가장 단순한 공유 결합이다.

H_2^+ 이온을 어떻게 모형화할 수 있을까? 그림 40.27a가 $1/r$의 의존성을 가진 전자의 쿨롱 퍼텐셜 에너지가 폭 0.10 nm($\approx 2a_B$), 깊이 24.2 eV인 유한 퍼텐셜 우물로 근사된 수소 원자의 1차원 모형을 보여주는 것으로 시작해보자. 38장에서 보어 수소 원자의 바닥 상태에 있는 전자가 양성자 주위의 반지름 $r_1=a_B$(보어 반지름), 에너지 $E_1=-13.6$ eV인 궤도를 돈다는 것을 배웠다. 슈뢰딩거 방정식의 수치해는 이런 유한 퍼텐셜 우물의 바닥 상태 에너지가 $E_1=-13.6$ eV임을 발견하였다. 이런 수소 원자의 모형은 지나치게 단순화된 것이나 크기와 바닥 상태 에너지는 정확하다.

이런 두 퍼텐셜 우물을 가깝게 가져다 놓아서 H_2^+를 모형화할 수 있다. H_2^+의 분자 결합 길이는 약 0.12 nm로 알려져 있다. 따라서 그림 40.27b는 중앙 사이가 0.12 nm인 퍼텐셜 우물들을 보여준다. 이것이 H_2^+ 모형이지 완전한 H_2 분자 모형은 아니다. 왜냐하면 이것은 단일 전자의 퍼텐셜 에너지이기 때문이다. (H_2를 모형화하는 것은 더 복잡하다. 왜냐하면 두 전자들 사이의 반발을 고려할 필요가 있기 때문이다.)

그림 40.28은 이런 퍼텐셜 에너지를 가진 전자의 허용된 에너지, 파동 함수, 확률 밀도를 보여준다. $n=1$인 파동 함수는 두 양성자 사이의 고전적으로 금지된 영역 안에서 발견될 확률이 매우 크다. 다시 말하면, 이런 양자 상태에서 전자는 양성자 사이에서 '공유되고' 둘 사이에서 대부분의 시간을 보낸다.

반면에 $n=2$ 에너지 준위에서 전자는 $n=2$ 파동 함수가 중앙에 마디를 가지기 때문에 두 양성자 사이에서 발견될 확률은 0이다. 확률 밀도는 $n=2$ 전자가 공유되기

그림 40.28 H_2^+ 내 전자의 파동 함수와 확률 밀도

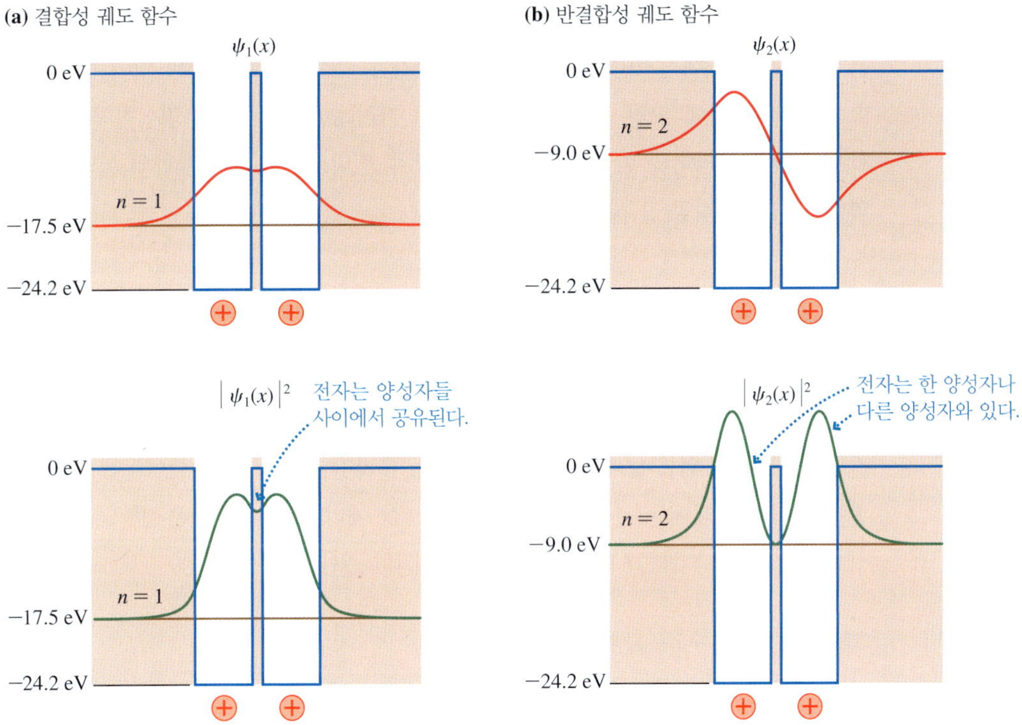

보다는 어느 한 양성자에 의해 '소유되어' 있음을 보여준다.

이런 파동 함수들의 결말을 알아내기 위해 분자의 총에너지를 계산할 필요가 있다($E_{mol} = E_{p-p} + E_{elec}$). 그림 40.28에 보이는 $n = 1$과 $n = 2$ 에너지는 전자의 에너지 E_{elec}이다. 동시에 양성자들은 서로 반발하여 전기 퍼텐셜 에너지 E_{p-p}를 가진다. 0.12 nm 떨어진 두 양성자에 대하여 어렵지 않게 $E_{p-p} = 12.0$ eV인 것을 계산할 수 있다. 따라서 다음과 같다.

$$E_{mol} = E_{p\text{-}p} + E_{elec} = \begin{cases} 12.0\ \text{eV} - 17.5\ \text{eV} = -5.5\ \text{eV} & n = 1 \\ 12.0\ \text{eV} - \ \ 9.0\ \text{eV} = +3.0\ \text{eV} & n = 2 \end{cases}$$

$n = 1$ 분자 상태는 에너지가 0보다 작아서 이것이 속박 상태라는 것을 보여준다. $n = 1$의 파동 함수를 **결합성 분자 궤도 함수**(bonding molecular orbital)라 한다. 비록 양성자들이 서로 반발하지만 계가 함께 붙어 있을 수 있도록 하는 공유 전자의 '결합성'은 충분하다. $n = 2$ 분자 에너지는 양의 값이다. 따라서 이것은 속박 상태가 아니다. 계는 1개의 수소 원자와 1개의 멀리 떨어져 있는 양성자로 있을 때 더 안정적일 것이다. $n = 2$ 파동 함수는 **반결합성 분자 궤도 함수**(antibonding molecular orbital)라 한다.

두 에너지 E_{elec}와 E_{p-p}는 양성자들 사이의 거리에 의존한다. 여기 계산에서는 0.12 nm라고 가정했다. 만일 많은 다른 값의 양성자 거리에 대해 E_{mol}을 계산하고 그래프를 그린다면 그래프는 그림 40.23에서 보여준 분자 결합 에너지 곡선과 유사할 것이다. 다른 말로 하면 분자 결합은 E_{p-p}와 E_{elec} 사이의 상호작용 **때문에** 결합 에너

지가 최소가 되는 곳에서 평형 길이를 가진다.

비록 실제 분자 파동 함수는 이런 1차원 모형보다 더 복잡하지만 $n=1$ 파동 함수는 공유 결합의 핵심적인 개념을 잡았다. 전자가 고전적으로 금지된 영역 안에 존재할 수 없기 때문에 '고전' 분자는 공유 결합을 가질 수 없다는 점을 명심하자. 공유 결합은 오직 양자역학의 범주 안에서만 이해될 수 있다. 사실, 분자 결합의 설명은 양자역학의 최초의 성공 중 하나이다.

40.10 양자역학적 터널링

그림 40.29a는 언덕을 향하여 굴러가는 어떤 공을 보여준다. 충분한 운동 에너지를 가진 공은 그 언덕 위를 넘어갈 수 있을 것이다. 올라갈 때는 속력이 줄어들겠지만 반대편에서 내려갈 때에는 가속될 것이다. 불충분한 에너지를 가진 공은 언덕 위로 부분적으로 굴러 올라가다가 방향을 바꾸어 굴러 내려올 것이다.

그림 40.29 언덕은 구르는 공에게는 에너지 장벽이다.

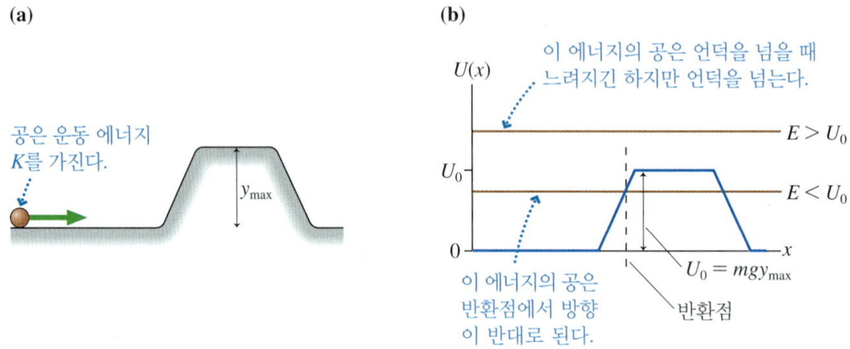

그림 40.30 양자 입자는 에너지 장벽을 투과할 수 있다.

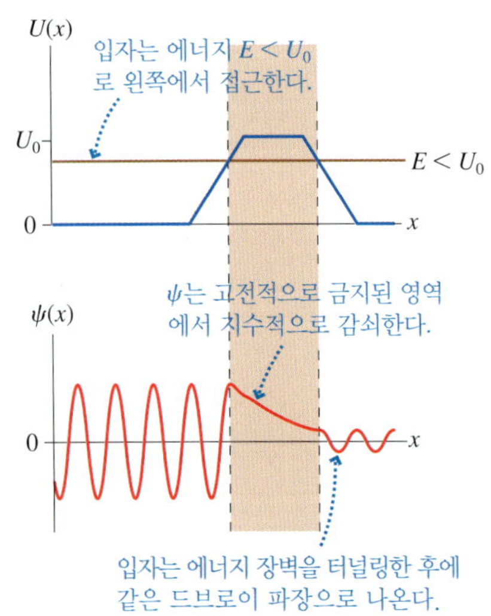

언덕을 높이 $U_0 = mgy_{max}$인 '에너지 장벽'으로 생각할 수 있다. 그림 40.29b가 보여주듯이 에너지 $E > U_0$로 왼쪽에서 들어온 공은 장벽 위로 넘어갈 수 있다(즉, 언덕 위로 굴러 간다). 그러나 에너지 $E < U_0$인 공은 반환점에서 에너지 장벽에 의해 반사될 것이다. 고전물리 법칙에 따르면 에너지 $E < U_0$를 가지고 왼쪽으로부터 들어온 공은 결코 장벽의 오른쪽에서 발견될 수 없다.

그림 40.30은 양자역학의 관점으로부터 상황을 보여준다. 이미 알고 있듯이 양자 입자들은 지수적으로 감소하는 파동 함수를 가지고 에너지 장벽의 고전적으로 금지된 영역 안으로 침투할 수 있다. 그 장벽이 매우 좁다고 가정하자. 비록 파동 함수는 고전적인 반환점에서 시작하여 장벽 안에서 감소하지만, 반대편에 도달했을 때 소멸하지 않는다. 다른 말로 하면 양자 입자가 장벽을 **통과하여** 반대편으로 빠져나올 약간의 확률은 있다는 것이다!

이것은 마치 그림 40.29a의 공이 반환점에 도달하여 방향을 바꿔서 뒤돌아 굴러가는 대신에 언덕 **속으로** 길을 뚫어서 반대편으로 나오는 것과 같다. 비록 이런 현상이 고전역학에서는 분명하게 금지된 것이지만 양자 입자들에게는 허용될만한 행동처럼 보인다. 이 과정을 **양자역학적 터널링**(quantum-mechanical tunneling)이라 한다.

퍼텐셜 에너지 장벽을 통과하는 터널링의 과정은 양자역학의 가장 이상하고 가장 기대하지 않은 예측 중 하나이다. 그럼에도 이것은 일어난다. 그리고 실제적으로도 무수히 많게 적용되고 있음을 보게 될 것이다.

터널링 분석을 간단히 하기 위하여 그림 40.31은 높이 U_0, 폭 w의 이상적인 에너지 장벽을 보여준다. 파동 함수를 에너지 도형 위로 포개놓아 퍼텐셜 에너지와 어떻게 정렬하는지 볼 수 있다. 장벽 왼쪽의 파동 함수는 진폭 A_L인 사인 모양 진동이다. 장벽 안에서 파동 함수는 식 (40.40)에서 보여준 것처럼 지수적으로 감쇠한다.

$$\psi_{in}(0 \le x \le w) = \psi_{edge} e^{-x/\eta} = A_L e^{-x/\eta} \tag{40.51}$$

여기서 $\psi_{edge} = A_L$이라 가정했다. 침투 거리 η는 식 (40.41)에 의해 다음과 같이 구해진다.

$$\eta = \frac{\hbar}{\sqrt{2m(U_0 - E)}}$$

파동 함수는 장벽 안에서 지수적으로 감소한다. 그러나 0으로 감쇠하기 전에 다시 오른쪽 편에서($x > w$) 진폭

$$A_R = \psi_{in}(\text{at } x = w) = A_L e^{-w/\eta} \tag{40.52}$$

으로 진동하면서 빠져나온다. 입자를 장벽의 왼쪽과 오른쪽에서 발견할 확률은 $|A_L|^2$과 $|A_R|^2$에 각각 비례한다. 따라서 왼쪽에서 장벽을 때린 입자가 오른쪽으로 빠져나올 확률은

$$P_{tunnel} = \frac{|A_R|^2}{|A_L|^2} = (e^{-w/\eta})^2 = e^{-2w/\eta} \tag{40.53}$$

이다. 이것이 어떤 입자가 에너지 장벽을 뚫고 나올 확률이다.

이제 지금까지의 분석은 그렇게 엄격하지는 않았다고 말할 수 있다. 예를 들면, 장벽의 왼쪽과 오른쪽에서 진동하는 파동 함수들은 $x = 0$과 $x = w$의 장벽에 도달한 곳에서 정확하게 최대였다고 가정했다. 이런 경우가 되어야 하는 이유는 없다. 전문가들은 알아챘을 정도로 어설펐으나 운 좋게도 다른 결과를 만들지는 않았다. 식 (40.53)의 결과는 대부분의 터널링 적용에 대해 완벽하게 적합한 것으로 판명 났다.

터널링 확률은 지수 함수이기 때문에 w와 η의 값에 대해 매우 민감하다. 장벽의 두께가 조금만 증가해도 터널링 확률은 엄청나게 줄어들 수 있다. 매개 변수 η는 입자가 장벽 안으로 얼마나 깊이 침투할 수 있는지를 측정하는 변수로써 입자의 질량과 $U_0 - E$ 모두에 의존한다. U_0보다 조금만 작은 에너지 E를 가진 입자는 큰 침투 거리 η 값을 가지게 되고, 따라서 더 작은 에너지를 가진 똑같은 다른 입자보다도 더 큰 터널링 확률을 가질 것이다.

그림 40.31 이상적인 에너지 장벽을 통과하는 터널링

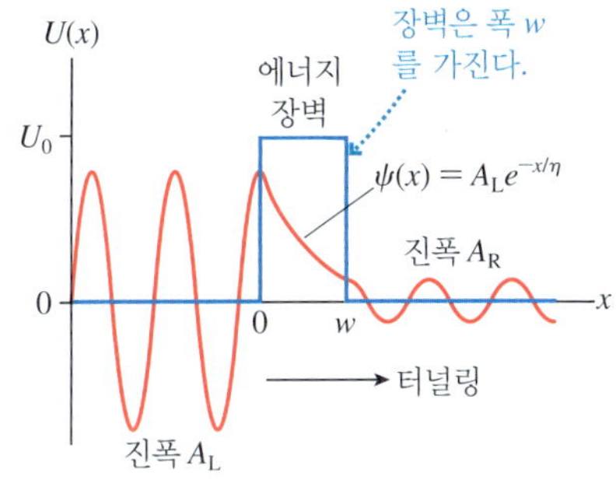

예제 40.11 **전자 터널링**

a. 에너지가 장벽의 높이보다 0.10 eV 작은 전자가 1.0 nm 폭의 에너지 장벽을 터널링할 확률을 구하시오.

b. 문항 a의 장벽이 3.0 nm로 넓어진 경우의 터널링 확률을 구하시오.

c. 문항 a의 전자가 같은 에너지의 양성자로 대체된 경우의 터널링 확률을 구하시오.

풀이 a. 장벽의 높이보다 0.10 eV 작은 에너지를 가진 전자는 $U_0 - E = 0.10\ \text{eV} = 1.6 \times 10^{-20}\ \text{J}$이 된다. 따라서 이것의 침투 거리는

$$\eta = \frac{\hbar}{\sqrt{2m(U_0 - E)}}$$

$$= \frac{1.05 \times 10^{-34}\ \text{J s}}{\sqrt{2(9.11 \times 10^{-31}\ \text{kg})(1.60 \times 10^{-20}\ \text{J})}}$$

$$= 6.18 \times 10^{-10}\ \text{m} = 0.618\ \text{nm}$$

이다. 이 전자가 폭 $w = 1.0$ nm인 장벽을 터널링할 확률은 다음과 같다.

$$P_{\text{tunnel}} = e^{-2w/\eta} = e^{-2(1.0\ \text{nm})/(0.618\ \text{nm})} = 0.039 = 3.9\%$$

b. 폭을 3.0 nm로 바꾸는 것은 η에 아무 영향이 없다. 새로운 터널링 확률은

$$P_{\text{tunnel}} = e^{-2w/\eta} = e^{-2(3.0\ \text{nm})/(0.618\ \text{nm})} = 6.0 \times 10^{-5}$$

$$= 0.006\%$$

이다. 폭을 3배 증가시키면 터널링 확률은 660배 감소한다!

c. 양성자는 전자보다 질량이 더 크다. 따라서 $U_0 - E = 0.10$ eV인 양성자는 $\eta = 0.014$ nm를 가진다. 이것의 1.0 nm 폭의 장벽에 대한 터널링 확률은

$$P_{\text{tunnel}} = e^{-2w/\eta} = e^{-2(1.0\ \text{nm})/(0.014\ \text{nm})} \approx 1 \times 10^{-64}$$

이다. 실질적으로 양성자가 이 장벽을 터널링할 확률은 0이다.

검토 양성자가 겨우 1 nm를 터널링할 확률이 불과 10^{-64}에 지나지 않다면, 거시적인 물체가 거시적인 거리를 '결코' 터널링할 수 없다는 것을 알 수 있다.

양자역학적 터널링은 매우 모호하여 실질적인 적용을 상상하기가 힘들다. 놀랍게도 아래에 기술하게 될 오늘날의 가장 중요한 기술적인 수단 중 하나의 배후에 있는 물리가 터널링이다.

주사 터널링 현미경

회절(에돌이)은 약 500 nm인 빛의 파장보다 작은 물체에 대한 광학 현미경의 분해능을 제한한다. 이것은 원자 크기의 1000배보다 크다. 따라서 전통적인 광학 현미경으로 원자 또는 분자를 들여다볼 수 있다는 희망은 없다. 전자 현미경은 전자들의 드브로이 파장에 의해 유사하게 제한된다. 그들의 분해능은 광학 현미경보다 훨씬 좋으나 여전히 개별 원자를 들여다볼 수준은 안 된다.

이런 상황이 1981년, 보통 STM이라고 하는 **주사 터널링 현미경**(scanning tunneling microscope)의 개발에 의해 극적으로 변했다. STM은 과학자들로 하여금 처음으로 원자 하나하나의 표면을 완전하게 볼 수 있게 하였다. 39장과 이 장의 시작에 있는 원자 분해능 그림들은 STM의 성능을 과시한다. 이런 그림들과 쉽게 볼 수 있는 많은 다른 것들(출처가 알려지지 않은 그림들)은 경탄할 만하다. 그러나 그것들은 어떻게 만들어졌을까?

그림 40.32a는 주사 터널링 현미경의 작동 원리를 보여준다. 원자 두세 개 넓이의 매우 날카로운 끝을 가진 전도성 탐침이 표면으로부터 나노미터의 십 분의 서넛 안으로

끌어들여진다. 탐침 끝을 준비하고 간격을 조절하는 것 둘 다 모두 어려운 과학적 도전이었으나, 과학자들은 둘 모두 하는 방법을 익혔다. 일단 위치를 잡으면 탐침은 기계적으로 표면을 앞뒤로 횡단하며 주사한다.

광전 효과를 분석하면서 전자들은 **일함수** E_0라 하는 에너지의 양에 의해 금속 안에 갇혀 있다는 것을 알았다. 전형적인 일함수는 4 eV 또는 5 eV이다. 이것이 금속으로부터 전자 1개를 제거하는 데 광자나 그 외 것들에 의해 반드시 공급되어야 하는 에너지이다. 다른 말로 하면, 금속에 있는 전자의 에너지는 금속 밖에 있는 전자들의 에너지보다 E_0만큼 작다.

이런 사실은 그림 40.32b의 퍼텐셜 에너지 도형에 대한 기초이다. 샘플과 탐침 끝 사이의 좁은 공기 간격이 퍼텐셜 에너지 장벽이다. 샘플이나 탐침 끝의 금속 안에 있는 전자의 에너지는 공기 안에 있는 전자의 에너지보다 일함수인 ≈ 4 eV만큼 낮다. 에너지 $E_{photon} > 4$ eV를 가진 광자 1개를 흡수하면 전자가 샘플로부터 탐침으로 장벽을 **넘어오면서** 들어 올려진다. 이것이 바로 광전 효과이다. 그 대신에 만일 장벽이 충분히 좁으면 전자들은 장벽을 터널링할 수 있다. 이것이 샘플에서 탐침으로 **터널링 전류**를 생성한다.

작동하는 동안 탐침 끝이 표면을 횡단하며 주사할 때 터널링 전류가 기록된다. 위에서 터널링 전류가 장벽 두께에 극도로 민감한 것을 보았다. 끝이 한 원자의 위치 위로 주사될 때 간격은 ≈ 0.1 nm 가량 감소하고 전류는 증가한다. 끝이 원자들 사이에 있을 때, 간격은 커지고, 따라서 전류는 감소한다. 오늘날의 STM은 0.001 nm만큼 좁은 간격, 즉 원자 지름의 약 1%에서 변화를 감지할 수 있다. 우리가 본 사진들은 각 위치에서 전류 측정으로부터 컴퓨터에서 생성된 것이다.

STM은 현미경 물체들의 과학과 공학을 혁명적으로 변화시켰다. STM은 이제 공학에서 가장 실제적이고 중요한 주제인 표면 부식과 산화로부터 생물학적 분자 구조에 이르기까지 모든 것을 연구하는 데 이용된다. 우리에게 봉사하는 또 하나의 양자역학 예이다!

그림 40.32 주사 터널링 현미경

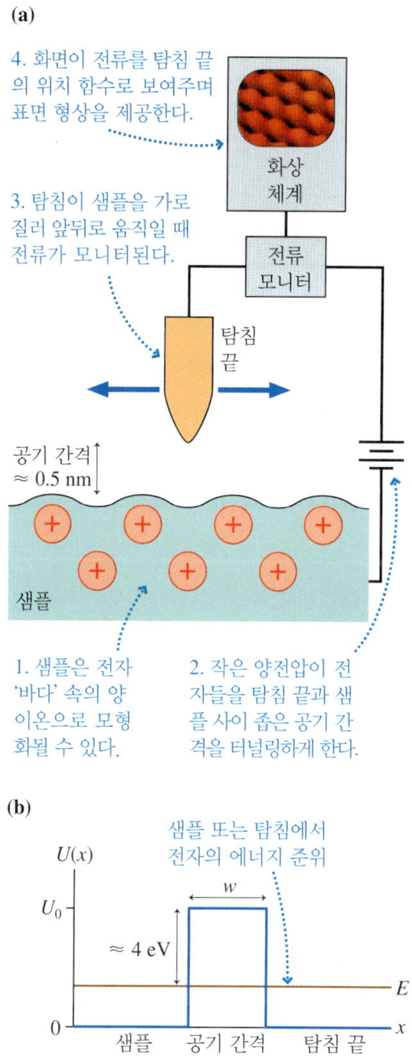

응용 예제 40.12 반도체에서 터널링

양자역학적 터널링은 반도체에서 중요하다. 4.0 nm 두께의 GaAlAs층 사이로 둘러싸인 1.0 nm 두께의 GaAs층을 고려해보자. 이것은 전자의 퍼텐셜 에너지가 GaAlAs에서보다 GaAs에서 0.300 eV 낮은 것에 대해 살펴보았던 그림 40.16에서의 상황이다. GaAs에 있는 전자는 GaAlAs를 통하여 탈출하기 위해 터널링할 수 있으나 이것은 즉각적으로 일어나지 않는다. 양자역학에서 터널링이 언제 일어나는지 정확하게 예측할 수 없고 단지 그것이 일어나는 확률만 말할 수 있다. 탈출 확률이 50%에 도달하는 시간을 예측하시오.

핵심 전자를 퍼텐셜 우물의 벽 사이에서 좌우로 반동하는 입자로 문제를 모형화할 수 있다. 벽을 때릴 때마다 입자는 터널링 확률 P_{tunnel}과 반사 확률 $P_{reflect} = 1 - P_{tunnel}$을 가진다. 터널링 확률은 퍼텐셜 장벽의 높이와 두께에 의존한다.

시각화 그림 40.33은 퍼텐셜 우물을 보여준다. 깊이 0.300 eV, 폭 1.0 nm 우물 안에 있는 전자는 그림 40.16의 상황 그대로다. 따라서 전자는 $E_1 = 0.125$ eV인 단일 양자 상태를 가진다는 것을 알고 있다. 파동 함수는 퍼텐셜 장벽 안에서 멀어질수록 지수적으로 감

(계속)

그림 40.33 GaAlAs층에 둘러싸인 GaAs층에서 전자의 퍼텐셜 에너지

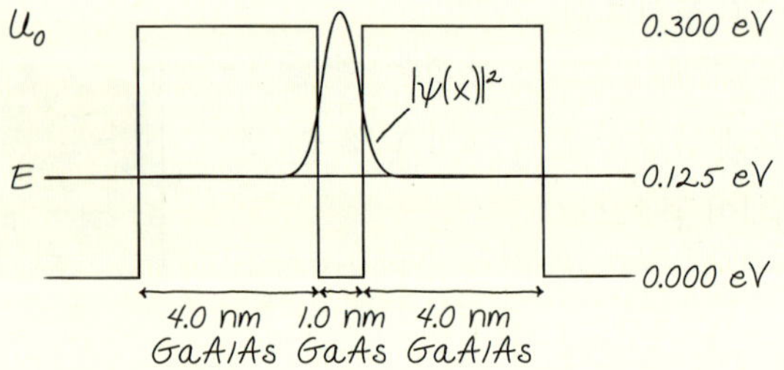

소한다. 그러나 여기서 볼 수 없을 정도로 너무 작은 매우 약한 진폭이 장벽의 먼 끝에서 여전히 존재한다.

풀이 전자가 퍼텐셜 장벽과 충돌할 때마다 터널링 확률은 $P_{tunnel} = e^{-2w/\eta}$이다. 침투 거리 η는 $U_0 - E$에 의존한다. 이 경우 에너지 준위로부터 장벽의 상단까지의 '거리'는

$$U_0 - E = 0.300 \text{ eV} - 0.125 \text{ eV} = 0.175 \text{ eV} = 2.8 \times 10^{-20} \text{ J}$$

이다. 이 값을 이용하여, 침투 거리를 다음과 같이 계산할 수 있다.

$$\eta = \frac{\hbar}{\sqrt{2m(U_0 - E)}} = 0.465 \text{ nm}$$

그러면 4.0 nm 폭 장벽에 대한 터널링 확률은

$$P_{tunnel} = e^{-2w/\eta} = 3.4 \times 10^{-8}$$

이다. 예측했던 대로 이것은 매우 작은 확률이다. 터널링하지 않고 우물 안에서 반사될 확률은 다음과 같다.

$$P_{reflect} = 1 - P_{tunnel} = 0.999999966$$

A 또는 B가 일어날 확률은 $P_A + P_B$임을 보았다. 유사하게 그들이 독립적인 사건이라 가정하면 A 그리고 B가 일어날 확률은 $P_A \times P_B$이다. 동전 던지기에서 앞면이 나올 확률은 $\frac{1}{2}$이다. 만일 동전 2개를 던진다면 A가 앞면이고 B가 앞면일 확률은 $\frac{1}{2} \times \frac{1}{2} = \frac{1}{4}$이다. 만일 동전 3개를 던진다면 3개 모두가 앞면일 확률은 $(\frac{1}{2})^3 = \frac{1}{8}$이다. 만일 전자가 N번 반동 후에 여전히 우물 안에 있다면 이것은 N번 반사되어야 한다. 이런 경우의 확률은

$$P_{in\ well} = P_{reflect} \times P_{reflect} \times P_{reflect} \times \cdots \times P_{reflect} = (P_{reflect})^N$$

이다. $P_{reflect} < 1$이기 때문에 여전히 퍼텐셜 우물 안에 있을 확률은 N이 증가함에 따라 감소한다.

탈출 확률 P_{escape}가 아닌 잔류 확률 $P_{in\ well} = 1 - P_{escape}$에 초점을 맞춘 이유는 우물 안에 머무는 것이 N번의 특정 사건이 일어나기를 요구하기 때문이다. 다른 한편으로는 탈출은 N번의 시도 중 언제라도 일어날 수 있을 것이다. 따라서 P_{escape}에 대한 직접적인 계산은 훨씬 더 복잡하다. 만일 탈출 확률이 50%라면 이것 또한 전자가 우물 안에 여전히 있을 확률도 50%이다. 다음 방정식의 양변을 로그를 취해서 50% 확률이 되기 위해 필요한 반사 횟수를 구할 수 있다.

$$\log(P_{in\ well}) = \log\left((P_{reflect})^N\right) = N \log(P_{reflect})$$

$$N = \frac{\log(P_{in\ well})}{\log(P_{reflect})} = \frac{\log(0.50)}{\log(0.999999966)} = 2.0 \times 10^7$$

2천만 번 반사 후에 전자는 탈출 확률이 50%이다. 비록 이것은 매우 많은 반사이지만, 전자가 비교적 고속으로 반사 사이의 매우 짧은 거리를 이동하기 때문에 시간이 많이 걸리지는 않는다. 퍼텐셜 우물 안에서 전자의 에너지는 전적으로 운동 에너지이다. $K = E = 0.125 \text{ eV} = 2.0 \times 10^{-20}$ J이므로 속력은

$$v = \sqrt{\frac{2K}{m}} = 2.1 \times 10^5 \text{ m/s}$$

이다. 반사 사이의 시간은 1.0 nm 폭의 GaAs층을 건너서 이동하는 데 소요되는 시간이다.

$$\Delta t = \frac{1.0 \times 10^{-9} \text{ m}}{2.1 \times 10^5 \text{ m/s}} = 4.8 \times 10^{-15} \text{ s}$$

따라서 2.0×10^7번의 반사 동안 소요되는 시간은

$$t_{50\%} = N \Delta t = 9.6 \times 10^{-8} \text{ s} = 96 \text{ ns}$$

이다. 오직 어림만 했기 때문에 전자가 GaAs층을 약 100 ns 이내에 터널링할 확률이 50%라고 말할 수 있다.

검토 비록 터널링 확률이 매우 작지만 터널링은 인간의 시간 감각에서는 매우 빠르게 일어난다. 반도체 기기의 숫자가 증가함에 따라 이런 **터널링 전류**를 실제적으로 이용할 수 있게 되었다. 터널링 과정에서 에너지 손실이 없다는 것을 기억하자. '터널링'은 비유이지 일을 필요로 하는 과정은 아니다. 전자는 운동 에너지 0.125 eV를 가지고 빠져나온다.

서술형 질문

1. 그림 Q40.1은 질량이 같은 3개 입자들의 드브로이 파를 보여준다. 어떤 것이 가장 느리게 움직이는가? 설명하시오.

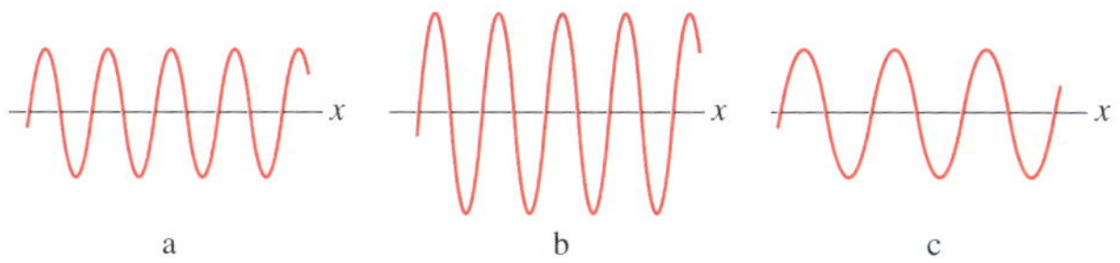

그림 Q40.1

2. 에너지가 E로 같은 양성자와 전자가 퍼텐셜 U의 장벽에 접근하고 있다. 둘 중 어느 것이 장벽을 터널링할 확률이 더 높은가?

3. 그림 Q40.3에 있는 3개의 에너지 준위와 일치하는 파동 함수의 침투 거리 η_a에서 η_c까지를 최대에서부터 최소까지 순서대로 나열하시오.

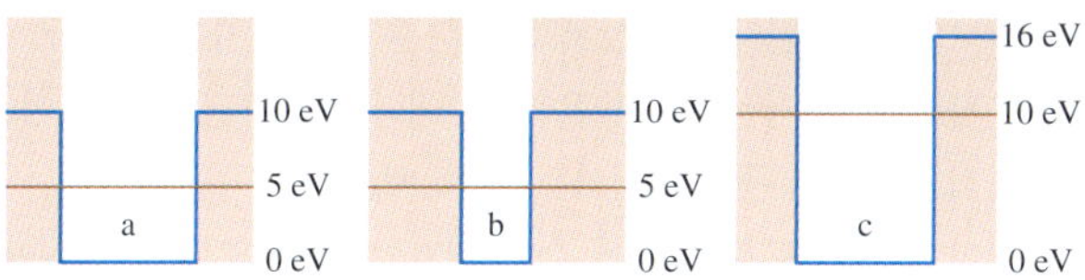

그림 Q40.3

4. 그림 Q40.4는 선형 삼원자 모형에서 한 전자의 2개의 가능한 파동 함수를 보여준다. 이 중에 어떤 것이 결합성 궤도 함수이고 어떤 것이 반결합성 궤도 함수인가? 2개를 어떻게 구별하는지 설명하시오.

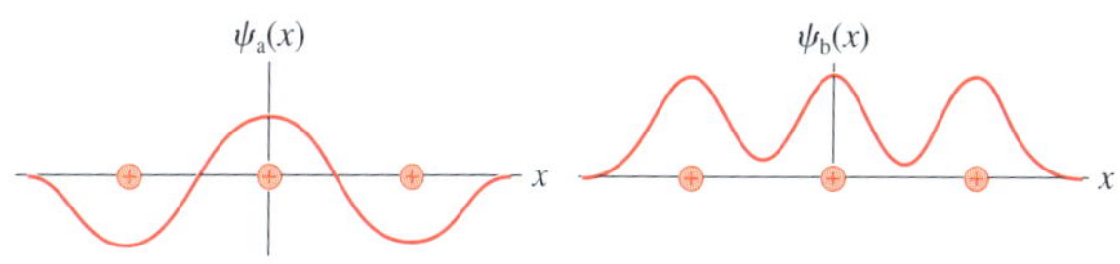

그림 Q40.4

5. 어떤 전자가 퍼텐셜 장벽을 터널링하는 데 0.0100 확률(1.00% 기회)이 있다. 만일 장벽의 폭이 두 배가 된다면 터널링 확률은 0.1, 0.01, 또는 0.001 중 어떤 것인가? 설명하시오.

연습문제

표시가 된 연습문제들은 이전 장들에서 다룬 내용과 관련이 있다.

연습

40.3~40.4 견고한 상자 속의 입자

1. | 어떤 견고한 상자 속 전자들이 $3 \rightarrow 2$ 전이 과정 중에 파장 1484 nm의 광자를 방출했다.
   a. 그들은 어떤 종류의 광자들인가? 적외선인가? 가시광선인가? 자외선인가?
   b. 전자들이 갇혀 있는 상자의 길이는 얼마인가?

2. || 그림 EX40.2는 어떤 견고한 상ㅅ자 속 전자의 파동 함수를 보여준다. 전자의 에너지는 25 eV이다. 상자의 길이는 얼마인가?

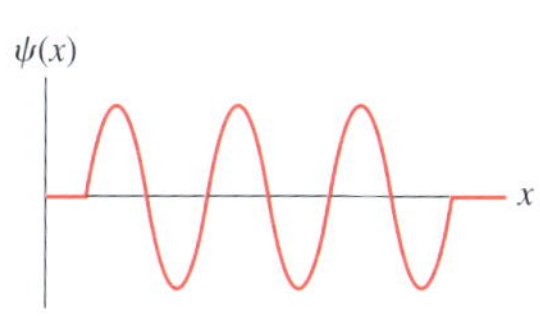

그림 EX40.2

3. || 그림 EX40.3은 어떤 견고한 상자 속 전자의 확률 밀도이다. 전자의 에너지는 eV 단위로 얼마인가?

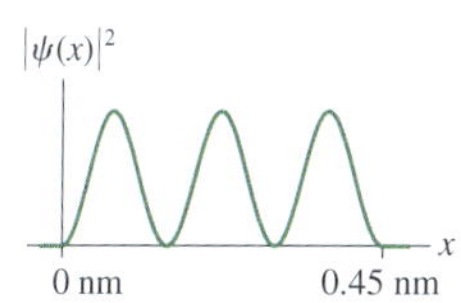

그림 EX40.3

40.6 유한 퍼텐셜 우물

4. | 침투 거리 η가 m 단위임을 보이시오.

5. | 어떤 유한 퍼텐셜 우물의 깊이가 $U_0 = 2.00$ eV이다. 전자의 에너지가 (a) 0.50 eV, (b) 1.00 eV, (c) 1.50 eV일 때 침투 거리는 얼마인가?

6. || 어떤 유한 퍼텐셜 우물 속 전자가 고전적으로 금지된 영역 안으로 2.0 nm의 침투 거리를 가진다. 전자의 에너지는 U_0로부터 얼마나 아래에 있는가?

40.7 파동 함수 형태

7. | 그림 EX40.7에 보이는 퍼텐셜 에너지에 대해 $n=4$ 파동 함수를 그리시오.

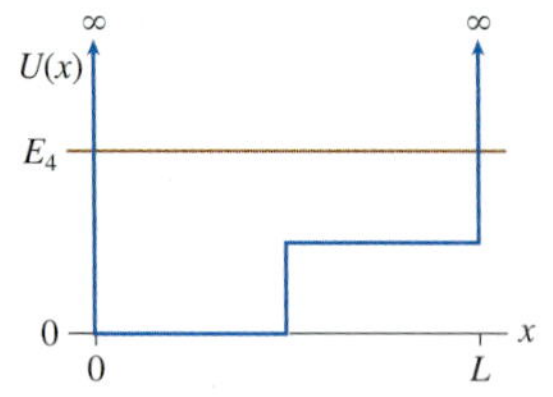

그림 EX40.7

8. | 그림 EX40.8에 보이는 퍼텐셜 에너지에 대해 $n=1$과 $n=7$ 파동 함수를 그리시오.

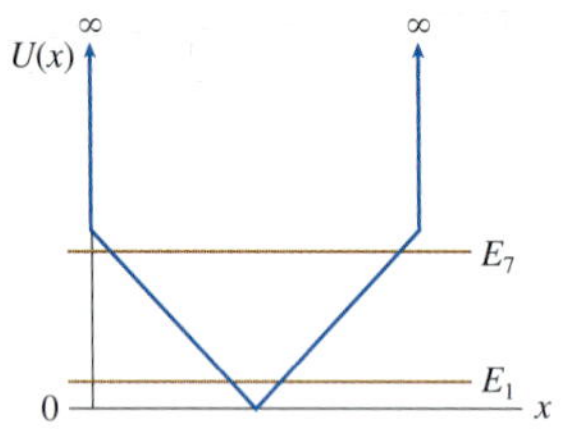

그림 EX40.8

40.8 양자 조화 진동자

40.9 추가적인 양자 모형

9. | 어떤 전자가 용수철 상수 2.0 N/m인 조화 퍼텐셜 우물 안에 갇혀 있다.
   a. 전자의 처음 세 에너지 준위들은 무엇인가?
   b. 만일 전자가 $3\rightarrow1$ 양자뜀을 한다면 방출되는 광자의 파장은 얼마인가?

10. | 조화 퍼텐셜 우물에 갇힌 전자가 $3\rightarrow2$ 양자뜀을 하면서 1200 nm 파장의 광자를 방출했다. 퍼텐셜 우물의 용수철 상수는 얼마인가?

11. || 어떤 전자가 용수철 상수 12.0 N/m인 조화 퍼텐셜 우물 안에 갇혀 있다. 그 전자가 흡수할 수 있는 빛의 가장 긴 파장은 얼마인가?

12. || 양자 조화 진동자의 $n=1$ 파동 함수 $\psi_1(x)$가 실제로 슈뢰딩거 방정식의 해임을 입증하시오. 즉, 만일 $\psi_1(x)$ 파동 함수를 사용한다면 슈뢰딩거 방정식의 왼쪽과 오른쪽이 같음을 보이시오.
CALC

40.10 양자역학적 터널링

13. ||| 일함수가 5 eV라면 전자가 금속으로부터 STM 탐침까지 0.5 nm 간격을 터널링할 수 있는 확률은 얼마인가?

문제

14. || 2.0 μm 지름의 물방울이 20 μm 길이의 상자 안에서 1.0 μm/s의 속력으로 움직인다.
    a. 입자의 양자수를 추정하시오.
    b. 대응 원리를 이용하여 입자의 운동을 이해하는 데 양자역학이 필요한지 또는 고전물리를 이용하는 것도 '안전'한지를 결정하시오.

15. || 원자를 보어 반지름의 거의 두 배가 되는 0.100 nm 길이의 견고한 상자 속의 전자로 모형화하였다.
    a. 전자의 가장 낮은 4개의 에너지 준위는 무엇인가?
    b. 이들 네 에너지 준위들 사이에서 양자뜀에 의한 이 원자의 방출 스펙트럼에서 볼 수 있는 모든 파장을 계산하시오.
    c. 이들 파장들은 스펙트럼의 적외선, 가시광선, 자외선 부분의 어디에 있는가?
    d. 보어 수소 원자의 정상 상태들은 음의 에너지를 가진다. 이 원자 모형의 정상 상태들은 양의 에너지를 가진다. 이것이 물리적으로 중요한 차이인가? 설명하시오.
    e. 이 원자의 모형을 보어 수소 원자와 비교하시오. 어떤 면에서 두 모형이 유사한가? 에너지 준위의 부호 이외에 어떤 면에서 그들이 다른가?

16. || 어떤 견고한 상자 속에 있는 입자의 파동 함수에 대한 규격화 상수 A_n이 식 (40.26)에 주어진 값을 가짐을 보이시오.
CALC

17. || 길이 L인 어떤 견고한 상자 속에 있는 한 입자를 고려하자. $n=1$, $n=2$, $n=3$인 각각의 상태에 대하여
CALC
    a. $|\psi(x)|^2$의 그래프를 그리시오. 점들을 $x=0$, $x=L$로 표시하시오.
    b. 입자가 발견될 가능성이 가장 큰 곳은 어디인가? L의 항으로 구하시오.
    c. 입자가 발견될 가능성이 가장 작은 곳은 어디인가? L의 항으로 구하시오.
    d. $|\psi(x)|^2$의 그래프를 조사하여 상자의 왼쪽 $\frac{1}{3}$ 안에서 입자가 발견될 확률이 $\frac{1}{3}$보다 작은가, 같은가, 큰가를 결정하시오. 이유를 설명하시오.
    e. 입자가 상자의 왼쪽 $\frac{1}{3}$ 안에서 발견될 확률을 계산하시오.

18. || 그림 40.16의 양자 우물 레이저에 대하여 전자가 GaAs층보다 GaAlAs층들 중 하나에서 발견될 확률을 추정하시오. 이유를 설명하시오.

19. || 금속 나트륨 조각 안에 있는 전형적인 전자가 자유 전자에 비하여 $-E_0$의 에너지를 가진다. 여기서 E_0는 나트륨의 일함수 2.7 eV이다.
    a. 전자의 확률 밀도가 표면에서의 값의 10%가 되는 지점은 표면

넘어 어느 거리인가?

b. 이 거리를 원자 크기와 비교하면 어떤가?

20. ‖ a. 양자 조화 진동자의 $n=1$ 바닥 상태의 파동 함수에 대한 규격화 상수 A_1을 결정하시오. 답은 b의 항으로 나타날 것이다.
CALC

b. $n=1$ 바닥 상태에 있는 어떤 양자 조화 진동자가 고전적으로 금지된 영역 안에서 발견될 확률에 대한 표현을 쓰시오.

c. (선택적) 문항 b의 확률 표현을 계산하기 위하여 수치 적분 프로그램을 이용하시오.

힌트: 변수를 $u=x/b$로 변화시켜 적분을 단순화시키는 것이 도움 된다.

21. ‖ a. 바닥과 높이 h 사이에서 반동하는 공의 고전 확률 밀도 $P_{\text{class}}(y)$에 대한 표현을 유도하시오. 바닥과의 충돌은 완전 탄성이다.

b. 표현을 $y=0$과 $y=h$ 사이에서 그리시오.

c. 그래프를 해석하시오. 왜 그런 모양인가?

22. ‖ 그림 40.17은 전형적인 핵의 반지름이 4.0 fm임을 보여준다. 42장에서 배우게 되겠지만, 핵 퍼텐셜 우물 안에 속박된 중성자의 전형적인 에너지는 $E_n=-20$ MeV이다. 핵의 모서리가 얼마나 흐릿한지 알아보려면 중성자의 고전적으로 금지된 영역 안으로 침투 거리가 핵의 반지름의 비율로 얼마인가?

23. ‖ 양성자의 에너지는 10 fm 폭의 에너지 장벽의 꼭대기로부터 1.0 MeV 아래이다. 양성자가 장벽을 터널링할 확률은 얼마인가?

응용 문제

24. ||| 대부분의 금속에서 원자 이온들은 **결정 살창**이라고 하는 규칙적인 배열을 형성한다. 전자의 바다에서 전도 전자들은 이 살창 사이를 이동한다. 그림 CP40.24는 결정 살창의 1차원 모형이다. 이온들은 질량 m, 전하 e, 평형 분리 거리 b를 가진다.

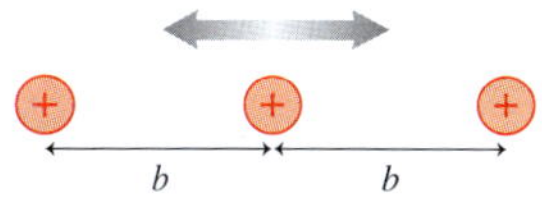

그림 CP40.24

a. 바깥쪽의 전하들은 고정된 반면에 중앙의 전하가 평형 위치로부터 매우 짧은 거리($x \ll b$)만큼 옮겨졌다고 가정하자. 중앙 전하에 가해지는 알짜 전기력이 근사적으로

$$F=-\frac{e^2}{b^3\pi\epsilon_0}x$$

임을 보이시오. 다른 말로 하면, 전하는 선형 복원력을 경험한다.

b. 이 결정이 0.30 nm의 평형 분리 거리를 가진 알루미늄 이온들로 구성되었다고 가정하자. 이 이온들의 가장 낮은 4개 진동 상태의 에너지는 얼마인가?

c. **인접한** 에너지 준위 사이의 양자 뜀뛰기에서 방출되는 광자들의 파장은 얼마인가? 이 파장이 스펙트럼의 적외선, 가시광선, 자외선 부분의 어디에 있는가?

25. ||| 100 mph보다 빠르게 이동하는 테니스공들은 일상적으로 테니스 라켓으로부터 튕겨 나간다. 그러나 충분히 큰 속력에서는 공은 줄을 뚫고 나가서 계속 이동할 것이다. 라켓은 퍼텐셜 에너지 장벽으로써 그 높이가 가장 느린 속도로 줄을 끊어내는 공의 에너지이다. 200 mph로 이동하는 100 g의 테니스공이 2.0 mm 두께의 줄을 끊기에 충분하다고 가정하자. 120 mph의 공이 줄을 끊지 않고 통과할 확률을 추정하시오. 결과를 e의 거듭제곱이 아닌 10의 거듭제곱으로 나타내시오.

41 원자 물리학
Atomic Physics

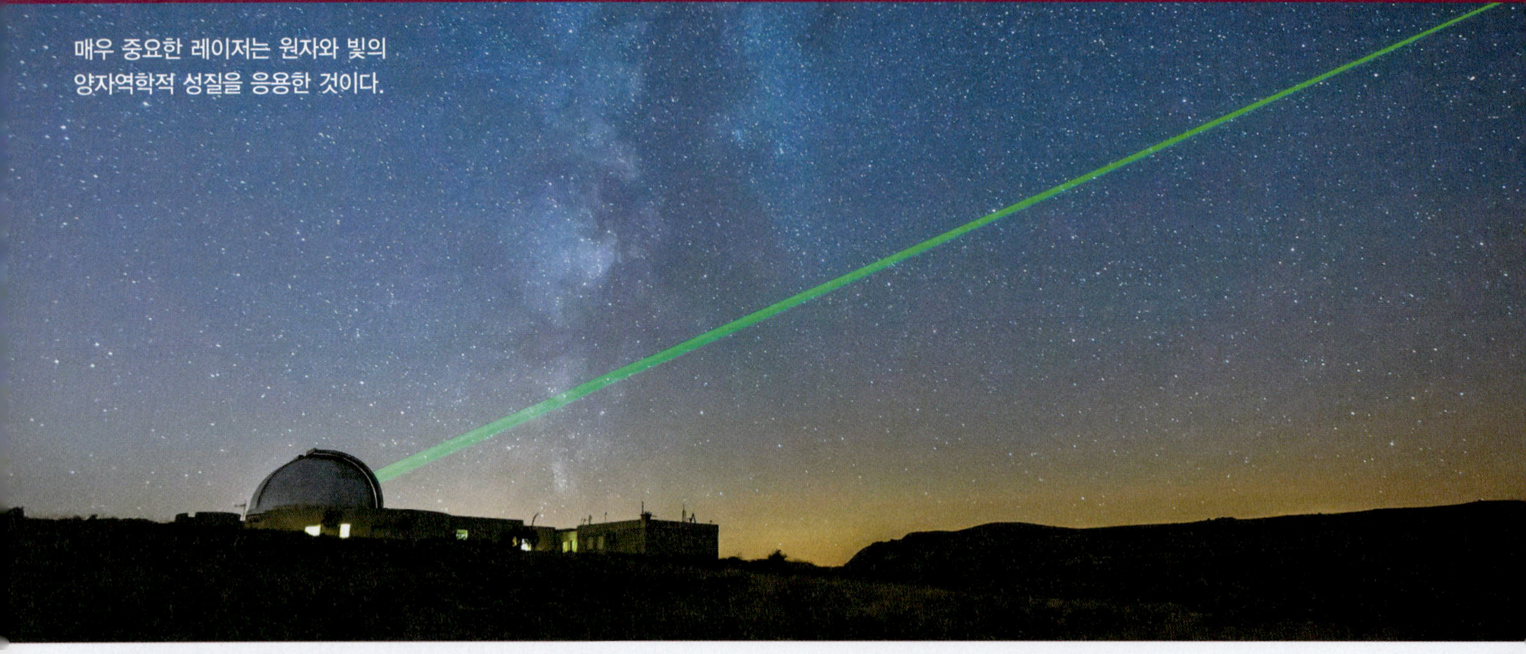

매우 중요한 레이저는 원자와 빛의 양자역학적 성질을 응용한 것이다.

이 장에서는 원자의 구조와 성질을 알아보고자 한다.

수소 원자의 양자 모형이란?

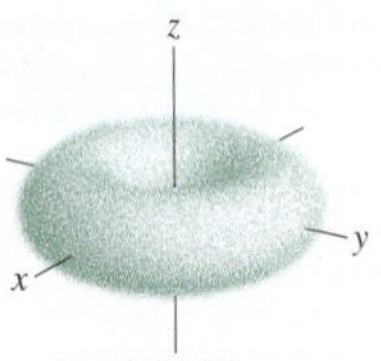

전자 구름

수소 원자는 공간에 위치한 전자에 확률을 부여하는 3차원 파동 함수로 이루어져 있다.

- 3개의 양자수가 필요하다.
- 에너지와 각운동량은 모두 양자화된다.
- 확률 밀도는 고전적으로 잘 정의된 궤도가 아닌 전자 구름을 의미한다.
- 네 번째 양자수는 위 혹은 아래를 향하는 고유 자기 모멘트를 갖는 전자의 스핀으로 기술된다.

« 되돌아보기: 39장 파동 함수

다전자 원자는 어떻게 다른가?

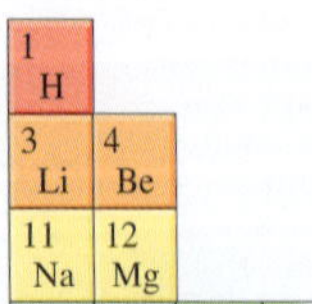

양자역학은 다전자 원자의 에너지 준위, 이온화 에너지, 그리고 스펙트럼 등의 다양한 성질들 역시 잘 설명한다.

- 어느 상태에 전자가 채워져 있고 어떻게 스펙트럼이 생성되는지를 이해하기 위해 에너지 준위 도표를 사용하고자 한다.
- 각 양자 상태에 하나의 전자만이 있을 수 있다는 파울리 배타 원리는 원소들의 주기율표를 이해하는 주요한 열쇠이다.

« 되돌아보기: 38장 보어 모형

무엇이 원자의 스펙트럼을 결정하는가?

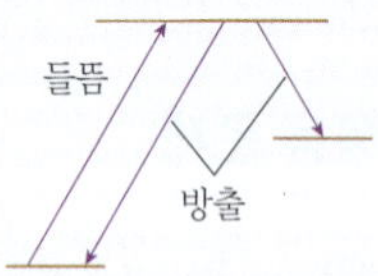

들뜸 뒤에 방출이 뒤따른다는 관점에서 원자 스펙트럼을 이해하는 법을 배우고자 한다.

- 들뜸은 광자의 흡수 혹은 입자와의 충돌에 의해 일어날 수 있다.
- 들뜬 상태는 일반적으로 수 나노초의 수명을 갖는다.
- 방출은 일부 양자뜀을 허용하지만 다른 것은 허용하지 않는 선택 규칙을 따른다.

레이저의 작동 원리는 무엇인가?

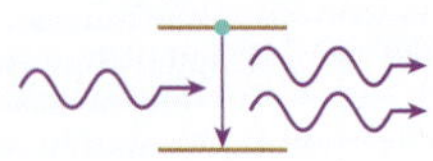

들뜬 상태는 들어오는 광자에 의해 동일한 광자를 방출하도록 하는 빛의 유도 방출을 겪게 되는데, 이러한 과정에 의해 레이저가 구현된다.

- 레이저 구현을 위해서 더 낮은 에너지 준위보다 들뜬 상태에 더 많은 양의 원자가 있는 상태인 밀도 반전을 필요로 한다.
- 레이저는 연속적이거나 펄스화될 수 있다.

원자 물리학은 왜 중요한가?

물질은 원자들로 구성되어 있다. 원자의 양자적 이해는 현대 화학 및 재료 과학의 기초이다. 레이저는 원자의 양자 성질에 의존한다. 원자 시계는 GPS 측정 및 월드 와이드 웹(World Wide Web)을 가능케 하는 매우 정교한 시간유지를 제공한다. 원자를 기반으로 하는 광기술은 세포를 매우 정밀하게 이미징할 수 있도록 획기적인 지평을 열었으며, 양자 컴퓨팅이라 하는 새로운 영역은 원자 에너지 준위들의 정교한 조작 및 제어에 의존하게 된다.

41.1 수소 원자: 각운동량과 에너지

정상 상태에 대한 보어의 개념은 원자의 안정성과 불연속적인 스펙트럼을 야기하는 양자뜀을 이해하는 수단을 제공하였다. 그러나 보어 모형은 수소 원자가 아닌 임의의 중성 원자를 설명하는 데 성공하지 못하였다. 이 장은 양자역학이 어떻게 원자 구조와 원자 속성에 대한 이해를 제공하는지의 개요를 소개한다.

먼저 수소 원자의 양자역학 모형을 살펴보자. 40장에서 배웠듯이, 양자역학의 문제 풀이 절차는 두 가지 기본 단계로 구성된다.

1. 퍼텐셜 에너지 함수를 기술한다.
2. 슈뢰딩거 방정식을 풀어 파동 함수, 허용 에너지 준위 및 기타 양자 특성을 찾는다.

첫 번째 단계는 어렵지 않다. 양성자와 전자는 각각 $q = \pm e$ 전하를 띤 입자로, 두 전하 사이의 거리 r의 함수로서 수소 원자의 퍼텐셜 에너지는 다음과 같다.

$$U(r) = -\frac{1}{4\pi\epsilon_0}\frac{e^2}{r} \tag{41.1}$$

두 번째 단계에서 어려움이 발생하는데, 40장에 배운 슈뢰딩거 방정식은 1차원 문제에 관한 것이었으나, 3차원 공간상에 존재하는 원자를 정확히 기술하기 위해서는 이 책의 범위를 벗어나는 편미분 방정식을 포함하는 3차원 슈뢰딩거 방정식을 다루어야 한다. 그럼에도 불구하고 별다른 증명 과정 없이 제공될 결과를 통해 양자역학을 이해하는 데 충분하다는 것을 이 장을 통해 알게 될 것이므로 두려워할 필요가 전혀 없다.

수소의 정상 상태

1차원 슈뢰딩거 방정식에서 에너지 양자화는 파동 함수의 **경계 조건**의 결과로 나타났다. 즉, 양자수 n으로 기술되는 특정 불연속적인 에너지에 대해서만 슈뢰딩거 방정식에 대한 해가 경계 조건을 만족시켰다. 이와 유사하게 3차원 슈뢰딩거 방정식에서는 파동 함수가 **세 가지** 다른 경계 조건을 충족해야 하며, 결과적으로 3차원 슈뢰딩거 방정식의 해는 3개의 양자수와 3개의 양자화된 매개변수를 갖게 된다.

수소 원자 퍼텐셜 에너지에 대한 슈뢰딩거 방정식의 해는 다음의 세 가지 조건이 충족될 때만 존재한다.

1. 원자의 에너지는 아래 값들로 표현된다.

$$E_n = -\frac{1}{n^2}\left(\frac{1}{4\pi\epsilon_0}\frac{e^2}{2a_B}\right) = -\frac{13.60\ \text{eV}}{n^2} \qquad n = 1, 2, 3, \cdots \tag{41.2}$$

$a_B = 4\pi\epsilon_0\hbar^2/me^2 = 0.0529$ nm는 보어 반지름이며, 정수 n은 **주양자수**(principal quantum number)이다. 위 식의 에너지는 수소 원자의 보어 모형에서 유도한 결과와 동일하다.

2. 전자 궤도의 궤도 각운동량 L은 아래 값들로 표현된다.

$$L = \sqrt{l(l+1)}\hbar \qquad l = 0, 1, 2, 3, \cdots, n-1 \tag{41.3}$$

정수 l은 **궤도 양자수**(orbital quantum number)이다.

3. 각운동량의 z성분인 L_z는 아래 값들로 표현된다.

$$L_z = m\hbar \qquad m = -l, -l+1, \cdots, 0, \cdots, l-1, l \tag{41.4}$$

정수 m은 **자기 양자수**(magnetic quantum number)이다.

다시 말해, 수소 원자의 각 정상 상태는 양자수 (n, l, m)의 삼중항으로 정의되며, 각 양자수는 원자의 물리적 특성과 관련된다.

예제 41.1 양자수 나열

에너지 $E = -3.40$ eV를 갖는 수소 원자의 모든 가능한 상태를 나열하시오.

풀이 에너지는 오직 주양자수 n에 의존한다. 에너지가 $E = -3.40$ eV인 상태는 다음과 같다.

$$n = \sqrt{\frac{-13.60 \text{ eV}}{-3.40 \text{ eV}}} = 2$$

주양자수 $n=2$인 원자는 $l=0$ 혹은 $l=1$을 가질 수 있지만 $l \le n-1$의 규칙에 의해 $l \ge 2$인 상태를 갖지 못한다. $l=0$인 경우 가능한 자기 양자수는 $m=0$이며, $l=1$인 경우 자기 양자수 $m=-1$, $m=0$, 그리고 $m=+1$을 가질 수 있다. 이러한 가능한 양자수들을 고려하게 되면 $n=2$인 경우의 총 가능한 상태는 아래와 같다.

n	l	m
2	0	0
2	1	1
2	1	0
2	1	−1

이 네 가지 상태들 모두 동일한 에너지를 갖는다.

표 41.1 양자수 l을 나타내는 기호

l	기호
0	s
1	p
2	d
3	f

수소 원자를 제외한 모든 다른 원소들의 허용 에너지는 n과 l에 의존한다(m은 제외). 그러므로 정상 상태를 n과 l로 표기하는게 유용하다. 표 41.1에 표기된 소문자들은 양자수 l의 다양한 값들을 일반적으로 표현한 것이다. 이 표기법은 양자역학이 정립되기 이전에 분광학자들에 의해 도입되었으며, **s**harp, **p**rincipal, **d**iffuse, **f**undamental의 앞 글자를 따서 각각 s, p, d, f로 표현하였다.

이 표기법을 이용하여 $n=1$이고 $l=0$인 수소 원자의 바닥 상태를 1s 상태로 나타낼 수 있고, $n=3$이고 $l=2$ 상태는 3d 상태로 표현할 수 있다. 예제 41.1에서 찾은 에너지가 같은 모든 가능한 양자 상태인 $n=2$, $l=0$과 $n=2$, $l=1$ 상태를 각각 2s와 2p 상태로 표기할 수 있다.

각운동량의 양자화

태양 주위를 도는 행성은 두 가지 다른 각운동량을 가지고 있다. 태양 주위를 도는 행성의 **궤도 각운동량**(지구의 경우 한 주기가 365일)과 행성의 축을 중심으로 자전하는 **회전 각운동량**(지구의 경우 한 주기가 24시간)이다. 이미 12장에서 각운동량을 살펴보았고, 다시 한번 **«12.11절**을 참고할 것을 추천한다.

초기 양자역학이 탄생하기 전 수소 원자의 고전적 모형은 태양 주위를 도는 행성과 매우 유사할 거라 생각하였다. 보어가 초기에 제시했던 전자의 원형 궤도보다는 양성자 주위로 타원 궤도를 형성할 가능성이 더 커보였다. 전자가 행성과의 유사한 궤도 운동을 따를 거라는 가정을 바탕으로 아래의 잘 알려진 궤도 운동의 특징을 따른다고 생각하였다. 궤도는 xy평면에 놓여 있을 필요가 없고 그림 41.1에 보여지듯이 고전적인 궤도는 xy평면에서 아래로 θ만큼 기울어져 있으며, 행성과 유사하게 전자는 궤도 각운동량을 가지고 있고 각운동량 벡터 $\vec{L}$은 궤도 평면에 수직 방향에 있다(전자는 항상 스핀이라고 하는 양자화된 회전 각운동량을 가지고 있고, 41.3절에서 살펴볼 것이다). 그러므로 z축에 해당하는 궤도 각운동량 벡터 성분은 $L_z = L\cos\theta$가 된다.

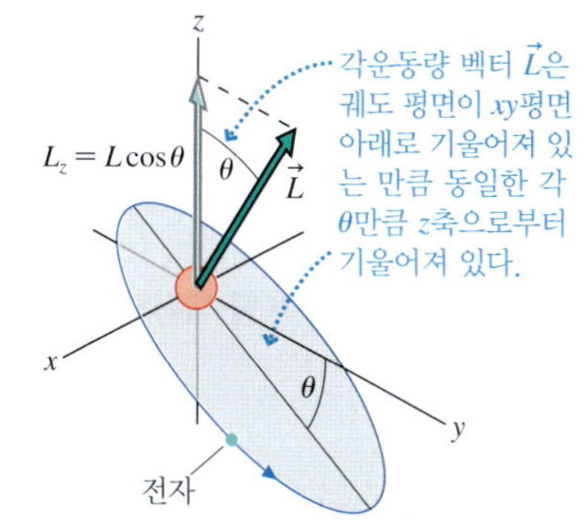

그림 41.1 타원 궤도의 각운동량

고전적으로 L과 L_z는 임의의 값들을 가질 수 있지만, 양자역학에서는 그렇지 않다. 양자 조건 2, 3에 따르면 **전자의 궤도 각운동량은 양자화되어 있으므로,** 다음과 같이 궤도 각운동량의 크기는 불연속적 값들이 되어야 한다.

$$L = \sqrt{l(l+1)}\hbar = 0, \sqrt{2}\hbar, \sqrt{6}\hbar, \sqrt{12}\hbar, \cdots$$

l은 정수이고, 이와 동시에 L의 z축 성분인 L_z는 $L_z = m\hbar$가 되며, 이때 m은 $-l$과 l 사이의 정숫값을 갖는다. 이외의 다른 값들은 경계 조건을 만족하는 파동 함수를 허용하지 않는다.

각운동량의 양자화는 전자의 궤도 모양과 방향에 제한을 둔다. 이를 보기 위해 궤도 양자수 $l=2$인 수소 원자를 생각해보자. 이 상태에서 전자의 각운동량의 **크기**는 $L = \sqrt{6}\hbar = 2.45\hbar$이다. 또한 각운동량 벡터는 m이 -2와 2 사이의 5개의 정숫값들 중 하나에 대응하는 $L_z = m\hbar$가 되는 방향을 가리켜야 한다.

이 두 가지 요구 조건은 그림 41.2에서 보여지듯이 고전적인 관점에서는 이해하기 어렵게 각운동량 $\vec{L}$이 공간상의 특정 방향을 가리키도록 한다. $m=0$이고 $L_z=0$인 상태를 고려해보자. z성분이 없는 xy평면에 각운동량 $\vec{L}$이 놓여 있다. 또한 $\vec{L}$의 크기는 $2.45\hbar$로 고정되어 있기 때문에 $\vec{L}$은 $m=0$인 원반에 놓여 있으므로, 이는 xy평면에 수직인 평면에 놓여 있는 고전적인 궤도 운동에 대응한다.

이와 유사하게 $m=2$일 때 각운동량 벡터 $\vec{L}$이 높이가 $2\hbar$이고 변의 길이가 $2.45\hbar$인 원뿔 표면에 놓여 있게 된다. 이 경우에 고전적 궤도는 xy평면상에서 조금 기울어져 있게 된다. **$\vec{L}$은 z축을 향해 나란히 있을 수 없다는 것**을 주목해야 한다. $m=l$일 때 가능한 L_z의 최댓값은 $(L_z)_{\max} = l\hbar$이지만, $l < \sqrt{l(l+1)}$이기 때문에 $(L_z)_{\max} < L$이 된다. 그러므로 각운동량 벡터는 x성분 혹은 y성분(혹은 둘 다)을 가져야만 하며,

그림 41.2 $l=2$일 때 5개의 가능한 각운동량 벡터의 방향

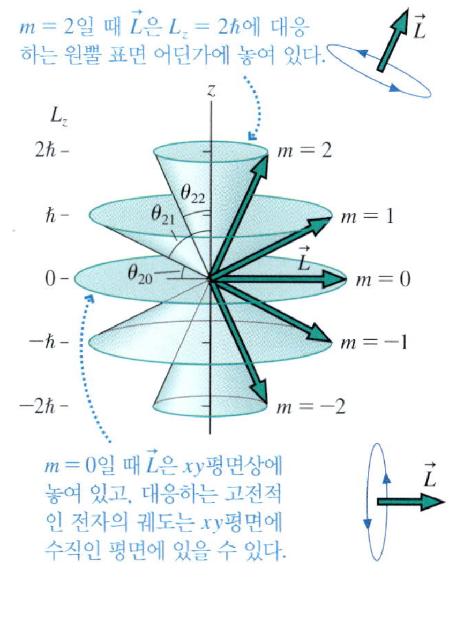

대응하는 고전적 궤도는 xy평면에 놓여 있을 수 없게 된다.

z축으로부터 각도 θ만큼 기울어진 각운동량 벡터 $\vec{L}$은 xy평면에서 각도 θ만큼 기울어진 궤도에 해당한다. 각운동량의 양자화는 궤도 평면을 몇 개의 불연속적인 각도로 제한한다. 양자 상태 (n, l, m)의 경우, 각운동량 벡터의 각은

$$\theta_{lm} = \cos^{-1}\left(\frac{L_z}{L}\right) = \cos^{-1}\left(\frac{m\hbar}{\sqrt{l(l+1)}\hbar}\right) = \cos^{-1}\left(\frac{m}{\sqrt{l(l+1)}}\right) \quad (41.5)$$

이 된다. 각도 θ_{22}, θ_{21}, 및 θ_{20}은 그림 41.2에 표시되어 있다. 각운동량에 대한 양자화 조건을 만족하지 않기 때문에 다른 각의 궤도 평면은 허용되지 않는다.

예제 41.2 | 각운동량 벡터의 각

정상 상태 $(n, l, m) = (4, 2, 1)$인 수소 원자의 $\vec{L}$과 z축 사이의 각은 얼마인가?

풀이 각 θ_{21}은 그림 41.2에 표시되어 있다. (4, 2, 1) 상태는 $l = 2$, $m = 1$을 가지고 있으므로 다음과 같다.

$$\theta_{21} = \cos^{-1}\left(\frac{1}{\sqrt{6}}\right) = 66°$$

검토 이 양자 상태는 xy평면에서 66° 기울어진 고전적 궤도에 대응한다.

수소 원자의 에너지 준위

그림 41.3 수소 원자의 에너지 준위 도표

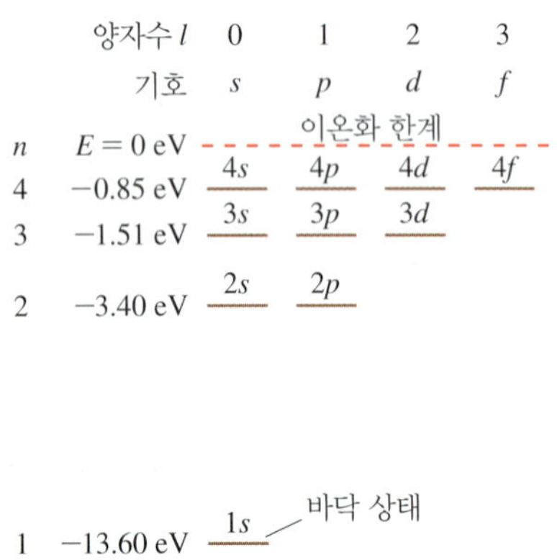

수소 원자의 에너지는 양자화되어 있다. 식 (41.2)에 주어진 에너지에서만 파동 함수가 경계 조건을 만족하게 된다. 수소 원자의 허용 에너지는 주양자수 n에만 의존하지만 다른 원자들의 에너지는 n과 l 두 양자수에 의존한다. 두 양자수를 사용함으로써 그림 41.3과 같이 열과 행이 각각 n과 l로 표현된 수소 원자의 **에너지 준위 도표**를 나타낼 수 있다. 왼쪽 행은 $l = 0$인 모든 s 상태들을, 그 다음 행인 $l = 1$은 p 상태들을 포함한다.

식 (41.3)의 양자 조건은 $n > l$을 요구하기 때문에 s, p, d 상태들은 적어도 각각 $n = 1, 2, 3$의 값들을 갖게 된다. 이와 같이 d 상태의 경우 $n = 1$과 2는 $l = 2$를 가질 수 없기 때문에 가장 낮은 에너지 준위는 $3d$가 된다. 에너지 준위가 l에 의존하지 않는 수소 원자의 경우, 에너지 준위 도표는 $3s$, $3p$ 및 $3d$가 같은 에너지를 갖는 것을 보여준다. 그림 41.3은 각 l값에 대한 처음 몇 개의 에너지 준위들을 보여주며, 사실 $n \to \infty$일 때 $E = 0$ 아래에 군집되어 있는 무수히 많은 에너지 준위들이 존재한다. $E = 0$의 점선은 전자가 수소 이온을 형성하기 위해 원자핵으로부터 무한히 멀리 떨어질 수 있는 수소 원자의 에너지를 의미하는 원자의 **이온화 한계**를 표시한 것이다.

$E_1 = -13.60$ eV인 가장 낮은 에너지 상태 $1s$는 수소 원자의 **바닥 상태**이다. $|E_1| = 13.60$ eV는 **이온화 에너지**(ionization energy)이며, 바닥 상태로부터 전자를 제거하여 수소 이온을 형성하는 데 필요한 최소 에너지이다. $n > 1$인 모든 상태들(바닥 상태보다 더 높은 에너지를 갖는 상태)은 **들뜬 상태**들이다.

41.2 수소 원자: 파동 함수와 확률

위치 x에 위치한 좁은 폭의 간격 δx에 하나의 입자를 찾을 확률이

$$\text{Prob(in } \delta x \text{ at } x) = |\psi(x)|^2 \delta x = P(x)\,\delta x$$

와 같이 주어지는 것을 40장에서 배웠다. $P(x) = |\psi(x)|^2$은 확률 밀도이고, 확률 밀도 $|\psi(x)|^2$에 대한 해석은 양자역학의 매우 중요한 관점이며, $P(x)$는 1차원 파동 함수에 대한 것이었다.

3차원 원자의 경우 3개의 변수를 갖는 파동 함수 $\psi(x, y, z)$가 된다. 여기서 지금 1차원을 3차원으로 확장하여 3차원 좌표계 (x, y, z)에 의해 기술되는 위치에 있는 작은 공간 δV 안에서 하나의 원자를 찾을 확률을 고려하고자 한다. 그 확률은

$$\text{Prob(in } \delta V \text{ at } x, y, z) = |\psi(x, y, z)|^2 \delta V \tag{41.6}$$

가 되고, 여전히 확률 밀도는 파동 함수의 절댓값의 제곱이 되는 것을 볼 수 있다.

1차원 양자역학에서 $P(x)$를 x에 대해 그래프로 나타낼 수 있었다. 3차원 파동 함수의 확률 밀도 묘사는 이보다 좀 더 세련된 방법을 요구한다. 그렇게 하는 하나의 방법은 그림 41.4에 보여지듯이 더 큰 확률 밀도의 영역을 더 진한 음영으로 나타내는 것이다. 즉, 음영이 진한 영역에서는 ψ의 진폭이 커지고 전자가 더 많이 발견된다. 이 그림은 수소의 1s, 2s 및 2p 상태의 확률 밀도를 보여주며, 그림과 같이 3차원 확률 밀도는 원자핵 주위에 **전자 구름**(electron cloud)이라는 형태로 표현된다.

그림 41.4 수소 원자 1s, 2s 및 2p 상태의 확률 밀도

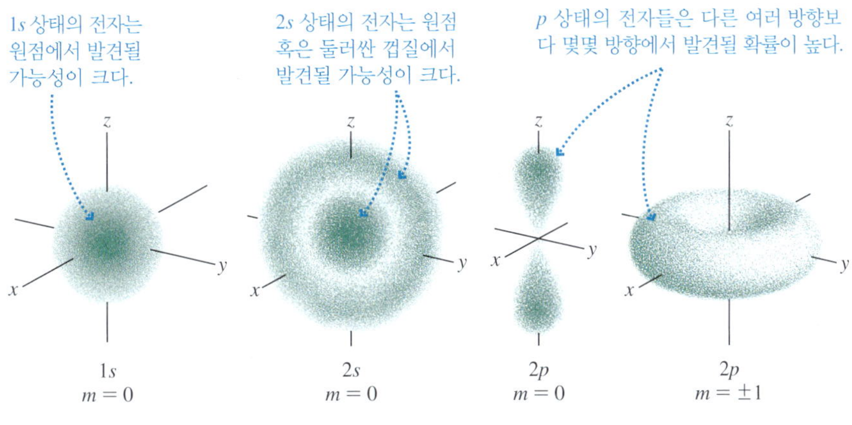

이 그림은 많은 정보를 제시하는데, 예를 들어 p 상태 전자의 방향성 특성을 살펴보면, 이러한 방향성은 p 상태의 전자가 인근 원자 쪽으로 '도달하여' 분자 결합을 형성하도록 하게 한다. 분자 결합에 대한 양자역학 내용은 이 책의 수준에서 벗어나지만 p 상태의 전자 구름 모형이 어떻게 분자 결합이 형성될 수 있도록 하는지 제시할 수 있다.

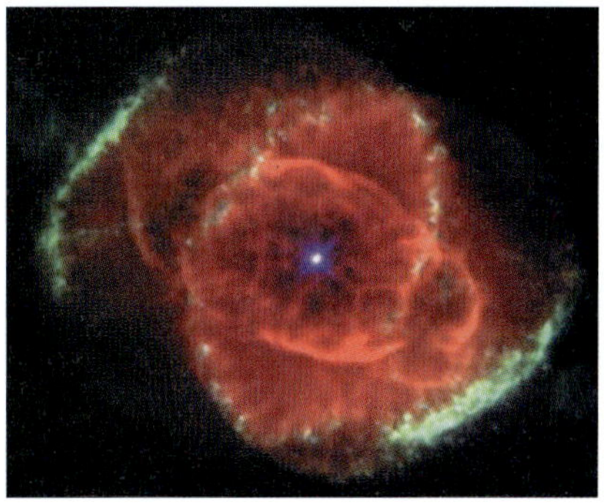

이 성운의 붉은색은 수소 원자의 빛 방출 때문이다. 원자들은 중심의 별에서 나오는 강한 자외선에 의해 들뜨게 되고, 그런 다음 수소 원자에서 방출된 스펙트럼 선의 발머 계열의 일부인 $3 \rightarrow 2$ 전이에 해당하는 $\lambda = 656$ nm의 적색광을 방출한다.

지름 파동 함수

사실 공간상의 한 점에서 전자를 발견할 확률은 핵으로부터 일정 거리에 있는 전자를 발견할 확률보다 덜 유용하다. 따라서 "거리 r 지점의 작은 거리 범위 δr에서 전자가 발견될 확률은 얼마인가?"라고 묻는 게 문제해결에 도움이 된다.

3차원 슈뢰딩거 방정식의 해인 파동 함수 $\psi(x, y, z)$는 양성자로부터 전자의 거리 r로 기술될 수 있으며, 거리 r에만 의존하는 파동 함수의 일부분을 **지름 파동 함수**(radial wave function)라 한다. 양자수 n과 l에 의존하는 이 함수는 $R_{nl}(r)$로 표현된다. 처음 3개의 지름 파동 함수는

$$
\begin{aligned}
R_{1s}(r) &= \frac{1}{\sqrt{\pi a_B^3}} e^{-r/a_B} \\
R_{2s}(r) &= \frac{1}{\sqrt{8\pi a_B^3}}\left(1 - \frac{r}{2a_B}\right) e^{-r/2a_B} \\
R_{2p}(r) &= \frac{1}{\sqrt{24\pi a_B^3}}\left(\frac{r}{2a_B}\right) e^{-r/2a_B}
\end{aligned} \tag{41.7}
$$

으로 표현되며, a_B는 보어 반지름이다.

지름 파동 함수가 유도되는 과정이 생략되어 있어 생소하게 보일지도 모른다. 그러나 40장에서 배웠던 1차 파동 함수 $\psi(x)$와 본질적으로 같다. 사실 이 지름 파동 함수는 수학적으로 단순 조화 진동자를 기술하는 1차원 파동 함수와 매우 유사하며, 오직 둘의 차이는 3차원의 경우 r의 영역이 0부터 ∞인 반면, 1차원의 경우 x는 $-\infty$에서 ∞까지인 것이다.

그림 41.5 수소 원자의 $1s$와 $2s$ 지름 파동 함수

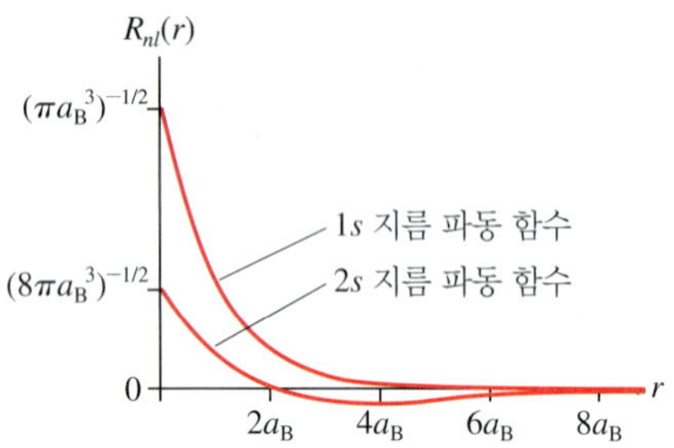

그림 41.5는 $1s$와 $2s$ 상태의 지름 파동 함수를 나타낸다. 원자핵이 위치한 $r = 0$에서 지름 파동 함수가 0이 아닌 것을 볼 수 있는데, 그림 41.4에서 표현된 전자 구름의 분포가 원점에서 $1s$와 $2s$ 상태의 전자를 찾을 확률이 높다는 것과 일치하며, 이는 매우 놀라운 결과이다.

지름 파동 함수를 도입한 목적은 원자핵으로부터 일정한 거리에서 전자를 찾을 확률을 결정하는 것이었다. 그림 41.6은 원자핵을 중심으로 반지름이 r이고 두께가 δr인 껍질을 보여준다. 원자핵으로부터 거리 r에서 전자를 찾을 확률은 이 껍질 내부 어딘가에 전자가 위치할 확률과 동일하다. 얇은 껍질의 부피는 겉넓이에 두께 δr을 곱한 것이며, 구의 겉넓이는 $4\pi r^2$이므로, 이 얇은 껍질의 부피는

그림 41.6 지름 확률 밀도는 반지름이 r인 위치에 있는 두께가 δr인 구면 껍질에서 전자를 찾을 확률을 의미한다.

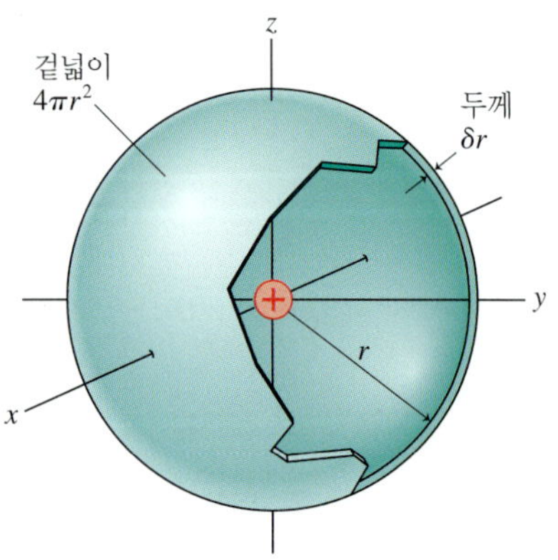

$$\delta V = 4\pi r^2 \delta r$$

이 된다.

$|\psi(x)|^2$이 1차원에서 간격 δx 내에서 입자를 찾을 확률인 것처럼 구면 껍질 내에 위치한 전자를 찾을 확률은

$$\text{Prob(in } \delta r \text{ at } r) = |R_{nl}(r)|^2 \delta V = 4\pi r^2 |R_{nl}(r)|^2 \delta r \tag{41.8}$$

이 되며 **지름 파동 함수** $R_{nl}(r)$의 항으로 표현된다. nl 상태에 대한 **지름 확률 밀도**(radial probability density) $P_r(r)$을

$$P_r(r) = 4\pi r^2 |R_{nl}(r)|^2 \tag{41.9}$$

과 같이 표현하면, 정확하게 40장에서 배운 1차원 양자역학과 유사하고, 거리 r에 있는 좁은 간격 δr 내에 전자를 찾을 확률을

$$\text{Prob(in } \delta r \text{ at } r) = P_r(r)\,\delta r \tag{41.10}$$

과 같이 표현할 수 있다.

지름 확률 밀도는 원자핵으로부터 거리 r에서 전자를 찾을 상대 확률을 알려준다. 부피 인자 $4\pi r^2$은 더 큰 r의 껍질에서 더 많은 공간이 허용 가능하다는 것을 반영하므로, 이 추가 공간은 그 거리에서 전자를 발견할 확률을 증가시킨다.

r_{min}과 r_{max} 사이에서 전자를 찾을 확률은

$$\text{Prob}\,(r_{min} \le r \le r_{max}) = \int_{r_{min}}^{r_{max}} P_r(r)\,dr = 4\pi \int_{r_{min}}^{r_{max}} r^2 |R_{nl}(r)|^2\,dr \tag{41.11}$$

이 된다. 전자는 $r=0$과 $r=\infty$ 사이 어느 곳이든 존재하므로 0과 ∞ 사이의 $P_r(r)$의 적분은 규격화에 의해 1이 되며, 이 규격화 조건을 통해 식 (41.7)의 지름 파동 함수의 상숫값이 결정된다.

그림 41.7은 수소 원자의 $n=1$, 2 및 3 상태의 지름 확률 밀도를 보여준다. a_B, $4a_B$ 및 $9a_B$에서 각각 최댓값을 갖는 $1s$, $2p$ 및 $3d$ 상태가 보어 수소 원자의 궤도 반지름 $r_{peak}=n^2a_B$의 양상을 따르고 있음을 알 수 있다. 앞에서 1차원 드브로이 파를 방금 언급한 해당 반지름을 갖는 원으로 구부렸지만, 더 정확한 파동 함수인 3차원 양자역학 모형을 통해, 원자핵으로부터 위에서 주어진 해당 거리에 있을 가능성이 가장 높은 3차원 파동 함수를 찾을 수 있다. (그렇지만 다른 r에서 전자가 발견될 수 있다.) 그러므로 양자역학은 매우 단순화된 보어 수소 원자의 일부 양상을 재현할 수 있다.

그림 41.7 $n=1$, 2, 및 3일 때 지름 확률 밀도

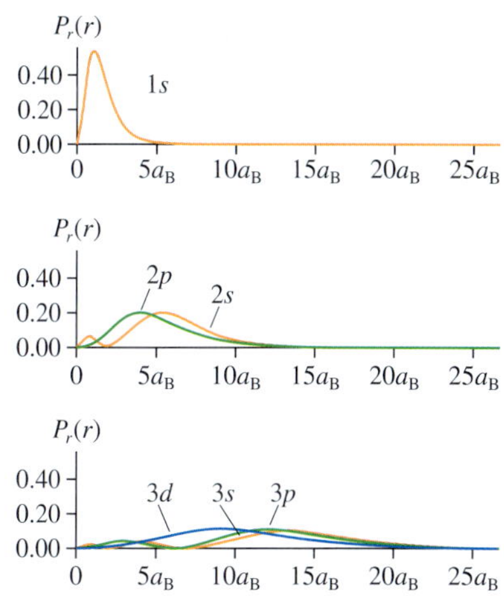

각운동량과 궤도 모형

그런데 왜 $3s$ 또는 $3p$가 아닌 $3d$가 보어 원자와 일치하는 걸까? 동일한 주양자수 n 값을 갖는 모든 상태는 동일한 에너지를 갖는 '궤도'의 집합을 구성한다. 그림 41.8에서 $l=n-1$인 상태는 그룹에서 가장 큰 각운동량을 갖는다. 결과적으로 **최대 각운동량 l 상태는 원형 고전 궤도에 해당하며 보어 원자의 원형 궤도와 일치한다.**

더 작은 각운동량 l을 가진 상태는 타원형 고전 궤도에 해당한다. 그림 41.7에서 3s 전자의 지름 확률 밀도는 핵 근처에서 정점을 갖는다는 것을 알 수 있다. 또한 $3s$ 전자는 핵 근처에서 교대로 진동하는 궤도 운동을 하다가 원형 궤도를 벗어나는 궤도를 형성하므로, $3d$ 전자보다 핵에서 더 멀리 떨어진 곳에서 발견될 확률도 갖는다.

그림 41.8 원형 궤도에 가까울수록 더 큰 각운동량을 갖는다.

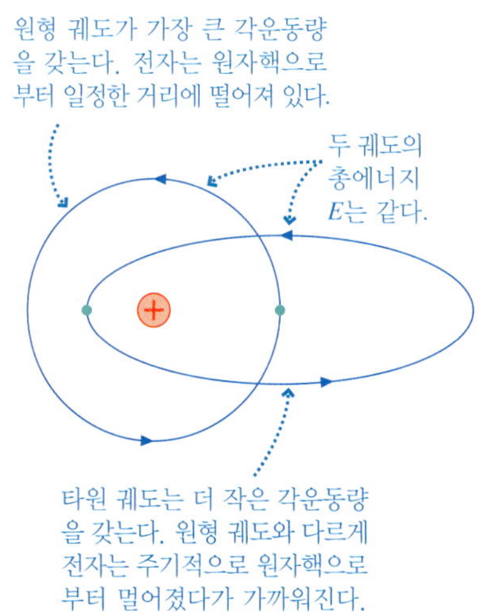

원형과 타원 궤도 사이의 이러한 차이는 다전자 원자의 에너지 준위를 논의할 때 중요하다.

그림 41.7에서 $n=1$인 전자가 핵으로부터 가장 자주 위치할 거리는 대략 a_B임을 알 수 있다. $n=2$인 전자가 위치할 거리는 대략 $3a_B$와 $7a_B$ 사이일 가능성이 가장 높으며, $n=3$인 전자는 약 $8a_B$와 $15a_B$ 사이에서 가장 많이 발견된다. 다시 말해, 지름 확률 밀도는 n의 값을 통해 전자가 가장 많이 발견될 반지름 범위가 명확하게 구분될 수 있음을 보여준다. 이것이 화학에 사용되는 원자의 **껍질 모형**(shell model)의 기초이다.

그러나 여기에 중요한 퍼즐이 있다. 그림 41.4에서 1s 바닥 상태를 나타내는 흐릿한 구는 전자가 가장 많이 발견될 수 있는 구의 중심에서 가장 밀도가 높은데, 그림 41.5의 1s 지름 파동 함수에서 보이듯이 $r=0$ 지점에서 최대 밀도와 일치한다. 그러나 그림 41.7의 지름 확률 밀도는 $r=a_B$에서 정점을 가지고 $r=0$인 지점에서 0을 나타내므로, 서로 매우 불일치한 것처럼 보인다.

이 퍼즐을 해결하기 위해 확률 밀도와 **지름 확률 밀도** $P_r(r)$을 명확히 구분할 필요가 있다. 1s 파동 함수와 1s 확률 밀도는 원자핵이 있는 위치에서 가장 큰 크기를 갖는다. 하지만 $|\psi(x, y, z)|^2$은 δx, δy 및 δz의 면으로 구성된 작은 부피 δV에 있을 확률인 반면 $P_r(r)$은 두께가 δr인 구면 껍질에 있을 확률이다. $r=0$인 경우에 비해, 확률 밀도 $|\psi(x, y, z)|^2$은 $r=a_B$인 임의의 한 점에서 작으나, $r\approx a_B$의 구면 껍질의 부피가 너무 커서 지름 확률 밀도 P_r은 이 거리에서 가장 큰 값을 갖는다.

가운데가 가장 조밀한 공을 고려해보자. 중심에서 멀어질수록 밀도가 줄어들더라도, 완만한 반지름 r의 구면 껍질은 동일한 두께의 더 작은 반지름의 구면 껍질보다 더 큰 부피를 갖기 때문에 더 많은 총 질량을 가질 수 있다.

예제 41.3 최대 확률

2p 상태의 전자가 $r=4a_B$에서 발견될 가능성이 가장 높음을 보이시오.

풀이 식 (41.7)의 2p 지름 파동 함수를 이용하여 다음과 같이 지름 확률 밀도를 쓸 수 있다.

$$P_r(r) = 4\pi r^2|R_{2p}(r)|^2 = 4\pi r^2\left[\frac{1}{\sqrt{24\pi a_B^3}}\left(\frac{r}{2a_B}\right)e^{-r/2a_B}\right]^2$$

$$= Cr^4e^{-r/a_B}$$

여기서 $C=(24a_B^5)^{-1}$는 상수이며, $P_r(r)$은 그림 41.7에 그래프로 나타나 있다.

최대 확률은 $P_r(r)$의 1계 미분값이 0인 곳에서 찾을 수 있으며,

$$\frac{dP_r}{dr} = C(4r^3)(e^{-r/a_B}) + C(r^4)\left(\frac{-1}{a_B}e^{-r/a_B}\right)$$

$$= Cr^3\left(4-\frac{r}{a_B}\right)e^{-r/a_B} = 0$$

$r=4a_B$에서 0이 된다. 따라서 $P_r(r)$은 $r=4a_B$에서 최대가 된다. 그러므로 2p 상태의 전자는 원자핵으로부터의 거리가 $r=4a_B$인 곳에서 가장 많이 발견된다.

41.3 전자 스핀

29장에서 궤도 운동을 하는 전자가 미시적인 **자기 모멘트** $\vec{\mu}$를 생성한다는 것을 배웠다. 그림 41.9에서 보이듯이 나침반 바늘과 같이 자기 모멘트에도 S극과 N극이 있다. 결과적으로, 외부 자기장을 걸어주게 되면 자기 모멘트는 힘과 돌림힘을 받게 된다. 1920년대 초 독일의 물리학자 오토 슈테른(Otto Stern)과 발터 게를라흐(Walter Gerlach)는 원자의 자기 모멘트를 측정하는 기술을 개발하였고, 그림 41.10의 장치를 통해 '오븐(oven)'을 가열하여 원자를 증발시켜 오븐 구멍 밖으로 원자를 분출함으로써 **원자빔**을 생성하였다. 진공 상태에서 이동하는 이 원자들은 **불균일한** 자기장을 통과하며, 확대된 그림에 보이는 것처럼 상단 극의 끝부분의 크기를 줄이면 자석이 상단으로 갈수록 강해지고 하단 쪽으로 갈수록 약해지게 되어 불균일한 자기장이 형성된다.

그림 41.9 궤도 운동을 하는 전자가 발생하는 자기 모멘트

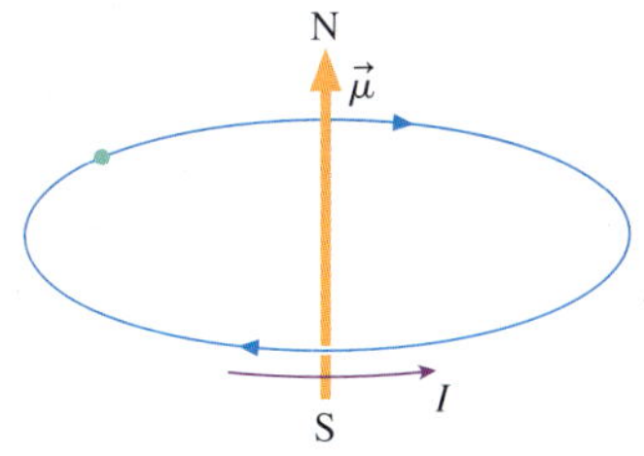

그림 41.10 슈테른 · 게를라흐 실험

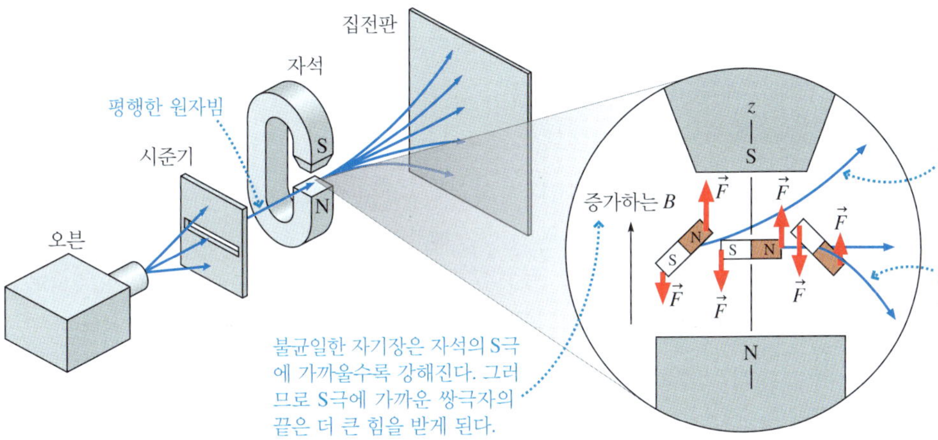

불균일한 자기장 안에서 자기 모멘트 S극과 N극은 다른 힘을 느끼기 때문에 자기 모멘트는 **알짜힘**을 받게 된다. z축을 위쪽으로 정의하면, 자기 모멘트 벡터 $\vec{\mu}$가 위쪽으로 기울어진 원자($\mu_z > 0$)의 경우 자기 모멘트 N극은 자기 모멘트 S극이 아래쪽으로 받는 힘보다 더 큰 힘을 위쪽으로 받게 된다. 그림을 보면 이런 이유로 원자가 자석을 통과할 때 위로 편향됨을 볼 수 있다. 아래로 기울어진 자기 모멘트 벡터($\mu_z < 0$)의 경우 아래 방향의 알짜힘을 받게 되어 아래로 편향하게 되며, 자기장에 수직인 자기 모멘트($\mu_z = 0$)는 알짜힘을 받지 않게 되어 편향 없이 자석을 통과한다. 다시 말해서, 자석을 통과하는 원자의 편향은 자기 모멘트의 z성분인 μ_z에 비례하게 된다.

원자의 자기 모멘트가 전자의 궤도 각운동량과 비례($\vec{\mu} \propto \vec{L}$)함을 보이는 건 어렵지 않다. 원자 편향은 μ_z에 의존하기 때문에 불균일한 자기장에서 원자 편향 측정은 원자의 L_z값에 대한 정보를 제공할 수 있는데, 측정장치의 끝부분에 장착된 집적판으

그림 41.11 집적판 위의 원자 분포

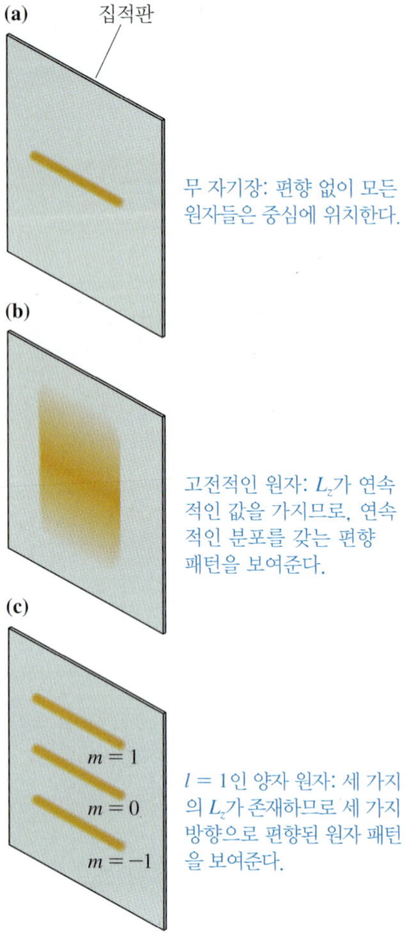

그림 41.12 수소 원자에 대한 슈테른·게를라흐 실험 결과

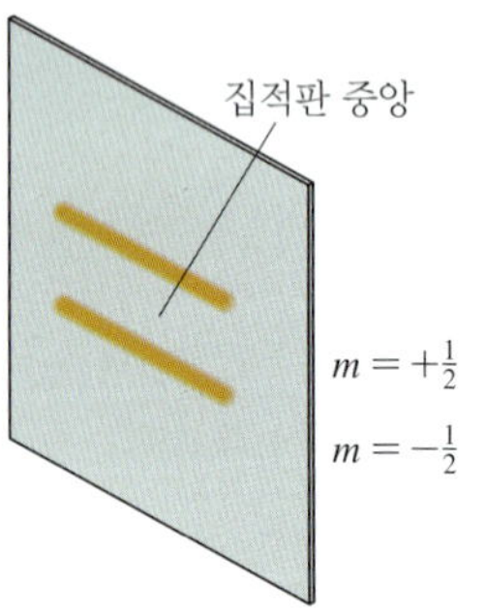

로 원자를 입사하여, 집적판에 달라 붙은 원자들의 패턴을 분석하고 이를 통해 원자가 어떻게 편향되는지를 정량적으로 측정할 수 있다.

그림 41.11a에 보이듯 자기장이 없는 경우 원자는 편향 없이 지나가 집적판 중앙의 좁은 선을 따라 위치하게 된다. 궤도 운동을 하는 전자가 고전 입자인 경우 그들의 각운동량은 연속적이므로, 자기장이 있는 경우 수직 방향으로 연속적인 공간상 분포를 보이며 편향하게 되며, 집적판 위에 모이는 원자들의 분포는 그림 41.11b처럼 보여야 한다. 그러나 각운동량이 **양자화**되었다면, 보어가 제안했던 것처럼, 편향된 원자들은 집적판 위에 불연속적으로 분포해야 한다.

예를 들어, $l=1$인 원자는 양자수 $m=-1$, 0, 및 1에 대응하는 세 가지의 L_z를 가지고 있다. 이 세 가지 양자수는 그림 41.11c에 보이듯 3개의 뚜렷이 구별되는 원자 그룹들을 예측한다. L_z는 $2l+1$의 양자수들을 갖는 규칙성을 따르므로 항상 **홀수** 개의 그룹을 보여주게 된다.

스핀의 발견

1927년 새롭게 선보인 슈뢰딩거의 양자 이론과 더불어 수소 원자의 자기 모멘트 측정을 위해 슈테른·게를라흐 실험을 수행하였다. 수소 원자의 바닥 상태는 $l=0$인 1s 상태이므로 원자는 자기 모멘트를 가지고 있지 않으며, 편향이 일어나지 않아야 한다. 하지만 실험 결과는 그림 41.12에 보이듯 2개의 정점이 있는 분포를 보여주었다.

수소 원자가 편향된다는 것은 자기 모멘트를 가지고 있다는 걸 의미한다. 그러나 $L=0$인데 어떻게 그런 분포를 보이는 걸까? 심지어 2개의 정점 분포를 갖는 편향은 홀수 개의 분포를 갖는 기존의 편향 패턴보다 더 강하게 나타났다. 편향 현상은 L_z에 비례하고 m이 $-l$부터 $+l$까지 정숫값 차이의 범위를 만족하는 $L_z=m\hbar$의 값을 갖는다. 실험 결과는 m이 $-\frac{1}{2}$과 $+\frac{1}{2}$의 2개의 가능한 값을 갖도록 오직 $l=\frac{1}{2}$일 때만 이해가 가능한 것처럼 보였다. 그러나 슈뢰딩거 이론에 따르면, 양자수 l과 m은 항상 정숫값이 되어야만 한다.

관측된 이 실험 결과에 대한 설명은 곧 제안 및 확인되었다. 전자는 **고유한** 자기 모멘트를 가지고 있다는 것이다. 우리는 단순하게 전자의 일부 특징들로서, 내재적인 중력 특성인 질량 m_e, 그리고 전기적 특성인 전하량 $q_e=-e$를 갖고 있음을 잘 알고 있다. 따라서 전자가 고유의 자기 특성인 내재된 자기 모멘트 $\vec{\mu}_e$를 가지고 있을 수 있음을 가정하는 것은 꽤 그럴듯해 보인다. 전하를 띤 작은 공으로 전자를 상상해본다면, 고전적인 전자는 원자핵 주위를 공전하듯이 전자 자신의 축을 중심으로 자전할 수 있을 것이다. 전하를 띤 자전하는 공은 자전에 의한 각운동량과 관련된 자기 모멘트를 가지고 있을 수 있다(전자 스핀의 이해를 돕기 위한 고전적인 묘사일 뿐, 사실 적절하지 못한 묘사임을 염두에 두라). 이와 같이 전자의 고유한 자기 모멘트가 슈테른·게를라흐 실험에서 예상치 못한 편향을 야기한 원인이다.

전자가 고유한 자기 모멘트를 갖고 있다면 고유한 각운동량을 가지고 있어야 한다.

이 각운동량을 $\vec{S}$로 정의되는 전자의 **스핀**(spin)이라고 한다. 슈테른·게를라흐 실험 결과는 스핀 각운동량의 z성분은

$$S_z = m_s\hbar \qquad m_s = +\tfrac{1}{2} \text{ 또는 } -\tfrac{1}{2} \tag{41.12}$$

임을 제시하며, 이때 m_s는 **스핀 양자수**(spin quantum number)라고 한다.

스핀 각운동량의 z성분은 전자의 회전 방향에 의해 결정된다. z축 방향의 스핀 각운동량을 $S_z = +\frac{1}{2}\hbar$라 할 때 스핀 양자수 $m_s = +\frac{1}{2}$ 상태를 **스핀업**(spin-up) 상태라 하며, $m_s = -\frac{1}{2}$ 상태를 **스핀다운**(spin-down) 상태라 한다. $m_s = +\frac{1}{2}$ 및 $m_s = -\frac{1}{2}$ 상태를 각각 ↑과 ↓으로 표현하는게 각운동량을 나타내기에 편리하다. 다음 절에서는 이 표기법을 사용할 것이다. 전자는 스핀업 혹은 스핀다운 상태에 있기 때문에, 슈테른·게를라흐 실험에서 수소 원자는 위 혹은 아래로 편향될 것이다. 따라서 그림 41.12에서 보았듯이 원자는 2개의 그룹으로 나뉘어지게 된 것이다. 원자는 $S_z = 0$이 없기 때문에 집적판 중앙에 분포하는 편향되지 않는 원자들은 존재하지 않는다.

스핀 각운동량 S는 L에 대한 식 (41.3)과 유사하다.

$$S = \sqrt{s(s+1)}\,\hbar = \frac{\sqrt{3}}{2}\hbar \tag{41.13}$$

여기서 s는 $s = \frac{1}{2}$인 단일 값을 갖는 양자수이다. S는 전자의 **고유** 각운동량이며, s의 단일 값 때문에 물리학자들을 보통 "전자는 스핀 1/2을 갖는다."라고 표현한다. 그림 41.2에서 각운동량 방향 $\vec{L}$을 논의한 것과 동일하게 그림 41.13은 전자의 스핀 각운동량 $\vec{S}$는 z축을 향하지 못하며, 스핀업과 스핀다운은 S_z로 표현된다.

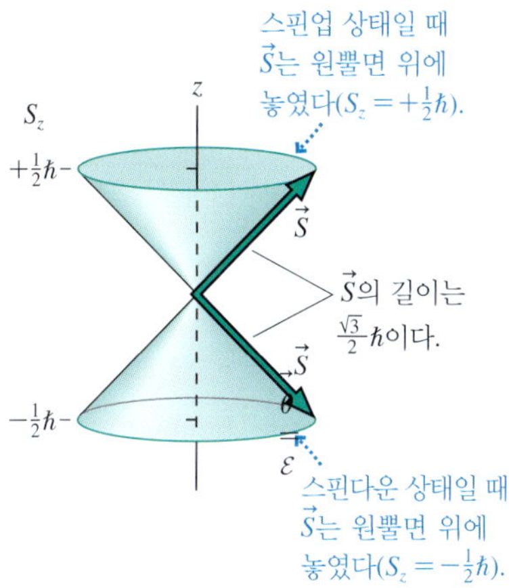

그림 41.13 두 가지 스핀 각운동량 방향

전자의 스핀은 원자 구조에 대한 매우 중요한 함축적 의미를 가지고 있다. 슈뢰딩거 방정식의 해는 세 가지 양자수 n, l 및 m에 의해 기술되지만 슈테른·게를라흐 실험을 통해 이는 원자에 대한 완벽한 묘사가 될 수 없음을 함축하고 있다. 즉, 양자수 $n = 1$, $l = 0$ 및 $m = 0$을 갖는 바닥 상태의 원자가 불균일한 자기장에서 위 혹은 아래로 편향될지를 예견하기에는 충분하지 않으며, 더 정확한 원자 구조에 대한 설명을 위해서는 스핀 양자수 m_s를 고려할 필요가 있다. (엄밀히 말하면, 양자수 s를 추가해야 하지만, s값은 불변량이기 때문에 더 추가적인 정보를 제공하지는 않는다.) 그러므로 원자의 정상 상태를 기술하기 위해서는 4개의 양자수 (n, l, m, m_s)가 필요하다. 스핀 방향은 원자의 에너지에 영향을 주지 않기 때문에 수소 원자에서 전자의 바닥 상태는 $(1, 0, 0, +\frac{1}{2})$ 스핀업 혹은 $(1, 0, 0, -\frac{1}{2})$ 스핀다운 상태가 될 수 있다.

s가 단일 값인 $s = \frac{1}{2}$을 갖는다는 사실은 다른 흥미로운 함축적 의미를 내포하고 있다. 대응 원리는 양자 입자가 매우 큰 양자수의 한계 영역에서 '고전적으로 행동'하기 시작한다는 것을 말하는데, s는 크게 될 수 없다! **즉, 전자의 스핀은 고전적인 비교대상이 없는 전자의 본질적인 고유 양자 성질이다.**

41.4 다전자 원자

수소 원자에 대한 슈뢰딩거 방정식의 해는 실험 증거들과 일치한다. 그러나 보어 수소 원자 역시 그러했다. 슈뢰딩거 이론의 실질적인 검증은 다전자 원자에 대하여 이 이론이 얼마나 잘 작동하는지 확인하는 것으로 이루어진다. 중성 다전자 원자는 $+Ze$ 전하와 Z개의 양성자를 갖는 원자핵을 둘러싼 Z개 전자들로 구성되어 있다. **원자 번호** Z는 원소가 주기율표에 나열되는 순서이며, 수소는 $Z=1$, 헬륨 $Z=2$, 리튬 $Z=3$ 등이다.

다전자 원자의 퍼텐셜 에너지 함수는 Z개의 전자들과 원자핵의 상호작용, 그리고 Z개의 전자들 간의 상호작용으로 이루어진다. 전자·전자 상호작용은 원자 구조 문제를 태양계 문제보다 더 어렵게 만들고, 단순한 보어 모형은 성공적이지 못한 모형임을 의미한다. 태양계의 행성은 서로간의 인력을 형성하는 중력이 작용하지만, 행성의 경우 태양에 비해 매우 질량이 작아 행성 간의 힘은 중요하지 않다. 이와는 반대로 단일 원자의 경우엔 상황이 다르다. 전자의 전하는 양성자의 전하와 동일한 크기를 갖기 때문에 전자·전자 반발력은 전자·원자핵 인력만큼이나 원자 구조에 중요하다.

전자·전자 상호작용에 기인한 퍼텐셜 에너지는 전자의 이동과 전자들 사이의 거리가 변함에 따라 급격하게 변동한다. 이 상호작용을 상세히 다루기보다는 각 전자가 모든 다른 전자들에 의해 **평균** 퍼텐셜 에너지를 느끼면서 움직인다고 합리적으로 고려할 수 있다. 즉, i번째 전자의 퍼텐셜 에너지는

$$U(r_i) = -\frac{Ze^2}{4\pi\epsilon_0 r_i} + U_{\text{elec}}(r_i) \tag{41.14}$$

이다. 첫 번째 항은 전자와 원자핵 내의 Z개 양성자 간의 상호작용을 나타내고 U_{elec}는 모든 다른 전자들에 기인한 평균 퍼텐셜 에너지이다. 각 전자는 다른 전자들과 독립적으로 취급되기 때문에 이러한 접근법을 **독립 입자 근사**(independent particle approximation, 또는 IPA)라고 한다. 이 근사법을 통해 원자에 대한 슈뢰딩거 방정식을 각 전자에 해당하는 Z개의 방정식들로 나눌 수 있게 된다.

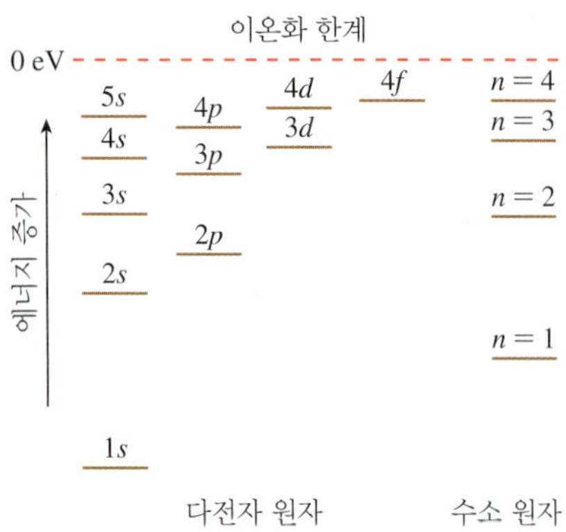

그림 41.14 다전자 원자의 전자들의 에너지 준위 도표

독립 입자 근사의 주요 결과는 **각 전자가 수소 원자의 단일 전자를 기술하는 데 사용되는 바로 그 4개의 양자수 n, l, m, m_s를 갖는 파동 함수로 기술될 수 있다**는 것이다. m과 m_s는 에너지에 영향을 주지 않기 때문에 수소 원자에서 사용했던 동일한 표기체계를 이용하여 양자수 n과 l로 전자를 표현할 수 있다.

그러나 주요한 차이는 다전자 원자에서 전자의 에너지는 n과 l에 의존한다는 것이다. 수소 원자에서 $2s$와 $2p$ 상태는 동일한 에너지를 갖는 반면 다전자 원자에서 그 두 상태의 에너지는 서로 다르다. 그 차이는 단일 전자로 구성된 수소 원자에 존재하지 않는 전자·전자 상호작용으로부터 발생한다.

그림 41.14는 다전자 원자의 전자들의 에너지 준위 도표를 보여주며, 비교를 위해 수소 원자 에너지는 오른쪽 가장자리에 그려져 있다. 두 에너지 준위를 비교해보면

꽤 흥미로운데, 작은 l값을 갖는 다전자 원자의 상태들은 이에 대응하는 수소 원자의 상태들보다 에너지가 현저히 낮다. 각 n에 대하여 l이 증가할 때 다전자 원자의 전자 에너지가 증가하여 최대 l 상태는 수소 원자의 n 상태의 에너지와 거의 같아진다. 이 패턴을 이해할 수 있는가?

낮은 l 상태는 타원형 고전 궤도에 해당하고 가장 높은 l 상태는 원형 궤도에 해당함을 기억하자. 그림 41.15에 설명되어 있는 것처럼, 가장 작은 n값을 제외하고, 원형 궤도의 전자는 나머지 전자들로 구성된 전자 구름 **외곽**에서 대부분의 시간을 보낸다. 외각 전자는 Z개의 양성자와 $(Z-1)$개의 전자들로 구성된 전하를 띤 공 주위를 돌고 있기 때문에 외각 전자는 하나의 양성자 주위를 돌고 있다고 느끼게 된다. 최대 l 상태에 있는 단일 전자는 수소 원자의 단일 원자와 거의 구별할 수 없다. 따라서 그 에너지는 수소 원자의 에너지와 거의 같다.

낮은 l 상태는 타원 궤도에 해당하며, 다른 전자들에 의해 더 이상 차폐되지 않는 원자핵 근처에 매우 가깝게 머무를 수 있다. 그러므로 원자핵의 Z개 양성자와 전자의 상호작용은 수소 원자의 단일 양성자와의 상호작용보다 훨씬 강력하며, 다전자 원자의 상태의 에너지는 수소 원자 내의 동일한 상태의 에너지보다 더 낮게 된다.

이전에 언급했듯이, 양자 전자는 실제로 궤도를 그리지 않는다. 그럼에도 불구하고 그림 41.7에서 보이듯이 $3s$ 전자의 확률 밀도는 $3d$ 전자의 확률 밀도와는 다르게 원자핵 근처에서 발견될 확률이 높다. 따라서 낮은 l 상태의 전자는 Z개의 양성자와 강한 상호작용하는 영역인 원자핵으로부터 짧은 거리 r에 위치할 가능성이 있으며, 높은 l 상태의 전자는 원자핵으로부터 더 멀리 떨어져 있을 가능성이 크다.

그림 41.15 다전자 원자의 높고 낮은 l 궤도들

높은 l 상태 전자: 원형 궤도의 전자는 중심부 바깥쪽에 머무르는데, 알짜 전하 $+e$를 보면서 수소 원자의 단일 전자처럼 거동한다.

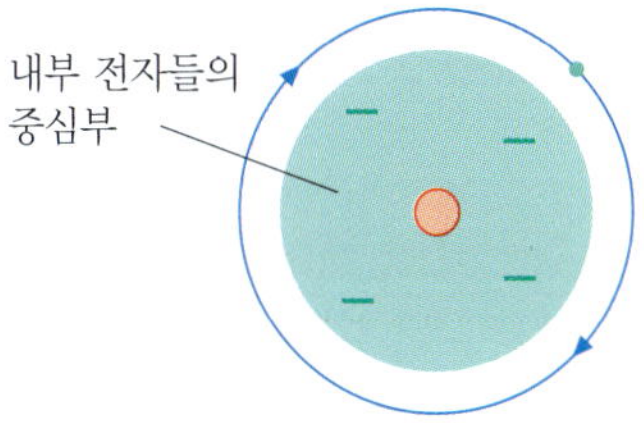

낮은 l 상태 전자: 타원 궤도의 전자는 중심부를 투과하여 원자핵과 강하게 상호작용한다. 이 상호작용은 인력을 작용하기 때문에 전자의 에너지를 낮춘다.

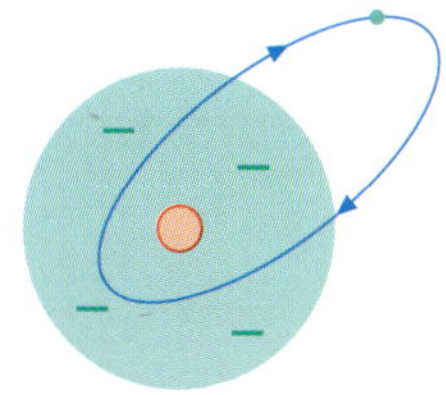

파울리 배타 원리

정의에 따르면, 양자계의 바닥 상태는 가장 낮은 에너지 상태이다. 그러면 Z개의 전자들이 Z개의 양성자들로 구성된 원자핵 주위를 돌고 있는 원자의 바닥 상태는 무엇인가? $1s$ 상태는 독립 입자 근사에서 가장 낮은 에너지 상태이기 때문에 모든 Z개의 전자들이 $1s$ 상태에 있어야 하는 것처럼 보인다. 그러나 이는 실험적 결과와 일치하지 않는다.

오스트리아의 물리학자인 파울리(Wolfgang Pauli)는 1925년 양자계에서 2개의 전자가 같은 양자 상태에 있지 않을 것이라고 가정하였다. **즉 2개의 전자가 정확히 동일한 양자수 그룹** (n, l, m, m_s)**를 가질 수 없다**고 가정했다. 하나의 전자가 한 상태에 존재하면 그 전자는 다른 모든 전자들을 배척한다. 이러한 가정을 **파울리 배타 원리**(Pauli exclusion principle)라 하며 물질의 본질에 대한 매우 중요한 현상 중의 하나로 밝혀졌다.

파울리 배타 원리는 수소 원자와 같이 하나의 전자만을 가지고 있는 원자에는 적용되지 않는다. 그러나 전자가 2개인 헬륨의 경우, 파울리 배타 원리에 따르면 두 전자가 다른 양자 상태에 있어야 한다. $l=0$인 $1s$ 상태일 때 가능한 자기 양자수는

그림 41.16 헬륨의 바닥 상태와 첫 번째 들뜬 상태

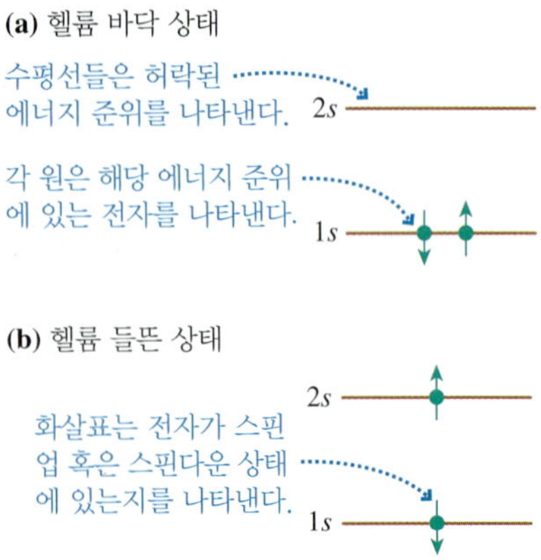

$m=0$이다. 그러나 스핀 양자수 m_s는 $+\frac{1}{2}$과 $-\frac{1}{2}$의 2개 값이 가능하다. 첫 번째 전자가 $(1, 0, 0, +\frac{1}{2})$ 상태에 있다면 $(1, 0, 0, -\frac{1}{2})$ 상태에 있는 두 번째 전자는 1*s* 상태에 있을 수 있게 된다. 파울리 배타 원리에 의한 전자의 에너지 구조는 그림 41.16a에 잘 묘사되어 있다. 점들은 '에너지 사다리'에 놓여 있는 전자들이며, 화살표는 스핀업과 스핀다운을 나타낸다.

파울리 배타 원리에 따르면 전자들이 서로 다른 m_s를 가지고 있을 경우 헬륨 내의 두 전자가 가장 낮은 에너지에 해당하는 1*s* 상태에 있을 수 있기 때문에 이러한 원자 내의 전자 점유 상태가 바닥 상태가 될 거라 예상할 수 있고, 원자 에너지 준위에 채워진 전자들의 점유 형태를 **전자 배열**(electron configuration)이라 한다. 헬륨 바닥 상태의 전자 배열을 $1s^2$로 기술할 수 있는데, 이때 위 첨자 2는 1*s* 에너지 준위에 있는 2개의 전자를 가리킨다. 또한 그림 41.16b에 나타나 있듯이 헬륨 원자의 들뜬 상태로 1*s*2*s*인 전자 배열로 표현이 가능하다. 이 경우 두 전자는 서로 다른 *n*값을 가지고 있기 때문에 각 전자는 모든 m_s값을 가질 수 있다.

$n=1$인 경우에는 오직 $(1, 0, 0, +\frac{1}{2})$과 $(1, 0, 0, -\frac{1}{2})$의 두 상태만 가능하다. 그러므로 헬륨의 바닥 상태는 이 각각의 상태를 점유하는 2개의 전자로 구성이 되므로, 모든 가능한 $n=1$ 상태는 전자로 꽉 채워져 있게 된다. 결과적으로 $1s^2$ 전자 배열을 **닫힌 껍질**(closed shell)이라 한다. 두 전자의 자기 모멘트가 서로 반대 방향을 향하기 때문에 헬륨의 알짜 자기 모멘트가 0이 되므로, 슈테른·게를라흐 실험에서 헬륨 원자의 편향 현상을 관측할 수 없을 것이다. 이러한 예측은 실험을 통해서 확인된다.

그림 41.17 리튬의 바닥 상태와 첫 번째 들뜬 상태

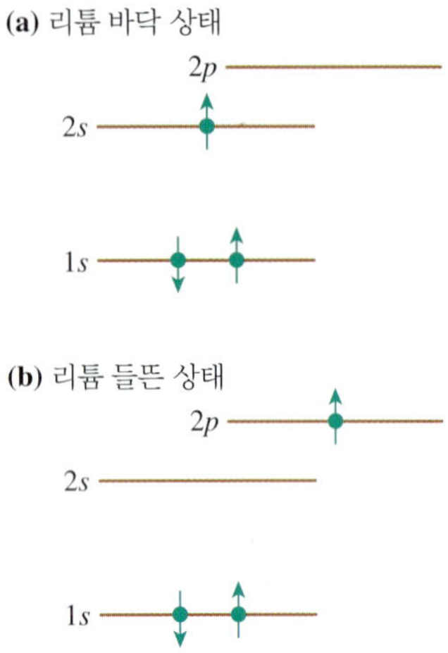

주기율표에서 헬륨 다음 원소인 리튬은 3개의 전자를 가지고 있다. 3개 중 2개의 전자는 서로 다른 m_s값을 갖은 채 1*s* 상태를 채우게 되는데, 이때 나머지 하나의 전자는 어느 상태를 채우게 될까? 두 전자에 의해 이미 $1s^2$ 껍질은 채워져 있어, $n=1$인 추가적인 양자 상태가 없다. 그러므로 세 번째 전자가 가질 수 있는 선택은 오직 다음 에너지 상태인 $n=2$ 에너지 준위에 있는 상태들에 머무는 것이다. 수소 원자의 경우 2*s*와 2*p*는 동일한 에너지를 가지고 있지만 다전자 원자에서는 그렇지 않다. 그림 41.14에서 나타나 있듯이 같은 *n* 상태를 갖는다 하더라도 더 낮은 *l* 상태가 더 높은 *l* 상태보다 에너지가 더 낮다. 리튬의 경우 2*s* 상태의 에너지가 2*p*보다 더 낮으므로, 리튬의 세 번째 바닥 상태 전자는 $l=0$과 $m=0$인 2*s* 상태를 채우게 된다. 이때 하나의 전자만 고려하기 때문에 m_s의 값은 중요하지 않게 되며, 그림 41.17a의 전자 배열에 표현되어 있듯이 2*s*의 전자는 동일한 확률로 스핀업 혹은 스핀다운의 상태가 가능하다. 리튬의 경우 1*s*에 2개의 전자 그리고 2*s*에 1개의 전자가 에너지 준위를 채우고 있으므로 리튬 바닥 상태의 전자 배열은 $1s^22s$가 된다.

그림 41.18 두 가지 리튬 전자 배열을 나타내는 전자 구름들

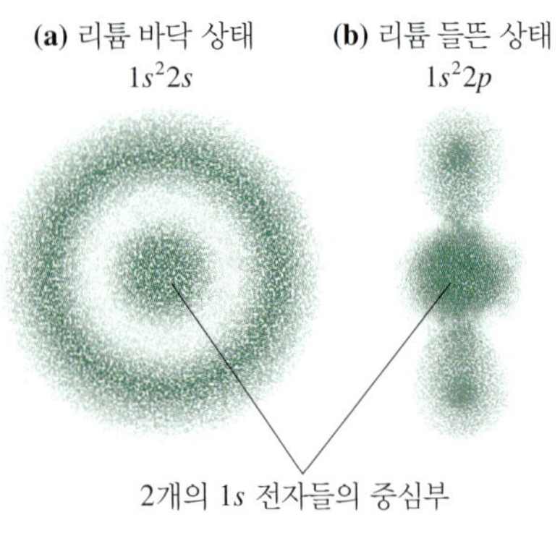

그림 41.18a는 리튬의 $1s^22s$ 바닥 상태에 있는 전자들의 확률 밀도를 보여주며, 내부 $1s^2$ 핵을 둘러싸고 있는 2*s* 전자 껍질을 볼 수 있다. 비교를 위해 그림 41.18b는 2*s* 전자가 2*p* 에너지 준위로 들뜬 리튬의 첫 번째 들뜬 상태를 보여주며, 그림 41.17b에 나타나 있는 것처럼 $1s^22p$ 전자 배열을 형성한다.

슈뢰딩거 방정식은 정확하게 리튬의 $1s^2 2s$와 $1s^2 2p$ 전자 배열의 에너지들을 예측하지만 전자들이 둘 중 어느 상태를 점유할지에 대해서는 이야기하지 않는다. 전자의 스핀과 파울리 배타 원리가 이 질문에 대한 마지막 퍼즐 조각이었고, 슈뢰딩거 이론에 이 조각이 맞추어지자 양자역학의 초기 단계가 완성되었다. 물리학자들은 마침내 원자 구조를 이해하는 데 성공적인 이론을 가지게 되었다.

41.5 원소들의 주기율표

19세기는 과학자들이 새로운 원소를 발견하고 그들의 화학적 성질을 연구하는 시기였다. 1860년대 몇몇 화학자들은 화학적 특성들의 규칙성을 언급하기 시작했다. 예를 들어 알칼리 금속인 리튬, 나트륨, 칼륨 및 세슘 사이에는 명백한 유사점이 있다. 그러나 많은 원소들이 아직 발견되지 않아 원소들이 갖는 유사성에 근거하여 그룹화하여 구분하기 매우 어려웠다.

1867년 러시아 화학자 멘델레예프(Dmitri Mendeléev)가 처음으로 원소들의 **주기적인 배열**을 제안하였다. 그의 가정에 따라 발견되지 않은 원소들이 존재해야 하는 '영역'을 정확하게 지적함으로써 주기적인 배열을 만들었고, 발견되지 않는 원소들의 예측되는 성질들을 예견할 수 있었다. 그의 가정에 따른 원소들의 발견은 멘델레예프의 조직 구성표의 타당성을 검증하였으며, 이를 **주기율표**라고 한다.

그림 41.19는 현대 주기율표이다. (더 커다란 주기율표는 부록 B에 있다.) 물리학

그림 41.19 각 원소들의 원자 번호 Z에 따른 현대 원소 주기율표

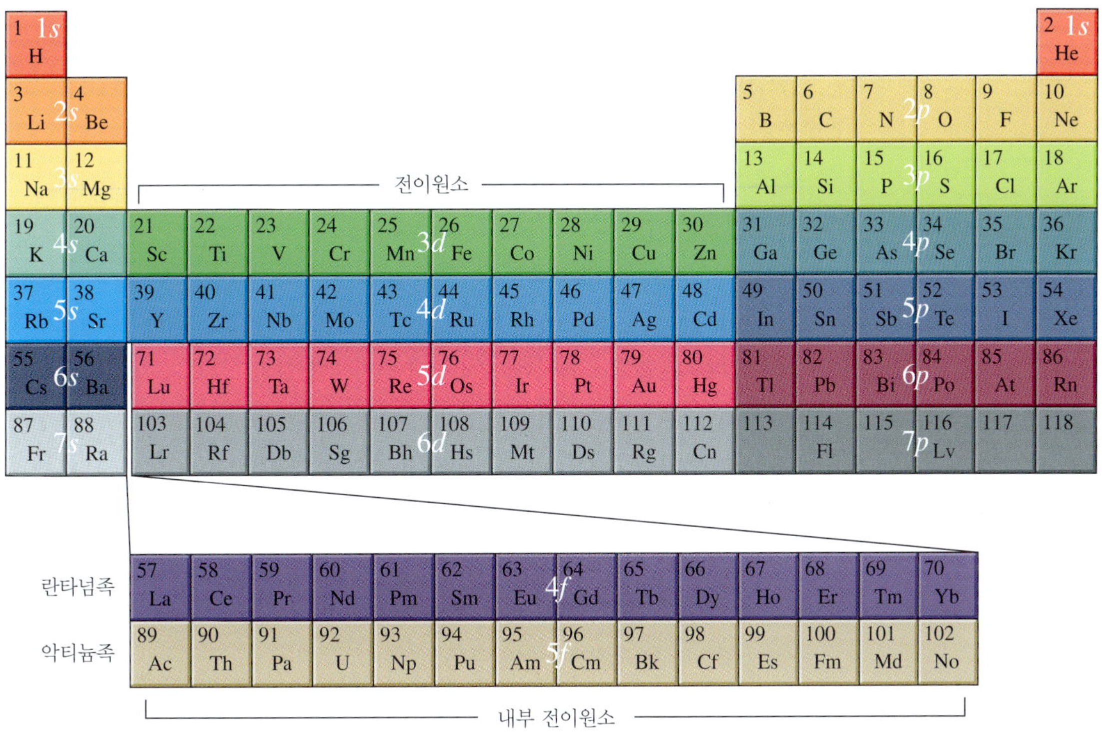

자에게 주기율표의 중요성은 원자의 구조에 기본적인 규칙성과 주기성이 존재한다는 것을 함축한다는 것이다. 원자에 대한 성공적인 이론은 주기율표가 왜 그렇게 배열되어야 하는지를 설명해야 한다.

주기율표 첫 두 행

양자역학은 주기율표의 구조를 매우 잘 설명하는데, 이를 살펴보기 위해 세 가지 기본 아이디어가 필요하다.

1. 원자의 에너지 준위는 다전자 원자의 슈뢰딩거 방정식을 통해 구해진다. 에너지 준위가 양자수 n과 l에 의존한다는 것을 보여주는 그림 41.14는 주기율표를 이해하기 위한 매우 중요한 그림이다.
2. 궤도 양자수 l이 주어질 때 자기 양자수 m은 $2l+1$개의 값을 갖고, 그 각각의 값들은 2개의 스핀 양자수 m_s를 갖는다. 결과적으로 그림 41.14의 각 에너지 준위는 사실 $2(2l+1)$개의 다른 **상태**들로 이루어져 있고, 같은 에너지를 갖는다.
3. 원자의 바닥 상태는 파울리 배타 원리에 부합하는 가장 낮은 전자 배열에 해당한다.

이전 내용에서 헬륨($Z=2$)과 리튬($Z=3$) 원소를 살펴보기 위해 위 아이디어를 사용했었다. 4개의 전자를 지닌 베릴륨($Z=4$)을 다음으로 살펴보자. 첫 2개 전자는 $1s$ 상태를 점유하여 닫힌 껍질을 형성하고, 세 번째 전자는 $2s$에 머문다. $2s$를 점유한 첫 번째 전자의 스핀이 두 번째 전자의 스핀과 반대가 되는 경우 두 번째 전자는 $2s$ 준위를 점유할 수 있게 된다. 즉, 세 번째 그리고 네 번째 전자들은 $(2, 0, 0, +\frac{1}{2})$과 $(2, 0, 0, -\frac{1}{2})$ 상태를 점유하게 되고, $2s$ 준위에서는 이 두 가지 상태만 가능하다. n과 l의 값이 서로 같은 상태들을 **부껍질**(subshell)이라 한다. 그러므로 네 번째 전자는 $2s$의 부껍질을 완전히 채우게 된다. (바깥에 분포한 전자들은 $2p$ 준위에 있는 상태들은 비워 둔 채 오직 $2s$ 준위에 있는 상태들을 점유하고 있으므로 껍질이 아닌 부껍질이라고 한다.) 베릴륨의 바닥 상태는 그림 41.20에 보이듯 $1s^2 2s^2$이다.

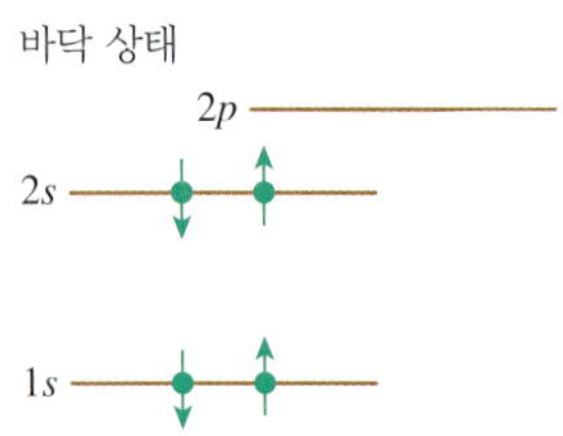

그림 41.20 베리륨(beryllium, $Z=4$)의 바닥 상태

이 원리들은 원소에 대해 논의할 때 지속적으로 적용된다. 각 l 상태는 $2l+1$개의 m의 값을 갖고, 각 m 상태는 $m_s = \pm\frac{1}{2}$을 가질 수 있다. 그러므로 각 nl 부껍질에 있는 총 양자 상태수는 $2(2l+1)$이다. 표 41.2에 원자 부껍질의 상태수를 보였다.

표 41.2 원자 부껍질의 상태수

부껍질	l	상태수
s	0	2
p	1	6
d	2	10
f	3	14

붕소(boron, $1s^2 2s^2 2p$)는 비어있는 $2p$ 부껍질을 가지고 있다. 이 $2p$ 상태들은 주기율표의 두 번째 행의 오른쪽으로 갈수록 채워지게 된다. 이 원소들은 그림 41.21에 표시되어 있다. $2p$ 준위에 6개의 전자들을 가지고 있는 네온(neon, $1s^2 2s^2 2p^6$)은 $n=2$인 껍질을 완벽히 채우므로, 닫힌 껍질을 하나 더 갖게 된다. 주기율표의 두 번째 행은 $2s$ 준위에 2개의 전자 그리고 $2p$ 준위에 6개의 전자로 $n=2$ 껍질을 완벽히 채우기 때문에 총 8개의 원소로 이루어진다.

그림 41.21 붕소에서 네온 원소까지의 $2p$ 부껍질 전자 배열

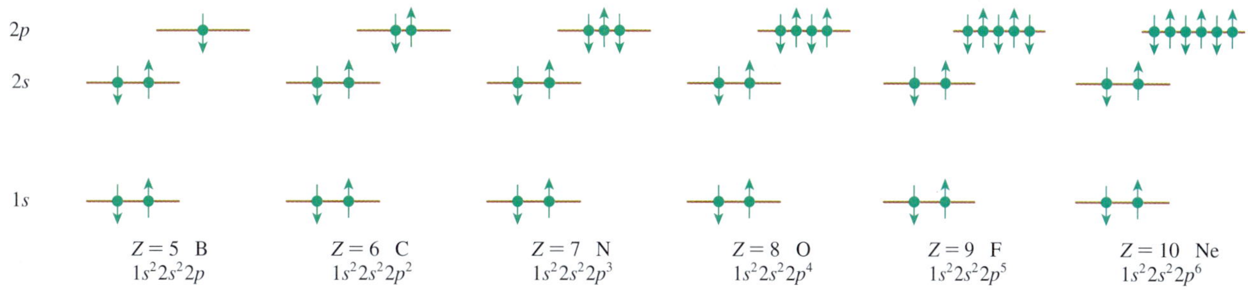

$Z > 10$인 원소들

주기율표의 세 번째 행의 원소 역시 두 번째 행과 유사한 규칙을 따른다. 따라서 나트륨과 마그네슘의 $3s$ 준위의 두 상태는 채워지게 된다. 주기율표 왼쪽 두 열은 두 전자가 s 부껍질을 점유할 수 있음을 나타내며, 그 다음으로 알루미늄(aluminum)부터 아르곤(argon)에 이르기까지 차례대로 $3p$ 준위의 6개 상태들이 채워지게 된다. 주기율표 오른쪽 6개 열들은 p 준위 부껍질에 있는 6개의 전자를 나타낸다. 흥미롭게도 $3d$ 부껍질이 아직 채워지지 않은 아르곤($Z = 18$, $1s^2 2s^2 2p^6 3s^2 3p^6$)이 불활성 기체이다.

주기율표의 네 번째 행부터 전자 배열을 이해하기가 복잡해진다. 아르곤의 $3p$ 부껍질을 채운 후 그 다음 칼륨(potassium, $Z = 19$)부터 $3d$ 부껍질을 채우기 시작할거라 예상할지도 모른다. 그러나 nl 상태의 에너지들을 나타내는 그림 41.14를 다시 보면 $3d$ 상태의 에너지가 $4s$의 에너지보다 조금 더 높다는 걸 알 수 있다. 바닥 상태가 파울리 배타 원리에 의거하여 **가장 낮은 상태**이기 때문에 칼륨은 $3d$ 상태를 채우기보단 먼저 $4s$ 상태를 채우려고 한다. 이와 같이 칼륨의 바닥 상태 전자 배열은 예상했던 $1s^2 2s^2 2p^6 3s^2 3p^6 3d$가 아닌 $1s^2 2s^2 2p^6 3s^2 3p^6 4s$가 된다.

이러한 이유로 n의 증가와 l의 감소 사이의 경쟁 관계를 살펴볼 필요가 있다. $4s$ 상태는 고도로 타원형인 궤도에 의해 원자핵에 매우 근접한 궤도의 부분을 가지게 되어 원형 궤도인 $3d$ 상태의 에너지보다 훨씬 작은 에너지를 갖게 된다. 하지만 $4p$ 상태는 '예상되는' 패턴으로 되돌아 가고, 세 상태들의 에너지는

$$E_{4s} < E_{3d} < E_{4p}$$

가 된다. 그러므로 주기율표 네 번째 행의 상태들은 $4s$, $3d$, 그리고 $4p$의 순서대로 전자를 채우게 된다.

지금까지 주기율표상에서 d 상태들을 논의하지 않았기 때문에, $3d$ 부껍질을 고려하게 되면 10개의 **전이원소** 그룹을 추가로 주기율표상에서 고려해야 한다. 가장 흔히 접하는 금속이 전이원소이고 그들의 금속 성질들은 부분적으로 채워진 d 부껍질에 의해 결정된다. $3d$ 부껍질은 $Z = 30$인 아연(zinc)에서 완전히 채워지고 그 다음으로 $Z = 36$인 크립톤(krypton)까지 $4p$ 부껍질을 채우게 된다.

여섯 번째 행부터는 상황이 더욱 복잡해지기는 하지만 방법은 매우 유사하다. $l=3$인 부껍질(f 전자)은 $n=4$일 때 가능성이 있지만, $5s$, $5p$ 및 $6s$ 상태 모두 $4f$보다 에너지가 낮다. 바륨(Z=56)이 $6s$ 부껍질을 채우지 않고 $4f$ 전자를 채우는 것이 에너지적으로 유리하다. 바륨 직후에는 주기율표 바닥에 있는 **란타넘족**으로 전환되고, 란타넘족이 $4f$ 상태들을 채우게 된다.

$4f$ 부껍질은 $Z=70$인 이터븀(ytterbium)에서 완전히 채워진다. 그런 다음 $Z=71$인 루테튬(lutetium)에서 $Z=80$인 수은(mercury)까지 전이원소 $5d$ 부껍질을 채우고, 탈륨(thallium)에서 라돈(radon)에 이르는 6개 원소의 $6p$ 부껍질이 채워지게 된다. 마지막 불활성 기체인 라돈은 $Z=86$개인 전자들을 가지고 있고, 바닥 상태 전자 배열은

$$1s^2 2s^2 2p^6 3s^2 3p^6 4s^2 3d^{10} 4p^6 5s^2 4d^{10} 5p^6 6s^2 4f^{14} 5d^{10} 6p^6$$

이다. 좀 어려워 보이는 긴 구조이지만 이제 이 전자 배열을 이해할 수 있게 되었다.

예제 41.4 비소의 바닥 상태

비소(arsenic)의 바닥 상태 전자 구조를 나타내시오.

풀이 주기율표상 비소(As)는 $Z=33$이다. 33개의 전자 상태를 나열해야 한다. 주기율표 네 번째 행에 위치한 비소는 전이원소의 첫 번째 그룹 다음에 위치해 있다. 아르곤(Z=18)은 $3p$ 부껍질을 채우고 그 다음 칼슘(Z=20)은 $4s$ 부껍질을 채운다. 그 다음 아연(Z=30)까지 10개 원소들은 $3d$ 부껍질을 채운다. $4p$ 부껍질은 갈륨(gallium, Z=31)에서 채워지기 시작하여 갈륨으로부터 세 번째 원소에 해당하는 비소는 3개의 $4p$ 전자들을 가지게 된다. 그러므로 바닥 상태 전자 배열은

$$1s^2 2s^2 2p^6 3s^2 3p^6 4s^2 3d^{10} 4p^3$$

이다.

그림 41.19의 주기율표에 표시된 하얀색 글씨는 지금까지 언급한 결과들을 요약한 것으로, 전자가 채워지는 부껍질을 나타낸다. 주기율표를 이해하는 데 전자의 스핀이 매우 필수적인 양자역학적 성질임을 다시 강조하는 것은 부족함이 없으며, 이는 원자 양자 모형의 주목할만한 성과임을 반영한다.

이온화 에너지

이온화 에너지는 원자로부터 바닥 상태 전자를 제거하는 데 필요한 최소 에너지이며, 원자는 양전하를 띠게 된다. 수소의 경우 바닥 상태 에너지가 $E_1=-13.60$ eV이기 때문에 수소의 이온화 에너지는 13.60 eV이다. 그림 41.22는 주기율표의 첫 60개 원소들에 대한 실험적으로 측정된 이온화 에너지들을 보여준다.

이온화 에너지는 각 원소마다 다르지만 그 값은 분명한 패턴을 보여준다. 주기율표 맨 왼쪽에 있는 알칼리 금속의 경우 이온화 에너지는 약 5 eV이고 불활성 기체까지 15 eV 이상 점차적으로 증가하다가 5 eV로 다시 값이 떨어진다. 원자의 양자 이

그림 41.22 $Z=60$까지 원소들의 이온화 에너지

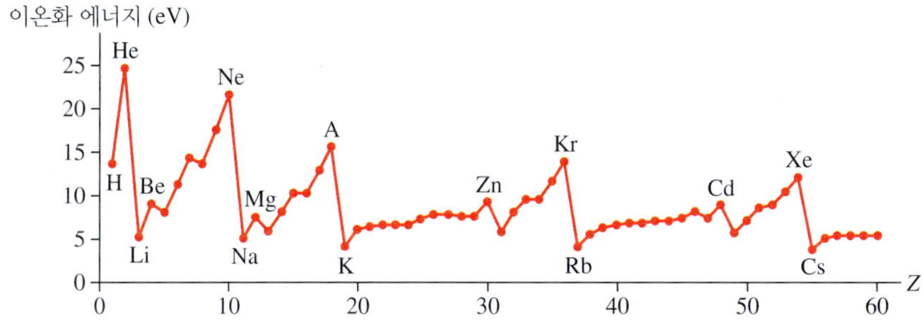

론은 이온화 에너지의 반복되는 패턴을 설명할 수 있는가?

답은 "그렇다"이다. 주기율표 맨 오른쪽 열에 있는 불활성 기체 원소들(헬륨, 네온, 아르곤, …)은 **닫힌 껍질**을 가지고 있다. 닫힌 껍질은 매우 안정적인 구조이기 때문에 이 원소들은 화학적으로 비반응성(비활성)을 보인다. 그러므로 안정적인 닫힌 껍질 밖으로 전자를 빼내기 위해서는 많은 에너지가 필요하고, 따라서 불활성 기체들은 가장 큰 이온화 에너지를 가지게 된다.

주기율표 맨 왼쪽의 알칼리 금속은 닫힌 껍질 바깥쪽에 단일 s전자를 가지고 있어, 이 전자는 매우 쉽게 제거되며, 결과적으로 화학적 반응이 매우 좋고 가장 적은 이온화 에너지를 가지게 된다. 알칼리 금속과 불활성 기체 사이에 닫힌 $2s$ 부껍질을 갖는 베릴륨($1s^2 2s^2$) 같은 원소들이 존재한다. 그림 41.22에서 볼 수 있듯이 베릴륨의 닫힌 부껍질은 이웃해 있는 리튬($1s^2 2s$) 혹은 붕소($1s^2 2s^2 2p$)보다 더 큰 이온화 에너지를 가지고 있다. 하지만 닫힌 부껍질은 닫힌 껍질만큼 강한 구속력을 가지고 있지는 못하다. 그래서 베릴륨의 이온화 에너지는 헬륨 혹은 네온의 것보다 훨씬 작다.

전반적으로 슈뢰딩거 방정식으로부터 유도된 에너지 준위와 파울리 배타 원리를 기반으로 한 껍질과 부껍질의 기본 아이디어는 이온화 에너지들의 반복적인 특성에 대한 좋은 이해를 제공한다.

41.6 들뜬 상태 그리고 스펙트럼

주기율표는 원소들의 **바닥 상태**들에 대한 정보를 구성하고 있다. 이 상태들은 대부분의 원자들이 대부분의 시간을 바닥 상태에 머물러 있기 때문에 화학적으로 매우 중요하다. 원자가(valence), 결합, 반응성 등과 같은 모든 화학적 개념은 이 바닥 상태 원자 구조의 결과에서 비롯된다. 그러나 주기율표는 원자의 들뜬 상태에 대해 아무런 언급을 하지 않는다. 하지만 들뜬 상태는 원자의 스펙트럼을 이해하기 위해 매우 중요하고 우리가 다음에 다룰 주제이다.

여기서는 주로 다전자 원자인 나트륨($Z=11$)을 주요 모델로 다룰 것이다. 나트륨의 바닥 상태 전자 배열은 $1s^2 2s^2 2p^6 3s$이다. 첫 10개 전자들은 **네온 중심부**에 해당하는 완벽하게 채워진 $n=1$과 $n=2$ 껍질을 구성하고 $3s$ 전자는 원자가 전자가 된다.

그림 41.23 나트륨 바닥 상태 [Ne]3s와 들뜬 상태들

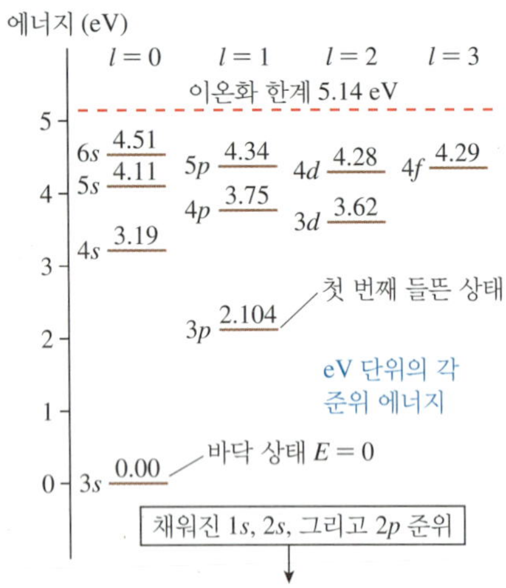

그러므로 나트륨의 전자 배열을 [Ne]3s 혹은 더 간단하게 3s로 표시한다.

나트륨의 들뜬 상태는 원자가 전자를 더 높은 에너지 준위로 보낼 때 생성된다. 네온 중심부에 있는 전자들은 바뀌지 않는다. 따라서 들뜬 상태는 [Ne]nl 혹은 더 간단하게 nl로 표기된다. **그림 41.23**은 나트륨의 바닥 상태와 들뜬 상태들을 보여주는 에너지 준위 도표이다. 네온 중심부의 1s, 2s 및 2p 상태들은 도표에 보이지 않는데, 이 상태들은 이미 채워져 있고 바뀌지 않기 때문이다. 그래서 오직 원자가 전자가 가능한 상태들만 보여준다.

그림 41.23은 새로운 특징을 보여준다. 에너지의 영점이 바닥 상태로 옮겨졌다. 여러 번 봐왔지만 에너지의 영점은 편의성을 위해 옮겨질 수 있다. 스펙트럼을 분석하기 위해 바닥 상태의 에너지를 0으로 하는 게 매우 편리하다. 그러면 들뜬 상태의 에너지가 바닥 상태로부터 얼마나 떨어져 있는지 말하기가 수월해진다. 나트륨의 경우 이온화 한계는 이온화 에너지 5.14 eV에 해당한다.

3s 위의 첫 번째 에너지 준위는 3p이고, 나트륨의 **첫 번째 들뜬 상태**는 [Ne]3p 혹은 더 간단히 3p로 표현되는 $1s^22s^22p^63p$이다. 중심부 전자들의 변화없이 원자가 전자는 들뜨게 된다. 이 들뜬 상태는 에너지 증가 순서와 동일하게 [Ne]4s, [Ne]3d, [Ne]4p 순서대로 일어나고, 들뜬 상태의 순서는 정확하게 주기율표 네 번째 행에서 설명했던 3p–4s–3d–4p 순서와 동일하다.

단일 원자가 전자를 갖는 다른 원자들은 나트륨과 유사한 에너지 준위 구조를 갖는다. 하지만 둘 이상의 원자가 전자를 갖은 원자의 경우 훨씬 복잡한 구조를 갖게 되는데, 이에 대한 세부적인 내용은 좀 더 고급과정에서 다루어야 할 내용이므로 여기서는 다루지 않는다. 그럼에도 불구하고 각 에너지 구조가 왜 그렇게 배열되는지 정확하게 이해하지 못하더라고 지금까지의 논의를 통해 에너지 준위 도표에 나타난 정보를 활용할 수 있다.

흡수에 의한 들뜸

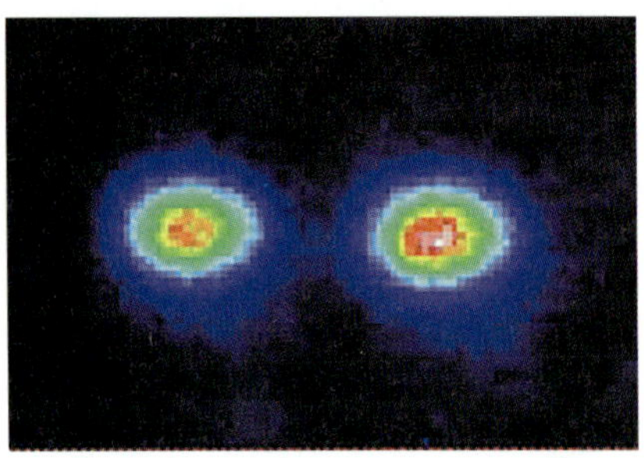

이온 트랩이라 하는 장치에 포획이 된 두 베릴륨 이온들이 빛의 점들을 방출하고 있다. 각 이온은 눈에 보이지 않는 자외선 레이저에 의해 들뜨게 되어 초당 10^6개의 가시광선을 방출한다.

외부로부터 어떠한 상호작용이 없다면 원자는 에너지가 가장 낮은 에너지 상태에 놓이게 된다. 그러면 어떻게 원자는 들뜬 상태에 있게 되는가? 원자를 들뜬 상태로 만드는 과정을 **들뜸**(excitation)이라고 하며, 흡수와 충돌 두 가지 기본 메커니즘이 있다. 흡수에 의한 들뜸 과정을 살펴보면서 시작하고자 한다.

보어 모형의 한 가지 가정은 원자는 에너지 E_1인 정상 상태로부터 더 높은 에너지 E_2 상태로 진동수

$$f = \frac{\Delta E_{\text{atom}}}{h} = \frac{E_2 - E_1}{h} \tag{41.15}$$

인 광자를 흡수함으로써 전이할 수 있다. 스펙트럼을 분석하기 위해 식 (41.15)를 식 (41.16)과 같이 파장으로 표현하는게 유용하다.

$$\lambda = \frac{c}{f} = \frac{hc}{\Delta E_{\text{atom}}} = \frac{1240 \text{ eV nm}}{\Delta E(\text{in eV})} \quad (41.16)$$

식 (41.16)은 $hc = 1240$ eV nm이고 ΔE_{atom} 값이 eV 단위일 때 nm 단위의 파장을 제시한다.

양자뜀에 대한 보어의 개념은 양자역학의 결과에 대한 해석의 매우 중요한 부분이다. 광자를 흡수함으로써 원자는 바닥 상태로부터 들뜬 상태들 중 하나로 이동하게 된다. 그러나 원자 내 전자들이 어떻게 빛과 상호작용하는지에 대한 주의 깊은 분석은 모든 가능한 들뜬 상태로의 전이가 일어나지 않을 수 있음을 보여준다. 즉, **허용 전이**(allowed transitions)는 **선택 규칙**(selection rule)을 만족해야만 한다. 궤도 양자수 l_1 상태인 원자가 전자의 궤도 양자수 l_2로의 전이는 오직

$$\Delta l = |l_2 - l_1| = 1 \quad (\text{방출과 흡수의 선택 규칙}) \quad (41.17)$$

을 만족할 때 일어난다. 이와 같이 전자의 궤도 양자수는 정확하게 1만큼씩만 변해야 하고, s 상태($l = 0$)의 원자는 광자 하나를 흡수하여 p 상태($l = 1$)로 들뜰 수 있지만 다른 s 상태나 d 상태로는 가능하지 않다. 또한 p 상태($l = 1$)의 원자는 더 낮은 에너지를 갖는 s 상태나 d 상태로 전이하면서 광자 하나를 방출할 수 있지만, 다른 p 상태로의 전이는 불가능하다.

예제 41.5 수소의 흡수

수소의 흡수 스펙트럼에서 가장 긴 파장은 얼마인가? 어떤 에너지 준위들 간에 전이가 일어나는가?

풀이 가장 긴 파장은 가장 작은 에너지 변화 ΔE_{atom}에 대응한다. 원자는 1s 바닥 상태에서 전이가 일어나기 때문에 가장 작은 에너지 변화는 $n = 2$인 첫 번째 들뜬 상태로 흡수가 일어날 때이다. 이때 에너지 변화는

$$\Delta E_{\text{atom}} = E_2 - E_1 = \frac{-13.6 \text{ eV}}{2^2} - \frac{-13.6 \text{ eV}}{1^2} = 10.2 \text{ eV}$$

이고, 이 전이에 해당하는 파장은

$$\lambda = \frac{1240 \text{ eV nm}}{10.2 \text{ eV}} = 122 \text{ nm}$$

이다. 이 파장은 자외선 영역에 해당한다. 선택 규칙 때문에 $1s \to 2s$가 아닌 $1s \to 2p$의 전이가 일어난다.

예제 41.6 나트륨의 흡수

나트륨의 흡수 스펙트럼에서 가장 긴 파장은 얼마인가? 어떤 에너지 준위들 간에 전이가 일어나는가?

풀이 나트륨의 바닥 상태는 [Ne]3s이다. 가장 낮은 들뜬 상태는 3p 상태이다. $3s \to 3p$는 허용 전이($\Delta l = 1$)이고, 그러므로 이 전이에서 흡수되는 파장이 가장 길다. 그림 41.23의 데이터에서 볼 수 있듯이 이 전이의 에너지는 $\Delta E_{\text{atom}} = 2.104$ eV이고, 대응하는 파장은

$$\lambda = \frac{1240 \text{ eV nm}}{2.104 \text{ eV}} = 589 \text{ nm}$$

이다.

검토 이 황색 파장은 나트륨 스펙트럼의 두드러진 특징이다. 바닥 상태는 $l = 0$이기 때문에 흡수는 p 상태로 일어나지만, 나트륨의 s와 d 상태로는 흡수에 의해 들뜨지 않는다.

충돌 들뜸

1.0×10^6 m/s 속력으로 움직이는 전자는 2.85 eV의 운동 에너지는 갖는다. 이 전자가 바닥 상태의 나트륨 원자와 충돌한다면 운동 에너지의 일부분은 원자를 $3p$ 상태로 들뜨게 하는 데 사용된다. 이 과정을 원자의 **충돌 들뜸**(collisional excitation)이라 한다.

충돌 들뜸은 근본적으로 흡수에 의한 들뜸과 다르다. 흡수 들뜸 과정에서는 광자는 사라지고, 결과적으로 모든 광자 에너지는 원자로 전달된다. 즉, 에너지 보존 법칙에 따라 $E_{photon} = \Delta E_{atom}$가 된다. 이와 반대로 충돌 들뜸 과정에서 여전히 전자는 존재하며, 전자로 일부 운동 에너지가 전달될 수 있다. 이와 같이 전자는 원자로 총에너지를 전달하지 못한다. 만약 전자가 충돌 에너지 2.85 eV를 가지고 있다면 나트륨 원자에 2.10 eV를 전달할 수 있다. 그 결과 원자는 $3p$ 상태로 들뜨게 되고 전자는 0.75 eV 에너지 갖고 충돌 과정으로부터 벗어난다.

그림 41.24 광자 흡수와 전자 충돌에 의한 들뜸

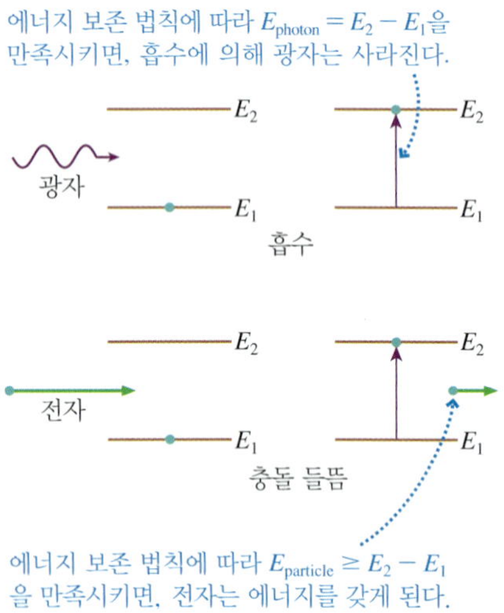

나트륨 원자를 들뜨게 하기 위해 전자의 충돌 에너지는 ΔE_{atom}를 조금 초과하면 된다. 즉, $E_{particle} \geq \Delta E_{atom}$이며, 원자를 들뜨게 하기 위한 문턱 에너지가 존재한다. 하지만 상한선은 없다. 이는 에너지 보존 법칙에 따른 결과이다. 그림 41.24는 이러한 과정을 이해하기 쉽게 보여준다.

전자에 의한 충돌 들뜸은 형광등, 가로등 및 네온 사인과 같은 전기 방전을 통한 들뜸 생성의 주된 방법이다. 기체는 감압($\approx$ 1 mm of Hg) 상태인 튜브에 넣은 다음 튜브의 끝부분에 있는 전극 사이에 상당히 높은 전압($\approx$ 1000 V)을 가함으로써 기체가 이온화되고, 이로 인해 생성된 이온과 전자들이 전하 운반자가 되어 전류가 생성된다. 충돌 사이의 전자의 평균 자유 거리는 전자들이 전기장에 의해 가속되어 수 eV의 운동 에너지를 얻기에 충분히 긴 거리이며, 전자의 운동 에너지는 충돌에 의해 기체 원자들로 전달된다. 이 충돌 과정은 대기압 상태에서는 일어나지 않는데, 그 이유는 충돌 사이의 평균 자유 거리가 너무 짧아 전자가 원자를 들뜨게 하도록 충분한 운동 에너지를 전달하지 못하기 때문이다.

예제 41.7 | 수소 원자의 들뜸

2.0×10^6 m/s로 움직이는 전자로 수소 원자가 발머 계열에 해당하는 주요한 적색 스펙트럼선($l = 656$ nm)을 방출하도록 할 수 있는가?

핵심 전자는 더 높은 에너지 준위 상태로의 전이를 야기하도록 충분한 에너지를 가지고 있어야 한다.

풀이 전자의 에너지는 $E_{elec} = \frac{1}{2}mv^2 = 11.4$ eV이다. 이 에너지 값은 656 nm 파장을 갖는 광자의 1.89 eV보다 훨씬 크다. 여기서 주의할 것은 들뜸 에너지와 광자의 에너지를 혼돈하지 않는 것이다.

발머 계열의 적색 스펙트럼선은 $n = 3$에서 $n = 2$로 $\Delta E = 1.89$ eV 만큼의 양자뜀에 의해 방출된다. 그러나 이러한 방출을 야기하기 위해, 전자는 원자의 바닥 상태인 $n = 1$로부터 $n = 3$인 에너지 준위로 들떠야 한다. 이를 위해 필요한 들뜸 에너지는

$$\Delta E_{atom} = E_3 - E_1 = (-1.51\text{ eV}) - (-13.60\text{ eV})$$
$$= 12.09\text{ eV}$$

이다. 그러므로 전자가 원자를 들뜨게 하기 위한 충분한 에너지를 가지고 있지 않으면 방출은 일어나지 않는다.

방출 스펙트럼

빛의 흡수도 중요한 과정이지만, 빛의 방출 역시 매우 중요하다. 일상 생활 속에서 감지하는 압도적인 감각 정보의 대부분은 빛의 형태로 우리에게 온다. 우주선(cosmic rays)을 제외하고는 우주에 대한 우리의 모든 지식은 다양한 과정들에서 방출되는 빛이나 다른 전자기파의 형태로 온다.

빛의 방출은 그림 41.25에서 보이는 세 가지 개념을 통해 이해될 수 있다. 슈뢰딩거 방정식을 통해 원자의 에너지 준위를 얻을 수 있으면 바로 원자의 방출 스펙트럼을 예측할 수 있다. 반대로 측정된 방출 스펙트럼을 통해 원자의 에너지 준위를 측정할 수 있다.

그림 41.25 방출 스펙트럼의 생성

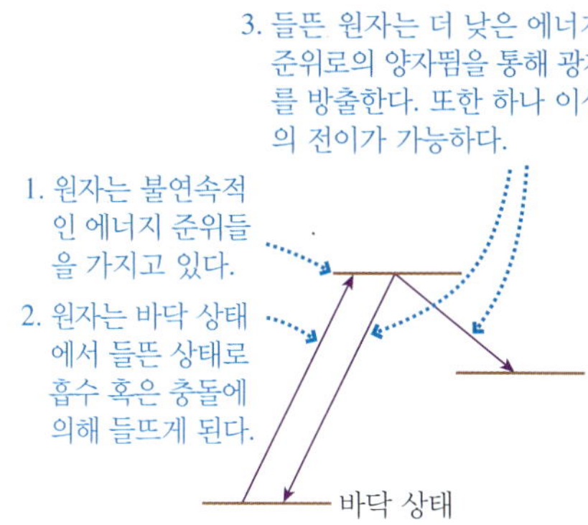

예를 들어, 그림 41.26a는 나트륨의 방출 스펙트럼에서 관측된 몇 가지 전이선과 파장들을 보여준다. 이 도표는 각 파장이 2개의 잘 정의된 에너지 준위 사이의 양자뜀을 나타내며, 선택 규칙 $\Delta l = 1$이 잘 적용됨을 나트륨 스펙트럼을 통해 확인할 수 있다. $5p$ 준위는 $3s$, $4s$ 및 $3d$로 양자뜀을 하지만 $3p$와 $4p$로는 하지 않는다.

그림 41.26b는 분광계에 기록된 나트륨의 방출 스펙트럼을 보여준다. (그림의 스펙트럼에서 보이는 많은 선들은 그림 41.26a의 에너지 준위 도표에서 보이지 않은 더 높은 들뜬 상태를 보여준다.) 스펙트럼을 에너지 준위 도표와 비교하면 589 nm, 330 nm, 286 nm 및 268 nm에 해당하는 스펙트럼선은 가능한 모든 $np \rightarrow 3s$ 전이에 의한 일련의 선을 의미하고, 이는 나트륨 스펙트럼의 주된 특징이다.

그림 41.26 나트륨의 방출 스펙트럼

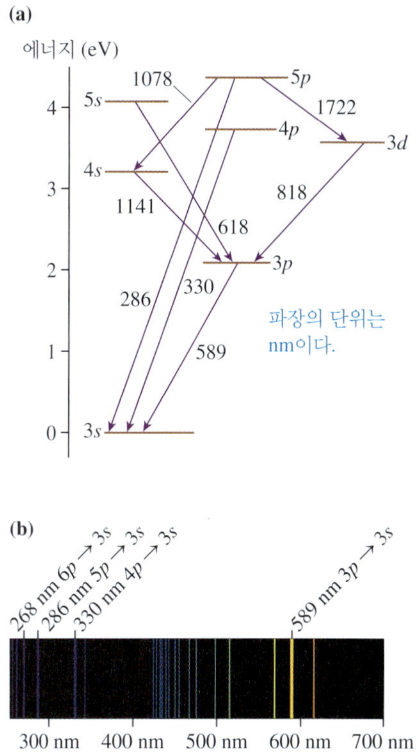

나트륨 방출의 가장 눈에 띄는 시각적 특징은 589 nm 방출 파장에 의해 생성되는 밝은 황색이며, 화학에서 **불꽃 시험**을 통해 나트륨이 섞여 있는지 검사하기 위해 자주 관측되는 현상이다. 시료는 분젠 버너에 넣는데 밝은 황색은 나트륨이 있음을 나타낸다. 589 nm 방출은 일반적인 나트륨 증기 가로등의 분홍빛이 도는 황색 빛에서도 두드러진다. 대부분의 나트륨 증기 조명은 고압 램프를 사용하여 조명 출력을 높인다. 그러나 고압은 Na_2 분자의 형성을 일으키고, 다른 분광 지문을 가진 이 분자들은 빛의 분홍빛 부분을 방출한다.

천문 관측소와 가까운 일부 도시는 저압 나트륨 등을 사용하며, 이 등은 황색 589 nm 빛을 발산한다. 도시의 불빛은 천문학자들에게는 심각한 문제이지만 **나트륨 필터**로 589 nm 나트륨 빛을 쉽게 제거할 수 있다. 망원경을 통과한 빛은 나트륨 증기 용기를 통과하고 나트륨 원자는 다른 파장의 빛을 방해하지 않으면서 원치 않는 589 nm 광자들만 **흡수**할 수 있다. 그러나 이 재치있는 속임수는 고압 나트륨 램프 또는 다른 광원에서 방출되는 다른 파장에서는 통하지 않는다.

고체의 색상

고체의 색상에 대해 몇 가지 언급을 하고 이 절을 마무리하고자 한다. 스테인드글라스 창의 강렬한 다중 색상, 꽃이나 페인트의 밝은 색상, 또는 루비의 짙은 발광 적색

스테인드글라스 창의 색상은 빛의 선택적인 흡수에서 비롯된다.

이건 간에 우리가 일상에서 지각하는 대부분의 색상은 자유 원자보다는 고체에서 비롯된다. 기본 원리는 동일하지만 고체인 경우 세부적인 부분은 다르다.

기체 내의 들뜬 원자는 선택의 여지 없이 광자를 방출함으로써 에너지를 잃는다. 기체 원자의 흔치 않는 유일한 다른 선택은 다른 원자와 충돌하여 에너지를 되튀김 운동 에너지로 전달하는 것이다. 그러나 고체 내의 원자들은 항상 서로 밀접하게 접촉하고 있다. 고체 내 들뜬 원자가 광자를 방출할 가능성이 있지만 그 에너지는 이웃한 원자들 간의 상호작용에 의해 고체의 열에너지로 전환될 가능성이 크다. 이렇게 빛의 방출 없이 탈들뜸(들뜬 상태로부터 더 낮은 에너지 상태로 전이, de-excited)하는 과정을 **비복사 전이**(nonradiative transition)라고 한다.

이러한 비복사 전이는 페인트, 식물 및 염료 같은 안료에서 일어난다. 안료 분자는 특정 빛의 파장을 흡수하고 다른 파장은 흡수하지 않는다. 분자의 에너지 준위 구조가 복잡하기 때문에 빛의 흡수는 불연속적인 스펙트럼선처럼 매우 좁은 선폭으로 흡수하지 않고 넓은 선폭을 지닌 파장 대역으로 흡수를 한다. 그러나 자유 원자처럼 흡수한 에너지를 다시 광자로 방출하는 것 대신에, 안료 분자들은 비복사 전이를 통해 열에너지가 증가하도록 에너지를 전환한다. 이러한 이유로 어두운 물체가 밝은 물체보다 태양에 의해 더 뜨거워지게 된다.

빛이 물체에 부딪히면 흡수되거나 반사된다. 모든 파장이 반사된다면 물체는 하얀색으로 보이게 된다. 안료에 의해 흡수된 모든 파장은 반사된 빛에서 제거된다. 청색 흡수 특성을 갖는 안료는 청색 파장 광자의 에너지를 열에너지로 전환하지만 다른 파장의 광자들은 아무런 변화 없이 반사된다. 그러므로 청색을 흡수하는 안료는 적색과 황색 파장들을 반사하기 때문에 안료가 주황색으로 인식된다!

하지만 일부 고체는 조금 다르다. 많은 미네랄과 결정체의 색상은 이른바 불순물 원자가 포함되어 있기 때문이다. 예를 들어 보석 루비는 커런덤(corundum, 연마제로 쓰이는 대단히 단단한 물질)이라 하는 매우 단순하고 일반적인 산화 알루미늄 결정인데, 천분의 1 정도의 농도의 크롬(chromium) 원자를 포함하고 있다. 순수한 커런덤은 투명하기 때문에 모든 루비 색은 크롬 불순물 원자에서 비롯된다.

그림 41.27 루비 결정체의 흡수와 방출

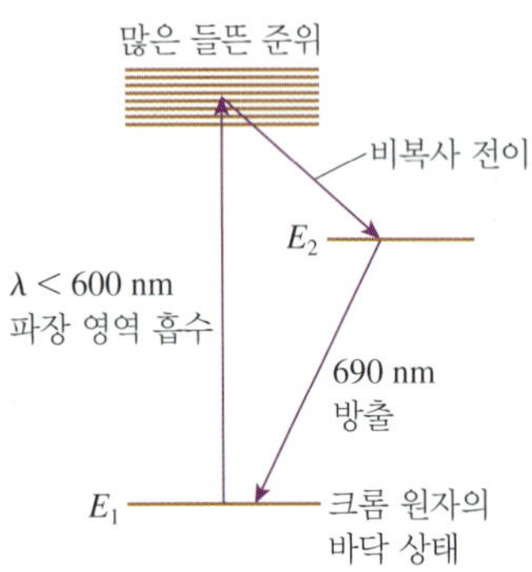

그림 41.27은 루비가 백색광에 노출되었을 때 어떻게 보이는지 보여준다. 크롬 원자는 약 600 nm보다 짧은 모든 파장 즉, 주황색과 적색을 제외한 모든 파장을 흡수하는 들뜬 상태 그룹을 가지고 있다. 흡수된 모든 에너지를 열에너지로 전환시키는 적색 유리 안료와는 달리, 크롬 원자는 다른 들뜬 상태로의 비복사 전이를 겪을 때 단지 적은 양의 열만 발산하고, 다시 바닥 상태로 양자뜀을 하면서 $\lambda = hc/(E_2 - E_1) \approx$ 690 nm(진한 붉은색)의 광자를 방출한다.

결과적으로 완전히 흡수되지 않고 단파장 광자가 장파장 광자로 재방출된다는 것이다. 이런 이유로 루비가 반짝이고 강렬한 색을 띠는 반면, 적색 유리는 흐린 붉은색을 보여준다. 다른 미네랄과 보석의 색깔은 다른 불순물 원자 때문이지만 원리는 동일하다.

41.7 들뜬 상태의 수명

흡수와 충돌에 의해 들뜬 원자는 들뜬 상태에 머무르게 된다. 그러고 나서 다시 광자를 방출함으로써 더 낮은 에너지 상태로 되돌아간다. 이 과정은 얼마나 걸리는가? 이에 대한 두 가지 질문을 던질 수 있다. 첫째, 원자는 더 낮은 에너지 상태로 양자뜀을 하기 전에 얼마나 오랫동안 들뜬 상태에 머무를 수 있는가? 둘째, 양자뜀이 일어나는 과정 동안 전이는 얼마나 오랫동안 지속되는가?

원자에 대한 양자역학의 놀라운 발견 중의 하나는 양자뜀은 순간적으로 일어난다는 것이다. 광자의 흡수 또는 방출은 일어나거나 또는 안 일어나는 사건이지, 광자가 '반만 방출'되는 시간은 존재하지 않는다. 양자뜀이 순식간에 일어난다는 예측은 많은 물리학자들에게 문제가 되었지만 정밀하고 신중한 실험 검증들은 양자뜀 과정이 측정될 수 있는 시간을 가지고 있다는 어떤 증거도 밝혀내지 못했다.

양자뜀이 일어나기 전 들뜬 상태에서 머무르는 시간은 또 다른 이야기다. 그림 41.28은 2가 크세논 이온(Xe^{++})이 임의의 들뜬 상태에 머무르는 시간의 길이에 대해 실험 데이터를 보여준다. 이 실험에서 전자들의 펄스는 원자들을 들뜬 상태로 들뜨게 하기 위해 사용되며, 들뜬 원자수는 들뜬 원자가 바닥 상태로 되돌아갈 때 하나씩 방출하는 광자들을 검출함으로써 측정할 수 있게 된다. 시간 t에 방출된 광자수는 시간 t에 있는 들뜬 원자수와 정비례한다. 그림에서 보여진 것처럼, 들뜬 상태 원자수는 시간에 따라 **기하급수적으로** 감소하고 25 ms 이내에 모든 들뜬 상태는 붕괴한다.

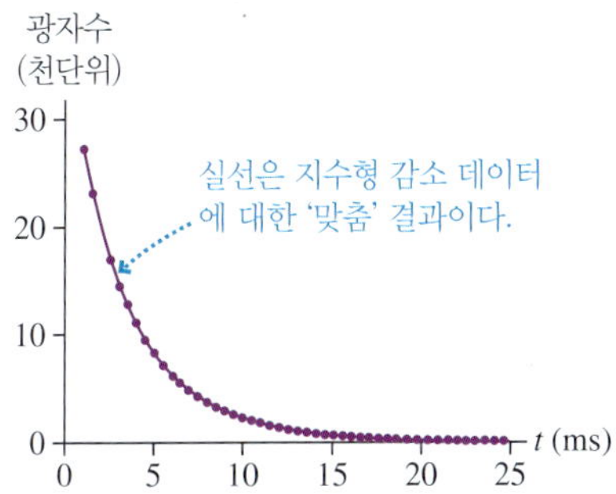

그림 41.28 Xe^{++} 들뜬 상태의 광자 방출률에 대한 실험 데이터

그림 41.28은 두 가지 중요한 함축적 의미를 지닌다. 첫째, 원자는 더 낮은 상태로 양자뜀이 일어나기 전까지 들뜬 상태에서 시간을 보낸다. 둘째, 들뜬 상태에 머무르는 시간의 길이는 일정하지 않고 원자마다 다르다. 모든 들뜬 크세논 이온이 들뜬 상태에 5 ms를 보낸다면 5 ms 동안 광자를 검출할 수 없고, 5 ms에서 바로 모든 원자가 동시에 붕괴하여 빛을 방출하고 그 다음 더 이상 광자는 검출되지 않을 것이다. 대신에 실험 데이터는 들뜬 상태에 머무르는 시간 영역이 존재한다는 것을 말해주고 있다. 몇몇 원자는 1 ms 후에, 다른 것은 5 ms 또는 10 ms 후, 또 다른 것은 20 ms 또는 25 ms 후에 양자뜀 후 광자를 방출한다.

$t=0$에서 N_0개의 들뜬 원자들을 생성시키는 실험을 생각해보자. 그림 41.28의 곡선처럼, 시간 t에 남아 있는 들뜬 원자수는 아래의 지수 함수로 잘 기술된다.

$$N_{exc} = N_0 e^{-t/\tau} \tag{41.18}$$

τ는 처음 준비된 원자수의 $e^{-1} = 0.368 = 36.8\%$가 남아 있는 시간을 나타낸다. 이와 같이 $t = \tau$ 동안 원자수의 63.2%, 즉 약 2/3는 광자를 방출하면서 더 낮은 에너지 상태로 전이하였고, 이 시간 간격을 들뜬 상태의 **수명**(lifetime)이라 한다. 그림 41.28로부터 크세논 이온의 들뜬 상태의 수명은 약 4 ms(초깃값의 36.8%에 해당하는 값으로 감소하는 시간)임을 알 수 있다.

크세논 이온에 대한 연구가 활발했었던 이유는 크세논 이온의 수명이 비정상적으

표 41.3 몇 가지 들뜬 상태 수명

원자	상태	수명(ns)
수소	$2p$	1.6
나트륨	$3p$	17
네온	$3p$	20
칼륨	$4p$	26

로 길었기 때문이다. 다른 원자들에서 보통 관측되는 들뜬 상태의 수명은 수 나노초 영역이다. 표 41.3은 측정된 몇 가지 들뜬 상태 수명 값들이다. τ값이 무엇이든지 들뜬 상태 원자수는 기하급수적으로 감소한다. 그 이유는 무엇일까?

붕괴 방정식

양자역학은 확률에 관한 것이다. 우리는 전자가 어디에 위치해 있는지 정확하게 말할 수 없다. 단지 양자역학을 통해 임의의 위치 x에 있는 작은 Δx 간격 안에 전자가 위치해 있는 **확률**을 계산할 수 있을 뿐이다. 이와 유사하게 들뜬 전자가 언제 양자뜀을 하고 광자를 방출하는지를 정확하게 말할 수 없다. 그렇지만 양자역학을 통해 전자가 임의의 시간 t에서의 작은 시간 간격 Δt 동안 양자뜀을 할 **확률**을 찾을 수 있다.

시간 간격 Δt 동안 광자를 방출하는 들뜬 원자의 확률이 들뜬 상태에 머무르는 시간과 **독립적인** 관계인지 살펴보자. 예를 들어 새로이 들뜬 원자는 0 ns에서 1 ns까지 1 ns 간격 내에서 광자를 방출할 확률이 10%일 수 있다. 만약 들뜬 상태가 7 ns까지 살아남는다면, 7 ns에서 8 ns까지 1 ns 동안 광자를 방출할 확률이 또한 10%가 된다.

이 가정의 타당성은 동전 던지기로 쉽게 이해할 수 있다. 첫 동전 던지기에서 앞면이 나올 확률은 50%이다. 만약 7번 연속으로 동전의 앞면이 나온다 할지라도 여전히 8번째 동전 던지기에서 앞면이 나올 확률은 50%이다. 7번 연속 앞면이 나올 확률은 매우 희박하지만 만약 그런 일이 발생한다 할지라도 8번째 동전 던지기에 아무런 영향을 주지 못한다. 이와 같이 들뜬 원자가 7 ns 동안 살아남아 있을 확률이 낮다 하더라도 그 다음 1 ns 동안 광자를 방출할 확률에 영향을 주지 않는다.

만약 Δt가 짧다면, 시간 간격 Δt 동안 광자 방출 확률은 Δt에 정비례한다. 그러므로 0.5 ns, 1 ns 및 2 ns일 경우 방출 확률은 각각 0.5%, 1% 및 2%가 된다. (Δt가 너무 클 경우 이 관계는 성립하지 않는다. 만약 20 ns에서 70% 확률이라면 40 ns에서 확률이 140%이 되기 때문에 단순한 정비례 관계식은 옳지 않다.) $\Delta t \to dt$인 시간 간격 영역에서 발생하는 현상만을 고려하므로 위 정비례 관계는 타당하며, 아래와 같다.

$$\text{Prob}(\text{시간 } t\text{에서 시간 간격 } \Delta t \text{ 내 방출}) = r\Delta t \qquad (41.19)$$

r은 들뜬 상태 원자수가 시간에 따라 감소하기 때문에 **붕괴율**(decay rate)이라 하며, s^{-1}의 단위로 **시간당 확률**로 표현된다. 예를 들어 2 ns 동안 광자를 방출할 5%의 확률이 있는 경우, 붕괴율은

$$r = \frac{P}{\Delta t} = \frac{0.05}{2 \text{ ns}} = 0.025 \text{ ns}^{-1} = 2.5 \times 10^7 \text{ s}^{-1}$$

이 된다.

그림 41.29는 들뜬 상태의 원자수 N_{exc}를 보여준다. 작은 시간 간격 Δt 동안 양자뜀과 광자 방출을 할 들뜬 원자들의 수는 붕괴 확률과 N_{exc}를 곱한 것이며, 식 (41.20)과 같이 표현된다.

$$\begin{aligned}&\text{시간 } t\text{에서 시간 간격 } \Delta t \text{ 동안의 광자수}\\&= N_{exc} \times \text{Prob(시간 } t\text{에서 시간 간격 } \Delta t \text{ 동안 광자 방출)}\\&= rN_{exc}\Delta t\end{aligned} \tag{41.20}$$

N_{exc}의 **변화량**은 식 (41.20)의 **음수값**이다. 예를 들어 시간 t에 1000개의 들뜬 원자가 있고, 각 원자는 1 ns 이내에 5%의 확률로 광자를 방출한다고 가정하자. 평균적으로 1 ns 동안 방출된 광자수는 $1000 \times 0.05 = 50$이 될 것이다. 결과적으로는 들뜬 원자수가 감소됨으로써 $\Delta N_{exc} = -50$만큼 변하게 된다.

이와 같이 들뜬 원자수의 **변화량**은

$$\begin{aligned}&\Delta N_{exc}\text{(시간 } t\text{에서 시간 간격 } \Delta t \text{ 동안)}\\&= -N_{exc} \times \text{Prob(시간 } t\text{에서 시간 간격 } \Delta t \text{ 동안 붕괴)} = -rN_{exc}\Delta t\end{aligned} \tag{41.21}$$

가 되고, $\Delta t \to dt$, $\Delta N_{exc} \to dN_{exc}$로 변환한다면 식 (41.21)은

$$\frac{dN_{exc}}{dt} = -rN_{exc} \tag{41.22}$$

가 된다.

식 (41.22)는 들뜬 상태 밀도 변화율을 기술하는 **비율식**이다. r이 크다면 밀도는 빠른 비율로 감소하고 짧은 수명을 가지게 될 것이다. 역으로 작은 r값의 경우 밀도는 느리게 감소하고 긴 수명을 가지게 될 것이다.

비율식은 미분 방정식이며, 28장에서 이와 매우 유사한 RC 회로의 방정식을 풀었다. 첫째로 식 (41.22)를 아래와 같이 다시 표현한다.

$$\frac{dN_{exc}}{N_{exc}} = -r\,dt$$

그런 다음 $t=0$에서 임의의 시간 t까지 적분한다. 이때 초기 $t=0$에서 들뜬 원자 밀도는 N_0이고 임의의 시간 t에서 밀도는 N_{exc}이다. 그러면

$$\int_{N_0}^{N_{exc}} \frac{dN_{exc}}{N_{exc}} = -r\int_0^t dt \tag{41.23}$$

와 같이 표현할 수 있다. 양변의 적분은 다음과 같이 쉽게 할 수 있다.

$$\ln N_{exc}\Big|_{N_0}^{N_{exc}} = \ln N_{exc} - \ln N_0 = \ln\left(\frac{N_{exc}}{N_0}\right) = -rt$$

로그를 우측 항으로 넘김으로써

$$N_{exc} = N_0 e^{-rt} \tag{41.24}$$

를 얻을 수 있다. 예상했던 대로 $t=0$에서 $N_{exc}=N_0$이 된다. **붕괴 방정식**인 식 (41.24)

그림 41.29 Δt 동안 광자를 방출하는 원자수는 들뜬 원자수와 정비례한다.

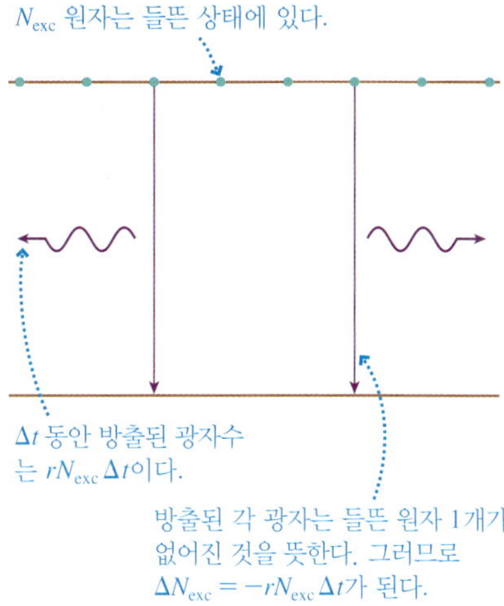

는 그림 41.28의 실험 데이터에서 봤던 것처럼 들뜬 상태 밀도가 시간에 따라 기하급수적으로 감소하는 것을 보여준다.

식 (41.24)를 아래와 같이 쓰는 게 더 편리하다.

$$N_{exc} = N_0 e^{-t/\tau} \tag{41.25}$$

여기서

$$\tau = \frac{1}{r} = \text{들뜬 상태의 수명} \tag{41.26}$$

이며, 실험 데이터를 해석하기 위해 식 (41.18)에서 사용했던 수명의 정의이다. 수명은 붕괴율 r의 역수이다.

예제 41.8 | 수은의 들뜬 상태 수명

수은 원자는 2개의 원자가 전자를 가지고 있다. 하나는 항상 6s 상태에 있으며, 다른 하나는 n과 l의 양자수를 갖는 상태에 머무른다. 수은의 들뜬 상태 중의 하나인 6s6p는 $7.7 \times 10^8\ s^{-1}$의 붕괴율을 갖는다.

a. 6s6p 상태의 수명은 얼마인가?

b. 1.0×10^{10}개 수은 원자가 $t=0$에 6s6p 상태가 되었다면, 얼마나 많은 광자가 1.0 ns 동안 방출될 것인가?

풀이 a. 수명은

$$\tau = \frac{1}{r} = \frac{1}{7.7 \times 10^8\ s^{-1}} = 1.3 \times 10^{-9}\ s = 1.3\ ns$$

이다.

b. $t=0$에서 $N_0 = 1.0 \times 10^{10}$개의 들뜬 원자가 있다면 $t = 1.0$ ns에 여전히 들뜬 상태에 남아있는 원자수는

$$N_{exc} = N_0 e^{-t/\tau} = (1.0 \times 10^{10}) e^{-(1.0\ ns)/(1.3\ ns)} = 4.6 \times 10^9$$

이다. 이 결과는 1.0 ns 동안 5.4×10^9개 원자가 양자뜀을 하여, 각 원자가 하나의 광자를 방출한다는 것을 의미하며, 그러므로 1.0 ns 동안 방출된 광자수는 5.4×10^9개가 된다.

41.8 유도 방출과 레이저

원자가 광자를 흡수함으로써 더 낮은 에너지 준위 E_1에서 더 높은 에너지 준위 E_2로 전이할 수 있음을 보았다. 그림 41.30a는 에너지 준위 1로부터 2로 전이할 때 $f = \Delta E_{atom}/h$ 진동수를 갖는 광자가 사라지는 기본적인 흡수 과정을 보여준다. 그림 41.30b에 보인 것처럼 에너지 준위 2에 도달하면 다시 에너지 준위 1로 전이하면서 같은 진동수의 광자를 방출한다. 이 과정을 **자발 방출**(spontaneous emission)이라고 한다.

드브로이와 슈뢰딩거 이전인 원자의 정상 상태에 대한 보어의 제안이 있었던 1917년에 아인슈타인은 양자화된 원자가 어떻게 전자기 복사가 있는 상태에서 열역학적 평형에 도달할 수 있는지에 대해 의문을 제기하였다. 아인슈타인은 흡수와 자발 방출만으론 원자 그룹이 열역학적 평형에 도달하지 못한다는 것을 찾아내었다. 이 난제를 해결하기 위해, 아인슈타인은 원자와 빛의 상호작용을 위한 세 번째 메커니즘

그림 41.30 복사 전이의 세 가지 유형

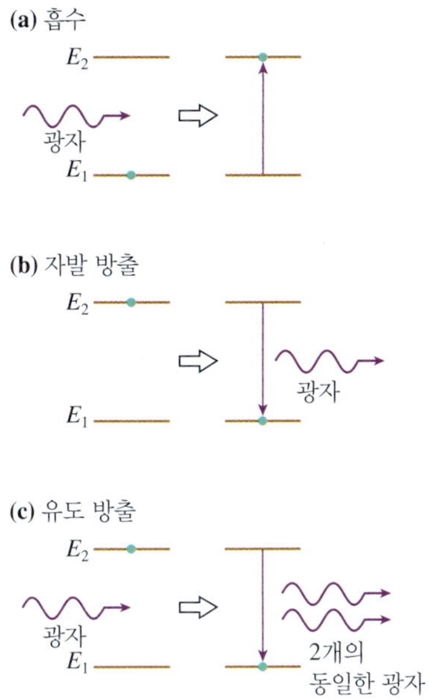

을 제안하였다.

그림 41.30c의 왼쪽 그림은 $f = \Delta E_{atom}/h$ 진동수를 갖는 광자가 들뜬 원자에 입사되는 것을 보여준다. 아인슈타인은 광자의 흡수를 통해 $1 \rightarrow 2$ 전이를 야기할 수 있다면, $2 \rightarrow 1$ 전이 역시 유도될 수 있을 거라고 제안하였다. 이런 관점에서 $2 \rightarrow 1$ 전이는 흡수의 역과정이다. 그러나 흡수의 역과정을 위해서 원자는 $f = \Delta E_{atom}/h$ 진동수를 갖는 광자를 방출해야만 한다. 결국 그림 41.30c의 오른쪽 그림에 보이듯 전체 계는 에너지 준위 1인 원자와 두 광자로 구성되게 된다. 첫 번째 광자는 원자가 두 번째 광자 방출을 유도하였기 때문에 이 과정을 **유도 방출**(stimulated emission)이라 한다.

유도 방출은 첫 번째 광자의 진동수가 정확하게 원자의 $E_2 - E_1$ 에너지 차이와 일치할 때만 일어난다. 이는 흡수과정이 만족해야 하는 조건과 정확히 같다. 매우 흥미롭게도 방출된 광자는 입사한 광자와 동일하다. 즉 두 광자가 원자로부터 떠날 때 정확하게 동일한 진동수와 파장을 갖고 같은 방향과 같은 위상으로 진행한다는 것을 의미한다. 다시 말해 **유도 방출은 첫 번째 광자의 복제인 두 번째 광자를 생산한다.**

유도 방출은 대부분의 실제 상황에서 중요하지 않다. 일반적으로 원자는 자발 방출 전 수 ns 동안만 들뜬 상태에 머문다. 그래서 원자는 자발 방출 전에 유도 방출이 일어나기 위해서는 매우 강력한 빛을 필요로 한다. 보통의 광원의 경우 유도 방출의 효과가 충분할 만큼 빛의 세기가 강하지 못하다. 그러므로 아인슈타인의 예견이 확인되기까지는 수년이 걸렸다. 그 기간 동안 어느 누구도 아인슈타인을 의심하지 않았다. 그 이유는 에너지 방정식을 균형 있게 만들기 위해서는 유도 방출이 필수적인 요소였기 때문이었다. 하지만 이 현상에 대한 아인슈타인의 뛰어난 물리적 통찰과 이해력에도 불구하고 유도 방출을 이용한 레이저라는 혁신적인 발명품이 탄생하기 전인 1960년대까지 그리 중요한 것으로 취급되지 않았다.

레이저

레이저(laser)라는 단어는 복사의 유도 방출에 의한 광증폭(**l**ight **a**mplification by the **s**timulated **e**mission of **r**adiation)의 약자이다. 첫 번째 레이저인 루비 레이저는 1960년에 개발되었으며, 곧이어 몇 가지 다른 종류의 레이저가 개발되었다. 미국 물리학자인 타운스(Charles Townes)는 수많은 연구의 원동력의 배경이 되는 인물이었으며, 메이저(maser)의 개발, 마이크로파를 이용한 초기 장치 및 레이저로 이어지는 그의 이론적 업적으로 1964년에 노벨상을 수여받았다.

오늘날 레이저는 광섬유 통신의 광원에서부터 달까지의 거리 측정, DVD 재생, 그리고 섬세한 눈 수술에 이르기까지 모든 곳에 사용되고 있다. 그러면 레이저란 무엇인가? 간단히 말하면 유도 방출의 결과로 매우 높은 결맞는 상태를 갖는 단색(monochromatic) 빛의 빔을 생성하는 장치를 말한다. **결맞는**(coherent) 빛은 모든 전자기파가 동일한 위상, 방향 및 진폭을 갖는 빛을 의미한다. 이러한 특성을 갖는 광선은 매우 좁은 초점 영역에 집적할 수 있거나 통신을 위해 빠르게 변조되도록 하는 데 이

그림 41.31 밀도 N_1과 N_2를 각각 갖는 에너지 준위 1과 2

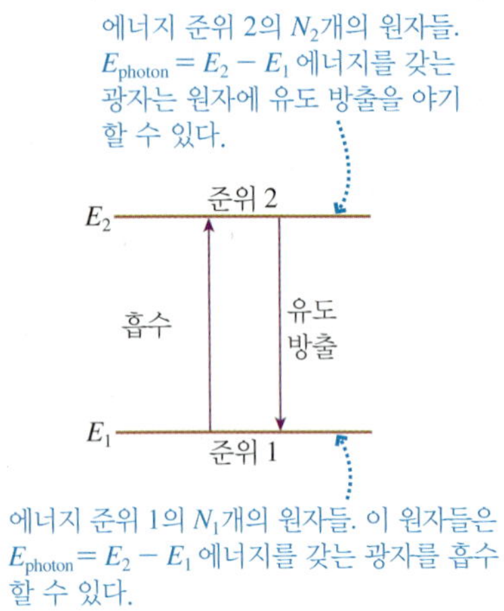

찰스 타운스

용될 수 있다.

레이저가 어떻게 작동하는지 간략하게 살펴보자. **그림 41.31**은 낮은 에너지 준위 E_1과 높은 에너지 준위 E_2를 갖는 원자계를 나타낸다. 에너지 준위 1의 N_1개 원자와 에너지 준위 2의 N_2개 원자를 생각해보자. 자발적으로 모든 원자는 자발 방출 $2 \rightarrow 1$ 때문에 에너지 준위 1로 전이하게 된다. 이것을 방지하기 위해 전기 방전이라는 들뜸 메커니즘을 통해 지속적으로 에너지 준위 2에 들뜬 원자들을 생성할 수 있는 계를 생각해보자.

$f = (E_2 - E_1)/h$의 진동수를 갖는 광자가 이 계에 입사되는 경우를 생각해보자. 광자는 정확한 진동수를 가지고 있기 때문에 에너지 준위 1에 있는 원자에 의해 흡수될 수 있으며, 또 다른 가능성으로 에너지 준위 2인 원자로부터 유도 방출이 일어날 수 있다. 보통의 상태인 $N_2 \ll N_1$의 경우 광자의 흡수가 유도 방출보다 훨씬 자주 일어나기 때문에 유도 방출에 의해 발생되는 광자는 얼마 되지 않으며, 계의 대다수를 차지하는 에너지 준위 1의 원자 그룹에 의해 빠르게 흡수되어 버린다.

그러나 $N_1 = 0$이 되도록 **모든** 원자가 에너지 준위 2에 있도록 한다면 어떻게 될까? 진동수가 f인 광자가 첫 번째 원자와 만나게 되면 유도 방출을 하면서 2개의 동일한 광자를 생성시키며, 그 다음 이 두 광자가 2개의 들뜬 원자와 만나게 되면 두 번째 유도 방출을 야기하여 4개의 광자를 생성시킬 것이다. **그림 41.32**는 모든 N_2개의 원자들이 진동수 f인 광자를 방출할 때까지의 유도 방출의 **연쇄 반응**을 보여준다.

그림 41.32 들뜬 원자의 유도 방출 연쇄 반응에 의한 광자 생성

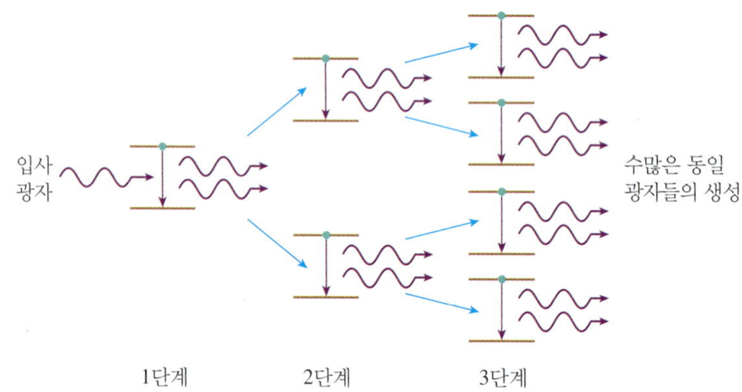

유도 방출에서 생성된 광자는 입사한 광자와 **동일하다**. 그림 41.32의 연쇄 반응은 진동수 f인 N_2개 광자뿐만 아니라 같은 위상과 같은 방향으로 진행하는 N_2개의 동일한 광자들의 생성을 나타낸다. N_2가 매우 크다면 초기 단일 광자는 거대한 결맞는 펄스로 증폭될 것이며, 들뜬 상태 원자들의 집합을 **광증폭기**라 한다.

그림 41.33 광학 공동 안에서의 레이저 발진

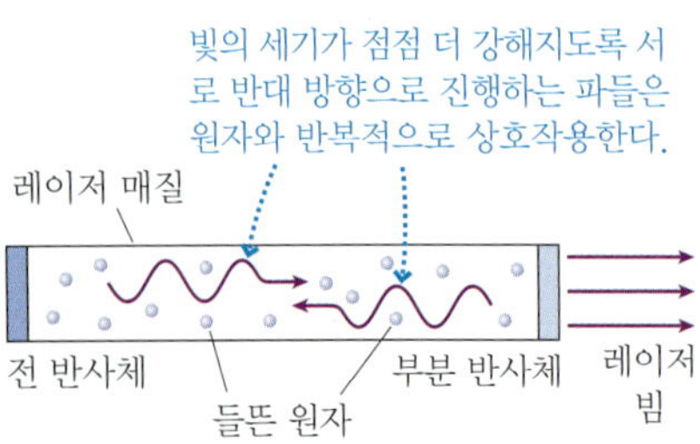

그림 41.33에서 볼 수 있듯이, 유도 방출은 서로 마주 보는 거울들로 구성된 **광학 공동**(optical cavity) 안에 빛을 방출하는 원자 시료인 **레이저 발진 매질**(lasing medium)을 놓음으로써 지속된다. 안에서 생성된 빛의 일부분이 **레이저빔**으로 방출되게 하기 위해 거울 중 하나는 부분 투과가 가능하다.

그림 41.32의 연쇄 반응이 가장 분명하게 이 아이디어를 보여주지만, 증폭이 발생하기 위해 모든 원자가 에너지 준위 2에 있을 필요가 없다. 필수 조건은 유도 방출이 흡수를 초과하도록 $N_2 > N_1$을 만족해야 한다는 것이며, 그러한 상황을 **밀도 반전**(population inversion)이라 한다. 밀도 반전을 얻는 과정을 **펌핑**(pumping)이라 하는데, 두 가지 구체적인 예를 살펴보고자 한다. 보통의 들뜸 메커니즘은 밀도 반전을 생성시키지 못하기 때문에 펌핑의 구현은 레이저를 설계 및 제작하는 데 기술적인 어려움을 갖고 있다. 사실 밀도 반전이 손쉽게 생성될 수 있다면, 레이저는 1960년대 이전에 우연찮게 발견되었을 것이다.

루비 레이저

개발된 최초의 레이저는 루비 레이저였다. 그림 41.34a는 루비에 광학 특성을 부여하는 크롬 원자의 에너지 준위 구조를 보여준다. 일반적으로 바닥 상태 E_1의 원자수는 에너지 E_2를 가진 들뜬 상태 원자수를 훨씬 초과한다. 즉, $N_2 \ll N_1$가 된다. 이런 상황에서 690 nm 빛은 증폭되기보단 흡수된다. 그러나 크롬 원자의 절반 이상이 에너지 준위 E_2로 빠르게 들뜬다면, 에너지 준위 E_1과 E_2 사이의 밀도 반전($N_2 > N_1$)이 일어날 것이다.

이 현상은 플래시 램프로부터의 매우 강한 백색광 펄스로 루비를 광학적으로 펌핑함으로써 구현될 수 있다. 플래시 램프는 카메라 플래시와 비슷하지만 훨씬 강력한 빛을 방출한다. 그림 41.34b의 플래시 램프 구조를 보면 나선형 플래시 램프는 양 끝단에 거울이 붙어 있는 루비 막대 주위를 감싸고 있고, 램프는 고압 콘덴서를 방전시켜 수 마이크로초 동안 매우 강한 광펄스를 생성한다. 이 강한 빛은 거의 모든 크롬 원자를 바닥 상태에서 더 높은 에너지 준위들로 들뜨게 하고, 이 들뜬 상태들로부터 다시 빠르게($\approx 10^{-8}$ s) 에너지 준위 E_2로 비방사성 붕괴를 하게 된다. 이러한 과정에 의해 $N_2 > N_1$인 밀도 반전이 생성된다.

일단 광자가 레이저 펄스로 진행하면 빛의 세기는 짧지만 매우 강렬한 빛의 분출을 빠르게 형성하게 된다. 전형적인 펄스의 출력은 10 ns 동안 지속되고 1 J의 에너지를 가지며, 최고 출력은 다음과 같다.

$$P = \frac{\Delta E}{\Delta t} = \frac{1\text{ J}}{10^{-8}\text{ s}} = 10^8\text{ W} = 100\text{ MW}$$

빛의 출력이 백 메가와트이다! 작은 도시에서 사용되는 전력보다 더 크다. 차이점은 도시는 지속적으로 전력을 소비하지만 레이저 펄스는 10 ns 동안만 지속된다는 것이다. 이유는 콘덴서가 재충전되고 레이저 막대가 냉각될 때까지 레이저가 발사되지 않기 때문이다. 일반적으로 발사 속도는 초당 몇 개의 펄스만 생성하므로 레이저는 수십억 분의 1초 동안만 '켜져' 있게 된다.

이러한 여러 실질적인 이유로 루비 레이저는 다루기 더 용이한 다른 종류의 펄스 레이저로 대체되었다. 그러나 모든 다른 종류의 펄스 레이저들도 마찬가지로 더 높은

그림 41.34 플래시 램프 펌프된 루비 레이저

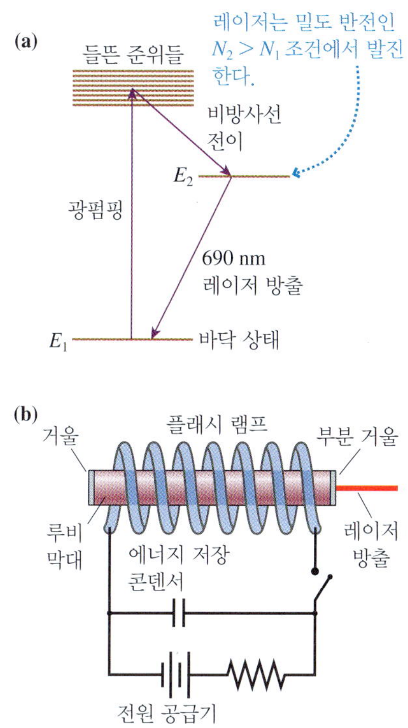

에너지 준위들로의 광펌핑, 밀도 반전이 형성되는 에너지 준위 E_2로의 빠른 비방사성 붕괴, 그리고 강렬한 광펄스의 빠른 축적이라는 동일한 기본 아이디어로 작동된다.

헬륨 · 네온 레이저

그림 41.35 헬륨 · 네온 레이저

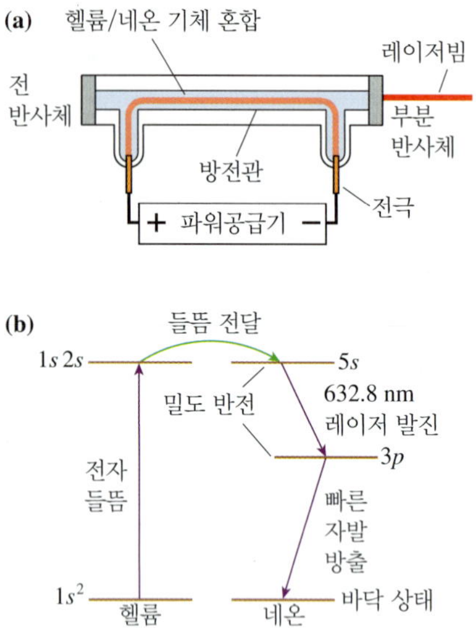

빔 포인터, 실험실 및 슈퍼마켓 체크아웃 스캐너에서 사용되는 익숙한 적색 레이저는 헬륨 · 네온 레이저이다. 이 레이저의 출력은 632.8 nm 파장이며, 펄스가 아닌 **연속적**인 파장이다. 헬륨 · 네온 레이저의 매질은 90%의 헬륨과 10%의 네온 기체가 혼합되어 있다. 그림 41.35a에서 보듯이 네온 기체를 유리관에 밀봉한 후 관 구멍을 따라 방전시킨다. 두 거울들은 방전관의 끝부분에 붙어 있으며, 하나는 전 반사체이고 다른 하나는 레이저빔이 추출될 수 있도록 약 2%의 투과율을 가지고 있다.

레이저를 방출하는 원자는 네온 원자이지만 펌핑 방법은 헬륨 원자를 포함한다. 방전된 전자들은 충돌로 헬륨 원자를 $1s2s$ 상태로 들뜨게 한다. 이 상태는 $1s^2$ 상태로의 붕괴가 Δl 선택 규칙에 위배되므로 상당히 낮은 자발 감쇠율(즉, 매우 긴 수명)을 가지게 되므로, $1s2s$ 상태로 들뜬 매우 많은 헬륨 원자들을(밀도 반전은 아닌) 갖게 될 수 있다. $1s2s$ 상태의 에너지는 20.6 eV이다.

흥미롭게도 $5s$ 상태인 네온의 들뜬 상태 역시 20.6 eV의 에너지를 가지고 있다. $1s2s$ 상태로 들뜬 헬륨 원자가 바닥 상태의 네온 원자와 충돌하면, 들뜸 에너지가 한 원자에서 다른 원자로 전달될 수 있다. 그 과정을 화학 반응으로 쓰면

$$He^* + Ne \rightarrow He + Ne^*$$

이며, 별표는 원자가 들뜬 상태에 있음을 나타낸다. **들뜸 전달**(excitation transfer)이라 하는 이 과정은 완벽하게 일치하는 에너지 준위들 사이의 **공명**에 의해 $5s$ 상태에서 매우 효율적이게 된다. 따라서 헬륨과 네온 사이의 들뜸 전달을 야기하는 헬륨과 충돌 들뜸의 2단계 과정은 그림 41.35b에 보여지듯이 네온 원자들을 들뜬 $5s$ 상태로 펌핑한다.

네온의 $5s$ 에너지 준위는 $3p$ 상태보다 약 1.95 eV 높다. $3p$ 상태는 방전에 의해 효율적으로 채워지지 않으며, 또한 $3s$ 상태로 매우 빠르게 자발 방출하기 때문에 거의 채워지지 않는다. 따라서 $5s$ 상태로 펌핑된 수많은 원자들은 더 낮은 에너지 준위에 해당하는 $3p$ 상태의 기준에서 보면 밀도 반전이 형성된 것이며, 이는 레이저 동작에 필수적인 조건이다.

레이저 전이의 낮은 에너지 준위는 일반적으로 비어 있기 때문에 네온 원자들의 작은 일부분만 $5s$ 상태를 갖는다 할지라도 밀도 반전을 생성하게 된다. 따라서 적당한 펌핑 작용으로도 충분히 밀도 반전을 야기하여 레이저를 발생시킨다. 또한 헬륨 · 네온 레이저는 **연속적인** 밀도 반전을 유지할 수 있기 때문에 연속적인 레이저 발진을 지속할 수 있다. 전기적 방전은 들뜸 전달과정을 생성하여 지속적으로 더 높은 에너지 준위인 $5s$ 들뜬 원자를 생성하고, 더 낮은 에너지 준위인 $3p$ 원자들의 빠른 자발 붕괴는 $3p$ 상태가 충분히 낮은 밀도를 갖게 만들어 밀도 반전을 지속하게 한다.

전형적인 헬륨·네온 레이저는 1 mm 지름인 632.8 nm 파장 레이저빔에서 1 mW $= 10^{-3}$ J/s의 출력을 갖는다. 과제 문제에서 보여주듯이 이 출력은 초당 3.2×10^{15} 광자들의 방출에 해당한다. 다른 연속 레이저는 비슷한 원리로 작동하지만 훨씬 더 많은 출력을 낼 수 있다. 과학연구에서 널리 사용되는 아르곤 레이저는 녹색 및 청색 파장에서 최대 20 W를 생성할 수 있으며, 이산화탄소 레이저는 10.6 μm인 적외선 파장에서 1000 W를 초과하는 출력을 생산할 수 있어 절단 및 용접의 산업용 응용분야에서 사용된다.

예제 41.9 자외선 레이저

자외선 레이저가 10 MW의 출력으로 355 nm 파장인 5.0 ns의 펄스를 생성한다. 각 펄스에는 얼마나 많은 광자가 있는가?

풀이 각 광펄스의 에너지는 출력에 지속 시간을 곱한 값이다.

$$E_{\text{pulse}} = P\,\Delta t = (1.0 \times 10^7\ \text{W})(5.0 \times 10^{-9}\ \text{s}) = 0.050\ \text{J}$$

펄스의 각 광자의 에너지는

$$E_{\text{photon}} = hf = \frac{hc}{\lambda} = 3.50\ \text{eV} = 5.60 \times 10^{-19}\ \text{J}$$

이다. 또한 $E_{\text{pulse}} = NE_{\text{photon}}$이기 때문에 광자수는

$$N = E_{\text{pulse}}/E_{\text{photon}} = 8.9 \times 10^{16}\ \text{개}$$

이다.

응용 예제 41.10 수소 원자의 전자 확률

양성자로부터 보어 반지름의 1/2배에 해당하는 거리 영역 내에서 1*s* 상태의 수소 전자를 발견할 확률은 얼마인가?

핵심 수소 원자의 슈뢰딩거 모형은 전자를 파동 함수로 표현한다. 그러므로 전자가 어디에 있는지 정확히 말할 수 없지만 특정한 공간 영역에서 전자를 찾을 확률을 계산할 수 있다.

풀이 공간 내의 임의의 지점뿐만 아니라 원자핵으로부터 임의의 거리 영역 내에서 전자를 발견하는 것에 관심이 있다. 이를 위해 파동 함수 $\psi(x, y, z)$의 제곱보다는 지름 파동 함수 $R_{nl}(r)$를 통해 지름 확률 밀도를 이용한다.

$$P_r(r) = 4\pi r^2 |R_{nl}(r)|^2$$

r_{min}과 r_{max} 사이의 임의의 거리에서 전자를 발견할 확률은

$$\begin{aligned}\text{Prob}(r_{\text{min}} \le r \le r_{\text{max}}) &= \int_{r_{\text{min}}}^{r_{\text{max}}} P_r(r)\,dr \\ &= 4\pi \int_{r_{\text{min}}}^{r_{\text{max}}} r^2 |R_{nl}(r)|^2\,dr\end{aligned}$$

이다. 1*s* 지름 파동 함수는 식 (41.7)과 같이 주어진다.

$$R_{1s}(r) = \frac{1}{\sqrt{\pi a_{\text{B}}^3}}\, e^{-r/a_{\text{B}}}$$

a_{B}는 보어 반지름이다. $r_{\text{min}} = 0$ 그리고 $r_{\text{max}} = \frac{1}{2}a_{\text{B}}$로 영역을 정하면 양성자로부터 보어 반지름의 1/2배에 해당하는 거리 영역 내에 전자를 찾을 확률은 다음과 같다.

$$\begin{aligned}\text{Prob}\left(r \le \tfrac{1}{2}a_{\text{B}}\right) &= 4\pi \int_0^{a_{\text{B}}/2} r^2 |R_{1s}(r)|^2\,dr \\ &= \frac{4\pi}{\pi a_{\text{B}}^3} \int_0^{a_{\text{B}}/2} r^2 e^{-2r/a_{\text{B}}}\,dr\end{aligned}$$

이 적분을 계산하기 위해 $u = 2r/a_{\text{B}}$로 변수 변환을 하면 적분내 지수값이 e^{-u}와 같이 간단하게 바뀌며, $r = \frac{1}{2}a_{\text{B}}u$를 적분에 대입하면 다음과 같다.

$$r^2\,dr = \left(\tfrac{1}{2}a_{\text{B}}u\right)^2\left(\tfrac{1}{2}a_{\text{B}}\,du\right) = \tfrac{1}{8}a_{\text{B}}^3 u^2\,du$$

변수 변환을 하였으므로 적분 구간 $r = 0$과 $r = \frac{1}{2}a_{\text{B}}$를 $u = 0$과 $u = 1$로 각각 바꿔줘야 한다. 그러면 확률 계산은

$$\text{Prob}\left(r \le \tfrac{1}{2}a_{\text{B}}\right) = \tfrac{1}{2}\int_0^1 u^2 e^{-u}\,du$$

가 된다. 모든 a_{B}가 사라졌고, 적분의 결과는 수치적으로만 표현될 것이므로, 훨씬 좋아 보인다.

(계속)

하지만 쉬운 적분은 아니므로 부록 A의 적분표에서 찾거나 수학 소프트웨어를 통해 계산할 수 있다. 그러면 위 적분의 결과는

$$\text{Prob}\left(r \le \tfrac{1}{2}a_B\right) = \tfrac{1}{2}\left[-(u^2+2u+2)e^{-u}\right]_0^1$$
$$= \tfrac{1}{2}(2-5e^{-1}) = 0.080$$

이 된다. 양성자로부터 보어 반지름의 1/2배에 해당하는 거리 영역 내에서 1*s* 상태의 수소 전자를 발견할 확률은 0.080 혹은 8.0%이다.

검토 전자가 발견될 확률이 작지만 예상치 못한 것은 아니다. 그림 41.7의 지름 확률 밀도 그래프는 확률이 $r = a_B$에서 가장 크고, $r \to 0$일 때 급격하게 감소함을 보여준다. $r = 0$과 $r = \frac{1}{2}a_B$ 구간 내의 지름 확률 밀도 곡선 아래 넓이는 크지 않음을 볼 수 있다. 전자는 보어 반지름보다 양성자에 매우 근접한 곳에서 발견될 수 있지만 큰 확률은 아니다.

서술형 질문

1. 수소 원자 상태들인 세 가지 5*p*, 4*d*, 및 3*d* 중 가장 낮은 에너지 준위를 갖는 상태는 어느 것인가?

2. *l*과 *L*의 차이는 무엇인가?

3. 그림 Q41.3은 원소 X의 원자에 대한 슈테른·게를라흐 실험의 결과를 보여준다.
   a. 정점들은 원자의 총 각운동량이 다른 값들인가 아니면 각운동량의 *z* 성분이 다른 값들인가? 설명하시오.
   b. 어떤 각운동량 양자수가 이 네 가지 정점들을 나타내는가?

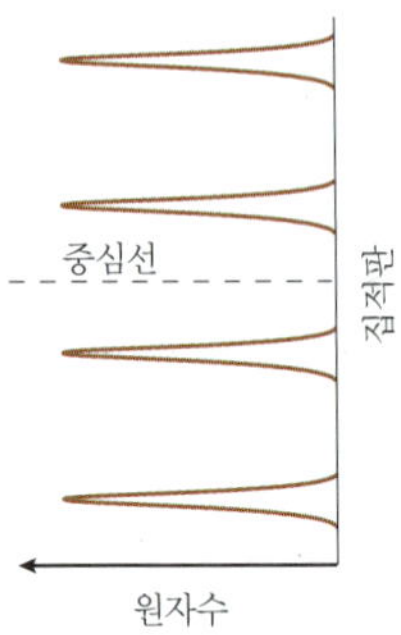

그림 Q41.3

4. $n = 3$인 수소 원자 상태들의 궤도 각운동량과 이에 대응하는 에너지를 각각 구하시오.

5. 네온 방전관은 밝은 적색·주홍색 스펙트럼을 방출하지만 네온으로 채워진 유리관은 완전히 투명하다. 관의 네온이 주황색과 적색 파장을 흡수하지 않는 이유는 무엇인가?

6. 다전자 원자에서 각 *n*의 최저 *l* 상태(2*s*, 3*s*, 4*s* 등)는 동일한 *n*을 갖는 수소 원자 상태들보다 에너지가 상당히 낮다. 그러나 각 *n*의 가장 높은 *l* 상태(2*p*, 3*d*, 4*f* 등)는 동일한 *n*을 갖는 수소 상태와 거의 동일한 에너지 값을 갖는다. 그 이유를 설명하시오.

연습문제

표시가 된 연습문제들은 이전 장들에서 다룬 내용과 관련이 있다.

연습

41.1~41.2 수소 원자

1. | (a) 모든 가능한 3*p* 상태들과 (b) 모든 가능한 3*d* 상태들의 양자수들을 나열하시오. (단, 스핀 양자수는 고려하지 않는다.)

2. | 에너지가 −0.544 eV인 수소 원자의 가능한 최대 각운동량 *L*값(*ħ*의 곱으로 표현되는)은 얼마인가?

3. | 수소 원자 6*f* 상태의 *E*와 *L*(*ħ*의 곱으로 표현되는)은 얼마인가?

41.3 전자 스핀

4. || 모든 양자수를 고려할 때 $n = 1$, $n = 2$ 및 $n = 3$의 수소 원자 양자 상태들은 각각 총 몇 개인가? 각 상태의 양자수를 나열하시오.

41.4 다전자 원자

41.5 원소들의 주기율표

5. | Al, Ga, 및 In의 바닥 상태 전자 배열을 예측하시오.

6. | 아래 각 전자 배열들에 대응하는 원소를 확인하고, 각 배열이 바닥 상태인지 들뜬 상태인지 확인하시오.

a. $1s^2 2s^2 2p^5 3s$

b. $1s^2 2s^2 2p^6 3s^2 3p^6 4s^2 3d^2$

7. | Ca, Ni, As및 Kr의 바닥 상태에 대해 그림 41.21과 유사하게 일련의 그림을 그리시오.

41.6 들뜬 상태 그리고 스펙트럼

8. ‖ 리튬의 두 번째 들뜬 상태의 전자 배열은 무엇인가?

9. ‖ 정지해 있는 전자는 12.5 V의 퍼텐셜차에 의해 가속되고 수소 원자와 충돌하여 수소 원자를 허용된 가장 높은 에너지 준위까지 들뜨게 한다. 들뜬 원자가 광자를 방출할 수 있는 양자뜀 전이와 파장(nm 단위)을 모두 열거하시오.

41.7 들뜬 상태의 수명

10. | 원자의 들뜬 상태의 수명은 25 ns이다. 0.50 ns 동안 광자를 방출할 확률은 얼마인가?

11. ‖ 수소 원자가 $3p$ 상태에 있다. 원자가 바닥 상태로 양자뜀을 할 확률이 4.0%일 때까지 얼마나 많은 시간이 필요한가?

41.8 유도 방출과 레이저

12. | 1.0 mW 헬륨·네온 레이저는 633 nm인 가시광 레이저빔을 방출한다. 초당 방출하는 광자수는 얼마인가?

13. ‖ 라식 수술에서 레이저를 사용하여 시력을 향상시키기 위해 눈의 각막을 변형시킨다. 레이저는 각각 1.0 mJ의 에너지를 포함하는 매우 짧은 광펄스를 생성한다.
BIO
   a. 각 펄스는 9.7×10^{14}개의 광자가 있다. 레이저의 파장은 얼마인가?
   b. 각 펄스는 20 ns 동안만 지속된다. 펄스가 입사되는 동안 각막에 전달되는 평균 출력은 얼마인가?

문제

14. ‖ 스핀이 $s = \frac{1}{2}$인 전자와 다르게 스핀이 $s = 1$인 아원자 입자가 존재한다.
   a. 스핀이 1인 입자의 스핀 각운동량 S($\hbar$의 곱으로 표현되는)의 크기는 얼마인가?
   b. 스핀 양자수의 가능한 값들은 얼마인가?
   c. $\vec{S}$의 가능한 방향을 그림 41.13과 유사하게 벡터 도형으로 그리시오.

15. ‖ 네 번째 들뜬 상태의 수소 원자는 1875 nm 파장의 광자를 방출한다. 방출 후 원자의 가능한 최대 궤도 각운동량($\hbar$의 곱으로 표현되는)은 얼마인가?

16. ‖ 수소 원자 $1s$ 상태의 전자가 양성자로부터 각각 (a) $\frac{1}{2}a_B$, (b) a_B, 그리고 (c) $2a_B$만큼 떨어진 거리에서의 두께가 $0.010a_B$인 구면 껍질 안에 존재할 확률은 각각 얼마인가?

17. ‖ 식 (41.7)에 나타난 바와 같이 수소 원자의 $2p$ 지름 파동 함수의 규격화 상수가 $(24\pi a_B^3)^{-1/2}$인 것을 증명하시오.
CALC

18. ‖ $r = a_B$ 지점에 수소 원자 $1s$ 상태의 지름 확률 밀도 정점이 있음을 증명하시오.
CALC

19. | a. $6s$ 상태의 나트륨 원자는 어떤 더 낮은 에너지 준위로 전이가 가능한가? (그림 41.23 참조)
   b. 가능한 각 전이 중 방출되는 광자의 파장은 얼마인가?

20. ‖| 나트륨 원자가 전자와 충돌 후 짧은 시간 동안 818 nm 파장의 광자를 방출한다. 충돌 전 전자의 최소 속력은 얼마인가?

21. | 그림 P41.21은 리튬 원자의 처음 몇 가지 에너지 준위를 보여준다. 방출 스펙트럼에서 허용되는 모든 전이를 보여주는 표를 만드시오.
   a. 각 전이들의 파장을 찾으시오(nm 단위).
   b. 적외선, 가시광선, 그리고 자외선 스펙트럼 영역에 해당하는 각각의 전이선을 찾으시오.
   c. 이 전이선이 리튬 흡수 스펙트럼에서 관측할 수 있는지 설명하시오.

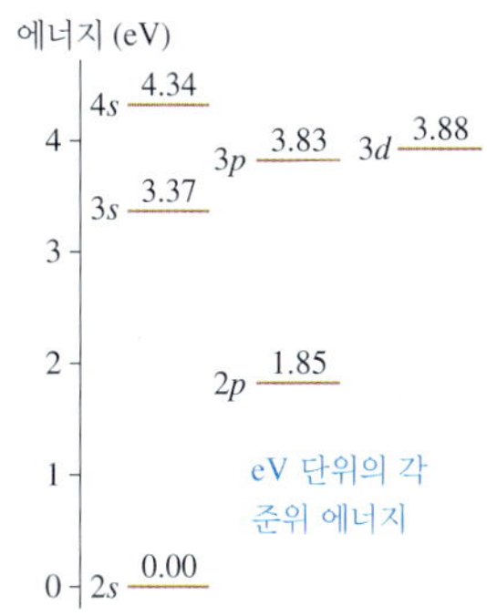

그림 P41.21

22. ‖ 무한대 퍼텐셜 우물인 폭이 0.50 nm인 1차원 상자에 5개의 전자를 놓는다고 생각해보자.
   a. 바닥 상태의 전자 배열을 보여주기 위해 에너지 준위 도표를 사용하시오.
   b. 바닥 상태 에너지는 얼마인가? 즉, 바닥 상태 배열을 하는 다섯 전자의 총에너지는 얼마인가?

23. ‖ 들뜬 상태의 원자는 0.10 ns 이내에 광자를 방출할 1.0%의 확률을 가지고 있다. 들뜬 상태의 수명은 얼마인가?

24. ‖ a. 들뜬 원자들의 **반감기** $t_{1/2}$를 τ항으로 표현하시오. 반감기는 들뜬 원자의 절반이 양자뜀을 거쳐 광자를 방출하는 시간을

의미한다.

b. 나트륨 원자 $3p$ 상태의 반감기는 얼마인가?

25. ∥ 루비 레이저가 100 MW이고 10 ns 펄스폭을 갖는 690 nm 파장인 빛을 방출한다. 이 펄스를 생성하기 위해 얼마나 많은 크롬 원자가 유도 방출을 하는가?

26. ∥ 1997년 스티븐 추(Steven Chu), 클로드 코헨타누지(Claude Cohen−Tannoudji), 윌리엄 필립스(William Phillips)는 레이저를 이용한 원자 감속, 정지, 및 포획을 위한 기술 개발에 공헌하여 노벨 물리학상을 수여받았다. 작동 원리를 알기 위해 가열된 오븐 밖으로 500 m/s로 진행하는 질량이 1.4×10^{-25} kg인 루비듐 원자빔을 생각해보자. 780 nm 파장의 레이저빔이 루비듐 원자빔의 반대 방향으로 입사된다. 이 레이저의 파장은 루비듐 원자의 $5s \rightarrow 5p$ 전이에 해당하고($5s$는 바닥 상태), 그러므로 광자들은 원자에 흡수가 잘 된다. 15 ns 평균 시간 후 들뜬 원자는 780 nm 파장의 광자를 자발 방출한 후 바닥 상태로 되돌아간다.

a. $E^2 = p^2c^2 + m^2c^4$은 아인슈타인의 상대성 이론인 에너지−운동량−질량 관계식을 의미한다. 광자는 질량이 없기 때문에 광자의 운동량은 $p = E_{\text{photon}}/c$가 된다. x축의 양의 방향으로 진행하는 원자와 이와 반대 방향으로 움직이는 레이저빔을 생각해보자. 오븐에서 나온 원자의 초기 운동량은 얼마인가? 그리고 광자의 운동량은 얼마인가?

b. 원자와 광자의 총운동량은 흡수 과정에서 보존되어야 한다. 결과적으로 얼마나 많은 광자가 원자를 정지시키기 위해서 흡수되어야 하는가? (참고: 운동량은 방출 과정에서도 보존된다. 하지만 자발 방출되는 광자는 임의의 방향으로 방출된다. 방출에 의한 원자의 되튐은 평균적으로 영이므로 무시할 수 있다.)

c. 레이저빔이 매우 강하여 바닥 상태 원자가 즉시 광자를 흡수한다고 생각해보자. 원자를 멈춰기 위해 얼마나 많은 시간이 필요한가?

d. 광자에 의해 원자에 가해지는 힘을 계산하기 위해 뉴턴의 제2법칙인 $F = \Delta p/\Delta t$를 사용하고, 이로부터 원자의 가속도를 구하시오.

e. 원자빔은 어느 거리에서 멈추는가?

응용 문제

27. ∥∥ 수소 원자의 경우 양성자로부터 $r > a_B$만큼 떨어진 거리에서 $1s$ 상태의 전자를 찾을 확률은 얼마인가?
CALC

28. ∥∥ 수소 원자 $2s$ 상태의 지름 확률 밀도에 존재하는 두 정점들 사이의 거리를 a_B항으로 표현하시오.
CALC
힌트: 이 문제는 수치적인 해를 요구한다.

29. ∥∥ 들뜬 상태의 원자는 0.20 ns 내에 광자를 방출할 1.0%의 확률을 가지고 있다. 25%의 들뜬 원자들이 붕괴하기 위해서는 얼마나 시간이 걸리는가?

42 핵물리학
Nuclear Physics

사진 유제는 라듐의 작은 입자에 의해 방출되는 알파 입자들의 궤적을 기록한다.

이 장에서는 핵과 핵물리학의 응용들을 배운다.

원자핵의 구조는 무엇인가?

핵이 어떻게 구성되고 무엇이 그것을 결합하고 있는지를 배울 것이다.

- 핵은 양성자와 중성자로 구성되어 있다. 둘은 핵자로 알려져 있다.
- 핵의 지름은 수 펨토미터에 불과하다.

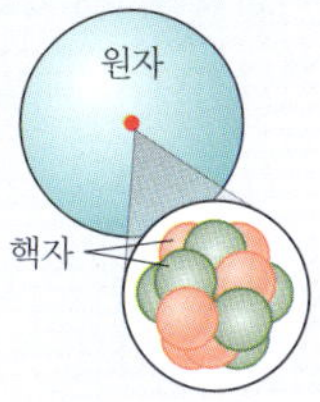

« 되돌아보기: 37.6절~37.7절 핵

양자역학은 핵을 설명할 수 있을까?

핵은 자연의 새로운 힘인 강력에 의해 결합된다.

- 강력은 단거리힘이다.
- 원자에서 전자껍질과 유사한 핵자에 대한 양자 껍질 모형은 핵의 많은 성질들을 설명한다.

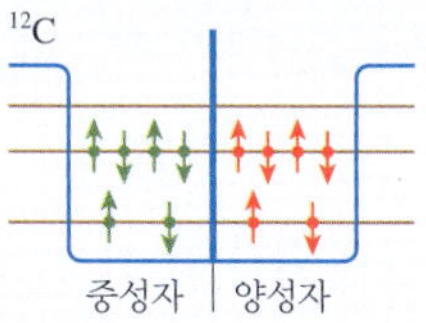

« 되돌아보기: 40.6절 퍼텐셜 우물

어떤 동위원소가 안정한가?

3000여 개의 동위원소가 알려져 있으나 단지 266개만이 안정한 핵이다.

- 중성자수 대 양성자수의 그래프에서 안정한 핵은 모두 잘 정의된 안정선 근처에 모여 있다.
- 중성자수는 양성자수보다 빠르게 증가한다.

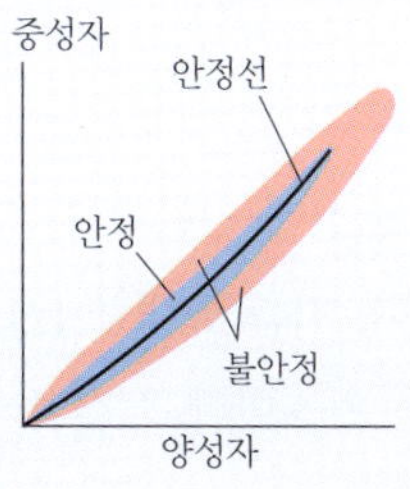

방사능은 무엇인가?

방사능은 불안정한 핵이 붕괴할 때 고에너지 입자의 방출을 의미한다.

- 알파 붕괴: ^{4}He 핵의 방출
- 베타 붕괴: 전자 또는 양전자의 방출
- 감마 붕괴: 고에너지 광자의 방출

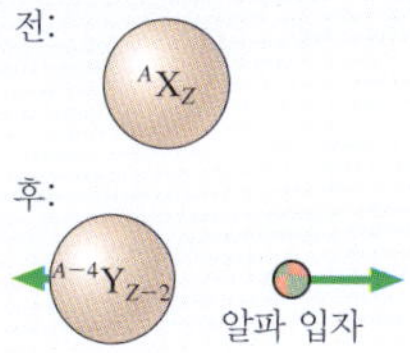

반감기란 무엇인가?

시료에서 불안정한 핵의 수는 시간에 따라 지수적으로 감소한다.

- 핵붕괴로 반이 남아 있을 때를 동위원소의 반감기라 한다.
- 붕괴된 핵은 사라지지 않는다. 그들은 딸핵이라 하는 다른 핵이 된다.

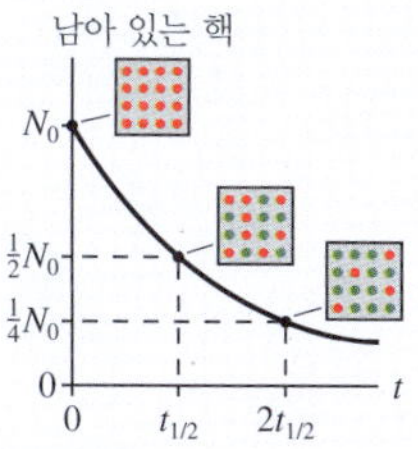

핵물리학은 얼마나 유용한가?

원자핵은 놀랍게도 유용하다. 핵의학은 인체의 영상을 찍기 위해 약한 방사능 동위원소를 사용하고 종양을 제거하기 위해 핵방사선의 강한 빔을 사용한다. 공학자들은 방사성 동위원소를 가지고 기체와 액체의 운동을 추적한다. 고고학자와 지질학자들은 방사선 붕괴를 관찰함으로써 유물이나 용암 흐름의 연대를 알아낸다. 핵에너지는 탄소가 없는 전기의 중요한 원천이다. 수소와 달리 우리 인체에 있는 모든 원자들은 초신성에서 핵융합 반응에 의해 수십억 년 전에 생성되었다.

42.1 핵 구조

1890년대는 의문스러운 흐름선들의 10년이었다. 음극선은 몇몇 실험실에서 연구되고 있었고, 1895년에 뢴트겐은 엑스선을 발견하였다. 1896년 뢴트겐의 발견 뒤에 프랑스 과학자 베크렐은 햇빛에 노출된 후에 형광하는 광물 결정이 엑스선을 방출하는지 궁금해하였다. 그는 불투명한 봉투에 필름 한 장을 넣은 다음 결정을 그 위에 올려놓고 햇빛에 두었다. 그를 기쁘게 한 것은 봉투 안에 들어 있던 필름이 감광된 것이었다.

베크렐은 결정에서 나오는 엑스선을 발견했다고 생각했지만, 그의 기쁨은 짧았다. 그는 곧 그 필름이 결정이 있는 닫힌 서랍에 보관되는 것만으로도 똑같이 감광될 수 있다는 것을 알게 되었다. 추가적인 연구는 우라늄을 함유한 광물질인 결정이 어떤 새로운 종류의 흐름선을 자발적으로 방출하는 것을 보여주었다. 베크렐은 그가 희망했던 엑스선을 찾는 대신에 **방사능**으로 알려진 것을 발견하였다.

러더퍼드(Ernest Rutherford)는 연구를 착수하자마자 우라늄을 함유한 결정에서 방출되는, 하나가 아니라 구별되는 세 종류의 흐름선들을 발견하였다. 그는 그것들이 무엇인지 알지 못한 채, 물질을 투과하고 공기를 이온화할 수 있는 능력으로 그것들의 이름을 지었다. 이온화를 가장 많이 일으키고 가장 적게 투과한 첫 번째 것을 **알파선**이라 불렀다. 두 번째는 중간 투과와 이온화를 갖는 **베타선**이었고, 세 번째는 가장 적은 이온화와 가장 큰 투과력을 가진 감마선이 되었다.

수년 내에 러더퍼드는 알파선이 결정에서 방출되는 매우 빠른 속도를 갖는 헬륨 핵이라는 것을 보여줄 수 있었다. 이것은 1909년에 그가 원자의 구조를 관찰하기 위한 투사체로 사용되었다. 37장에서 배웠듯이, 그 실험의 결과는 원자는 중심에 매우 작고 밀도가 높은 핵을 가지고 있다는 것에 대한 러더퍼드의 발견이었다.

러더퍼드의 핵 발견은 원자 구조의 문제를 해결했지만, 그것은 과학적 연구에 대한 많은 새로운 문제들을 제기하였다. 그 중에 중요한 것들은 다음과 같은 것이다.

- 핵물질은 무엇인가? 그 특성은 무엇인가?
- 무엇이 핵을 함께 묶어주는가? 서로 미는 정전기력이 그것을 흩뜨려버리지 않는 이유는 무엇인가?
- 핵과 방사능의 관계는 무엇인가?

이 질문들은 원자핵의 특성을 연구하는 **핵물리학**(nuclear physics)의 시작을 알렸다.

핵자

핵은 상당히 큰 원자의 중심에 있는 작은 점이다. 그림 42.1이 보여주는 것처럼 대략 10^{-14} m인 핵 지름은 원자 지름의 대략 1/10,000에 불과하다. 그럼에도 불구하고 핵은 원자 질량의 99.9%을 차지한다. 물질이라 부르는 것은 전체적으로 빈 공간이다!

그림 42.1 핵은 원자 내부의 작은 점이다.

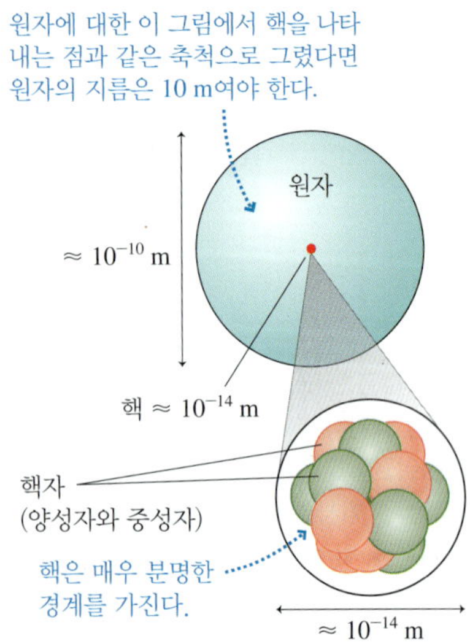

핵은 두 종류의 입자로 구성되어 있다. 즉 합쳐서 **핵자**(nucleons)라 부르는 양성자와 중성자로 구성되어 있다. 전자가 공전 궤도를 유지하는 것과는 아무런 상관이 없는 중성자는 이 장에서 다룰 중요한 문제이다. 표 42.1에는 양성자와 중성자의 기본적인 특성이 요약되어 있다.

볼 수 있는 것처럼 양성자는 기본 전하량의 한 단위 e를 가지는 반면 중성자는 전기적으로 중성이라는 것을 제외하고 양성자와 중성자는 사실상 동일하다. 중성자는 양성자보자 약간 더 큰 질량을 갖지만 그 차이는 0.1%에 불과하다. 전자와 같이 양성자와 중성자는 고유의 각운동량과 스핀 양자수 $s=\frac{1}{2}$의 자기 모멘트를 가지고 있다. 결과적으로 양성자와 중성자는 파울리의 배타 원리를 따른다.

양성자수 Z가 원소의 **원자 번호**(atomic number)이다. 사실 원소는 궤도를 돌고 있는 전자의 수가 아니라 핵에 있는 양성자수에 의해 식별된다. 전자는 쉽게 더해지거나 제거되어 음과 양이온을 형성하지만 그렇게 하는 것이 원소를 변화시키지 않는다. **질량수**(mass number) A는 $A=Z+N$으로 정의된다. 여기서 N은 **중성자수**(neutron number)이다. 질량수는 핵에서 핵자의 총 수이다.

표 42.1 양성자 및 중성자

	양성자	중성자
수	Z	N
전하량 q	$+e$	0
스핀 s	$\frac{1}{2}$	$\frac{1}{2}$
질량(단위 u)	1.00728	1.00866

동위원소와 동중핵

같은 원소(같은 Z)의 모든 원자들이 같은 질량을 갖지 않는다는 것이 20세기 초에 밝혀졌다. 동일한 Z(즉 모든 동일한 화학 원소)값을 가지나 다른 A값을 가진 핵의 그룹을 생성하기 위해 Z개의 양성자를 갖는 핵을 형성하는 다양한 중성자수가 있다. A를 다른 값으로 가지고 있는 원소의 원자를 그 원소의 **동위원소**(isotope)라 한다.

화학 작용은 궤도를 도는 전자에 의해 결정된다. 한 원소의 모든 동위원소는(원자가 전기적으로 중성이면) 같은 수의 궤도 전자를 가지고 있으므로 동일한 화학적 특성을 갖는다. 그러나 같은 원소의 다른 동위원소는 매우 다른 핵 특성을 가질 수 있다.

동위원소를 명명하기 위한 표기법은 ^{A}Z이다. 여기서 앞의 위 첨자 A는 질량수이다. 양성자수 Z는 실제 숫자가 아니라 동등한 의미인 그 원소의 화학 기호로 표시한다. 그러므로 핵에 6개의 양성자와 6개의 중성자를 가지는 일반 탄소는 ^{12}C로 쓰고 '탄소 12'라고 발음한다. 탄소 연대 측정에 사용되는 방사성 형태의 탄소는 ^{14}C이다. 그것은 탄소를 만들기 위해 6개의 양성자와 8개의 중성자를 가지고 있다.

3000개 이상의 동위원소가 알려져 있다. 이들의 대부분은 핵이 안정적이지 않아서 어떤 기간이 지나면 좀 더 안정적인 상태에 도달하기 위해 어떤 종류의 아원자 입자로 분열하거나 방출하는 **방사능**(radioactive) 물질이다. 대부분의 이러한 방사성 동위원소는 실험실의 핵반응에 의해 생성되며, 잠깐 동안만 존재한다. 겨우 266개의 동위원소만이 **안정적**(stable)이고(즉 비방사성), 자연에서 발생한다. 핵 안정성 문제는 다음 절에서 살펴볼 것이다.

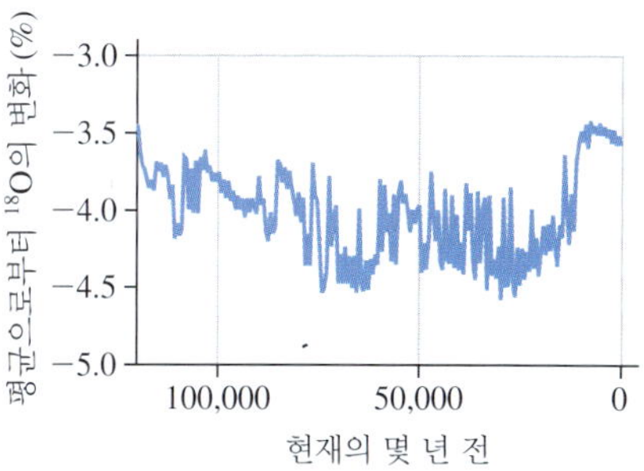

물이 눈 결정체를 만들기 위해 얼 때, ^{18}O을 함유하고 있는 분자의 비율은 더 높은 대기 온도에서 형성되는 눈에서 더 크다. 그린란드에는 만년에 걸쳐 쌓인 눈이 두꺼운 빙판을 이루고 있다. 이 얼음의 핵심 시료는 이 기간 동안 내린 눈의 동위원소 조성에 대한 기록을 제공한다. 그래프의 높은 수치는 높은 평균 온도에 해당한다. 가장 최근의 빙하기 말의 기온 상승과 같은 광범위한 추세를 뚜렷하게 보여준다.

자연적으로 발생한 핵은 266개의 안정한 동위원소와 수십억 년으로 측정된 긴 반감기를 가진 방사성 동위원소가 있다. 자연적으로 발생하는 방사성 동위원소 중 가장 잘 알려진 예는 우라늄 동위원소 ^{238}U이다. 각 원소에 대해, 하나의 특별한 동위원소로 대표되는 자연적으로 발생하는 핵과의 비율을 그 동위원소의 **자연 존재비**(natural abundance)라 한다.

원소 요오드는 많은 방사성 동위원소가 있지만 ^{127}I만이 자연적으로 발생한다. 결과적으로 ^{127}I의 자연 존재비는 100%라고 한다. 대부분의 원소는 복수의 자연적으로 발생하는 동위원소를 갖는다. ^{14}N의 자연 존재비는 99.6%인데, 이는 1000개의 자연적으로 발생된 질소 원자 중 996개가 동위원소 ^{14}N라는 것을 의미한다. 자연적으로 발생하는 질소의 나머지 0.4%는 1개의 여분의 중성자를 가지는 동위원소 ^{15}N이다.

같은 A값(같은 질량수)을 가지나 다른 Z와 N을 가지는 일련의 핵은 **동중핵**(isobar)이라 한다. 예를 들면 3개의 핵 ^{14}C, ^{14}N, 그리고 ^{14}O는 $A = 14$를 가지는 동중핵이다. ^{14}N만 안정하고 다른 둘은 방사능이다.

원자 질량

원자 질량은 동위원소 ^{12}C의 원자 질량이 정확하게 12 u라고 정의하는 **원자 질량 단위** u로 명시된다는 것을 18장에서 배웠다. SI 단위로 환산하면

$$1\ \text{u} = 1.6605 \times 10^{-27}\ \text{kg}$$

이다. 다른 방법으로 질량을 동등한 에너지로 표시하는 아인슈타인의 $E_0 = mc^2$을 사용할 수도 있다. 질량 1 u와 동등한 에너지는

$$\begin{aligned} E_0 &= (1.6605 \times 10^{-27}\ \text{kg})(2.9979 \times 10^8\ \text{m/s})^2 \\ &= 1.4924 \times 10^{-10}\ \text{J} = 931.49\ \text{MeV} \end{aligned} \tag{42.1}$$

가 된다. 그래서 원자 질량 단위는

$$1\ \text{u} = 931.49\ \text{MeV}/c^2$$

로 쓸 수 있다. 비정상적으로 보일 수 있지만 MeV/c^2도 질량 단위이다.

표 42.2에 전자, 핵자 및 3개의 중요한 가벼운 원소들의 원자 질량을 표시하였다. 부록 C에는 더 자세한 목록이 수록되어 있다. 수소 원자의 질량은 양성자와 전자 질량의 합이라는 것을 주목하자. 하지만 빠른 계산을 통해 헬륨 원자(2개의 양성자, 2개의 중성자, 2개의 전자)의 질량은 구성 성분들의 질량 합보다 0.03038 u만큼 작다는 것을 알 수 있다. 그 차이는 핵의 결합 에너지 때문인데, 이 주제는 42.2절에서 살펴볼 것이다.

표 42.2 원자 질량

입자	기호	질량(u)	질량 (MeV/c^2)
전자	e	0.00055	0.51
양성자	p	1.00728	938.28
중성자	n	1.00866	939.57
수소	^1H	1.00783	938.79
중수소	^2H	2.01410	1876.12
헬륨	^4He	4.00260	3728.40

동위원소 ^2H는 핵이 단순히 양성자가 아닌 양성자와 중성자로 구성된 수소 원자이다. 동위원소가 수소의 종류지만 **중수소**(deuterium)라 한다. 중수소의 자연 존재비는 0.015%로 6700개의 수소 중 대략 1개가 존재한다. 중수소로 만들어진 물(간혹 H_2O 대신에 D_2O로 표시)을 **중수**(heavy water)라고 한다.

원소의 주기율표에서 보여주는 **화학적 원자 질량**은 자연에서 발생하는 모든 동위

원소의 원자 질량의 **가중 평균**이다. 예를 들면 염소는 2개의 안정한 동위원소를 가지고 있다. $m = 34.97$ u인 ^{35}Cl는 75.8% 존재하고 36.97 u인 ^{37}Cl은 24.2% 존재한다. 존재비에 의해 가중된 평균은 $0.758 \times 34.97 + 0.242 \times 36.97 = 35.45$이다. 이것이 주기율표에서 보여주는 값으로 화학적 계산의 가장 정확한 값을 보여주지만 어떤 염소의 특정 동위원소의 질량은 아니다.

핵의 크기와 밀도

매우 분산되어 있는 원자의 전자 구름과 다르게 핵은 상당히 날카로운 경계를 가지고 있다. 실험적으로 질량수 A를 가지는 핵의 반지름은

$$R = r_0 A^{1/3} \tag{42.2}$$

라고 알려져 있다. 여기서 $r_0 = 1.2$ fm이다. 1 fm = 1펨토미터 = 10^{-15} m이다.

그림 42.2는 반지름이 $A^{1/3}$에 비례하는 모습을 보여준다. 결과적으로 핵의 부피(R^3에 비례)는 직접적으로 핵자의 수 A에 비례한다. 두 배의 핵자를 가지고 있는 핵은 두 배 크기의 부피를 점유한다. 이러한 발견은 세 가지 의미를 내포하고 있다.

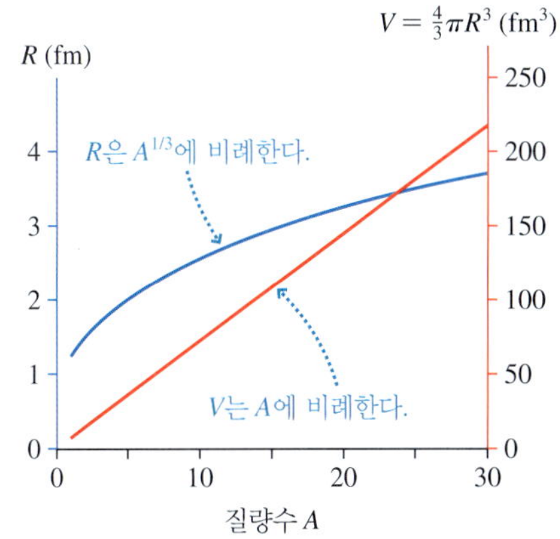

그림 42.2 핵의 반지름과 A의 함수로써 부피

- 핵자는 압축할 수 없다. 더 많은 핵자를 추가하는 것은 내부의 핵자들을 더 작은 부피로 줄어들도록 압박하지 못한다.
- 핵자는 그림 42.1에 그려진 것처럼 꽉 채워져 있다.
- 핵물질은 일정한 밀도를 가지고 있다.

실제로 핵물질의 밀도를 계산하기 위해 식 (42.2)를 이용할 수 있다. 질량수 A를 가지는 핵을 생각하자. 1% 오차 이내로 질량은 A개의 원자 질량 단위이다. 그러므로

$$\rho_{\text{nuc}} \approx \frac{A\text{ u}}{\frac{4}{3}\pi R^3} = \frac{A\text{ u}}{\frac{4}{3}\pi r_0^3 A} = \frac{1\text{ u}}{\frac{4}{3}\pi r_0^3} = \frac{1.66 \times 10^{-27}\text{ kg}}{\frac{4}{3}\pi(1.2 \times 10^{-15}\text{ m})^3} = 2.3 \times 10^{17}\text{ kg/m}^3 \tag{42.3}$$

이다. A가 소거된다는 사실은 **모든 핵은 이 밀도를 가진다**는 것을 의미한다. 잘 알고 있는 액체나 고체의 밀도보다 대략 10^{14}배만큼의 극히 큰 밀도이다. 핵 원자의 러더퍼드 모형에 대한 초기 반대 이유가 물질이 이렇게 큰 밀도를 가질 수 없는 것이었다. 그러한 물질을 직접 경험해보지 못했지만 핵물질은 정말 이 밀도를 가지고 있다.

그림 42.3은 3개 핵의 밀도에 대한 개요를 보여준다. 가장자리까지 일정한 밀도는 압축할 수 없는 한 방울의 액체와 유사하며 실제로 핵의 특성에 대한 성공적인 한 모형을 **물방울 모형**(liquid-drop model)이라 한다. 작은 헬륨부터 큰 우라늄까지 핵 반지름의 범위는 단지 4의 인자에 불과하다. ^{56}Fe이 주기율표의 중앙에 있는 매우 흔한 원자라는 사실은 핵의 지름이 대략 10^{-14} m 또는 10 fm라는 초기 주장에 근거한다.

그림 42.3 3개 핵의 밀도 프로필

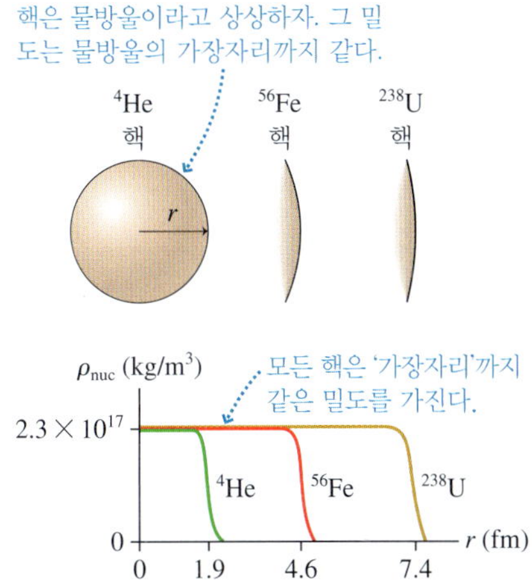

42.2 핵 안정성

알려진 핵 중에 안정한 것(즉 방사성이 아님)은 10% 미만에 불과하다. 핵은 2개의 독립적인 숫자 N과 Z에 의해 특징지어지기 때문에 알려진 핵은 중성자수 N 대 양성자수 Z의 도표로 보여주는 것은 매우 유용하다. 그림 42.4는 그러한 도표를 보여준다. 안정한 핵은 파란색 다이아몬드로 표시하고 불안정한 방사능 핵은 빨간색 점으로 표시하였다.

이 그래프에서 몇 가지 관찰할 것이 있다.

- 안정한 핵은 안정성 선이라 부르는 곡선에 매우 가까이 밀집되어 있다.
- $Z > 83$(비스무스)를 가지는 안정한 핵은 없다.
- 불안정한 핵은 안정성 선의 양쪽을 따라 있는 띠 안에 있다.
- $Z < 16$을 가지는 가장 가벼운 원소들은 $N \approx Z$일 때 안정하다. ^{4}He, ^{12}C 및 ^{16}O 모두는 같은 수의 양성자와 중성자를 가지고 있다.
- Z가 증가하면서 안정성을 위해 필요한 중성자수는 양성자수보다 더 크게 증가한다. N/Z 비는 $Z=40$에서 ≈ 1.2이고 $Z=80$에서 ≈ 1.5이다.

그림 42.4 중성자수 N 대 양성자수 Z의 도표로 나타낸 안정한 핵 및 불안정한 핵

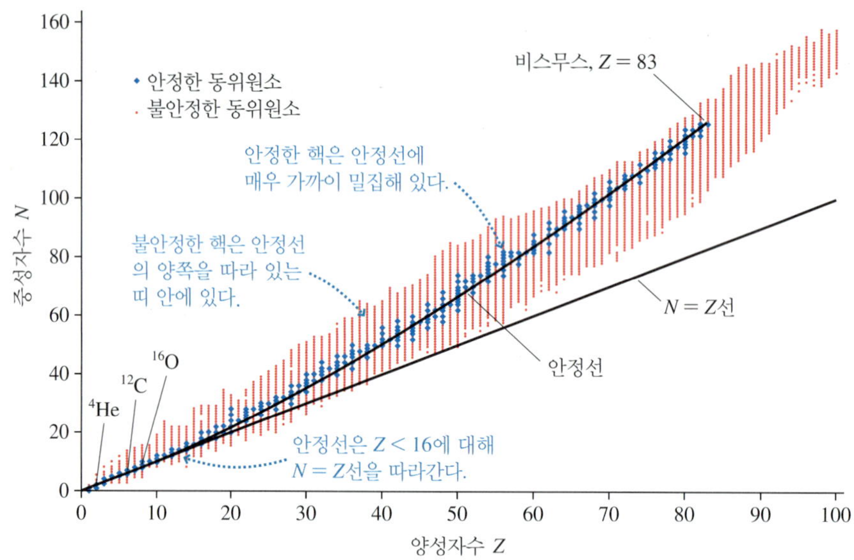

그림 42.5 핵결합 에너지

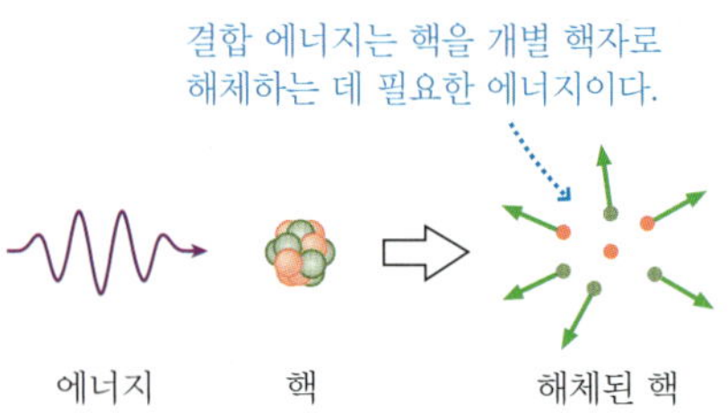

$$B + m_{\text{nuc}}c^2 = (Zm_p + Nm_n)c^2$$

결합 에너지

핵은 **속박계**이다. 즉 핵자들 사이에 핵결합을 깨서 핵자들을 흐트러뜨리기 위해 에너지를 공급할 필요가 있다. 그림 42.5는 이 아이디어를 그림으로 보여주고 있다.

원자 물리학에서도 비슷한 아이디어를 배웠다. 속박계가 자유 양성자 및 전자보다 더 작은 에너지를 가지고 있기 때문에 수소 원자의 에너지 준위는 음수이다. 원자가 전자를 떼어내기 위해 공급해야만 하는 에너지를 **이온화 에너지**라 한다.

매우 같은 방식으로 핵을 개별 양성자와 중성자로 해체하기 위해 공급할 필요가 있는 에너지를 **결합 에너지**(binding energy)라 한다. 원자의 이온화 에너지는 수 eV인 반면에 핵의 결합 에너지는 등가 질량이 무시될 수 없을 정도로 매우 큰 에너지로 수십 또는 수백 MeV이다.

질량 m_{nuc}을 가지는 핵을 생각하자. m_{nuc}이 핵을 구성하는 Z개의 양성자와 N개의 중성자의 총 질량 $Zm_{\text{p}}+Nm_{\text{n}}$보다 작은 것을 실험적으로 알 수 있다. 여기서 m_{p}와 m_{n}은 양성자와 중성자의 질량이다. 즉 핵의 등가 에너지 $m_{\text{nuc}}c^2$는 개별 핵자의 등가 에너지 $(Zm_{\text{p}}+Nm_{\text{n}})c^2$보다 더 작다. 핵(전체 원자가 아니라)의 결합 에너지는

$$B=(Zm_{\text{p}}+Nm_{\text{n}}-m_{\text{nuc}})c^2 \qquad (42.4)$$

로 정의한다. 이것은 핵을 조각들로 해체하는 데 공급될 필요가 있는 에너지이다.

특별한 차이는 실험실 과학자는 핵의 질량이 아니라 **원자** 질량을 측정하기 위해 질량 분광학을 사용한다는 것이다. 원자 질량 m_{atom}은 m_{nuc}에 Z개의 궤도 전자 질량 Zm_{e}을 더한 것이다. (엄밀히 말하면, 전자의 결합 에너지를 고려해야 하지만, 이러한 결합 에너지는 핵결합 에너지보다 대략 10^6 작은 인수이며 가장 정밀한 측정과 계산을 제외하고는 무시될 수 있다.)

다행히 Z 전자의 질량을 더해주고 빼주는 간단한 조작을 함으로써 핵의 질량을 원자 질량으로 바꿀 수 있다. 식 (42.4)를 동등한 형태

$$B=(Zm_{\text{p}}+Zm_{\text{e}}+Nm_{\text{n}}-m_{\text{nuc}}-Zm_{\text{e}})c^2 \qquad (42.5)$$

로 쓸 수 있다. 지금 $m_{\text{nuc}}+Zm_{\text{e}}=m_{\text{atm}}$은 원자 질량, 그리고 $Zm_{\text{p}}+Zm_{\text{e}}=Z(m_{\text{p}}+m_{\text{e}})=Zm_{\text{H}}$으로 쓸 수 있다. 여기서 m_{H}는 수소 **원자**의 질량이다. 최종적으로 환산 인자 $1\ \text{u}=931.49\ \text{MeV}/c^2$를 $c^2=931.49\ \text{MeV/u}$로 쓰기 위해 사용한다. 결합 에너지는

$$B=(Zm_{\text{H}}+Nm_{\text{n}}-m_{\text{atom}})\times(931.49\ \text{MeV/u}) \qquad (42.6)$$

(결합 에너지)

가 된다. 여기서 3개 모두의 질량은 원자 질량 단위이다.

예제 42.1 | 철의 결합 에너지

^{56}Fe의 결합 에너지는 얼마인가?

풀이 동위원소 ^{56}Fe은 $Z=26$과 $N=30$을 가지고 있다. ^{56}Fe의 원자 질량은 부록 C에서 알 수 있는 것처럼 55.9349 u이다. 그래서 ^{56}Fe 핵과 구성 요소들 사이에 질량 차이는

$$\Delta m=26(1.0078\ \text{u})+30(1.0087\ \text{u})-55.9349\ \text{u}=0.529\ \text{u}$$

이다. 여기서 표 42.2로부터 1.0078 u는 수소 원자의 질량이다. ^{56}Fe의 결합 에너지는

$$B=(0.529\ \text{u})\times(931.49\ \text{MeV/u})=493\ \text{MeV}$$

이다.

검토 결합 에너지는 너무 커서 양성자 또는 중성자 질량의 반보다 더 큰 등가 에너지가 된다.

그림 42.6 결합 에너지 곡선

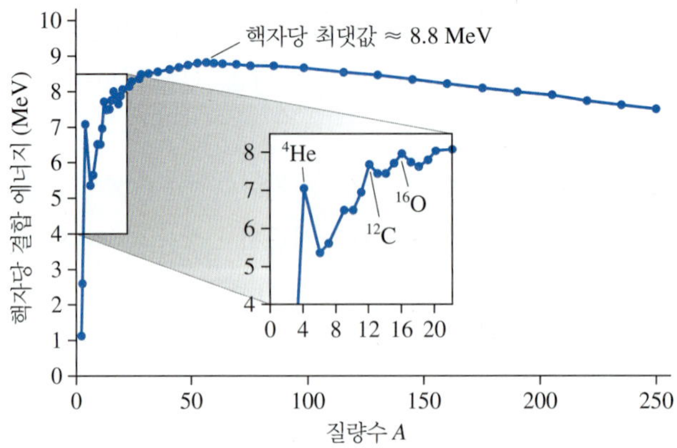

A가 증가하면서 더 많은 핵결합이 있기 때문에 핵결합 에너지는 증가한다. 하나의 핵을 다른 핵과 비교하기 위한 더 유용한 측정은 **핵자당 결합 에너지**라 하는 양 B/A이다. $B = 493$ MeV와 $A = 56$인 철은 핵자당 8.80 MeV를 가지고 있다. 이것이 핵으로부터 1개의 핵자를 떼어내는 데 공급해야 할 평균 에너지양이다. 더 큰 B/A값을 가지는 핵은 더 작은 B/A값을 가지는 핵보다 더 강하게 결합되어 있다.

그림 42.6은 핵자당 결합 에너지 대 질량수 A의 그래프이다. 점들을 연결하는 선은 종종 **결합 에너지 곡선**(curve of binding energy)이라 한다. 이 곡선은 3개의 중요한 특징을 가지고 있다.

- $A = 4$, 12와 16에 결합 에너지 곡선의 정점들이 있다. ^{4}He에 대응되는 $A = 4$의 것은 특히 두드러지게 나타난다. 알다시피, 주변 핵보다 더 단단히 결합된 핵을 나타내는 이들 정점들은 원자 이온화 에너지 그래프(그림 41.22 참조)가 닫힌 전자 껍질에 대해 정점에 도달했던 거의 같은 방식에서 **닫힌 껍질**에 기인한다.
- 핵자당 결합 에너지는 $A > 20$에 대하여 핵자당 ≈ 8 MeV의 **대략** 일정한 값이다. 이것은 핵이 커지면서 핵결합이 **포화가 되는** 점이 있다는 것을 의미한다. 각 핵자는 실제적으로 접하는 가장 가까이 이웃하고 있는 것들 하고만 상호작용한다. 이것은 핵력이 **단거리힘**임을 의미한다.
- 곡선은 $A \approx 60$에서 전체적인 최댓값을 가진다. 이것은 방사능을 이해하는 데 중요하다. 원칙적으로 무거운 핵은 더 작은 조각으로 분해됨으로써 더 안정적으로(핵자당 더 큰 결합 에너지) 될 수 있다. 더 가벼운 핵은 더 큰 핵으로 결합함으로써 더 안정적이 될 수 있다. 그러한 핵변환이 일어날 수 있는 방법이 항상 있는 것은 아니지만, 만약 있다면 그것이 발생하는 것이 에너지 측면에서 유리하다.

42.3 강력

러더퍼드의 원자 핵 발견을 모든 과학자들이 바로 받아들이지 않았다. 그들이 기본적으로 반대한 것은 양성자들이 수 펨토미터 떨어져 있어서 그들 사이의 매우 큰 정전기력 때문에 고속으로 서로 떨어져 나갈 것이라는 이유 때문이었다. 알려진 힘으론 핵을 결합할 수 없었다.

자연의 알려지지 않은 힘이 핵자들을 함께 결합하기 위하여 핵 내부에서 작용한다는 것이 곧 명백해졌다. 이 새로운 힘은 미는 정전기력보다 더 강해야만 했다. 그래서 **강력**(strong force)이라고 이름을 붙였다. **핵력**(nuclear force)이라고도 한다.

강력은 네 가지 중요한 특징이 있다.

1. 어떤 핵자들 사이에도 인력으로 작용한다.
2. 전자에는 작용하지 않는다.
3. 핵 거리 내에서만 작용하는 단거리힘이다.
4. 이것이 작용하는 범위 내에서는 두 양성자를 밀어내는 정전기력보다 더 강하다.

$1/r^2$의 장거리힘인 전기력, 자기력 및 중력과는 다르게 강력이 단거리힘이란 사실은 핵 밖에서 핵력에 대한 아무런 증거를 보지 못했다는 사실로부터 분명하다.

그림 42.7에서 핵 내부에서 일어나는 3개의 상호작용을 요약하였다. 두 양성자 사이의 강력은 두 중성자 사이 또는 양성자와 중성자 사이의 힘과 같은 크기인지는 실험적으로 대답할 수 있는 중요한 질문이다. 강력을 연구할 기본적인 수단인 사이클로트론이나 다른 입자 가속기를 사용하여 양성자를 매우 고속으로 가속하여 양성자가 다양한 표적 물질들에 의해 어떻게 산란하는지를 연구하는 것이다.

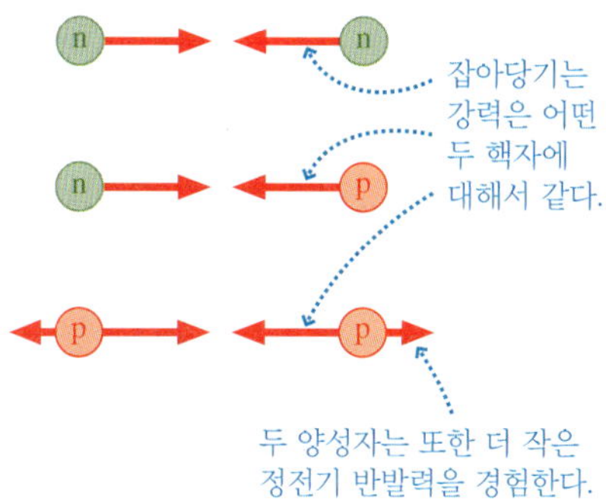

그림 42.7 강력은 어떤 두 핵자 사이에서도 같다.

수십 년 연구의 결론은 두 핵자들 사이에 강력은 양성자 또는 중성자인지에 관계없다는 것이다. 전하는 전자기 상호작용의 기저이고 강력과는 관계가 없다. 양성자와 중성자는 핵력의 관점에서는 동일하다.

퍼텐셜 에너지

불행히도 강력을 통하여 상호작용하는 두 핵자의 강력 또는 퍼텐셜 에너지를 계산할 수 있는 간단한 공식이 없다. 그림 42.8은 두 상호작용하는 핵자에 대해 실험적으로 결정한 퍼텐셜 에너지를 핵자의 중심 간의 거리 r을 가지고 그린 그림이다. $r \approx 1$ fm에 있는 퍼텐셜 에너지 최솟값은 안정한 평형점이다.

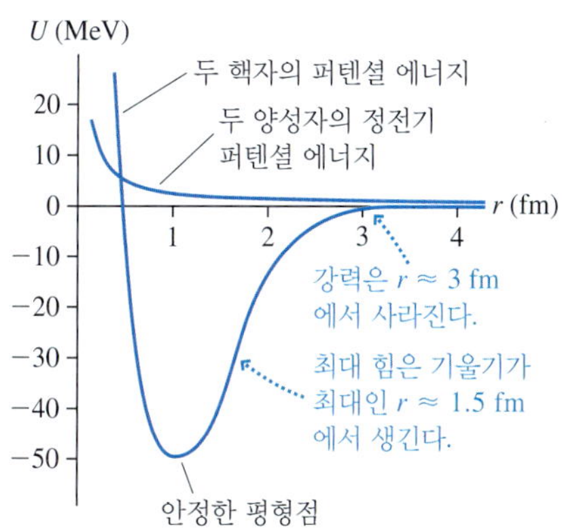

그림 42.8 강력을 통하여 상호작용하는 두 핵자의 퍼텐셜 에너지 도형

힘은 퍼텐셜 에너지 도형 기울기의 음의 값이다. $r < 1$ fm에서 급히 올라가는 퍼텐셜은 강한 반발력을 나타낸다. 즉 핵자의 '중심'은 핵자들이 서로 너무 가까워지면 서로 강하게 밀어낸다. 힘은 기울기가 양인 $r > 1$ fm에서 인력이고 $r \approx 1.5$ fm인 기울기가 가장 급한 곳에서 가장 강하다. 힘의 세기는 $r > 1.5$ fm에서 급격히 줄어들고 $r > 3$ fm에서 0이 된다. 즉, 이 퍼텐셜 에너지로 표시된 강력은 매우 짧은 범위의 거리에서만 유효하다.

두 양성자의 정전기 에너지는 강력의 퍼텐셜 에너지와 비교했을 때 얼마나 작은지를 살펴보자. 안정한 평형점인 $r \approx 1.0$ fm에서 핵 퍼텐셜 에너지의 크기는 정전기 퍼텐셜 에너지보다 ≈ 100배 크다.

앞에서 중성자는 무슨 역할을 하는지 질문하였다. 핵은 왜 중성자가 필요할까? 그 대답은 강력의 짧은 범위와 관련이 있다. 핵 안의 **모든** 양성자는 서로 반발하는 강한 정전기력을 작용하지만 강력의 짧은 범위 때문에 양성자는 가깝게 접하는 매우 적은 다른 양성자들 하고만 인력을 느낀다. 최댓값에서 강력은 정전기력보다 훨씬 크지만 모든 양성자 핵이 안정해지도록 할 만큼 충분한 인력의 핵결합을 주지 못한다. 중성자는 강력에 참여하지만 반발력이 작용하지 않기 때문에 **중성자는 핵을 함께 결합시키는 추가 '접착제'를 제공한다.** 대부분의 핵자가 접촉하는 작은 핵에서 양성자당 1개의 중성자가 안정성을 위해 충분하다. 그러므로 작은 핵은 $N \approx Z$을 가지고 있다. 그러나 핵이 커지면서 반발력은 결합 에너지보다 더 빠르게 증가한다. 더 많은 중성자가 안정성을 위해 필요하다. 이것이 무거운 핵이 $N > Z$을 가지는 이유이다.

42.4 껍질 모형

마리아 괴퍼트 메이어는 핵물리학에서 업적으로 1963년 노벨 물리학상을 받았다.

그림 42.8은 상호작용하는 두 핵자의 퍼텐셜 에너지를 보여준다. 핵에 대한 슈뢰딩거 방정식을 풀기 위해 핵 내부에서 핵자 쌍 사이에 상호작용하는 강력과 전자기력 모두를 포함하는 총 퍼텐셜 에너지를 알 필요가 있다. 이것은 너무 복잡해서 다룰 수 있는 문제가 될 수 없다.

우리는 다전자 원자와 유사한 상황에 직면하였다. 원자의 정확한 퍼텐셜 에너지를 계산하는 것은 매우 복잡하다. 문제를 단순화하기 위하여 각 전자가 핵과 다른 전자들에 의한 **평균** 퍼텐셜 에너지를 가지고 독립적으로 움직이는 원자의 **모형**을 만들었다. 완벽하지는 않지만 이 모형은 정확하게 전자의 껍질을 예상하였고 원소의 주기율표를 설명하였다.

다전자 원자에서 유사하게 사용했던 핵의 **껍질 모형**(shell model)을 마리아 괴퍼트 메이어(Maria Goeppert-Mayer)가 1949년에 제안하였다. 껍질 모형은 각 핵자가 모든 다른 핵자의 강력에 의한 **평균** 퍼텐셜 에너지를 가지고 독립적으로 움직이는 것으로 생각한다. 양성자의 경우 다른 양성자에 의한 정전기 퍼텐셜 에너지를 물론 포함해야 한다.

그림 42.9는 중성자와 양성자의 평균 퍼텐셜 에너지를 보여준다. 여기서 r은 그림 42.8에서 보여주었던 핵자와 핵자 사이의 거리가 아니라 핵의 중심으로부터 거리이다. 평균적으로 이웃하는 핵자와 핵자의 상호작용은 핵 내부에서 핵자의 위치에 관계없다. 그러므로 핵 내부에서는 일정한 퍼텐셜 에너지를 가지고 있다. 괜찮은 근사로써 핵자는 유한 퍼텐셜 우물에 있는 것으로 보인다. 이것은 40장에서 공부한 양자역학 문제이다.

세 가지 관측은 가치가 있다.

1. 중성자 퍼텐셜 에너지 우물의 깊이는 모든 핵에 대해서 ≈ 50 MeV이다. 퍼텐셜 에너지 우물의 반지름은 핵 반지름 $R = r_0 A^{1/3}$이다.

그림 42.9 중성자와 양성자의 평균 퍼텐셜 에너지

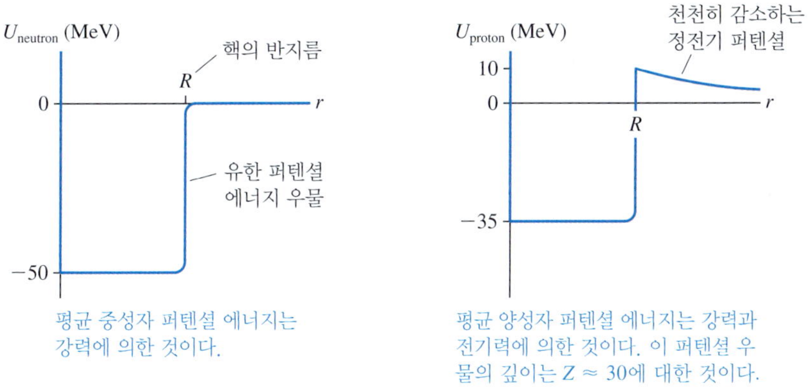

2. 양성자의 경우 양인 정전기 퍼텐셜 에너지는 퍼텐셜 에너지 우물을 '들어 올린다.' 들어 올림은 매우 가벼운 원소에 대해서는 거의 없지만 매우 무거운 원소에 대해서는 우물의 상당한 비율까지 변한다. 그림에서 보여주는 퍼텐셜 에너지는 $Z \approx 30$을 가지는 핵에 적합하다.
3. 강력이 없어지는 핵의 밖에서 양성자의 퍼텐셜 에너지는 핵 내부에 있는 $(Z-1)$개의 다른 양성자에 의한 정전기 상호작용 때문에 $U = (Z-1)e^2/4\pi\epsilon_0 r$가 된다.

양자역학의 임무는 퍼텐셜 에너지 우물에서 핵의 에너지 준위와 파동 함수를 풀어내는 것이다. 에너지 준위를 구하면 원자를 가지고 했던 것처럼 가장 낮은 에너지 준위들에 파울리의 원리에 따라 모든 핵자를 배치함으로써 핵의 상태를 구축할 것이다. 핵자는 스핀-$\frac{1}{2}$ 입자이기 때문에 파울리의 원리는 원자에서 전자에게 했던 것처럼 핵자에 영향을 미친다. 각 에너지 준위는 양자수에 따라 일정 수의 스핀업(spin-up) 입자와 스핀다운(spin-down) 입자만 보유할 수 있다. 추가적인 핵자들은 더 높은 에너지 준위로 가야만 한다.

낮은 *Z*핵

예를 들면 낮은 Z핵($Z < 8$)의 에너지 준위를 고려하자. 이 핵들은 적은 양성자를 가지고 있기 때문에 양성자·양성자의 반발에 기인하는 정전기 퍼텐셜 에너지를 무시하고 단지 더 큰 핵 퍼텐셜 에너지만 고려하는 합리적인 근사를 사용할 수 있다. 이 경우 양성자와 중성자의 퍼텐셜 에너지와 에너지 준위는 동일하다.

그림 42.10은 가장 낮은 세 에너지 준위와 파울리의 원리가 각 준위에 허용하는 핵자의 최대 수를 보여준다. 에너지 값들은 핵에 따라 변하지만 에너지 준위 사이의 간격은 수 MeV이다. 양성자와 중성자 퍼텐셜 에너지 도형과 에너지 준위를 연이어 그리는 것이 관례이다. 양성자의 퍼텐셜 에너지 우물에 대한 지름 축은 오른쪽을 향하고 중성자의 퍼텐셜 에너지 우물에 대한 지름 축은 왼쪽을 향하게 그린다.

이 모형을 $A = 12$ 동중핵에 적용하자. 동중핵은 중성자와 양성자의 총 수가 같은 일련의 핵이라는 것을 기억하자. 그림 42.11은 ^{12}B, ^{12}C와 ^{12}N의 에너지 준위 도표를

그림 42.10 낮은 Z핵의 가장 낮은 3개의 에너지 준위. 중성자의 에너지 준위는 왼쪽, 양성자의 에너지 준위는 오른쪽에 있다.

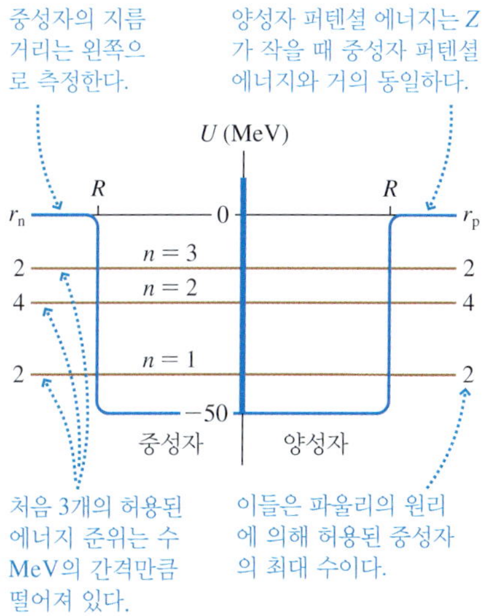

그림 42.11 $A = 12$ 동중핵은 가장 낮은 가능한 에너지 준위에 12개의 핵자를 배치한다.

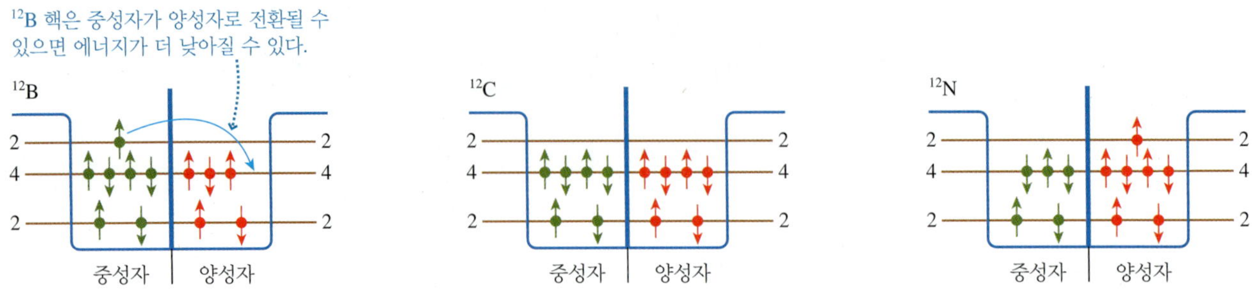

보여준다. 먼저 6개의 양성자와 6개의 중성자를 가지는 ^{12}C를 보자. 정확하게 6개의 양성자는 $n = 1$과 $n = 2$ 에너지 준위에 허용되는 것을 볼 수 있다. 6개의 중성자에 대해서도 마찬가지이다. 그러므로 ^{12}C는 꽉 찬 $n = 2$ 양성자 껍질과 꽉 찬 $n = 2$ 중성자 껍질을 가지고 있다.

^{12}N는 7개의 양성자와 5개의 중성자를 가지고 있다. 6개의 양성자는 $n = 2$ 양성자 껍질을 채우고 7번째 양성자는 $n = 3$ 에너지 준위로 가야만 한다. $n = 2$ 중성자 껍질은 단지 5개의 중성자만 있기 때문에 1개의 빈자리를 가진다. ^{12}B는 정반대로 $n = 3$ 에너지 준위에 7번째 중성자를 가진다. ^{12}B와 ^{12}N의 핵은 ^{12}C보다 수 MeV만큼 더 많은 에너지를 가진다는 것을 도표로부터 알 수 있다.

원자에서 더 높은 에너지 준위에 전자는 전자가 양자뜀을 겪음으로써 광자를 방출하고 더 낮은 에너지 준위로 붕괴한다. ^{12}B에서 더 높은 에너지 핵자는 중성자이지만 빈 낮은 에너지 준위는 양성자의 준위이기 때문에 원자와 같은 일이 여기서는 발생하지 않는다. 그러나 중성자가 양성자로 변환될 수 있다면 유사한 과정이 발생할 수 있다. 그리고 그것이 정확하게 일어나는 일이다! 자세한 것은 42.6절에서 설명하겠지만 베타 붕괴라는 과정으로 ^{12}B와 ^{12}N는 모두 ^{12}C로 붕괴한다.

^{12}C는 양성자와 중성자 껍질 모두가 꽉 찬 3개의 낮은 Z핵 중 하나이다. 다른 둘은 ^{4}He($Z = 2$, $N = 2$를 가지고 $n = 1$ 껍질을 모두 채운)와 ^{16}O($Z = 8$, $N = 8$을 가지고 $n = 3$ 껍질을 모두 채운)이다. 꽉 찬 전자 껍질이 가지는 유사성이 타당하면 이 핵들은 이웃하는 A값을 가지는 핵들보다 더 강하게 결합되어야만 한다. 그리고 결합 에너지 곡선(그림 42.6)이 $A = 4$, 12 및 16에서 정점을 가지는 것을 알고 있다. 핵의 껍질 모형은 이 정점들을 만족스럽게 설명한다. 불행히도 껍질 모형은 $n = 3$을 넘으면서 바로 훨씬 더 복잡해진다. 무거운 핵은 꽉 찬 껍질을 가지지만 결합 에너지 곡선에서 그들에 대한 증거가 없다.

높은 Z핵

상세한 사항은 이 책의 범위를 넘어서지만 껍질 모형은 하나 이상의 관찰에 대해서 정성적인 설명을 주기 위해 사용할 수 있다. 그림 42.12는 높은 Z핵의 중성자와 양성자 퍼텐셜 에너지 우물을 보여준다. 많은 양성자를 가지는 핵에서 정전기 퍼텐셜 에너지는 중성자 퍼텐셜 에너지 우물보다 양성자 퍼텐셜 에너지 우물을 더 높이 들어 올린다. 양성자와 중성자는 이제 서로 다른 에너지 준위를 가지게 된다.

양성자와 중성자를 추가함으로써 핵이 '만들어짐'에 따라 양성자 퍼텐셜 에너지 우물과 중성자 퍼텐셜 에너지 우물은 거의 같은 높이로 채워져야만 한다. 빈 양성자 준위보다 위의 에너지 준위에 중성자가 있다면 핵은 중성자를 양성자로 변환하는 베타 붕괴를 사용하여 에너지 준위를 낮출 수 있다. 마찬가지로 꽉 찬 양성자 준위 아래에 빈 중성자 준위가 있다면 베타 붕괴는 양성자를 중성자로 변환시킨다. **베타 붕괴의 최종 결과는 양측의 준위를 거의 동일한 에너지로 채우는 것이다.**

중성자 퍼텐셜 에너지 우물은 더 낮은 에너지에서 출발하기 때문에 더 많은 중성자 상태가 양성자 상태보다 유용하다. 결과적으로 높은 Z핵은 양성자보다 중성자를 더 많이 가질 것이다. 이러한 결론은 무거운 핵에 대해서 $N > Z$인 그림 42.4의 관측과 일치한다.

그림 42.12 양성자의 에너지 준위는 높은 Z핵에서 위쪽으로 이동한다.

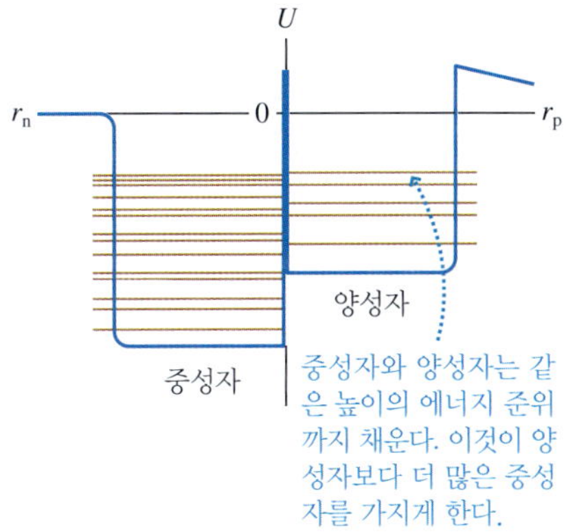

42.5 방사선과 방사능

베크렐이 1896년에 우라늄 결정으로부터 '흐름선'을 발견한 것은 폭발적인 연구 활동을 불러일으켰다. 영국에서는 톰슨과 그의 학생, 그리고 러더퍼드는 흐름선의 정체를 밝히기 위한 연구를 하였다. 톰슨이 음극선의 연구에서 행했던 것처럼 전기장과 자기장의 결합을 사용하여 구별되는 세 종류의 방사선을 발견하였다. 그림 42.13은 기본적인 실험 절차를 보여주며 표 42.3은 결과를 요약한 것이다.

그림 42.13 자기장에서의 편향에 의한 방사선 확인

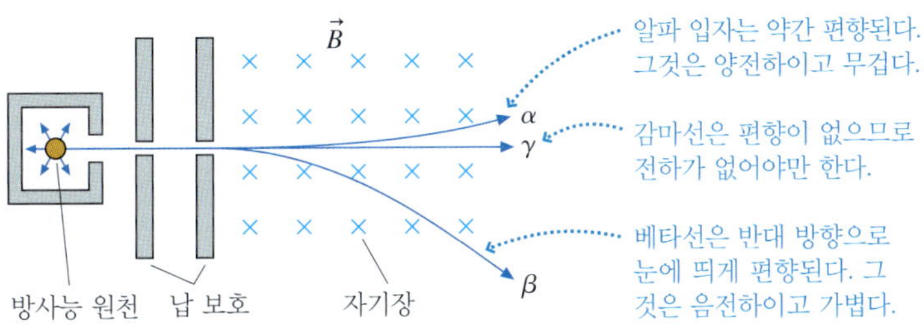

표 42.3 세 종류의 방사선

방사선	식별	전하	투과 정도
알파, α	^{4}He 핵	$+2e$	한 장의 종이
베타, β	전자	$-e$	수 mm의 알루미늄
감마, γ	고에너지 광자	0	수 cm의 납

러더퍼드와 다른 사람들이 원자의 기존 구조를 유추함으로써 수년 내에 이 방출 방사선들이 원자핵으로부터 나온다는 것이 분명해졌다. **방사능** 또는 **방사성 붕괴**를 더 높은 에너지에서 더 낮은 에너지 상태로 붕괴함으로써 불안정한 핵으로부터 입자 또

는 고에너지 광자를 자발적으로 방출하는 것으로 정의한다. 방사능은 원자가 궤도 전자와 아무런 관련이 없다.

그림 42.14 알파와 베타 입자는 물질을 통과하면서 이온화의 흔적을 만든다.

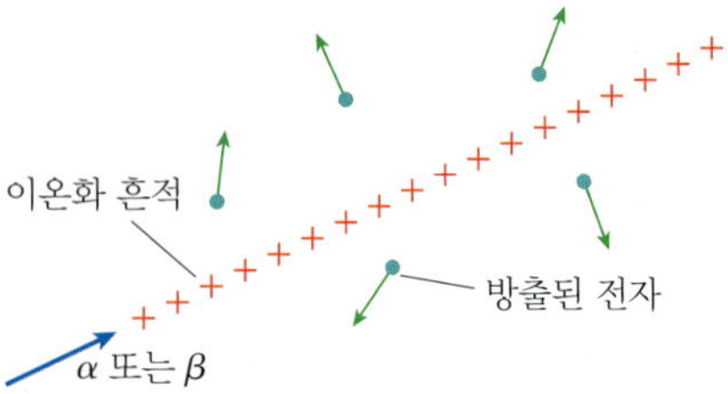

그림 42.15 가이거 계수기

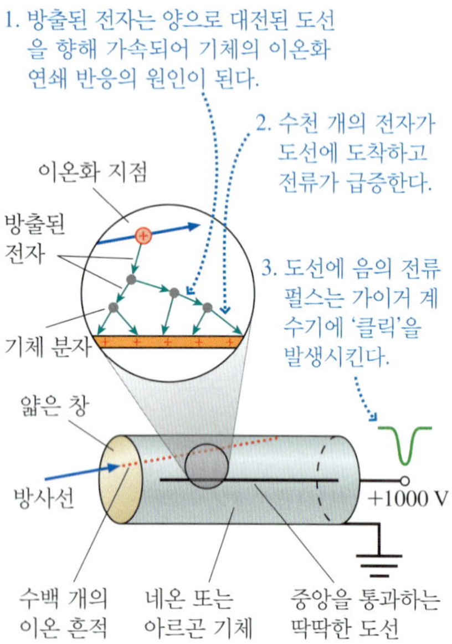

이온화 방사선

마이크로파부터 자외선까지 분포하는 전자기파는 물질에 흡수된다. 흡수된 에너지는 물체의 열에너지와 온도를 증가시킨다. 이것이 태양 아래 놓여 있는 물체가 따뜻해지는 이유이다.

수 eV의 가시광선의 광자 에너지와 달리 알파와 베타 입자, 그리고 감마선 광자의 에너지는 일반적으로 대략 10^6만큼 큰 인자인 0.1~10 MeV의 범위 안에 있다. 이 에너지는 원자나 분자의 이온화 에너지보다 훨씬 크다. 핵 방사선은 단순히 물체에 흡수되어 열에너지를 높이기보다 물질을 **이온화하고** 분자 결합을 깨뜨린다. 핵 방사선(그리고 역시 물질에서 동일하게 작용하는 엑스선)을 **이온화 방사선**(ionizing radiation)이라 한다.

물질을 통과하여 이동하는 알파와 베타 입자는 그림 42.14에서 보여주는 것처럼 이온화의 흔적을 생성한다. 원자의 이온화 에너지는 ≈ 10eV이기 때문에 1 MeV의 운동 에너지를 가지는 입자는 최종적으로 멈추기 전에 ≈ 100,000개의 원자를 이온화할 수 있다. 낮은 질량 전자는 옆으로 튕겨 나오지만 훨씬 더 큰 질량의 양이온은 거의 움직이지 못하고 흔적을 만들지 않는다. 이 이온화는 핵 방사선의 잘 알려진 검출기 중에 하나인 **가이거 계수기**(Geiger counter)의 기초가 된다. 그림 42.15는 가이거 계수기의 작동 방식을 보여준다. 기억해야 할 중요한 것은 가이거 계수기는 단지 **이온화 방사선**만을 검출한다는 것이다.

이온화 방사선은 물질을 손상시킨다. 이온은 그렇지 않으면 발생하지 않는 화학 작용을 유도한다. 깨진 분자 결합은 분자 조직의 작용을 변화시킨다. 특히 큰 생물학적인 분자에서 일어난다. 핵 방사선이 돌연변이나 종양을 일으킬 수 있는 원인이 되는 이유는 이온화와 결합 깨짐과 같은 작용 때문이다. 42.7절에서 생물학적인 문제를 조사할 것이다.

핵붕괴와 반감기

러더퍼드는 시료에서 방사성 원자의 수가 시간에 따라 지수적으로 감소하는 것을 실험적으로 발견하였다. 그 이유는 방사성 붕괴가 **무작위 과정**(random process)이기 때문이다. 즉, 핵이 붕괴되는 것을 정확한 순간이 아니라 확률로만 예측할 수 있다. 41.7절에서 원자의 들뜬 상태의 수명을 조사했을 때 이런 상황을 경험하였다.

원자를 가지고 했던 것처럼 r을 알파 또는 베타 입자 또는 감마선 광자의 방출에 의해 다음 1초 내에 붕괴할 확률인 **붕괴율**(decay rate)이라 하자. 그러면 짧은 시간 간격 Δt 동안 붕괴 확률은

$$\text{Prob}(\text{시간 간격 } \Delta t\text{에 붕괴}) = r\Delta t \tag{42.7}$$

가 된다. 이 식은 원자에 의한 광자의 자발적 방출의 분석에서 출발점이 되었다. 수학적 분석은 지수형 감쇠 식

$$N = N_0 e^{-t/\tau} \tag{42.8}$$

을 유도한 «41.7절과 정확히 동일하다. 여기서 $\tau = 1/r$은 핵의 **수명**이다.

그림 42.16은 시간에 따라 N의 감소를 보여준다. 방사성 핵의 수는 $t=0$에서 N_0부터 $t=\tau$에서 $e^{-1}N_0 = 0.368\ N_0$까지 감소한다. 특별히 그 수는 1 수명시간 동안 대략 3분의 2까지 감소한다.

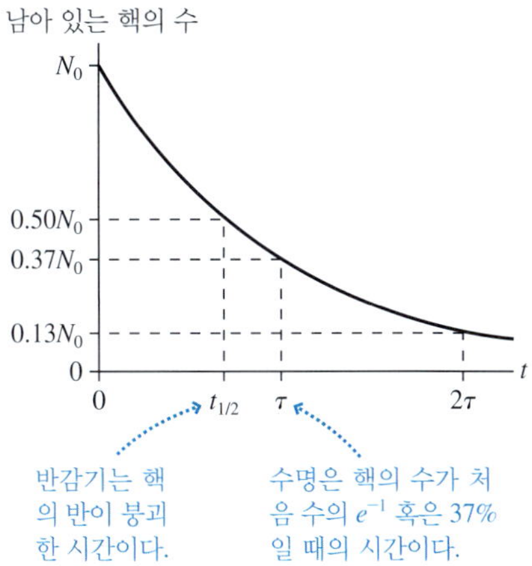

그림 42.16 방사성 원자의 수는 시간에 따라 지수적으로 감소한다.

실제로 시료의 붕괴 후 36.8%가 남는 시간보다 반이 붕괴되는 시간을 측정하는 것이 훨씬 쉽다. 방사성 원자 시료의 반이 붕괴되는 시간 간격으로 **반감기**(half-life) $t_{1/2}$을 정의하자. 반감기는 그림 42.16에서 볼 수 있다.

반감기는 $t = t_{1/2}$에서 $N = \frac{1}{2}N_0$을 정의에 의해 알고 있기 때문에 수명 τ와 쉽게 연관시킬 수 있다. 식 (42.8)에 의하여

$$\frac{N_0}{2} = N_0 e^{-t_{1/2}/\tau} \tag{42.9}$$

가 된다. N_0을 소거하고 양변에 자연 로그를 취하면

$$\ln\left(\frac{1}{2}\right) = -\ln 2 = -\frac{t_{1/2}}{\tau} \tag{42.10}$$

을 구할 수 있다. 마지막으로 정리하면

$$t_{1/2} = \tau \ln 2 = 0.693\tau \tag{42.11}$$

가 된다. 식 (42.8)은 반감기에 의해

$$N = N_0 \left(\frac{1}{2}\right)^{t/t_{1/2}} \tag{42.12}$$

로 쓸 수 있다. 그러므로 $t = t_{1/2}$에서 $N = N_0/2$, $t = 2t_{1/2}$에서 $N = N_0/4$, $t = 3t_{1/2}$에서 $N = N_0/8$, …이 된다. **얼마나 많은 핵이 있었는지 관계없이 그 수는 다음 반감기 동안 반으로 줄어든다.**

그림 42.17은 반감기를 그래프로 보여준다. 이 그림은 두 가지 다른 중요한 아이디어를 전달한다.

1. 핵은 붕괴할 때 사라지지 않는다. 붕괴된 핵은 단순히 **딸핵**이라 하는 다른 종류의 핵이 된다.
2. 붕괴 과정은 무작위로 일어난다. 핵의 반이 한 반감기에 붕괴하지만 어떤 핵이 붕괴하는지는 예측할 수 없다.

그림 42.17 각 반감기 동안 핵의 반이 붕괴한다.

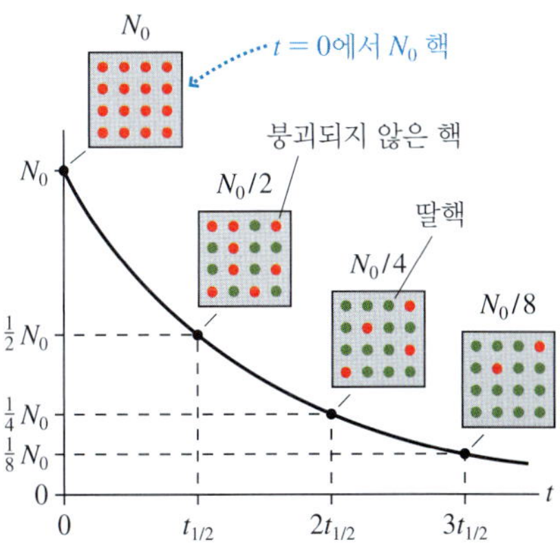

^{14}C와 같은 각 방사성 동위원소는 자신의 반감기를 가진다. 그 반감기는 시료가 붕괴하면서 변하지 않는다. 동전을 10번 던졌을 때 10번 다 앞면을 봤다면 뒷면이 없

을 것이라고 느낄 것이다. 그럼에도 불구하고 다음 던지기에서 앞면이 나올 확률은 여전히 50%이다. 10 반감기가 지난 후 방사성 시료의 $(1/2)^{10} = 1/1024$이 여전히 남아 있다. 이러한 핵들에 대해서는 특별하거나 특이한 것이 없었고, 그것들의 수명에도 불구하고 남아 있는 각 핵은 다음 반감기 동안 정확히 50%의 붕괴 확률을 가지고 있다.

예제 42.2 | 요오드의 붕괴

8일의 반감기를 가지는 요오드 동위원소 ^{131}I은 핵의학에서 사용된다. 2.00×10^{12}개의 원자가 들어 있는 ^{131}I 시료가 핵반응을 시작하였다.

a. 36시간 후에 시료가 병원에 배달됐을 때 남아 있는 ^{131}I 원자는 몇 개인가?

b. 시료가 지속적으로 약해지지만 ^{131}I 원자의 수가 5.0×10^{11}개 이상인 한 사용할 수 있는 상태이다. 시료가 더 이상 사용할 수 없게 되기 전까지의 최대 대기 시간은 얼마인가?

핵심 ^{131}I 원자의 수는 지수적으로 붕괴한다.

풀이 a. 반감기는 $t_{1/2} = 8 \text{ days} = 192 \text{ h}$이다. 36 h이 경과한 후에

$$N = (2.00 \times 10^{12})\left(\frac{1}{2}\right)^{36/192} = 1.76 \times 10^{12} \text{ nuclei}$$

가 된다.

b. 5.0×10^{11}개의 ^{131}I 원자가 남아 있는 붕괴 시작 후 시간은

$$5.0 \times 10^{11} = 0.50 \times 10^{12} = (2.0 \times 10^{12})\left(\frac{1}{2}\right)^{t/8 \text{ days}}$$

으로 주어진다. t에 대해 풀기 위해 이것을 먼저

$$\frac{0.50}{2.00} = 0.25 = \left(\frac{1}{2}\right)^{t/8 \text{ days}}$$

으로 쓴다. 양변에 로그를 취한다. 자연 로그 또는 10을 밑으로 하는 로그를 사용할 수 있지만 자연 로그를 사용하여

$$\ln(0.25) = -1.39 = \frac{t}{t_{1/2}}\ln(0.5) = -0.693\frac{t}{t_{1/2}}$$

을 계산할 수 있다. t에 대해 풀면

$$t = 2.00t_{1/2} = 16 \text{ days}$$

가 된다.

검토 사용할 수 있는 가장 약한 시료는 처음 시료의 사분의 일이다. 그림 42.17에서 방사성 시료가 2 반감기에서 처음 시료의 사분의 일로 붕괴하는 것을 볼 수 있다.

활성도

방사성 시료의 **활성도**(activity) R은 초당 붕괴수이다. 이것은 간단히 dN/dt의 절댓값, 즉

$$R = \left|\frac{dN}{dt}\right| = rN = rN_0e^{-t/\tau} = R_0e^{-t/\tau} = R_0\left(\frac{1}{2}\right)^{t/t_{1/2}} \tag{42.13}$$

이다. 여기서 $R_0 = rN_0$은 $t = 0$에서 활성도이다. 시료의 활성도는 남아 있는 핵의 수에 따라 지수적으로 감소한다.

활성도의 SI 단위는 **베크렐**(becquerel)

$$1 \text{ becquerel} = 1 \text{ Bq} \equiv 1 \text{ decay/s or } 1 \text{ s}^{-1}$$

으로 정의한다. 더 오래됐지만 널리 사용되고 있는 활성도의 단위는 **퀴리**(curie)이다. 퀴리는 원래 라듐 1g의 활성도로 정의하였다. 환산 인자는

$$1 \text{ curie} = 1 \text{ Ci} \equiv 3.7 \times 10^{10} \text{ Bq}$$

이다. 1퀴리는 실질적인 활성도이다. 실험실에서 사용되는 방사성 시료는 보통 $\approx 1\ \mu\text{Ci}$ 또는 같은 양인 $\approx 40{,}000$ Bq이다. 이 시료는 사소한 예방조치만으로 취급할 수 있다. 더 큰 방사성원은 방사선을 높은 수준으로 막기 위해 납 차폐 및 특별한 예방조치가 요구된다.

예제 42.3 | 실험실 원천

동위원소 ^{137}Cs은 감마선의 표준 실험실 원천으로 사용된다. ^{137}Cs의 반감기는 30일이다.

a. 5.0 μCi 원천에는 얼마나 많은 ^{137}Cs 원자가 있는가?

b. 10년 후 원천의 활성도는 얼마인가?

핵심 ^{137}Cs 원자의 수는 지수적으로 감소한다.

풀이 원자의 수는 $N_0 = R_0/r$로부터 구할 수 있다. SI 단위에서 활성도는

$$R = 5.0 \times 10^{-6} \text{ Ci} \times \frac{3.7 \times 10^{10} \text{ Bq}}{1 \text{ Ci}} = 1.85 \times 10^{5} \text{ Bq}$$

이다. 붕괴율을 계산하기 위해 먼저 반감기를 초로 변환한다.

$$t_{1/2} = 30 \text{ years} \times \frac{3.15 \times 10^{7} \text{ s}}{1 \text{ year}} = 9.45 \times 10^{8} \text{ s}$$

그래서

$$r = \frac{1}{\tau} = \frac{\ln 2}{t_{1/2}} = 7.33 \times 10^{-10} \text{ s}^{-1}$$

이다. ^{137}Cs 원자의 수는 다음과 같다.

$$N_0 = \frac{R_0}{r} = \frac{1.85 \times 10^{5} \text{ Bq}}{7.33 \times 10^{-10} \text{ s}^{-1}} = 2.5 \times 10^{14} \text{ atoms}$$

b. 활성도는 핵의 수처럼 지수적으로 감소한다. 10년 후에

$$R = R_0\left(\frac{1}{2}\right)^{t/t_{1/2}} = (5.0\ \mu\text{Ci})\left(\frac{1}{2}\right)^{10/30} = 4.0\ \mu\text{Ci}$$

가 된다.

검토 N_0가 매우 큰 수이지만 매우 작은 몰분율($\approx 10^{-10}$)이다. 시료는 ^{137}Cs 약 10 ng(nanograms)이다.

방사능 연대측정

많은 지질학 또는 고고학의 시료들은 자연에서 발생하는 방사성 동위원소의 붕괴를 측정함으로써 연대를 알 수 있다. 방사성 핵의 초기 수 N_0을 알 수 있는 방법이 없기 때문에 방사성 연대측정은 비율의 사용에 의존한다.

가장 잘 알려진 연대측정 기술은 탄소 연대측정이다. 탄소 동위원소 ^{14}C는 반감기가 5730년이어서 지구가 만들어진 45억 년 전에 존재했던 모든 ^{14}C는 오래전에 붕괴되어 사라졌다. 그럼에도 불구하고 ^{14}C는 대기 중에 이산화탄소로 존재한다. 왜냐하면 고에너지 우주선이 대기의 상층부에 있는 기체 분자와 충돌하기 때문이다. 우주선은 질소 및 산소 핵과의 핵반응으로부터 ^{14}C를 생성할 수 있는 충분한 에너지를 가지고 있다. ^{14}C의 생성과 붕괴는 ^{14}C/^{12}C 비율이 1.3×10^{-12}이 되는 안정된 상태에 도달한다. 즉, 대기 중의 이산화탄소는 1조 개 중 1.3개 수준의 농도로 ^{14}C를 가지고 있다. 이것은 작지만 현대 화학 기술로 쉽게 측정할 수 있다.

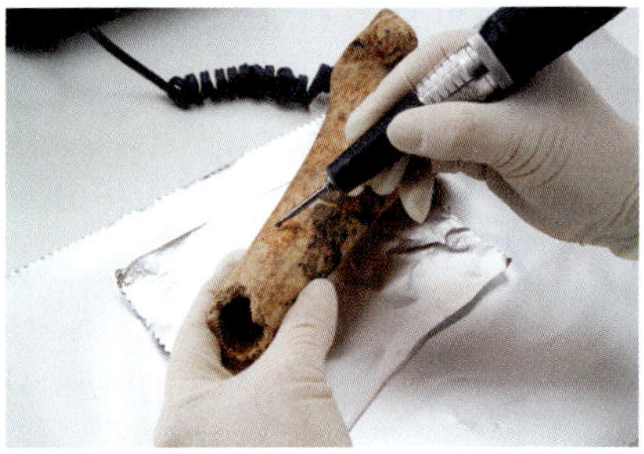

한 연구원이 고대 뼈의 작은 표본을 추출하고 있다. 그녀는 ^{14}C 대 ^{12}C의 비율을 측정하여 뼈의 나이를 결정할 것이다.

모든 생명체는 대기와 지속적으로 이산화탄소를 교환한다. 그래서 생명체 내의 ^{14}C/^{12}C 비율도 1.3×10^{-12}이다. 생명체가 죽었을 때 조직 안에 있던 ^{14}C는 붕괴하

지만 새로운 ^{14}C는 유입되지 않는다. 물체는 측정된 $^{14}C/^{12}C$ 비율을 살아있는 물질의 1.3×10^{-12} 값과 비교함으로써 연대를 측정한다.

탄소 연대측정은 뼈, 나무, 종이, 털, 음식물과 그밖에 유기 물질로 만들어진 것들의 연대를 측정하는 데 사용한다. 연대는 대략 ^{14}C의 3 반감기인 15,000년 정도까지 정확하게 측정할 수 있다. 그것을 넘어서면 낮은 비율을 측정하는 어려움과 과거의 우주선 선속에 대한 어떤 불확실성이 결합되어 정확성이 떨어진다. 그럼에도 불구하고 이 기술은 상당한 신뢰성을 가지고 대략 50,000년까지 연대측정을 할 수 있다.

더 긴 반감기를 가지는 다른 동위원소가 지질학 시료의 연대측정에 사용된다. 12.5억 년의 반감기를 가지는 ^{40}K을 사용하는 칼륨-아르곤 연대측정은 화산으로 만들어진 암석의 연대를 측정하는 데 특히 유용하다.

예제 42.4 | 탄소 연대측정

고대 사냥꾼들의 캠프를 발굴하던 고고학자들이 벽난로에서 5.0 g의 숯을 발견하였다. 시료 측정 결과 ^{14}C의 활성도가 0.35 Bq임을 알았다. 캠프의 대략적인 연대는 얼마인가?

핵심 타는 나무에서 나오는 숯은 거의 순수한 탄소이다. 나무에 있는 ^{14}C 원자의 수는 가지가 나무에서 떨어진 이후 지수적으로 감쇠한다. 나무는 썩기 때문에 나뭇가지가 나무에서 떨어져 사냥꾼들이 불태웠을 때까지 상당한 지연이 없었다고 가정하는 것은 합리적이다.

풀이 가지가 나무에서 떨어졌을 때 $^{14}C/^{12}C$ 비율은 1.3×10^{-12}이었다. 먼저 현재의 비율을 결정하고 그 다음 알려진 ^{14}C의 반감기 $t_{1/2} = 5730$ years을 현재 비율에 도착할 때까지의 시간을 계산하기 위해 사용한다. 시료에서 보통의 ^{12}C 핵의 수는

$$N(^{12}C) = \left(\frac{5.0\ \text{g}}{12\ \text{g/mol}}\right)(6.02 \times 10^{23}\ \text{atoms/mol})$$
$$= 2.5 \times 10^{23}\ \text{nuclei}$$

이다. ^{14}C 핵의 수는 $N(^{14}C) = R/r$인 활성도에서 구할 수 있다. 그러나 ^{14}C의 붕괴율 r을 알아야만 한다. 반감기를 초로 환산하여 $t_{1/2} = 5730\ \text{years} = 1.807 \times 10^{11}$ s를 사용하면

$$r = \frac{1}{\tau} = \frac{1}{t_{1/2}/\ln 2} = 3.84 \times 10^{-12}\ \text{s}^{-1}$$

을 계산할 수 있다. 따라서

$$N(^{14}C) = \frac{R}{r} = \frac{0.35\ \text{Bq}}{3.84 \times 10^{-12}\ \text{s}^{-1}} = 9.1 \times 10^{10}\ \text{nuclei}$$

이고 현재 $^{14}C/^{12}C$ 비율은 $N(^{14}C)/N(^{12}C) = 0.36 \times 10^{-12}$이 된다. 이 비율은 5730년의 반감기에 따라 붕괴했기 때문에 현재 비율에 도달하기 위한 시간은

$$0.36 \times 10^{-12} = (1.3 \times 10^{-12})\left(\frac{1}{2}\right)^{t/t_{1/2}}$$

에서 구할 수 있다. t에 대해 풀기 위해 이것을 먼저

$$\frac{0.36}{1.3} = 0.277 = \left(\frac{1}{2}\right)^{t/t_{1/2}}$$

으로 쓴다. 양변에 로그를 취하면

$$\ln(0.277) = -1.28 = \frac{t}{t_{1/2}}\ln(0.5) = -0.693\frac{t}{t_{1/2}}$$

가 된다. 따라서 사냥꾼의 캠프 연대는

$$t = 1.85 t_{1/2} = 11{,}000\ \text{years}$$

이다.

검토 이것은 방사능 연대측정을 하는 방법의 실제 예이다.

42.6 핵붕괴 메커니즘

이 절은 세 종류의 방사성 붕괴 메커니즘을 조금 더 자세히 살펴볼 것이다.

알파 붕괴

α로 표시하는 알파 입자는 2개의 양성자와 2개의 중성자가 강하게 결합된 계인 ^{4}He 핵이다. 알파 입자를 방출하는 불안정한 핵은 2개의 양성자와 2개의 중성자를 잃는다. 이러한 붕괴를

$$^{A}X_{Z} \rightarrow {}^{A-4}Y_{Z-2} + \alpha + \text{에너지} \tag{42.14}$$

와 같이 쓸 수 있다.

그림 42.18은 알파 붕괴 과정을 보여준다. 원래 핵 X는 **어미핵**(parent nucleus)이라 하고 붕괴로 생성된 핵을 **딸핵**(daughter nucleus)이라 한다. 이 반응은 어미핵의 질량이 딸핵의 질량과 알파 입자의 질량을 합한 것보다 클 때만 발생한다. 이 요구는 그림 42.6의 결합 에너지 곡선에서 최댓값보다 훨씬 위에 있는 무겁고 큰 Z핵에 대해서 충족된다. 딸핵이 어미핵보다 더 강하게 묶여 있기 때문에 알파 입자를 방출하는 것이 에너지적으로 유리하다.

그림 42.18 알파 붕괴

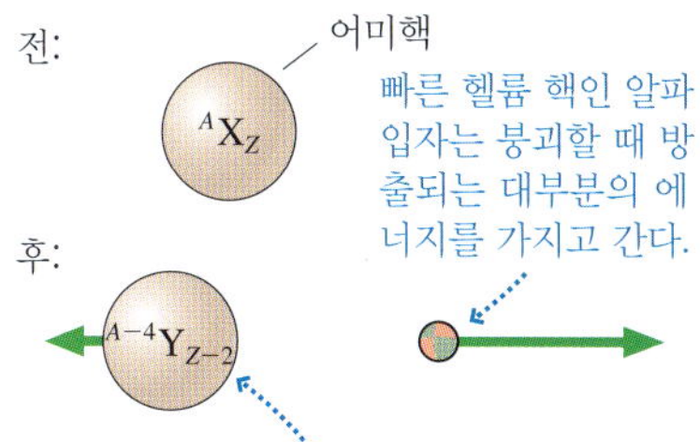

비록 질량 요구사항이 핵 질량에 기반을 두고 있지만 결합 에너지에서 했던 것처럼 원자 질량으로 표현할 수 있다. 알파 붕괴에서 방출되는 에너지는 모두 알파 입자의 운동 에너지로 갈 것이므로

$$\Delta E \approx K_\alpha = (m_X - m_Y - m_{He})c^2 \tag{42.15}$$

이 된다.

예제 42.5 우라늄의 알파 붕괴

우라늄 동위원소 ^{238}U은 ^{234}Th로 알파 붕괴를 겪는다. 원자 질량은 ^{238}U에 대해 238.0508 u와 ^{234}Th에 대해 234.0436 u이다. 알파 입자의 운동 에너지는 MeV로 얼마인가?

핵심 에너지 방출 ΔE 모두는 알파 입자의 운동 에너지로 간다.

풀이 헬륨의 원자 질량은 4.0026 u이다. 따라서 다음과 같다.

$$K_\alpha = (238.0508\text{ u} - 234.0436\text{ u} - 4.0026\text{ u})c^2$$
$$= \left(0.0046\text{ u} \times \frac{931.5\text{ MeV}/c^2}{1\text{ u}}\right)c^2 = 4.3\text{ MeV}$$

검토 이것이 일반적인 알파 입자 에너지이다. c^2의 값을 계산하지 않도록 c^2을 계산에서 소거하는 방법을 주의하라.

알파 붕괴는 순전히 양자역학 효과이다. 그림 42.19는 알파 입자의 ^{4}He 핵이 단단하게 묶여 있어서 마치 어미핵 내부에 '미리 포장되어' 있는 것처럼 생각할 수 있는 알파 입자의 퍼텐셜 에너지를 보여준다. 에너지 우물의 깊이와 쿨롱 장벽의 높이 모두는 알파 입자의 전하량이 $2e$이기 때문에 양성자의 두 배이다.

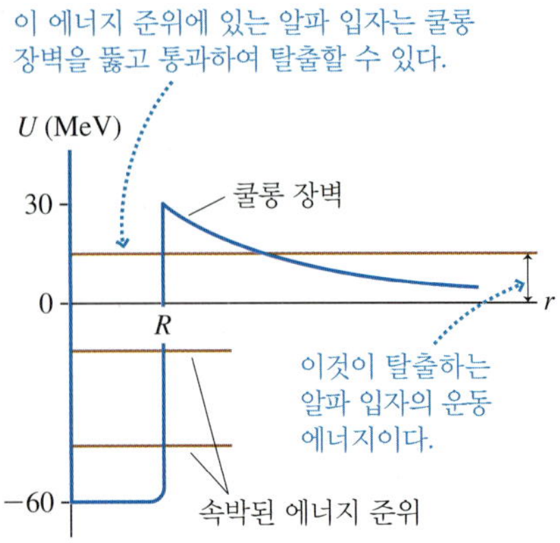

그림 42.19 어미핵 안에 알파 입자의 퍼텐셜 에너지 도형

높은 쿨롱 장벽 때문에(알파 붕괴는 오로지 큰 Z핵에서만 발생한다) $E>0$을 가지는 하나 이상의 허용된 에너지 준위가 존재할 수 있다. $E<0$을 가지는 에너지 준위는 완전히 속박되지만 $E>0$을 가지는 에너지 준위에 있는 알파 입자는 쿨롱 장벽을 뚫고 통과하여 탈출할 수 있다. 그것이 알파 붕괴가 발생하는 정확한 방법이다.

에너지는 보존되어야만 하므로 탈출하는 알파 입자의 운동 에너지는 $E=0$ 위의 에너지 준위의 높이이다. 즉 퍼텐셜 에너지가 입자가 탈출하면서 운동 에너지로 전환된다. E가 증가하면서 장벽의 폭이 감소하는 것을 주목하라. 주사 터널링 현미경과 관련하여 배운 것처럼 터널링 확률은 장벽의 폭에 매우 민감하게 의존한다. 높은 에너지 준위에 있는 알파 입자는 **더 짧은 반감기**를 가져야만 하고 **더 큰 운동 에너지**를 가지고 탈출한다. 완전한 분석은 이 책의 범위를 넘어서지만 이러한 예측은 측정된 에너지 및 반감기와 잘 일치한다.

베타 붕괴

베타 붕괴는 초기에는 베타 입자인 전자 e^-의 방출과 관련되었다. 후에 흔한 것은 아니지만 어떤 핵은 전자의 반입자인 양전자 e^+을 방출함으로써 베타 붕괴를 겪는다는 것을 발견하였다. 양전자는 양전하를 가진다는 것을 제외하면 전자와 동일하다. 정확하게 하기 위해 전자의 방출은 **베타 마이너스 붕괴**라 하고 양전자의 방출은 **베타 플러스 붕괴**라 한다.

베타 마이너스 붕괴의 전형적인 예는 베타 붕괴 과정 $^{14}C \rightarrow {}^{14}N + e^-$이 일어나는 탄소 동위원소 ^{14}C에서 발생한다. 탄소는 $Z=6$ 그리고 질소는 $Z=7$을 가지고 있다. Z가 1만큼 증가하고 A는 변하지 않기 때문에 핵 내부의 한 중성자가 양성자와 전자로 변환된다. 즉 기본 베타 마이너스 붕괴 과정은

$$n \rightarrow p^+ + e^- \tag{42.16}$$

으로 나타난다.

자유 중성자는 정말로 안정된 입자가 아니라는 것이 판명되었다. 약 10분의 반감기를 가지고 양성자와 전자로 붕괴한다. 이 붕괴는 $m_n > m_p + m_e$이기 때문에 에너지 측면에서 허용된다. 더구나 전하는 보존된다.

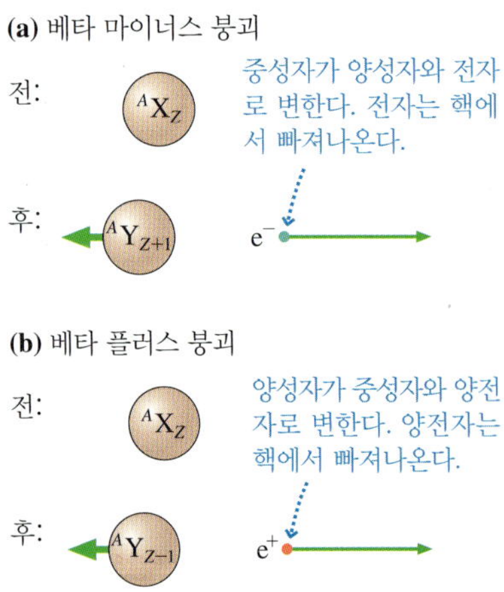

그림 42.20 베타 붕괴

핵 내부에 중성자가 붕괴하는지 여부는 어미핵과 딸핵의 질량에 의존한다. 전자는 베타 마이너스 붕괴에서 핵으로부터 방출되지만 양성자는 방출되지 않는다. 따라서 그림 42.20a에서 보여준 붕괴 과정은

$$^AX_Z \rightarrow {}^AY_{Z+1} + e^- + \text{에너지} \quad (\text{베타 마이너스 붕괴}) \tag{42.17}$$

이다. 에너지는 질량이 이 과정에서 감소하기 때문에 방출된다. 그러나 질량 결손을 계산할 때 주의해야만 한다. 식 (42.17)에서 분명히 보여주지 않았지만, 딸 ^AY는 양성자를 획득했으나 궤도 전자를 획득하지 못했기 때문에 사실 이온화된 원자 $^AY^+$이다. 그것의 질량은 ^AY의 원자 질량에서 전자의 질량을 뺀 것이다. 그러나 반응의 온

전한 우변은 베타 입자인 추가 전자를 포함하므로 붕괴 생산물의 총 질량은 간단히 ^{A}Y의 원자 질량과 같다.

결론적으로 베타 마이너스 붕괴에서 방출되는 에너지는 질량 결손에 근거하면

$$\Delta E = (m_X - m_Y)c^2 \tag{42.18}$$

이 된다. 에너지 방출은 양이 되어야만 하기 때문에 **베타 마이너스 붕괴는 $m_X > m_Y$ 이어야만 발생한다**는 것을 알 수 있다. $m(^{14}C) > m(^{14}N)$이므로 ^{14}C는 ^{14}N로 베타 마이너스 붕괴를 한다. 그러나 $m(^{12}C) < m(^{14}N)$이므로 ^{12}C는 안정하여 그 안의 중성자는 붕괴할 수 없다.

베타 플러스 붕괴는 양성자가 중성자와 양전자로 변환되는 것이다.

$$p^+ \rightarrow n + e^+ \tag{42.19}$$

그림 42.20b에서 보여주는 것처럼 완전한 붕괴 과정은

$$^{A}X_Z \rightarrow {}^{A}Y_{Z-1} + e^+ + \text{에너지} \qquad \text{(베타 플러스 붕괴)} \tag{42.20}$$

이다. 베타 플러스 붕괴는 $m_p < m_n$이기 때문에 자유 양성자에 대해서는 일어나지 않는다. 에너지가 전체 핵계에 대해서 보존되는 한, 핵 내부에서 일어날 수 있다.

그림 42.11의 이전 논의에서 양성자가 중성자로 바뀔 수 있고 그 반대로 바뀔 수 있다면 ^{12}B와 ^{12}N 핵은 더 낮은 에너지 상태에 도달할 수 있다는 것을 인식하였다. 지금 그러한 변환은 에너지 조건이 유리하면 일어날 수 있다는 것을 안다. 그리고 정말로 ^{12}B는 ^{12}C로 베타 마이너스 붕괴를 하고 ^{12}N는 ^{12}C로 베타 플러스 붕괴를 한다.

일반적으로 베타 붕괴는 그림 42.4의 안정선에 더 가깝게 이동하기 위하여 너무 많은 중성자 혹은 너무 많은 양성자를 가지는 핵에 의해 사용되는 과정이다.

베타 붕괴의 세 번째 형식은 너무 많은 양성자를 가지고 있으나 베타 플러스 붕괴가 일어나기에는 충분치 않은 에너지를 가지는 어떤 핵에서 발생한다. 이 경우에 양성자는 궤도 전자의 가장 안쪽 껍질로부터 전자($n = 1$에 있는 전자)를 '포획'하여 중성자로 변한다. 이 과정은

$$p^+ + \text{궤도 } e^- \rightarrow n \tag{42.21}$$

이다. 베타 붕괴의 이 형식을 **전자 포획**(electron capture)이라 하고 약어로 EC로 쓴다. 최종 결과 $^{A}X_Z \rightarrow {}^{A}Y_{Z-1}$는 베타 플러스 붕괴와 같지만 양전자의 방출은 없다. 전자 포획은 궤도 전자를 포함하는 유일한 핵붕괴 메커니즘이다.

약한 상호작용

베타 붕괴를 한 종류의 물질이 자발적으로 완전히 다른 종류의 물질로 변하는 것이 완벽하게 정상적인 것처럼 제시하였다. 예를 들면 큰 트럭이 자발적으로 캐딜락과 폭스바겐의 비틀로 변신하여 고속의 비틀을 방출하는 것이 에너지 측면에서 유리하다는 것이다. 그러나 그런 일은 발생하지 않는다.

일본의 슈퍼 카미오칸데(Super Kamiokande) 중성미자 검출기는 태양 핵의 핵융합 반응에서 방출된 중성미자를 찾는다.

일단 생각을 해보면 그 과정이 터무니없어 보이는데, 그것은 질량 · 에너지 보존을 침해하기 때문이 아니라 중성자가 어떻게 양성자가 될 수 있는지 모르기 때문이다. 알파 붕괴는 일반적으로 터널링이 상식에서 어긋나기 때문에 이상한 과정이 될 수 있지만 양자역학 과정에서는 완전히 일반적이다. 지금 물질을 구성하는 요소 중 하나가 어떻게든 다른 기본적인 구성 요소로 변할 수 있다는 것을 제안하고 있다.

더 혼란스러운 것은 1930년대에 베타 붕괴가 에너지 혹은 운동량을 보존하지 못한다는 측정 결과들이 발견되었다. 이러한 어려움과 직면한 이탈리아 물리학자 페르미(Enrico Fermi)는 대담하게 두 가지 제안을 하였다.

1. 이전에 알려지지 않은 자연의 기본 힘이 베타 붕괴의 원인이다. **약한 상호작용**(weak interaction)으로 알려지게 된 이 힘은 중성자를 양성자로 변환시키고, 그리고 반대로 변환시킬 수 있는 능력을 가지고 있다.
2. 베타 붕괴 과정은 그 시대에 검출하지 못했던 입자를 방출한다. 이 새 입자는 전하를 보존하기 위하여 전기적으로 중성이고 전자보다 매우 작은 질량을 가져야만 한다. 페르미는 이 입자를 '작고 중성인 것'이란 의미로 **중성미자**(neutrino)라고 불렀다. 에너지와 운동량은 정말로 보존되지만 중성미자는 붕괴하는 핵의 에너지와 운동량의 일부를 가지고 간다. 그러므로 단지 전자를 검출하는 실험은 보존 법칙을 위반하는 듯하였다.

중성미자는 그리스 문자 뉴의 소문자 기호 ν로 표시한다. 페르미가 제안하였던 베타 붕괴 과정은

$$\begin{aligned} n &\rightarrow p^+ + e^- + \bar{\nu} \\ p^+ &\rightarrow n + e^+ + \nu \end{aligned} \tag{42.22}$$

이다. 하나가 중성미자이고 다른 하나가 반중성미자인 이유를 여기서 관심 가질 필요는 없지만 기호 $\bar{\nu}$는 **반중성미자**이다. 그림 42.21은 전자와 반중성미자(또는 양전자와 중성미자)는 붕괴에서 방출되는 에너지를 나눠 가진다.

그림 42.21 베타 붕괴의 더 정확한 그림은 중성미자를 포함한다.

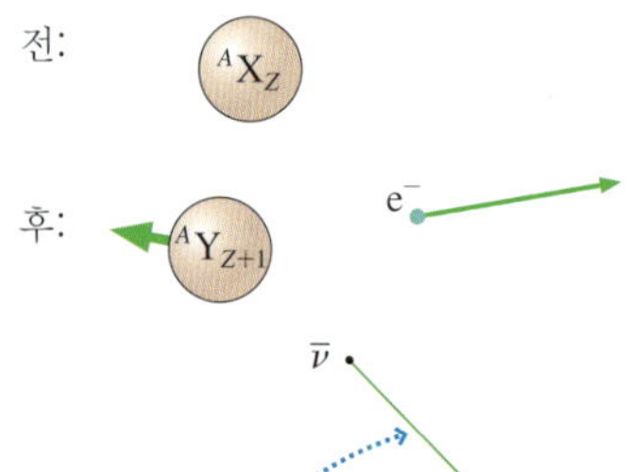

만약 전자와 딸핵만 측정된다면, 에너지와 운동량은 보존되지 않는 것처럼 보인다. '잃어버린' 에너지와 운동량은 감지되지 않은 반중성미자가 가져가 버린다.

중성미자는 물질과 매우 약하게 상호작용하기 때문에 중성미자는 충돌 기회가 매우 적어서 지구를 직선으로 통과할 수 있다. 태양 핵의 핵융합 반응에 의해 생성된 수조 개의 중성미자가 매초 우리의 몸을 통과하고 있다. 중성미자 상호작용은 매우 드물어서 페르미가 제안한 후 20년이 넘은 1956년에서야 최초의 실험실 탐지가 발생하였다.

중성미자는 처음에 전하가 0일 뿐만 아니라 질량도 0이라고 생각하였다. 그러나 1990년대의 실험은 중성미자의 질량은 매우 작지만 0은 아니라는 것을 보여주었다. 현재의 가장 좋은 증거는 질량이 약 전자 질량의 백만분의 일이라고 시사한다. 현재 진행 중인 실험은 더 정확한 값을 결정하려고 노력하고 있다.

예제 42.6 ^{14}C의 베타 붕괴

^{14}C의 베타 마이너스 붕괴에서 얼마나 많은 에너지가 방출되는가?

핵심 붕괴는 $^{14}C \rightarrow {}^{14}N + e^- + \bar{\nu}$이다.

풀이 부록 C에서 $m(^{14}C) = 14.003242$ u와 $m(^{14}N) = 14.003074$ u임을 알 수 있다. 질량 차이는 0.000168 u에 불과하지만 이것이 탈출하는 입자의 운동 에너지로 전환되는 질량이다. 방출되는 에너지는 다음과 같다.

$$E = (\Delta m)c^2 = (0.000\,168 \text{ u}) \times (931.5 \text{ MeV/u}) = 0.156 \text{ MeV}$$

검토 이 에너지를 전자와 반중성미자가 나눠 가진다.

감마 붕괴

감마 붕괴는 이해하기 가장 쉬운 핵붕괴 형식이다. 원자계는 전자가 들뜬 에너지 준위에서 더 낮은 에너지 준위로 양자뜀을 겪을 때 $E_{photon} = \Delta E_{atom}$을 가지는 광자를 방출한다는 것을 배웠다. 핵도 차이가 없다. 그림 42.22처럼 들뜬 핵 상태에 있는 양성자와 중성자는 높은 에너지 광자를 방출하고 낮은 에너지 상태로 양자뜀을 한다. 이것이 감마 붕괴 과정이다.

그림 42.22 감마 붕괴

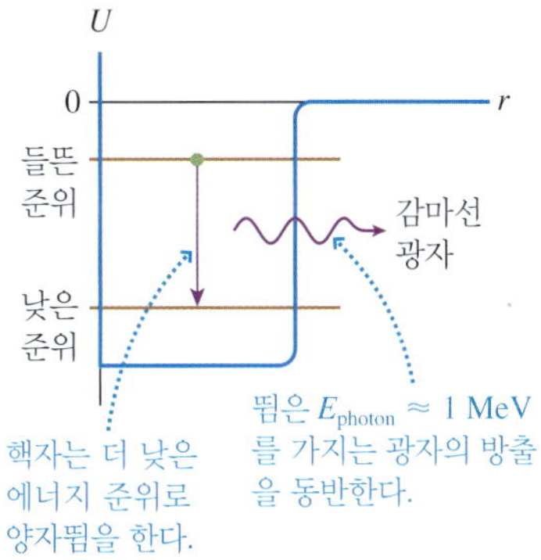

원자 에너지 준위는 단지 수 eV 떨어져 있다. 대조적으로 핵에너지 준위는 보통 1 MeV 떨어져 있다. 그래서 감마선 광자는 $E_{gamma} \approx 1$ MeV이다. 이 많은 에너지를 가지는 광자는 엄청난 투과 능력을 보이고, 최종적으로 흡수하는 점에 극히 많은 양의 에너지를 축적한다.

자신만 남겨진 핵은 보통 바닥 상태에 있어서 감마선 광자를 방출할 수 없다. 그러나 알파와 베타 붕괴는 보통 딸핵을 들뜬 핵 상태로 남겨두어서 감마선 방출은 보통 알파 및 베타 방출과 동반되어 발견된다.

세슘 동위원소 ^{137}Cs이 좋은 예이다. ^{137}Cs이 감마선의 실험실 원천으로 사용된다는 것을 이전에 언급하였다. 실제로 ^{137}Cs은 ^{137}Ba로 베타 마이너스 붕괴를 겪는다. 그림 42.23은 전체 과정을 보여준다. ^{137}Cs 핵은 0.51 MeV의 총에너지를 공유하는 전자와 반중성미자를 방출함으로써 베타 마이너스 붕괴를 겪는다. 이 과정의 반감기는 30년이다. 이로 인해 딸핵 ^{137}Ba은 바닥 상태보다 0.66 MeV 높은 들뜬 상태에 있게 된다. 그런 다음 들뜬 상태인 Ba 핵은 0.66 MeV의 감마선 광자를 방출하여 수초 내에 바닥 상태로 붕괴한다. 따라서 ^{137}Cs 시료는 감마선 광자의 원천이지만 광자는 실제로 세슘 핵이 아니라 바륨 핵에 의해 방출된다.

그림 42.23 ^{137}Cs의 붕괴는 베타 및 감마 붕괴 모두를 포함한다.

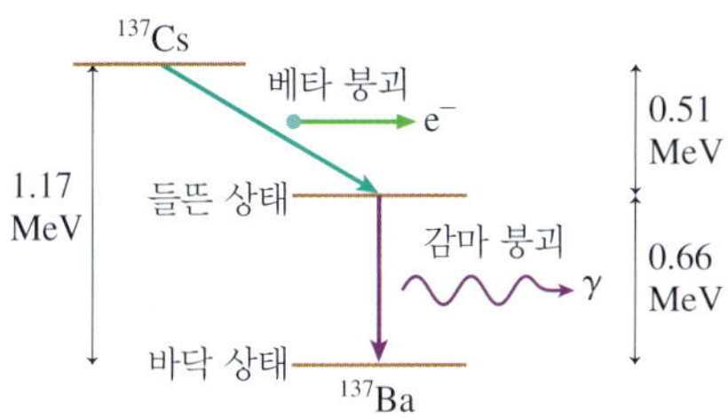

붕괴계열

방사성 핵은 딸핵으로 붕괴한다. 많은 경우에 딸핵도 역시 자신의 딸핵을 생산하는 방사와 붕괴를 한다. 이 과정은 안정한 딸핵에 도달할 때까지 계속된다. 본래 불안정한 동위원소를 가지고 출발하여 안정한 동위원소로 끝나는 일련의 동위원소들을 **붕괴계열**(decay series)이라 한다.

붕괴계열은 매우 무거운 핵에 대해서 특별히 중요하다. 예를 들면 그림 42.24는 7억

그림 42.24 ^{235}U의 붕괴계열

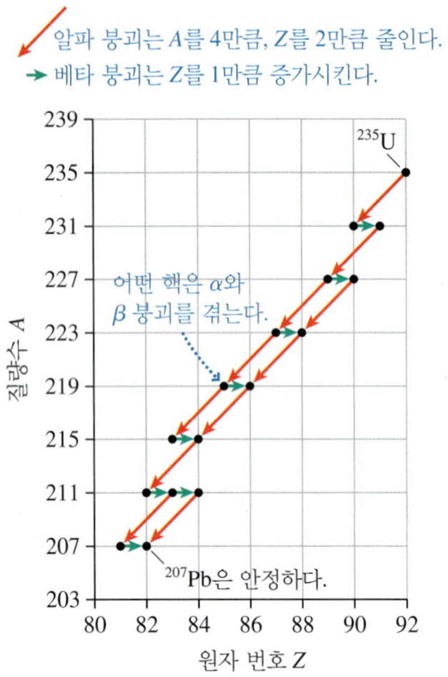

년의 반감기를 가지는 우라늄의 동위원소 ^{235}U의 붕괴계열을 보여준다. 이것은 매우 긴 시간이지만 지구 나이의 대략 15%에 불과해서 지구가 형성될 때 존재했던 ^{235}U의 대부분(모두는 아님)은 지금 붕괴되었다. 이러한 방법을 따르는 많은 불안정한 핵들이 있지만 모든 ^{235}U 핵은 안정한 핵인 납의 ^{207}Pb 동위원소로 끝난다.

어떤 핵은 알파 혹은 베타 붕괴에 의해 붕괴될 수 있다. 따라서 붕괴가 따라갈 수 있는 다양한 경로가 있지만 그들은 모두 같은 점에서 끝난다.

42.7 핵물리학의 생물학적 응용

핵물리학은 사회에 위험과 전망 모두를 가져왔다. 방사선은 종양을 유발하지만 일부 암을 치료하는 데 사용할 수도 있다. 이 절은 핵물리학의 의학적 및 생물학적 응용에 대한 간략한 개관이다.

방사선량

이온화 방사선인 핵 방사선은 생물학적 분자를 변화시키고 손상시킴으로써 세포의 조직을 파괴한다. 이러한 파괴의 결과는 유전적 돌연변이에서부터 통제되지 않는 세포 증식(즉 종양)과 세포의 죽음에 이르기까지 다양하다.

베타와 감마 방사선은 신체 전체를 관통할 수 있고 내부 장기를 손상시킬 수 있다. 알파 방사선은 침투 능력이 떨어지지만, 아주 작은 국소 영역에 모든 에너지를 축적한다. 내부 장기는 알파 방사선으로부터 안전하지만, 방사능 먼지를 흡입한 폐와 마찬가지로 피부는 매우 민감하다.

방사선의 생물학적 영향은 두 가지 요인에 의존한다. 첫 번째는 신체가 얼마나 많은 에너지를 흡수하는가에 대한 물리적 요인이다. 두 번째는 조직이 다른 형태의 방사선에 어떻게 반응하는가에 대한 생물학적 요인이다.

방사선의 **흡수선량**(absorbed dose)은 조직의 킬로그램당 흡수된 이온화 방사선의 에너지이다. 흡수선량의 SI 단위는 **그레이**(gray)로 약어는 Gy이다. 그것은

$$1 \text{ gray} = 1 \text{ Gy} = \text{흡수된 에너지의 } 1.00 \text{ J/kg}$$

으로 정의한다. 흡수선량은 흡수된 에너지에만 의존하며, 방사선 유형이나 흡수 물질이 무엇인지에는 무관하다.

생물학자와 생물 물리학자는 감마선 1 Gy선량과 알파 입자 1 Gy선량이 서로 다른 생물학적 영향을 미친다는 것을 발견하였다. 그러한 차이를 설명하기 위해, **상대 생물학적 효과**(RBE, relative biological effectiveness)는 엑스선의 같은 선량의 생물학적 영향에 대해 특정 선량의 상대적인 생물학적 영향으로 정의한다.

표 42.4는 다양한 종류의 방사선의 상대 생물학적 효과를 보여준다. 더 큰 값은 더 큰 생물학적 효과에 해당한다. 베타 방사선과 중성자는 입자의 에너지가 변함에 따라

생물학적 효과가 다르므로 값의 범위를 가진다. 알파 방사선은 에너지가 가장 작은 부피에 축적되므로 가장 큰 RBE를 가진다.

RBE를 가지는 흡수선량의 결과물을 **선량 당량**(dose equivalent)이라고 한다. 선량 당량은 **시버트**(sievert), 약어로 Sv로 측정된다. 정확하게

$$\text{Sv에서 선량 당량} = \text{Gy에서 흡수선량} \times \text{RBE}$$

이다. 방사선의 1 Sv는 방사선의 종류에 상관없이 동일한 생물학적 피해를 유발시킨다. 선량 당량에 대해 오래 되었지만 여전히 널리 사용되는 단위는 **렘**(rem)이며, 1 rem = 0.010 Sv로 정의된다. 소량의 방사선량은 밀리시버트(mSv) 또는 밀리렘(mrem) 단위로 측정된다.

표 42.4 방사능의 상대 생물학적 효과

방사능 종류	RBE
엑스선	1
감마선	1
베타 입자	1–2
중성자	5–20
알파 입자	20

예제 42.7 방사선 피폭

방사성 동위원소 ^{137}Cs을 가지고 연구하는 75 kg의 실험실 시술자가 사고로 1.0 mSv 피폭되었다. ^{137}Cs은 0.66 MeV의 감마선 광자를 방출한다. 기술자의 인체에 감마선 광자가 얼마나 흡수되었는가?

핵심 방사선량은 축적된 에너지와 생물학적 효과의 결합이다. 감마선의 RBE는 1이다. 감마선은 투과하므로 인체 전체가 피폭된 것이다.

풀이 흡수선량은 Sv에서 선량을 RBE로 나눈 것이다. 이 경우에 RBE = 1이기 때문에 선량은 0.0010 Gy = 0.0010 J/kg이다. 이것은 신체 전체가 피폭된 것이므로 기술자의 인체에 총에너지 축적은 0.075 J이다. 각 흡수된 광자의 에너지는 0.66 MeV이지만 이 값은 줄로 환산해야만 한다. 0.075 J 안에 광자 수는 다음과 같다.

$$N = \frac{0.075\ \text{J}}{(6.6 \times 10^5\ \text{eV/photon})(1.60 \times 10^{-19}\ \text{J/eV})}$$
$$= 7.1 \times 10^{11}\ \text{photons}$$

검토 축적된 에너지 0.075 J은 매우 작다. 방사선은 실질적으로 더 많은 에너지가 요구되는 열 효과에 의한 손상이 아니라 이온화에 의해 손상을 끼친다.

표 42.5는 방사선 피폭에 대한 몇 가지 기본 정보를 제공한다. 우리는 우주선과 땅, 대기 그리고 심지어는 먹고 있는 음식에서 자연적으로 발생하는 방사성 원자로부터 나오는 지속적인 자연 환경 방사선에 피폭된다. 토양 유형과 고도에 따라 광범위한 지역적 변화가 있지만 이 환경 방사선의 연간 평균은 약 3 mSv이다. (고도가 높을수록 우주 광선에 더 많이 노출된다.)

표 42.5 방사선 피폭

방사선 원천	피폭(mSv)
CT 촬영	10
자연 환경(1년)	3
유방암 엑스선	0.8
흉부 엑스선	0.3
치과용 엑스선	0.03

의료 엑스선은 상당히 다양하다. 미국의 평균 개인은 모든 의료 원천으로부터 연간 약 0.6 mSv를 받는다. 수십 년 전의 대기 핵 실험의 여파, 원자력 발전소, 방사능의 산업적 사용과 같은 다른 모든 원천은 연간 0.1 mSv 이하를 더해준다.

피할 수 없는 질문이 생긴다. 안전한 선량은 얼마인가? 이것은 여전히 논란의 여지가 있는 주제이고 진행 중인 연구 주제이다. 다량의 방사선량의 영향은 쉽게 관찰된다. 작은 선량의 영향은 다른 자연적 및 환경적 원인과 구별하기 어렵다. 따라서 안전한 선량의 단순하고 명확한 정의는 없다. 신중한 정책은 방사선에 불필요한 피폭은 피하고 자연 방사선에 비해 작은 피폭에 대해서 걱정하지 않는 것이다. 실험실 실험

에 사용되는 μCi 방사능 원천은 정기적으로 사용되더라도 자연 방사선보다 훨씬 적은 피폭을 준다는 점에 주목할 필요가 있다.

방사선의 의학 활용

그림 42.25 방사선 치료법은 인근 조직을 손상시키지 않으면서 종양에 치사량을 전달하도록 고안되었다.

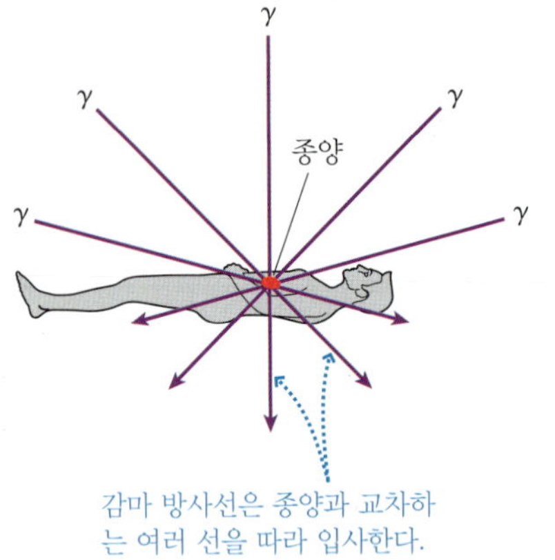

방사선은 암세포를 죽이는 데 유용하게 사용될 수 있다. 의학의 이 영역을 **방사선 치료**라고 한다. 감마선은 동위원소 ^{60}Co에서 가장 흔한 형태의 방사선이다. 그림 42.25에서 보여주는 것처럼 감마선은 여러 다른 선을 따라 향하며, 이 선들은 모두 종양에서 교차한다. 목표는 근처 조직을 과도하게 노출시키지 않고 암세포에 치사량을 제공하는 것이다. 환자와 방사선 원천은 적절한 선량을 전달하기 위해 조심스러운 컴퓨터 제어 하에 서로 회전한다.

다른 종양은 종양 내부 또는 옆에 방사성 '씨앗'을 수술로 이식함으로써 치료한다. 지역적으로 큰 손상을 주지만 멀리 투과하지 못하는 알파 입자가 이런 방식에 사용될 수 있다.

방사성 동위원소는 진단 과정에서 **추적 물질**로도 사용된다. 이 기술은 원소의 모든 동위원소가 동일한 화학 작용을 한다는 사실에 기초한다. 예를 들어, 요오드의 방사성 동위원소는 특정 갑상선 조건의 진단에 사용된다. 요오드는 인체에 필수적인 요소이고 갑상선에 집중해 있다. 갑상선 기능 불량을 의심하는 의사는 정상적인 ^{127}I 원자들 중 일부가 ^{131}I로 대체된 소량의 요오드화나트륨을 환자에게 준다. (무해한 요오드화나트륨은 물에 녹인 후 쉽게 마실 수 있다.) 8일의 반감기를 가진 ^{131}I 동위원소는 베타 붕괴를 겪고 이후 검출될 수 있는 감마선 광자를 방출한다.

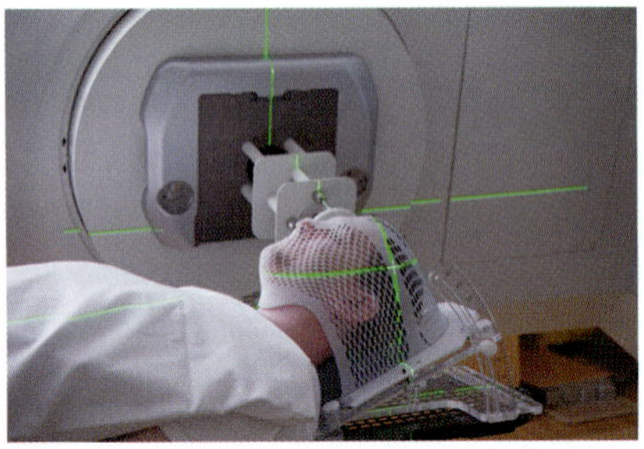

방사선 치료는 핵물리학의 유익한 사용이다.

방사성 요오드는 몇 시간 안에 갑상선 내부로 집중된다. 그런 다음 의사는 요오드가 갑상선 내에서 어떻게 처리되는지와 얼마나 빨리 신체에서 제거되는지 확인하기 위해 다음 며칠 동안 감마선 광자 방출을 관찰한다.

다른 중요한 방사성 추적 물질로는 적혈구에 의해 흡수되어 혈액 흐름을 관찰하는 데 사용할 수 있는 크롬 동위원소 ^{51}Cr과 폐 기능을 나타내기 위해 흡입되는 제논 동위원소 ^{133}Xe이 포함된다. 방사성 추적 물질은 의사가 수술 없이도 인체 내부를 관찰할 수 있다는 의미에서 **비침습적**(noninvasive)이다.

자기 공명 영상

양성자는 전자와 같이 고유 각운동량(스핀)과 고유 자기 모멘트를 가지고 있다. 양성자는 스핀업과 스핀다운이라고 하는 두 가지 위치 중 하나에 있을 수 있는 작은 나침반 바늘과 같다고 생각할 수 있다.

나침반 바늘은 외부 자기장에 의해 스스로 정렬된다. 이것이 바늘의 에너지가 가장 낮은 위치이다. 손으로 나침반 바늘을 돌리는 것은 공을 경사 위로 굴리는 것과 같다. 에너지를 주고 있지만, 공이 아래쪽으로 굴러가듯이 손가락을 떼면 에너지가 가장 낮은 위치로 재조정된다. 그러나 언덕 위에 있는 공처럼 바늘이 장과 반대로 놓이는 불안정한 평형 위치가 있다. 가장 약하게 밀쳐도 바늘은 뒤집어 지지만 바늘을 완벽하게 균형 맞출 수 있다면 뒤집어진 배열이 지속적으로 유지될 수 있다.

자기장 내의 양성자도 유사하게 행동하지만 큰 차이가 있다. 양성자의 에너지가 양자화되어 있기 때문에 양성자는 중간 위치를 가질 수 없다. 자기장과 같은 방향(스핀업 방향) 또는 자기장에 반대 방향(스핀다운)으로 정렬될 뿐이다. 그림 42.26a는 이러한 두 가지 양자 상태를 보여준다. 자기장을 켜면 스핀업 양성자의 에너지는 감소하고 반대 정렬인 스핀다운 양성자의 에너지는 증가한다. 즉, 자기장은 이 상태들 간에 에너지 차이를 생성한다.

그림 42.26 스핀업 양성자와 스핀다운 양성자는 자기장 내에서 에너지가 조금씩 다르기 때문에 핵자기 공명이 가능하다.

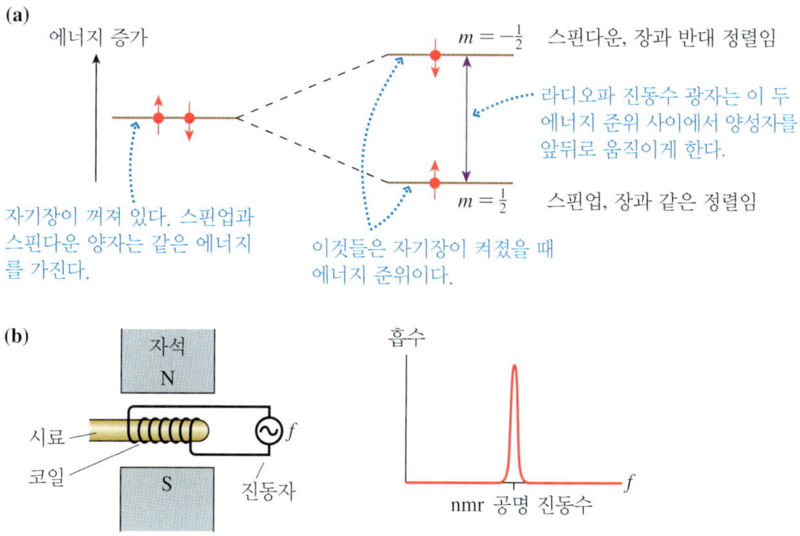

에너지 차이는 겨우 10^{-7} eV로 매우 작다. 그럼에도 불구하고, 에너지 차이와 일치하는 에너지를 가지는 광자가 흡수되고 방출될 때 양성자가 두 에너지 준위 사이를 왔다 갔다 하도록 한다. 사실상, 광자는 양성자의 스핀을 빠르게 앞뒤로 움직이게 한다. 자기장 세기에 의존하는 광자 진동수는 일반적으로 FM라디오 진동수와 비슷한 약 100 MHz이다.

그림 42.26b는 이 작동을 사용하는 방법을 보여준다. 양성자를 포함한 시료는 자기장 안에 놓여 있다. 코일이 시료를 감싸고 있고, AC 전원은 이 코일을 통해 전류를 흘려준다. 양성자는 AC의 진동수가 스핀을 앞뒤로 뒤집기 적절할 때 코일로부터 일률을 흡수한다. 그렇지 않으면, 어떤 일률도 흡수되지 않는다. **공명**은 작은 범위의 진동수를 가지고 코일을 검사함으로써 확인할 수 있다.

자기장에서 핵의 스핀 뒤집기를 관찰하는 이 기술(이 기술은 수소 이외의 다른 핵에서도 작용함)을 **핵자기 공명**(NMR, nuclear magnetic resonance)이라고 한다. 그것은 물리학, 화학, 재료 과학에 많은 응용을 가지고 있다. 그것의 의학적 사용은 조직이 대부분 물이라는 사실을 이용하고, 물 분자에 있는 3개의 핵 중 2개가 양성자라는 사실을 이용한다. 따라서 인체는 기본적으로 양성자의 시료이며, 조직 밀도가 변함에 따라 양성자 밀도가 달라진다.

그림 42.27 자기 공명 영상은 내부 장기를 매우 자세하게 보여준다.

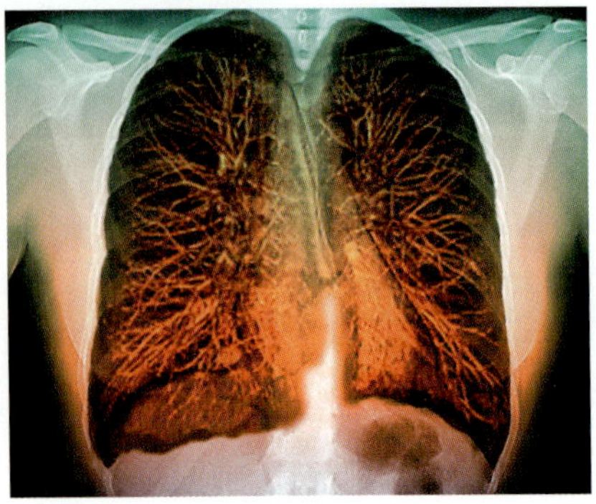

자기 공명 영상(MRI, magnetic resonance imaging)으로 알려진 의학적 절차는 공간적으로 다양하게 변하는 자기장 안에 환자를 놓이게 한다. 자기장의 변화는 양성자 흡수 진동수가 각 지점마다 다르게 만들어준다. 장의 알려진 형태와 흡수되는 진동수 세기의 측정으로부터 정교한 컴퓨터 소프트웨어가 그림 42.27에 보여주는 것처럼 미가공 데이터를 상세한 이미지로 변환할 수 있다.

흥미로운 각주로서, 그 기술은 처음에 의학에 도입되었을 때 여전히 **핵자기 공명**이라고 불렸다. 불행하게도, 의사들은 곧 많은 환자들이 '핵'이라는 단어 때문에 그것을 두려워한다는 것을 알게 되었다. 그래서 '자기 공명 영상'이라는 다른 용어가 만들어졌다. 핵기술에 대한 대중의 인식이 항상 긍정적인 것은 아니지만 핵물리학이 사회에 많은 중요하고 유익한 공헌을 했다는 것은 사실이다.

응용 예제 42.8 | 방사성 추적 물질

85 kg의 환자가 추적 물질로 사용되는 30 μCi 베타 방출기를 삼켰다. 동위원소의 반감기는 5.0일이다. 베타 입자의 평균 에너지는 0.35 MeV이고 1.5의 RBE(상대 생물학적 효과)를 가지고 있다. 베타 입자의 90%는 환자의 인체 내부에 머물고 10%는 배출된다. 이 환자는 얼마의 선량 당량을 받는가?

핵심 베타 방사선은 10% 정도가 배출되더라도 인체를 투과하므로 전신 피폭이 된다. 배출된 입자들도 인체에 어느 정도 에너지를 축적하지만 선량은 인체 내부에 멈추어 있는 입자들로부터 오는 것으로 가정할 것이다.

풀이 선량 당량은 1.5의 RBE를 Gy에서 흡수선량에 곱한 것이다. 흡수선량은 조직의 킬로그램당 흡수된 에너지이므로 환자가 방출기를 삼켰을 때부터 모두 붕괴될 때까지 흡수된 총에너지를 구할 필요가 있다. 시료의 초기 활성도 R_0은 핵의 붕괴율 r과 방사성 원자의 초기 수 N_0의 관계 $R_0 = rN_0$에 의해 알 수 있다. 따라서 시료에서 붕괴하여 베타 입자를 방출하는 방사성 원자의 수는

$$N_0 = \frac{R_0}{r} = \tau R_0 = \frac{t_{1/2}}{\ln 2} R_0$$

이다. 이 관계를 발전시키기 위해 수명 t가 붕괴율의 역이란 사실을 먼저 사용하고 수명과 반감기 사이의 연결을 그 다음에 사용한다.

초기 활성도는 μCi 단위이므로 베크렐로 환산하면

$$R_0 = (30 \times 10^{-6}\ \text{Ci}) \times \frac{3.7 \times 10^{10}\ \text{Bq}}{1\ \text{Ci}}$$
$$= 1.1 \times 10^6\ \text{Bq} = 1.1 \times 10^6\ \text{decays/s}$$

가 된다. 초 단위로 반감기는

$$t_{1/2} = 5.0\ \text{days} \times \frac{86{,}400\ \text{s}}{1\ \text{day}} = 4.3 \times 10^5\ \text{s}$$

이다. 따라서 시료가 완전히 붕괴하는 몇 주의 진행 과정에서 베타 붕괴의 총 수는

$$N_0 = \frac{t_{1/2}}{\ln 2} R_0 = \frac{(4.3 \times 10^5\ \text{s})(1.1 \times 10^6\ \text{decays/s})}{\ln 2} = 6.8 \times 10^{11}$$

이다. 이 붕괴의 90%가 인체에 평균 0.35MeV를 가지고 축적되므로 흡수된 총에너지는

$$E_{\text{abs}} = (0.90)(6.8 \times 10^{11})\left((3.5 \times 10^5\ \text{eV}) \times \frac{1.60 \times 10^{-19}\ \text{J}}{1\ \text{eV}}\right)$$
$$= 0.034\ \text{J}$$

이다. 이것은 절대 의미에서 많은 에너지가 아니지만 모두 피해를 주는 이온화 방사선이다. 흡수선량은

$$\text{흡수선량} = \frac{0.034\ \text{J}}{85\ \text{kg}} = 4.0 \times 10^{-4}\ \text{Gy}$$

이고, 따라서 선량 당량은 다음과 같다.

$$\text{선량 당량} = 1.5 \times (4.0 \times 10^{-4}\ \text{Gy}) = 0.60\ \text{mSv}$$

검토 방사선의 많은 의학적 용도에서 전형적으로 나타나는 이 선량은 자연 환경에서 나오는 연간 방사선량의 약 20%이다. 불필요한 방사선을 피는 것이 좋겠지만 의학적 이유가 있다면 이 정도의 선량은 염려하지 않아도 된다.

서술형 질문

1. 원자 ^{16}O, ^{18}O, ^{18}F, ^{18}Ne과 ^{20}Ne들을 생각하자. 다음 질문의 어떤 것은 하나 이상의 답이 있을 수 있다. 해당되는 모든 답을 주시오.
   a. 동위원소는 어떤 것들인가?
   b. 동중핵은 어떤 것들인가?
   c. 같은 화학적 성질을 가지는 것은 어떤 것들인가?
   d. 같은 중성자수를 가지는 것은 어떤 것들인가?
2. a. 강력이 존재하는지 어떻게 알 수 있는가?
   b. 강력이 단거리 작용임을 어떻게 알 수 있는가?
3. 다음 붕괴 중 가능한 것이 있는가? 가능하지 않으면 왜 안 되는가?
   a. $^{232}\text{Th}(Z=90) \to {}^{236}\text{U}(Z=92) + \alpha$
   b. $^{238}\text{Pu}(Z=94) \to {}^{236}\text{U}(Z=92) + \alpha$
   c. $^{11}\text{B}(Z=5) \to {}^{11}\text{B}(Z=5) + \gamma$
   d. $^{33}\text{P}(Z=15) \to {}^{32}\text{S}(Z=16) + \text{e}^-$
4. 그림 Q42.4에 있는 핵에 붕괴가 발생한다면 무슨 종류의 붕괴이겠는가?

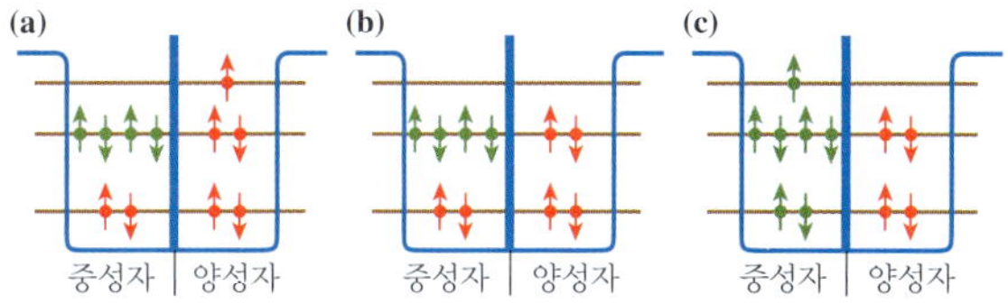

그림 Q42.4

5. 세 동위원소 ^{238}U, ^{137}Cs과 ^{218}Po이 $^{238}\text{U} \to {}^{234}\text{Th} + \alpha$, $^{137}\text{Cs} \to {}^{137}\text{Ba} + \text{e}^- + \gamma$와 $^{218}\text{Po} \to {}^{218}\text{At} + \text{e}^-$로 붕괴한다. 이 동위원소 중에 어떤 것이 생물학적 추적 물질로 가장 유용한가? 이유는 무엇인가?

연습문제

원자 질량, 동위원소 존재비, 방사성 붕괴 형식 및 반감기에 대한 데이터는 부록 C를 참조하시오.

표시가 된 연습문제들은 이전 장들에서 다룬 내용과 관련이 있다.

연습

42.1 핵 구조

1. | (a) ^{6}Li, (b) ^{54}Cr, (c) ^{54}Fe, 그리고 (d) ^{220}Rn에 얼마나 많은 양성자와 중성자가 있는가?
2. | (a) ^{4}He, (b) ^{56}Fe, 그리고 (c) ^{238}U의 핵 지름을 계산하시오.
3. || 어떤 안정한 핵이 7.46 fm의 지름을 갖는가?

42.2 핵 안정성

4. | a. 2개의 안정한 핵이 있는 A의 가장 작은 값은 얼마인가?
   b. 이 값보다 작은 A의 어떤 것에 대하여 안정한 핵이 없는가?
5. | ^{54}Cr와 ^{54}Fe에 대해 총 결합 에너지와 핵자당 결합 에너지를 MeV로 계산하시오.
6. || ^{12}C와 ^{14}C에 대해 핵자당 결합 에너지를 MeV로 계산하시오. 어느 것이 더 강하게 구속되어 있는가?

42.3 강력

7. || 그림 42.8의 퍼텐셜 에너지 도형을 사용하여 1.5 fm 떨어진 두 핵자 사이의 강력의 세기를 결정하시오.
8. || 그림 42.8에서 퍼텐셜 에너지 도형을 사용하여 1.0 fm만큼 떨어진 두 핵자에 대한 중력 퍼텐셜 에너지 대 핵 퍼텐셜 에너지의 비를 계산하시오.

42.4 껍질 모형

9. | a. 부록 C에 나열된 모든 $A = 14$에 대해 그림 42.11과 유사한 에너지 준위 도표를 그리시오. 모두 채워진 중성자와 양성자 준위를 보이시오.
   b. 이들 핵 중에 어느 것이 안정한가? 방사성의 붕괴 형식은 무엇인가?

42.5 방사선과 방사능

10. | 라듐 동위원소 ^{226}Ra이 1600년의 반감기를 가진다. 시료가 1.00×10^{10}개의 ^{226}Ra 원자를 가지고 시작한다. (a) 200년, (b) 2000년, 그리고 (c) 20,000년 후에 얼마나 남아 있는가?
11. | 삼중수소라 하는 방사성 수소 동위원소 ^{3}H은 12년의 반감기를

가진다.

a. 붕괴 형식과 삼중수소의 딸핵은 무엇인가?

b. 삼중수소의 수명과 붕괴율은 얼마인가?

12. ‖ ^{60}Co의 반감기는 5.27년이다. ^{60}Co 시료의 활성도는 3.50×10^9 Bq이다. 시료의 질량은 얼마인가?

42.6 핵붕괴 메커니즘

13. | 다음 붕괴에서 알려지지 않은 동위원소 X를 알아내시오.

a. $^{230}\text{Th} \rightarrow \text{X} + \alpha$

b. $^{35}\text{S} \rightarrow \text{X} + e^- + \bar{\nu}$

c. $\text{X} \rightarrow {}^{40}\text{K} + e^+ + \nu$

d. $^{24}\text{Na} \rightarrow {}^{24}\text{Mg} + e^- + \bar{\nu} \rightarrow \text{X} + \gamma$

14. | a. 모든 $A = 19$ 동중핵의 동위원소 기호는 무엇인가?

b. 이들 중 어떤 것이 안정한 핵인가?

c. 안정하지 않은 것들에 대해 붕괴 형식과 딸핵 모두를 알아내시오.

15. ‖ ^{233}U의 알파 붕괴에서 방출되는 에너지는 몇 MeV인가?

16. ‖ ^{3}H의 베타 마이너스 붕괴에서 방출되는 총에너지는 몇 MeV인가?

42.7 핵물리학의 생물학적 응용

17. | 방사선 치료처치를 계획한 의사가 100 g의 종양은 0.20 J의 감마선을 받을 필요가 있다고 결정하였다. 선량은 Gy로 얼마인가?
BIO

18. | 감마선 광자의 얼마나 많은 그레이가 30 Gy의 알파선과 같은 생물학적 피해를 일으키는가?
BIO

문제

19. ‖ 입자 가속기는 연구자가 발생할 수 있는 핵반응을 연구할 수 있도록 표적 핵에 양성자를 쏘아준다. 실험에서 양성자가 ^{207}Pb 핵에 충돌함으로써 20 MeV의 운동 에너지를 가질 필요가 있다. 양성자가 납 표적을 향해 초기 운동 에너지(MeV로)는 얼마를 가지고 발사되어야 하는가? 핵은 정지해 있었다고 가정한다.

힌트: 양성자는 점입자가 아니다.

20. ‖ 별은 수소를 헬륨으로 융합하는 핵반응에 의해 동력을 만든다. 많은 별의 운명은 대부분의 수소를 소진하자마자 중력의 인력 하에서 **중성자별**로 붕괴된다. 중력은 너무 커서 양성자와 전자가 반응 $p^+ + e^- \rightarrow n + \nu$를 걸쳐 중성자로 융합된다. 그 후 전체 별은 중성자가 강하게 뭉쳐진 공이 되어 핵물질의 밀도를 가진다.

a. 태양이 중성자별로 붕괴한다고 가정하자. 그것의 반지름은 얼마인가? 답을 km로 표시하시오.

b. 태양의 자전 주기는 지금 27일이다. 붕괴 후 자전 주기는 얼마인가?

빠르게 회전하는 중성자별은 회전 진동수에서 라디오파 펄스를 방출하는데, 이는 **펄서**(pulsar)라고 알려져 있다.

21. ‖ 수소 원자에서 전자의 결합 에너지는 13.6 eV라는 것을 41장에서 배웠다.

a. 수소 원자가 양성자와 전자로 만들어질 때 질량은 얼마만큼 줄어드는가? 원자 질량 단위와 수소 원자 질량의 백분율로 답하시오.

b. 헬륨 핵이 2개의 양성자와 2개의 중성자로 만들어질 때 질량이 얼마만큼 줄어드는가? 원자 질량 단위와 헬륨 원자 질량의 백분율로 답하시오.

c. 문항 a와 b의 답을 비교하시오. 왜 핵반응에서는 질량이 '손실'되지만 화학 반응에서는 그렇지 않다는 말을 듣는가?

22. ‖ 질량수가 240인 핵이 질량수 120인 2개의 핵으로 분열되면 방출되는 총에너지를 결합 에너지의 그래프를 사용하여 산출하시오.

23. ‖ 얼마의 에너지(MeV로)를 가진 알파 입자가 ^{238}U 핵의 지름과 같은 드브로이 파장을 가지는가?

24. ‖ ^{14}C/^{12}C 비율이 1.65×10^{-13}으로 측정된 뼈의 연대는 얼마인가?

25. ‖ ^{137}Cs은 핵분열의 일반적인 생성물이다. 실험실에서 ^{137}Cs 550 mCi를 흘렸다고 가정하자.

a. 흘린 ^{137}Cs의 질량은 얼마인가?

b. 흘린 것을 깨끗하게 치우지 못했다면 이 크기의 실험실이 허용할 수 있는 방사선 수준인 25 mCi로 떨어질 때까지 시간이 얼마가 걸리겠는가?

26. ‖‖ 알파 방출기인 라듐 동위원소 ^{223}Ra은 11.43일의 반감기를 가진다. 우연히 ^{223}Ra 1.0 g의 입방체를 가지게 되었다. 차를 만들기 위해 물을 끓이는 데 이것을 사용하기로 결정하였다. 18°C의 100 mL 물을 잘 단열된 용기에 채우고 라듐 입방체를 넣었다. 물이 끓는 데 얼마나 걸리겠는가?

27. ‖ 시료는 A와 B 두 종류의 방사성 원자를 포함하고 있다. 처음에는 B원자보다 A원자가 5배나 많았다. 2시간 후, 두 원자의 수는 같아졌다. A의 반감기는 0.50시간이다. B의 반감기는 얼마인가?

28. ‖ 우라늄 동위원소 ^{235}U의 반감기는 7억 년이다. 지구의 나이는 약 45억 살이다. 오늘날보다 지구가 형성되었을 때 얼마나 더 많은 ^{235}U가 있었을까? 답을 그때 대 지금의 비율로 주시오.

29. ‖ 방사성 추적 물질이 환자 인체에서 상실되는 속도는 동위원소가 붕괴하는 속도에 원소가 인체에서 배설되는 속도를 더한 값이다. 의학 실험 결과 특정 원소의 안정된 동위원소가 6.0일 반감기로 배설되는 것으로 나타났다. 동일한 원소의 방사성 동위원소의 반감기는 9.0일이다. 환자 인체에서 동위원소의 유효 반감기는 며칠인가?
BIO

30. ‖ 우라늄 동위원소 ^{238}U은 많은 토양에서 자연적으로 낮은 정도로 존재한다. ^{238}U 붕괴계열의 핵 중 하나는 라돈 동위원소 ^{222}Ra이며, 이는 $t_{1/2} = 3.82$일로 5.50 MeV 알파 입자를 방출함으로써 붕괴한다. 라돈은 기체이고, 토양에서 지하층으로 스며드는 경향이 있다. 환경보호국(Environmental Protection Agency)은 주택 소유주들에게 라돈의 활성도가 공기 리터당 4 pCi 수준을 초과할 경우 신선한 공기를 불어넣어 라돈을 제거하는 조치를 취할 것을 권고하고 있다.
BIO
   a. 활성도가 4 pCi/L라면 1 m^3 안에 몇 개의 ^{222}Ra 원자가 있는가?
   b. 공기 중 알파 입자의 범위는 ≈ 3 cm이다. 사람을 질량 65 kg, 높이 180 cm, 그리고 지름 25 cm인 실린더로 모형화한다고 가정하자. 실린더에서 3 cm 이내의 붕괴만 피폭을 유발할 수 있으며, 붕괴의 ≈ 50%만 알파 입자를 사람 쪽으로 향하게 할 수 있다. 활성도가 4 pCi/L인 방에서 1년을 보내는 사람에 대해 연간 mSv 단위로 선량을 결정하시오.
   c. 환경보호국의 권고안은 적당한가? 이유는 무엇인가?

응용 문제

31. ||| 베타 플러스 붕괴는 $^{A}X_{Z} \rightarrow {}^{A}Y_{Z-1} + e^{+} + \nu$이다.
   a. 베타 플러스 붕괴에 대한 질량 임계값을 결정하시오. 즉, 이러한 붕괴가 에너지적으로 가능한 최소 원자 질량 m_X은 얼마인가? 답은 원자 질량 m_Y과 전자 질량 m_e으로 표시될 것이다.
   b. ^{13}N은 ^{13}C으로 베타 플러스 붕괴될 수 있을까? 그렇다면 붕괴에서 얼마나 많은 에너지를 방출하겠는가?

32. ||| 알파 입자가 쿨롱 장벽을 통과할 때 알파 붕괴가 일어난다. 그림 CP42.32는 $A \approx 235$인 핵에 있는 알파 입자의 퍼텐셜 에너지 우물에 대한 간단한 1차원 모형을 보여준다. 이 1차원 퍼텐셜 에너지 우물의 15 fm 폭은 핵의 지름이다. 또한 모형을 단순하게 유지하기 위해 쿨롱 장벽은 폭 20 fm, 높이 30 MeV의 직사각형 퍼텐셜 에너지 장벽으로 모형화하였다. 이 문제의 목표는 에너지 준위 $E = 5.0$ MeV에 있는 알파 입자의 반감기를 계산하는 것이다.
   a. 핵 내부에 있는 알파 입자의 운동 에너지는 얼마인가? 그것이 핵으로부터 탈출한 후의 운동 에너지는 얼마인가?
   b. 핵 내부에 있는 알파 입자를 문항 a에서 발견한 운동 에너지와 함께 좌우로 튀는 점입자로 간주한다. 입자가 퍼텐셜의 벽과 충돌은 초당 몇 번 발생되는가?
   c. 터널링 확률 P_{tunnel}은 얼마인가?
   d. P_{tunnel}은 알파 입자가 벽에 충돌할 때 반사하는 대신 통과해 터널링할 확률이다. 터널링하지 않을 확률은 $1 - P_{tunnel}$ 이다. 따라서 N 충돌 후 알파 입자가 여전히 핵 내부에 있을 확률은 $(1 - P_{tunnel})^N \approx 1 - NP_{tunnel}$이다. 여기서 $P_{tunnel} \ll 1$ 때문에 이항 근삿값을 사용하였다. 반감기는 핵의 절반이 아직 붕괴하지 않은 시간이다. 이것을 사용하여 핵의 반감기를 연 단위로 결정하시오.

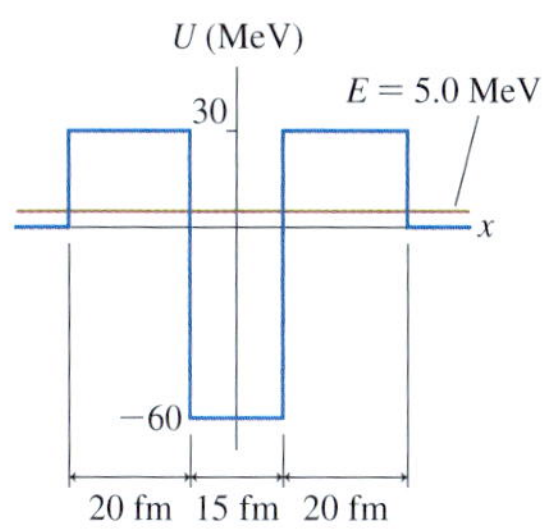

그림 CP42.32

수식 다시보기

Algebra

Using exponents: $a^{-x} = \dfrac{1}{a^x}$ $\quad a^x a^y = a^{(x+y)}$ $\quad \dfrac{a^x}{a^y} = a^{(x-y)}$ $\quad (a^x)^y = a^{xy}$

$a^0 = 1$ $\quad a^1 = a$ $\quad a^{1/n} = \sqrt[n]{a}$

Fractions: $\left(\dfrac{a}{b}\right)\left(\dfrac{c}{d}\right) = \dfrac{ac}{bd}$ $\quad \dfrac{a/b}{c/d} = \dfrac{ad}{bc}$ $\quad \dfrac{1}{1/a} = a$

Logarithms: If $a = e^x$, then $\ln(a) = x$ $\quad \ln(e^x) = x$ $\quad e^{\ln(x)} = x$

$\ln(ab) = \ln(a) + \ln(b)$ $\quad \ln\left(\dfrac{a}{b}\right) = \ln(a) - \ln(b)$ $\quad \ln(a^n) = n\ln(a)$

The expression $\ln(a + b)$ cannot be simplified.

Linear equations: The graph of the equation $y = ax + b$ is a straight line. a is the slope of the graph. b is the y-intercept.

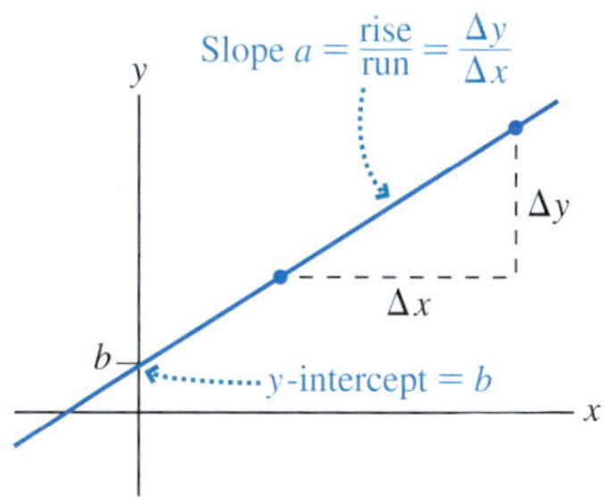

Proportionality: To say that y is proportional to x, written $y \propto x$, means that $y = ax$, where a is a constant. Proportionality is a special case of linearity. A graph of a proportional relationship is a straight line that passes through the origin. If $y \propto x$, then

$$\frac{y_1}{y_2} = \frac{x_1}{x_2}$$

Quadratic equation: The quadratic equation $ax^2 + bx + c = 0$ has the two solutions $x = \dfrac{-b \pm \sqrt{b^2 - 4ac}}{2a}$.

Geometry and Trigonometry

Area and volume:

Rectangle
$A = ab$

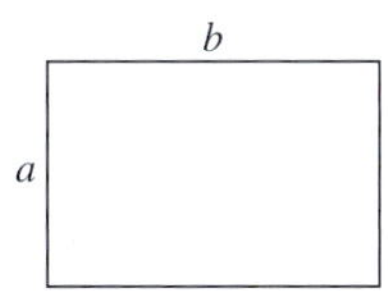

Rectangular box
$V = abc$

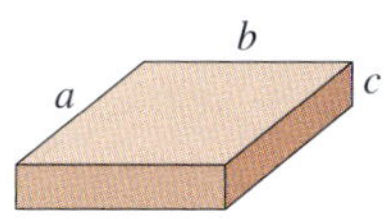

Triangle
$A = \frac{1}{2}ab$

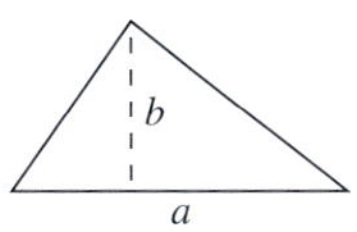

Right circular cylinder
$V = \pi r^2 l$

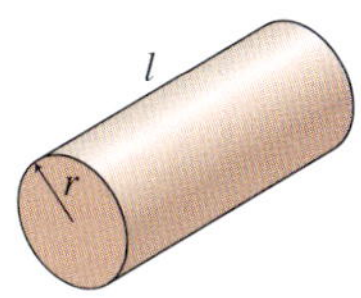

Circle
$C = 2\pi r$
$A = \pi r^2$

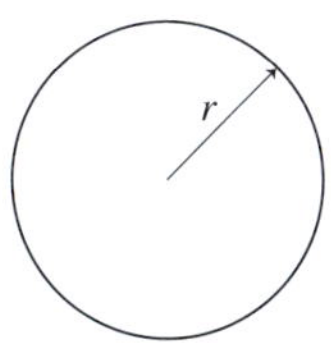

Sphere
$A = 4\pi r^2$
$V = \frac{4}{3}\pi r^3$

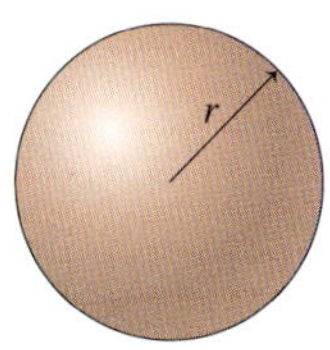

Arc length and angle: The angle θ in radians is defined as $\theta = s/r$.

The arc length that spans angle θ is $s = r\theta$.

2π rad $= 360°$

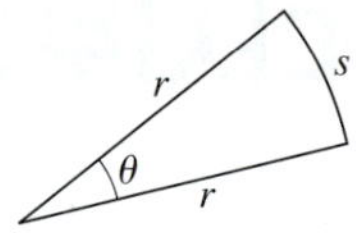

Right triangle: Pythagorean theorem $c = \sqrt{a^2 + b^2}$ or $a^2 + b^2 = c^2$

$$\sin\theta = \frac{b}{c} = \frac{\text{far side}}{\text{hypotenuse}} \qquad \theta = \sin^{-1}\left(\frac{b}{c}\right)$$

$$\cos\theta = \frac{a}{c} = \frac{\text{adjacent side}}{\text{hypotenuse}} \qquad \theta = \cos^{-1}\left(\frac{a}{c}\right)$$

$$\tan\theta = \frac{b}{a} = \frac{\text{far side}}{\text{adjacent side}} \qquad \theta = \tan^{-1}\left(\frac{b}{a}\right)$$

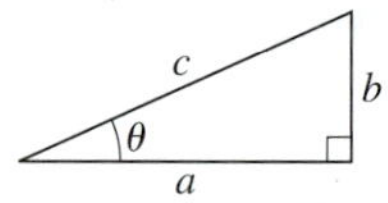

General triangle: $\alpha + \beta + \gamma = 180° = \pi$ rad

Law of cosines $c^2 = a^2 + b^2 - 2ab\cos\gamma$

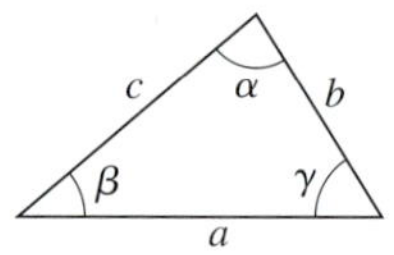

Identities:

$\tan\alpha = \dfrac{\sin\alpha}{\cos\alpha}$ $\sin^2\alpha + \cos^2\alpha = 1$

$\sin(-\alpha) = -\sin\alpha$ $\cos(-\alpha) = \cos\alpha$

$\sin(\alpha \pm \beta) = \sin\alpha\cos\beta \pm \cos\alpha\sin\beta$ $\cos(\alpha \pm \beta) = \cos\alpha\cos\beta \mp \sin\alpha\sin\beta$

$\sin(2\alpha) = 2\sin\alpha\cos\alpha$ $\cos(2\alpha) = \cos^2\alpha - \sin^2\alpha$

$\sin(\alpha \pm \pi/2) = \pm\cos\alpha$ $\cos(\alpha \pm \pi/2) = \mp\sin\alpha$

$\sin(\alpha \pm \pi) = -\sin\alpha$ $\cos(\alpha \pm \pi) = -\cos\alpha$

Expansions and Approximations

Binomial expansion: $(1+x)^n = 1 + nx + \dfrac{n(n-1)}{2}x^2 + \cdots$

Binomial approximation: $(1+x)^n \approx 1 + nx$ if $x \ll 1$

Trigonometric expansions: $\sin\alpha = \alpha - \dfrac{\alpha^3}{3!} + \dfrac{\alpha^5}{5!} - \dfrac{\alpha^7}{7!} + \cdots$ for α in rad

$\cos\alpha = 1 - \dfrac{\alpha^2}{2!} + \dfrac{\alpha^4}{4!} - \dfrac{\alpha^6}{6!} + \cdots$ for α in rad

Small-angle approximation: If $\alpha \ll 1$ rad, then $\sin\alpha \approx \tan\alpha \approx \alpha$ and $\cos\alpha \approx 1$.

The small-angle approximation is excellent for $\alpha < 5°$ (≈ 0.1 rad) and generally acceptable up to $\alpha \approx 10°$.

Calculus

The letters a and n represent constants in the following derivatives and integrals.

Derivatives

$$\frac{d}{dx}(a) = 0$$

$$\frac{d}{dx}(ax) = a$$

$$\frac{d}{dx}\left(\frac{a}{x}\right) = -\frac{a}{x^2}$$

$$\frac{d}{dx}(ax^n) = anx^{n-1}$$

$$\frac{d}{dx}\big(\ln(ax)\big) = \frac{1}{x}$$

$$\frac{d}{dx}(e^{ax}) = ae^{ax}$$

$$\frac{d}{dx}\big(\sin(ax)\big) = a\cos(ax)$$

$$\frac{d}{dx}\big(\cos(ax)\big) = -a\sin(ax)$$

Integrals

$$\int x\,dx = \frac{1}{2}x^2$$

$$\int x^2\,dx = \frac{1}{3}x^3$$

$$\int \frac{1}{x^2}\,dx = -\frac{1}{x}$$

$$\int x^n\,dx = \frac{x^{n+1}}{n+1} \qquad n \neq -1$$

$$\int \frac{dx}{x} = \ln x$$

$$\int \frac{dx}{a+x} = \ln(a+x)$$

$$\int \frac{x\,dx}{a+x} = x - a\ln(a+x)$$

$$\int \frac{dx}{\sqrt{x^2 \pm a^2}} = \ln\left(x + \sqrt{x^2 \pm a^2}\right)$$

$$\int \frac{x\,dx}{\sqrt{x^2 \pm a^2}} = \sqrt{x^2 \pm a^2}$$

$$\int \frac{dx}{x^2 + a^2} = \frac{1}{a}\tan^{-1}\left(\frac{x}{a}\right)$$

$$\int \frac{dx}{(x^2 + a^2)^2} = \frac{1}{2a^3}\tan^{-1}\left(\frac{x}{a}\right) + \frac{x}{2a^2(x^2 + a^2)}$$

$$\int \frac{dx}{(x^2 \pm a^2)^{3/2}} = \frac{\pm x}{a^2\sqrt{x^2 \pm a^2}}$$

$$\int \frac{x\,dx}{(x^2 \pm a^2)^{3/2}} = -\frac{1}{\sqrt{x^2 \pm a^2}}$$

$$\int e^{ax}\,dx = \frac{1}{a}e^{ax}$$

$$\int xe^{-x}\,dx = -(x+1)e^{-x}$$

$$\int x^2e^{-x}\,dx = -(x^2 + 2x + 2)e^{-x}$$

$$\int \sin(ax)\,dx = -\frac{1}{a}\cos(ax)$$

$$\int \cos(ax)\,dx = \frac{1}{a}\sin(ax)$$

$$\int \sin^2(ax)\,dx = \frac{x}{2} - \frac{\sin(2ax)}{4a}$$

$$\int \cos^2(ax)\,dx = \frac{x}{2} + \frac{\sin(2ax)}{4a}$$

$$\int_0^\infty x^n e^{-ax}\,dx = \frac{n!}{a^{n+1}}$$

$$\int_0^\infty e^{-ax^2}\,dx = \frac{1}{2}\sqrt{\frac{\pi}{a}}$$

원소의 주기율표

Atomic number — 27 / Co — Symbol / Atomic mass — 58.9

Period																		
1	1 H 1.0																	2 He 4.0
2	3 Li 6.9	4 Be 9.0											5 B 10.8	6 C 12.0	7 N 14.0	8 O 16.0	9 F 19.0	10 Ne 20.2
3	11 Na 23.0	12 Mg 24.3	Transition elements										13 Al 27.0	14 Si 28.1	15 P 31.0	16 S 32.1	17 Cl 35.5	18 Ar 39.9
4	19 K 39.1	20 Ca 40.1	21 Sc 45.0	22 Ti 47.9	23 V 50.9	24 Cr 52.0	25 Mn 54.9	26 Fe 55.8	27 Co 58.9	28 Ni 58.7	29 Cu 63.5	30 Zn 65.4	31 Ga 69.7	32 Ge 72.6	33 As 74.9	34 Se 79.0	35 Br 79.9	36 Kr 83.8
5	37 Rb 85.5	38 Sr 87.6	39 Y 88.9	40 Zr 91.2	41 Nb 92.9	42 Mo 95.9	43 Tc [98]	44 Ru 101.1	45 Rh 102.9	46 Pd 106.4	47 Ag 107.9	48 Cd 112.4	49 In 114.8	50 Sn 118.7	51 Sb 121.8	52 Te 127.6	53 I 126.9	54 Xe 131.3
6	55 Cs 132.9	56 Ba 137.3	71 Lu 175.0	72 Hf 178.5	73 Ta 180.9	74 W 183.9	75 Re 186.2	76 Os 190.2	77 Ir 192.2	78 Pt 195.1	79 Au 197.0	80 Hg 200.6	81 Tl 204.4	82 Pb 207.2	83 Bi 209.0	84 Po [209]	85 At [210]	86 Rn [222]
7	87 Fr [223]	88 Ra [226]	103 Lr [262]	104 Rf [265]	105 Db [268]	106 Sg [271]	107 Bh [272]	108 Hs [270]	109 Mt [276]	110 Ds [281]	111 Rg [280]	112 Cn [285]	113	114 Fl [289]	115	116 Lv [293]	117	118

Lanthanides 6	57 La 138.9	58 Ce 140.1	59 Pr 140.9	60 Nd 144.2	61 Pm 144.9	62 Sm 150.4	63 Eu 152.0	64 Gd 157.3	65 Tb 158.9	66 Dy 162.5	67 Ho 164.9	68 Er 167.3	69 Tm 168.9	70 Yb 173.0
Actinides 7	89 Ac [227]	90 Th 232.0	91 Pa 231.0	92 U 238.0	93 Np [237]	94 Pu [244]	95 Am [243]	96 Cm [247]	97 Bk [247]	98 Cf [251]	99 Es [252]	100 Fm [257]	101 Md [258]	102 No [259]

Inner transition elements

An atomic mass in brackets is that of the longest-lived isotope of an element with no stable isotopes.

원자와 원자핵 관련 자료

Atomic Number (Z)	Element	Symbol	Mass Number (A)	Atomic Mass (u)	Percent Abundance	Decay Mode	Half-Life $t_{1/2}$
0	(Neutron)	n	1	1.008 665		β^-	10.4 min
1	Hydrogen	H	1	1.007 825	99.985	stable	
	Deuterium	D	2	2.014 102	0.015	stable	
	Tritium	T	3	3.016 049		β^-	12.33 yr
2	Helium	He	3	3.016 029	0.000 1	stable	
			4	4.002 602	99.999 9	stable	
			6	6.018 886		β^-	0.81 s
3	Lithium	Li	6	6.015 121	7.50	stable	
			7	7.016 003	92.50	stable	
			8	8.022 486		β^-	0.84 s
4	Beryllium	Be	7	7.016 928		EC	53.3 days
			9	9.012 174	100	stable	
			10	10.013 534		β^-	1.5×10^6 yr
5	Boron	B	10	10.012 936	19.90	stable	
			11	11.009 305	80.10	stable	
			12	12.014 352		β^-	0.020 2 s
6	Carbon	C	10	10.016 854		β^+	19.3 s
			11	11.011 433		β^+	20.4 min
			12	12.000 000	98.90	stable	
			13	13.003 355	1.10	stable	
			14	14.003 242		β^-	5 730 yr
			15	15.010 599		β^-	2.45 s
7	Nitrogen	N	12	12.018 613		β^+	0.011 0 s
			13	13.005 738		β^+	9.96 min
			14	14.003 074	99.63	stable	
			15	15.000 108	0.37	stable	
			16	16.006 100		β^-	7.13 s
			17	17.008 450		β^-	4.17 s
8	Oxygen	O	14	14.008 595		EC	70.6 s
			15	15.003 065		β^+	122 s
			16	15.994 915	99.76	stable	
			17	16.999 132	0.04	stable	
			18	17.999 160	0.20	stable	
			19	19.003 577		β^-	26.9 s
9	Fluorine	F	17	17.002 094		EC	64.5 s
			18	18.000 937		β^+	109.8 min
			19	18.998 404	100	stable	
			20	19.999 982		β^-	11.0 s
10	Neon	Ne	19	19.001 880		β^+	17.2 s
			20	19.992 435	90.48	stable	
			21	20.993 841	0.27	stable	
			22	21.991 383	9.25	stable	

Atomic Number (Z)	Element	Symbol	Mass Number (A)	Atomic Mass (u)	Percent Abundance	Decay Mode	Half-Life $t_{1/2}$
11	Sodium	Na	22	21.994 434		β^+	2.61 yr
			23	22.989 770	100	stable	
			24	23.990 961		β^-	14.96 hr
12	Magnesium	Mg	24	23.985 042	78.99	stable	
			25	24.985 838	10.00	stable	
			26	25.982 594	11.01	stable	
13	Aluminum	Al	27	26.981 538	100	stable	
			28	27.981 910		β^-	2.24 min
14	Silicon	Si	28	27.976 927	92.23	stable	
			29	28.976 495	4.67	stable	
			30	29.973 770	3.10	stable	
			31	30.975 362		β^-	2.62 hr
15	Phosphorus	P	30	29.978 307		β^+	2.50 min
			31	30.973 762	100	stable	
			32	31.973 908		β^-	14.26 days
16	Sulfur	S	32	31.972 071	95.02	stable	
			33	32.971 459	0.75	stable	
			34	33.967 867	4.21	stable	
			35	34.969 033		β^-	87.5 days
			36	35.967 081	0.02	stable	
17	Chlorine	Cl	35	34.968 853	75.77	stable	
			36	35.968 307		β^-	3.0×10^5 yr
			37	36.965 903	24.23	stable	
18	Argon	Ar	36	35.967 547	0.34	stable	
			38	37.962 732	0.06	stable	
			39	38.964 314		β^-	269 yr
			40	39.962 384	99.60	stable	
			42	41.963 049		β^-	33 yr
19	Potassium	K	39	38.963 708	93.26	stable	
			40	39.964 000	0.01	β^+	1.28×10^9 yr
			41	40.961 827	6.73	stable	
20	Calcium	Ca	40	39.962 591	96.94	stable	
			42	41.958 618	0.64	stable	
			43	42.958 767	0.13	stable	
			44	43.955 481	2.08	stable	
			47	46.954 547		β^-	4.5 days
			48	47.952 534	0.18	stable	
24	Chromium	Cr	50	49.946 047	4.34	stable	
			52	51.940 511	83.79	stable	
			53	52.940 652	9.50	stable	
			54	53.938 883	2.36	stable	
26	Iron	Fe	54	53.939 613	5.9	stable	
			55	54.938 297		EC	2.7 yr
			56	55.934 940	91.72	stable	
			57	56.935 396	2.1	stable	
			58	57.933 278	0.28	stable	

Atomic Number (Z)	Element	Symbol	Mass Number (A)	Atomic Mass (u)	Percent Abundance	Decay Mode	Half-Life $t_{1/2}$
27	Cobalt	Co	59	58.933 198	100	stable	
			60	59.933 820		β^-	5.27 yr
28	Nickel	Ni	58	57.935 346	68.08	stable	
			60	59.930 789	26.22	stable	
			61	60.931 058	1.14	stable	
			62	61.928 346	3.63	stable	
			64	63.927 967	0.92	stable	
29	Copper	Cu	63	62.929 599	69.17	stable	
			65	64.927 791	30.83	stable	
47	Silver	Ag	107	106.905 091	51.84	stable	
			109	108.904 754	48.16	stable	
48	Cadmium	Cd	106	105.906 457	1.25	stable	
			109	108.904 984		EC	462 days
			110	109.903 004	12.49	stable	
			111	110.904 182	12.80	stable	
			112	111.902 760	24.13	stable	
			113	112.904 401	12.22	stable	
			114	113.903 359	28.73	stable	
			116	115.904 755	7.49	stable	
53	Iodine	I	127	126.904 474	100	stable	
			129	128.904 984		β^-	1.6×10^7 yr
			131	130.906 124		β^-	8 days
54	Xenon	Xe	128	127.903 531	1.9	stable	
			129	128.904 779	26.4	stable	
			130	129.903 509	4.1	stable	
			131	130.905 069	21.2	stable	
			132	131.904 141	26.9	stable	
			133	132.905 906		β^-	5.4 days
			134	133.905 394	10.4	stable	
			136	135.907 215	8.9	stable	
55	Cesium	Cs	133	132.905 436	100	stable	
			137	136.907 078		β^-	30 yr
56	Barium	Ba	131	130.906 931		EC	12 days
			133	132.905 990		EC	10.5 yr
			134	133.904 492	2.42	stable	
			135	134.905 671	6.59	stable	
			136	135.904 559	7.85	stable	
			137	136.905 816	11.23	stable	
			138	137.905 236	71.70	stable	
79	Gold	Au	197	196.966 543	100	stable	
81	Thallium	Tl	203	202.972 320	29.524	stable	
			205	204.974 400	70.476	stable	
			207	206.977 403		β^-	4.77 min
82	Lead	Pb	204	203.973 020	1.4	stable	
			205	204.974 457		EC	1.5×10^7 yr

Atomic Number (Z)	Element	Symbol	Mass Number (A)	Atomic Mass (u)	Percent Abundance	Decay Mode	Half-Life $t_{1/2}$
			206	205.974 440	24.1	stable	
			207	206.975 871	22.1	stable	
			208	207.976 627	52.4	stable	
			210	209.984 163		α, β^-	22.3 yr
			211	210.988 734		β^-	36.1 min
83	Bismuth	Bi	208	207.979 717		EC	3.7×10^5 yr
			209	208.980 374	100	stable	
			211	210.987 254		α	2.14 min
			215	215.001 836		β^-	7.4 min
84	Polonium	Po	209	208.982 405		α	102 yr
			210	209.982 848		α	138.38 days
			215	214.999 418		α	0.001 8 s
			218	218.008 965		α, β^-	3.10 min
85	Astatine	At	218	218.008 685		α, β^-	1.6 s
			219	219.011 294		α, β^-	0.9 min
86	Radon	Rn	219	219.009 477		α	3.96 s
			220	220.011 369		α	55.6 s
			222	222.017 571		α, β^-	3.823 days
87	Francium	Fr	223	223.019 733		α, β^-	22 min
88	Radium	Ra	223	223.018 499		α	11.43 days
			224	224.020 187		α	3.66 days
			226	226.025 402		α	1 600 yr
			228	228.031 064		β^-	5.75 yr
89	Actinium	Ac	227	227.027 749		α, β^-	21.77 yr
			228	228.031 015		β^-	6.15 hr
90	Thorium	Th	227	227.027 701		α	18.72 days
			228	228.028 716		α	1.913 yr
			229	229.031 757		α	7 300 yr
			230	230.033 127		α	75.000 yr
			231	231.036 299		α, β^-	25.52 hr
			232	232.038 051	100	α	1.40×10^{10} yr
			234	234.043 593		β^-	24.1 days
91	Protactinium	Pa	231	231.035 880		α	32.760 yr
			234	234.043 300		β^-	6.7 hr
92	Uranium	U	233	233.039 630		α	1.59×10^5 yr
			234	234.040 946		α	2.45×10^5 yr
			235	235.043 924	0.72	α	7.04×10^8 yr
			236	236.045 562		α	2.34×10^7 yr
			238	238.050 784	99.28	α	4.47×10^9 yr
93	Neptunium	Np	236	236.046 560		EC	1.15×10^5 yr
			237	237.048 168		α	2.14×10^6 yr
94	Plutonium	Pu	238	238.049 555		α	87.7 yr
			239	239.052 157		α	2.412×10^4 yr
			240	240.053 808		α	6 560 yr
			242	242.058 737		α	3.73×10^6 yr

해답

Chapter 36

1. a. 4.0 m/s b. $x_1 = 8.0$ m, $x_2 = 8.0$ m
2. a. 13 m/s b. 3.0 m/s c. 9.4 m/s
3. 3.0×10^8 m/s
4. 120 ns
5. 2.0 μs
6. Flash 2 is seen 40 μs after Flash 1.
8. a. 8.0 y b. 4.8 y c. 14.4 y
9. 0.866
10. a. Aged less b. 14 ns
11. 0.80c
12. 1.47 km
13. 3.0×10^6 m/s
14. a. 1200 m, -2.0 μs b. 2800 m, 8.7 μs
15. 0.36c
16. 0.9944c
17. 240,000,000 m/s
18. 0.707c
19. 9.0×10^{13} J, 6.0×10^{13} J, 1.5×10^{14} J
20. 0.943c
21. 2400
22. 11.2 h
23. a. No b. 67.1 y
24. a. 0.80c b. 16 y
25. 14 m
26. a. 750 kJ b. 8.2×10^{13} J
27. a. $t'_D = t''_D = t'''_D = 0$ y, $t'_E = 0.42$ y, $t''_E = 0$ y, $t'''_E = -0.56$ y b. Yes, spaceship 2 c. Yes, spaceship 3 d. No
28. 22 m
29. 3.1×10^6 V
30. a. 0.980c b. 8.5×10^{-11} J
32. a. 3.84×10^8 m, 1.29 s, 5.47×10^7 m
    b. 0.00 m, 0.182 s, 5.47×10^7 m c. 3.84×10^8 m, 1.28 s, 0.00 m
33. a. 3.5×10^{-18} kg m/s, 1.1×10^{-9} J b. 1.6×10^{-18} kg m/s
34. a. 7.6×10^{16} J b. 0.84 kg
35. a. 1.3×10^{17} kg b. 6.7×10^{-12}% c. 15 billion years
36. a. 4.3×10^{-12} J b. 0.72%
37. 1.1 pm
38. 0.85c

Chapter 37

1. 656.9 nm, 486.2 nm, 434.1 nm
2. 121.6 nm, 102.6 nm
3. 0.32 kW
4. 2.4 μm
5. 5.0×10^{-3} T, out of page
6. 0.44 μm
8. a. 1.03×10^7 m/s b. 2.6×10^7 m/s c. Alpha particle
9. a. 71 eV b. 14 eV c. 5.0 keV
10. a. 5 electrons, 5 protons, 5 neutrons
    b. 6 electrons, 7 protons, 6 neutrons
    c. 5 electrons, 8 protons, 9 neutrons
11. a. ^3H b. $^{18}O^+$
12. a. 82 electrons, 79 protons, 118 neutrons b. 2.29×10^{17} kg/m^3
    c. 2.01×10^{13}
13. a. 2.3×10^{17} kg/m^3 b. 13 km
14. a. 0.999998c b. 0.99999997c
15. 0.9999999896c
16. a. 0.00512 MeV b. 9.39 MeV c. 37.6 MeV
17. 8.4°
18. 9.581×10^7 C/kg, proton
19. 0.140 nm, 1.34×10^6 m/s
20. 0.000000000058% contains mass, 99.999999999942% empty space
21. 5.5 MeV
22. Aluminum
23. a. 2.3×10^7 m/s b. 2.9 MeV
24. 2.3×10^7 m/s, 65.1° below $+x$-axis
25. a. mg/E_0 b. mg/b d. 2.4×10^{-18} C e. 15

Chapter 38

1. a. Sodium, potassium b. All metals except gold
2. 235 nm
3. 1.78 eV
4. a. 8280 nm, infrared b. 828 nm, infrared c. 82.8 nm, ultraviolet
5. a. 1.86×10^{-6} eV b. 2.76 eV c. 27.6 keV
6. 1.44
7. 1×10^{19} photons/s
8. 86°
9. 90 nm
10. a. 1.1×10^{-34} m b. 1.7×10^{-23} m/s
11. 32.8 MeV
12. 0.355 nm
13. a. Yes b. 0.50 eV
14. a.

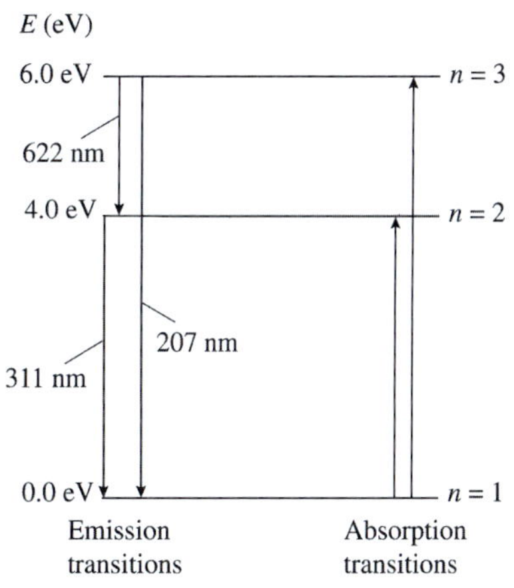

    b. 311 nm, 207 nm, 622 nm c. 311 nm, 207 nm
15. 0.476 nm
16. a. 31 b. 7.06×10^4 m/s, -0.0142 eV
17. 97.26 nm, 486.3 nm, 4876 nm
18. 97.26 nm
19. a. 1.7×10^{18} b. 1.7×10^{26} photons/s
20. 4.3×10^{-10} W

21. a. 5.56×10^{14} Hz, 1.23×10^{15} Hz b. 540 nm, 244 nm c. 10.8×10^5 m/s d. 4.4×10^5 m/s e. 3.35 V, 0.55 V
22. a. Potassium b. 4.24×10^{-15} eV s
23. 71 MeV
24. a. 1.3×10^8 m/s b. 5.5 μm
25. 200 m/s
26. 51 nm
27. 0.427 nm
28. a.

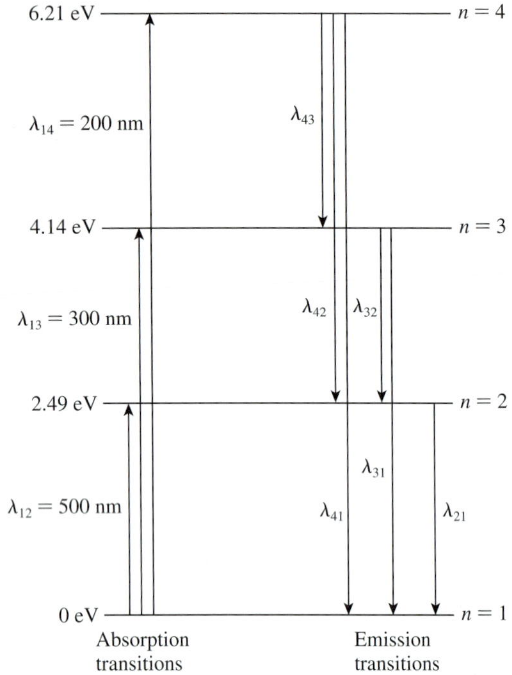

b. 200 nm, 300 nm, 334 nm, 500 nm, 601 nm, 753 nm

29. 6.2×10^5 m/s
30. 410.3 nm, 434.2 nm, 486.3 nm, 656.5 nm
31. a. 0.362 m b. 0.000368 nm
32. a.

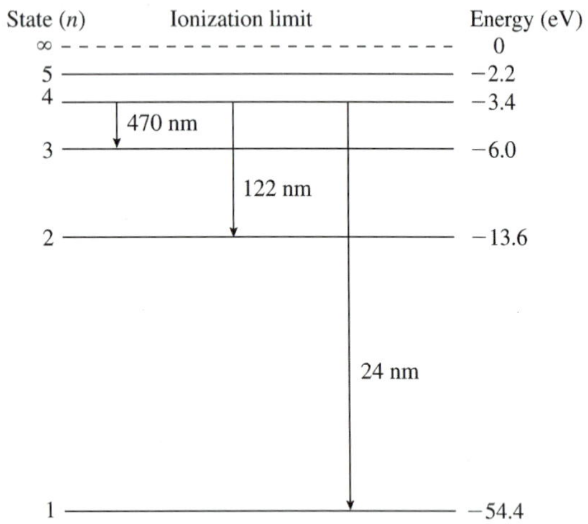

33. $3 \rightarrow 2$: 10.28 nm, $4 \rightarrow 2$: 7.62 nm, $5 \rightarrow 2$: 6.80 nm; all ultraviolet
34. 44,200 m/s
35. 8.6 mm
36. a. 1.0 m/s b. 3.2° c. 1.1 cm

Chapter 39

1. $P_C = 20\%$, $P_D = 10\%$
2. 231
3. a. 1/6 b 1/6 c. 5/18
4. 4,000
5. 2.0 m^{-1}
6. a.

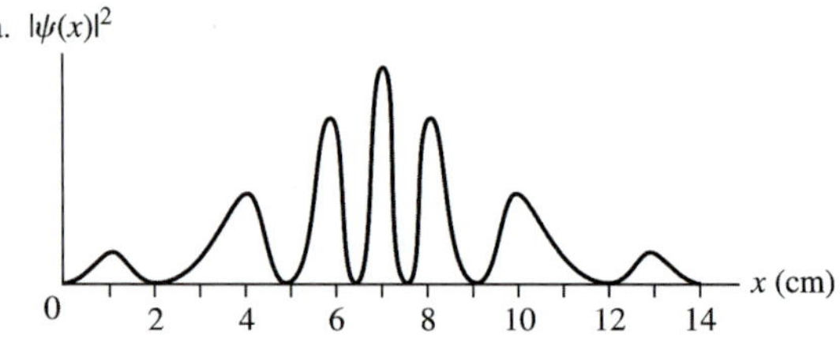

b.

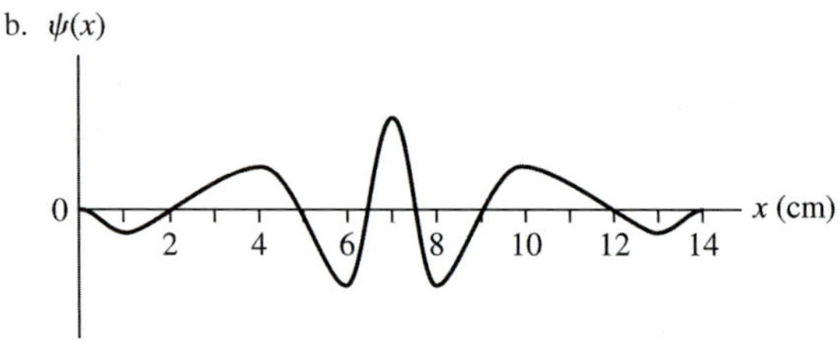

c.

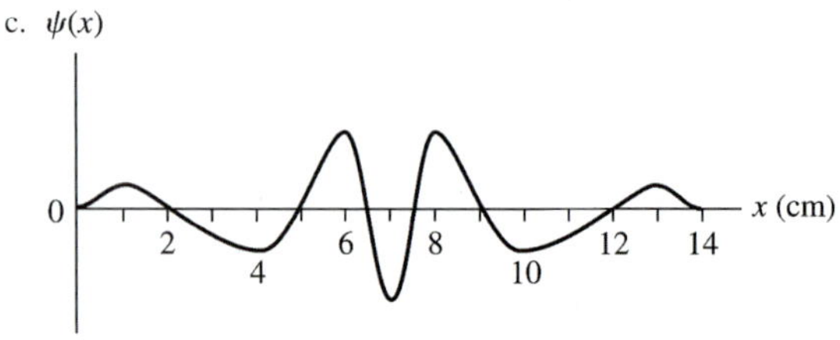

7. a. 5.0×10^{-3} b. 2.5×10^{-3} c. 0 d. 2.5×10^{-3}
8. a. 0.25 fm^{-1} b.

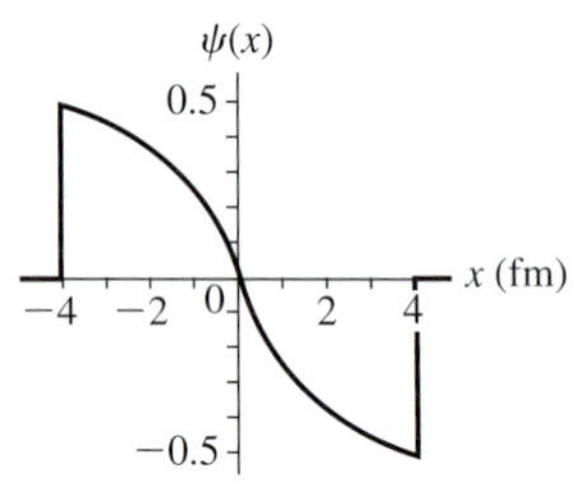

c. 0.75

9. a. 0.63 $nm^{-1/2}$

b.

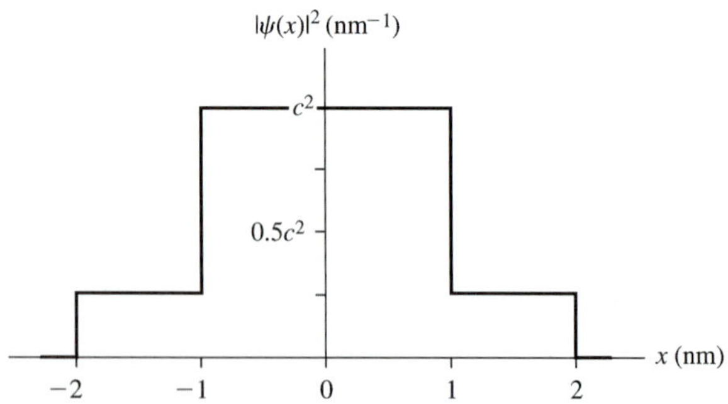

10. 1.0×10^5
11. 10.0 kHz
12. -0.65×10^{-36} m/s $\leq v_x \leq 0.65 \times 10^{-36}$ m/s
13. 36 nm
14. a. 8 cycles b. 0.938 MHz to 1.063 MHz

15. a.

b.

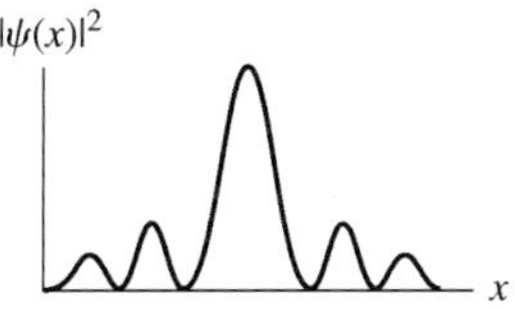

c.

16. a. $\sqrt{3}\ \text{nm}^{-\frac{1}{2}}$

b.

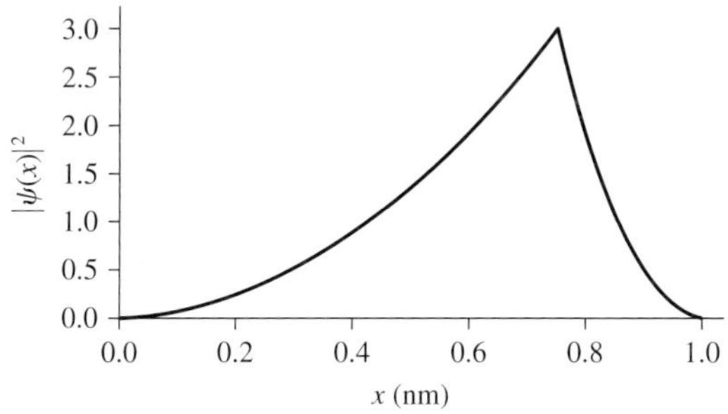

c.

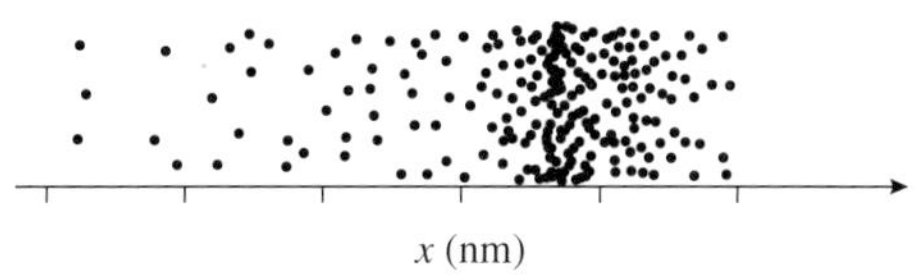

d. 0.028

17. a. $0.25\ \text{cm}^{-1}$ b. 0.0 cm c. $-2.0\ \text{cm} \le x \le 2.0\ \text{cm}$

d.

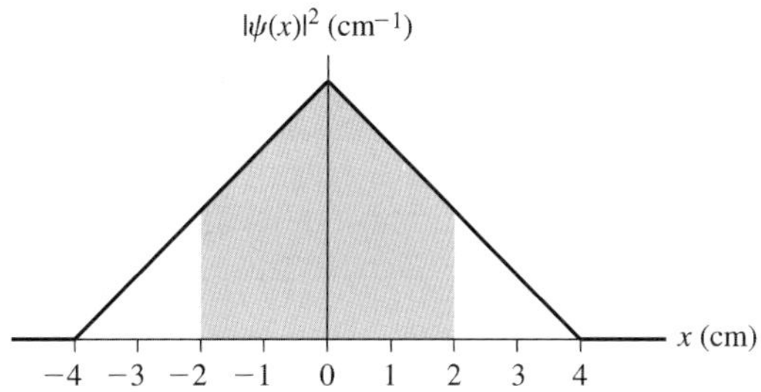

18. a. 0.27% b. 32%

19. a. $\sqrt{\dfrac{2}{L}}$

b.

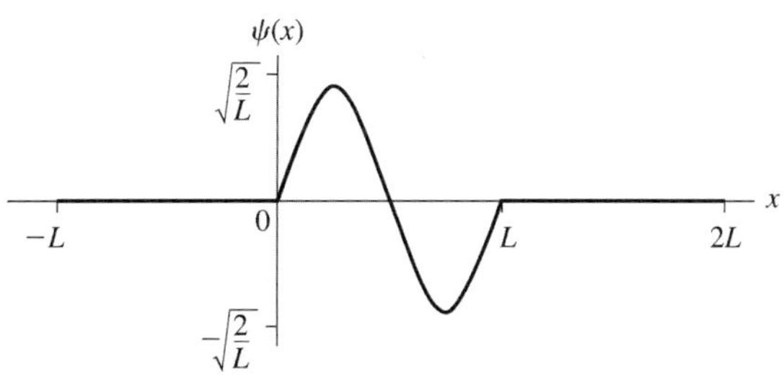

c.

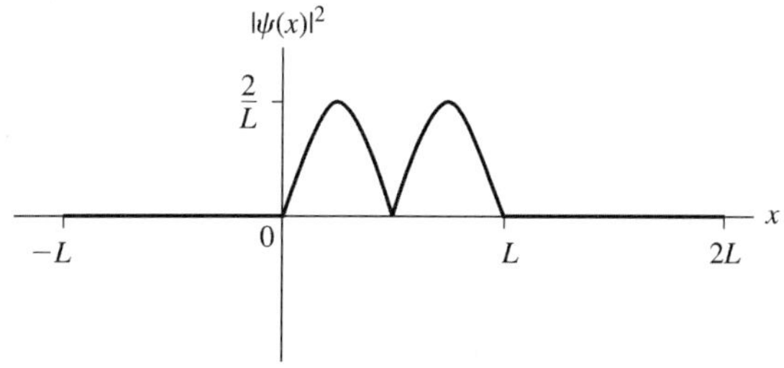

d. 40%

20. a. $a = b$ b. $a = b = 0.84$

c.

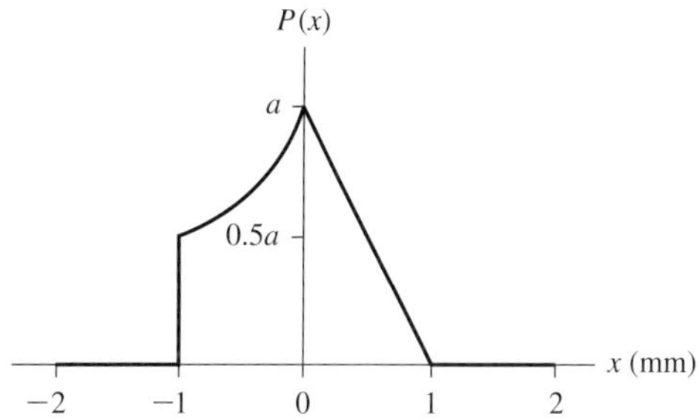

d. 58.1%

21. 18 μm

22. a. 1.7×10^6 m/s b. 1.1×10^{20} reflections/s

23. 200 m

24. a. $\Delta E \Delta t \approx h$ c. 4.1×10^{-7} eV d. 1.7×10^{-7}

25. 50%

26. a. $\sqrt{\dfrac{3}{8}}$

b.

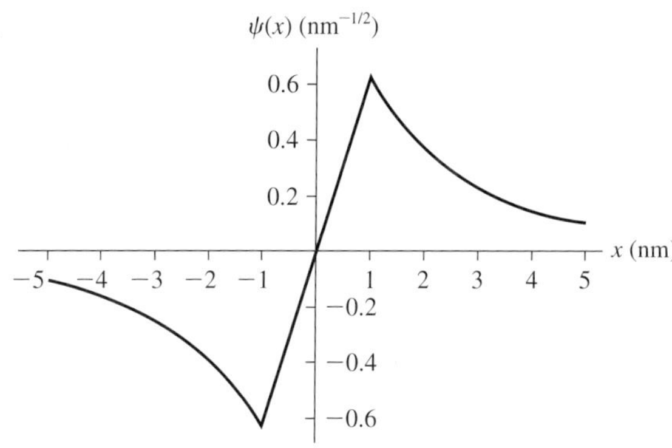

c.

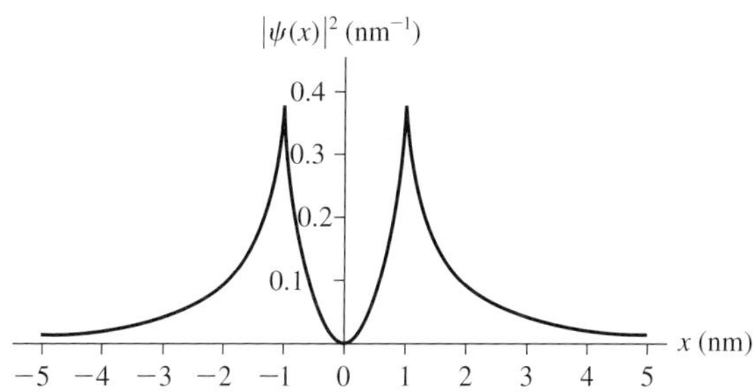

d. 2.5×10^5

Chapter 40

1. a. Infrared b. 1.5 nm
2. 0.74 nm
3. 17 eV
5. a. 0.159 nm b. 0.195 nm c. 0.275 nm
6. 0.019 eV
7.

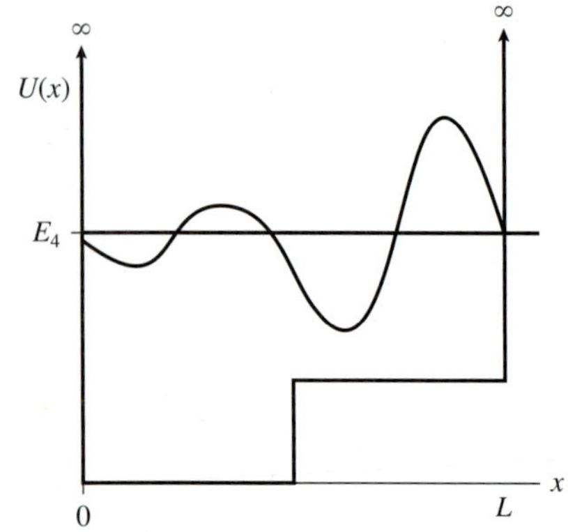

8.

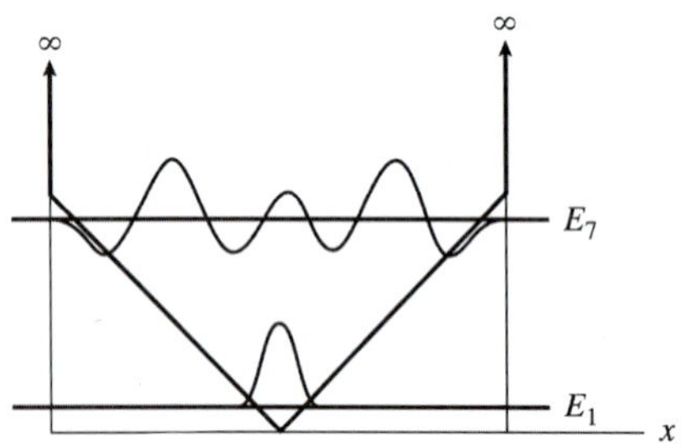

9. a. 0.49 eV, 1.5 eV, 2.4 eV b. 640 nm
10. 2.25 N/m
11. 519 nm
13. 7.78×10^{-11} m
14. a. 250,000,000
15. a. 37.7 eV, 151 eV, 339 eV, 603 eV
    b. 11.0 nm, 4.12 nm, 6.59 nm, 2.20 nm, 2.75 nm, 4.71 nm
    c. Ultraviolet
17.

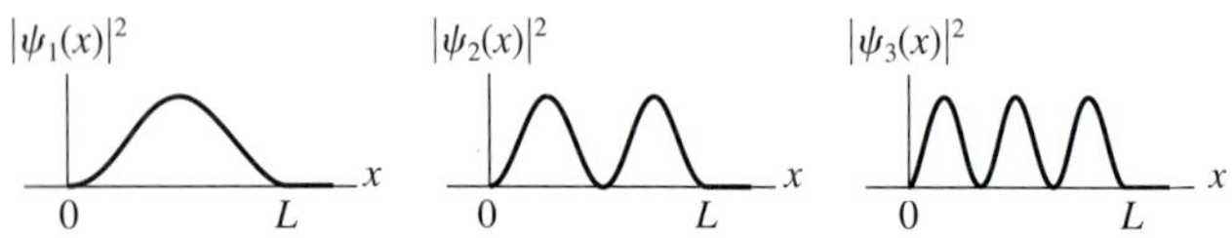

$n =$	1	2	3
b. Most likely	$\frac{1}{2}L$	$\frac{1}{4}L, \frac{3}{4}L$	$\frac{1}{6}L, \frac{3}{6}L, \frac{5}{6}L$
c. Least likely	$0, L$	$0, \frac{1}{2}L, L$	$0, \frac{1}{3}L, \frac{2}{3}L, L$
d. Prob in left $\frac{1}{3}$ from graph	$< \frac{1}{3}$	$> \frac{1}{3}$	$\frac{1}{3}$
e. Prob in left $\frac{1}{3}$ calculated	0.195	0.402	0.333

18. 10%
19. a. 0.136 nm b. One atomic diameter
20. a. $A_1 = \dfrac{1}{(\pi b^2)^{1/4}}$ b. $\text{Prob}(x < -b \text{ or } x > b) = \dfrac{2}{\sqrt{\pi b^2}} \displaystyle\int_b^\infty e^{-x^2/b^2}\,dx$
    c. 15.7%
21. a. $P_{\text{class}}(y) = \left(\dfrac{1}{2h}\right)\dfrac{1}{\sqrt{1-(y/h)}}$
    b.

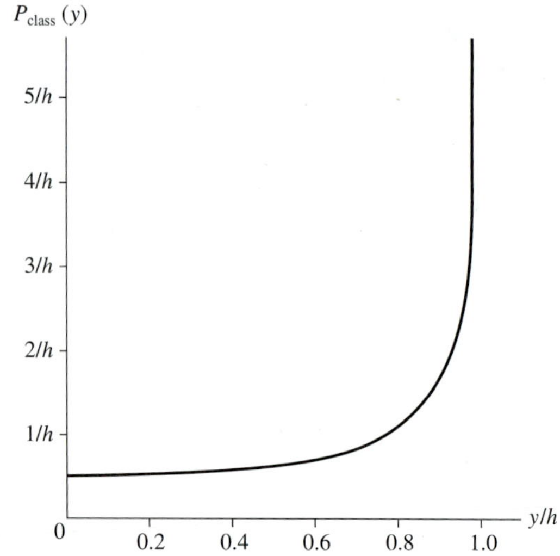

22. $\frac{1}{4}$ of the radius
23. 0.012
24. $10^{-1.17\times10^{32}}$

Chapter 41

1. a. (3,1,1), (3,1,0), (3,1, − 1)
   b. (3,2,2), (3,2,1), (3,2,0), (3,2, − 1), (3,2, − 2)
2. $\sqrt{20}\hbar$
3. −0.378 eV; $\sqrt{12}\hbar$
4. For $n = 1$, 2 states: $\left(1, 0, 0, \pm\frac{1}{2}\right)$; for $n = 2$, 8 states: $\left(2, 0, 0, \pm\frac{1}{2}\right)$, $\left(2, 1, -1, \pm\frac{1}{2}\right)$, $\left(2, 1, 0, \pm\frac{1}{2}\right)$, $\left(2, 1, 1, \pm\frac{1}{2}\right)$; for $n = 3$, 18 states: $\left(3, 0, 0, \pm\frac{1}{2}\right)$, $\left(3, 1, -1, \pm\frac{1}{2}\right)$, $\left(3, 1, 0, \pm\frac{1}{2}\right)$, $\left(3, 1, 1, \pm\frac{1}{2}\right)$, $\left(3, 2, 2, \pm\frac{1}{2}\right)$, $\left(3, 2, 1, \pm\frac{1}{2}\right)$, $\left(3, 2, 0, \pm\frac{1}{2}\right)$, $\left(3, 2, -1, \pm\frac{1}{2}\right)$, $\left(3, 2, -2, \pm\frac{1}{2}\right)$
5. $1s^22s^22p^63s^23p$, $1s^22s^22p^63s^23p^64s^23d^{10}4p$, $1s^22s^22p^63s^23p^64s^23d^{10}4p^65s^24d^{10}5p$
6. a. Excited state of Ne b. Ground state of Ti
7.

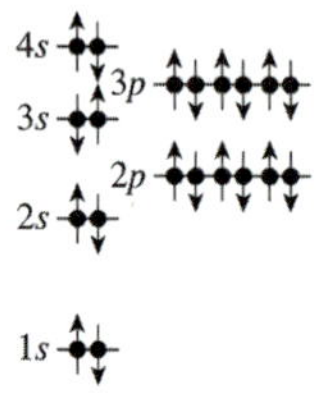

Ca

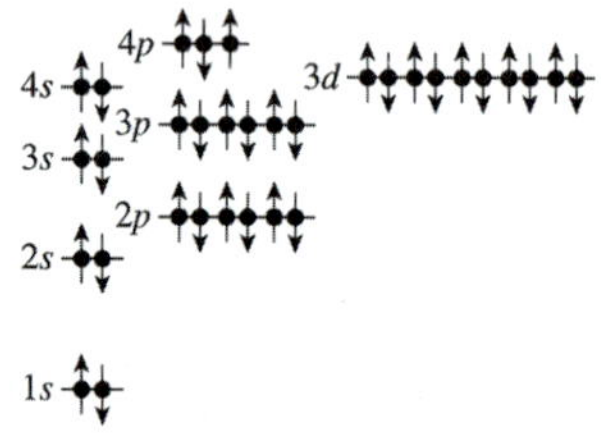

As

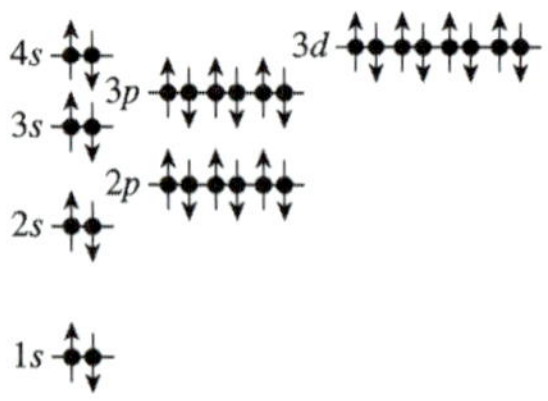

Ni

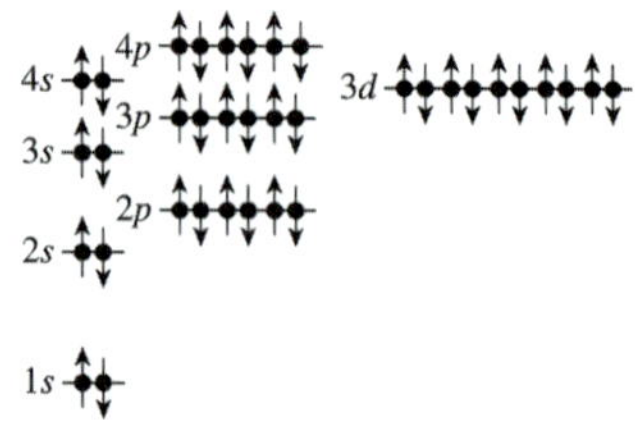

Kr

8. $1s^23s$
9.

Transition	E_{photon} (eV)	λ (nm)
$3 \rightarrow 2$	1.89	656
$3 \rightarrow 1$	12.09	102
$2 \rightarrow 1$	10.20	122

10. 2.0%
11. 680 ps
12. $3.2 \times 10^{16}\ s^{-1}$
13. a. 190 nm b. 50 kW
14. a. $\sqrt{2}\hbar$ b. −1, 0, or 1 c.

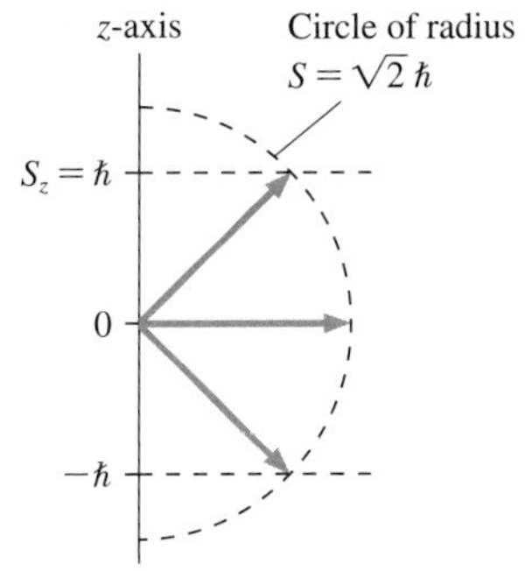

15. $\sqrt{6}\hbar$
16. a. 3.7×10^{-3} b. 5.4×10^{-3} c. 2.9×10^{-3}
19.

a.	**Transition**	$6s \rightarrow 5p$	$6s \rightarrow 4p$	$6s \rightarrow 3p$
b.	λ (nm)	7290	1630	515

20. 1.13×10^6 m/s
21.

Transition	(a) Wavelength	(b) Type	(c) Absorption
$2p \rightarrow 2s$	670 nm	VIS	Yes
$3s \rightarrow 2p$	816 nm	IR	No
$3p \rightarrow 2s$	324 nm	UV	Yes
$3p \rightarrow 3s$	2696 nm	IR	No
$3d \rightarrow 2p$	611 nm	VIS	No
$3d \rightarrow 3p$	24,800 nm	IR	No
$4s \rightarrow 2p$	498 nm	VIS	No
$4s \rightarrow 3p$	2430 nm	IR	No

22. a. b. 28.7 eV

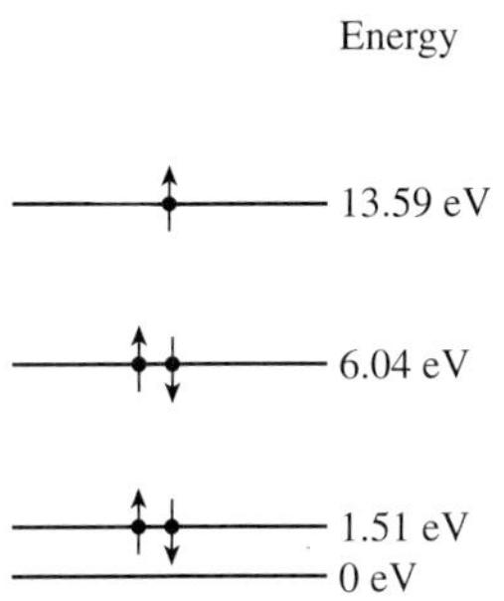

23. 10 ns
24. a. $\tau \ln 2$ b. 12 ns
25. 3.5×10^{18} atoms
26. a. $p_{atom} = 7.0 \times 10^{-23}$ kg m/s; $p_{photon} = -8.50 \times 10^{-28}$ kg m/s
    b. 82×10^3 photons c. 1.2 ms d. -5.7×10^{-20} N, $-4.0 \times 10^5\ m/s^2$
    e. 31 cm
27. 68%
28. $4.472a_B$
29. 5.7 ns

Chapter 42

1.

		Protons	Neutrons
a.	^{6}Li	3	3
b.	^{54}Cr	24	30
c.	^{54}Fe	26	28
d.	^{220}Rn	86	134

2. a. 3.8 fm b. 9.2 fm c. 14.9 fm
3. Silicon
4. a. ^{36}S and ^{36}Ar b. 5, 8
5. a. ^{54}Cr: ≈ 474 MeV, 8.77 MeV b. ^{54}Fe: 472 MeV, 8.74 MeV
6. ^{12}C = 7.68 MeV; ^{14}C = 7.51 MeV; ^{12}C is more tightly bound
7. 8000 N
8. 2.3×10^{-38}
9. a.

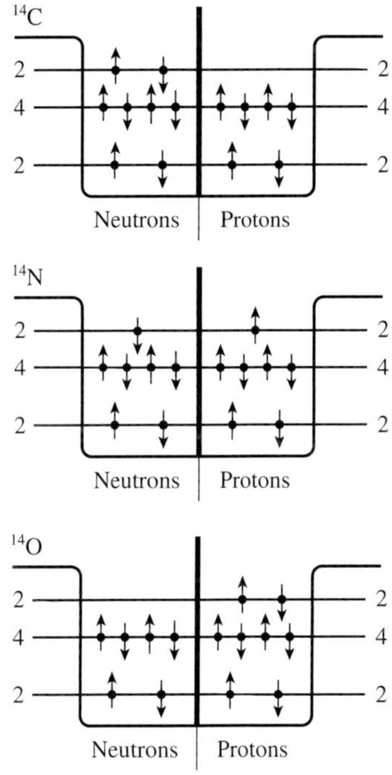

    b. ^{14}N is stable; ^{14}C undergoes beta-minus decay and ^{14}O undergoes beta-plus decay.
10. a. 9.17×10^9 b. 4.20×10^9 c. 1.73×10^6
11. a. $^{3}H \rightarrow {}^{3}He + \beta^-$ b. $\tau = 5.46 \times 10^8$ s, $r = 1.83 \times 10^{-9}\ s^{-1}$
12. 83 μg
13. a. ^{226}Ra b. ^{35}Cl c. ^{40}Ca d. ^{24}Mg
14. a. ^{19}O, ^{19}F, ^{19}Ne b. ^{17}O
    c. ^{19}O decays by β^- to ^{19}F; ^{19}Ne decays by β^+ to ^{19}F
15. 4.91 MeV
16. 0.0186 MeV
17. 2.0 Gy
18. 600 Gy
19. 34.2 MeV
20. a. 12.7 km b. 780 μs
21 a. 1.46×10^{-8} u, 1.45×10^{-6}% b. 0.0304 u, 0.76%
22. 170 MeV
23. 0.93 MeV
24. 17,100 y
25. a. 6.12×10^{-6} kg b. 130 y
26. 19 s
27. 1.2 h
28. $\frac{(N_U)_0}{N_U} = 86$
29. 3.6 d
30. a. 7×10^7 atoms b. 3.3×10^{-2} mSv c. Yes
31. a. $m(^{A}X_Z) > m(^{A}Y_{Z-1}) + 2m_e$ b. 120 MeV
32. a. $K_{in} = 65.0$ MeV; $K_{out} = 5.0$ MeV b. 3.7×10^{21} collisions/s
    c. 6.6×10^{-39} d. 650 million years

찾아보기

ㅁ

ㅂ

ㅅ

ㅇ

ㅍ

ㅎ

감수
심경무

번역
강석일 · 강지훈 · 고태준 · 김석원 · 김영태 · 김혜림 · 문 걸 · 서정화 · 손영수
송종현 · 신내호 · 심경무 · 양순철 · 오병성 · 유영준 · 이병학 · 이용산 · 이응원
이지우 · 이혁재 · 정양준 · 황인찬 (가나다 순)

교정
■ 대진대
신홍기 · 이용산 · 이정재
■ 동아대
김 용 · 노태익 · 박홍준 · 서정화 · 이재열 · 정태훈 · 최보훈
■ 부산대
강해용 · 계범석 · 길원평 · 김복기 · 김영철 · 문한섭 · 박성균 · 안재석
양임정 · 유인권 · 이재광 · 이주연 · 이창환 · 정광식 · 정윤철 · 진형진
차명식 · 홍덕기 · 황춘규
■ 충북대
강병원 · 김가현 · 김경완 · 김경호 · 김동현 · 민병준 · 이만희 · 이원식
이현석 · 정진수 · 한정호

4판
대학물리학 -현대물리학편-
Physics for Scientists and Engineers
A Strategic Approach with Modern Physics, FOURTH EDITION

2019년 2월 25일 4판 1쇄 펴냄 | 2021년 2월 1일 4판 2쇄 펴냄
지은이 Randall D. Knight | **옮긴이** 심경무 외 | **펴낸이** 류원식 | **펴낸곳** **교문사**

편집팀장 모은영 | **책임진행** 안영선 | **본문편집** 신성기획 | **표지디자인** 유선영
제작 김선형 | **홍보** 김은주 | **영업** 함승형 · 박현수 · 이훈섭

주소 (10881) 경기도 파주시 문발로 116(문발동 536-2)
전화 031-955-6111~4 | **팩스** 031-955-0955
등록 1968. 10. 28. 제406-2006-000035호
홈페이지 www.gyomoon.com | E-mail genie@gyomoon.com
ISBN 978-89-363-1819-2 (93420) | 값 11,500원
978-89-363-1817-8 (세트)

Astronomical Data

Planetary body	Mean distance from sun (m)	Period (years)	Mass (kg)	Mean radius (m)
Sun	—	—	1.99×10^{30}	6.96×10^{8}
Moon	3.84×10^{8}*	27.3 days	7.36×10^{22}	1.74×10^{6}
Mercury	5.79×10^{10}	0.241	3.18×10^{23}	2.43×10^{6}
Venus	1.08×10^{11}	0.615	4.88×10^{24}	6.06×10^{6}
Earth	1.50×10^{11}	1.00	5.98×10^{24}	6.37×10^{6}
Mars	2.28×10^{11}	1.88	6.42×10^{23}	3.37×10^{6}
Jupiter	7.78×10^{11}	11.9	1.90×10^{27}	6.99×10^{7}
Saturn	1.43×10^{12}	29.5	5.68×10^{26}	5.85×10^{7}
Uranus	2.87×10^{12}	84.0	8.68×10^{25}	2.33×10^{7}
Neptune	4.50×10^{12}	165	1.03×10^{26}	2.21×10^{7}

*Distance from earth

Typical Coefficients of Friction

Material	Static μ_s	Kinetic μ_k	Rolling μ_r
Rubber on dry concrete	1.00	0.80	0.02
Rubber on wet concrete	0.30	0.20	0.002
Steel on steel (dry)	0.80	0.60	0.002
Steel on steel (lubricated)	0.10	0.05	
Wood on wood	0.50	0.20	
Wood on snow	0.12	0.06	
Ice on ice	0.10	0.03	

Heats of Transformation

Substance	T_m (°C)	L_f (J/kg)	T_b (°C)	L_v (J/kg)
Water	0	3.33×10^{5}	100	22.6×10^{5}
Nitrogen (N_2)	−210	0.26×10^{5}	−196	1.99×10^{5}
Ethyl alcohol	−114	1.09×10^{5}	78	8.79×10^{5}
Mercury	−39	0.11×10^{5}	357	2.96×10^{5}
Lead	328	0.25×10^{5}	1750	8.58×10^{5}

Properties of Materials

Substance	ρ (kg/m^3)	c (J/kg K)
Air at STP*	1.29	
Ethyl alcohol	790	2400
Gasoline	680	
Glycerin	1260	
Mercury	13,600	140
Oil (typical)	900	
Seawater	1030	
Water	1000	4190
Aluminum	2700	900
Copper	8920	385
Gold	19,300	129
Ice	920	2090
Iron	7870	449
Lead	11,300	128
Silicon	2330	703

*Standard temperature (0°C) and pressure (1 atm)

Coefficients of Thermal Expansion

Material	α (°C^{-1})
Aluminum	2.3×10^{-5}
Brass	1.9×10^{-5}
Concrete	1.2×10^{-5}
Steel	1.1×10^{-5}
Invar	0.09×10^{-5}

Material	β (°C^{-1})
Gasoline	9.6×10^{-4}
Mercury	1.8×10^{-4}
Ethyl alcohol	1.1×10^{-4}

Thermal Conductivities

Material	k (W/m K)
Diamond	2000
Silver	430
Copper	400
Aluminum	240
Iron	80
Stainless steel	14
Ice	1.7
Concrete	0.8
Glass	0.8
Styrofoam	0.035
Air (20°C, 1 atm)	0.023

Molar Specific Heats of Gases

Gas	C_P (J/mol K)	C_V (J/mol K)
Monatomic Gases		
He	20.8	12.5
Ne	20.8	12.5
Ar	20.8	12.5
Diatomic Gases		
H_2	28.7	20.4
N_2	29.1	20.8
O_2	29.2	20.9

Resistivity and Conductivity of Conductors

Metal	Resistivity (Ω m)	Conductivity (Ω^{-1}m^{-1})
Aluminum	2.8×10^{-8}	3.5×10^{7}
Copper	1.7×10^{-8}	6.0×10^{7}
Gold	2.4×10^{-8}	4.1×10^{7}
Iron	9.7×10^{-8}	1.0×10^{7}
Silver	1.6×10^{-8}	6.2×10^{7}
Tungsten	5.6×10^{-8}	1.8×10^{7}
Nichrome	1.5×10^{-6}	6.7×10^{5}
Carbon	3.5×10^{-5}	2.9×10^{4}

Indices of Refraction

Material	Index of refraction
Vacuum	1 exactly
Air	1.00
Water	1.33
Ethyl alcohol	1.36
Oil	1.46
Glass	1.50
Plastic	1.59
Diamond	2.42

Atomic and Nuclear Data

Atom	Z	Mass (u)	Mass (MeV/c^2)
Electron	—	0.000 548	0.51
Proton	—	1.007 276	938.28
Neutron	—	1.008 665	939.57
^{1}H	1	1.007 825	938.79
^{2}H	1	2.014 102	
^{4}He	2	4.002 602	
^{12}C	6	12.000 000	
^{14}C	6	14.003 242	
^{14}N	7	14.003 074	
^{16}O	8	15.994 915	
^{20}Ne	10	19.992 435	
^{27}Al	13	26.981 538	
^{40}Ar	18	39.962 384	
^{207}Pb	82	206.975 871	
^{238}U	92	238.050 784	

Hydrogen Atom Energies and Radii

n	E_n (eV)	r_n (nm)
1	−13.60	0.053
2	−3.40	0.212
3	−1.51	0.476
4	−0.85	0.848
5	−0.54	1.322

Work Functions of Metals

Metal	E_0 (eV)
Potassium	2.30
Sodium	2.75
Aluminum	4.28
Tungsten	4.55
Iron	4.65
Copper	4.70
Gold	5.10